"十三五"国家重点出版物出版规划项目
浙江大学新工科机器人工程专业系列教材

空中机器人

任沁源　高　飞　朱文欣　编著

机械工业出版社

根据新工科建设要求，高等教育应瞄准未来产业急需技术，培养相关工程人才。智能化无人机（即空中机器人）技术是目前发展最快的电子应用技术之一。空中机器人已在物流、航拍以及执法等领域崭露头角，未来无疑将会拥有更广阔的应用前景，但相关专业人才目前却很匮乏，大部分高等院校学生对空中机器人知之甚少。本书为配合新工科建设，以培养空中机器人优秀人才、为我国输送更多无人机应用人才为目标而编写。本书共11章，主要内容包括：空中机器人基础知识与基本架构、空中机器人动态模型、空中机器人测量与传感、空中机器人控制基础、空中机器人导航基础、仿生扑翼空中机器人、空中机器人集群系统、空中机器人健康管理系统、空中机器人应用与展望。本书内容兼具基础性与前沿性。

本书可供高等院校机器人、人工智能、电子信息、机电类等相关专业学生作为空中机器人入门教材使用，也可作为相关专业技术人员以及空中机器人爱好者的自修教材。

图书在版编目（CIP）数据

空中机器人/任沁源，高飞，朱文欣编著. —北京：机械工业出版社，2021.7（2025.1 重印）
“十三五”国家重点出版物出版规划项目
浙江大学新工科机器人工程专业系列教材
ISBN 978-7-111-68663-7

Ⅰ.①空…　Ⅱ.①任…　②高…　③朱…　Ⅲ.①空间机器人-高等学校-教材　Ⅳ.①TP242.4

中国版本图书馆 CIP 数据核字（2021）第 132680 号

机械工业出版社（北京市百万庄大街 22 号　邮政编码 100037）
策划编辑：吉　玲　责任编辑：吉　玲　刘琴琴
责任校对：樊钟英　责任印制：刘　媛
涿州市般润文化传播有限公司印刷
2025 年 1 月第 1 版第 2 次印刷
184mm×260mm · 23 印张 · 584 千字
标准书号：ISBN 978-7-111-68663-7
定价：79.90 元

电话服务
客服电话：010-88361066
010-88379833
010-68326294

网络服务
机　工　官　网：www.cmpbook.com
机　工　官　博：weibo.com/cmp1952
金　书　网：www.golden-book.com
机工教育服务网：www.cmpedu.com

序

近年来，全球的学界与业界都非常关注自主无人系统方面的研发。自主无人载具系统是一种配有必要的数据处理单元、传感器、环境感知、自动控制、运动规划、任务管理以及无线通信等系统的机器，在无人介入的情况下，它可自主执行和完成一些特定的任务。常见的自主无人系统，如无人机、无人车、无人船、水下探测器以及智能机器人等，在众多领域中都有巨大的应用前景，并将发挥出极其重要的作用。

空中机器人，即本书作者定义的智能化无人机，乃航空飞行器与人工智能技术深度融合的产物，是当前先进科技高度凝聚的体现之一。早期的无人机以军事应用为主，现如今则在民用领域处处可见。作为空中的作业载具，空中机器人在搜索与救援、环境监控、交通监控、安全监视、电力巡检、管道检测、地理测绘、建筑工程、能源勘测、影视制作等应用中大显身手，它正在影响和改变着人们的日常生活。而今，智能化无人机产业已经成为通用航空业界中崭新的焦点，它不仅开拓了广阔的民用航空器市场，也成为新的经济增长亮点，其相关产业正处于高速发展的时期。

在此背景之下，设立智能无人机教学课程、传授空中机器人基础知识以及培养相关专业人才已成为当务之急。目前，国内部分高校已经设置了机器人和人工智能专业，并开设了空中机器人相关的课程，但却缺乏成熟的、系统性的课程体系及配套的教材。本书的作者都是相关领域的翘楚，由他们编著的《空中机器人》立论严谨、深入浅出、图文并茂，及时地填补了这一相关领域的空白。本书面向非航空专业的本科学生，着力科普空中机器人文化，传授无人系统的基础知识，激励学生对航空器、机器人以及人工智能等学科的兴趣并投入其中，从而促进相关科学技术的发展。由于空中机器人是多种学科与新兴科技之集大成，一本教材很难做到面面俱到、遍历所有相关知识。《空中机器人》定位为智能化无人机的一本基础教材，希望读者能以此切入，跟随空中机器人的创新发展过程，迈向智能科技时代的未来。

本书作者任沁源教授和本人在新加坡国立大学共事多年，本人有幸在新加坡国立大学的控制与仿真实验室里目睹了任教授在机器鱼方面的出色研究成果，也拜读了不少他的著作。任教授和其合作者们的这本新著，汇总了他们多年来的研究成果和心得，也展现了作者对培育新一代科研人员的热忱之心。

是为序。

陈本美

2021 年 3 月于香港中文大学

前　言

区别于传统的大型军事无人机，空中机器人泛指一类具有高度智能化的无人自主飞行器。它是人工智能与现代飞行器结合的产物，也是机器人科学与技术发展最为活跃的领域之一。

空中机器人是集合了空气动力学、机械学、控制科学、计算机科学等多门学科的一类先进机器人，更是新一代人工智能技术的集中体现。与传统的无线电遥控或者预编程控制无人机相比，自主性和智能性是空中机器人最显著的特点。空中机器人拥有先进的感知能力，可以自主智能决策，适合完成长时间、复杂环境下的飞行任务，在国防以及民用领域都具有广阔的应用前景。虽然空中机器人发展速度较快，但是缺乏相关高端人才成为目前其发展的主要困难之一，同时也缺乏相应的教材与课程作为空中机器人领域的入门指导。这促使我们编写本书，本书主要面向普通高等院校工科专业的学生教授空中机器人的基本概念、基本理论和主要研究方法，展示了空中机器人的最新应用和研究成果，并展望了空中机器人的发展趋势。

本书共 11 章：第 1 章介绍了空中机器人的基本概念，简述了它的发展简史；第 2 章集中介绍了空中机器人相关的专业名词和后续章节所需的基础知识；第 3 章分别对旋翼空中机器人、固定翼空中机器人及扑翼空中机器人的结构、分类及具体部件进行了介绍；第 4 章介绍了空中机器人动态模型，为帮助读者理解飞行器的运动规律及控制方法奠定基础；第 5 章主要讨论了空中机器人常用的各类传感器及其工作原理和应用；第 6 章介绍了空中机器人控制基础，并分别对旋翼式空中机器人和固定翼式空中机器人的控制方法进行了探讨；第 7 章叙述了空中机器人自主导航基础知识，并重点介绍了当前主流定位、感知、规划算法；第 8 章首先介绍了仿生扑翼空中机器人的研究现状，然后介绍了常见仿生扑翼空中机器人的软硬件设计架构，接着探讨了扑翼空中机器人的建模方法和控制系统设计的基础知识；第 9 章讲述了空中机器人集群系统的基本概念以及编队控制的基本方法，并给出了具体仿真案例；第 10 章讲解了空中机器人健康管理系统的基本概念，并对空中机器人先进的故障诊断和容错控制方法进行了案例分析；第 11 章对全书进行了总结并对空中机器人未来发展和应用做了展望。

本书由浙江大学任沁源教授、高飞教授和朱文欣博士编著。王子璇、池豪镇、丁文镝、李陈最、赵佐权、欧阳文娟、孟书宇、庞江南、陈筱荞、丁青等参加了全书的资料整理工作。在此，对为本书付出辛勤劳动的各位参与者致以衷心的感谢，同时向本书参考文献的各位作者表示诚挚的感谢。

由于空中机器人涉及多门学科前沿，其理论、技术与应用还在不断发展中，加之编著者水平有限，错误和不妥之处在所难免，敬请广大专家和读者予以指正。

编著者

目　录

第 1 章

绪论

1.1 基本概念与分类

人类对飞翔的向往和想象源远流长。早在我国春秋战国时代，在古籍《庄子·齐物论》中就有记载："昔者庄周梦为胡蝶，栩栩然胡蝶边，自喻适志与！不知周也。俄然觉，则蘧蘧然周也。不知周之梦为胡蝶与，胡蝶之梦为周与?"庄周梦见自己变成了蝴蝶，感受着飞翔的愉悦和惬意。突然醒来，惊惶不定之间，不知道是庄周变成了蝴蝶，还是蝴蝶梦见自己变成了庄周。当思想家庄周还在探讨化蝶飞翔真实与虚幻的哲学问题时，远古的工程师们已经将梦想变为现实，开始自己制造飞行器。据《墨子·鲁问》中记载："公输子削竹木以为鹊，成而飞之，三日不下。"公输子就是传说中的鲁班。根据此记载，鲁班在当时就已经造出一种能在天上持续飞行三日的木鸟(图 1-1)，用现代的角度来看，这种能在空中自主飞行三日的人工机械系统就是一个标准的在空中运动的机器人系统了。虽然从木鸟到无人高超音速飞行器，人类在漫漫千年岁月中，对能在空中自由飞行的人工机械系统的探索和研究未曾中断过，但"空中机器人"这个名词却是在近三十年才流行起来，更早的时候人们更习惯称这些具有自主飞行能力的飞行器为"无人机"或者"无人飞行器"。

图 1-1　公输子削竹木以为鹊

近代飞行器的高速发展主要是由人类在军事上的需求推动的。但是，随着现代科学技术水平的提高，飞行器的发展也呈现出了新的发展趋势：一方面，在应用需求上，民用需求不断增加，在交通监控、环境保护、地形勘测、影视娱乐等应用中，飞行器正扮演着越来越重要的角色；另一方面，在技术上，无人化和智能化正逐渐成为现代飞行器技术发展的主要方向之一，特别是从2012年底开始，以中国大疆创新科技有限公司为代表的民用无人机公司向社会推出的一系列低价微小尺度的无人旋翼飞行器，激起了一股智能化无人机研究和商业应用的热潮。

同一时期，机器人技术也逐步从拟人化的“形似”向追求智能内涵的“神似”发展，同样将自主化、智能化作为技术发展的主要趋势，“机器人”和“无人机”找到了概念的统一。1991年，国际无人系统协会（Association for Unmanned Vehicle Systems International，AUVSI）在美国佐治亚理工大学Robot C. Michelson教授的倡议下，以“空中机器人”（Aerial Robot）为名开始举办一年一度的无人飞行器竞赛，图1-2展示了空中机器人竞赛的一个场景。在这个竞赛中，飞行器不能由人通过遥控的方式操纵，必须自主飞行，同时与环境进行交互，完成预定任务。智能化水平的高低成为参赛飞行器是否能胜出的主要因素。该项赛事从一开始就受到了世界顶尖科研机构和众多国际科技公司的关注，像麻省理工学院、斯坦福大学、柏林工业大学、清华大学等世界名校都曾派出以博士研究生和博士后为核心的参赛队伍。至今，该赛事已经成功举办了近三十年，完成了八代挑战任务，并且促进衍生了国际上一系列的智能无人飞行器技术挑战赛事，极大地推动了无人飞行器技术的发展，也使“空中机器人”的称呼深入人心。

图1-2　空中机器人竞赛

空中机器人指的是无人驾驶且能够在空中自主飞行的智能化飞行器。与传统无人机的概念相比，空中机器人更强调其智能化与自主性。从飞行方式上，飞行器主要可以分为以下几类：固定翼飞行器、旋翼飞行器、仿生扑翼飞行器、飞艇和复合翼飞行器等。

1. 固定翼飞行器

固定翼飞行器通过动力装置产生前向的空速，由机身的固定机翼产生升力，在大气层内飞行。图1-3展示了一架典型的固定翼飞行器。固定翼飞行器的机翼位置固定不变，要通过产生升力来平衡飞行器自重，因此在飞行过程中需要保持一定的前飞速度，也因此不能垂直起降。相对于旋翼和扑翼飞行器，固定翼飞行器具有结构简单、飞行距离长的优点。

2. 旋翼飞行器

旋翼飞行器是一类动力装置驱动旋翼从而产生升力的飞行器，如图1-4所示。这类飞行器主要可以分为：单旋翼直升机、双旋翼直升机和多旋翼飞行器。

图 1-3 固定翼飞行器

图 1-4 旋翼飞行器

（1）单旋翼直升机 单旋翼直升机一般有两个螺旋桨：位于机身的大螺旋桨和位于机体尾部的小螺旋桨。大螺旋桨即直升机的旋翼，通过动力装置驱动产生升力，而位于尾部的小螺旋桨则由飞行器控制系统通过调节螺距来抵消大螺旋桨在不同转速下产生的反作用力。与固定翼飞行器相比，单旋翼直升机可以垂直起降，不需要跑道或者弹射器，而且飞行机动性高。但是，单旋翼直升机也具有飞行范围小、机械机构复杂、维护成本高的缺点。

（2）双旋翼直升机 双旋翼直升机主要包括共轴双旋翼直升机和分轴双旋翼直升机。前者的两个旋翼有同一个轴心，而后者两个旋翼分开比较远，各有独立的轴。双旋翼直升机通过调整两个旋翼总距差动产生的不平衡扭矩来实现航向操纵。双旋翼直升机能产生旋翼直升机的高机动飞行动作，但飞行稳定性和飞行速度相对单旋翼直升机有大幅提高。相对于固定翼飞行器，双旋翼直升机的缺点为机械结构复杂、成本较高。

（3）多旋翼飞行器 由超过三个旋翼产生升力的飞行器称为多旋翼飞行器。这类飞行器的翼结构具有对称性，螺旋桨之间的反扭矩可以相互抵消。飞行器控制系统仅通过控制旋翼的转速来实现飞行器升力和姿态的调节，所以多旋翼飞行器具有操控简单和维护成本低的优点。四旋翼飞行器是目前最常见的多旋翼飞行器，也是民用空中机器人的主流机型。与四旋翼飞行器相比，四个旋翼以上的多旋翼飞行器除了拉力和力矩分配到各个旋翼的方式不同外，其本质和四旋翼飞行器没有太大的区别。

3. 仿生扑翼飞行器

仿生扑翼飞行器是指模仿鸟或者昆虫的飞行方式，通过机翼主动运动产生升力和前行力的飞行器，如图 1-5 所示。相对于固定翼和旋翼飞行器，仿生扑翼飞行器的研究历史更为久远。可以说，人类飞翔的梦想始于仿生扑翼飞行器，而最早实现于固定翼飞行器。时至今日，固定翼和旋翼飞行器已经日臻成熟，而仿生扑翼飞行器依然还在探索当中。但可以明确的一点是，较固定翼和旋翼飞行器，仿生扑翼飞行器在飞行效率和飞行机动性上更具优势。随着现代仿生技术和人工智能水平的不断提高，相信仿生扑翼飞行器在未来也将成为主流飞行器之一。

图 1-5　仿生扑翼飞行器

4. 飞艇

飞艇是一种带有推进和控制系统的、轻于空气的航空器，如图 1-6 所示。这类航空器的机载气囊中充满了密度比空气小的浮升气体（如氢气或者氦气），并通过气囊来产生浮力使飞艇升空。飞艇从 18 世纪诞生以来，经历过蓬勃发展、衰退和再度发展三个阶段，特别是智能控制技术的发展大幅提高了现代飞艇的无人化、智能化水平。与相对成熟的固定翼和旋翼飞行器相比，飞艇在滞空时间和飞行高度上具有无与伦比的优势，特别适合于需要长时间空中作业的应用。但是，飞艇在机动性、抗扰动能力和体积上的缺点依然是制约这类飞行器发展的主要因素。

5. 复合翼飞行器

除了以上介绍的四类飞行器外，有些飞行器是由不同类型飞行器复合而成的，它们会综合不同飞行器的优点。图 1-7 展示了一种综合了固定翼和四旋翼结构的复合翼飞行器。复合翼复合方式的选择是复合翼飞行器设计的主要挑战之一。

图 1-6　飞艇

图 1-7　复合翼飞行器

1.2 空中机器人的发展简史

1903年12月17日，“飞行者一号”(图1-8)在美国莱特兄弟的操控下完成了人类首次完全受控、依靠自身动力、机身比空气重、持续滞空不落地的飞行任务，这标志着飞行器百年发展的大幕正徐徐拉开。

图1-8 美国航空航天博物馆莱特兄弟馆复现的“飞行者一号”模型

虽然空中机器人是一类高度自主化和智能化的飞行器，但其发展历史并不完全等同于飞行器的发展历史。与飞行器机构设计或者动力研究一样，从飞行器诞生的那一刻起，就有研究者和发明家致力于实现飞行器的自主性和智能化。1914年第一次世界大战期间，英国的卡德尔和皮切尔两位将军向英国军事航空学会提出了一项建议：研制一种不用人驾驶而用无线电操纵的小型飞机，使它能够飞到敌方某一目标区上空，投下事先装在其上的炸弹。在他们的建议下，英国军方实施了旨在研发军用无人机的“AT计划”。遗憾的是，1917年在英国皇家飞行训练学校进行了第一次飞行试验，飞行器起飞不久便因为发动机故障而坠毁。这次实验的失败，最终葬送了整个计划。同年，在大洋的彼端，皮特·库柏(Peter Cooper)和埃尔默·A. 斯佩里(Elmer A. Sperry)发明了第一台自动陀螺稳定器。通用公司利用这项成果迅速研发出第一套无线电控制的无人飞行器，即人类历史上第一个真正意义的无人机。在美国军方的要求下，通用公司做了进一步改进，推出了以军事轰炸为目的的“凯特灵(Kettering)空中鱼雷号”无人飞行器。这架飞机能够载重136kg，拥有可拆卸机翼，并且可以巧妙地从装有滚轮的手推车起飞。美国军方下了大量“凯特灵空中鱼雷号”飞行器的订单，但是它们在使用前，战争就已经结束了。“凯特灵空中鱼雷号”并未参加实战便被送入了博物馆。

早期的无人飞行器都是一次性的，每一次执行完任务，飞行器都像是“断了线的风筝”，无法再飞回原点。1935年，“蜂王号”(图1-9)的诞生提高了无人飞行器的实用性。“蜂王号”最高飞行高度超过了5000m，最高航速可达160km/h。较成熟的无人自主技术保障了“蜂王号”的长期使用，它在英国皇家空军的服役时间超过了十年。

在第二次世界大战末期，为了挽回战争的颓势，德国大力发展无人飞行器技术。在这样的背景下，德国工程师弗莱舍·福鲁则浩(Fieseler Flugzeuhau)于1944年设计出了时速超过750km/h的攻击性飞行器——“复仇者一号”(Vergeltungswaffe 1，V1)，如图1-10所示。V1

可以搭载超过 900kg 的爆炸物，可以在程序控制下飞行约 240km，被认为是巡航导弹的雏形。

图 1-9 “蜂王号”

图 1-10 “复仇者一号”

随着第二次世界大战结束，世界被划分成了东西两个阵营，并进入冷战时期。东西阵营为了保持军事优势，研发出了形形色色的军用无人飞行器，具有代表性的有：法国在 20 世纪 50 年代根据德军的 V1 研发出卡车运载的小型战术无人机 CT-10、CT-20 和 R20；美国在 1951 年由瑞安航空研发的世界首架喷气推动无人机瑞安“火蜂号”以及随后推出的高空侦察无人机“萤火虫”。

美国是推动无人飞行器技术实用化的主要国家之一。第二次世界大战之后，美国在后续的一系列局部战争中大量地使用无人飞行器。如在越南战争中，美军的无人飞行器一共出动近 3500 架次，而损失率仅为 4%。无人飞行器在战争中可以用于侦查、信号中继、运输和抛投军需物品以及执行攻击任务等。无人飞行器在战场上的巨大作用和优良表现极大地推动了政府的投入，鼓舞了飞行器厂商的研发热情，新型的军用无人飞行器不断推陈出新，性能也日臻完善。20 世纪 80 年代，美军在黎巴嫩和利比亚的军事任务需要能随时进行侦查、战场伤亡评估和超视距瞄准的廉价无人飞行器。在众多候选无人飞行器的竞争中，“先锋”RQ-2A 无人飞行器以其低廉的价格、轻盈的重量（约 189kg）和卓越的航速（约 174km/h）脱颖而出，并最终成为首批装备美国海军陆战队的无人飞行器。至今，“先锋”系列的无人飞行器仍在服役。

从“先锋”系统无人飞行器开始，无人飞行器逐渐开始从战场中的配角成为战场的主力装备。其中，“全球鹰”系列（图 1-11）和“捕食者”系列（图 1-12）最广为人知。“全球鹰”是美国诺斯洛普-格鲁门公司所生产制造的无人飞行器，它继承了 20 世纪 50 年代声名远扬的有人侦察机 U2 的角色，提供战场后方指挥官综观战场或是细部目标监视的功能。它持续飞行时间可以超过 42h，并装备有高分辨率合成孔径雷达和光电红外线模组，可以看穿云层、沙，并执行夜间侦查任务。“全球鹰”是目前世界上飞行时间最长、距离最远、高度最高的无人飞行器，同时也是第一架得到美国联邦航空管理局（FAA）认证，可以在美国民航机领空飞行的军用无人飞行器。最初的“捕食者”无人飞行器的应用目标和“全球鹰”类似，也是执行战场侦察任务。2012 年开始，美军将携带“地狱火”攻击性导弹的新型“捕食者”无人飞行器定位为包含主动攻击在内的多任务无人飞行器。特别在近几年，“捕食者”系列无人飞行器多次执行刺杀任务，使“捕食者”系列无人飞行器成为最为恐怖的战争武器之一。如 2020 年，伊朗的苏莱曼尼将军就在伊拉克被“捕食者”系列无人飞行器“收割者”暗杀身亡，轰动全世界。

图 1-11 “全球鹰”

图 1-12 “捕食者”

如前文所述，我国在春秋战国时期便有飞行器研究的记载，但是现代无人飞行器的发展却起步较晚。1958 年，北京航空学院（现为北京航空航天大学）试制的“北京五号”无人驾驶飞机是新中国成立后在无人飞行器研究上的首次尝试。1966 年，在模仿苏联“拉-17”无人靶机的基础上，我国成功研制了“长空一号”高空无人靶机（图 1-13），标志着我国从此开始有能力独立研制军用无人飞机。在随后的六十年中，我国科研工作者始终砥砺奋进、不断创新，推出了如 ASN 系统、蜂王系列、彩虹系统、翔鸟系列等，涵盖了从固定翼到旋翼的多款无人飞行器，也填补了我国在军事领域中无人飞行器应用的多个空白。

虽然与世界发达国家相比，我国在无人飞行器技术上依然有不小的差距，但是从 2012 年起，以中国大疆创新科技有限公司为代表的民用无人飞行器公司却引领了一股世界范围内的民用无人飞行器发展热潮，并且极大地推动了无人飞行器的发展。图 1-14 为大疆民用无人机的经典产品，主要面向中低端市场。价格在 1000 美金以下的微小型无人自主飞行器一经推出，就受到了市场极大的欢迎。昔日难得一见的军事利器，而今则是现代新潮人类必备的流行装备。无人飞行器与智能手机一样，已经成为普通民众喜闻乐见的生活工具。从另一个角度，民用市场的广大需求也极大促进了无人飞行器的发展。与以往军事需求不同，考虑到无人飞行器在民用领域各种不同的应用要求、应用操控人员的专业水平要求以及民用成本的要求，民用无人飞行器更倾向于朝着小型化、简易化、智能化和价格低廉化的方向发展，特别是智能化发展要求已经成为现阶段无人飞行器（或者已经被广为接受的另一个称呼“空中机器人”）最主要的发展要求。

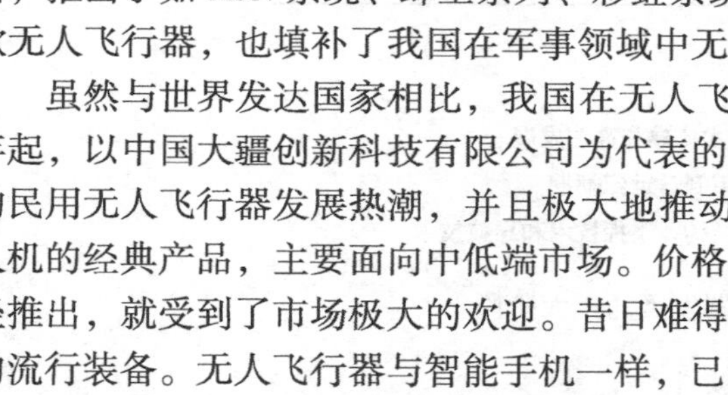

图 1-13 “长空一号”

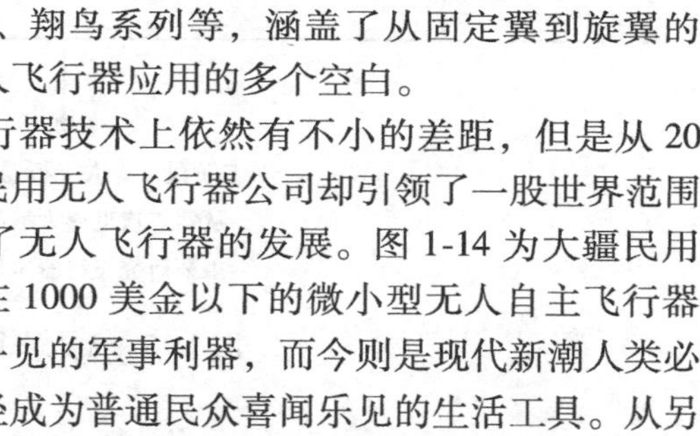

图 1-14 大疆无人机

回顾从无人飞行器启蒙到现代空中机器人的发展简史，可以将无人飞行器的发展分为三个阶段，如图 1-15 所示。从第一次世界大战末期无人飞行器的问世到第二次世界大战末期无人飞行器在军事领域的应用，是无人飞行器发展的第一阶段。这一阶段是无人飞行器早期的启蒙和探索阶段。从第二次世界大战结束到 21 世纪初期，是无人飞行器技术成熟和高速发展阶段。在这一阶段，无人飞行器技术的主要研究方向是飞行器本体结构、飞控技术和导航技术，无人飞行器的主要应用是军事应用。2012 年起，民用无人机开始广泛应用，无人飞行器的发展进入了第三阶段。在这一阶段，用“空中机器人”来称呼智能化无人飞行器已经深入人心，自主化和智能化的发展是该阶段无人飞行器的主要发展方向。区别于前两个阶段，无人飞行器的应用开始渗透到各行各业，并且有着以下四个显著的发展特点：飞控系统开源、配套技术进步、产业链体系趋向完善以及市场需求持续增加。特别值得一提的是：由于智能化无人飞行器的广泛应用，其相关技术知识已经逐渐成为高等院校工程学科专业知识学习中不可缺少的部分，这也是本书撰写的主要原因。

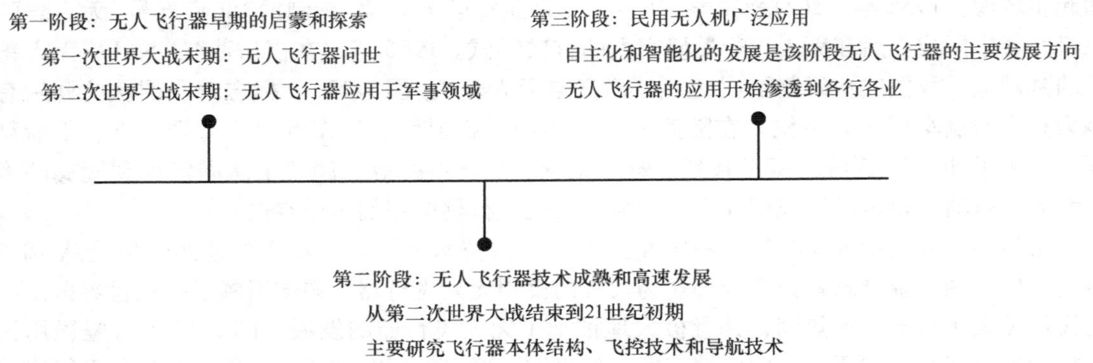

图 1-15　无人飞行器发展的三大阶段

1.3　空中机器人的关键技术

空中机器人作为人工智能集中体现的载体之一，已经成为倍受关注的重要研究方向。这种关注不仅来源于广阔的军事和民用需求，而且也来源于这类智能系统实现的挑战性。作为一种航空器，气动技术和推进技术等传统航空器设计技术依然是保障空中机器人正常飞行的核心技术，但是从机器人的角度出发，目前开发和研究过程中以下几项技术是实现空中机器人系统智能化、自主化应用的关键。

1. 智能控制技术

空中机器人的控制目标是通过调整输入(如螺旋桨转速、机翼倾角等)使机器人实现期望的姿态、速度、位置以及准确的轨迹跟踪等目标。但是，空中机器人在飞行过程中会受到各种干扰，如传感器的噪声与漂移、强风和气流影响，载重变换或倾角变化引起模型变换，这些都会影响空中机器人的飞行品质。因此空中机器人的控制技术就显得尤为重要。面向空中机器人应用，传统的控制技术主要有比例-积分-微分(Proportional Integral Derivative，PID)控制技术和线性二次型调节器(Linear Quadratic Regulator，LQR)控制技术等。这些传统的控制技术能较好地解决模型明晰且输入-输出关系呈现线性关系的系统控制问题。空中机器人是由其机载动力装置与空气相互作用产生动力，这个过程存在较强的非线性关系，并且难以得到精确的解析模型。所以，在传统控制技术已经无法满足应用需求的前提下，使用先进的非线性智能控制方法已经逐渐成为空中机器人的主流控制技术，在这些技术中有 $H\infty$ 控制技术、模糊逻辑控制技术、自适应控制技术和基于神经网络学习的控制技术等。但是，总的来说，这些技术依然需要对控制对象建模（可能不需要非常精确）。对于很多机型和飞行要求，控制水平与期望仍然存在相当的差距，很多控制问题亟待突破和解决。

2. 自主定位和导航技术

自主定位和导航是空中机器人智能化、自主化的主要体现之一，它建立在控制技术和感知技术的基础上，解决"在哪里、去哪里、怎么去"这三个基础机器人导航问题。当传感器信息准确，在工作环境确定的条件下，目前已经有许多成熟的定位和导航方法。但在具体应用中，受到空中机器人负载限制，体积大或者笨重的高精度传感器无法使用，而由于目前低成本微小传感器的性能依然差强人意，并且空中机器人往往需要在未知的、动态的复杂环境中执行任务。因此，研究满足应用需求的自主定位和导航技术存在巨大的挑战。目前，面向空中机器人应用的自主定位和导航技术研究主要集中在以下几个方面：基于多传感器融合的环境感知；动态复杂三维场景中的同步定位和地图构建（Simultaneous Localization And Mapping，SLAM）；动态复杂三维场景中的运动规划与路径规划。

3. 多机智能协作技术

随着空中机器人技术日臻成熟，为了适应复杂的应用，除了提高单机的性能外，还需考虑如何从现有技术为基础发展更有效的空中机器人管理和组织模式。考虑到单机器人能力的不足，人们提出了多机器人协作的概念。相对单机器人，多空中机器人协作可以分散功能分配、提高整体系统的鲁棒性以及提高整体成本效益。但由于空中机器人系统本身就是一个复杂系统，多空中机器人协作将涉及多机编队控制、协同飞行控制、航迹规划、威胁避障等多方面问题，特别是随着协同飞行的空中机器人数量的增加，整个系统的复杂性、动态性、时变性和耦合性都会大幅提高。目前，将自组织机制引入空中机器人平台，真正实现复杂、动态、不确定环境下的空中机器人集群还面临一系列问题，需要解决的关键技术问题主要有：多空中机器人自主编队飞行、集群感知与信息共享、集群智能协同决策、多机器人集群共识自主性等。

4. 健康管理技术

早期面向无人机应用的健康管理技术主要是为了提高飞行器安全监控和故障预警能力，但伴随着无人机系统复杂性的提高和智能化技术的发展，空中机器人的健康管理系统逐渐发展为从前端传感器的信号到后端地面后勤保障的整个过程集成的一个综合大系统。在该系统中实现了故障的预测和诊断、决策的自动化与智能化，从而提高了飞行器系统的安全性、可靠性、完备性，同时也加快了地面任务准备和完成效率。目前可以看到的是健康管理技术使空中机器人系统大幅提高了安全性和可靠性，并降低了整个系统的成本，健康管理系统已经成为智能空中机器人系统中不可缺少的子系统。但是，对于影响空中机器人健康飞行的因素挖掘、飞行风险规避、机器人系统故障诊断和飞行容错控制等方面依然有非常多的问题亟待解决。目前，空中机器人系统的故障诊断和主动容错是健康管理技术研究的主要方面。

1.4 本章小结

本章从陈述空中机器人的概念开始，介绍了空中机器人名称的由来。随后，以飞行方式作为分类标准，简单介绍了固定翼飞行器、旋翼飞行器、仿生扑翼飞行器、飞艇和复合翼飞行器的基本结构和特点。空中机器人的发展经历了一个漫长的阶段，因此本章从空中机器人在军事领域的出现开始介绍了它的发展历程，直到目前在民用市场蓬勃发展。最后，本章简单陈述了空中机器人的关键技术，本书后续各章将围绕着这些关键技术介绍相关的基础知识并作更进一步探讨。

参考文献

[1] 邓涛. 无人机简史[M]. 北京：机械工业出版社，2018.

[2] 周日新. 百年航空[M]. 北京：化学工业出版社，2020.

[3] 全权. 多旋翼飞行器设计与控制[M]. 杜光勋，赵峙尧，戴训华，等译. 北京：电子工业出版社，2018.

[4] 贺威，孙长银. 扑翼飞行机器人系统设计[M]. 北京：化学工业出版社，2019.

[5] 周伟，李五洲，王旭东，等. 多无人机协同控制技术[M]. 北京：北京大学出版社，2019.

[6] 段海滨，邱华鑫. 基于群体智能的无人机集群自主控制[M]. 北京：科学出版社，2019.

[7] 王行仁，龚光红. 飞行控制与飞行仿真[M]. 北京：国防工业出版社，2019.

[8] 宇辰网. 无人机：引领空中机器人新革命[M]. 北京：机械工业出版社，2017.

[9] ANDERSON D F, EBERHARDT S. Understanding Flight [M]. 2nd ed. New York: McGraw Hill, 2009.

[10] MARQUES P ROUCH A D. Advanced UAV Aerodynamics, Flight Stability and Control: Novel Concepts, Theory and Applications [M]. Hoboken: John Wiley & Sons Ltd., 2017.

[11] AUSTIN R. Unmanned Aircraft Systems: UAVs Design, Development and Deployment [M]. Hoboken: John Wiley & Sons Ltd., 2010.

[12] NONAMI K, WANG W, et al. Autonomous Flying Robots: Unmanned Aerial Vehicles and Micro Aerial Vehicles [M]. Berlin: Springer, 2010.

第 2 章

空中机器人基础知识

2.1 空中机器人相关名词解释

空中机器人是一门综合性较强的学科，其知识覆盖面十分广泛，包括机械结构、流体力学、机器人学以及人工智能等众多的知识体系。因此，了解与空中机器人有关的知识内容是对空中机器人进行系统性学习的前提。本节将结合全书内容，对空中机器人的相关名词内涵进行解释。

2.1.1 空中机器人的速度表示

1. 飞行速度

在某坐标系内，飞行器在静止空气中的重心运动轨迹切线方向的速度称为飞行速度，是飞行器重要的飞行性能之一。通常情况下，飞行器只能在预先设计的最小速度和最大速度范围内飞行，超过这个范围时，飞行就不安全甚至不能持续。

飞行速度表征飞行器飞行的快慢，通常飞行器上使用的速度概念可以分为以下四种：真空速、指示空速、地速和垂直速度。

(1) 真空速 飞行器相对于空气的运动速度，或者说考虑空气密度影响的飞行器运动速度，简称为真空速。

(2) 指示空速 指示空速是归化到标准空气速度(即海平面的空气密度 $\rho_0=1.225\mathrm{kg/m^3}$)的真空速，或者说忽略空气密度变化的飞行器运动速度。指示空速又称为仪表空速，是指飞行器仪表显示的空速，可以通过诸如空速管之类的机载仪表进行测量，简称表速。

由于指示空速是归化到海平面空气密度的空速，因此可以通过换算得到实际空速。指示空速虽具有速度的量纲，但它测量的不是速度而是气流总静压力差。指示空速表是防止飞行器低速失速、保证飞行安全的一个重要仪表。

(3) 地速 地速是飞行器相对于地面运动速度的水平分量，也是真空速和风速水平分量的向量和，是飞行器导航的一个重要参数。飞行器的地速可用机载多普勒导航雷达来测量(见脉冲多普勒雷达)，也可利用电影经纬仪、脉冲测量雷达从地面来测定。

(4) 垂直速度 垂直速度是飞行器相对于地面运动速度的垂直分量，即飞行器沿地垂线的上升、下降速度。

2. 马赫数 *Ma*

飞行器在空气中的运动速度与该高度远前方未受扰动的空气中的音速的比值，称为飞行马赫数。马赫数是真空速与音速的比值，是用于描述飞行器速度的常见单位。马赫是一个无量纲参数，也可直接用 *M* 代替。马赫其实是奥地利物理学家恩斯特 · 马赫(Ernst Mach，1838—1916)的名字，由于是他首次引用这个单位，所以用他的名字命名。

由于音速会受到环境(如大气密度、气温)等因素的影响，因此“1 马赫”的速度并不是固定的。在使用马赫描述飞行器速度时，通常需要同时提供飞行高度、大气条件等。1 马赫可写作 *Ma*1.0，表示飞行真空速为飞行环境声速的 1 倍，标准状况下约为 340.3m/s。

马赫数越大，介质压缩性的影响越显著。当飞行器当地马赫数 *Ma* 达到 1 时，形成激波，造成所谓的“音障”现象；当地马赫数 *Ma* 小于 1 而接近 1 称为“亚音速”；当地马赫数 *Ma* 大于 1 称为“超音速”。

3. 亚音速、跨音速、超音速与高超音速

亚音速、超音速与高超音速是根据飞行速度大小所做的分类。亚音速指低于声速的速度，即 $Ma<1.0$ 的速度；超音速指的是高于声速的速度，即 $Ma>1.0$ 的速度；高超音速指大于 5 倍声速，即 $Ma>5.0$ 的速度。

在讨论飞行器的运动规律时，这几个速度分类的定义稍有不同，这是由飞行器结构的不同导致的。由于飞行器自身具有一定的结构特性，飞行器表面各点的气流流速并不一致，因此会出现飞行器表面部分处于超音速流场，其余部分处于亚音速流场的情况，这种情况称为跨音速飞行。跨音速指从飞行器表面某点出现超音速气流到其整体都处于超音速流场的过程，其速度范围通常为 *Ma*0.8~*Ma*1.2。飞行器各速度等级对应马赫数见表 2-1。

表 2-1 飞行器各速度等级对应马赫数

速度等级	马赫数 *Ma*
亚音速	≤0.8
跨音速	0.8~1.2
超音速	1.2~5
高超音速	>5

4. 音障、激波、音爆与马赫锥

(1) 音障 飞行器飞行速度接近音速时，会产生一股强大的阻力，使飞行器产生强烈的振荡，速度衰减，这一现象称为音障。

(2) 激波 飞行器在进行超音速飞行时，会压缩飞行环境的气体产生突跃变化。飞行器对空气的压缩无法向前传播，因此逐渐在飞行器的迎风面形成压缩波，也叫激波。

(3) 音爆 飞行器在突破音障时，由于飞行器本身对空气的压缩无法迅速传播，逐渐在飞行器的迎风面积累而形成激波面，在激波面上声学能量高度集中。这种激波传递到周围环境中，会发出如雷鸣般短暂而强烈的爆炸声，称为音爆。

(4) 马赫锥 飞行器在超音速飞行时，气流的包络面会呈现圆锥状，称为马赫锥。由于在激波面后方气压增加而压缩周围空气，使水汽凝结形成微小的水珠，看上去就像云雾一般，此时便会由于马赫锥而形成可观测的音爆云，如图 2-1 所示。这种云雾通常只能持续几秒钟，激波现身，转瞬即逝。

音爆是物体在空气中的相对运动速度向上突破达到 1 马赫临界点时出现的现象，通常情况下，多为飞行器在超音速飞行时产生的强压力波，传到地面上形成如同雷鸣的爆炸声。飞

图 2-1　音爆云

行器飞行造成的音爆会对地面产生一定的影响，当飞行器飞行高度不高时会产生巨大的声响，这种声响有如地震或重磅炸弹，令耳朵无法承受，有时巨大的振动波还导致墙壁出现裂缝、窗户碎裂，因此很多国家都禁止飞行器在居民区上空进行超音速飞行。

2.1.2　气动布局

1. 飞行包线

飞行包线是指以飞行速度、高度、过载、环境温度等参数为坐标，表示飞行器飞行范围和飞行器使用限制条件的封闭几何图形。飞行包线主要分为以下几种：

（1）平飞速度包线　它主要给出不同高度所允许的平飞最大速度和最大马赫。平飞速度包线以马赫数为横轴、高度为纵轴，从而绘制不同高度下平飞所能达到的最大、最小速度。图 2-2 就是某飞行器的平飞速度包线。

（2）速度过载包线　它主要给出不同飞行速度时对应的最大允许气动过载。速度过载包线以速度为横轴、过载为纵轴，描述在不同飞行速度下的最大正过载与最大负过载。

（3）突风过载包线　它主要给出遇到突风时不同飞行速度允许的最大过载。

（4）飞行高度与环境温度包线　它主要给出不同飞行高度时飞行器允许飞行的环境温度范围。高度-温度包线以环境温度为横轴、飞行器气压高度为纵轴，描述了飞行器在不同气压高度下可以正常运行的温度区间。

飞行包线给出飞行器在使用时速度、载荷、温度等方面的限制范围，是飞机安全使用的重要依据。

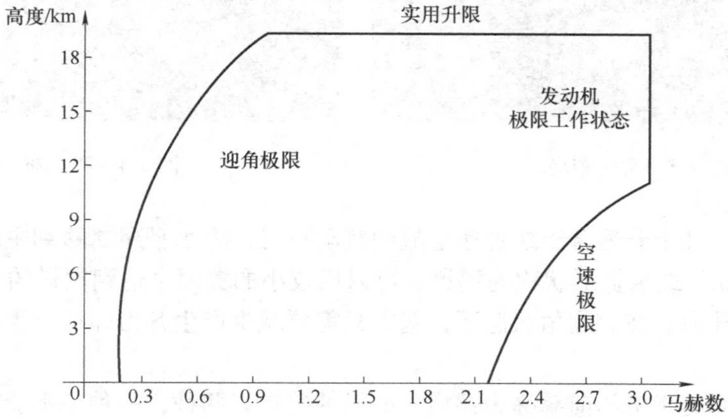

图 2-2　平飞速度包线

2. 气动布局

气动布局是指飞行器上各主要部件的外形设计与位置分布，它与飞机的空气动力、动态特性等密切相关，主要面向于固定翼飞行器的设计。气动布局包含飞行器机翼、机身、翼身、尾翼及各个舵面的形状参数与排布位置。飞行器设计需要根据其设计功能与机动性要求而采取相应的气动布局。常见的气动布局有常规布局、鸭式布局、无尾布局、三翼面布局及飞翼布局等。这些布局都有其各自的特殊性及优缺点，下面予以简要介绍：

(1) 常规(Orthodox)布局 飞机的水平尾翼和垂直尾翼都放在机翼后面的飞机尾部。这种布局也是现代飞机最经常采用的气动布局，因此称之为常规布局，如图 2-3 所示。

常规布局最大的优点是技术成熟，这是航空发展史上最早广泛使用的布局，理论研究已经非常完善，生产技术也成熟而又稳定，同其他气动布局相比各项性能比较均衡，所以目前无论是民用飞机还是军用飞机绝大多数均使用这种气动布局。

常规布局中还有两个变式——变后掠翼布局和前掠翼布局。

1）变后掠翼布局即主翼的后掠角度可以改变，高速飞行可以加大后掠角，相当于飞鸟收起翅膀，低速飞行时减小后掠角，展开翅膀。这种布局的优势在于可以适应高速和低速时的不同要求，起降性能好；缺点是结构的复杂性严重增加了飞机重量，随着发动机技术特别是矢量推力技术的不断发展和鸭翼的应用，这种布局逐渐趋于淘汰。

2）前掠翼布局的特点是主翼前掠而不是后掠，前掠翼布局的机翼前缘与后缘的掠角均为锐角，从飞行器上方俯瞰，其机翼呈“V 字形”结构。前掠翼飞行器在亚音速飞行时具有良好的气动性能，虽然很早就开展了这种气动布局的研制工作，但是因为机翼前掠致命的稳定性问题导致这种技术一直只停留在研发阶段，没有得到实际应用。

(2) 鸭式(Canard)布局 鸭式布局指在主机翼前方设置鸭翼(图 2-4)，将水平稳定面置于主翼前方的气动布局，这使得飞行器的配平阻力得以降低。但鸭翼会使主翼附近的空气产生涡流，一定程度上容易造成飞行器不稳定。

图 2-3 常规布局

图 2-4 鸭式布局

鸭式布局是一种十分适合于超音速空战的气动布局。将水平尾翼移到主翼之前的机头两侧，这称为 Tail-first 或根据形状称为鸭翼，可以用较小的翼面来达到同样的操纵效能，而且前翼也可以产生升力。在大迎角状态下，鸭翼只需要减少产生升力即可产生低头力矩，从而抑制过度抬头。

采用鸭式布局的飞机的前翼称为鸭翼。战机的鸭翼有两种，一种是不能操纵的，其功能是当飞机处在大迎角状态时加强机翼的前缘涡流，改善飞机大迎角状态的性能，也利于飞机的短距起降。有可操纵鸭翼飞机的鸭翼除了用以产生涡流外，还用于改善跨音速过程中安定性骤降的问题，同时也可减少配平阻力，有利于超音速空战。在降落时，鸭翼还可偏转一个很大的负角，起减速板的作用。

（3）无尾（Tailless）布局　无尾布局指没有水平尾翼和鸭翼的气动布局，其操纵都通过主机翼后缘的副翼完成，具有机身载荷小、常规机动性好、超音速阻力小等特点。无平尾、无垂尾和飞翼布局都可以统称为无尾布局，如图 2-5 所示，对于无平尾布局，其基本优点为超音速阻力小和飞机重量较轻。随着隐身成为现代军用飞机的主要要求之一以及新一代战斗机对超音速巡航能力的要求，无尾——特别是无垂尾形式的战斗机方案受到越来越多的重视。

对于一架战斗机而言，实现无尾布局将带来诸多优点：首先，飞行器重量显著减少；其次，因为取消尾部使全机质量更趋合理地沿机翼翼展分布，从而可以减小机翼弯曲载荷，使结构重量进一步减轻；另外，尾翼的取消可以明显减小飞行器的气动阻力，同常规布局相比，其型阻可减小 60%以上，因此取消尾翼之后将使飞行器的目标特征尺寸大为减小，隐身性能得到极大提高；最后，尾翼的取消同时减少了操纵面、作动器和液压系统，从而改善了维修性能以及具有更低的全寿命周期成本。

（4）三翼面（Three-wings）布局　在常规布局的飞机主翼前机身两侧增加一对鸭翼的布局称为三翼面布局，如图 2-6 所示。三翼面的采用使得飞机机动性得到提高，而且易于实现直接力控制达到对飞行轨迹的精确控制，同时使飞机在载荷分配上也更趋合理。

图 2-5　无尾布局

图 2-6　三翼面布局

三翼面布局的前翼所起的作用与鸭式布局的前翼相同，使飞机跨音速和超音速飞行时的机动性较好。这种气动布局的优势是又多了一个可以控制飞机的部位，三个机翼可以更好地平衡分配载重，机动性能更好，对飞机的操控也更精准、更灵活，可以缩短起降距离；缺点是会增加阻力，降低空气动力效率，增加操控系统的复杂程度和生产成本。

（5）飞翼（Flying-wing）布局　飞翼布局没有明确的机身，其内部结构均位于机翼内部，表面允许存在凸起部件。飞翼布局减少了机翼与机身的干扰，大幅减少了飞行阻力，在节省燃料的同时提升了运行经济性；同时，飞翼布局产生的升力比常规布局要大，可有效改善飞行起降性能，尤其适合短距离滑跑起飞。飞翼布局飞行器的难点在于稳定性与操控性。

简单来讲，飞翼布局就是只有飞机翅膀的布局，看上去只有机翼，没有机身，机身和机翼融为一体，如图 2-7 所示。这种布局无疑是空气动力效率最高的布局，因为所有机身结构都是机翼，都可以产生升力，而且最大程度地降低了阻力。因其空气阻力最小，自然雷达波反射也是最小，所以飞翼布局是隐身性能最好的气动布局。飞翼布局的最大缺陷是操控性能极差，完全依赖电子传感控制机翼和发动机的矢量推力，因此飞翼布局没有得到普及，只应用于大型飞机如轰炸机、运输机。

图 2-7　飞翼布局

2.1.3　运动学与动力学

飞行器在外力作用下的运动规律一般是用运动方程来描述的，即应用微分方程的形式描述飞行器的运动和状态参数随时间的变化规律。飞行器的运动方程通常又可分为运动学方程和动力学方程。运动学与动力学是研究机器人特性并对机器人建立模型的重要理论基础。

运动学不涉及物体上的力，仅研究物体在空间中的运动方式。机器人运动学通常在一些规定的坐标系下研究机器人整体或各部件的运动，如描述机体坐标系下固定翼空中机器人的初始状态、角加速度与线加速度，以计算其在地面坐标系中的运动轨迹。动力学以牛顿力学为基础，研究作用于物体的力与物体运动之间的关系。对于空中机器人来说，动力学用于研究空中机器人的驱动力与空中机器人运动之间的关系，如旋翼空中机器人螺旋桨推力与机器人线加速度间的关系。

1. 运动分析的前提

飞行器是一个复杂的动力学系统。严格来说，由于飞行器在飞行过程中的质量是时变的，其结构也具有弹性形变的特性，且地球是一个旋转的不规则球体，不但存在离心加速度和哥式加速度，且重力加速度也随环境、高度而变化。所以，作用于飞行器外部的空气动力与飞行器几何形状、飞行状态参数等因素呈现非常复杂的函数关系。因此，在对飞行器建立运动方程即进行运动学及动力学分析之前，需对刚体飞行器的运动进行假设(针对飞行速度不太高($Ma<3$)，在大气层内飞行的飞行器)：

1）飞行器为刚体且质量是常数。

2）地面坐标轴系为惯性坐标系。

3）忽略地球曲率，即采用所谓的“平板地球假设”。

4）重力加速度不随飞行高度而变化。

5）对于面对称布局的飞行器，机体坐标轴系的 Oxz 平面为飞行器的对称平面(图 2-8 给出了直观解释），且飞行器不仅几何外形对称，其内部质量分布也是对称的；对于轴对称布局的飞行器，机体坐标轴系的 Oxz 平面和 Oxy 平面为飞行器的对称平面（图 2-9 给出了直观解释），且飞行器不仅几何外形对称，其内部质量分布也是对称的。

图 2-8　面对称布局

图 2-8　彩图

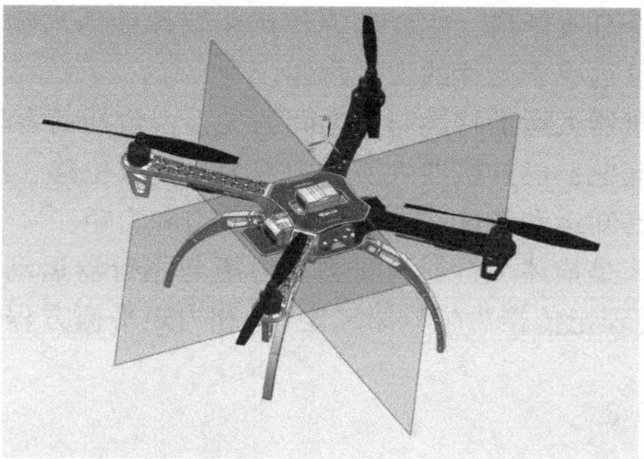

图 2-9　轴对称布局

图 2-9　彩图

刚体飞行器在空间中的运动需要六个自由度（Six-Degrees-of-Freedom，6-DoF）来描述：

1）质心的位移（线运动）：包括飞行器的质心沿地面坐标系的三个轴向的位移，以及飞行速度的增减运动、升降运动和侧移运动。

2）质心的转动（角运动）：包括飞行器的绕机体坐标系的三个轴的转动，以及俯仰角运动、偏航角运动和滚转角运动。

由于飞行器具有一个几何和质量的对称面，根据各自由度之间的耦合强弱程度，可以将六个自由度的运动分为对称平面内运动和非对称平面内的运动：

1）纵向运动（对称平面内运动）：包括速度的增减、质心的升降、绕 y 轴的俯仰角运动。

2）横侧向运动（非对称平面内运动）：包括质心的侧向移动、绕 z 轴的偏航角运动、绕 x 轴的滚转角运动。

2. 运动学

运动学是从几何的角度（指不涉及物体本身的物理性质和加在物体上的力）描述和研究

物体位置随时间的变化规律的力学分支。它以研究质点和刚体这两个简化模型的运动为基础，进一步研究变形体(弹性体、流体等)的运动。

机器人运动学主要对机器人相对参考坐标系的运动进行分析和研究，并不考虑引起这些运动的力和力矩。空中机器人运动学的主要研究内容有：

(1) 位置与姿态描述 空中机器人的位姿包括质心的位置和相对于惯性系的方向，其中质心的位置可以描述为欧氏空间中的一个向量，而它的姿态则是满足某些条件的矩阵群空间中的元素。

(2) 坐标变换 为了能够科学地反映物体的运动特性，通常需要在特定的坐标系中进行运动的描述，分析飞行器的运动特性也需要使用不同的坐标系统。空间飞行器相对姿态的本质就是一个坐标系在另一个坐标系内的姿态描述，因此在描述过程中需要用到不同坐标系之间的转换关系，来确定不同坐标系下飞行器的相对姿态。

(3) 飞行器运动学方程 空中机器人运动学方程通过机体坐标系与地面坐标系的关系，描述机体坐标系下飞行器的角速度、位移量与地面坐标系下的角速度、位移量的关系，即运动学方程描述飞行器相对于地面坐标系下的位置及姿态角状态，包括两种方程：角位置运动学方程和线位置运动学方程。

3. 动力学

动力学是理论力学的一个分支学科，主要研究作用于物体的力与物体运动之间的关系。动力学的研究对象是运动速度远小于光速的宏观物体。

机器人动力学主要研究机器人运动特性与力之间的关系，包括动力学正问题和动力学逆问题两个方面：①动力学正问题：已知机器人所受力或力矩，求位移、速度、加速度、运动轨迹等；②动力学逆问题：已知运动轨迹，求机器人所受力和力矩。

空中机器人动力学方程式是描述飞行器所受力、力矩与飞行器运动参数之间的方程式，包括两种方程：力平衡方程(理论依据为牛顿第二定律)和力矩平衡方程(理论依据为动量矩定理)。

2.1.4 主动控制技术

1. 主动控制技术的概念与出现原因

主动控制技术(Active Control Technology，ACT)是由美国率先提出的一种飞行器设计和控制技术，是利用控制系统提高飞行器性能的一种技术，又称随控布局技术。从飞行器设计的角度来说，主动控制技术就是在飞行器设计的初始阶段就考虑到电传飞行控制系统对总体设计的影响，充分发挥飞行控制系统潜力的一种飞行控制技术。主动控制技术中，气动力、结构、发动机及控制系统为同等重要的四大因素。主动控制技术可以通过飞行控制系统对飞机各方面需求进行协调，从而达到所期望的最佳性能。在这一设计中，飞行控制的地位由被动转化为主动，因此称为主动控制技术。

主动控制思想的出现有两方面的原因：一方面，美国空军战略思想发生改变，从“要导弹不要飞机”变成“发展机动性好的空中优势战斗机”，正是提高飞机机动性的努力使主动控制技术走向航空科技的前缘；另一方面，现代自动飞行控制技术和计算机的迅速发展为主动控制技术的实现奠定了物质基础。从控制的角度来说，主动控制技术实际上是自动控制系统反馈原理的应用和发展。

关于主动控制思想，飞行器上最早的应用是自动驾驶仪，但早期的自动驾驶仪主要是为了减轻驾驶员保持姿态、航向的工作负担，在飞行器上可以接通或断开，因此它对飞行器设计本身不产生直接影响。随着超音速飞机的出现，产生了高空飞行气动阻尼不足的问题，其中最突出的是航向稳定问题，为此采用了增稳系统产生人工阻尼来解决。由于增稳系统所阻尼的是频率较高的短周期振动，这使得驾驶员来不及反应并进行手动操纵，因此增稳系统的功能是无法被人工取代的。增稳系统的采用减轻了飞机本身的设计任务，对飞机设计产生了直接影响。然而，这些增稳系统采用机械操纵系统来进行控制，这使得战斗机在作战时极易被地面炮火击中机械操纵系统而导致坠毁，因此电传操纵系统应运而生，并成为主动控制技术的物质载体。

2. 主动控制技术与常规控制技术的不同

在传统的飞行器设计方法中，控制系统的作用只限于改善已确定飞行器的操纵稳定特性。采用主动控制技术可以在飞行器设计的初始阶段考虑控制系统的作用，综合选择飞行器最佳外形，降低飞行器阻力，减轻飞行器结构重量，从而大大提高飞行器的飞行性能。这一点在传统的设计方法中，单纯依靠合理选择飞行器气动外形、结构参数是难以实现的。主动控制技术在飞行器上的应用始于20世纪60年代；20世纪70年代通过一些飞行器的改装和验证试飞，该技术得到了较快发展；20世纪70年代后期，该技术开始陆续应用于各种类型的飞行器。

常规飞行器设计方法是根据任务的要求，考虑气动力、结构强度和发动机三大因素，并在它们之间进行折中以满足任务要求，因此为了获取某一方面的突出性能，就必须在其他方面做出让步和牺牲。这使得飞行控制系统与其他分系统相同，都处于被动位置，其最主要的功能为辅助驾驶员进行姿态或航迹的控制。

主动控制技术的发展使得飞行器的设计突破了这一格局，该技术把飞行控制系统提高到与气动力、结构强度和发动机同等重要的位置，成为飞行器选型和设计必须考虑的四大因素之一。在飞行器的初始设计阶段就考虑到电传飞行控制系统的作用并综合进行选型，选型后再对飞行控制系统之外的其他分系统提出设计的要求。这样便可放宽对气动力、结构强度和发动机方面的限制，依靠控制系统主动提供人工补偿，飞行控制系统也由原来的被动地位变成主动地位，可以充分发挥飞行控制系统的主动性和潜力。

3. 主动控制技术的优势

采用主动控制技术可以使飞行器具备以下功能：

（1）放宽静稳定度　静稳定度是指气动中心到飞行器重心的距离。气动中心在重心之后，静稳定度为正，飞行器是静稳定的；气动中心在重心之前，静稳定度为负，飞行器是静不稳定的。

研究表明，放宽静稳定度可为战斗机带来效益提升，当静稳定度为-12%平均气动弦长时，飞机的起飞总重可减少8%，所需发动机推力可减少20%，如果再加上控制机动载荷的效果，可使设计总重减少18%。

（2）实现直接力控制　直接力控制是飞行器飞行中的一种不改变飞行器姿态便可控制飞行器的技术，具体是指在不改变飞行器飞行姿态的条件下，通过适当的操纵面控制，提供飞行器的附加升力或侧力，使飞行器作垂直或横侧方向的平移运动。直接力控制是主动控制技术的应用之一。

（3）控制机动载荷　对小型歼击机来说，机动载荷控制的主要目的是提高飞行器的机动性。通过适当偏转机翼上的各操纵面，机翼上的展向载荷（升力）分布接近椭圆形，可减小机翼诱导阻力，以此实现在发动机推力一定的条件下，增加飞机剩余推力来提高飞行器的机动性。

大型飞行器在机动飞行时，机翼上的载荷会达到强度允许的极限。如能减小机动飞行中机翼根部的弯矩，就可以减轻机翼结构重量。这时，机动载荷控制的作用是在不影响飞行器承受过载的能力条件(即升力不变)下，使半翼上升力分布中心向翼根靠近，从而减小机翼根部所受的弯矩，起到减轻机翼重量的作用。

(4) 控制突风载荷 阵风或大气紊流会使飞行器产生颠簸，增加结构疲劳，降低乘坐品质，影响武器投射精度。主动控制技术通过在飞行器适当部位安装加速度计来测得干扰信号，以此控制相应的操纵面偏转，增加状态阻尼，使因阵风或大气紊流引起的机翼升力变化减小。

(5) 控制机体颤振 飞行器机体(机翼、机身、尾翼等)结构在飞行中受到各种振源激励可能产生振动，比如翼面从气流中吸收能量，在气动力、弹性力和惯性力的耦合作用下产生一种不稳定的自激振动——颤振。为了防止颤振和其他共振破坏机体结构，同时为了延长结构的疲劳寿命，使结构振动时的应力保持在较低的水平上，需要对结构的振动加以控制。

采取增加结构刚度、改变质量分布(加配重)等传统方法解决振动问题，会使飞行器自身重量增加。结构振动控制系统可以在不增加飞行器结构重量的条件下控制结构振动。系统由安装在机翼上特定部位的加速度计感受振动信号，经过处理之后，按一定规律驱动机翼后缘操纵面，所产生的阻尼气动力能起抑制振动的作用。

采用主动控制技术的飞行器性能得到很大的提升，主要表现在：①飞行器尺寸得以减少，结构重量得以减轻，且降低了巡航阻力，有效增大了航程；②提高了战斗机的机动性及完成作战任务的效率；③减少结构疲劳的损坏，有效延长使用寿命，并改善了乘坐品质和着陆性能，减轻驾驶员的工作负担；④降低了制造成本及维护费用。

2.2 可控性与稳定性分析方法

2.2.1 可控性分析

可控性又称能控性，是表明系统状态变量可由外输入作用进行控制的一种性能。可控性的概念由鲁道夫·卡尔曼(Rudolf E. Kalman)于1960年首先提出，作为现代控制理论的一个基础性概念，可控性在极点配置、最优控制等问题中发挥着重要作用。

可控性的一般性定义为：如果存在一个控制输入 $\boldsymbol{u}(t)$，在该控制信号的作用下，能在有限时间间隔$[t_0, t_1]$内使得系统从一初态 $\boldsymbol{x}_0(t)$ 转移到零状态，则称此状态 $\boldsymbol{x}_0(t)$ 是完全可控的，简称系统可控。若有一个状态变量不可控，则系统不可控。

对于一个线性时不变系统，有

$$\begin{cases}\dot{\boldsymbol{x}}=\boldsymbol{A}\boldsymbol{x}+\boldsymbol{B}\boldsymbol{u}\\ \boldsymbol{y}=\boldsymbol{C}\boldsymbol{x}+\boldsymbol{D}\boldsymbol{u}\end{cases} \tag{2-1}$$

式中，$\boldsymbol{x}$ 为系统状态变量，$\boldsymbol{u}$ 为系统输入变量，$\boldsymbol{y}$ 为系统输出变量，$\boldsymbol{A}$ 是系统矩阵，$\boldsymbol{B}$ 是输入矩阵，$\boldsymbol{C}$ 是输出矩阵，$\boldsymbol{D}$ 是前馈矩阵。

定义一能控性判别矩阵 $\boldsymbol{Q}_c$

$$\boldsymbol{Q}_c=(\boldsymbol{B}\quad \boldsymbol{AB}\quad \boldsymbol{A}^2\boldsymbol{B}\quad \cdots\quad \boldsymbol{A}^{n-1}\boldsymbol{B}) \tag{2-2}$$

则系统完全可控的充要条件是

$$\operatorname{rank}(\boldsymbol{Q}_c)=n \tag{2-3}$$

式中，n 为系统阶数。

对于可控性有几点注意事项：①状态转移轨迹可随意选择，可控性只是表征系统状态的一个定性特性；②对于控制量 $\boldsymbol{u}(t)$，其每个分量的大小随意但是应属于容许控制，即控制信号的每个分量应在时间区间$[t_0,t_1]$上二次方可积，即$\int_{t_0}^{t_1}|u_i|^2\mathrm{d}t<\infty$；③系统可控性仅与系统本身有关，与输入量无关；④若将定义更改为从零状态转移至任意非零状态，则此时称为系统可达，对应于系统的可达性，在线性时不变系统中可控性与可达性等价。

例 2-1　对于一线性时不变系统，系统矩阵参数该如何取值才能使得系统可控，其中

$$\dot{\boldsymbol{x}}=\begin{pmatrix} a_1 & 1 \\ 0 & a_2 \end{pmatrix}\boldsymbol{x}+\begin{pmatrix} b_1 \\ b_2 \end{pmatrix}u \tag{2-4}$$

解：该系统能控性判别矩阵为

$$\boldsymbol{Q}_c=(\boldsymbol{B}\quad \boldsymbol{AB})=\begin{pmatrix} b_1 & a_1b_1+b_2 \\ b_2 & a_1b_2 \end{pmatrix} \tag{2-5}$$

由于 $\det(\boldsymbol{Q}_c)=\begin{vmatrix} b_1 & a_1b_1+b_2 \\ b_2 & a_1b_2 \end{vmatrix}=-b_2^2$，则当 $b_2\neq0$ 时系统即可保证其能控性。

对于可控系统，状态方程都能转化为能控标准型，而能控标准型一般有两种形式：

1. 能控标准 I 型

对于一单输入能控系统

$$\begin{cases} \dot{\boldsymbol{x}}=\boldsymbol{Ax}+\boldsymbol{Bu} \\ y=\boldsymbol{Cx} \end{cases} \tag{2-6}$$

系统特征多项式记为

$$|\lambda\boldsymbol{I}-\boldsymbol{A}|=\lambda^n+a_{n-1}\lambda^{n-1}+\cdots+a_1\lambda+a_0 \tag{2-7}$$

而系统传递函数可以表示为

$$G(s)=\boldsymbol{C}(s\boldsymbol{I}-\boldsymbol{A})^{-1}\boldsymbol{B}=\frac{\beta_{n-1}s^{n-1}+\cdots+\beta_1s+\beta_0}{s^n+a_{n-1}s^{n-1}+\cdots+a_1s+a_0} \tag{2-8}$$

则定义变换矩阵

$$\boldsymbol{T}_{c1}=(\boldsymbol{A}^{n-1}\boldsymbol{B}\quad \cdots\quad \boldsymbol{AB}\quad \boldsymbol{B})\begin{pmatrix} 1 & \cdots & 0 & 0 \\ a_{n-1} & \cdots & 0 & 0 \\ \vdots & & \vdots & \vdots \\ a_1 & \cdots & a_{n-1} & 1 \end{pmatrix} \tag{2-9}$$

令 $\boldsymbol{x}=\boldsymbol{T}_{c1}\bar{\boldsymbol{x}}$，则系统状态方程变形为

$$\begin{cases} \dot{\bar{\boldsymbol{x}}}=\bar{\boldsymbol{A}}\bar{\boldsymbol{x}}+\bar{\boldsymbol{B}}\boldsymbol{u} \\ y=\bar{\boldsymbol{C}}\bar{\boldsymbol{x}} \end{cases} \tag{2-10}$$

其中

$$\overline{A}=T_{c1}^{-1}AT_{c1}=\begin{pmatrix}0&1&0&\cdots&0\\0&0&1&\cdots&0\\\vdots&\vdots&\vdots&&\vdots\\0&0&0&\cdots&1\\-a_0&-a_1&-a_2&\cdots&-a_{n-1}\end{pmatrix}\tag{2-11}$$

$$\overline{B}=T_{c1}^{-1}B=\begin{pmatrix}0\\0\\\vdots\\0\\1\end{pmatrix}\tag{2-12}$$

$$\overline{C}=CT_{c1}=(\beta_0\quad\beta_1\quad\cdots\quad\beta_{n-1})\tag{2-13}$$

例 2-2 试将下述状态空间表达式转换为能控标准 I 型：

$$\begin{cases}\dot{x}=\begin{pmatrix}1&2&0\\3&-1&1\\0&2&0\end{pmatrix}x+\begin{pmatrix}2\\1\\1\end{pmatrix}u\\y=(0\quad0\quad1)x\end{cases}\tag{2-14}$$

解：首先求出系统的能控性判别矩阵

$$Q_c=(B\quad AB\quad A^2B)=\begin{pmatrix}2&4&16\\1&6&8\\1&2&12\end{pmatrix}\tag{2-15}$$

可知 $\mathrm{rank}(Q_c)=3=n$，即系统可控，因此存在能控标准 I 型。

该系统的特征多项式为

$$|\lambda I-A|=\lambda^3-9\lambda+2\tag{2-16}$$

该系统的传递函数为

$$G(s)=C(sI-A)^{-1}B=\frac{s^2+2s+3}{s^3-9s+2}\tag{2-17}$$

易求得

$$\overline{A}=\begin{pmatrix}0&1&0\\0&0&1\\-a_0&-a_1&-a_2\end{pmatrix}=\begin{pmatrix}0&1&0\\0&0&1\\-2&9&0\end{pmatrix}\tag{2-18}$$

$$\overline{B}=\begin{pmatrix}0\\0\\1\end{pmatrix}\tag{2-19}$$

$$\overline{C}=(\beta_0\quad\beta_1\quad\beta_2)=(3\quad2\quad1)\tag{2-20}$$

则系统能控标准 I 型为

$$\begin{cases}\dot{\overline{x}}=\overline{A}\overline{x}+\overline{B}u\\y=\overline{C}\overline{x}\end{cases}\tag{2-21}$$

2. 能控标准 II 型

当定义系统转换矩阵

$$\boldsymbol{T}_{c2}=\boldsymbol{Q}_c=(\boldsymbol{B}\quad \boldsymbol{AB}\quad \boldsymbol{A}^2\boldsymbol{B}\quad \cdots\quad \boldsymbol{A}^{n-1}\boldsymbol{B}) \tag{2-22}$$

记变换后状态方程为能控标准Ⅱ型。

此时

$$\overline{\boldsymbol{A}}=\boldsymbol{T}_{c2}^{-1}\boldsymbol{A}\boldsymbol{T}_{c2}=\begin{pmatrix}0 & 0 & \cdots & 0 & -a_0\\ 1 & 0 & \cdots & 0 & -a_1\\ 0 & 1 & \cdots & 0 & -a_2\\ \vdots & \vdots & & \vdots & \vdots\\ 0 & 0 & \cdots & 1 & -a_{n-1}\end{pmatrix} \tag{2-23}$$

$$\overline{\boldsymbol{B}}=\boldsymbol{T}_{c2}^{-1}\boldsymbol{B}=\begin{pmatrix}1\\0\\\vdots\\0\end{pmatrix} \tag{2-24}$$

$$\overline{\boldsymbol{C}}=\boldsymbol{C}\boldsymbol{T}_{c2}=(\gamma_0\quad \gamma_1\quad \cdots\quad \gamma_{n-1}) \tag{2-25}$$

例 2-3　试将下述状态空间表达式转换为能控标准Ⅱ型：

$$\begin{cases}\dot{\boldsymbol{x}}=\begin{pmatrix}1 & 2 & 0\\ 3 & -1 & 1\\ 0 & 2 & 0\end{pmatrix}\boldsymbol{x}+\begin{pmatrix}2\\1\\1\end{pmatrix}u\\ \boldsymbol{y}=(0\quad 0\quad 1)\boldsymbol{x}\end{cases} \tag{2-26}$$

解： 与例 2-2 同理，可知该系统可控，且特征多项式为

$$|\lambda\boldsymbol{I}-\boldsymbol{A}|=\lambda^3-9\lambda+2 \tag{2-27}$$

则

$$\boldsymbol{T}_{c2}=\boldsymbol{Q}_c=\begin{pmatrix}2 & 4 & 16\\ 1 & 6 & 8\\ 1 & 2 & 12\end{pmatrix} \tag{2-28}$$

$$\overline{\boldsymbol{A}}=\begin{pmatrix}0 & 0 & -a_0\\ 1 & 0 & -a_1\\ 0 & 1 & -a_2\end{pmatrix}=\begin{pmatrix}0 & 0 & -2\\ 1 & 0 & 9\\ 0 & 1 & 0\end{pmatrix} \tag{2-29}$$

$$\overline{\boldsymbol{B}}=\begin{pmatrix}1\\0\\0\end{pmatrix} \tag{2-30}$$

$$\overline{\boldsymbol{C}}=\boldsymbol{C}\boldsymbol{T}_{c2}=(\boldsymbol{CB}\quad \boldsymbol{CAB}\quad \boldsymbol{CA}^2\boldsymbol{B})=(1\quad 2\quad 12) \tag{2-31}$$

2.2.2　稳定性分析

稳定性是控制系统最重要的性能指标之一，是一类基于平衡状态的概念。系统平衡状态是指当系统处于平衡状态时，在没有外界输入的情况下，系统能够维持在这一状态而不自发运动的一类系统状态。任何系统在扰动的作用下都会偏离平衡状态并产生偏差，而稳定性则是指系统在扰动消失后由初始偏差状态恢复到平衡状态的性能。

一个动态系统一般可以用如下微分方程进行描述

$$\dot{\boldsymbol{x}}=\boldsymbol{f}(t,\boldsymbol{x},\boldsymbol{u}) \tag{2-32}$$

式中，$\boldsymbol{x}\in\mathbb{R}^n$ 表示系统状态，$\boldsymbol{u}\in\mathbb{R}^m$ 表示控制输入，$t\in\mathbb{R}$ 表示时间。实际上，控制输入可以被表征为状态 $\boldsymbol{x}$ 与时间 t 的函数，即

$$\boldsymbol{u}=\boldsymbol{g}(t,\boldsymbol{x}) \tag{2-33}$$

则

$$\dot{\boldsymbol{x}}=\boldsymbol{f}(t,\boldsymbol{x},\boldsymbol{g}(t,\boldsymbol{x}))\triangleq\boldsymbol{f}_c(t,\boldsymbol{x}) \tag{2-34}$$

若 $\boldsymbol{x}^*$ 为平衡点，必须满足

$$\boldsymbol{x}^*=\boldsymbol{f}_c(t,\boldsymbol{x}^*)=0 \tag{2-35}$$

根据上述稳定性定义，假设系统存在一个平衡状态，若系统在有界扰动下偏离了平衡状态，无论扰动引起的初始偏差有多大，系统都能以足够的准确度恢复到原平衡状态，则称这一现象为大范围稳定；若系统受到有界扰动后，仅当初始偏差在某一范围内时，系统才能在扰动消失后恢复到原平衡状态，则称为小范围稳定。对于一线性系统，大范围稳定与小范围稳定是统一的，只有在非线性系统中才会存在小范围稳定而大范围不稳定的情况。

对于某一个系统，任给 $R>0\in\mathbb{R}$，总存在 $r>0\in\mathbb{R}$，使得当 $\|\boldsymbol{x}(0)\|<r$ 时，$\|\boldsymbol{x}(t)\|<R$ 对 $\forall t>0\in\mathbb{R}$ 均成立，则平衡点 $\boldsymbol{x}=\boldsymbol{0}$ 是稳定的，这一稳定性又称为李雅普诺夫(Lyapunov)意义下的稳定。

对于某一个系统，当平衡点 $\boldsymbol{x}=\boldsymbol{0}$ 稳定时，若存在 $r>0\in\mathbb{R}$，使得当 $\|\boldsymbol{x}(0)\|<r$ 时，$\lim_{t\to\infty}\|\boldsymbol{x}(t)\|=0$，则称平衡点 $\boldsymbol{x}=\boldsymbol{0}$ 是渐近稳定的。

对于某一个系统，若存在 α，$\lambda>0\in\mathbb{R}$，使得在原点邻域内对 $\forall\, 0<t<\varepsilon\in\mathbb{R}$($\varepsilon$ 为一微小量)有 $\|\boldsymbol{x}(t)\|\leqslant\alpha\|\boldsymbol{x}(0)\|e^{-\lambda t}$，则称平衡点 $\boldsymbol{x}=\boldsymbol{0}$ 是指数稳定的。

在分析系统稳定性时，最常用的分析方法是李雅普诺夫稳定性分析方法。这一方法是在1892年由俄国学者李雅普诺夫(A. M. Lyapunov)提出的，这一方法基于状态空间描述，可以分为依赖于线性系统微分方程解来判断稳定性的第一方法(间接法)与构造李雅普诺夫函数来判断稳定性的第二方法(直接法)，下面将分别介绍。

1. 李雅普诺夫稳定性的间接判别法

对于一动态系统

$$\dot{\boldsymbol{x}}=\boldsymbol{f}(\boldsymbol{x},t) \tag{2-36}$$

式中，$\boldsymbol{x}=(x_1\quad x_2\quad\cdots\quad x_n)^{\mathrm{T}}$，$\boldsymbol{f}=(f_1\quad f_2\quad\cdots\quad f_n)^{\mathrm{T}}$。设系统平衡点为 $\boldsymbol{x}_e$，在 $\boldsymbol{x}_e$ 处对 $\boldsymbol{f}(\boldsymbol{x},t)$ 进行泰勒展开，有

$$\dot{\boldsymbol{x}}=\frac{\partial}{\partial\boldsymbol{x}^{\mathrm{T}}}\boldsymbol{f}(\boldsymbol{x},t)\Big|_{\boldsymbol{x}=\boldsymbol{x}_e}(\boldsymbol{x}-\boldsymbol{x}_e)+B(\boldsymbol{x},\boldsymbol{x}_e) \tag{2-37}$$

其中

$$\frac{\partial}{\partial\boldsymbol{x}^{\mathrm{T}}}\boldsymbol{f}(\boldsymbol{x},t)=\begin{pmatrix}\dfrac{\partial f_1}{\partial x_1} & \dfrac{\partial f_1}{\partial x_2} & \cdots & \dfrac{\partial f_1}{\partial x_n}\\ \dfrac{\partial f_2}{\partial x_1} & \dfrac{\partial f_2}{\partial x_2} & \cdots & \dfrac{\partial f_2}{\partial x_n}\\ \vdots & \vdots & & \vdots\\ \dfrac{\partial f_n}{\partial x_1} & \dfrac{\partial f_n}{\partial x_2} & \cdots & \dfrac{\partial f_n}{\partial x_n}\end{pmatrix}=\boldsymbol{A}=(a_{ij})_{n\times n} \tag{2-38}$$

为雅可比(Jacobian)矩阵，$B(\boldsymbol{x},\boldsymbol{x}_e)$为泰勒展开的高阶余项。

令$\boldsymbol{z}=\boldsymbol{x}-\boldsymbol{x}_e$，忽略高阶余项$B(\boldsymbol{x},\boldsymbol{x}_e)$，可以得到线性近似模型

$$\dot{\boldsymbol{z}}=\boldsymbol{A}\boldsymbol{z} \tag{2-39}$$

而对于线性定常系统

$$\dot{\boldsymbol{x}}=\boldsymbol{A}\boldsymbol{x} \tag{2-40}$$

其渐近稳定的充要条件是：系统矩阵$\boldsymbol{A}$的全部特征值均位于复平面的左半平面，即$\mathrm{Re}[\boldsymbol{A}(\lambda_i)]<0(i=1,2,\cdots,n)$。

因此，若近似模型渐近稳定(不稳定)，其对应的非线性系统也渐近稳定(不稳定)，即：若$\boldsymbol{A}$的所有特征值均具有负实部，则平衡点$\boldsymbol{x}_e$稳定；一旦存在一个正实数，则平衡点$\boldsymbol{x}_e$不稳定；若存在零特征值，则无法确定，需要通过高阶余项$B(\boldsymbol{x},\boldsymbol{x}_e)$进行最终确定。

例 2-4　对于一个系统$\dot{x}(t)=-[x(t)]^2+x(t)$，$t\in[0,\infty)$，分析系统平衡点处的稳定性。

解：令$\dot{x}(t)=0$，则$-x_e^2+x_e=0$，可知系统平衡点为$x_{e1}=0$，$x_{e2}=1$。易知该系统为非线性系统，在平衡点进行一阶泰勒展开：

$$\dot{x}=\left.\frac{\mathrm{d}f}{\mathrm{d}x}\right|_{x_{e1}=0}(x-0)=(-2x+1)\mid_{x_{e1}=0}(x-0)=(x-0) \tag{2-41}$$

$$\dot{x}=\left.\frac{\mathrm{d}f}{\mathrm{d}x}\right|_{x_{e2}=1}(x-1)=(-2x+1)\mid_{x_{e1}=1}(x-1)=-(x-1) \tag{2-42}$$

由李雅普诺夫间接法判断可知，该系统在平衡状态$x_{e1}=0$处$A_1=1$，有一个正实部特征根，因此不稳定；而该系统在平衡状态$x_{e2}=1$处$A_2=-1$，特征根实部为负，因此渐近稳定。

2. 李雅普诺夫稳定性的直接判别法

设系统状态方程为$\dot{\boldsymbol{x}}=\boldsymbol{f}(\boldsymbol{x},t)$，其平衡状态满足$\boldsymbol{f}(\boldsymbol{0},t)=0$，将状态空间的原点作为平衡状态，并设系统在原点邻域存在一个对$\boldsymbol{x}$的连续一阶偏导数$V(\boldsymbol{x},t)$。若$V(\boldsymbol{x},t)$正定且$\dot{V}(\boldsymbol{x},t)$负定，则可以判定系统在原点渐近稳定($\dot{V}(\boldsymbol{x},t)$负定表示能量随时间连续单调地衰减)；若随着$\|\boldsymbol{x}\|\to\infty$，还有$V(\boldsymbol{x},t)\to\infty$，则系统在原点全局渐近稳定。

反之，若$V(\boldsymbol{x},t)$正定，$\dot{V}(\boldsymbol{x},t)$半负定，且在非零状态恒为零，则系统在原点是李雅普诺夫意义下稳定的；而当$V(\boldsymbol{x},t)$正定，$\dot{V}(\boldsymbol{x},t)$也正定时，系统在原点处不稳定；当$V(\boldsymbol{x},t)$正定，$\dot{V}(\boldsymbol{x},t)$半正定，且在非零状态不恒为零时，也可以判断系统在原点处不稳定。

由上述稳定性定理可知，直接判别法的核心在于对李雅普诺夫函数$V(\boldsymbol{x},t)$的构建。对于定常系统，最常见的函数构建方式为$V(x)=\sum_{i=1}^{n}x_i^2$。

例 2-5　试判别非线性定常系统$\begin{cases}\dot{x}_1=x_2-x_1(x_1^2+x_2^2)\\ \dot{x}_2=-x_1-x_2(x_1^2+x_2^2)\end{cases}$的稳定性。

解：求解方程$\begin{cases}\dot{x}_1=0\\ \dot{x}_2=0\end{cases}$，可得原点为系统唯一平衡状态。

定义李雅普诺夫函数为

$$V(\boldsymbol{x})=x_1^2+x_2^2 \tag{2-43}$$

则

$$\dot{V}(\boldsymbol{x})=\frac{\partial V(x)}{\partial x_1}\dot{x}_1+\frac{\partial V(x)}{\partial x_2}\dot{x}_2=2x_1\dot{x}_1+2x_2\dot{x}_2$$

$$=2x_1[x_2-x_1(x_1^2+x_2^2)]+2x_2[-x_1-x_2(x_1^2+x_2^2)]$$
$$=-2(x_1^2+x_2^2)^2\leqslant 0 \tag{2-44}$$

由于平衡点位置为 $x_1=x_2=0$，在原点邻域范围内 $V(\boldsymbol{x})$ 正定且 $\dot{V}(\boldsymbol{x})$ 负定，因此可以判断系统在原点渐近稳定。而当 $\|\boldsymbol{x}\|=\sqrt{x_1^2+x_2^2}\to\infty$ 时，$V(\boldsymbol{x})\to\infty$，因此系统在原点全局渐近稳定。

2.3 PID 控制器

2.3.1 PID 控制器简介

作为一类早期传统控制方法，PID(Proportional-Integral-Derivative，比例-积分-微分)控制器是一种基于偏差的比例、积分、微分关系进行调节的线性控制器，由于其结构简单、鲁棒性与适应性强、参数易于调整、不过分依赖于精确模型等特点，目前仍是工业控制、机器人控制等应用中最为广泛的一种控制方法。

在控制过程中，控制器根据期望值 y_d 与实际值 y 的偏差 $e=y_d-y$，将偏差的比例(P)、积分(I)、微分(D)通过线性组合构成控制量对被控对象进行控制，其一般性控制律为 $u=K_\mathrm{P}e+K_\mathrm{I}\int e\mathrm{d}t+K_\mathrm{D}\dot{e}$，其传递函数形式为

$$G(s)=\frac{U(s)}{E(s)}=K_\mathrm{P}+K_\mathrm{I}\frac{1}{s}+K_\mathrm{D}s,$$

式中，K_P 为比例系数；K_I 为积分系数；K_D 为微分系数；$T_\mathrm{I}=\frac{K_\mathrm{P}}{K_\mathrm{I}}$为积分时间常数；$T_\mathrm{D}=\frac{K_\mathrm{D}}{K_\mathrm{P}}$为微分时间常数。

PID 控制系统原理框图如图 2-10 所示，定义其中 $r(t)$ 为期望输出，$u(t)$ 为控制器输出即系统实际输入，$y(t)$ 为系统实际输出。

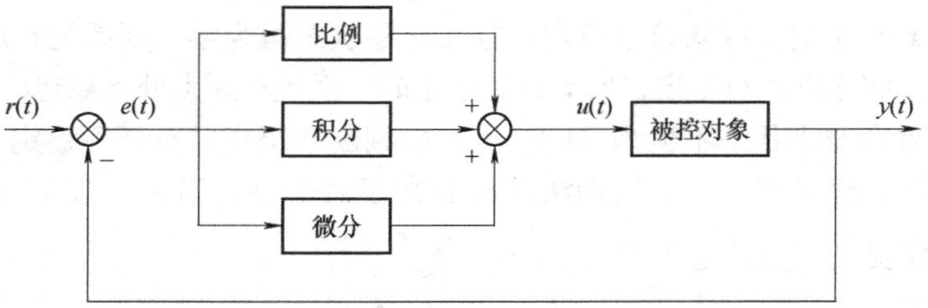

图 2-10　PID 控制系统原理框图

PID 整定过程即是对 K_P、K_I、K_D 三个参数的调整过程，使得最终输出能够达到预期效果。在进行参数整定前，需要先明确比例、积分、微分三个环节的控制作用，以一个简单的二阶系统$G_0(s)=\frac{1}{s^2+2s+1}$为例，将期望输出定为 $r(t)=1$。

1. 比例控制

仅提供比例控制时，控制律可以简化为 $u=K_\mathrm{P}e$，此时控制系统会成比例地反映误差信号，当 $e=0$ 时，控制作用也为 0。令比例系数 $K_\mathrm{P}=1$、10、100，其最终的比例控制效果如图 2-11 所示。

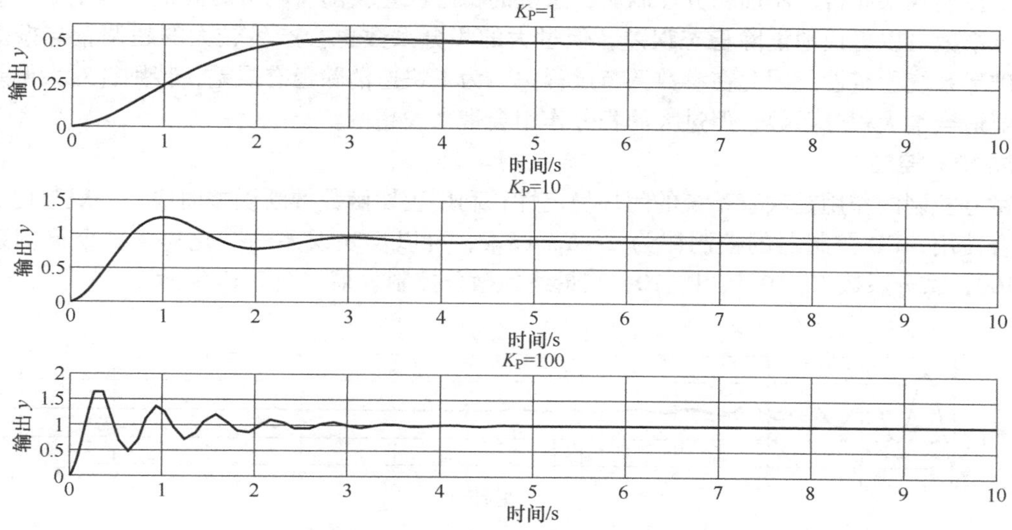

图 2-11　比例控制效果

从控制效果而言，单纯的比例控制存在稳态误差，且随着比例系数的增大，稳态误差逐渐减小，但过大的比例系数会导致系统产生较大的超调甚至会出现振荡，破坏系统的稳定性。因此在参数调节过程中，为了尽量减小偏差、加快响应速度、缩短调节时间，需要适当增大比例系数，但过大的比例作用会使得系统动态性能下降。

2. 积分控制

积分控制的作用是消除稳态误差，使系统成功到达期望点，PI 控制器的控制律为 $u=K_Pe+K_I\int e\mathrm{d}t$，其可以产生使正误差增加、负误差减小的控制指令。令比例系数 $K_P=10$，积分系数 $K_I=0.1$、1、10，其最终的积分控制效果如图 2-12 所示。

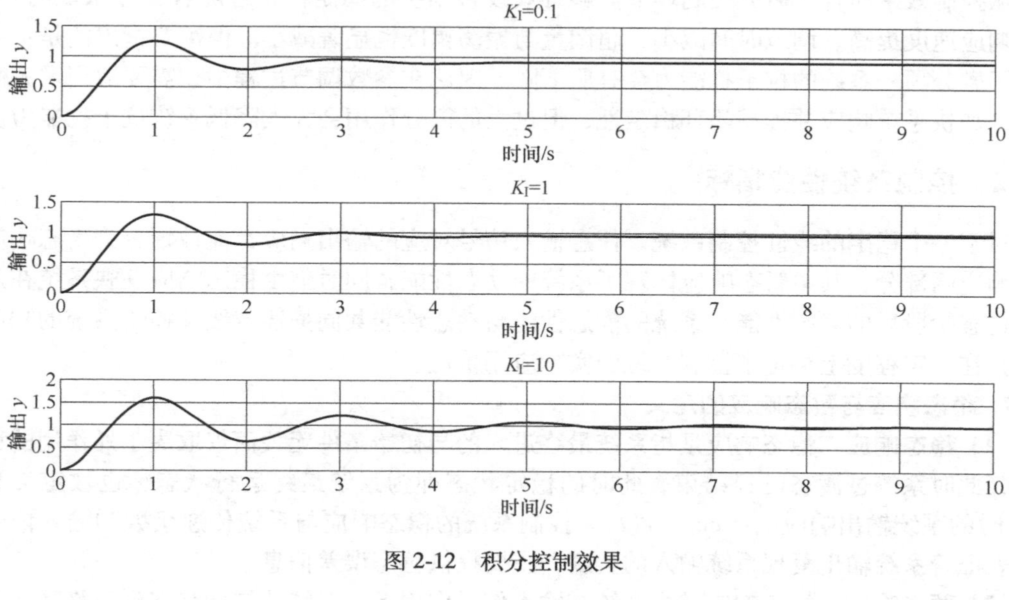

图 2-12　积分控制效果

从控制效果而言，添加积分控制后，系统的稳态误差会随着响应时间最终趋于零，而增大积分系数可以更快地消除稳态误差，但过大的积分系数也会产生较大的超调量与振荡幅度，破坏系统稳定性。因此在参数调节过程中，为了快速消除稳态误差，特别针对大偏差过程需要适当增大积分系数，但过大的积分作用会带来大超调。

3. 微分控制

微分控制的作用是改善系统的闭环稳定性，利用正切函数推断误差曲线，一般与比例控制配合使用，PD 控制器的控制律为 $u=K_Pe+K_D\dot{e}$，可以反映误差的变化速率。令比例系数 $K_P=100$，微分系数 $K_D=0.1$、1、10，其最终的微分控制效果如图 2-13 所示。

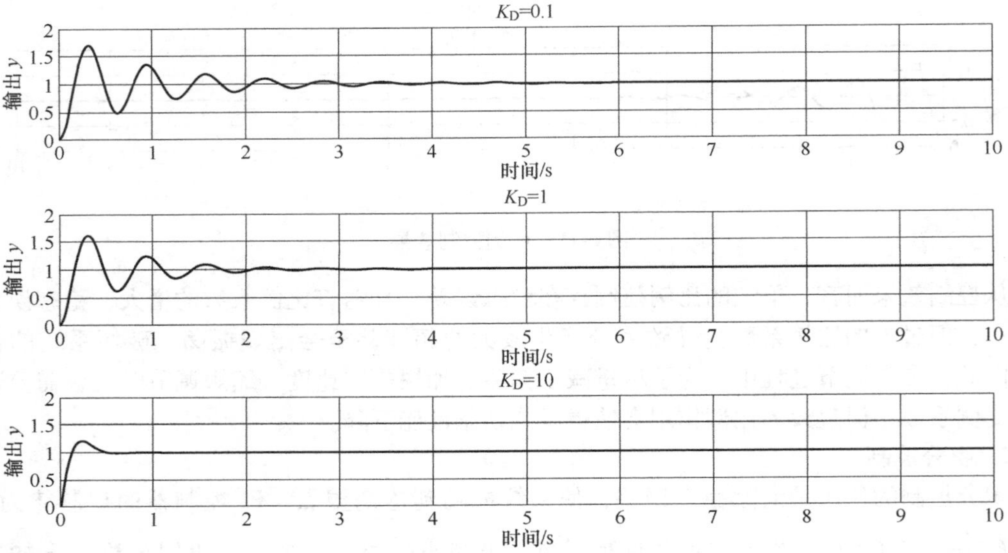

图 2-13　微分控制效果

从控制效果而言，微分控制环节能够有效改善系统的稳定性，且随着微分系数的增大，系统响应速度提高、调节时间减小、超调量与振荡幅度也显著减小。但需要指出的是：由于引入了微分项，系统的抗干扰能力会有所下降。因此在参数调节过程中，需要适当增大微分系数来加快系统响应并提高闭环稳定性，但过大的微分作用会大大降低系统抗干扰能力。

2.3.2　控制系统性能指标

对于一个稳定的线性控制系统，任意输入信号对应的输出响应都能被划分为稳态响应与暂态响应两部分，其中暂态响应体现了系统的动态性能，同时借由稳态响应反映系统在最终达到稳态阶段后的静态性能。系统的静态性能与动态性能共同描述着线性控制系统的响应特性，并在一定程度上决定了控制系统的实际应用价值。

1. 稳态响应与暂态响应的定义

（1）稳态响应　稳态响应是指系统最终进入的与初始条件无关而仅取决于外作用的稳定状态，此时系统过渡态已经结束，此时的稳定状态即为系统最终运行状态，也被定义为当 $t\to\infty$ 时的系统输出响应 $y_s=\lim_{t\to\infty}y(t)$。控制系统的稳态响应与系统传递函数和输入信号有关，表征着系统输出复现系统输入的程度，主要提供稳态误差信息。

（2）暂态响应　暂态响应是指系统在输入信号作用下，系统从初始状态到最终稳态的响应全过程。根据系统结构与参数选择情况，暂态响应有发散、衰减、振荡等几种主要形式。对于一个稳定系统，其暂态响应应表现为衰减态，最终衰减到一定值后稳定，此过程被称为“收敛”。暂态响应可以提供系统的稳定性能指标、响应速度、衰减阻尼等运动信息。

2. 稳态响应与暂态响应的性能指标

稳态响应与暂态响应都是控制系统的重要评价环节，也具有各自不同的性能评价指标：

（1）稳态性能指标　稳态性能指标是表征控制系统精确性的重要指标，通常使用稳态下系统输出期望值与实际值之间的差来衡量，称为稳态误差。若稳态误差为常数，则为静态误差；若稳态误差是一时间函数，则为动态误差。稳态误差是控制系统控制精度与抗干扰能力的一种重要表现。

稳态误差与系统输入信号的阶次及系统型次有关，见表2-2，其中K_p为位置误差系数，K_v为速度误差系数，K_a为加速度误差系数，K为开环比例系数。在拉普拉斯变换下的定义为$e=\lim_{s\to0}sE(s)=\lim_{s\to0}\frac{1}{1+G_0(s)}$，其中$G_0(s)$为系统的开环传递函数。而系统型次仅与开环传递函数有关，若记开环传递函数$G_0(s)=\frac{K\prod_{i=1}^{m}(s+Z_i)}{s^r\prod_{j=1}^{n-r}(s+P_j)}$，则系统型次等于$r$，比如当$r=0$时，该系统就是0型系统。可以通过增大开环放大系数、提高系统型次、采用复合控制的形式来减小或消除系统稳态误差。

表2-2　不同系统型次对应的稳态误差

系统型次	静态误差系数			阶跃输入 $r(t)=R\cdot1(t)$	斜坡输入 $r(t)=Rt$	加速度输入 $r(t)=\frac{Rt^2}{2}$
	K_p	K_v	K_a	位置误差 $e_{ss}=\frac{R}{1+K_p}$	速度误差 $e_{ss}=\frac{R}{K_v}$	加速度误差 $e_{ss}=\frac{R}{K_a}$
0	K	0	0	$\frac{R}{1+K}$	∞	∞
1	∞	K	0	0	$\frac{R}{K}$	∞
2	∞	∞	K	0	0	$\frac{R}{K}$
3	∞	∞	∞	0	0	0

（2）暂态性能指标　对于一个控制系统，除了对控制精度的要求外，控制信号的响应过程也十分重要，一个良好的响应环节能够大大提高系统的实用性，而在响应过程中表现出的相关特性就称其为暂态性能。

一般认为，阶跃响应对系统来说是最为困难的一种工作环境，因其存在突变性，而斜坡、抛物线等输入都存在过渡阶段。那么，若系统在阶跃函数作用下能够达到较好的响应性能，就可以认为系统在其他形式输入函数的作用下也能有良好的响应过程。因此，在大多数情况下会直接采用单位阶跃函数作为测试输入，并在零初始状态下进行分析研究。由于零初始状态下的系统输出量及相应各阶导数均为零，在施加输入信号后，系统会直接反应针对输入信号的响应信号。

这一响应过程中会随时间变化的指标被统称为暂态性能指标，而系统在零初始条件与单位阶跃信号作用下的响应过程曲线被称为系统单位阶跃响应曲线，如图 2-14 所示。常见的典型暂态性能指标有：

1）延迟时间 t_d：指响应曲线第一次达到其稳态值 50%所需要的时间。

2）上升时间 t_r：对于非振荡曲线，指响应曲线第一次从稳态值的 10%上升到 90%所需的时间；而对于振荡曲线，则定义为首次达到稳态值所需的时间。上升时间是系统响应时间的一种度量，上升时间越短，相应的响应速度也就越快。

3）峰值时间 t_p：指响应曲线第一次达到峰值的时间。峰值时间是系统敏感性的一种度量，峰值时间越短，表明控制系统越灵敏。

4）调节时间 t_s：指响应曲线达到稳态的时间，但工程上一般取响应曲线最后进入偏离稳态值的误差为±5%的范围并不再超出这个范围的时间。调节时间反映了系统的响应时间，一般与控制系统传递函数中的最大时间常数有关，调节时间越短，系统响应越快。

5）超调量 σ：指响应曲线第一次超过稳态值达到峰值时，超过部分的幅度与稳态值的比值，即 $\sigma\%=\dfrac{f(t_p)-f(\infty)}{f(\infty)}\times100\%$。

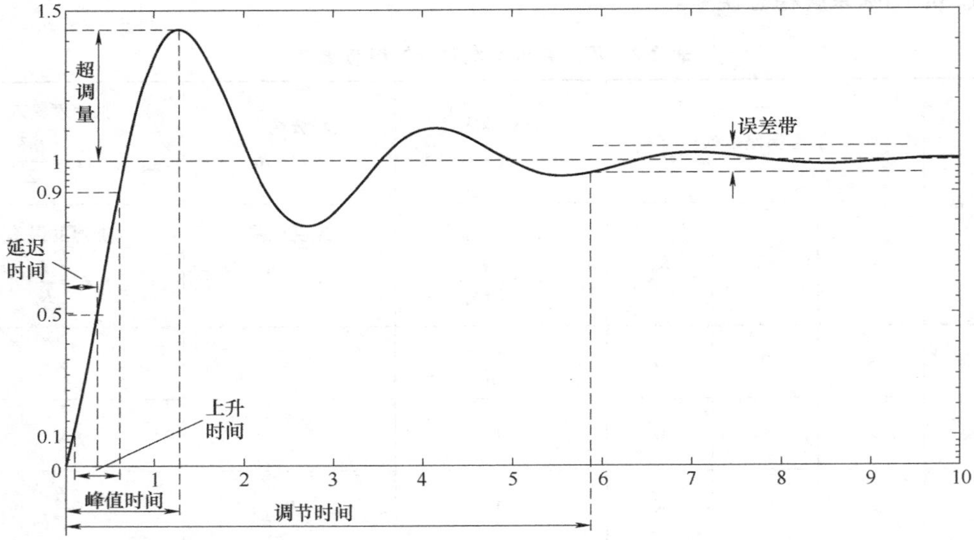

图 2-14　典型暂态性能指标

综上所述，上升时间与峰值时间反映了系统的初始快速响应特性，调节时间反映了系统的整体快速响应特性，超调量反映了系统的平稳性，稳态误差则反映了系统的调节精度。

根据这几项稳态、暂态性能指标，就可以对当前系统响应进行评估，并通过参数调整使其达到更好的响应状态。

2.3.3　PID 控制器参数整定

PID 控制器的控制效果主要取决于三个控制器参数 K_P、K_I、K_D 的设定，因此在 PID 控制系统的设计环节中对各参数数值的设置十分重要。在整定 PID 参数时，一般需要根据系统稳态、暂态性能指标与比例、积分、微分各控制环节的具体作用进行调整，使得最终系统响应曲线符合期望性能指标。

1. PID 控制器参数整定方法

在 PID 整定过程中，除去经验法，比较常见的有三种整定方法：临界比例度法、衰减曲线法与反应曲线法。

（1）临界比例度法（Z-N 法）　临界比例度法是由齐格勒（Ziegler）与尼科尔斯（Nichols）提出的一种 PID 整定方法，这一方法基于闭环响应，不需要测试系统的动态特性。其具体步骤如下：

1）削去积分控制环节与微分控制环节（令 $K_I=K_D=0$），并调节比例作用至一个较小值，将该控制系统投入闭环运行。

2）逐渐增大比例系数 K_P，直至系统响应曲线呈现等幅振荡，记此时的比例系数为 K_c，振荡周期为 T_c。

3）根据 K_c、T_c，参照表 2-3 的公式，计算出控制器最终的整定参数。

表 2-3　临界比例度法参数计算公式表

控制规律	K_P	T_I	T_D
P	$0.5K_c$		
PI	$0.45K_c$	$0.83T_c$	
PID	$0.6K_c$	$0.5T_c$	$0.12T_c$

临界比例度法形式简单、应用方便，但在实际应用中存在一定的局限性：一是实际对象往往并不允许出现等幅振荡过程，这可能会对实际系统产生不可估量的损坏；二是部分系统可能无法出现正常操作范围内的等幅振荡，一旦超出正常范围，操作难度与危害性将大大上升。

（2）衰减曲线法　衰减曲线法的基本操作与临界比例度法相似，但却不需要出现等幅振荡过程，其具体步骤如下：

1）削去积分控制环节与微分控制环节（令 $K_I=K_D=0$），并调节比例作用至一个较小值，将该控制系统投入闭环运行。

2）逐渐增大比例系数 K_P，直至系统响应曲线的衰减比为 4∶1 或者 10∶1（衰减比是指响应曲线第一个峰值与稳态值的差 $B_1=f(t_p)-f(\infty)$ 同第二个峰值与稳态值的差 $B_2=f(t_{p,2})-f(\infty)$ 的比值），记此时的比例系数为 K_c，两个相邻波峰的间隔时间为 T_s，上升时间为 T_r。

3）根据 K_c、T_s、T_r，参照表 2-4 的公式，计算出控制器最终的整定参数。

表 2-4　衰减曲线法参数计算公式表

衰减比	控制规律	K_P	T_I	T_D
4∶1	P	K_c		
	PI	$\frac{5}{6}K_c$	$0.5T_s$	
	PID	$1.25K_c$	$0.3T_s$	$0.1T_s$

（续）

衰 减 比	控 制 规 律	K_P	T_I	T_D
10 : 1	P	K_c		
	PI	$\frac{5}{6}K_c$	$2T_r$	
	PID	$1.25K_c$	$1.2T_r$	$0.4T_r$

衰减曲线法避免了等幅振荡的问题，但在确定衰减比的环节增加了新的困难，如何准确确定衰减比的大小是该方法的一个难题。

(3) 反应曲线法 临界比例度法与衰减曲线法都是基于闭环响应的整定方法，但在某些场合下，闭环响应可能存在一定的局限(比如无法实现等幅振荡、无法实现指定衰减比等)，而开环响应曲线更易得到，这种情况催生了反应曲线法这一开环整定方法。

不同于闭环响应，开环响应的参数整定均基于"广义模型"，广义模型是指一个包含对象模型及反馈通道的组合模型，其输入为控制器输出，而输出则是反馈信号。针对图 2-15 中某广义对象在实验中对应特定输入的响应曲线，定义以下几组参数：

$$K=\frac{y_1-y_0}{y_{max}-y_{min}}\Big/\frac{u_1-u_0}{u_{max}-u_{min}} \tag{2-45}$$

$$T=1.5\times(t_{0.632\Delta}-t_{0.283\Delta}) \tag{2-46}$$

$$\tau=t_{0.632\Delta}-T-T_0 \tag{2-47}$$

式中，y_1 为输出稳态值，y_0 为输出初始值，y_{max} 为输出曲线最大值，y_{min} 为输出曲线最小值；u_1 为输入稳态值，u_0 为输入初始值，u_{max} 为输入函数最大值，u_{min} 为输入函数最小值；$t_{0.632\Delta}$ 为输出值 $y=0.632\times(y_1-y_0)+y_0$ 对应的时间，$t_{0.283\Delta}$ 为输出值 $y=0.283\times(y_1-y_0)+y_0$ 对应的时间；T_0 为输入函数作用时间。

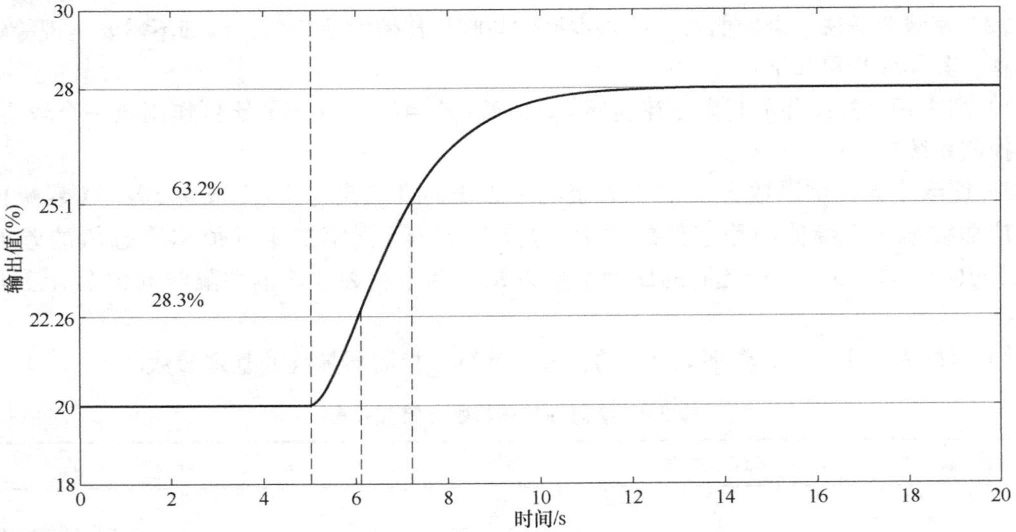

图 2-15 反应曲线法

反应曲线法的具体步骤如下：

1）断开系统闭环连接，将控制器输出手动调节为阶跃信号，并记录此时被控变量的响应曲线。

2）根据单位阶跃响应曲线求取广义对象的近似模型与模型参数，包括控制增益 K、时间常数 T 与延时系数 τ。

3）根据控制器类型与对象模型，选择 PID 参数并投入闭环运行。

4）根据系统闭环响应情况，微调比例系数 K_P 直至输出符合预期。

2. 两种常见整定规则

参数表有两种常见整定规则：

（1）Ziegler-Nichols 法（表 2-5）

表 2-5　Ziegler-Nichols 法参数计算公式表

控制器类型	K_P	T_I	T_D
P	$\frac{1}{K}\cdot\frac{T}{\tau}$	∞	0
PI	$\frac{0.9}{K}\cdot\frac{T}{\tau}$	3.33τ	0
PID	$\frac{1.2}{K}\cdot\frac{T}{\tau}$	2.0τ	0.5τ

该整定规则的适用条件为：$0<\tau<T$。

（2）Lambda 法（表 2-6）

表 2-6　Lambda 法参数计算公式表

控制器类型	K_P	T_I	T_D	取值
P	$\frac{1}{K}\cdot\frac{T}{\tau+\lambda}$	0	0	$\lambda=0$
PI	$\frac{1}{K}\cdot\frac{T}{\tau+\lambda}$	T	0	$\lambda=\tau$
PID	$\frac{1}{K}\cdot\frac{T}{\tau+\lambda}$	T	0.5τ	$\lambda=0.2\tau$

该整定规则不受 T、τ 取值的限制，适用性较广。

上述三种参数整定方法都是通过试验数据进行特征参数获取的，但均有其独特性。其中反应曲线法的限制条件较少，通用性强，但在获取参数后仍需要进行微调；临界比例度法操作简单，但对被控系统的特性有一定要求，且对比例调节下本质稳定的被控系统不适用；衰减曲线法对于衰减比较大的系统可以达到较高精度，但对快速变化的系统并不适用。而对于外界干扰的影响，闭环整定方法对于干扰有较好的抑制作用，开环整定方法则表现较差。综上所述，衰减曲线法最佳，临界比例度法次之，而反应曲线法最差。需要指出的是，无论采取哪一类整定方法，其得到的理论参数都需要在实际运行后针对实际响应曲线进行适当调整与完善，以达到更好的控制效果，而在这一微调阶段，应根据各控制环节的主要控制作用凭借经验进行参数修正，一般的经验准则为：响应速度调整 K_P、稳态误差调整 K_I、稳定性调整 K_D。

2.4 贝叶斯准则

18世纪，托马斯·贝叶斯(Thomas Bayes)提出了一种区别于传统概率方法的推理准则，用于计算随机事件的条件概率。这一方法的提出基于一种思考：人们总会根据不确定信息做出推理与决策，在这一过程中存在主观概率估计，但这一主观估计在传统计算中并未被计入。

在理解贝叶斯估计之前，需要先对传统经典学派概率进行一定的认知。经典学派概率从自然的角度出发，试图直接为事件本身建模，比如事件 A 在独立试验中的频率接近于极限 p_A，那么就认为事件 A 的概率为 p_A，可以表示为 $P(A)=p_A$。因此在经典学派的观念中，事件概率 p 是固定的，而样本 X 是随机的，需要重点研究的是样本分布。

但贝叶斯派却认为事件概率 p 是随机的，反而样本 X 是固定的，因此需要重点研究的是概率分布。关于这一分歧，可以用一个简单的实际问题进行说明。面对一架自主飞行的四旋翼飞行器，在面临前方障碍物时，需要做出规避动作，假设只存在向左规避与向右规避两种情况。那么，在经典学派的观点下，飞行器向左、右规避的概率分别是50%，但在贝叶斯派的观点下，飞行器向左、右规避的概率并不一定相等，需要基于额外的信息进行判定。这就引入了贝叶斯估计中极其重要的组成部分——先验概率。

先验概率又称为边缘概率，是指根据以往经验和分析得到的某个事件的发生概率。因此贝叶斯派提出的概率求解思路是

$$\text{先验分布 } \pi(p) + \text{样本信息 } X \Rightarrow \text{后验分布 } \pi(p \mid X)$$

这种思考模式映射的是一种估计思维，即新观察到的样本信息会修正以前对这一事物的认知，而面对新的样本时，先验知识会影响对事件结果的判断。从这一角度，贝叶斯估计方法符合人们日常生活的思考方式，也符合认知事物的基本规律，这也是贝叶斯方法得到发展的重要原因。

贝叶斯方法的核心是贝叶斯准则，也被称为贝叶斯公式，即

$$P(x \mid y)=\frac{P(y \mid x)P(x)}{P(y)}=\frac{P(y \mid x)P(x)}{\sum_{x_i} P(y \mid x_i)P(x_i)} \tag{2-48}$$

式中，x 为状态变量；y 为检测数据；$P(x \mid y)$ 表示在已知测量值 y 的情况下状态变量为 x 的概率，也称为 x 在 y 上的后验概率(条件概率)；$P(y \mid x)$ 则表示由状态变量 x 引起测量值等于 y 的概率，常称为生成模型。

贝叶斯公式的推导完全基于条件概率公式。假设存在两类事件 A、B，则在事件 B 已发生的条件下触发事件 A 的概率为

$$P(A \mid B)=P(A \cap B)/P(B) \tag{2-49}$$

同样地，在事件 A 已发生的条件下触发事件 B 的概率为

$$P(B \mid A)=P(A \cap B)/P(A) \tag{2-50}$$

联立可得

$$P(A \mid B)P(B)=P(A \cap B)=P(B \mid A)P(A) \tag{2-51}$$

$$P(A \mid B)=\frac{P(B \mid A)P(A)}{P(B)} \tag{2-52}$$

例 2-6 在某一次飞行过程中，飞行器前方出现障碍墙，此时仅有两种规避路线，即向

左规避与向右规避。已知在大数据统计下，此时飞行器向右规避的概率为65%，而向左规避的概率为35%。最终飞行器成功完成规避动作，目击者称飞行器实现了向左规避，但由于记忆比较模糊，置信概率仅为80%，求飞行器在本次规避动作中采用向左规避的概率。

解：记向左规避的先验概率为$P(A)=0.35$，向右规避的先验概率为$P(\overline{A})=0.65$，目击者记忆正确的概率为$P(B|A)=0.8$，由贝叶斯公式可知，有

$$P(A|B)=\frac{P(B|A)P(A)}{P(B)}=\frac{P(B|A)P(A)}{P(A)P(B|A)+P(B|\overline{A})P(\overline{A})}=0.683$$

2.5　卡尔曼滤波器

2.5.1　卡尔曼滤波器原理简介

卡尔曼滤波器是一种基于线性时变系统的高效自回归滤波器，它能够从一系列不完全及包含噪声的测量中估计系统的状态。其基本思想是：假定截止k时刻，传感器得到的观测信号为$\boldsymbol{Z}_k(z_1,\cdots,z_k)$，根据该观测序列可以确定目标状态的估计值$\hat{\boldsymbol{x}}_k$。因此卡尔曼滤波的实质是由测量值重构系统的状态向量，以"预测-测量-修正"的顺序实现状态估计递推，根据测量值来消除随机干扰的方式再现系统状态。卡尔曼滤波的应用存在三个基本前提：①系统属于线性系统；②系统噪声、测量噪声均服从高斯分布；③符合贝叶斯滤波的马尔可夫假设（过去以及未来的数据都是独立的，即k时刻的状态$\boldsymbol{x}_k$只能由$\boldsymbol{x}_{k-1}$得到而与$\boldsymbol{x}_0\sim\boldsymbol{x}_{k-2}$无关）。

卡尔曼滤波具有如下性质：

1）卡尔曼滤波是一个算法，它适用于线性、离散和有限维系统。每一个有外部变量的自回归移动平均系统或可用有理传递函数表示的系统都可以转换成用状态空间表示的系统，从而能用卡尔曼滤波进行计算。

2）任何一组观测数据都无助于消除状态的不确定性，状态观测器的增益也与观测数据无关。

3）当观测数据和状态联合服从高斯分布时，用卡尔曼递归公式计算得到的是高斯随机变量的条件均值和条件方差，从而卡尔曼滤波公式给出了计算状态的条件概率密度的更新过程线性最小方差估计，也就是最小方差估计。

假设存在一个线性系统的状态差分方程为

$$\boldsymbol{x}_k=\boldsymbol{A}\boldsymbol{x}_{k-1}+\boldsymbol{B}\boldsymbol{u}_k+\boldsymbol{w}_k \tag{2-53}$$

式中，$\boldsymbol{x}_k$、$\boldsymbol{x}_{k-1}$是系统在k、$k-1$时刻的状态向量，$\boldsymbol{A}$为状态转换矩阵，$\boldsymbol{u}_k$是系统在k时刻的输入，$\boldsymbol{B}$是输入控制矩阵，$\boldsymbol{w}_k$是系统在k时刻的噪声，满足$\boldsymbol{w}_k\sim N(\boldsymbol{0},\boldsymbol{Q}_k)$，其中$\boldsymbol{Q}_k$是协方差矩阵。

对于该线性系统，存在观测方程

$$z_k=\boldsymbol{H}_k\boldsymbol{x}_k+\boldsymbol{v}_k \tag{2-54}$$

式中，z_k是k时刻的观测值，$\boldsymbol{H}_k$是观测矩阵，体现的是从真实状态空间到观测空间的映射，$\boldsymbol{v}_k$是k时刻的观测噪声，满足$\boldsymbol{v}_k\sim N(\boldsymbol{0},\boldsymbol{R}_k)$，其中$\boldsymbol{R}_k$是协方差矩阵。

在已知$k-1$个观测值的情况下，可以简单估计k时刻的系统状态为

$$\hat{\boldsymbol{x}}_{k|k-1}=\boldsymbol{A}\hat{\boldsymbol{x}}_{k-1}+\boldsymbol{B}\boldsymbol{u}_k \tag{2-55}$$

根据该估计值可以计算其与观测值之间的偏差，记作估计偏差，即

$$\hat{\boldsymbol{y}}_k=\boldsymbol{z}_k-\boldsymbol{H}_k\hat{\boldsymbol{x}}_{k|k-1} \tag{2-56}$$

据此可对估计状态进行修正，有

$$\hat{\boldsymbol{x}}_k=\hat{\boldsymbol{x}}_{k|k-1}+\boldsymbol{K}_k\hat{\boldsymbol{y}}_k \tag{2-57}$$

式中，$\boldsymbol{K}_k$ 称为 k 时刻的卡尔曼增益。在计算卡尔曼增益前，先定义几个协方差变量：

$$\boldsymbol{P}_k=\operatorname{cov}(\boldsymbol{x}_k-\hat{\boldsymbol{x}}_k) \tag{2-58}$$

$$\boldsymbol{P}_{k|k-1}=\operatorname{cov}(\boldsymbol{x}_k-\hat{\boldsymbol{x}}_{k|k-1}) \tag{2-59}$$

$$\boldsymbol{S}_k=\operatorname{cov}(\hat{\boldsymbol{y}}_k) \tag{2-60}$$

对上述协方差公式进行变换，可知

$$\begin{aligned}\boldsymbol{S}_k&=\operatorname{cov}(\hat{\boldsymbol{y}}_k)=\operatorname{cov}(\boldsymbol{z}_k-\boldsymbol{H}_k\hat{\boldsymbol{x}}_{k|k-1})=\operatorname{cov}(\boldsymbol{H}_k\boldsymbol{x}_k+\boldsymbol{v}_k-\boldsymbol{H}_k\hat{\boldsymbol{x}}_{k|k-1})\\&=\boldsymbol{H}_k\operatorname{cov}(\boldsymbol{x}_k-\hat{\boldsymbol{x}}_{k|k-1})\boldsymbol{H}_k^{\mathrm{T}}+\operatorname{cov}(\boldsymbol{v}_k)=\boldsymbol{H}_k\boldsymbol{P}_{k|k-1}\boldsymbol{H}_k^{\mathrm{T}}+\boldsymbol{R}_k\end{aligned} \tag{2-61}$$

$$\begin{aligned}\boldsymbol{P}_{k|k-1}&=\operatorname{cov}(\boldsymbol{x}_k-\hat{\boldsymbol{x}}_{k|k-1})=\operatorname{cov}(\boldsymbol{A}\boldsymbol{x}_{k-1}+\boldsymbol{B}\boldsymbol{u}_k+\boldsymbol{w}_k-\boldsymbol{A}\hat{\boldsymbol{x}}_{k-1}-\boldsymbol{B}\boldsymbol{u}_k)\\&=\boldsymbol{A}\operatorname{cov}(\boldsymbol{x}_{k-1}-\hat{\boldsymbol{x}}_{k-1})\boldsymbol{A}^{\mathrm{T}}+\operatorname{cov}(\boldsymbol{w}_k)=\boldsymbol{A}\boldsymbol{P}_{k-1}\boldsymbol{A}^{\mathrm{T}}+\boldsymbol{Q}_k\end{aligned} \tag{2-62}$$

$$\begin{aligned}\boldsymbol{P}_k&=\operatorname{cov}(\boldsymbol{x}_k-\hat{\boldsymbol{x}}_k)=\operatorname{cov}(\boldsymbol{x}_k-\hat{\boldsymbol{x}}_{k|k-1}-\boldsymbol{K}_k\hat{\boldsymbol{y}}_k)\\&=\operatorname{cov}(\boldsymbol{x}_k-\hat{\boldsymbol{x}}_{k|k-1}-\boldsymbol{K}_k(\boldsymbol{H}_k\boldsymbol{x}_k+\boldsymbol{v}_k-\boldsymbol{H}_k\hat{\boldsymbol{x}}_{k|k-1}))\\&=\operatorname{cov}((\boldsymbol{I}-\boldsymbol{K}_k\boldsymbol{H}_k)(\boldsymbol{x}_k-\hat{\boldsymbol{x}}_{k|k-1})-\boldsymbol{K}_k\boldsymbol{v}_k)\\&=(\boldsymbol{I}-\boldsymbol{K}_k\boldsymbol{H}_k)\boldsymbol{P}_{k|k-1}(\boldsymbol{I}-\boldsymbol{K}_k\boldsymbol{H}_k)^{\mathrm{T}}+\boldsymbol{K}_k\boldsymbol{R}_k\boldsymbol{K}_k^{\mathrm{T}}\\&=\boldsymbol{P}_{k|k-1}-\boldsymbol{K}_k\boldsymbol{H}_k\boldsymbol{P}_{k|k-1}-\boldsymbol{P}_{k|k-1}\boldsymbol{H}_k^{\mathrm{T}}\boldsymbol{K}_k^{\mathrm{T}}+\boldsymbol{K}_k(\boldsymbol{H}_k\boldsymbol{P}_{k|k-1}\boldsymbol{H}_k^{\mathrm{T}}+\boldsymbol{R}_k)\boldsymbol{K}_k^{\mathrm{T}}\\&=\boldsymbol{P}_{k|k-1}-\boldsymbol{K}_k\boldsymbol{H}_k\boldsymbol{P}_{k|k-1}-\boldsymbol{P}_{k|k-1}\boldsymbol{H}_k^{\mathrm{T}}\boldsymbol{K}_k^{\mathrm{T}}+\boldsymbol{K}_k\boldsymbol{S}_k\boldsymbol{K}_k^{\mathrm{T}}\end{aligned} \tag{2-63}$$

在估计过程中，需要对估计过程进行优化以得到最佳状态估计值，这一过程可以转换为均方误差的最小化问题，即最小化 $|\boldsymbol{x}_k-\hat{\boldsymbol{x}}_k|^2=\operatorname{tr}(\boldsymbol{P}_k)$。

令

$$\begin{aligned}\frac{\partial\operatorname{tr}(\boldsymbol{P}_k)}{\partial\boldsymbol{K}_k}=\boldsymbol{0}&=\frac{\partial}{\partial\boldsymbol{K}_k}\operatorname{tr}(\boldsymbol{P}_{k|k-1}-\boldsymbol{K}_k\boldsymbol{H}_k\boldsymbol{P}_{k|k-1}-\boldsymbol{P}_{k|k-1}\boldsymbol{H}_k^{\mathrm{T}}\boldsymbol{K}_k^{\mathrm{T}}+\boldsymbol{K}_k\boldsymbol{S}_k\boldsymbol{K}_k^{\mathrm{T}})\\&=\frac{\partial}{\partial\boldsymbol{K}_k}(-\operatorname{tr}(\boldsymbol{K}_k\boldsymbol{H}_k\boldsymbol{P}_{k|k-1})-\operatorname{tr}((\boldsymbol{K}_k\boldsymbol{H}_k\boldsymbol{P}_{k|k-1})^{\mathrm{T}})+\operatorname{tr}(\boldsymbol{K}_k\boldsymbol{S}_k\boldsymbol{K}_k^{\mathrm{T}}))\\&=\frac{\partial}{\partial\boldsymbol{K}_k}(-2\operatorname{tr}(\boldsymbol{K}_k\boldsymbol{H}_k\boldsymbol{P}_{k|k-1})+\operatorname{tr}(\boldsymbol{K}_k\boldsymbol{S}_k\boldsymbol{K}_k^{\mathrm{T}}))\\&=-2\,(\boldsymbol{H}_k\boldsymbol{P}_{k|k-1})^{\mathrm{T}}+2\boldsymbol{K}_k\boldsymbol{S}_k\end{aligned} \tag{2-64}$$

由此解得最优卡尔曼增益为

$$\boldsymbol{K}_k=(\boldsymbol{H}_k\boldsymbol{P}_{k|k-1})^{\mathrm{T}}\boldsymbol{S}_k^{-1}=\boldsymbol{P}_{k|k-1}\boldsymbol{H}_k^{\mathrm{T}}\boldsymbol{S}_k^{-1} \tag{2-65}$$

此时

$$\begin{aligned}\boldsymbol{P}_k&=\boldsymbol{P}_{k|k-1}-\boldsymbol{K}_k\boldsymbol{H}_k\boldsymbol{P}_{k|k-1}-\boldsymbol{P}_{k|k-1}\boldsymbol{H}_k^{\mathrm{T}}\boldsymbol{K}_k^{\mathrm{T}}+\boldsymbol{K}_k\boldsymbol{S}_k\boldsymbol{K}_k^{\mathrm{T}}=\boldsymbol{P}_{k|k-1}-\boldsymbol{K}_k\boldsymbol{H}_k\boldsymbol{P}_{k|k-1}\\&=(\boldsymbol{I}-\boldsymbol{K}_k\boldsymbol{H}_k)\boldsymbol{P}_{k|k-1}\end{aligned} \tag{2-66}$$

根据以上式子，即可完成卡尔曼滤波的基本操作，主要分为预测与更新两个阶段，在预测阶段滤波器使用上一时刻的估计状态进行当前状态的初步估计，并在更新阶段利用观测信息修正预测值以得到更精确的新估计值。

预测阶段需要给出预测的状态变量以及预测估计的协方差矩阵，即

$$\begin{cases}\hat{\boldsymbol{x}}_{k|k-1}=\boldsymbol{A}\hat{\boldsymbol{x}}_{k-1}+\boldsymbol{B}\boldsymbol{u}_k\\\boldsymbol{P}_{k|k-1}=\boldsymbol{A}\boldsymbol{P}_{k-1}\boldsymbol{A}^{\mathrm{T}}+\boldsymbol{Q}_k\end{cases} \tag{2-67}$$

更新阶段需要计算估计偏差、偏差的协方差矩阵以及最优卡尔曼增益，即

$$\begin{cases}\hat{\boldsymbol{y}}_k=z_k-\boldsymbol{H}_k\hat{\boldsymbol{x}}_{k|k-1}\\ \boldsymbol{S}_k=\boldsymbol{H}_k\boldsymbol{P}_{k|k-1}\boldsymbol{H}_k^{\mathrm{T}}+\boldsymbol{R}_k\\ \boldsymbol{K}_k=\boldsymbol{P}_{k|k-1}\boldsymbol{H}_k^{\mathrm{T}}\boldsymbol{S}_k^{-1}\end{cases}\tag{2-68}$$

最后即可得到修正后的状态估计及其协方差矩阵，即

$$\begin{cases}\hat{\boldsymbol{x}}_k=\hat{\boldsymbol{x}}_{k|k-1}+\boldsymbol{K}_k\hat{\boldsymbol{y}}_k\\ \boldsymbol{P}_k=(\boldsymbol{I}-\boldsymbol{K}_k\boldsymbol{H}_k)\boldsymbol{P}_{k|k-1}\end{cases}\tag{2-69}$$

因此，根据上述步骤，只需明确初始时刻的状态最佳估计 $\hat{\boldsymbol{x}}_0$ 及其协方差矩阵 $\boldsymbol{P}_0$，即可借由观测信息直接递归求解 k 时刻的最佳状态估计 $\hat{\boldsymbol{x}}_k$。

2.5.2　实例简析

假设存在一架匀速飞行的飞行器，机身上装载了超声波传感器可以检测到飞行器的实时位置信息，希望能够通过卡尔曼滤波方法进行飞行器实时状态 $\boldsymbol{x}_t=(p_t\quad v_t)^{\mathrm{T}}$ 的估计。为了进一步简化问题以便理解，现限制飞行器的运行轨迹，其只能进行一维运动，即前进或后退，此时系统状态 $\boldsymbol{x}_t=(p_t\quad v_t)^{\mathrm{T}}$ 为一个 2×1 的矢量。而系统输入量为油门值，体现为瞬时加速度，将其简单地表示为 $u_t=a_t$。

首先进行系统状态空间的构建，由牛顿运动学定理可知

$$p_t=p_{t-1}+v_{t-1}\Delta t+u_t\frac{\Delta t^2}{2}\tag{2-70}$$

$$v_t=v_{t-1}+u_t\Delta t\tag{2-71}$$

因此系统状态方程为

$$\boldsymbol{x}_t=\begin{pmatrix}p_t\\ v_t\end{pmatrix}=\begin{pmatrix}1&\Delta t\\ 0&1\end{pmatrix}\begin{pmatrix}p_{t-1}\\ v_{t-1}\end{pmatrix}+\begin{pmatrix}\dfrac{\Delta t^2}{2}\\ \Delta t\end{pmatrix}u_t+\boldsymbol{q}_t=\boldsymbol{A}\boldsymbol{x}_{t-1}+\boldsymbol{B}u_t+\boldsymbol{q}_t\tag{2-72}$$

由于超声波传感器仅能检测位置信息，因此观测方程为

$$z_t=p_t=(1\quad 0)\begin{pmatrix}p_t\\ v_t\end{pmatrix}+r_t=\boldsymbol{H}\boldsymbol{x}_t+r_t\tag{2-73}$$

假设状态预测模型较为准确，可将系统噪声 $\boldsymbol{w}_k$ 设置较小，在这里假设系统噪声的协方差矩阵为

$$\boldsymbol{Q}=\begin{pmatrix}0.001&0\\ 0&0.001\end{pmatrix}\tag{2-74}$$

测量噪声直接与传感器相关，参考市面上的传感器测量噪声数据，在这里假设测量噪声的协方差矩阵

$$\boldsymbol{R}=0.1\tag{2-75}$$

假定飞行器的初始速度为 $v_0=1\mathrm{m/s}$，采样时间为 $\Delta t=1\mathrm{s}$，初始位置记作原点 $p_0=0$，若持续运行 100s，则实际位置轨迹应为 $p_c=(1,2,\cdots,100)$，测量数值应为 $z_t=p_c(t)+r_t$，假设估计状态 $\hat{\boldsymbol{x}}_0=(0\quad 0)^{\mathrm{T}}$，初始状态协方差矩阵 $\boldsymbol{P}_0=\begin{pmatrix}1&0\\ 0&1\end{pmatrix}$，之后即可通过多次迭代进行递归估计。

预测阶段

$$\begin{cases}\hat{\boldsymbol{x}}_{t|t-1}=\boldsymbol{A}\hat{\boldsymbol{x}}_{t-1}+\boldsymbol{B}u_t=\begin{pmatrix}1 & 1\\0 & 1\end{pmatrix}\hat{\boldsymbol{x}}_{t-1}+\begin{pmatrix}\frac{1}{2}\\1\end{pmatrix}u_t\\ \boldsymbol{P}_{t|t-1}=\begin{pmatrix}1 & 1\\0 & 1\end{pmatrix}\boldsymbol{P}_{t-1}\begin{pmatrix}1 & 0\\1 & 1\end{pmatrix}+\begin{pmatrix}0.001 & 0\\0 & 0.001\end{pmatrix}\end{cases} \tag{2-76}$$

更新阶段

$$\begin{cases}\hat{\boldsymbol{y}}_t=z_t-(1\quad 0)\hat{\boldsymbol{x}}_{t|t-1}\\ \boldsymbol{S}_t=(1\quad 0)\boldsymbol{P}_{t|t-1}\begin{pmatrix}1\\0\end{pmatrix}+0.1\\ \boldsymbol{K}_t=\boldsymbol{P}_{t|t-1}\begin{pmatrix}1\\0\end{pmatrix}\boldsymbol{S}_k^{-1}\end{cases} \tag{2-77}$$

修正估计状态值

$$\begin{cases}\hat{\boldsymbol{x}}_t=\hat{\boldsymbol{x}}_{t|t-1}+\boldsymbol{K}_t\hat{\boldsymbol{y}}_t\\ \boldsymbol{P}_t=\left(\boldsymbol{I}-\boldsymbol{K}_t\begin{pmatrix}1\\0\end{pmatrix}\right)\boldsymbol{P}_{t|t-1}\end{cases} \tag{2-78}$$

根据上述过程，利用 MATLAB 仿真进行数据迭代，最终结果如图 2-16 所示。

由图 2-16 可知，在初始状态估计值不准确的情况下，经过多次迭代，卡尔曼滤波能够依据观测信息对估计状态进行优化修正，并最终能较好地跟上实际轨迹，估计效果良好。

图 2-16　彩图

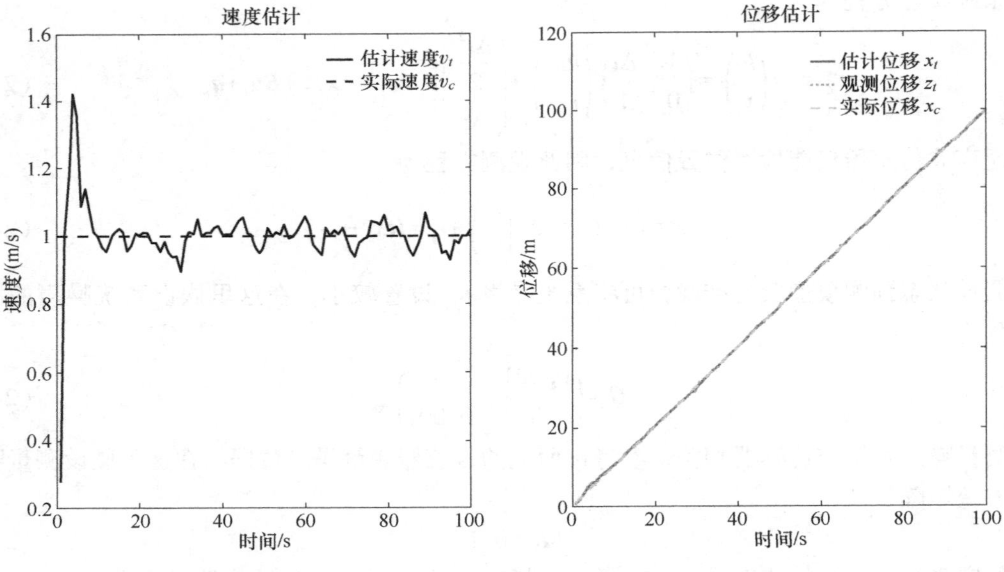

图 2-16　MATLAB 仿真结果

2.5.3　扩展卡尔曼滤波

卡尔曼滤波的实际作用是从一组有限的包含噪声的测量序列中预测物体的实际状态，但对于非线性系统并不适用，同时当系统模型与噪声统计特性存在不确定性时精度受到极大影响，而且对于目标丢失情况也无法进行修正等。

关于卡尔曼滤波的局限，一部分无法改进，另一部分则能够通过相关手段进行优化。扩展卡尔曼滤波(Extended Kalman Filter，EKF)就是标准卡尔曼滤波在非线性情形下的一种扩展形式，将非线性系统也纳入适用范围。

EKF 的基本思想是利用泰勒级数展开对非线性系统进行线性化，之后通过卡尔曼滤波框架进行处理，因此 EKF 属于次优滤波。

针对一个非线性状态空间方程与观测方程

$$\begin{cases}\boldsymbol{x}_k=\boldsymbol{f}(\boldsymbol{x}_{k-1},\boldsymbol{u}_k)+\boldsymbol{w}_k\\ \boldsymbol{z}_k=\boldsymbol{h}(\boldsymbol{x}_{k-1},\boldsymbol{u}_k)+\boldsymbol{v}_k\end{cases}\tag{2-79}$$

在 $\hat{\boldsymbol{x}}_{k-1}$处进行泰勒展开，有

$$\begin{cases}\boldsymbol{x}_k=\boldsymbol{f}(\boldsymbol{x}_{k-1},\boldsymbol{u}_k)+\boldsymbol{w}_k=\boldsymbol{f}(\hat{\boldsymbol{x}}_{k-1},\boldsymbol{u}_k)+\boldsymbol{F}_{k-1}(\boldsymbol{x}_{k-1}-\hat{\boldsymbol{x}}_{k-1})+\boldsymbol{w}_k\\ \boldsymbol{z}_k=\boldsymbol{h}(\boldsymbol{x}_{k-1},\boldsymbol{u}_k)+\boldsymbol{v}_k=\boldsymbol{h}(\hat{\boldsymbol{x}}_{k|k-1},\boldsymbol{u}_k)+\boldsymbol{H}_k(\boldsymbol{x}_{k-1}-\hat{\boldsymbol{x}}_{k|k-1})+\boldsymbol{v}_k\end{cases}\tag{2-80}$$

式中，$\boldsymbol{F}=\left(\dfrac{\partial \boldsymbol{f}}{\partial x_1}\quad\cdots\quad\dfrac{\partial \boldsymbol{f}}{\partial x_n}\right)=\begin{pmatrix}\dfrac{\partial f_1}{\partial x_1}&\cdots&\dfrac{\partial f_1}{\partial x_n}\\ \vdots&&\vdots\\ \dfrac{\partial f_m}{\partial x_1}&\cdots&\dfrac{\partial f_m}{\partial x_n}\end{pmatrix}$是函数 $\boldsymbol{f}(\boldsymbol{x},\boldsymbol{u})$ 在指定点处的雅可比矩阵，$\boldsymbol{H}$ 则是函数 $\boldsymbol{h}(\boldsymbol{x},\boldsymbol{u})$ 在指定点处的雅可比矩阵。需要注意的是，这里对泰勒(Taylor)展开式仅保留一阶导，噪声均为加性高斯噪声。

基于以上转换式，可以通过卡尔曼滤波框架直接给出迭代过程：

预测阶段

$$\begin{cases}\hat{\boldsymbol{x}}_{k|k-1}=\boldsymbol{f}(\hat{\boldsymbol{x}}_{k-1},\boldsymbol{u}_k)\\ \boldsymbol{P}_{k|k-1}=\boldsymbol{F}_{k-1}\boldsymbol{P}_{k-1}\boldsymbol{F}_{k-1}^{\mathrm{T}}+\boldsymbol{Q}_k\end{cases}\tag{2-81}$$

更新阶段

$$\begin{cases}\hat{\boldsymbol{y}}_k=\boldsymbol{z}_k-\boldsymbol{h}(\hat{\boldsymbol{x}}_{k|k-1},\boldsymbol{u}_k)\\ \boldsymbol{S}_k=\boldsymbol{H}_k\boldsymbol{P}_{k|k-1}\boldsymbol{H}_k^{\mathrm{T}}+\boldsymbol{R}_k\\ \boldsymbol{K}_k=\boldsymbol{P}_{k|k-1}\boldsymbol{H}_k^{\mathrm{T}}\boldsymbol{S}_k^{-1}\end{cases}\tag{2-82}$$

最后即可得到修正后的状态估计及其协方差矩阵

$$\begin{cases}\hat{\boldsymbol{x}}_k=\hat{\boldsymbol{x}}_{k|k-1}+\boldsymbol{K}_k\hat{\boldsymbol{y}}_k\\ \boldsymbol{P}_k=(\boldsymbol{I}-\boldsymbol{K}_k\boldsymbol{H}_k)\boldsymbol{P}_{k|k-1}\end{cases}\tag{2-83}$$

扩展卡尔曼滤波进一步拓宽了卡尔曼滤波方法的应用领域，但也存在一定的局限性：

1）当强非线性时 EKF 违背局部线性假设，泰勒展开式中被忽略的高阶项带来大的误差时，EKF 算法可能会使滤波发散。

2）由于 EKF 在线性化处理时需要应用雅克比矩阵，其繁琐的计算过程导致该方法实现相对困难。所以，在满足线性系统、高斯白噪声、所有随机变量服从高斯分布这三个假设条件时，EKF 是最小方差准则下的次优滤波器，其性能依赖于局部非线性度。

2.6 图论基础知识

自然界和人类社会中的大量事物以及事物之间的关系，常可用图形来描述。例如，物质结构、电气网络、城市规划、交通运输、信息传输、事物关系等都可以用点和线连接起来所组成的图形来描述。图论不仅为物理学家提供了描述网络的语言和研究的平台，而且其结论和技巧已经被广泛应用于多空中机器人导航以及集群系统的分析和设计中。本节将介绍图论的基本概念和基础知识。

2.6.1 图的定义和基本概念

1. 顶点

图论基础如图 2-17 所示，顶点就是图中 A、B、C、D 四个点所代表的河的两岸及两个岛。通常用顶点(vertex)的英文首字母 V 来表示顶点。毫无疑问，顶点是一个点，且这个点可以有一条边，也可以有 n 条边。

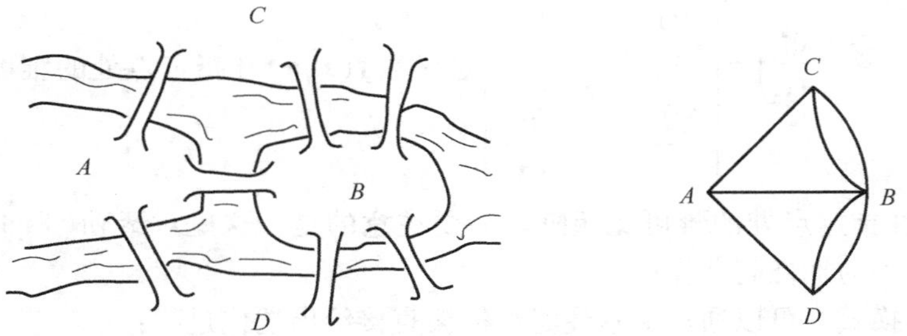

图 2-17　图论基础

2. 边

如图 2-17 所示，边即连接点的七座桥。通常，用边(edge)的英文首字母 E 来表示边。

边与它的两顶点称为关联的(relation)；与同一条边关联的两顶点或者与同一个顶点关联的两条边称为相邻的(adjacent)。两端点相同的边称为环(loop)，有公共起点并有公共终点的两条边称为平行边(parallel edges)或者称为重边(multi edges)。两端点相同但方向互为相反的两条有向边称为对称边(symmetric edges)。

3. 图的定义

由若干顶点以及连接起这些顶点的边，就组成了一个图，通常用 G 来表示。图 G 由两个集合即 V 和 E 组成，记做 $G=(V,E)$。

$V=\{v_1,v_2,v_3,\cdots,v_n\}$ 是由 G 的顶点组成的集合，它是有限非空集合，称为顶点集，其元素称为顶点或节点。

$E=\{e_1,e_2,e_3,\cdots,e_n\}$ 是由连接两个顶点的边组成的集合，它是有限非空集合，称为边集，E 中每个元素都有 V 中的顶点对与之对应，其元素称为边。

图的分类有多种，包括有/无向图、完全图、简单图/多重图等。

(1) 有/无向图　如果给图的每条边规定一个方向，那么得到的图称为有向图。在有向图中，与一个节点相关联的边有出边和入边之分。相反，边没有方向的图称为无向图。

1）有向图(directed graph)：图的每一条边带有一个箭头，表示一个方向。

2）无向图(undirected graph)：图的每一条边不带箭头，没有方向。

（2）完全图　在图论的数学领域，完全图是一个简单的无向图，其中每对不同的顶点之间都恰有一条边相连，如图2-18所示。

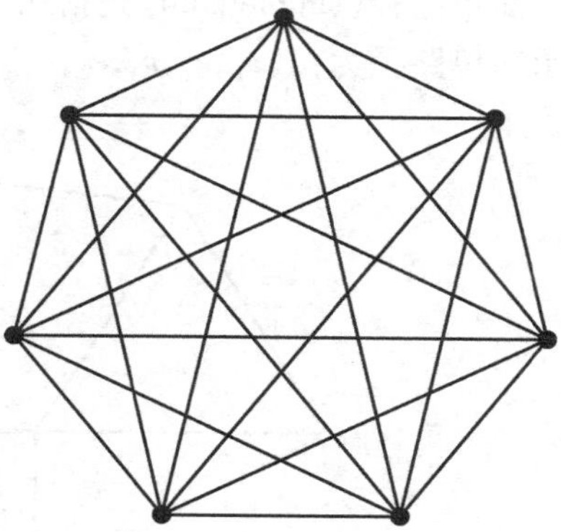

图2-18　完全图

（3）简单图/多重图

1）简单图(simple graph)：既没有圈也没有平行边的图称为简单图，如图2-19所示。

2）多重图(multi graph)：含有圈和平行边的图，支持两节点间的边数多于一条，如图2-20所示。

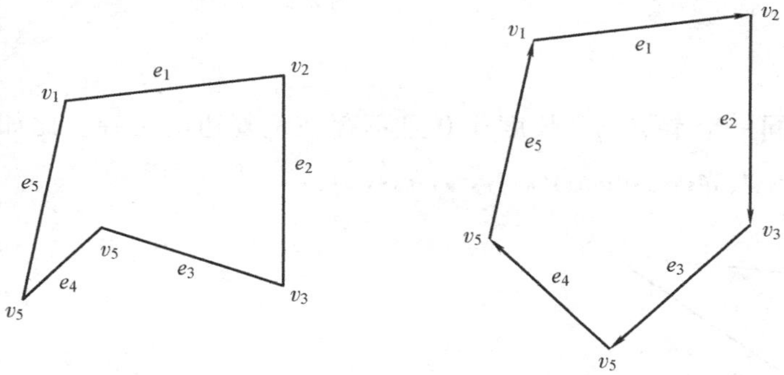

a) 简单无向图　　b) 简单有向图

图2-19　简单图

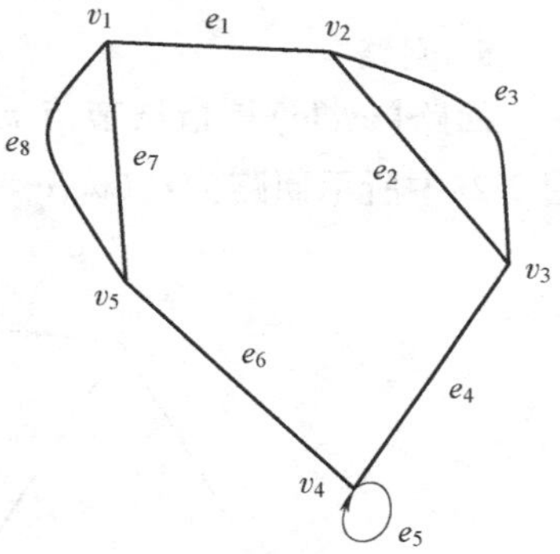

图2-20　多重图

在图2-20中，边 e_2 和边 e_3 都连接了节点 v_2 和节点 v_3，所以称边 e_2 和边 e_3 为平行边；边 $e_5=(v_4,v_4)$，所以称边 e_5 为环。

4. 路径

路径(path)是指从一个节点 v_1 到另一个节点 v_n 所经过的路程，表示为 $(v_1,e_1,v_2,e_2,\cdots,e_n,v_n)$。比如图2-21中所示路径为：$(v_1,e_{10},v_7,e_7,v_6,e_5,v_5,e_4,v_4,e_6,v_7)$。

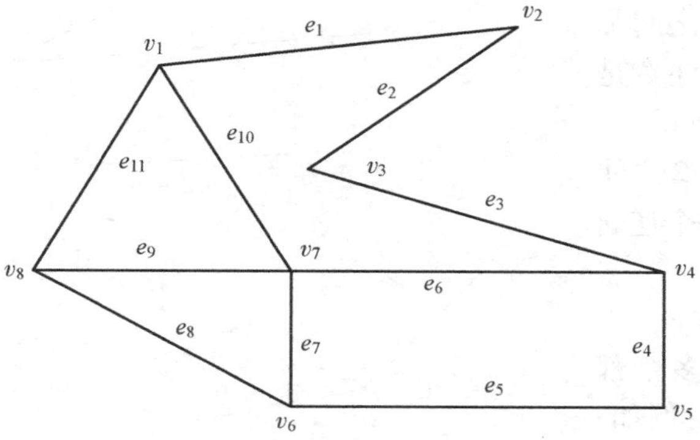

图2-21　路径

图2-21　彩图

简单路径(simple path)是指从节点 v_i 到节点 v_j 的不存在重复节点的路径。比如图 2-22中所示简单路径为：$(v_1, e_1, v_2, e_2, v_3)$。

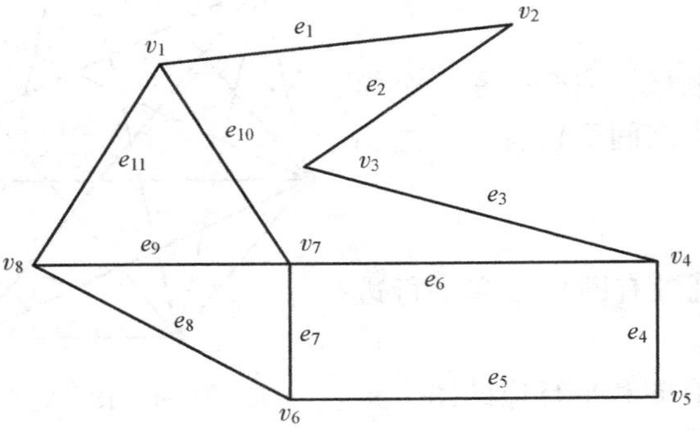

图 2-22　简单路径

图 2-22　彩图

5. 回路

回路(cycle)是指从节点 v_i 到同一个节点 v_i，长度非 0 且不存在重复边的路径。比如图 2-23中所示回路为：$(v_1, e_{10}, v_7, e_7, v_6, e_5, v_5, e_4, v_4, e_6, v_7, e_9, v_8, e_{11}, v_1)$。

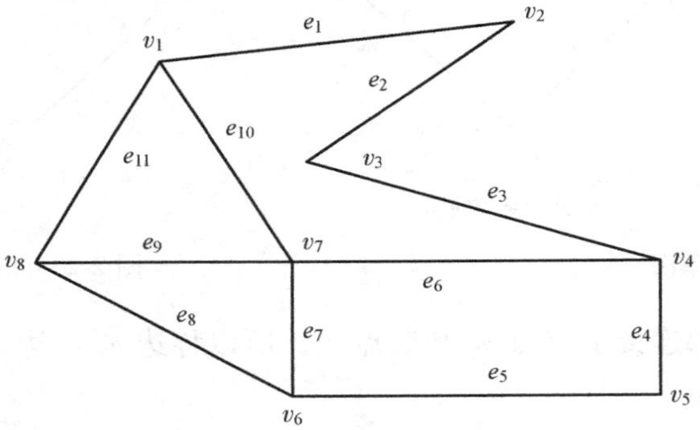

图 2-23　回路

图 2-23　彩图

6. 连通图

在图 G 中，若任意两个顶点之间都存在路径，那么称 G 为连通图(注意是任意两顶点)。反之，就是非连通图。

在图 2-24 中，顶点 8 和顶点 2 之间不存在路径，因此图 2-24 不是一个连通图，而是非连通图。

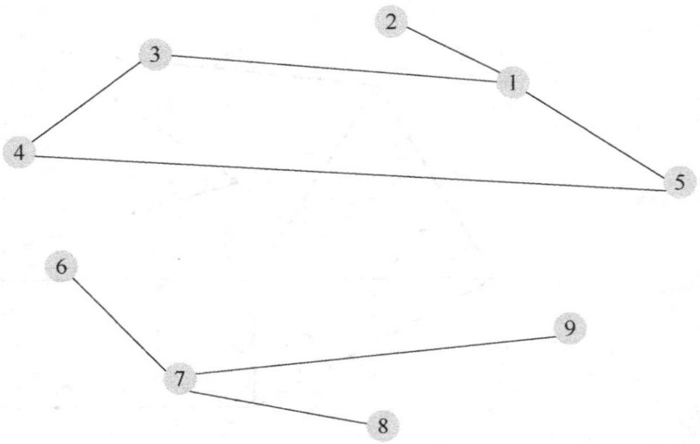

图 2-24　非连通图

7. 子图

在非连通图 G 中，通常有多个部分，每个部分都称为 G 的子图。例如，图 2-24 虽然不是一个连通图，但它有多个连通子图：1、2、3 顶点构成一个连通子图，1、2、3、4、5 顶点也构成一个连通子图，6、7、8、9 顶点依旧构成一个连通子图，当然还有很多其他子图。

把一个图的最大连通子图称为它的连通分量。比如图 2-24 中 1、2、3、4、5 顶点构成的子图就是该图的最大连通子图，也就是连通分量。连通分量有如下特点：①是子图；②子图是连通的；③子图含有最大顶点数。

对于连通图来说，它的最大连通子图就是其本身，连通分量也是其本身。

2.6.2　生成树

1. 生成树的定义

一个连通图的生成树是一个极小的连通子图，它包含图中全部的 n 个顶点，但只有构成一棵树的 $n-1$ 条边。

如图 2-25 所示，可以看到一个包含 3 个顶点的完全图可以产生 3 个生成树。对于包含 n 个顶点的无向完全图最多包含 n^{n-2} 棵生成树。比如图 2-25 是包含 3 个顶点的无向完全图，生成树的个数为：$3^{3-2}=3$。

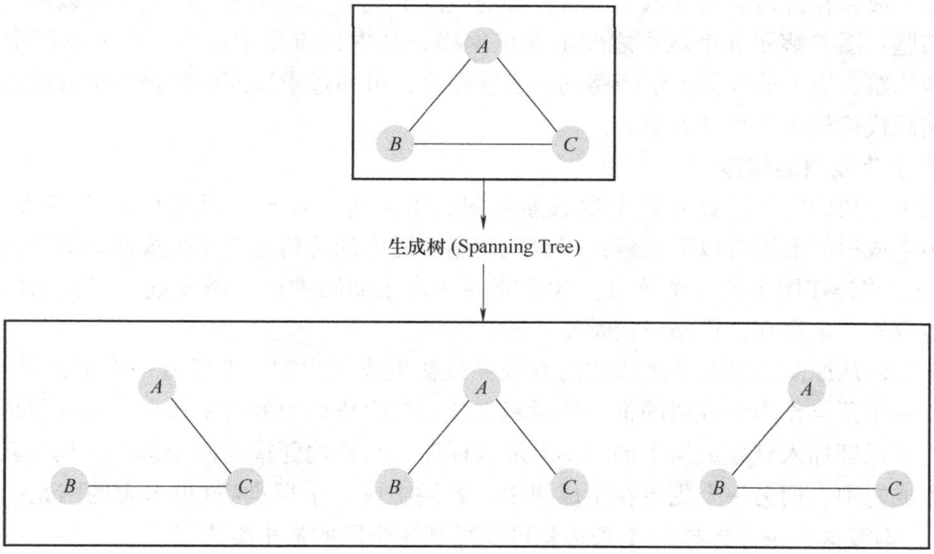

图 2-25　生成树

2. 生成树的属性

生成树具有以下属性：

1）一个连通图可以有多个生成树。

2）一个连通图的所有生成树都包含相同的顶点个数和边数。

3）生成树当中不存在环。

4）移除生成树中的任意一条边都会导致图的不连通，生成树有边最少特性。

5）在生成树中添加一条边会构成环。

6）对于包含 n 个顶点的连通图，生成树包含 n 个顶点和 $n-1$ 条边。

7）对于包含 n 个顶点的无向完全图，最多包含 n^{n-2} 棵生成树。

3. 最小生成树

在一个图中，每条边或弧可以拥有一个与之相关的数值，将它称为权。这些权可以具有一定的含义，比如表示一个顶点到达另一个顶点的距离、所花费的时间、线路的造价等。这种带权的图通常被称作网。图或网的生成树不是唯一的，从不同的顶点出发可以生成不同的生成树，但 n 个节点的生成树一定有 $n-1$ 条边。

在连通图的所有生成树中，将所有边的权值之和最小的生成树称为最小生成树。

图 2-26 中，原来的带权图可以生成右侧的两个最小生成树，这两棵最小生成树的权值之和最小，且包含原图中的所有顶点。

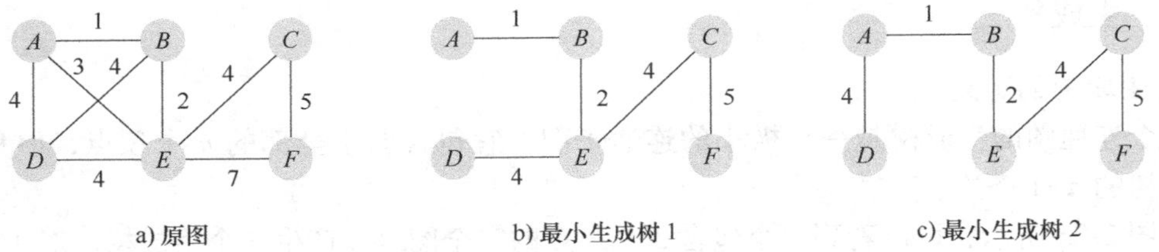

图 2-26　最小生成树

最小生成树在许多应用领域中都有重要的应用。例如，利用最小生成树可以解决工程中的实际问题：图 G 表示 n 个城市之间的通信网络，其中顶点表示城市，边表示两个城市之间的通信线路，边上的权值表示线路的长度或造价，可通过求该网络的最小生成树达到求解通信线路总代价最小的最佳方案。

4. 最小生成树的构造

根据生成树的定义，具有 n 个顶点连通图的生成树，有 n 个顶点和 $n-1$ 条边。因此，构造最小生成树的准则有以下三条：①只能使用该图中的边构造最小生成树；②当且仅当使用 $n-1$ 条边来连接图中的 n 个顶点；③不能使用产生回路的边。需要进一步指出的是，尽管最小生成树一定存在，但不一定是唯一的。

关于如何从原图得到最小生成树的方法：最初生成树为空，即没有一个节点和一条边，首先选择一个顶点作为生成树的根，然后每次从不在生成树中的边中选择一条权值尽可能小的边，为了保证加入到生成树中的边不会形成回路，与该边邻接的两个顶点必须是其中一个已经在生成树中，而另一个则不在生成树中，若网中有 n 个顶点（这里考虑的网是一个连通无向图），则按这种条件选择 $n-1$ 条边就可以得到这个网的最小生成树了。

详细的过程可以描述为：设置 2 个集合，U 集合中的元素是在生成树中的节点，$V-U$ 集合中的元素是不在生成树中的顶点。首先，选择一个作为生成树根节点的顶点，并将它放入 U 集合；其次，在那些一端顶点在 U 集合中，而另一端顶点在 $V-U$ 集合中的边中找一条权最小的边，并把这条边和那个不在 U 集合中的顶点加入到生成树中，即输出这条边；再次，将其顶点添加到 U 集合中，重复这个操作 $n-1$ 次。

求图的最小生成树的算法有很多，其中最经典的是克鲁斯卡尔（Kruskal）算法和普里姆（Prim）算法，下面分别进行介绍。

（1）克鲁斯卡尔算法　克鲁斯卡尔算法是根据边的权值递增的方式，依次找出权值最小的边建立的最小生成树，并且规定每次新增的边，不能造成生成树有回路，直到找到 $n-1$ 条边为止。

克鲁斯卡尔算法的基本思想是：设图 $G=(V,E)$ 是一个具有 n 个顶点的连通无向网，$T=(V,TE)$ 是图 G 的最小生成树，其中，V 是 T 的顶点集，TE 是 T 的边集，则构造最小生成成树的具体步骤如下：

1）T 的初始状态为 $T=(V,\varnothing)$，即开始时，最小生成树 T 是图 G 的生成零图。

2）将图 G 中的边按照权值从小到大的顺序依次选取，若选取的边未使生成树 T 形成回路，则加入 TE 中，否则舍弃，直至 TE 中包含了 $n-1$ 条边为止。

例如，以克鲁斯卡尔算法构造网的最小生成树的过程如图 2-27 所示，图 2-27g 为其中的一棵最小生成树。

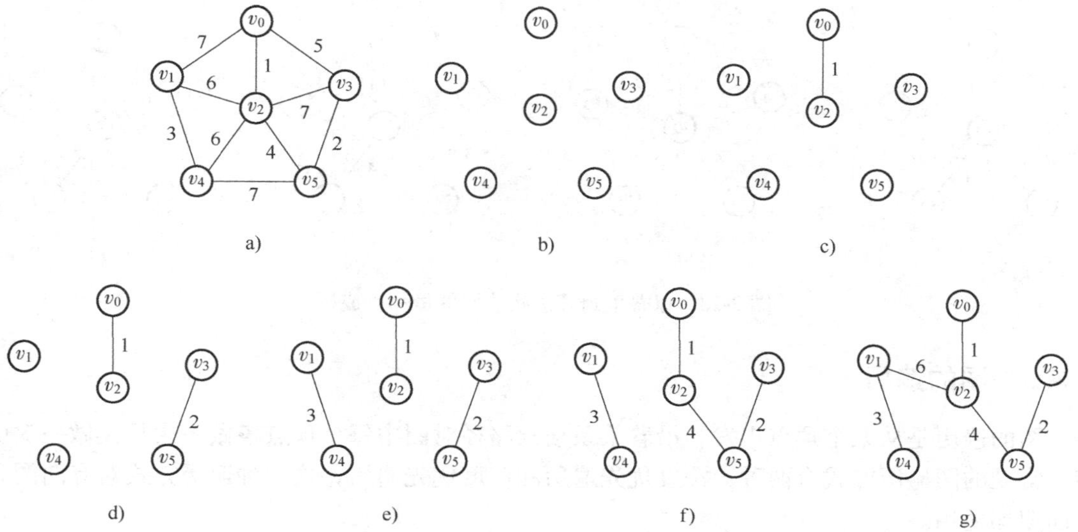

图 2-27　以克鲁斯卡尔算法构造网的最小生成树

构造最小生成树时，每一步都应该尽可能选择权值最小的边，但并不是每一条权值最小的边都必然可选。例如，在完成图 2-27f 后，接下来权值最小的边是(v_0,v_3)，但不能选择该边，因为会形成回路，而接下来(v_1,v_2)和(v_2,v_4)两条边可任选。因此，最小生成树不是唯一的。

该算法的时间复杂度为 $O(edge)$，即克鲁斯卡尔算法的执行时间主要取决于图的边数 e。该算法适用于针对稀疏图的操作。

（2）普里姆算法　为描述方便，在介绍普里姆算法之前，先给出如下有关距离的定义：

1）两个顶点之间的距离：是指将顶点 u 邻接到 v 的关联边的权值，记为 $|u,v|$。若两个顶点之间无边相连，则这两个顶点之间的距离为无穷大。

2）顶点到顶点集合之间的距离：顶点 u 到顶点集合 V 之间的距离是指顶点 u 到顶点集合 V 中所有顶点之间的距离中的最小值，记为 $|u,V|=\min|u,v|$。

3）两个顶点集合之间的距离：顶点集合 U 到顶点集合 V 之间的距离是指顶点集合 U 到顶点集合 V 中所有顶点之间的距离中的最小值，记为 $|U,V|=\min|u,v|$。

普里姆算法的基本思想是：假设 $G=(V,E)$ 是一个具有 n 个顶点的连通网，$T=(V,TE)$ 是图 G 的最小生成树，其中，V 是 T 的顶点集，TE 是 T 的边集，则构造最小生成树的具体步骤如下（参考图 2-28）：从 $U=\{u_0\}$，$TE=\varnothing$开始，必存在一条边(u^*,v^*)，$u^*\in U$，$v^*\in V-U$，使得 $|u^*,v^*|=|U,V-U|$，将(u^*,v^*)加入集合 TE 中，同时将顶点 v^* 加入顶点集 U 中，直到 $U=V$ 为止，此时 TE 中必有 $n-1$ 条边，最小生成树 T 构造完成。

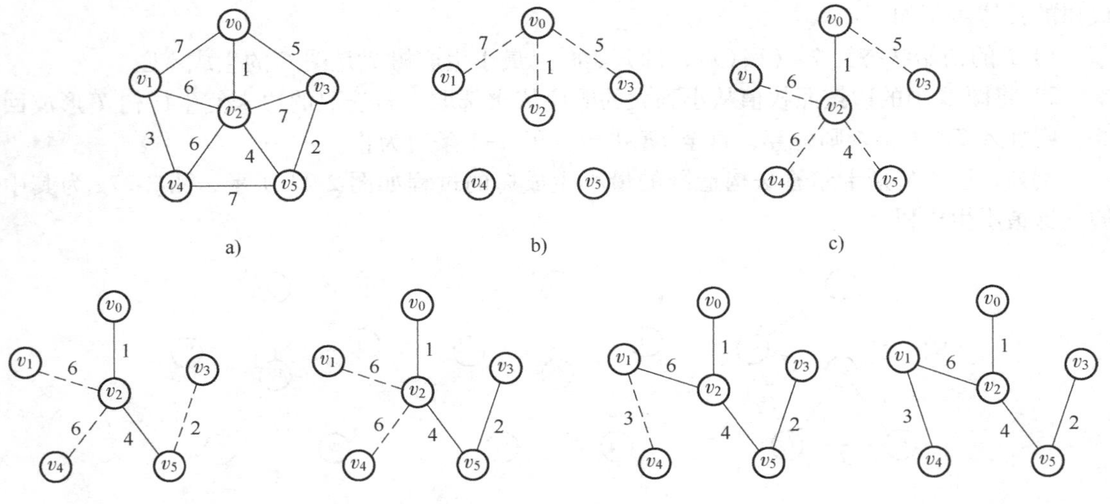

图 2-28　以普里姆算法构造网的最小生成树

2.6.3　图的遍历

图的遍历是从某个顶点出发，沿着某条搜索路径对图中每个顶点各做一次且仅做一次访问。常见的图遍历方式有两种：深度优先遍历和广度优先遍历，这两种遍历方式对有向图和无向图均适用。

1. 深度优先遍历

深度优先遍历的思想类似于树的先序遍历。其遍历过程可以描述为：从图中某个顶点 v 出发，访问该顶点，然后依次从 v 的未被访问的邻接点出发继续深度优先遍历图中的其余顶点，直至图中所有与 v 有路径相通的顶点都被访问完为止。

深度优先搜索是一个递归的过程。首先，选定一个出发点后进行遍历，如果有邻接的未被访问过的节点则继续前进。若不能继续前进，则回退一步再前进，若回退一步仍然不能前进，则连续回退至可以前进的位置为止。重复此过程，直到所有与选定点相通的所有顶点都被遍历。

对于无向图，利用深度优先遍历可以遍历到 v 顶点所在的连通分量中的所有顶点，而与 v 顶点不在一个连通分量中的所有顶点遍历不到；而对于有向图，可以遍历到起始顶点 v 能够到达的所有顶点。

例如，在图 2-29a 所示的无向图 G 中，从顶点 v_0 出发进行深度优先搜索遍历的过程如图 2-29c 所示。假设 v_0 是起始点，首先访问起始点 v_0，由于 v_0 有两个邻接点 v_1、v_2 均未被访问过，选择访问顶点 v_1；再找 v_1 的未被访问过的邻接点 v_3、v_4，选择访问顶点 v_3。重复上述搜索过程，依次访问顶点 v_7、v_4，当 v_4 被访问过后，由于与 v_4 相邻的顶点均已被访问过，搜索退回到顶点 v_7。顶点 v_7 的邻接点 v_3、v_4 也被访问过；同理，依次退回到顶点 v_3、v_1，最后退回到顶点 v_0。这时选择顶点 v_0 的未被访问过的邻接点 v_2 继续搜索，依次访问顶点 v_2、v_5、v_6，从而遍历图中全部顶点。这就是深度优先搜索遍历的整个过程，得到的顶点的深度遍历序列为 $\{v_0, v_1, v_3, v_7, v_4, v_2, v_5, v_6\}$。

图的深度优先搜索遍历的过程是递归的。深度优先搜索遍历图所得的顶点序列，定义为图的深度优先遍历序列，简称为 DFS 序列。一个图的 DFS 序列一般不是唯一的，一个顶点

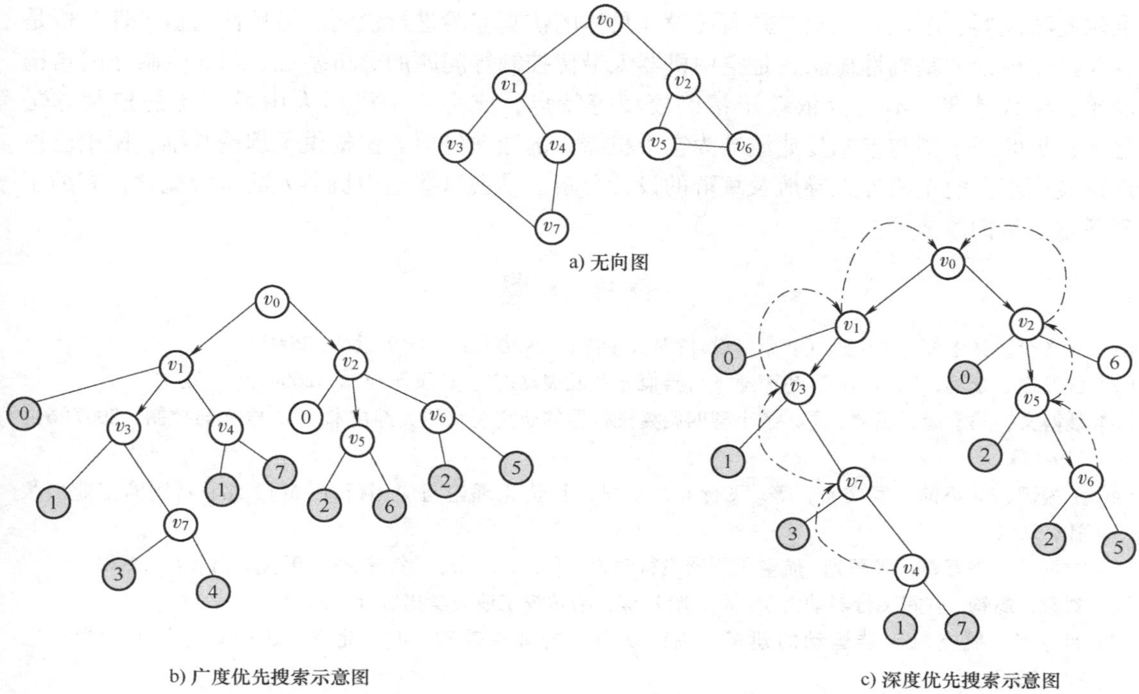

图 2-29　深度优先遍历

可以从多个邻接点中选择一个邻接点执行深度优先搜索遍历。但是在给定了起始点及图的存储结构时，DFS 算法所给出的 DFS 序列是唯一的。

2. 广度优先遍历

对图的广度优先遍历方法描述为：从图中某个顶点 v 出发，在访问该顶点 v 之后，依次访问 v 的所有未被访问过的邻接点，然后再访问每个邻接点的邻接点，且访问顺序应保持先被访问的顶点其邻接点也优先被访问，直到图中的所有顶点都被访问为止。

广度优先搜索类似于树的层次遍历，是按照一种由近及远的方式访问图的顶点。在图 2-29a所示的无向图 G 中，从顶点 v_0 出发进行广度优先搜索遍历的过程如图 2-29b 所示：假设 v_0 是出发点，首先访问起始点 v_0，顶点 v_0 有两个未被访问的邻接点 v_1 和 v_2，先访问顶点 v_1 再访问顶点 v_2；然后，访问顶点 v_1 未被访问过的邻接点 v_3 和 v_4 以及顶点 v_2 未被访问过的邻接点 v_5 和 v_6；最后访问顶点 v_3 未被访问过的邻接点 v_7。至此，图中所有顶点均已被访问过，得到的顶点访问序列为$\{v_0,v_1,v_2,v_3,v_4,v_5,v_6,v_7\}$。

广度优先搜索遍历图得到的顶点序列，定义为图的广度优先遍历序列，简称为 BFS 序列。一个图的 BFS 序列不是唯一的，因为在执行广度优先搜索时，一个顶点可以从多个邻接点中任意选择一个邻接点进行访问。但是在给定了起始点及图的存储结构时，BFS 算法所给出的 BFS 序列是唯一的。

2.7　本章小结

掌握与空中机器人相关的概念是进行系统性学习的前提。本章首先介绍了空中机器人的相关名词解释，在此基础上，介绍了可控性与稳定性分析方法、PID 控制器、贝叶斯准则、卡尔曼滤波器、图论等概念，并通过设计具体的仿真实验进行说明。可控性与稳定性分析是现代控制理论的基础性概念，是空中机器人最优控制等问题的分析基础；PID 控制器因结构简单、参数易调、不过分依赖于精确模型等特点，成为空中机器人中最广泛的控制方法之一；贝叶斯准则与卡尔曼滤波器为空中机器人的导航经典方法提供了理论基础；图论已被广泛应用于多空中机器人导航及集群的设计分析。掌握这些空中机器人的基础概念，有助于理解本书后面章节的内容。

参考文献

[1] 武文康，张彬乾. 战斗机气动布局设计[M]. 西安：西北工业大学出版社，2005.

[2] 解发瑜，李刚，徐忠昌. 高超声速飞行器概念及发展动态[J]. 飞航导弹，2004(5)：27-31.

[3] 聂博文，马宏绪，王剑，等. 微小型四旋翼飞行器的研究现状与关键技术[J]. 电光与控制，2007(6)：119-123.

[4] 王振国，陈小前，罗文彩，等. 飞行器多学科设计优化理论与应用研究[M]. 北京：国防工业出版社，2006.

[5] 方振平，陈万春，张曙光. 航空飞行器飞行动力学[M]. 北京：北京航空航天大学出版社，2005.

[6] 刘暾，赵钧. 空间飞行器动力学[M]. 哈尔滨：哈尔滨工业大学出版社，2003.

[7] 肖业伦. 航空航天器运动的建模：飞行动力学的理论基础[M]. 北京：北京航空航天大学出版社，2003.

[8] 肖业伦，陈万春. 飞行器相对姿态运动的静力学、运动学和动力学方法[J]. 中国空间科学技术，2003(5)：10-15.

[9] 张明廉. 飞行控制系统[M]. 北京：国防工业出版社，1984.

[10] KALMAN R E. A New Approach to Linear Filtering and Prediction Problems[J]. Journal of Basic Engineering，1960，82：35-45.

[11] 刘永信，陈志梅. 现代控制理论[M]. 北京：北京大学出版社，2006.

[12] 中国科学院数学研究所控制理论研究室. 线性控制系统的能控性和能观测性[M]. 北京：科学出版社，1975.

[13] 文传源. 现代飞行控制[M]. 北京：北京航空航天大学出版社，2004.

[14] 廖晓昕. 稳定性的理论、方法和应用[M]. 武汉：华中理工大学出版社，1999.

[15] 玛尔基. 运动稳定性理论[M]. 北京：科学出版社，1958.

[16] 杨智，朱海锋，黄以华. PID 控制器设计与参数整定方法综述[J]. 化工自动化及仪表，2005(5)：1-7.

[17] 聂建华，陶永华. 新型 PID 控制及其应用[J]. 工业仪表与自动化装置，1998(2)：59-61.

[18] 孙优贤，王慧. 自动控制原理[M]. 北京：化学工业出版社，2011.

[19] 戴连奎，于玲，田学民，等. 过程控制工程[M]. 3 版. 北京：化学工业出版社，2012.

[20] 宋文尧，张牙. 卡尔曼滤波[M]. 北京：科学出版社，1991.

[21] SCHMIDT S F. The Kalman Filter-Its Recognition and Development for Aerospace Applications[J]. Journal of Guidance，Control and Dynamics，1981，4(1)：4.

[22] 彭丁聪. 卡尔曼滤波的基本原理及应用[J]. 软件导刊，2009，8(11)：32-34.

[23] 殷剑宏，吴开亚. 图论及其算法[M]. 合肥：中国科学技术大学出版社，2003.

[24] 魏伟波，潘振宽. 图像分割方法综述[J]. 世界科技研究与发展，2009(6)：1074-1078.

[25] BONDY J A，MURTY U S R. Graph Theory With Applications[M]. London：Macmillan，1976.

[26] GOLUMBIC M C. Algorithmic Graph Theory and Perfect Graphs[M]. 2nd ed. Amsterdam：Elsevier，2004.

第 3 章 空中机器人基本架构

了解并掌握空中机器人的基本架构是研究空中机器人的基础与开端。空中机器人的结构决定了其是否能够正常起飞、是否能稳定可控及其在空中的运动性能。同时，对于不同类型的空中机器人，其结构与气动原理都有所不同，比如旋翼机器人通过螺旋桨旋转提供升力，固定翼机器人通过机翼形状提供升力。本章主要从旋翼空中机器人、固定翼空中机器人及扑翼空中机器人三种不同的空中机器人展开，分别对其结构、分类及具体部件进行介绍。除此之外，本章还分别介绍了如何制作各种简易的空中机器人，以便对空中机器人有更进一步的认识和理解。

3.1 旋翼空中机器人的基本组成

旋翼空中机器人是目前应用较多的一类空中机器人，具有结构简单、重量轻、体积小等优点。同时，可垂直起降、可靠性高、维护成本低等特性也为旋翼空中机器人带来了广阔的应用空间。在系统地学习旋翼空中机器人的有关知识之前，首先要对其结构与组成有所了解。本节将从旋翼空中机器人的结构出发，对其机身结构以及部件功能等进行讲解，并详细介绍如何从零开始制作一架四旋翼空中机器人。

3.1.1 旋翼空中机器人的结构

1. 总体介绍

旋翼是通过螺旋桨为飞行器提供升力及力矩的机械结构。电动机为螺旋桨提供转矩使螺旋桨旋转，螺旋桨产生向上的升力以及相应的力矩。从旋翼数量上来看，旋翼空中机器人可分为单旋翼、双旋翼以及多旋翼空中机器人。单旋翼空中机器人即单旋翼直升机，也是目前数量最多、技术最成熟的空中机器人，其机身结构主要由机架、旋翼、尾梁和尾桨组成。位于机器人中部的单个旋翼旋转提供飞行器的升力，同时机尾装配的尾桨提供相应作用于尾梁的力来平衡旋翼的反扭力矩。双旋翼空中机器人通常也称为直升机，如美国卡曼宇航公司研制的 K-MAX 起重直升机。由于双旋翼的自身结构具有平衡螺旋桨力矩的能力，因此尾桨并非其必要配件。多旋翼空中机器人指搭载了至少三个旋翼结构的空中机器人，其中以四旋翼最为常见。多旋翼空中机器人的机身结构通常由机架、多个旋臂以及旋翼组成。旋翼安装在旋臂末端，为机器人提供升力与力矩，使其能够在空中做直线或旋转运动。

2. 分类与型别

（1）单旋翼空中机器人 相较于多旋翼空中机器人来说，单旋翼的型别较为单一，常见的单旋翼空中机器人如图 3-1 所示。

单旋翼空中机器人的主旋翼安装在机架中心的上方，与多旋翼空中机器人的运动不同，单旋翼空中机器人是通过调整主旋翼旋翼面的朝向来使机体向某一方向运动的，也因为此种运动方式，其螺旋桨与电动机之间需要加装旋翼头，如图 3-2 所示。旋翼头是一种旋翼飞行器专用的传动装置，在舵机的驱动下对直升机旋翼面进行调整，同时传递来自下方电动机的转矩驱动螺旋桨旋转。因此，直升机能够通过调整旋翼的方向来使机体向规划的方向运动。

图 3-1　单旋翼空中机器人

图 3-2　单旋翼用旋翼头

单旋翼空中机器人机架的后方为尾梁与尾桨(图 3-3)，尾桨旋转产生的力作用于尾梁产生力矩，从而平衡主旋翼旋转的反扭力矩，这也是直升机机身在空中能够稳定的原因。需要说明的是，通过尾桨平衡反扭力矩并非单旋翼空中机器人的唯一选择，部分直升机通过风扇在尾梁内部引入气流，通过控制气流的排出方向来形成力的作用，从而达到平衡。这种以气流平衡力矩的机型也常称作无尾桨直升机(No tail rotor，NOTAR)。

（2）双旋翼空中机器人　从型别上来看，双旋翼空中机器人可分为共轴双旋翼与异轴双旋翼，其中异轴双旋翼又可以分为纵列式、横列式与交叉式。

1）共轴双旋翼。共轴双旋翼直升机的旋翼位置与单旋翼直升机相同，其不同点在于在同一转轴上装置有两副螺旋桨，如图 3-4 所示。两个旋翼绕同一轴线一正一反地进行旋转，相反的转向使两副旋翼能够互相平衡彼此的反扭力矩，因此共轴双旋翼机器人不需要装配尾桨，其尾梁也可以根据机身负载做缩短设计。

图 3-3　单旋翼尾梁与尾桨

图 3-4　共轴双旋翼空中机器人

2）异轴双旋翼。异轴双旋翼又分为纵列式双旋翼、横列式双旋翼和交叉式双旋翼。

① 纵列式双旋翼。纵列式双旋翼的两个旋翼前后纵向排列，分别装置于机头与机尾的塔座，旋转方向相反，因此其反扭力矩也可以互相平衡。在飞行过程中，前旋翼造成的涡流容易对后旋翼造成影响，因此在实际设计中通常将后旋翼塔座适当提高，以避免互相影响。

纵列式双旋翼构型独特，主要用于战术运输、客运、医疗、搜救等任务。这种构型越来越受到各国的重视，并在战争中被频繁使用。纵列式双旋翼的主要优势是：载重量大、空间尺寸小、利于舰载，同时具有很高的悬停效率。

与单旋翼飞行器相比，纵列式双旋翼的结构紧凑，所以航空母舰大多使用纵列式双旋翼。纵列式直升机抗侧风能力强，在大风作用下有较大的操纵余量。安全统计资料表明：纵列式直升机的事故率明显低于单旋翼直升机，总事故率和事故所造成的损失都低得多。纵列式直升机同样存在一些缺点，比如结构复杂(传动结构)、前旋翼对后旋翼产生气动干扰(后旋翼气动效率差)、俯仰惯性较大、偏航操纵效率较低、迎角不稳定、操纵品质低等。

② 横列式双旋翼。横列式双旋翼在机架的两侧加装旋翼支架，并将两个规格相同、方向相反的旋翼一左一右安装，两旋翼的反扭力矩相互平衡。相较于纵列式双旋翼来说，横列式双旋翼在前进时两旋翼互相影响较小，因此在安装时可完全对称。

横列式双旋翼直升机最大的优点是平衡性好，其缺点与纵列式直升机差别不大，操纵都比较复杂。此外，横列式双旋翼直升机要在机身两侧增装旋翼支架，无形中会增加许多重量，而且也加大了气动阻力。

③ 交叉式双旋翼。交叉式双旋翼与其他双旋翼结构相比，具有两旋翼轴不平行这一独特的机械设计。从结构上来说，交叉式双旋翼与共轴双旋翼接近，其区别在于按照相反的方向旋转的两螺旋桨安装于不同的旋翼轴，且两旋翼轴分别向机身外侧倾斜。交叉式双旋翼的两旋翼轴轴距较小，两螺旋桨在旋转时呈交叉状。总的来说，由于异轴双旋翼的两旋翼旋转方向均相反，因此都具有平衡反扭力矩的能力，在设计时均无需加装尾桨。

交叉式双旋翼的最大优点是稳定性比较好，适宜执行起重、吊挂作业。其最大缺点是因双旋翼横向布置，气动阻力较大，但由于它的两旋翼轴间距较小，所以其气动阻力又比横列式双旋翼直升机小一些。

（3）多旋翼空中机器人　多旋翼空中机器人指至少有三个旋翼的空中机器人，常见的类型有三旋翼、四旋翼、六旋翼及八旋翼。其中，四旋翼空中机器人是最常用、最成熟的多旋翼机器人，图 3-5 展示了一款常见的四旋翼空中机器人。

图 3-5　常见的四旋翼空中机器人

多旋翼空中机器人结构简单紧凑且具有一定的普遍性，通常是以中间的机架向外延伸出对应数量的旋臂，在旋臂的末端安装正反交替的电动机（三旋翼除外），传感器、电池、飞控等设备固定在机架的中心位置。

多旋翼飞行器不同于固定翼和直升机，它的动力来源是由多个固定在交叉机臂上的螺旋桨来提供的。由于具有多个螺旋桨，相比于直升机来说，多旋翼的单个旋翼转速相对较低，安全性能更好。从设计结构来说，多旋翼不需要尾桨，结构也相对更简单。相比于固定翼，多旋翼的机动性更具优势，没有起飞和降落的场地要求。

在按照旋翼数量进行分类的基础上，以四旋翼飞行器为例，还可进一步分为十字形四旋翼飞行器及X形四旋翼飞行器。其区别在于如何定义机器人的头部朝向，其示意图与旋翼命名如图3-6所示。十字形四旋翼以1号旋臂为机头方向，1号旋翼与3号旋翼逆时针旋转，2号旋翼与4号旋翼反之。X形四旋翼以1号旋翼与2号旋翼的角平分线为机头方向，各旋翼旋转方向与十字形一致。十字形四旋翼更加灵活、机动性强，而X形四旋翼的稳定性更高，是目前应用最广的旋翼飞行器。

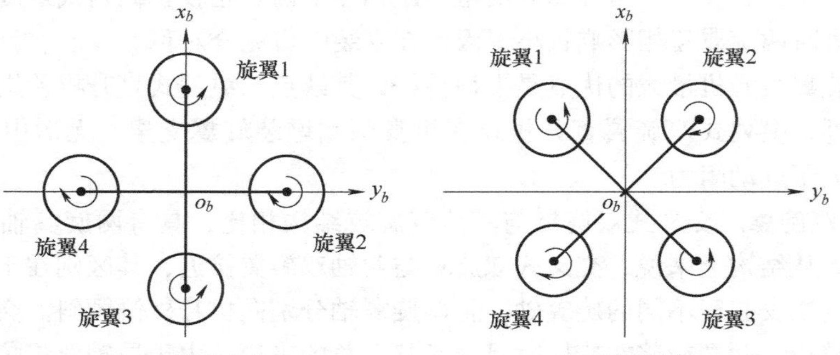

图3-6　十字形与X形四旋翼飞行器结构示意图

以四旋翼空中机器人为例，从空间上分析飞行器的运动，可以划分为上下、左右、前后六个方向的自由运动，包括垂直运动、俯仰运动、滚转运动、偏航运动、水平运动以及侧向运动，具体运动情况如下：

1）垂直运动。飞行器的垂直运动主要依靠螺旋桨的升力大小来决定，四旋翼飞行器因有两对电动机转向相反，可以平衡其对机身的反扭矩。当同时增加四个电动机的输出功率，旋翼转速增加使得总的拉力增大，当总拉力足以克服整机的重量时，四旋翼飞行器便离地垂直上升；反之，当同时减小四个电动机的输出功率，四旋翼飞行器则垂直下降，直至平衡落地，实现了沿 z 轴的垂直运动。图3-7为四旋翼飞行器的垂直运动，当外界扰动量为零时，在旋翼产生的升力等于飞行器的自重时，飞行器便保持悬停状态。因此，保证四个旋翼转速同步增加或减小是垂直运动的关键。

2）俯仰运动。图3-8为四旋翼飞行器的俯仰运动，电动机1的转速下降，电动机3的转速上升，电动机2与电动机4的转速保持不变。为了不因旋翼转速的改变引起四旋翼飞行器整体扭矩及总拉力改变，旋翼1与旋翼3转速改变量的大小应相等。由于旋翼1的升力下降，旋翼3的升力上升，产生的不平衡力矩使机身绕 y 轴旋转，方向如图3-8所示；同理，当电动机1的转速上升，电动机3的转速下降，机身便绕 y 轴向另一个方向旋转，实现飞行器的俯仰运动。

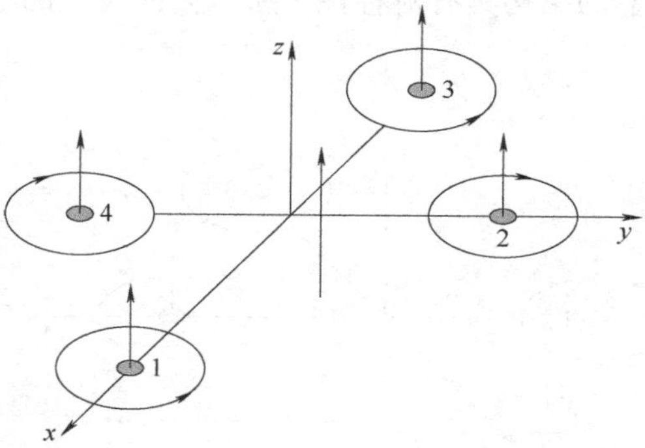

图 3-7 四旋翼飞行器的垂直运动

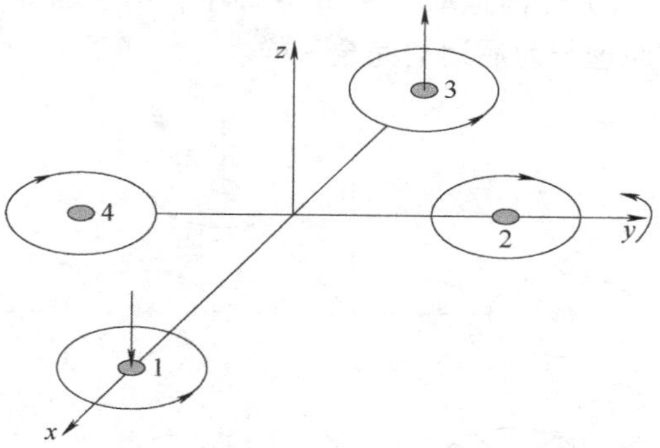

图 3-8 四旋翼飞行器的俯仰运动

3）滚转运动。与俯仰运动的原理相同，四旋翼飞行器的滚转运动如图 3-9 所示，改变电动机 2 和电动机 4 的转速，保持电动机 1 和电动机 3 的转速不变，则可使机身绕 x 轴旋转(正向和反向)，实现飞行器的滚转运动。

4）偏航运动。四旋翼飞行器的偏航运动可以借助旋翼产生的反扭矩来实现。旋翼转动过程中由于空气阻力的作用会形成与转动方向相反的反扭矩，为了克服反扭矩影响，可使四个旋翼中的两个正转、两个反转，且对角线上的各个旋翼转动方向相同。反扭矩的大小与旋翼转速有关，当四个电动机转速相同时，四个旋翼产生的反扭矩相互平衡，四旋翼飞行器不发生转动；当四个电动机转速不完全相同时，不平衡的反扭矩会引起四旋翼飞行器转动。在图 3-10 中，当电动机 1 和电动机 3 的转速上升，电动机 2 和电动机 4 的转速下降时，旋翼 1 和旋翼 3 对机身的反扭矩大于旋翼 2 和旋翼 4 对机身的反扭矩，机身便在冗余反扭矩的作用下绕 z 轴转动，实现飞行器的偏航运动，转向与电动机 1、电动机 3 的转向相反。

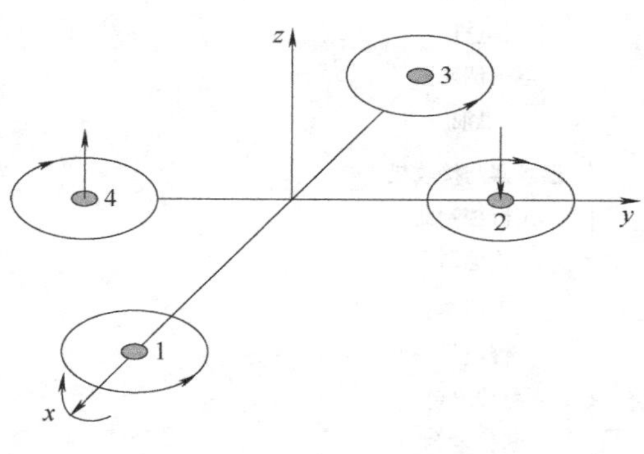

图 3-9 四旋翼飞行器的滚转运动

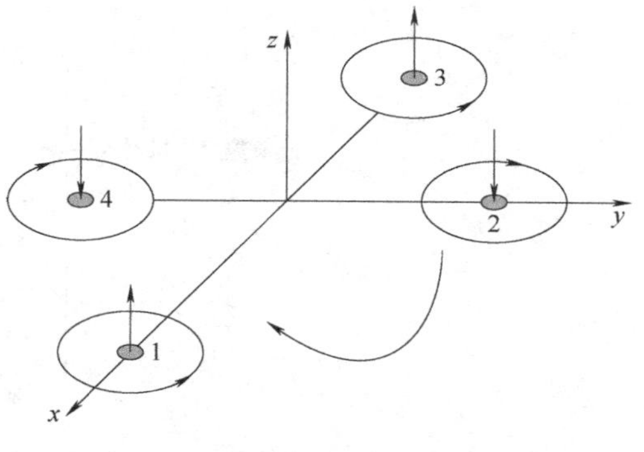

图 3-10 四旋翼飞行器的偏航运动

5）水平运动。要想实现飞行器在水平面内前后、左右的运动，必须在水平面内对飞行器施加一定的力。在图 3-11 中，增加电动机 3 的转速，使拉力增大，相应减小电动机 1 转速，使拉力减小，同时保持其他两个电动机转速不变，反扭矩仍然要保持平衡。按图 3-8 的理论，飞行器首先发生一定程度的倾斜，从而使旋翼拉力产生水平分量，因此可以实现飞行器的前飞运动。向后飞行与向前飞行正好相反。当然，在图 3-8 和图 3-9 中，飞行器在产生俯仰、滚转运动的同时也会产生沿 x 轴、y 轴的水平运动。

6）侧向运动。在图 3-12 中，由于四旋翼飞行器的结构具有对称性，所以侧向飞行的工作原理与前后运动完全一样。

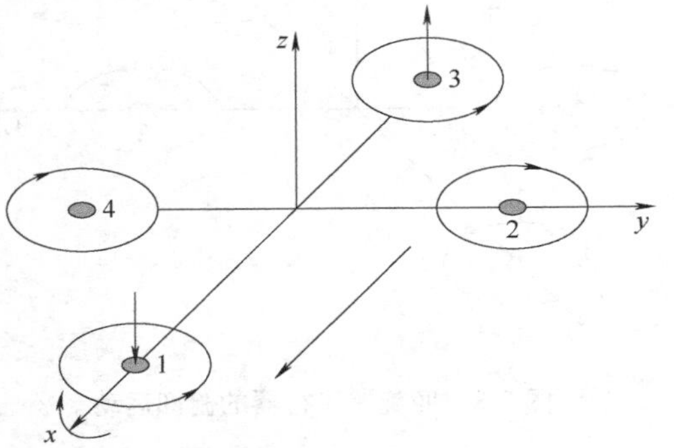

图 3-11　四旋翼飞行器的水平运动

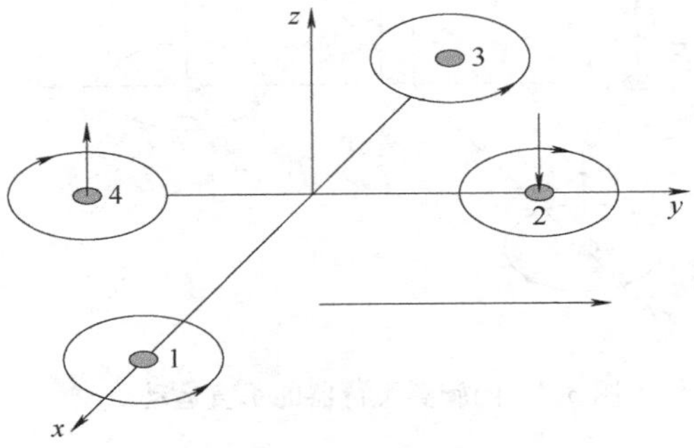

图 3-12　四旋翼飞行器的侧向运动

3.1.2　旋翼空中机器人的部件

除了基本结构之外，旋翼空中机器人上还需要大量的配件。为了更好地学习旋翼空中机器人的有关知识，了解机器人所需的各个部件是十分重要的。从作用上来看，旋翼空中机器人的部件可分为机架、动力系统、控制系统以及通信系统等部分。旋翼空中机器人的部件分类如图 3-13 所示。

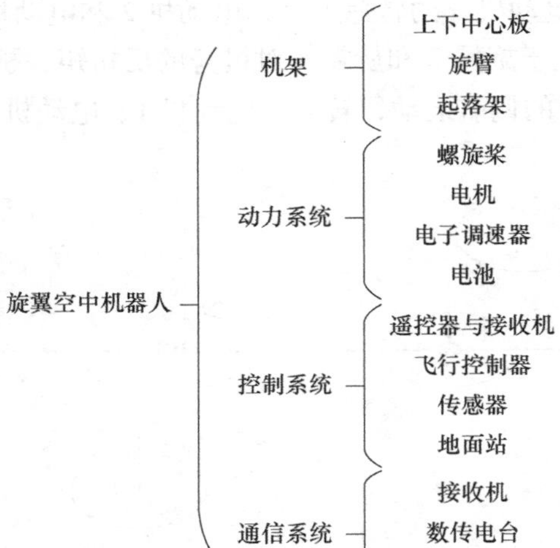

图 3-13　旋翼空中机器人的部件分类

机架、动力系统、控制系统与通信系统分别用作旋翼空中机器人的基础结构、为机器人提供动力、控制机器人运动以及地面与机载设备的通信。除了图 3-13 中所列举的部件外，电池、安全配件等也是旋翼空中机器人所必须安装的部件。本节将以部件分类为顺序，对旋翼空中机器人的必要部件与选配部件进行逐一介绍。

1. 必要部件

（1）机架　机架是旋翼空中机器人的基础结构，负责承载机器人要搭载的全部设备。机架决定了机器人的结构型式与气动特性，所以机架的设计将直接影响整个机器人的性能与安全。

1）机架的组成。常规旋翼的机架通常包括机身和起落架，机身是承载旋翼空中机器人所有设备的平台，旋翼空中机器人的安全性、实用性以及续航能力都与机身的结构与布局密切相关。当然，对于不同类型的旋翼飞行器而言，其机架组成也各有不同：对于单/双旋翼来说，机架包含起落架、尾梁以及直升机中心的框架结构；对于多旋翼来说，机架包含起落架、旋臂以及上下中心板等结构，如图 3-14 所示。

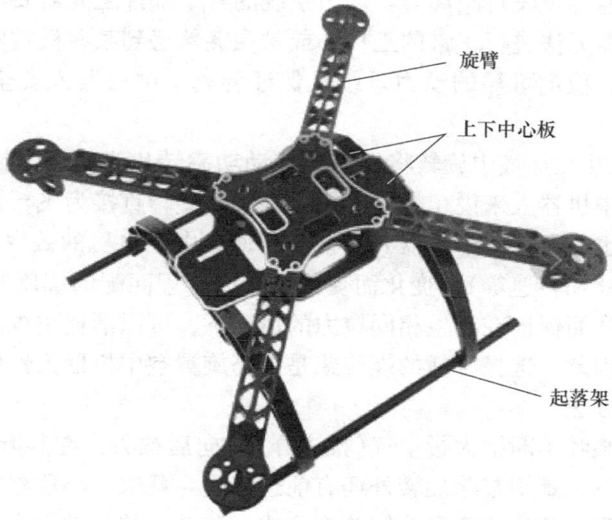

图 3-14　常见四旋翼 F330 机架

2）起落架。常规旋翼空中机器人的起落架一般如图 3-15 所示，其功能主要包括以下几点：

① 在旋翼飞行器起飞与降落的过程中支撑旋翼，并保持机身的水平稳定和平衡；

② 正常情况下，保证旋翼飞行器与地面之间有足够的安全距离，避免机身或螺旋桨与地面发生碰撞产生危险；

③ 减弱旋翼飞行器起飞和降落时的地效；

④ 消耗并吸收旋翼飞行器在降落及着陆时的冲击能量。

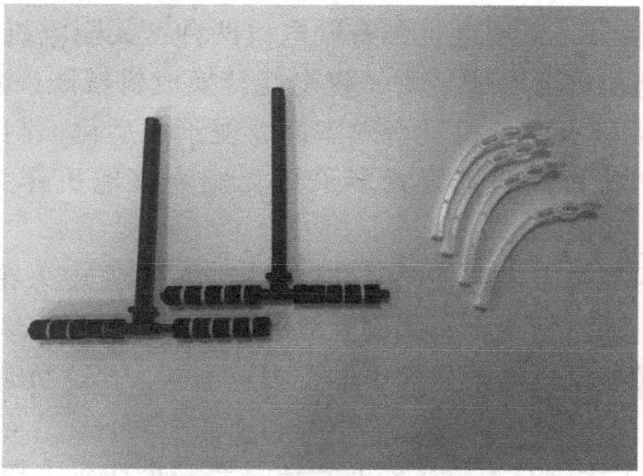

图 3-15　多旋翼空中机器人常用起落架

3）机架的选择。机架的选择主要可以从型别、材质及尺寸三个角度进行考虑，其中型别已在3.1.1节中论述。机架按照材质可分为塑料、碳纤维、金属及混合材质机架，它们在密度、强度、刚度及价格上都有着各自的特性。通常在描述机架尺寸时会选择轴距，即对角线上两电机的距离为度量。机架尺寸决定了机器人可选用的螺旋桨尺寸及最大载荷等。因此在选择机架时，应结合机器人的应用场景及需求等进行综合考虑。

（2）动力系统 旋翼空中机器人的动力系统通常包含螺旋桨、电机、电子调速器以及电池。动力系统是旋翼飞行器最重要的组成部分，其决定了旋翼飞行器的主要性能，如悬停时间、载重能力、飞行速度及飞行距离等。动力系统的各个部件之间需要相互匹配和兼容，否则可能导致旋翼飞行器无法进行正常的工作，或是在突然遇到某些极端状况时会失效从而导致事故的发生。因此，稳定可靠的动力系统是保证旋翼空中机器人安全正常飞行的前提和关键。

1）螺旋桨。靠桨叶在空气中旋转将发动机转动功率转化为推进力或升力的装置，简称螺旋桨。对于旋翼空中机器人来说，螺旋桨是通过桨叶旋转直接为飞行器提供运动所需的力与力矩的动力元件，也是旋翼空中机器人的核心部件。由于电机的效率会随输出转矩（取决于螺旋桨的型号、尺寸和转速等）的变化而变化，所以合理匹配的螺旋桨可以使电机的工作处于更高效的状态，从而保证在产生相同拉力的情况下，可以消耗更少的能量，以有效提高飞行器的续航能力。因此，选择合适的螺旋桨是提高旋翼空中机器人性能和工作效率的一种简单、直接、有效的方法。

螺旋桨旋转时，桨叶不断把大量空气（推进介质）向后推去，在桨叶上产生一向前的力，即推进力。一般情况下，螺旋桨除旋转外还有前进速度。截取一小段桨叶来看，恰像一小段机翼，其相对气流速度由前进速度和旋转速度合成。桨叶上的气动力在前进方向的分力构成拉力，在旋转面内的分量形成阻止螺旋桨旋转的力矩，由发动机的力矩来平衡。

关于螺旋桨的参数及动力等问题将在第4章4.3.1节进行详细的论述，值得注意的是，在螺旋桨选型时，过大的桨会导致电机过热，甚至损坏电机，而偏小的桨则不能发挥电机的最大拉力，因此应根据电机配置适当的螺旋桨。

2）电机。电机是旋翼机器人所必需的动力器件，安装在旋翼飞行器上的电机主要作用是将电池存储的电能转化为机械能，以此为螺旋桨提供转矩使其旋转，为机器人提供动力。电机作为飞行器的动力来源，通过改变电机的转速可以改变飞行器的飞行状态，以此来控制旋翼飞行器的运动。

① 电机的分类。电机分为无刷电机和有刷电机两种：无刷电机是采用半导体开关器件来实现电子换向；有刷电机内含电刷装置，将电能转换成机械能（电动机）或将机械能转换成电能（发电机）。由于无刷直流电机具有效率高、便于小型化、制造成本低、尺寸丰富等优势，因此多旋翼及单/双旋翼的主旋翼多采用无刷直流电机作为动力原件，如图3-16所示。

无刷直流电机运转时靠电子电路换向，这样就极大减少了电火花对遥控无线电设备的干扰，也减小了机械噪声。通常情况下，无刷直流电机一头固定在机架力臂的电机座，另一头固定螺旋桨，通过带动螺旋桨旋转产生向下的推力。不同大小、负载的机架，需要配合不同规格、功率的电机。

单/双旋翼机器人除了无刷直流电机外通常还需要一个舵机来控制旋翼面，从而使得飞行器能够进行各向的运动。

图 3-16　常见无刷外转电机(正反)

② 电机的选型。电机的选型主要可以从尺寸、*KV* 值、最大拉力、最大电流及效率等角度考虑，这些参数会在电机的性能参数表中给出。

电机的尺寸直接体现在电机的命名中，其型号中的四位数字即表示电机的尺寸。如 4114 电机表示定子直径为 41mm，定子高度为 14mm 的电机。通常来说，电机的尺寸与其功率正相关。

电机的 *KV* 值是指在电机空载状态下，1V 工作电压时电机的转速值，单位为 rpm/V。小的 *KV* 值意味着电机可以承受更大的功率与力矩，而大的 *KV* 值适合力矩较小的应用场景。因此小 *KV* 值的电机往往可以配备更大的螺旋桨。

电机的最大拉力即电机在配备规定螺旋桨时在满油门时所能提供的拉力，确定电机的拉力通常是电机选型的第一步。根据工作需求及机型、机架等因素确定需要的拉力，并选择在此拉力下不发生磁饱和的电机，从而确保飞行器能够正常运行。通常来说，机器人整体的质量不宜超过电机最大拉力的 40%。

电机的最大电流指电机正常工况下所能承受的最大电流，在选配电机时务必避免电流过大所导致的安全问题。

电机的效率通常指力效，即电机装配特定螺旋桨时螺旋桨拉力(单位：g)与输入电功率(单位：W)的比值，通常随着输入电压的增加而下降。保持电机效率在合理的范围内能够保证机器人有良好的续航能力。

3）电子调速器。电子调速器(Electronic Speed Control，ESC)简称电调，是为电机供电并根据控制信号调节电机转速的设备。电调最基本的功能是电机调速，其次还可以为遥控接收器上其他通道的舵机供电。电调还有一些其他辅助功能，如电池保护、启动保护、刹车等。

电调的作用就是将旋翼飞行控制单元的控制信号快速转变为电枢电压大小和电流的大小，以控制电机的转速。由于电机的电流是很大的，如果没有电调的存在，单靠电池供电是无法给无刷直流电机供电的，同时飞控板提供的电流无法直接驱动无刷电机，所以需要通过电调最终控制电机的转速，因此电调对电机而言是至关重要的驱动电路。

多旋翼电调上通常具备三类接口，即用于供电的电源接头、用于接收控制信号的 J-type 接头以及三个与无刷电机直接连接的香蕉头。图 3-17 展示了一款典型电调的接口。

与电调相关的参数通常有最大持续电流与电压范围，这两个参数通常会在电调表面进行

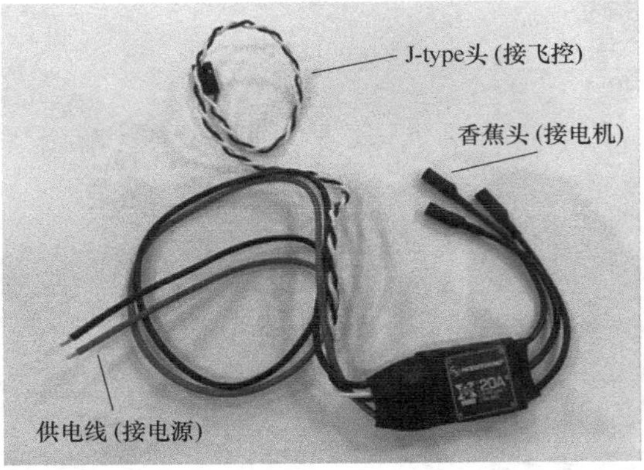

图 3-17　最大持续电流为 20A、3-4S 电池供电电调

标注。最大持续电流是电调最重要的参数，指电调在正常工作时所承担的最大持续电流。在电调选型时，应根据所用电机的工作电流来选择适当的电调，同时应注意留出适当的安全裕度(以 20%以上为宜)。电压范围是电调正常工作的输入电压范围，通常以“$a \sim bS$ LiPo”表示，指该电调正常工作电压与 $a \sim b$ 节锂电池电芯串联的电压一致，这种标法也可以更清晰地表示该电调适用的电池类型。

4）电池。电池主要为动力系统提供能量。旋翼飞行器面临的一个常见问题在于续航时间不足，其关键就在于电池容量的大小。目前，市面上可用作模型动力的电池种类有很多，其中锂电池和镍氢电池因其优良的性能和低廉的价格优势获得了人们的喜爱。对于旋翼空中机器人来说，电池单位质量的能量载荷很大程度上限制了其飞行时间和任务拓展。

① 电池的基本特征。电池的基本特征主要有电压、放电容量、内阻大小、放电倍率。一般为保证总数电池容量及电压，可将三节电池串联使用。在电池的实际放电过程中，电池容量会逐渐减小，且研究表明在某些区域，电池剩余容量与电池电流大小基本呈线性下降关系。而在电池放电后期，电流的大小随电池容量的变化可能是急剧下降的，所以一般会设置飞行器电池的安全电压，以确保飞行器在电池耗完前有足够的电量返航。

另外，电池不仅在放电过程中电压会下降，而且由于电池本身具有内阻，其放电电流越大，自身由于内阻导致的压降就越大，所以输出的电压就越小。特别值得注意的是，在电池使用过程中，不能将电池电量完全放完，不然会对电池造成电量无法恢复的损伤。

② 电池的选型。电池是旋翼空中机器人的能源模块，其选型应与飞行控制器、电子调速器的工作电压相匹配。电池的容量决定了机器人的续航能力，旋翼空中机器人所采用的电池通常为锂电池与镍氢电池。

在选配电池时需要参考的参数通常为电压、容量，这两者皆会在电池的型号中体现。空中机器人所采用的锂电池通常是由多个电池电芯串/并联而成的电池组，其型号通常写为 $aSbP$。在这里 a 表示电池组的串联数，与电池组电压正相关；b 表示电池组的并联数，与电池组容量正相关；S、P 指电池电芯的串联、并联。单个锂电池电芯的标称电压通常为 3.7V，充满电后约为 4.2V，则 $aSbP$ 电池组的电压为单个电芯的 a 倍，容量为单个电芯的 ab 倍。除此之外，电池的接口需要与空中机器人供电接口相匹配，目前常见的接口有 T 头、XT60 头和 JST 头等。

飞行控制器、电子调速器等的工作电压通常会在表面或说明书进行标注，在选配电池时务必注意，避免出现安全问题。

(3) 控制系统

1) 遥控器与接收机。遥控器与接收机是发送与接收控制指令的设备，操作者操作遥控器上的摇杆与开关等，这些操作通过遥控器编码并发送至接收机。接收机与飞行控制器直接连接，将遥控命令解码后输入至飞行控制器，从而控制机器人完成对应的操作。除了基本功能外，遥控器通常会设置一些辅助功能，如摇杆灵敏度调节、油门/舵摇杆微调、可自定义的辅助开关及电池状态反馈等。因此对于不同的空中机器人来说，往往需要进行不同的遥控器选型与设置。

决定遥控器与接收机选型的因素有频率、输出模式、操作模式、通道数以及遥控距离等。

遥控器与接收机之间通过无线电波进行连接通信，目前常用的遥控器的主要频率有72MHz及2.4GHz两种，且由于72MHz存在受扰的安全隐患，目前主流的遥控器均以2.4GHz通信为主。2.4GHz技术属于微波领域，有如下几个优点：频率高、同频概率小、功耗低、体积小、反应迅速、控制精度高，有效地解决了遥控安全性等问题。

输出模式指接收机输出信号到飞行控制器的方式，常见模式有脉冲宽度调制(Pulse Width Modulation，PWM)、脉冲位置调制(Pulse Position Modulation，PPM)、脉冲编码调制(Pulse Code Modulation，PCM)及SBUS等。PWM指直接输出PWM信号的输出方式，其发生与采集都很简单，具有一定的抗干扰能力，但缺点为每条物理连线仅能传输一路信号，多应用于固定翼电调及舵机的驱动。PPM与PCM都是调制后的PWM信号，这两种模式可以将多路PWM信号集中传输，由接收方处理后使用，解决了PWM模式接线繁琐的问题。SBUS是由日本FUTABA引入的串行通信协议，是一种全数字化的接口总线，SBUS协议采用了专用的软件协议，非常适用于飞行控制器通信，因此在空中机器人中被广泛使用。输出模式的选择应首先考虑机器人飞行控制器的支持性，在飞行控制器支持的模式中选择适合机器人的输出模式。

遥控器的操作模式主要分为左手和右手油门，其区别在于左右手摇杆负责油门/滚转还是俯仰/偏航，在选择时应参考操作手的使用习惯。

遥控器的通道数意味着遥控器所能同时传输的信号规模，空中机器人的油门、滚转/俯仰/偏航运动、云台及返航功能等都需要使用一定的通道数，因此在选型时应根据机器人工作需求保证足够的通道数。

遥控器的最大遥控距离应大于空中机器人的运行半径，在遥控距离不足时应采用功率放大器及天线等进行提升。

2) 飞行控制器。飞行控制器简称飞控，也叫自驾仪，是空中机器人的控制系统，用于控制空中机器人的位姿、速度、轨迹等。飞控的基本功能为接收控制命令、读取和处理传感器信号并向电调输出控制信号。除了基本功能外，飞控还可以兼有数据传输、云台控制及机器人保护等功能。图3-18是两款常用开源飞控Pixhawk和Apm。

旋翼空中机器人的自驾仪可以设置为飞控手实时遥控的半自主控制方式和全自主控制方式。自驾仪具有统一的控制框架，大多采用PID控制器。对于不同的旋翼飞行器，只需调整部分参数即可使用。

飞控通常由硬件部分与软件部分组成，其中硬件部分一般主要包括：

① 全球定位系统(Global Positioning System，GPS)接收器：主要用以获得旋翼的全球定

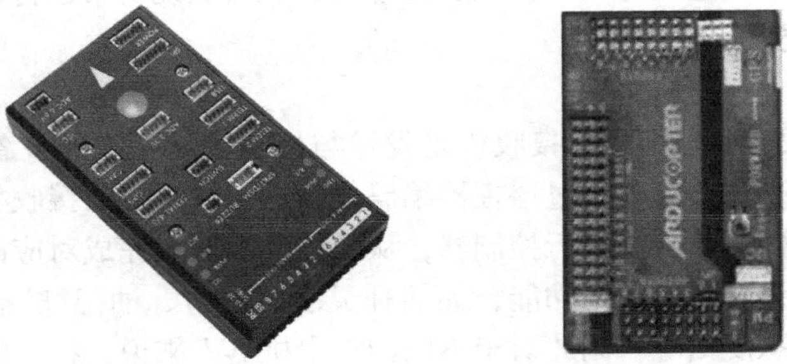

a) Pixhawk　　b) Apm

图 3-18　常用开源飞控

位信息；

② 惯性测量单元(Inertial Measurement Unit，IMU)：包括三轴加速度计、三轴陀螺仪、电子罗盘(或磁力计)，主要用以获得旋翼的姿态信息；

③ 气压计和超声波测距模块：主要用以获得旋翼飞行器的飞行高度信息；

④ 微型计算机：主要用以接收信息、运行算法和产生控制命令；

⑤ 接口：连接微型计算机和串岗器、电调和遥控设备等的硬件。

飞控的软件部分主要用于处理和发送信息，相当于旋翼的大脑，包含感知、控制等。飞控同时接收内置传感器与外置传感器的感知信息，因此内部要包含相应的数据融合算法以发挥各传感器特性，提升位姿信息的准确性。同时，飞控需要运行控制算法，从而根据当前状态与具体任务计算相应的控制信号传至电调，PID 算法是目前大部分飞控所采用的控制算法。

目前人们对飞控的研究已经较为成熟，开源的飞控系统功能成熟、种类繁多，这让人们可以结合地面站软件等实现飞控系统的快速部署，这为空中机器人的研究提供了许多便利。

3）蜂鸣器与安全开关。蜂鸣器与安全开关都是配合飞控使用的辅助设备，蜂鸣器的作用是根据飞控的运行状态发出不同的铃音，使操作者可以根据声音对飞行器的状态进行判断。同时，在通过计算机进行飞控设置、调参等操作时，也经常通过蜂鸣器来提示操作状态。

安全开关是用于解锁飞控的安全设备，能够有效地减少如遥控器失灵、人为误操作等带来的安全隐患。只有长按安全开关至指示灯常亮，空中机器人才能正常开始运行。

4）地面站。地面站是设置于地面并能够与空中机器人进行通信的系统，通常为运行了地面站软件的设备。随着开源地面站软件的发展，计算机、智能手机等都可以作为地面站使用。地面站软件可以与飞控进行交互，从而实现轨迹规划、控制命令发送、飞行状况监控等功能，有效地扩展了空中机器人系统的应用功能与运算能力。

地面站软件是旋翼地面站的重要组成部分，操作员通过地面站系统提供的鼠标、键盘、按钮和操控手柄等外设来与地面站软件进行交互，这样就可以预先规划好任务的航迹，并且在旋翼飞行过程中，对其飞行状况进行实时的监控或修改任务设置，以干预旋翼的飞行。任务完成后，还可以对任务的执行记录进行回放及分析。

2. 选配部件

(1) 旋翼涵道　对于四旋翼来说，涵道的主要作用在于保护桨叶与环境中的人身安全。同时由于涵道内部空气流速快、外部空气流速慢，这使得涵道能够产生附加拉力。对于空中机器人来说，涵道在喷气式固定翼上的应用更为广泛，因此在固定翼组成中再进行补充描述。

（2）云台　云台是用于固定摄像头的机载设备，通常可分为固定云台与电动云台。固定云台指不具备电动机构的云台，在使用时需要手动将云台调整至合适位置后装载于空中机器人的机身。电动云台通常由支架与电动机组成，按照其自由度可分为水平云台与全向云台。电动云台通常可通过遥控器或地面站软件进行在线的角度调整，使得操作者可以在空中机器人飞行过程中调整拍摄角度。

（3）摄像头　在空中机器人上的摄像头可分为航拍摄像头与视觉传感器。航拍摄像头的功能为在空中机器人飞行的过程中进行环境的拍摄，对于图像的清晰度与流畅度都有较高的要求，因此需要航拍摄像头有足够的捕捉能力及防抖功能等。视觉传感器的作用为对其拍摄的图像进行处理，从而获取空中机器人的环境信息、位置信息等，通常有单目/双目/三目摄像头及环视摄像头等。视觉传感器要求最大程度还原实际环境中的图像数据，因此其帧率及数据格式等都与航拍摄像头有显著区别。

（4）OSD　OSD（On-screen Display）即屏幕菜单式调节方式，其作用是将空中机器人的实时状态等以文字形式添加至图传电台回传的数据中，从而令接收端的屏幕上可以显示飞控的实时数据。

（5）数传电台　数传电台即数传，是地面站与空中机器人之间进行高精度无线传输的组件。数传电台是借助数字信号处理（Digital Signal Processing，DSP）技术、数字调制与解调技术、无线电技术实现的高性能专业数据传输电台，具有前向纠错、均衡软判决等功能。

数传通常成对使用，地面端与机器人端可采用相同的硬件结构。在使用时，地面端数传与地面站的硬件系统连接，机器人端数传接入飞控，通过其特定协议保持飞控与地面站间的双向通信。

在数传选型时，通常需要考虑的参数有频率、接口类型、传输速率与最大传输距离等。通常来说，数传在设计时都能满足常规空中机器人的数据传输需求，因此在选型时可优先考虑接口类型与最大传输距离。

（6）图传电台　图传电台即图传，是空中机器人采集图像后向地面站发送所需的无线传输组件。由于图像传输通常为单向传输，因此图传电台可分为发射器与接收器，发射器与机载摄像头相连，接收器与地面站或地面显示器相连。

决定图传选型的因素与数传电台基本相同，其区别在于图像传输对于传输速率有着一定的要求。图传的传输速率通常由视频带宽与音频带宽表示，由于空中机器人通常不需要采集声音，因此在选型时着重考虑视频带宽是否足够即可。

3.1.3　空中机器人入门1——四旋翼空中机器人的搭建与操控

空中机器人是一门综合性的学科，涉及众多的知识体系与深厚的理论基础，因此想要充分掌握空中机器人的有关知识并非易事。但随着人们对空中机器人研究的不断深入以及开源结构、软件的不断开发，空中机器人入门学习的难度有所降低。在空中机器人组件产品化的今天，人们可以在简单的学习之后制作一架属于自己的空中机器人。而事实上，通过自己制作空中机器人，熟悉其机械原理与工作结构也可以为后续的学习打下良好的基础。因此，本节将从初学者的角度出发，详细介绍如何从组件开始制作一架四旋翼空中机器人。

注意： 四旋翼空中机器人是空中机器人中最容易上手的类型，但这也容易让操作者忽视机器人的安全问题。动手能力强的读者可以轻松地完成本节讲述的机器人制作，但这不意味着每个人都可以随意操作机器人飞行。请各位读者在学习空中机器人技术的同时，务必认真学习所在地区对于空中机器人的最新规定。如需进行旋翼空中机器人的飞行任务，则必须向所在地区及飞行场地的有关部门提前报备。

1. 材料准备与结构框架

部件、工具以及耗材都是搭建空中机器人的必要材料，需要在正式开始前准备齐全。在制作的过程中发现材料不齐可能会带来不必要的麻烦，甚至影响学习热情。对于本节中需要制作的四旋翼空中机器人来说，其必要部件清单见表 3-1。

表 3-1 四旋翼空中机器人的基础部件

部件名称	数量
机架	旋臂*4，上下中心板*1
电机	正转*2，反转*2
电调	4
螺旋桨	正桨*2，反桨*2
飞控	1
飞控减振	1
GPS 接收机	1
GPS 支架	1
起落架	1
遥控器	1
接收机	1
安全开关	1
电池	电池*1，供电插头*1

除了表 3-1 所列举的组件外，如果所选的电调没有供电能力，则还需要为电调准备一供电模块。此外，所准备的电池、电调、电机及螺旋桨等应互相适配，避免出现安全问题。

“工欲善其事，必先利其器”，除了空中机器人所需的部件外，工具与耗材也应当在开始制作前准备齐全。对于四旋翼空中机器人来说，必要的耗材有航模线、螺钉、螺母、扎带、热缩管或绝缘胶带及泡沫双面胶，制作时所需要的工具有螺钉旋具、电烙铁、剥线钳及扳手等常用工具。

在正式开始制作之前，对飞行器结构间的关系有所了解有助于对组装步骤有更好的理解和记忆，四旋翼空中机器人各部件间的结构框图如图 3-19 所示。

2. 空中机器人机械结构搭建

在部件、工具以及耗材都准备妥当后，四旋翼空中机器人的制作就可以正式开始了。图 3-20是一张四旋翼空中机器人各部件的“全家福”，可以记录制作过程的开始，也可以让制作者再确认一次各部件是否齐全。

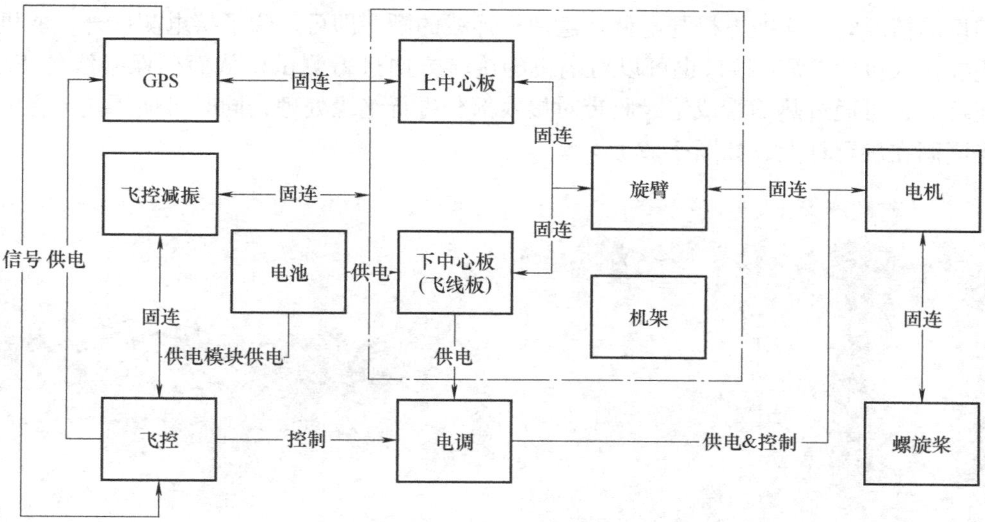

图 3-19　四旋翼空中机器人各部件间的结构框图

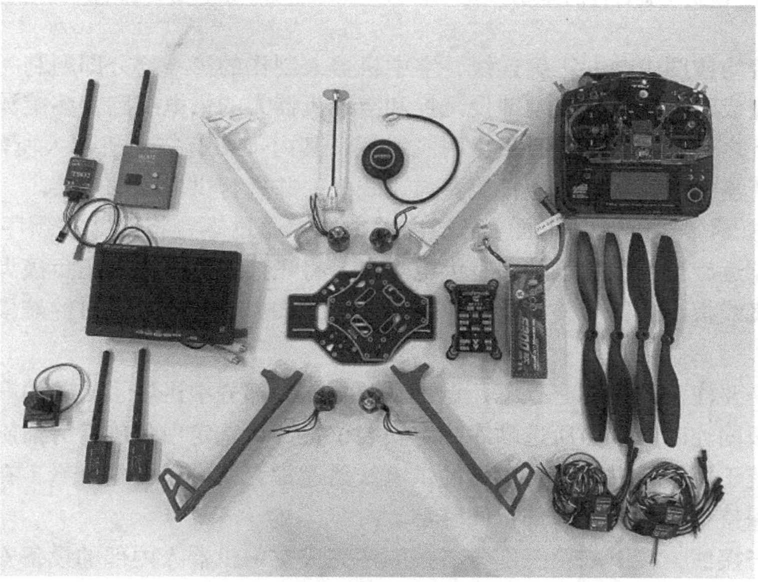

图 3-20　四旋翼空中机器人组件一览

（1）电机、电调与旋臂　组装的第一部分为旋臂的组装，包含电机与旋臂杆的固连、电调与电机的接线以及电调的固定。

四旋翼飞行器的电机通常由底部的四个螺钉孔与旋臂杆相连，如图 3-21 所示。在购买时通常会配套紧固螺钉，通过六角扳手进行紧固即可。四旋翼的机臂如有颜色区别，则可对机器人的前后进行颜色上的区分。常规四旋翼飞行器的左前、右后两电机为顺转电机，右前、左后为逆转电机，对于机臂杆有前后之分的情况，应注意电机的匹配。

四旋翼电机通常为三线制电机，三根连线应分别与飞控的香蕉头相连。具体连线时，可采用直接焊接，也可在电机连线上焊接插头后进行插接。电机与电调的三根连线间没有严格的对应关系，每交换两根接线的顺序即可使电机反向一次。因此，当连线后出现旋转方向与规定相反的情况时，交换电机与电调任意两根连线的顺序即可。除了接电测试外，舵机测试仪和遥控接收机的 PWM 接口也可以对电机的旋转方向进行测试，从而确保接线的正确性。正确连接后，可通过热缩管或绝缘胶带对接线部分进行绝缘处理，同时可使用扎带将电调及导线等紧固在旋臂杆上，如图 3-22 所示。

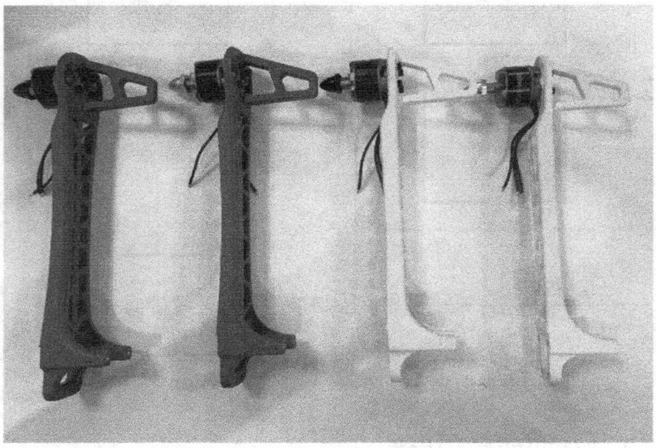

图 3-21　电机与旋臂杆的连接

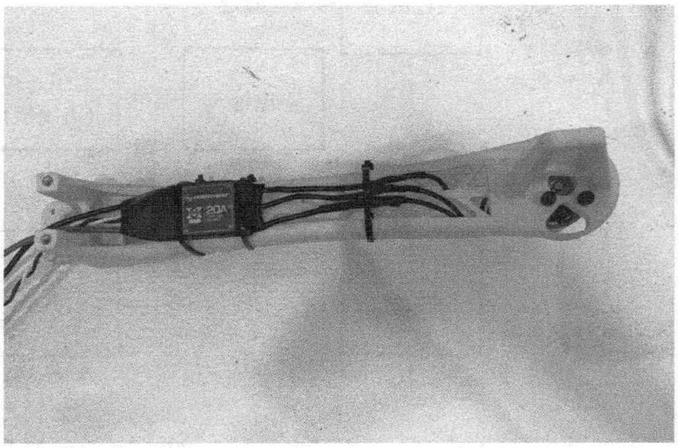

图 3-22　旋臂与电调的接线与紧固

将四个旋臂均按图组装并正确连线，空中机器人制作的第一部分即顺利完成。第二部分的主要内容是完成下层机架，以及铺设飞控和空中机器人的供电线路。多旋翼空中机器人的中心板可有上下之分，其中下中心板也叫飞线板，其内部留有空中机器人所需的供电线路。因此第二部分所需完成的内容为连接旋臂与飞线板，并进行供电线的焊接。

如图 3-23 所示，在旋臂内部通常已经内置螺纹，通过螺钉将旋臂按顺序与飞线板固连即可。飞线板靠近旋臂的位置通常留有供电焊盘，将飞控的供电线按正负极焊接即可。除了飞控焊盘外，飞线板上还留有整机的正负供电焊盘，将焊接有电池插口的航模线按正负极性焊接即可。

第二部分需要注意的内容有以下几点：本节在第一部分中讲解了旋臂的顺序问题，因此在旋臂与飞线板固连时应依照所选顺序确定安装位置，如选定白色旋臂为前旋臂，则白色的顺转旋臂应安装于飞线板左前方；电调的供电线路通常会留有较长的余量，在焊接时应剪去多余部分从而保持空中机器人内部空间整洁。

（2）飞控与接线　接下来第三部分将按顺序完成空中机器人内部的设备安装与接线。飞控的安装位置对于不同的飞行器来说可有不同的选择：对于中心板面积较大的机型来说，可以将飞控置于空中机器人顶部；而对于一些尺寸较小的机型来说，其顶部无法同时安装 GPS 与飞控，此时可以将飞控安装于空中机器人内部。

对于飞控安装于外部的情况，空中机器人内部的线路注意互不影响即可；而对于飞控内置的安装方法，需要在内部留有足够空间。飞控外部安装的情况比较简单，在空中机器人顶部固连飞控并按照正确的接线方式连接即可。本节的示例机型选用了轴距为 450mm 的四旋翼，并展示内置飞控的安装方法。

内置飞控的关键在于保留足够的空间，飞控内部配有 IMU 与气压计等传感器，在使用时需要使用减振器减少振动。因此在飞控周围应留有一定空间，否则会使减振失去意义。空中机器人内部除飞控外还有四组电调的信号线，所以需要对线路进行合理的排布，图 3-24 展示了一种从飞控下方布线的安装方式。

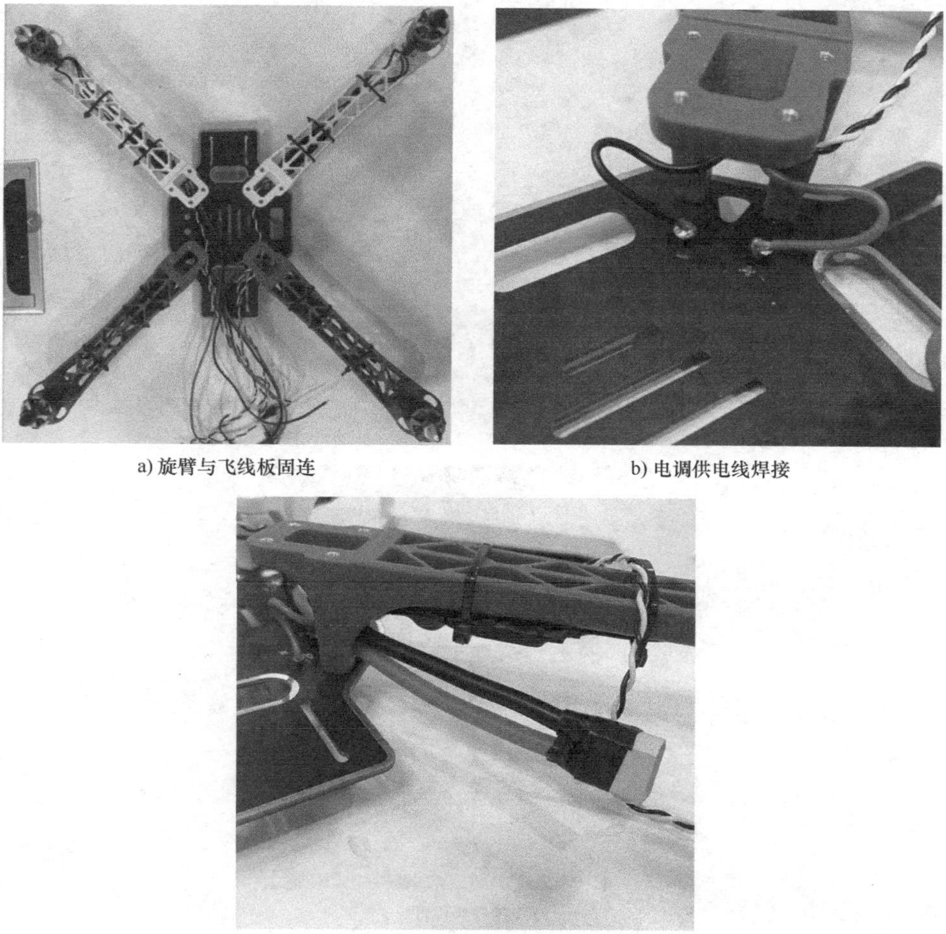

a) 旋臂与飞线板固连　　b) 电调供电线焊接

c) 整机供电线焊接

图 3-23　连接旋臂与飞线板并进行供电线的焊接

将电调供电线按照顺序通过双面胶互不交叉的粘贴在飞线板上，并通过泡沫胶将周围空间铺平，这可以确保飞控水平安装于机架上。布线完成后，依次将飞控减振与飞控通过双面胶粘贴安装即可。在安装时，应确保飞控减振与飞控周围留有一定的空间，使飞控能够得到有效避振，在此基础之上，飞控的安装方向要保持与空中机器人一致，安装位置应尽量靠近空中机器人中心。

飞控接线是空中机器人制作中极其重要的一环，尤其是四组电调信号线，接口错误或顺序错误都会导致比较严重的后果，因此进行飞控接线时应严格按照接线图及飞控固件进行，如图 3-25 所示的 Px4 飞控，一种常见的接线方式为四旋翼右前、左后、左前、右后电机分别接入飞控输出的 1~4 通道，建议初学者在电机接线后通过地面站软件等进行测试确保接线与通道正确。除电调外，还应按照接线图连接遥控接收机、GPS、蜂鸣器以及安全开关等配件。当空中机器人使用的电调没有供电功能时，还需要加装供电模块。

接线需按照接线图严格进行，且在整机组装完毕后还应在地面站软件上进行电机、接收机及传感器的测试。需要注意的是，对于需要装在上中心板外部的设备（如 GPS 等），其接线应注意从中心板的接线孔进行，避免出现上中心板安装后难以接线的问题。

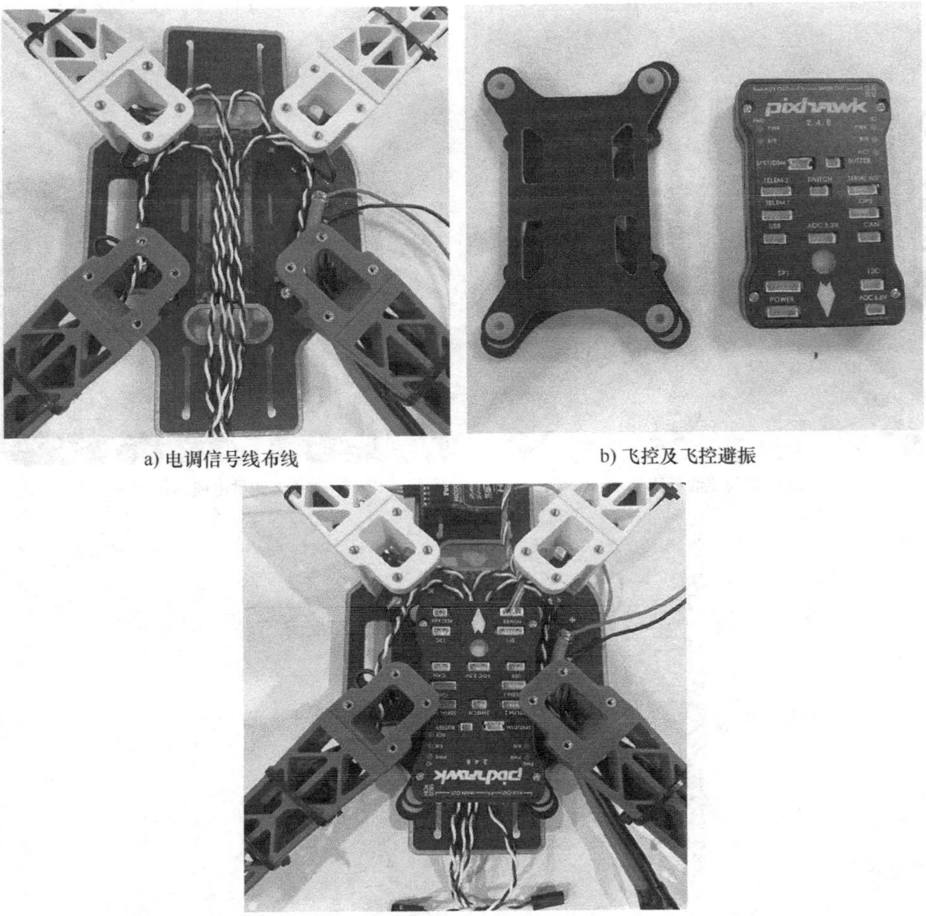

a) 电调信号线布线

b) 飞控及飞控避振

c) 飞控安装位置

图 3-24　从飞控下方布线的安装方式

（3）机架固定及起落架安装　最后一部分即无人机整机的紧固与支架设备的安装，包含上中心板的紧固、GPS 支架的安装以及起落架的安装。上中心板上留有 GPS 支架的安装孔，可选择通过螺钉紧固，也可以选择螺钉与粘贴混合的紧固方式。GPS 可粘贴于支架顶部，方向应与空中机器人方向一致，可参考图 3-26 中的走线。下中心板上通常留有机架的安装孔，使用螺钉进行安装即可。需要注意的是，部分起落架与旋臂共用安装孔，此时需要将第二部分中安装的螺钉拆掉改为长度更长的起落架螺钉。

在搭建的最后，当读者已经掌握了空中机器人的操作方法后，就可以装上螺旋桨进行飞行实验了。需要注意的是，在安装桨叶时必须顺逆匹配，否则会出现侧翻或无法起飞等情况。至此，一架能够在空中稳定飞行的旋翼空中机器人便完成了硬件部分的搭建，如图 3-27 所示。

（4）软件调试　对于四旋翼空中机器人的制作来说，除了机体的硬件组装、连线，软件部分也要进行相应的匹配，才能发挥出各部件应有的作用。空中机器人的软件部分主要包含接收机的对频、传感器的标定及遥控器的设置等。然而，对于不同的遥控器、不同的地面站来说，所需要的操作各不相同。幸运的是，开源地面站软件的开发以及商业化产品的出现，使得这些软件操作都可以获得详细的引导，可以让初学者快速上手。所以，如果读者已经完成了以上的所有步骤，那么就可以跟随软件指引，正式开始空中机器人学习了。

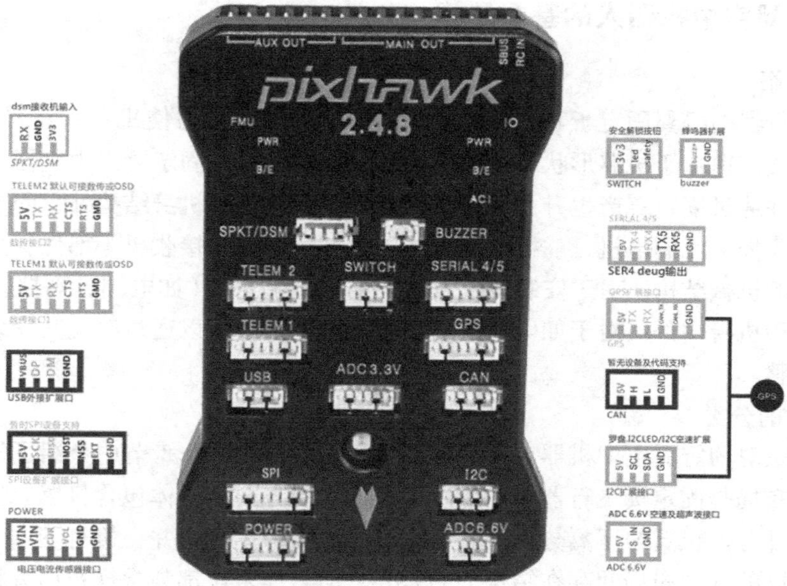

图 3-25　Px4 飞控端口定义

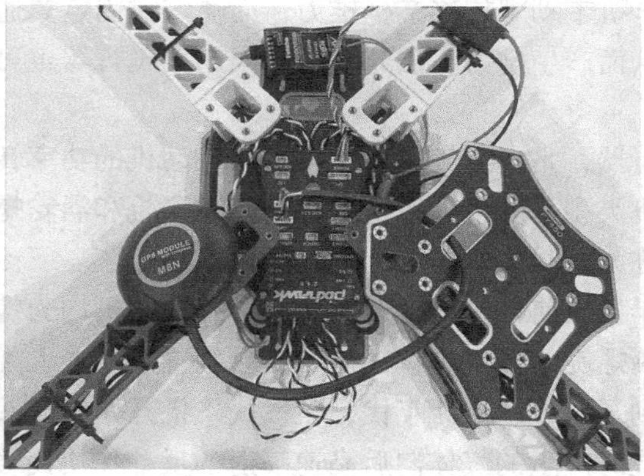

图 3-26　GPS 接收机的连线

图 3-27　手动制作的四旋翼空中机器人

3.2　固定翼空中机器人的基本组成

固定翼空中机器人是最早出现的空中机器人，自 1903 年莱特兄弟制造了第一架固定翼飞行器“飞行者一号”以后，固定翼飞行器就成为飞行器家族中最具代表性的一员。固定翼飞行器的机械结构及气动原理使其拥有了其他飞行器所无法比拟的优势，如各类飞行器中最快的飞行速度、最大的航行距离以及充足的载荷能力。同时，浮筒与起落架给予固定翼空中机器人以三栖运动能力，这也为固定翼空中机器人带来了更多的应用空间。相比于旋翼空中机器人来说，固定翼空中机器人的机械结构更为复杂，种类也更加繁多。本节将对固定翼空中机器人的基本结构与各个类别进行介绍，并选择有代表性的固定翼空中机器人进行组装展示。

3.2.1 固定翼空中机器人的基本结构

1. 总体介绍

固定翼飞行器的机翼固定于其机身上，当动力设备产生推力使机器人获得前向速度时，机翼两侧的空气流速由于机翼形状有所不同，从而产生升力。固定翼空中机器人即通过动力设备推动前进并通过固定翼产生升力的空中机器人。除基本的机身结构外，固定翼空中机器人还需要包含飞控、无刷电机、舵机、螺旋桨、电调、电池及接收机等部件，且机翼、尾翼等也包含相应的机械结构。对于安装位置没有严格要求的部件(如电调、飞控、接收机等)，可以将其安装于机身内部。对于如电池等质量较大的部件，可以通过改变其安装位置来对机身重心进行调整。

2. 固定翼的分类

气动布局是对固定翼空中机器人分类的主要方式，在本书2.1节中介绍了气动布局的有关知识。常规布局是固定翼飞行器目前应用最多的布局方式，机体包含机翼、机身、尾翼及起落架等主要部分。机翼与尾翼分别安装于机身的中段与尾段，并在机身下方的合适部位安装起落架。不同的气动布局间存在结构上的差异，但总体来说都与常规布局有相似之处，其具体结构将在3.2.2节中讲述。

另外，从推进方式上看，固定翼空中机器人可分为螺旋桨式固定翼飞行器和喷气式固定翼飞行器。螺旋桨式固定翼通过前向或后向的电机带动螺旋桨产生推力，而喷气式固定翼通常通过涵道电机带动风扇产生气流向后喷射，从而产生推力，因此喷气式固定翼飞行器也可称为涵道机。

(1) 螺旋桨式固定翼 螺旋桨式固定翼飞行器，是指空气通过螺旋桨将发动机的功率转化为推进力的固定翼飞行器。这种飞机按发动机类型不同可分为活塞式螺旋桨飞机和涡轮螺旋桨飞机，有涡轮式发动机的螺旋桨飞机则被称为涡桨飞机。

由于受到技术水平的限制，在20世纪40年代之前，人类生产的几乎所有的飞机均为螺旋桨式飞机，而在30年代到40年代之间，单翼螺旋桨飞机一直占据着主导位置。随着人类科技的进步，发动机技术水平也在不断提高，到了20世纪40年代，喷气式飞机开始崭露头角，喷气式飞机所使用的喷气发动机靠燃料燃烧时产生的气体向后高速喷射的反冲作用使飞机向前飞行，它可使飞机获得更大的推力，因此飞得更快。

但是由于喷气式飞机存在使用成本过高、低速机动性能差、材料要求高、低速油耗过高等诸多缺陷，时至今日，螺旋桨式飞机尤其是单翼螺旋桨式飞机仍然在某些领域发挥着不可替代的作用。单翼螺旋桨式飞机的缺陷在于动力方式，其转速不能无限地提高，而且当到达一定转速时提高的效果微乎其微，只能增加飞行高度以减小阻力。但高空空气稀薄亦减小了螺旋桨提供的动力，限制了升限，这是单翼螺旋桨式飞机的致命缺陷。

(2) 喷气式固定翼 喷气式固定翼飞行器是使用喷气式发动机作为推进力来源的飞行器。相比于螺旋桨式固定翼，喷气式固定翼具有很多优势，尤其体现在其具有更快的速度和更大的升限。另外，喷气式固定翼飞行器拥有更大的推动力，也使其能获得更大的空重和机动能力，所以20世纪40年代至今，喷气式飞机得到了世界范围内的广泛应用。时至今日，当年限制喷气式飞机发展的诸多因素已然一一被克服，在未来半个世纪内仍具有广阔的应用前景。

3.2.2　固定翼空中机器人的部件

固定翼空中机器人的机翼、尾翼等都装载了相应的驱动结构，这使得固定翼空中机器人具备在空中做俯仰、转向等运动的能力。因此，只有了解固定翼空中机器人的各个部件才能对其有更进一步的了解。不同于旋翼空中机器人，对于固定翼空中机器人来说，气动布局不同，所使用的部件也有所不同。因此，本节将对固定翼空中机器人的各个部件进行介绍，并按照各个气动布局进行部件的匹配说明。

1. 基本部件

固定翼空中机器人的机体结构通常包括机身、机翼、尾翼、鸭翼和起落架等，如果飞机的发动机不在机身内，则发动机短舱也属于机体结构的一部分。另外，与旋翼空中机器人相同，固定翼空中机器人也包含动力系统、控制系统与通信系统。由于固定翼空中机器人的飞控、遥控器、接收机与旋翼空中机器人没有严格的区别，因此在此不多讲解。

（1）机身　对于固定翼空中机器人来说，机身是其他所有结构部件的安装基础，它可以将尾翼、机翼及发动机等连接成一个整体。除此之外，机身还可以装载人员、货物、设备、燃料和武器等。机身的外形除按照实际机型设计外，在对应部位还应留有相应的插槽和螺钉孔等，以便于机翼、尾翼及起落架的安装。单螺旋桨的固定翼空中机器人还应留出电机与螺旋桨的安装位置。机身内部通常为空心结构，从而在内部进行飞控、电调、电池的安装以及线路排布等。

（2）机翼　机翼是固定翼空中机器人的核心部件，其主要作用为提供机器人飞行所需升力。机翼通常由主翼、副翼与襟翼组成，如图 3-28 所示。主翼也叫基本翼，与机身直接固连并传递载荷；副翼和襟翼是安装于主翼的后缘的可操作活动面，其中靠近外侧的为副翼，用于控制飞机的滚转运动，靠近机身的为襟翼，在起飞和着陆阶段用于调整飞机升力。通常来说，副翼和襟翼通过固定于主翼上的舵机进行翼面控制。除了常规配件外，部分固定翼机翼上还装置了前缘缝翼和扰流板，分别用于提高临界迎角和增大阻力。

1）机翼的分类。按照形状分类是一种对机翼进行分类的重要指标，常见的机翼形状有矩形翼、椭圆翼、后掠翼、前掠翼和三角翼。

① 矩形翼是最早出现的机翼，其特点为结构简单，容易制作，但其自身重量通常较高，提供的升力相对有限。

② 椭圆翼的特点是从翼根到翼梢弦长逐渐变小。其优点是升力分布均匀且阻力相对较小，便于在机翼上安装设备；缺点是结构复杂，制作相对困难。矩形翼与椭圆翼均常用于低速轻型空中机器人。

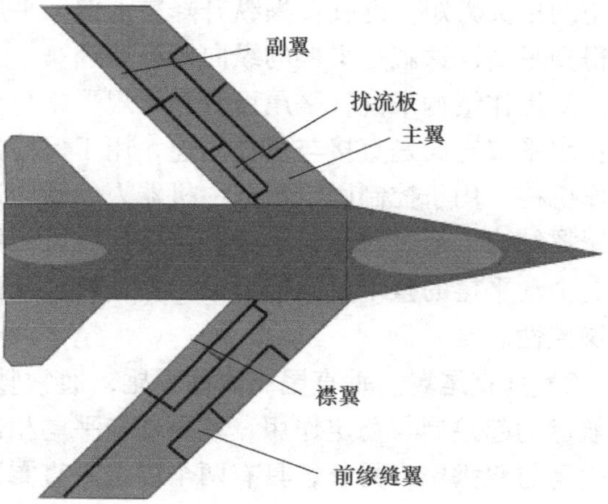

图 3-28　固定翼空中机器人机翼结构示意图

③ 后掠翼指机翼的前缘和后缘均向后掠的机翼，通常将机翼前缘与机身中线的夹角称为后掠角。后掠角设计的提出是为了提高飞行器的临界马赫数，从而推迟机翼本身引起激波的时间，以此克服飞行器在接近音速时难以承受激波冲击的问题，因此通常用于高速空中机器人。变后掠翼指在后掠翼外翼设置相应的驱动机构，以实现改变机翼后掠角度的目

的，从而让空中机器人更好地适应不同的飞行状态。

④ 与后掠翼相反，前掠翼指机翼的前缘和后缘均向前掠的机翼，专用于前掠翼气动布局。前掠翼在空中机器人低速飞行时具有良好的气动性能，能够提升空中机器人在亚音速飞行的机动性与可控性。

⑤ 三角翼即形似三角形的机翼，其机翼前缘向后掠、后缘基本平直。三角翼空中机器人具有良好的机翼强度与水平机动性，在超音速飞行时具有较高的气动效率，但低速飞行时机动性与可控性都相对较差，因此多用于高速空中机器人。

2）机翼飞行原理。根据伯努利定律，气体流速越快，产生的压力就越小。飞机升力产生原理如图 3-29 所示，机翼通常被设计成上表面较下表面突起，从机翼侧剖面来看，机翼上表面部分气流的流动路线比下表面部分长，因此机翼上表面气流流动速度较下表面快，上方气压较下方小，当飞机在跑道上冲刺至一定速度后，产生的上下表面气压压力差获得足够的升力，从而使飞机起飞。

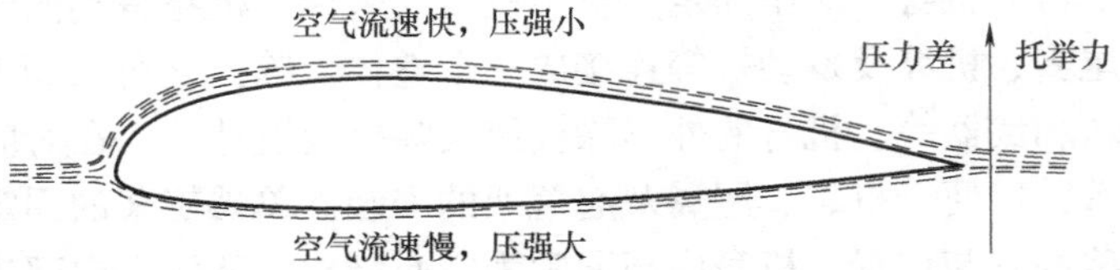

图 3-29　飞机升力产生原理

（3）尾翼　尾翼是安装于固定翼空中机器人尾部的翼状机构，是重要的平衡、稳定以及操纵飞行器飞行姿态的部件。

从安装布局来说，尾翼可分为水平尾翼、垂直尾翼与 V 形尾翼，相应的介绍与原理分别如下：

1）水平尾翼。水平尾翼简称平尾，其结构左右对称，翼面通常保持水平，是飞机纵向平衡、稳定和操纵的翼面。在固定翼空中机器人飞行的过程中，水平尾翼对其俯仰运动起控制与稳定作用。

固定翼飞行器在飞行中需要经常改变飞行状态，如爬升、平飞、下滑等。对于稳定的飞行器，要改变飞行状态就需要克服稳定力矩，比如要增大飞机迎角，就需要有一个克服稳定力矩的抬头力矩。驾驶员操纵升降舵上偏，平尾即产生一个抬头力矩，使飞机在增大的迎角下得到平衡，这就是平尾的纵向操纵原理。

从操作结构来说，平尾可分为常规平尾与全动平尾。常规平尾由水平安定面与升降舵组成：水平安定面是直接与机身固连，用于保持机身俯仰稳定的结构；升降舵是水平尾翼上的操作机构，用于控制固定翼空中机器人的俯仰运动。全动平尾即将水平安定面与升降舵结合的尾翼结构，通过转轴与机身直接连接，可根据转轴与机身的相对方向分类为直轴式与斜轴式。全动平尾的整个翼面都可以操作偏转，从而提高了固定翼空中机器人俯仰运动的机动性与操控性。

2）垂直尾翼。垂直尾翼简称垂尾，通常竖直布置于机身轴线的上方，主要对机器人的偏航运动起控制与稳定作用，其原理与平尾相似。垂尾的翼面数量并不固定，常见的结构有单垂尾与双垂尾，另外，具有两个以上垂直翼面的尾翼称为多垂尾，相较于单/双垂尾来说较为少见。

多数固定翼飞行器只有一个垂直尾翼（单垂尾），它位于飞机的对称面内。在一些多发动机的螺旋桨飞机上，为了提高垂尾效率，会将垂尾放在螺旋桨后的高速气流中，为此将垂直尾翼分为两个（双垂尾）或两个以上（多垂尾）翼面。在双垂尾型式中，常将两个垂尾布置在平尾两端，以提高平尾的效率。在超音速飞机上，由于机身比较粗大，为了保证飞机在高空高速飞行时仍有足够的航向稳定性，需要有很大的垂尾面积。如果采用双垂尾型式，可以降低垂尾高度，减小垂尾在侧滑时产生的滚转力矩，同时也可提高大迎角时的航向稳定性。

除此之外，与水平尾翼同理，垂尾也可分为常规垂尾与全动垂尾。常规垂尾由竖直安定面与方向舵组成，分别用于稳定和控制固定翼空中机器人的偏航运动。全动垂尾即整个垂尾具有可偏转的翼面结构，可以提高固定翼空中机器人偏航运动的动态性能。固定翼空中机器人水平尾翼与垂直尾翼结构示意图如图 3-30 所示。

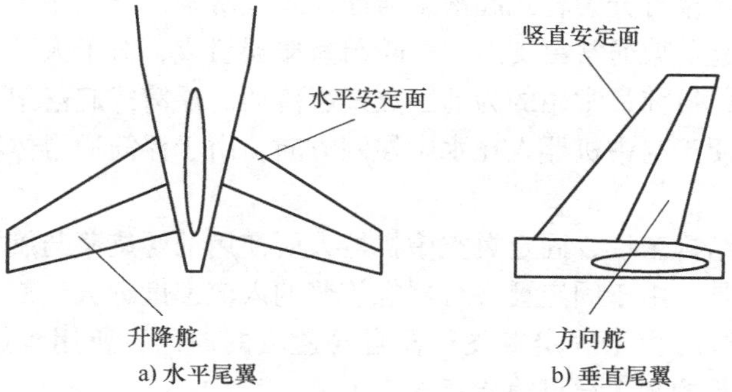

图 3-30　固定翼空中机器人水平尾翼与垂直尾翼结构示意图

3）V 形尾翼。V 形尾翼简称 V 尾，由左右两个翼面组成，其外形为机身尾部具有上反角的左右对称翼面，兼有垂尾和平尾的功能。V 形尾翼的翼面可分为固定的安定面和铰接的舵面两部分，也可做成全动型式。V 形尾翼的翼面结构与平尾、垂尾相同，根据操作结构也可分为常规 V 尾与全动 V 尾。

呈 V 形的两个尾面在俯视和侧视方向都有一定的投影面积，所以能同时起纵向（俯仰）和航向稳定作用。当两边舵面进行相同方向偏转时，起升降舵作用；当分别进行不同方向偏转（差动）时，则起方向舵作用。V 形尾翼具有空气阻力小、结构强度高等优点，但其对机器人控制性能有较高的需求。

（4）鸭翼　鸭翼又称前置翼，是一种飞行器配置，其作用是提高失速迎角，降低配平阻力。鸭翼的特点是将水平稳定面放在主翼前面，使用这种配置方式的优点是可使主翼上方产生涡流，提高失速迎角，而缺点为较易造成不稳定。图 3-31 是固定翼空中机器人鸭翼示意图。

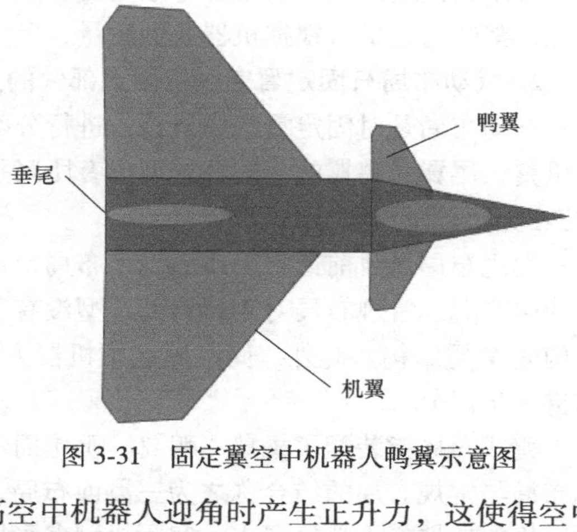

图 3-31　固定翼空中机器人鸭翼示意图

从操作结构上来看，鸭翼可分为不可动鸭翼与全动鸭翼，其区别为翼面是否具有可操作性。鸭翼的作用为在主翼上方产生涡流，从而提高上翼面空气流速，提升空中机器人在大迎角飞行时的气动性能。不同于尾翼，鸭翼在提高空中机器人迎角时产生正升力，这使得空中机器人可以在较小的迎角下获得所需升力、从而达到减小配平阻力、提高升阻比的作用。

（5）起落架　起落架是装置于飞机下方，在飞机停泊、滑行及起降时用于支撑飞机的移动装置，是唯一一种支撑整架飞机的部件，是飞机不可或缺的一部分。在空中机器人起飞后，可根据气动能力需求选择是否收回起落架。

为适应飞机起飞、着陆滑跑和地面滑行的需要，起落架的最下端装有带充气轮胎的机轮。为了缩短着陆滑跑距离，机轮上装有制动或自动制动装置。此外还包括承力支柱、减振器(常用承力支柱作为减振器外筒)、收放机构、前轮减摆器和前轮转弯操纵机构等。承力支柱将机轮和减振器连接在机体上，并将着陆和滑行中的撞击载荷传递给机体。前轮减摆器用于消除高速滑行中前轮的摆振，前轮转弯操纵机构可以增加飞机地面转弯的灵活性。对于在雪地和冰上起落的飞机，起落架上的机轮用滑橇代替。

从结构上看，起落架可分为轮式起落架与浮筒式起落架，分别用于空中机器人的陆地起降与水上起降。轮式起落架通常由支架、机轮与减振器组成，对于大型的空中机器人可配备转弯系统与制动系统，目前最常用的为前三点式起落架。浮筒式起落架通常由支架与浮筒组成，下方装置有水舵便于空中机器人在水中控制方向，由于浮筒通常体积较大，因此在飞行时不能收起。

(6) 螺旋桨 从结构来说，固定翼空中机器人所使用的螺旋桨与旋翼空中机器人没有本质区别，需要注意的是：由于固定翼飞行器螺旋桨的入流速度远大于旋翼飞行器，因此螺旋桨拉力会相对减少；同时由于固定翼飞行器自身速度的原因，所用螺旋桨半径通常有所限制。其他与螺旋桨相关的知识详见第 4 章 4. 3. 1 节。

(7) 电机 螺旋桨式固定翼多采用外转电机，喷气式固定翼多采用内转电机，两者的区别在于转子位置在电机内侧还是电机外侧。简单地说，外转电机在旋转时转子会带动外壳转动，而内转电机的外壳固定，内侧的转子带动转轴转动。相比之下，内转电机具有更高的 *KV* 值，但扭矩相对较小。

(8) 涵道 对于固定翼空中机器人来说，涵道指电机扇叶外侧的通道结构，常用于喷气式固定翼空中机器人。喷气式固定翼空中机器人在涵道内设置内转电机与涵道风扇，从而产生向后喷射的气流推动飞行器前进。涵道电机的转速非常高，且风扇通常具有较多叶片，从而产生足够的推力。

固定翼涵道的选型通常要考虑直径、桨叶与电机型号，其中涵道的直径应与机身设计相匹配，桨叶与电机可根据机器人的质量、尺寸及性能需求进行选型。

2. 气动布局与固定翼空中机器人部件的关系

气动布局是对固定翼空中机器人进行分类的重要准则，对于不同的气动布局来说，其对于机翼、尾翼和鸭翼的装配及选型也有所区别。因此这一部分将对各气动布局与机器人部件的匹配情况进行分类说明。

常规布局是目前最常采用的气动布局，对应的固定翼空中机器人需要装配机翼、尾翼而不使用鸭翼。常规布局对于尾翼的选型没有严格要求，可根据性能需求选择平尾结构、垂尾结构或 V 尾结构。此外，固定翼空中机器人可通过机翼的选择对常规布局、变后掠翼布局作进一步区分。

鸭式布局指装配了机翼、鸭翼、垂尾而不使用平尾的布局，且机翼通常采用三角翼。鸭式布局与常规布局的结合称之为三翼面布局，即在常规布局的基础上加装鸭翼。三翼面布局对于机翼的选择无严格要求，实际机型多采用三角翼与后掠翼。此外，前掠翼布局除了机翼采用前掠翼外，通常也采用垂尾与鸭翼的机械结构。

无尾布局即仅使用机翼与垂尾，而不搭载水平尾翼与鸭翼的气动布局，机翼通常使用三角翼。飞翼布局进一步取消了垂尾的使用，同时进行了翼身融合，其机身与机翼没有明确的界定。

固定翼空中机器人气动布局与部件匹配见表 3-2。

表 3-2 固定翼空中机器人气动布局与部件匹配情况一览

气动布局	机翼	尾翼	鸭翼
常规布局	常规	常规	无
变后掠翼布局	变后掠翼	常规	无
前掠翼布局	前掠翼	垂尾	不可动/全动
鸭式布局	三角翼	垂尾	不可动/全动
三翼面布局	三角翼/后掠翼	常规	不可动/全动
无尾布局	三角翼	垂尾	无
飞翼布局	特殊结构		

3.2.3 空中机器人入门2——固定翼空中机器人的搭建与操控

相比于四旋翼空中机器人来说，固定翼空中机器人的空气动力学更为复杂，其机体结构也更为考究。因此，从结构上熟悉固定翼空中机器人并了解其操作方式，有助于后续对于空气动力学及机器人动态模型等知识的学习。所以，本节将展示如何制作一架属于自己的固定翼空中机器人，从而对固定翼空中机器人有更深的理解与认知，有助于后续对于空中机器人知识的进一步学习。

> **注意：**固定翼空中机器人是空中机器人中速度最快的类型，其操作难度更高，也更容易造成危险事故。因此在实际飞行前，应充分熟悉机器人的操作方法，最好使用模拟器进行练习。请各位读者在学习空中机器人技术的同时，务必认真学习所在地区对于空中机器人的最新规定。如需进行固定翼空中机器人的飞行任务，则必须向所在地区及飞行场地的有关部门提前报备。

1. 材料准备与结构框架

与四旋翼空中机器人相同，制作固定翼空中机器人同样需要将各个部件、工具及耗材等准备齐全。对于一架常规布局的螺旋桨式空中机器人来说，其必要的部件清单见表3-3。

表 3-3 固定翼空中机器人基础部件(常规布局单螺旋桨式)

部 件 名 称	数　量
机身	1
机翼(带副翼、襟翼)	1
尾翼	平尾＊1，垂尾＊1
电机	1
电调	1
螺旋桨	正桨＊1
飞控	1
起落架	轮式/浮筒式
遥控器	1
接收机	1
电池	电池＊1，供电插头＊1

不同于3.1.3节中的旋翼空中机器人制作，固定翼空中机器人的机械结构相对具有普遍性，且设计时需要对其气动布局进行充分考虑，所以对于初学者来说，自行设计与制作具有一定的难度，且往往无法得到良好的飞行效果。

事实上，固定翼空中机器人的商业产品十分成熟，使得人们可以根据自己喜好的机型买到制作精良且性能互相匹配的机器人组件，这也是最适合初学者的制作方式。图3-32就是一组常规固定翼空中机器人的全部组件。

如果对于固定翼空中机器人有浓厚的兴趣，希望通过动手来对其结构及工作原理有进一步的了解，那么可以准备好所需的套件，和本书一起开始制作属于自己的固定翼空中机器人。

2. 空中机器人机械结构的搭建

同样地，在开始制作之前对于飞行器各部件关系有所了解有助于更好地理解空中机器人该如何搭建，固定翼空中机器人各部件间的结构框图如图3-33所示。

图3-32　固定翼空中机器人组件一览

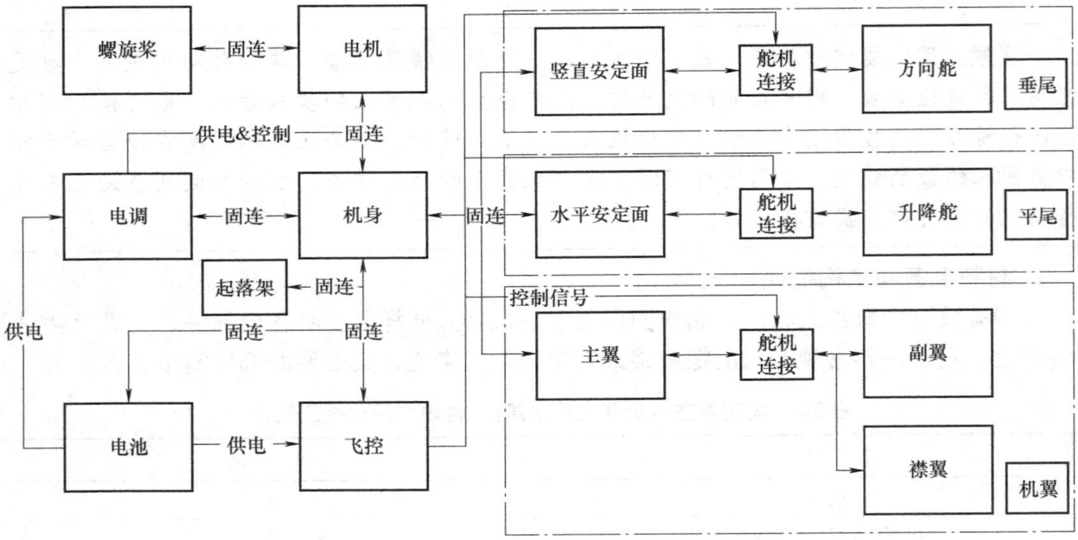

图3-33　固定翼空中机器人各部件间的结构框图

从图3-33中不难看出，相比于四旋翼空中机器人的制作，固定翼空中机器人有着更复杂的结构关系，这也意味着其对于装配技术有着更高的要求。但对于商业级的产品来说，如舵面、飞控、电调等结构的安装与接线通常已经在出厂前完成，这也为初学者搭建机器人带来了许多便利。本节将以市面上常见的固定翼空中机器人套件为例，展示其组装方法。

(1) 起落架　组装的第一部分是起落架的安装，在正式安装之前，你需要根据机器人的工作环境来选择合适的起落架。地面起降的固定翼空中机器人装配常规的轮式起落架即可，而对于水上起降的固定翼空中机器人应选装浮筒式起落架。地面式的起落架通常由支架、轮胎与减振弹簧组成。在装配时通常先将支架和轮胎固连在机身上后加装减振弹簧，装好的轮式起落架如图 3-34 所示。

图 3-34　固定翼空中机器人轮式起落架安装

（2）主翼、副翼与襟翼　起落架安装稳固后，可以将机身正置安装机翼。机翼是机身的核心气动组件，在安装时应确保其结构稳固。固定翼空中机器人机翼通常由对接杆和斜撑杆与机身固定，在安装时应确保螺钉紧固。机翼是固定翼空中机器人最重要的气动部件，在每次飞行之前都应该进行检查，确保其安装牢固。安装好的机翼如图 3-35 所示。

图 3-35　固定翼空中机器人机翼安装

（3）尾翼、方向舵与升降舵　第三部分需要安装的为空中机器人的尾翼，通过前面的学习可以知道，尾翼按照安装方式可分为平尾和垂尾，其中平尾可进一步分为水平安定面与升降舵，通常为左右对称结构，垂尾可分为竖直安定面与方向舵，通常仅安装在机身上方。所以在安装时应注意区分。

安装尾翼时需要将安定面通过对接杆及螺钉等固定于机身之上，与机翼相同，尾翼在空中机器人飞行前也应确认其安装稳固。除安定面外，方向舵与升降舵还需通过传动机构与舵机相连。在安装前应注意舵面与舵机应回中，避免产生机械损坏。安装完成的尾翼如图 3-36 所示。

（4）接收机、电池与螺旋桨 本节在前三个部分展示了固定翼空中机器人的机械结构，最后一个部分需要安装的是整机的控制系统及动力系统。控制系统包括飞控、接收机与遥控器，对于商业化产品来说，飞控通常已经被安装好。如需自行安装，由于飞控通常包含陀螺仪，因此应尽量靠近机器人重心安装。

固定翼空中机器人的接收机连线与四旋翼空中机器人基本一致，通常采用的协议有SBUS/PPM及PWM协议。对于SBUS/PPM协议来说，将飞控与接收机的对应口用接线连接即可；对于PWM协议来说，连线需注意通道顺序，通常副翼、平尾、油门、垂尾及襟翼分别对应接收机1、2、3、4、6通道，在接线时应做到接口匹配。接错或漏接都会为机器人带来无法起飞甚至坠毁的风险。

需要注意的是，固定翼空中机器人接通电源后通常会根据电机、电调及飞控型号进行初始化，因此在正式飞行前的测试阶段都不应为机器人装配螺旋桨，以免出现不必要的安全问题。

此外，固定翼空中机器人的副翼、襟翼、方向舵与升降舵都通过舵机操控，在安装时通常可以通过舵机的安装孔位改变舵面行程。对于初学者来说，选择小舵面行程可以让机器人操作更加容易上手。

如果跟随本书完成了以上步骤，那么恭喜你拥有了属于自己的固定翼空中机器人，在正式飞行前只需要装上螺旋桨，就可以操作机器人在空中自由飞行。需要注意的是，由于固定翼空中机器人飞行速度较快，且起飞需要一定的滑行距离，因此应选择开阔、无人的飞行场地。全部完成的固定翼空中机器人如图3-37所示。

图3-36 固定翼空中机器人尾翼安装

图3-37 固定翼空中机器人整机装配

3.3 扑翼空中机器人的基本组成

扑翼空中机器人是模仿昆虫、鸟类等飞行动物的结构与运动方式进行飞行的仿生空中机器人。扑翼空中机器人的升力与推进力都由其翅翼及尾翼的运动提供，因此在机动性、能耗及噪声等方面都具有显著的优势。

扑翼空中机器人的主要特征有三点：机翼主动运动、靠机翼拍打空气的反力作为升力及前行力、通过机翼及尾翼的位置改变进行机动飞行。扑翼空中机器人也有诸多的优点及局限：其优点在于无须跑道垂直起落、动力系统和控制系统合为一体、机械效率高于固定翼飞机；其局限在于很难高速化和大型化、对材料有特殊要求（材料要求质量轻，强度大）以及扑翼空气动力学还未成熟，无法指导飞行器设计。

扑翼空中机器人的设计方案来源于对飞行生物的研究。飞行生物经过数千年的进化，演化出了不同的飞行方式与飞行能力。所以不同于旋翼和固定翼空中机器人，扑翼空中机器人从结构上往往需要参照仿生对象的身体构造与运动机理进行对应的设计。本节将从仿生扑翼空中机器人的部件类型出发介绍其结构，并对典型扑翼空中机器人进行硬件结构分析。

3.3.1　扑翼空中机器人的部件类型

由于扑翼空中机器人对于结构、载荷及驱动方式等有着更严格的要求，因此对于传感技术、机械结构及微机电系统（Micro-Electro-Mechanical System，MEMS）技术也有更高的需求。由于目前人们对于鸟类、昆虫的生理结构与运动原理的研究仍处于初始阶段，因此仿生扑翼空中机器人的机械结构也仍有较大的提升空间。

机械结构是目前仿生扑翼空中机器人研究中极为重要的内容，它决定了扑翼空中机器人能否正常起飞，能否稳定且可控。从整体来说，仿生扑翼空中机器人可分为机身、翅翼、尾翼、驱动机构与控制系统五个部分。本节将分别对这些部分进行分类介绍。

1. 机身

本书在介绍固定翼空中机器人时，给出过机身的定义。固定翼机身是用于固定机翼、尾翼等部件的基础结构，而对于扑翼空中机器人来说，机身也起到类似的作用。扑翼机的机身相当于飞行动物的骨架，用于固定翅翼、尾翼、驱动机构等，确保机器人在飞行中能维持稳固的机械结构。

扑翼空中机器人具有质量轻、效率高的优点，因此在机身设计时应注意机身的质量与强度。从材料上说，扑翼机身通常采用轻质材料，碳纤维结构密度小、强度高，是目前最常用的机身材质；从结构上说，扑翼机身主体通常为杆状或薄片结构，同时在主体上加装如翅翼支架等固定机构，以保证机器人在运行时整体稳固。

2. 翅翼

翅翼是仿生扑翼空中机器人的核心部件，为整个系统提供主要的推力与升力。翅翼设计的合理程度决定了机器人能否起飞、能否稳定、是否具有可控性与仿生性。因此，翅翼结构也是仿生扑翼空中机器人设计中最关键、最重要的部分。关于扑翼机的翅翼结构，人们已经进行了大量的研究，目前较多采用的是在轻质框架上覆盖翼膜的设计方案。在这里，轻质框架又称为机翼骨骼，仿昆虫扑翼机的机械骨骼可称为翅脉。

扑翼空中机器人翅翼的设计可以分为翼面设计与骨架设计。

1）翼面设计包含翼面材质与翼面形状：目前常用的翼面材质为塑料薄膜或复合纤维等，在实际设计时，应根据单位面积上的翼面载荷选择合适的材料；翼面形状包括翼展、弦长与翼面面积，由于扑翼空中机器人属于仿生机器人，因此其翅翼的翼形应参照实际生物的翅膀形状进行设计。

2）从结构上来说，翅翼骨架设计可分为两翼分开的独立设计与整体设计。它们的区别在于左右翅翼的机翼骨骼是否直接连接。独立设计的翅翼彼此没有连接，左右翼可以采用独立的驱动机构分别驱动，增加了机器人的可控变量，一定程度上提高了系统的可控性。然而，在不施加外力的情况下，两翼面均相对于机身有下落趋势，因此需要额外的力矩以稳定翼面。整体设计的翅翼在无外力驱动时，左右翼的力矩互相平衡，因此不会有下落趋势。然而，由于翼面相互连接，在驱动时可能造成左右翼相互影响，提高了机器人的控制难度。

此外，扑翼空中机器人对于机翼骨骼的强度有一定的要求，强度不足可能导致翼面无法产生足够的升力。提高翼面强度需要增多连杆数量或增大连杆尺寸，造成机翼的增重，从而导致机器人需要更大的升力。因此在设计机翼骨骼时，选择合适的结构是十分重要的。

3. 尾翼

对于扑翼空中机器人来说，尾翼是重要的稳定面与操作面，尾翼设计是否合理影响了机器人在运行过程中的稳定性与操控性。然而由于生物在飞行过程中尾部的运动机理尚未完全明确，因此目前尾翼的设计仍处于改进阶段，常见类型有仿固定翼尾翼、不可动尾翼与可动尾翼。

（1）仿固定翼尾翼 仿固定翼尾翼指使用常规布局固定翼尾翼作为扑翼机尾翼使用，即具有操作机构的平尾与垂尾。平尾由水平安定面与方向舵组成，用于机器人俯仰运动的平衡与控制。垂尾由垂直安定面与方向舵组成，用于机器人偏航运动的平衡与控制。由于本书在对固定翼空中机器人的论述中已经对尾翼进行了详细的讲解，在此不多赘述。需要补充的是，虽然人们对仿固定翼尾翼的研究相对成熟，应用时也更为便捷，但这种设计会减弱机器人的仿生能力。因此随着研究的深入，这种设计的使用逐渐减少。

（2）不可动尾翼 不可动尾翼指在机器人尾部设置固定形状的尾翼支架，并加装尾翼翼面。在飞行过程中，尾翼作为机体的水平稳定面，能够提高机器人在飞行过程中俯仰运动的稳定性。不可动尾翼对于机器人来说仅起稳定面作用，而不具备操作能力，因此这种设计将机器人的操作完全交给翅翼，降低了机器人的可控性。

（3）可动尾翼 可动尾翼指通过舵机与可动尾翼支架连接的具有运动能力的尾翼结构。从运动方式上可动尾翼可分为俯仰可动尾翼与俯仰-滚转可动尾翼。俯仰可动尾翼即通过一个舵机控制尾翼的俯仰角，从而对机体的俯仰运动起稳定与控制作用。俯仰-滚转可动尾翼在俯仰可动尾翼的基础上为尾翼增加一滚转方向的舵机，使得尾翼翼面方向可以任意控制。俯仰-滚转可动尾翼既可以控制机身的俯仰运动，也可以控制机身的偏航运动，但由于扑翼机尾翼通常为单翼面设计，因此这种设计为控制方案的设计带来了很大的挑战。

4. 驱动机构

扑翼空中机器人的驱动机构也是近年来研究的热门话题，由于不同的生物翅膀的驱动力、运动频率都有所不同，因此对应的驱动机构也需要随之改变。目前常见的驱动方式有压电驱动、电磁驱动、人造肌肉驱动及微电机驱动。

（1）压电驱动 压电驱动指利用压电片的磁致伸缩效应产生驱动力的驱动机构，这里的磁致伸缩效应指某些物质在磁场中磁化时会在磁场方向发生形变（伸长或缩短）。压电陶瓷具有精度高、响应快、功耗低等优点，是目前最常用的压电驱动器。压电驱动的缺点是压电片形变程度有限，驱动尺度相对较小，需要通过放大机构来实现翅翼机构的驱动，这在一定程度上降低了系统的可控性与稳定性。

（2）电磁驱动 电磁驱动指通过电磁吸附产生往复运动的驱动机构。在电磁线圈中调整输入信号的频率与幅值就可以控制驱动力的大小与频率。由于输入信号的频率容易调节，因此电磁驱动可以实现高频运动，但振幅相对较小，适合用于仿昆虫扑翼空中机器人的翅翼驱动。

（3）人造肌肉驱动 人造肌肉驱动是目前较为前沿的驱动方式，在各种驱动方式上，人造肌肉驱动具有最高的仿生能力。人造肌肉指在电刺激或其他激励下能够产生舒张和收缩运动的人工合成材料，常见类型有形状记忆合金、电活性聚合物与介电弹性体等。除了仿生性能外，人造肌肉还具有能量密度高、响应速度快等优点，因此十分适合用作仿生扑翼空中机器人的驱动机构。但由于现阶段人造肌肉还处于研发阶段，其运动机理、控制方案都尚不完善，因此从实际应用来说仍有差距。

（4）微电机驱动　微电机驱动是最传统的驱动方式，也是目前最成熟、应用最多的扑翼驱动机构。扑翼机通过减速齿轮与曲柄摇杆等机构，将电机的高速旋转转化为相对低速的往复运动，从而实现翅翼的驱动。微电机驱动的优点在于驱动力大，具有较高的可控性，但运动频率较其他驱动方式相对较低，因此常用于模仿鸟类、蝴蝶等扑动频率较低的生物的翅翼扑动。从驱动类型上，微电机驱动还可分为对称扑动与非对称扑动，其区别为左右翼是否存在扑动角度的相位差。

扑翼空中机器人属于仿生机器人，其结构设计与运动方式应该追求更好地模仿实际的生物。随着人们对生物结构理解的不断深入，对扑翼空中机器人结构的设计也在不断改进，从而让机器人更好地发挥出生物运动所具有的独特优势。

5. 控制系统

不同于固定翼空中机器人与旋翼空中机器人，扑翼空中机器人在设计上需要参考其模仿的飞行生物，因此不同的扑翼空中机器人之间可能存在较大的结构差异，这就使得人们很难对扑翼机设计一套普遍适用的控制系统。此外，扑翼机对于机器人的结构和负载都有更高的要求，所以往往采用集成度更高的控制系统。

扑翼空中机器人的控制系统主要包含主控芯片、传感器与通信系统。扑翼空中机器人对于控制系统的计算能力有一定的需求，因此主控芯片通常采用高性能微控制器。由于扑翼机在结构与质量上的约束，在传感器方面通常采用基于 MEMS 工艺的陀螺仪、卫星接收机及电子罗盘等。此外，如需通过地面站或遥控器对机器人进行控制，还需要加装小型的接收机与数传电台等。

扑翼空中机器人复杂的气动特性以及较高的机动性给控制方案的设计带来了很大的挑战，传统的控制方法在扑翼空中机器人应用上往往无法取得好的效果，因此如何设计控制系统也是机器人硬件平台设计的关键部分。本书将在第 8 章对扑翼空中机器人进行详细的理论介绍，建议对扑翼空中机器人控制有兴趣的读者对后续内容进行系统的学习。

3.3.2　典型扑翼空中机器人的结构分析

扑翼空中机器人的理论体系是复杂的，想要学好扑翼空中机器人的知识或进行有关内容的研究并非易事。但由于扑翼空中机器人通常质量较轻，因此其机械结构通常并不复杂。作为初学者，通过参考已有的扑翼空中机器人研究或自行搭建一扑翼空中机器人平台，可以快速地了解其组成与原理。本节将从典型的仿鸟类扑翼空中机器人的结构出发，简单介绍扑翼空中机器人的结构与控制。本节将介绍的典型仿鸟类扑翼空中机器人如图 3-38 所示。

首先从扑翼机身开始介绍，该机身全长 78cm。从图 3-39 中可以看出，该扑翼机的机身采用了中间镂空的碳纤维薄片结构，使得机身质量较轻且具有足够的强度。机身上加装了如电机座、齿轮座及尾翼支架等固定装置，确保驱动机构及翅翼、尾翼等能够被稳固地安装。机身侧方使用魔术贴对电调、控制器及电池等进行固定，便于部件的加装和拆卸，为机器人的测试过程带来了便利。

图 3-38　典型仿鸟类扑翼空中机器人

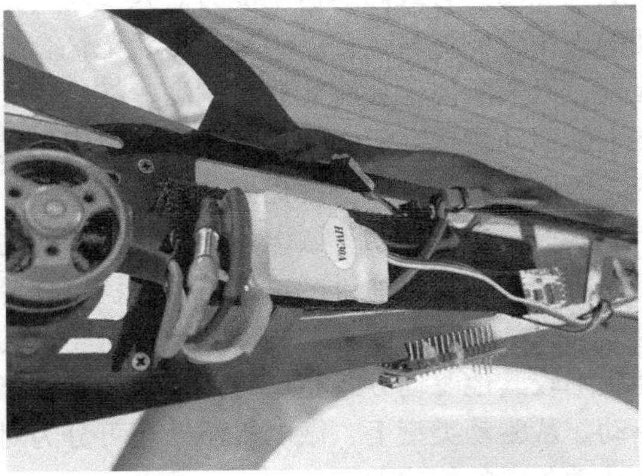

图 3-39　示例扑翼空中机器人机身

机器人的翅翼采用了碳纤维机翼骨架与复合纤维翼膜的设计方案，如图 3-40 所示。机翼骨架在主翼部分采用了三角形结构，尾羽采用了类似昆虫翅脉的碳纤维结构进行固定，这种设计在确保结构稳固的同时可以较大程度地减小机翼骨架的质量，从而满足机器人的质量约束。由于整机尺寸较大，因此采用了复合纤维翼膜以保障能够提供足够的升力与推力。

图 3-40　示例扑翼空中机器人翅翼

机器人的尾翼采用了俯仰-滚转可动尾翼的设计，如图 3-41 所示。翼面部分与翅翼相同，采用了以碳纤维脉状结构为骨架的三角形尾翼。机身的尾部安装了控制尾翼俯仰的舵机，尾翼的翼根安装了控制尾翼滚转运动的舵机，从而使得尾翼翼面可以控制到任意方向。

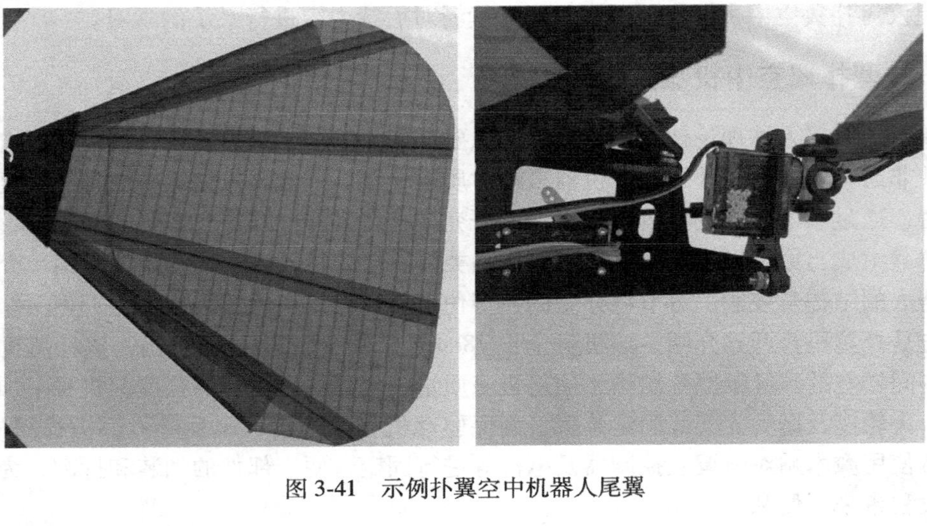

图 3-41　示例扑翼空中机器人尾翼

由于鸟类翅翼扑动频率较低，且机器人对于升力和推力都有较高的需求，因此机器人的驱动机构采用了电机驱动方式。电机方面选用了常规的小型无刷外转电机与电子调速器，同时搭配了减速齿轮与曲柄摇杆，将电机的高速旋转转化为两翅翼的上下扑动。通过对曲柄摇杆的调整可以调节两侧翅翼的扑动相位，在这里采用了对称扑动的驱动方式，如图 3-42 所示。

图 3-42　示例扑翼空中机器人驱动机构

控制系统方面，该机器人采用了小型微控制器与 MEMS 工艺及 IMU 结合的硬件系统。需要注意的是，如果 IMU 无法在机器人质心位置安装，则还需在软件部分设置对应的旋转矩阵进行数据转换，这会增加处理器的运算负担，因此在安装时最好留有相应的安装位置。控制器与传感器独立的安装可以为机器人调试带来便利，但对于已经调试好的机器人系统，建议设计集成度较高的一体式控制板，从而简化结构，降低机身载荷。

随着人们对于生物结构及其运动机理研究的不断深入，扑翼空中机器人的结构与驱动方式也随之不断优化。扑翼空中机器人是仿生机器人，因此对于扑翼机来说并没有严格的、明确的设计方法。有时，在设计中的一些灵感和创新可能就会达到意想不到的效果，但这些灵感和创新都是建立在对于空气动力学及生物运动等各个领域都有足够认知的基础之上。本节展示了一架典型的扑翼空中机器人结构，另外，可参照本书第 8 章有关内容，进一步了解扑翼空中机器人，从而更加深入地领略扑翼空中机器人这种仿生机器人的无限魅力。

3.4　本章小结

机器人结构的学习是空中机器人的开始与基础，本章主要介绍了旋翼空中机器人、固定翼空中机器人及扑翼空中机器人的结构与部件，并分别选择了典型的机型进行具体的介绍与分析。空中机器人的结构决定了机器人的气动原理、运动性能及可控性，所以熟悉机器人结构有助于更好地设计与改进机器人，这也是提高机器人性能最有效的方式。本章的重点内容在于不同空中机器人之间结构与原理的相同点与不同点，以及各类部件在对应空中机器人上所发挥的作用。对于初学者来说，对空中机器人结构的了解能够对其整体的功能以及后续的知识体系形成初步的认知，这对于空中机器人的学习非常重要。同时，本章展示了如何从零开始搭建一架属于自己的空中机器人，以推动后续学习的展开。

参 考 文 献

[1] 贝克托. 无人机 DIY[M]. 姚军，译. 北京：人民邮电出版社，2016.

[2] JOHNSON W. Helicopter Theory[M]. Massachusetts：Courier Corporation，2012.

[3] 高正，陈仁良. 直升机飞行动力学[M]. 北京：科学出版社，2003.

[4] 陈铭. 共轴双旋翼直升机的技术特点及发展[J]. 航空制造技术，2009(17)：26-31.

[5] NOLAN H M，NOLAN J W. Helicopter with Coaxial Counter-rotating Dual Rotors and No Tail Rotor：U. S.

Patent 5, 791, 592[P]. 1998-8-11.
[6] BOUABDALLAH S. Design and Control of Quadrotors with Application to Autonomous Flying[R]. Epfl, 2007.
[7] 王锋，吴江，周国庆，等. 多旋翼飞行器发展概况研究[J]. 科技视界，2015(13)：6-7.
[8] POUNDS P, MAHONY R. Design Principles of Large Quadrotors for Practical Applications[C]. 2009 IEEE International Conference on Robotics and Automation, 2009.
[9] MESTER G. Modeling of Autonomous Hexa-Rotor Microcopter[C]. Proceedings of the IIIrnd International Conference and Workshop Mechatronics in Practice and Education, 2015.
[10] KIM S S, HEO J H, KIM K S, et al. Development of Autonomous VTOL-UAV[C]. Proceedings of the Korean Society of Precision Engineering Conference, 2009.
[11] 张阳胜，刘荣. 一种新型六旋翼飞行器的设计[J]. 机械与电子，2010(5)：64-66.
[12] 聂博文，马宏绪，王剑，等. 微小型四旋翼飞行器的研究现状与关键技术[J]. 电光与控制，2007, 14(6)：119-123.
[13] 陈国栋，贾培发，刘艳. 微型飞行器的研究与发展[J]. 机器人技术与应用，2006(2)：34-44.
[14] 埃利奥特. 无人机玩家 DIY 指南[M]. 徐大军，李俊，译. 北京：人民邮电出版社，2016.
[15] 马建华，刘宏伟，保铮. 固定翼飞机和直升机的分类方法研究[J]. 现代雷达，2004, 26(12)：45-48.
[16] 刘亚威，黄俊. 微型固定翼飞行器的最新发展动态研究[J]. 航空兵器，2008(1)：13-17.
[17] 穆勒，凯洛格，伊夫尤，等. 固定翼微型飞行器设计引论：含 3 个研究案例[M]. 宋笔锋，王利光，杨文青，译. 北京：航空工业出版社，2016.
[18] 丑武胜，贾玉红，何宸光，等. 空中机器人(固定翼)专项教育教材[M]. 黑龙江：哈尔滨工程大学出版社，2013.
[19] 吴森堂. 飞行控制系统[M]. 2 版. 北京：北京航空航天大学出版社，2013.
[20] MUELLER T J. Fixed and Flapping Wing Aerodynamics for Micro Air Vehicle Applications[M]. Reston: American Institute of Aeronautics and Astronautics, 2002.
[21] 陈文元，张卫平. 微型扑翼式仿生飞行器[M]. 上海：上海交通大学出版社，2010.
[22] SHYY W, AONO H, CHIMAKURTHI S K, et al. Recent Progress in Flapping Wing Aerodynamics and Aeroelasticity[J]. Progress in Aerospace Sciences, 2010, 46(7): 284-327.
[23] ZDUNICH P, BILYK D, MACMASTER M, et al. Development and Testing of the Mentor Flapping-Wing Micro Air Vehicle[J]. Journal of Aircraft, 2007, 44(5): 1701-1711.
[24] PLATZER M F, JONES K D, YOUNG J, et al. Flapping Wing Aerodynamics: Progress and Challenges[J]. AIAA journal, 2008, 46(9): 2136-2149.
[25] 侯宇，方宗德，孔建益，等. 仿生扑翼飞行微机器人研究现状与关键技术[J]. 机械设计，2008, 25(7)：1-4.
[26] 贺威，孙长银. 扑翼飞行机器人系统设计[M]. 北京：化学工业出版社，2019.

第 4 章

空中机器人动态模型

为了能够对空中机器人的飞行运动做出清晰而确定性的描述，需要建立适当的坐标系。本章将空中机器人视作刚体，它在空间中的运动姿态主要通过机体坐标系与地球固连坐标系之间的转换关系来描述。目前其有多种姿态表示方法，各有优缺点。本章首先介绍了坐标系的建立，接着讲述了如何采用欧拉角、旋转矩阵、四元数这三种常见方法进行空中机器人的姿态表示，最后探讨了空中机器人的建模方法。

4.1 坐标系

4.1.1 右手定则

在定义各类常用坐标系之前，首先需要了解右手定则，这是建立坐标系的基础和前提。如图 4-1a 所示，右手大拇指指向 Ox 轴正方向，食指指向 Oy 轴正方向，则中指所指方向即 Oz 轴正方向。之后需要进一步确定旋转正方向，如图 4-1b 所示，用右手大拇指指向旋转轴正方向，弯曲四指，则四指所指方向即旋转正方向。

本章采用的坐标系和角度正方向都沿用右手定则。

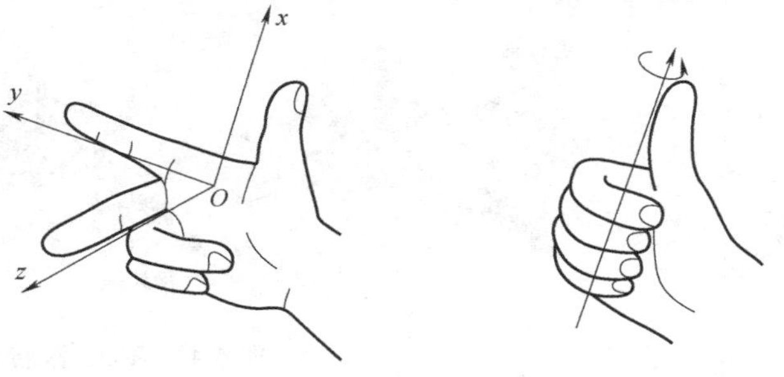

图 4-1　坐标系右手定则

4.1.2 常用坐标系

本章将空中机器人视作刚体，为了能够对刚体空中机器人的飞行运动做出清晰而确定性的描述，可以将空中机器人的空间运动表述为两个部分：质心运动和绕质心的运动。因此在描述任意时刻的空间运动时需要六个自由度，其中三个自由度用于表述质心运动，另外三个自由度则用于表述角运动。考虑到作用在空中机器人上的重力、推力和气动力及其相应的力矩产生原因各不相同，如何选择合适的坐标系来方便地描述空中机器人的空间运动状态就显得尤其重要。

本节对各类坐标系的描述均建立在三个基本假设之上：①在一般情况下，由于空中机器人均在大气层内飞行，其飞行高度有限；②忽略地球曲率，即采用所谓的“平板地球假设”；③认为地面坐标轴系为惯性坐标系。

目前在空中机器人建模过程中常用的五类坐标系具体如下：

1. 地面坐标轴系 $S_g-O_gx_gy_gz_g$

地面坐标轴系常用于指示空中机器人的方位，在近距离导航和航迹控制中应用较为广泛。如图 4-2 所示，O_g 为地面任意点；x_g 轴在水平面内并指向某一方向；z_g 轴垂直于地面并指向地心；y_g 轴在水平面内并垂直于 x_g 轴，其正方向由右手定则确定。

2. 机体坐标轴系 $S_b-O_bx_by_bz_b$

机体坐标轴系与空中机器人固连。

如图 4-3 所示，O_b 为空中机器人质心；x_b 轴在空中机器人对称平面内，并平行于空中机器人的设计轴线指向机头；z_b 轴在空中机器人对称平面内，与 x_b 轴垂直并指向机身下方；y_b 轴垂直于空中机器人对称平面指向机身右方，满足右手定则。

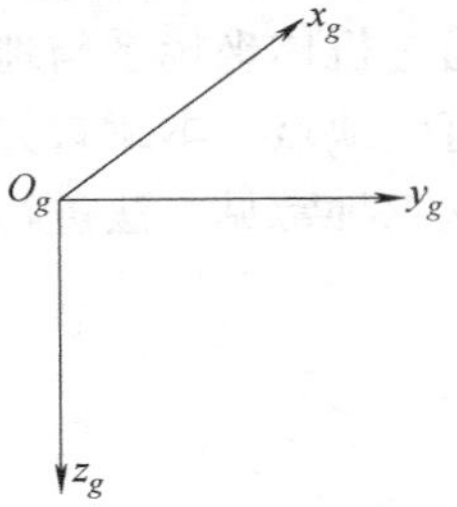

图 4-2　地面坐标轴系

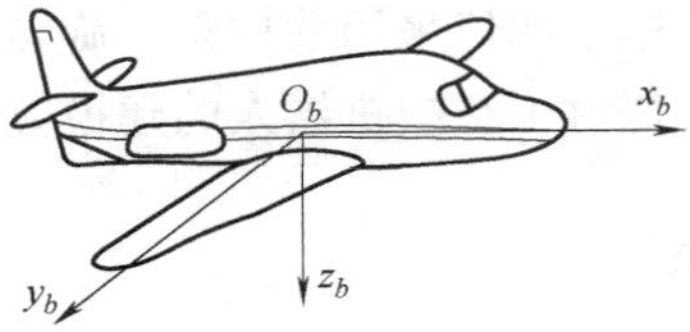

图 4-3　机体坐标轴系

机体坐标轴系常用于描述空中机器人的气动力矩和绕质心的转动，如俯仰、滚转、和偏航运动，如图 4-4 所示。

图 4-4　俯仰、滚转和偏航运动

3. 气流坐标轴系 $S_w-O_wx_wy_wz_w$

气流坐标轴系也称速度坐标轴系，与空中机器人固连。

如图 4-5 所示，O_w 为空中机器人质心；x_w 轴与空中机器人速度 v 重合一致；z_w 轴在空中机器人对称平面内，与 x_w 轴垂直并指向机腹下方；y_w 轴垂直于 Ox_wz_w 平面并指向机身右方，满足右手定则。

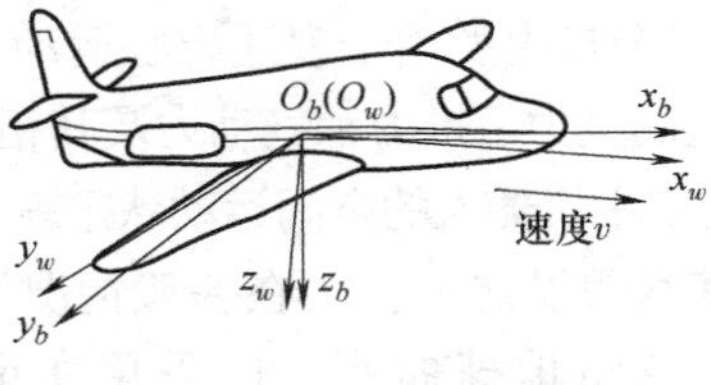

图 4-5　气流坐标轴系

图 4-5　彩图

速度坐标轴系常用于描述空中机器人的气动力。若无侧滑，则气流坐标轴系横轴和机体坐标轴系横轴一致。

4. 稳定性坐标轴系 S_s–$O_sx_sy_sz_s$

稳定性坐标轴系与空中机器人固连。

如图 4-6 所示，O_s 为空中机器人质心；x_s 轴与空中机器人速度 v 在空中机器人对称平面内的投影重合一致；y_s 轴与机体轴 y_b 重合一致；z_s 轴在空中机器人对称平面内与 x_s 轴垂直并指向机腹下方。

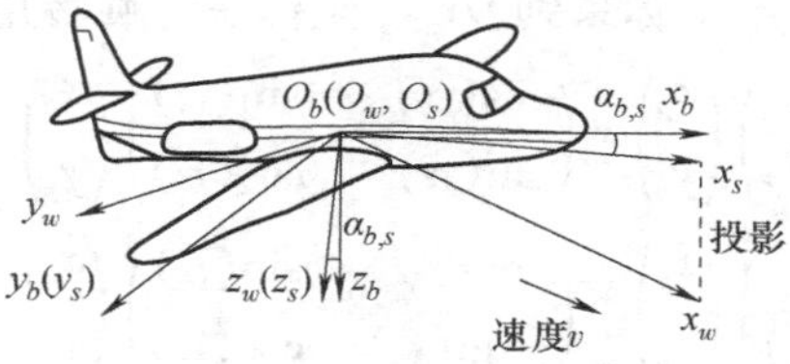

图 4-6　稳定性坐标轴系

图 4-6　彩图

稳定性坐标轴系和机体坐标轴系差一个迎角，机体坐标轴系绕 y_b 轴向下转一个迎角得稳定性坐标轴系，稳定性坐标轴系再绕 z_s 向右转一个侧滑角即得气流坐标轴系。

5. 航迹坐标轴系 S_k–$O_kx_ky_kz_k$

航迹坐标轴系也称弹道坐标轴系，与空中机器人固连。

如图 4-7 所示，O_k 为空中机器人质心；x_k 轴与飞行速度 v 重合一致；z_k 轴位于包含飞行速度 v 在内的铅垂面内，与 x_k 轴垂直并指向下方；y_k 轴垂直于 Ox_kz_k 平面，满足右手定则。

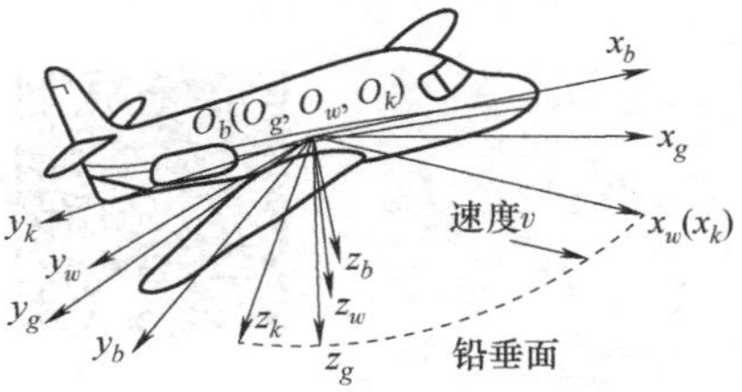

图 4-7　航迹坐标轴系

图 4-7　彩图

航迹坐标轴系 x_k 轴和气流坐标轴系 x_w 相同，航迹坐标轴系绕 x_k 轴转动一个航迹滚转角得到气流坐标轴系，地面坐标轴系绕 z_k 轴转一个航迹方位角，再绕 y_k 轴转一个航迹倾斜角得到航迹坐标轴系。

4.1.3　坐标转换

现代物理在描述物体运动时已经明确说明，运动永远是相对的，没有绝对的运动。同样，空中机器人运动姿态也是相对的。两者的区别在于：物体运动是质点在坐标系内的描述；而空中机器人相对姿态的本质则是一个坐标系在另一个坐标系内的姿态描述，因此在描述过程中需要用到不同坐标系之间的转换关系，来确定不同坐标系下空中机器人的相对姿态。

通常将作用在空中机器人上的气动力和力矩分别投影到机体坐标系中来分析空中机器人的角运动；而气流坐标系主要通过两个气流角所描述的空中机器人相对于气流的位置，来确定作用在空中机器人上空气动力的大小。如果选机体坐标系来描述空中机器人的空间转动状态，则推力可以直接在机体坐标系中表示，但气动力需要借由气流坐标系转换到机体坐标系后得到，重力的表示则需要从地面坐标系转换到机体坐标系，只有在经过一系列变换后才能将作用在不同坐标系下的力统一到所选定的坐标系中，进而建立沿各个轴向的力的方程以及绕各轴的力矩方程。所以，不同坐标系之间的转换是建立飞机运动方程不可缺少的重要环节。

1. 平面坐标轴系间的转换

如图 4-8 所示，平面坐标系 Ox_py_p 和平面坐标系 Ox_qy_q 原点重合，矢量 $\boldsymbol{r}$ 在两个坐标系中的分量分别为(x_p,y_p)、(x_q,y_q)，α 为 Ox_qy_q 坐标系到 Ox_py_p 坐标系的旋转角，则有

$$\begin{pmatrix} x_q \\ y_q \end{pmatrix}=\begin{pmatrix} \cos(x_q,x_p) & \cos(x_q,y_p) \\ \cos(y_q,x_p) & \cos(y_q,y_p) \end{pmatrix}\begin{pmatrix} x_p \\ y_p \end{pmatrix}=\begin{pmatrix} \cos(\alpha) & -\sin(\alpha) \\ \sin(\alpha) & \cos(\alpha) \end{pmatrix}\begin{pmatrix} x_p \\ y_p \end{pmatrix} \tag{4-1}$$

$$\begin{pmatrix} x_p \\ y_p \end{pmatrix}=\begin{pmatrix} \cos(x_p,x_q) & \cos(x_p,y_q) \\ \cos(y_p,x_q) & \cos(y_p,y_q) \end{pmatrix}\begin{pmatrix} x_q \\ y_q \end{pmatrix}=\begin{pmatrix} \cos(\alpha) & \sin(\alpha) \\ -\sin(\alpha) & \cos(\alpha) \end{pmatrix}\begin{pmatrix} x_q \\ y_q \end{pmatrix} \tag{4-2}$$

式(4-1)、式(4-2)中，$\begin{pmatrix} \cos(\alpha) & -\sin(\alpha) \\ \sin(\alpha) & \cos(\alpha) \end{pmatrix}$及$\begin{pmatrix} \cos(\alpha) & \sin(\alpha) \\ -\sin(\alpha) & \cos(\alpha) \end{pmatrix}$称为两个坐标轴系间的转换矩阵，即

$$\text{转换矩阵 } \boldsymbol{L}_{pq}=\begin{pmatrix} \cos(\alpha) & -\sin(\alpha) \\ \sin(\alpha) & \cos(\alpha) \end{pmatrix} \tag{4-3}$$

$$\text{转换矩阵 } \boldsymbol{L}_{qp}=(\boldsymbol{L}_{pq})^{\mathrm{T}}=\begin{pmatrix} \cos(\alpha) & \sin(\alpha) \\ -\sin(\alpha) & \cos(\alpha) \end{pmatrix} \tag{4-4}$$

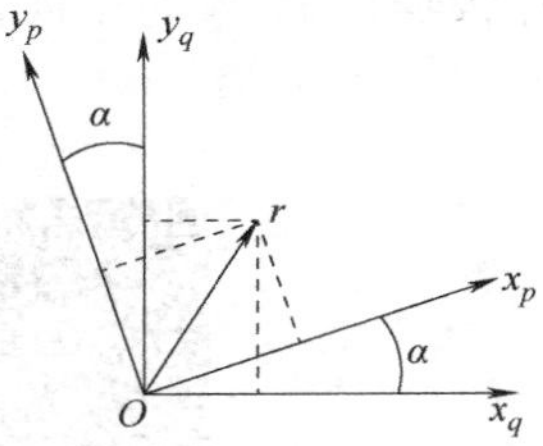

图 4-8　平面坐标轴系间的转换

图 4-8　彩图

转换矩阵有以下性质：

① 互为转置阵：$\boldsymbol{L}_{pq}=(\boldsymbol{L}_{qp})^{\mathrm{T}}$。

② 互为逆阵：$\boldsymbol{L}_{pq}=(\boldsymbol{L}_{qp})^{-1}$。

③ 正交阵：$(\boldsymbol{L}_{pq})^{\mathrm{T}}=(\boldsymbol{L}_{pq})^{-1}$。

④ 传导性：$\boldsymbol{L}_{pr}=\boldsymbol{L}_{pq}\boldsymbol{L}_{qr}$，$\boldsymbol{L}_{rq}=\boldsymbol{L}_{rp}\boldsymbol{L}_{pq}$。

2. 三维坐标轴系间的转换

如图 4-9 所示，三维坐标系 $Ox_py_pz_p$ 和三维坐标系 $Ox_qy_qz_q$ 原点重合，α 为 $Ox_py_pz_p$ 坐标系到 $Ox_qy_qz_q$ 坐标系的旋转角，则两个坐标轴系间的转换方程为

$$\begin{pmatrix} x_q \\ y_q \\ z_q \end{pmatrix}=\begin{pmatrix} \cos\alpha & \sin\alpha & 0 \\ -\sin\alpha & \cos\alpha & 0 \\ 0 & 0 & 1 \end{pmatrix}\begin{pmatrix} x_p \\ y_p \\ z_p \end{pmatrix}=\boldsymbol{L}_{pq}\begin{pmatrix} x_p \\ y_p \\ z_p \end{pmatrix} \tag{4-5}$$

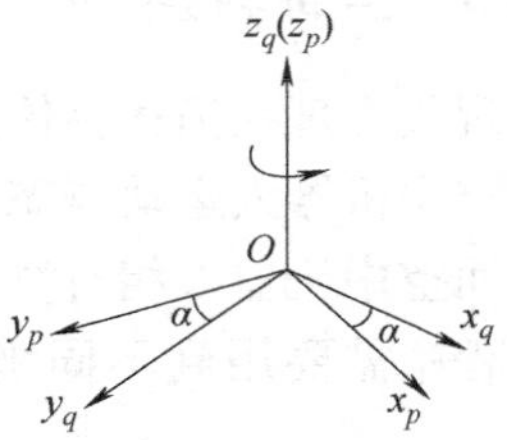

图 4-9　三维坐标轴系间的转换

式中，$\boldsymbol{L}_{pq}$为转换矩阵，则$(\boldsymbol{L}_{pq})^{-1}=\begin{pmatrix}\cos\alpha & -\sin\alpha & 0\\ \sin\alpha & \cos\alpha & 0\\ 0 & 0 & 1\end{pmatrix}=\boldsymbol{L}_{qp}$为逆转换矩阵。

为了便于转换计算，列出几组绕单一坐标轴的旋转矩阵，记作基元旋转，理论上任意旋转均可由三种独立基元旋转变换得到，即

$$\boldsymbol{T}(\phi)=\begin{pmatrix}1 & 0 & 0\\ 0 & \cos\phi & \sin\phi\\ 0 & -\sin\phi & \cos\phi\end{pmatrix},\boldsymbol{T}(\theta)=\begin{pmatrix}\cos\theta & 0 & -\sin\theta\\ 0 & 1 & 0\\ \sin\theta & 0 & \cos\theta\end{pmatrix},\boldsymbol{T}(\psi)=\begin{pmatrix}\cos\psi & \sin\psi & 0\\ -\sin\psi & \cos\psi & 0\\ 0 & 0 & 1\end{pmatrix}\quad(4\text{-}6)$$

图 4-10 为绕单一坐标轴的旋转矩阵。

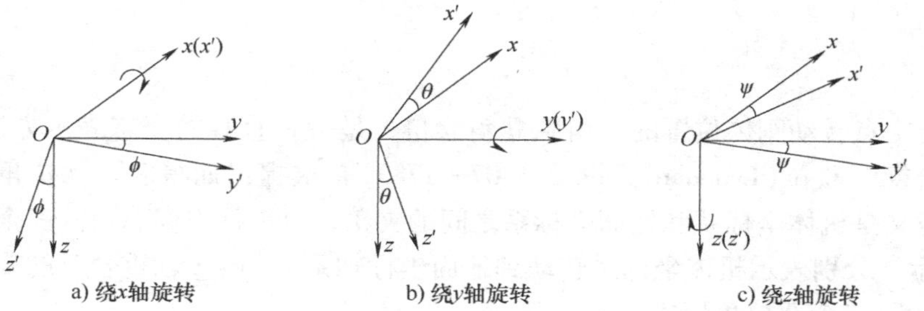

图 4-10　绕单一坐标轴的旋转矩阵

图 4-10　彩图

3. 转换矩阵的计算

坐标系之间的转换矩阵可以通过若干个基元矩阵依次左乘得到，如$\boldsymbol{L}_{pq}=\boldsymbol{L}_{x,\phi}\boldsymbol{L}_{y,\theta}\boldsymbol{L}_{z,\psi}$可表示为新坐标系是由原坐标系先绕 z 轴旋转 ψ，再绕 y 轴旋转 θ，最后绕 x 轴旋转 ϕ 得到的。其完整的数学表述为

$$\begin{pmatrix}x_q\\ y_q\\ z_q\end{pmatrix}=\boldsymbol{L}_{pq}\begin{pmatrix}x_p\\ y_p\\ z_p\end{pmatrix}\quad(4\text{-}7)$$

其中

$$\begin{aligned}\boldsymbol{L}_{pq}&=\boldsymbol{L}_{x,\phi}\boldsymbol{L}_{y,\theta}\boldsymbol{L}_{z,\psi}\\ &=\begin{pmatrix}1 & 0 & 0\\ 0 & \cos\phi & \sin\phi\\ 0 & -\sin\phi & \cos\phi\end{pmatrix}\begin{pmatrix}\cos\theta & 0 & -\sin\theta\\ 0 & 1 & 0\\ \sin\theta & 0 & \cos\theta\end{pmatrix}\begin{pmatrix}\cos\psi & \sin\psi & 0\\ -\sin\psi & \cos\psi & 0\\ 0 & 0 & 1\end{pmatrix}\\ &=\begin{pmatrix}\cos\theta\cos\psi & \cos\theta\sin\psi & -\sin\theta\\ \cos\psi\sin\phi\sin\theta-\cos\phi\sin\psi & \cos\phi\cos\psi+\sin\phi\sin\theta\sin\psi & \cos\theta\sin\phi\\ \sin\phi\sin\psi+\cos\phi\cos\psi\sin\theta & \cos\phi\sin\theta\sin\psi-\cos\psi\sin\phi & \cos\phi\cos\theta\end{pmatrix}\end{aligned}$$

对于旋转顺序的选择，一般有以下三个原则：

① 旋转角度有明确的意义。

② 遵循工程界的传统习惯。

③ 使旋转次数尽可能少。

4.2 姿态表示

目前姿态描述的方法有很多种，其中方向余弦法、欧拉角法与四元数法是惯性导航和航天系统中用于姿态描述的经典方法。方向余弦法使用一个三维矩阵来表示两个坐标系中各矢量的投影关系，较为简单；欧拉角法的优势则在于直观，通过三个旋转角来表示动态坐标系相对于静止坐标系的姿态；四元数法虽然只有四个参数，但相对于欧拉角法，它的概念更加抽象，主要通过绕参考坐标系中的一个三维矢量旋转来实现坐标系间的转换。

4.2.1 欧拉角(姿态角)

1. 欧拉角定义

欧拉角是用于确定定点转动刚体位置的一组独立角参量，是一种直观的姿态表示方法，因由瑞士数学家莱昂哈德·欧拉(Leonhard Euler，1707—1783)首次提出而得名。欧拉角的参量有三个，其物理意义是机体坐标系和地面坐标系之间的夹角，也被称作姿态角。三个姿态角用θ、ψ、ϕ来表示，分别表示机体坐标系转动到地面坐标轴系x、y、z轴重合时的旋转夹角。图4-11简单展示了三个欧拉角形式。

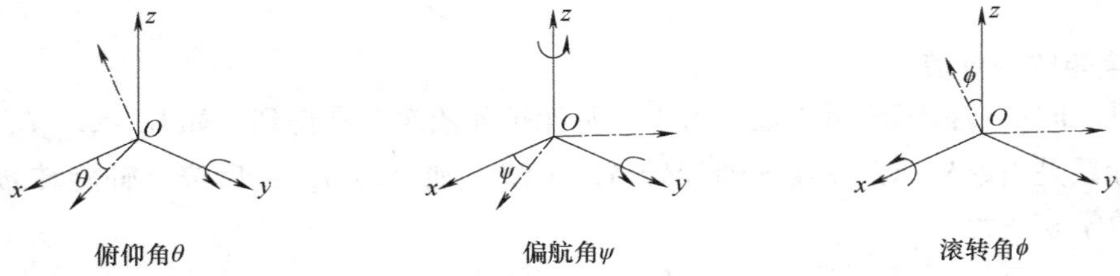

图4-11　三个欧拉角形式

(1) 俯仰角$\boldsymbol{\theta}$　机体绕Oy_b轴的转动角度，即机体轴x_b与水平面间的夹角，抬头为正。

(2) 偏航角$\boldsymbol{\psi}$　机体绕Oz_b轴的转动角度，即机体轴x_b在水平面上的投影与地轴x_g间的夹角，垂直于水平面，机头右偏航为正。

(3) 滚转角$\boldsymbol{\phi}$　机体绕Ox_b轴的转动角度，即机体轴z_b与通过机体轴x_b的铅垂面间的夹角，飞机向右滚转为正。

2. 万向节死锁

使用欧拉角进行姿态描述时，在欧拉角变换过程中会存在一种“万向节死锁”的状况，这会导致在“死锁”后丢失自由度而无法再进行三维姿态表示，因此这也是欧拉角表示法的巨大局限性。

关于万向节死锁的形成原因可以由图4-12进行说明。为便于说明，将三个轴用三个环进行替换以更加直观，其中红环表示x轴、蓝环表示y轴、绿环表示z轴，环中心的直杆则表示轴线的方向(注意：每个环仅能绕轴运动)。当红环绕x轴旋转±90°时，y轴与z轴的朝向重合，因此造成了自由度缺失。此时，物体方向姿态矩阵的秩为0，即可得到的欧拉角反解有无数个，因此无法准确描述物体姿态。

图 4-12　万向节死锁

图 4-12　彩图

4.2.2　欧拉角与旋转矩阵

使用欧拉角法描述两个坐标系之间的关系是一种常用的方位描述方法，主要是利用一组角度变量来描述两个坐标系之间的相对姿态关系。其基本思想是将两个坐标系的变换分解为绕三个不同的坐标轴的三次连续转动组成的序列。为避免繁琐的计算并提高效率，规定两次连续的旋转必须绕着不同的转动轴，因而共有十二种旋转顺序。

而旋转矩阵(Rotation Matrix)则是在乘以一个向量时仅改变方向不改变大小并保持原先属性的一类矩阵，其数学定义为：若向量 $\boldsymbol{p}$ 由向量 $\boldsymbol{q}$ 绕原点旋转 θ 角得到，并有 $\boldsymbol{p}=\boldsymbol{R}\boldsymbol{q}$，则称 $\boldsymbol{R}$ 为旋转矩阵。

旋转矩阵是第 2 章 2. 2. 1 节中描述的转换矩阵的一种特殊情况，仅考虑了坐标的旋转而忽略其他变换。

1. 由欧拉角求旋转矩阵

欧拉角法的基本原则是将刚体对应的坐标轴(x,y,z)的旋转分解为三步，如图 4-13 所示，其中蓝色坐标轴是初始坐标系(x,y,z)，红色坐标轴为旋转之后的目标坐标系(x',y',z')。

其中绕各个轴的基元旋转矩阵如下：

$$\boldsymbol{R}_x(\theta)=\begin{pmatrix}1 & 0 & 0\\ 0 & \cos\theta & -\sin\theta\\ 0 & \sin\theta & \cos\theta\end{pmatrix} \tag{4-8}$$

$$\boldsymbol{R}_y(\theta)=\begin{pmatrix}\cos\theta & 0 & \sin\theta\\ 0 & 1 & 0\\ -\sin\theta & 0 & \cos\theta\end{pmatrix} \tag{4-9}$$

$$\boldsymbol{R}_z(\theta)=\begin{pmatrix}\cos\theta & -\sin\theta & 0\\ \sin\theta & \cos\theta & 0\\ 0 & 0 & 1\end{pmatrix} \tag{4-10}$$

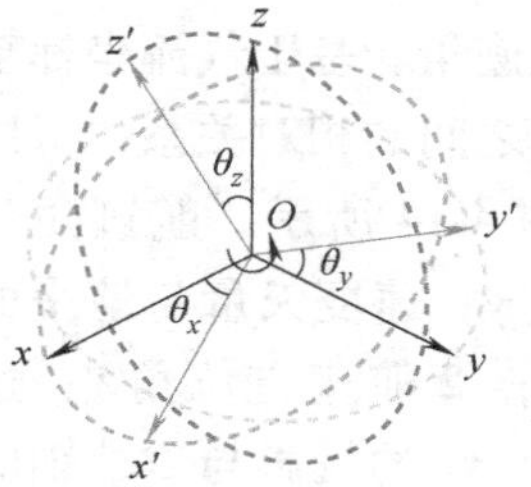

图 4-13　欧拉角法

图 4-13　彩图

易知，最终欧拉角转旋转矩阵如下：

$$\begin{aligned}\boldsymbol{R} &=\boldsymbol{R}_z(\psi)\boldsymbol{R}_y(\theta)\boldsymbol{R}_x(\phi)\\ &=\begin{pmatrix}\cos\theta\cos\psi & \sin\phi\sin\theta\cos\psi-\cos\phi\sin\psi & \cos\phi\sin\theta\cos\psi+\sin\phi\sin\psi\\ \cos\theta\sin\psi & \sin\phi\sin\theta\sin\psi+\cos\phi\cos\psi & \cos\phi\sin\theta\sin\psi-\sin\phi\cos\psi\\ -\sin\theta & \sin\phi\cos\theta & \cos\phi\cos\theta\end{pmatrix}\end{aligned} \tag{4-11}$$

2. 由旋转矩阵求欧拉角

若将旋转矩阵表示成

$$\boldsymbol{R}=\begin{pmatrix} R_{11} & R_{12} & R_{13} \\ R_{21} & R_{22} & R_{23} \\ R_{31} & R_{32} & R_{33} \end{pmatrix} \tag{4-12}$$

则可用该矩阵内参数来直接表示欧拉角，即

$$\theta_x=\operatorname{atan2}(R_{32},R_{33}) \tag{4-13}$$

$$\theta_y=\operatorname{atan2}\left(-R_{31},\sqrt{R_{32}^2+R_{33}^2}\right) \tag{4-14}$$

$$\theta_z=\operatorname{atan2}(R_{21},R_{11}) \tag{4-15}$$

其中

$$\operatorname{atan2}(y,x)=\begin{cases} \arctan\left(\dfrac{y}{x}\right), & x>0 \\ \arctan\left(\dfrac{y}{x}\right)+\pi, & y\geqslant 0,x<0 \\ \arctan\left(\dfrac{y}{x}\right)-\pi, & y<0,x<0 \\ +\dfrac{\pi}{2}, & y>0,x=0 \\ -\dfrac{\pi}{2}, & y<0,x=0 \\ \text{Undefined}, & y=0,x=0 \end{cases} \tag{4-16}$$

3. 常用坐标系间的坐标转换

基于上文描述的欧拉角姿态表示方法，空中机器人的基本姿态存在更便捷的表述。为方便计算，这里将直接给出部分常见坐标系间的变换公式。

而在进行坐标系转换之前，还需要完善两种基于其他坐标系下的特定姿态角表示方式：一种是航迹角。基于气流坐标轴系与地面坐标轴系之间的相对关系，可以定义航迹角，如图 4-14 所示。航迹角包括：①航迹倾斜角 γ：速度矢量与地平面 Ox_gy_g 之间的夹角；②航迹方位角 χ：速度矢量在地平面 Ox_gy_g 的投影与 Ox_g 轴的夹角；③航迹滚转角 μ：Oz_w 轴与包含 Ox_w 轴的垂直平面的夹角。另一种是气流角。基于飞行速度矢量与机体坐标轴系之间的相对关系，可以定义气流角，如图 4-15 所示。气流角包括：①迎角 α：也称攻角，是速度矢量在飞机对称面的投影与 Ox_b 轴的夹角，以速度在 Ox_b 轴下方为正（当滚转角 $\phi=0$ 时，$\alpha=\theta-\gamma$，即迎角为俯仰角与航迹倾斜角的差）；②侧滑角 β：速度矢量与飞机对称面的夹角（当滚转角 $\phi=0$ 时，$\beta=\chi-\psi$，即侧滑角为航迹方位角与偏航角的差）。

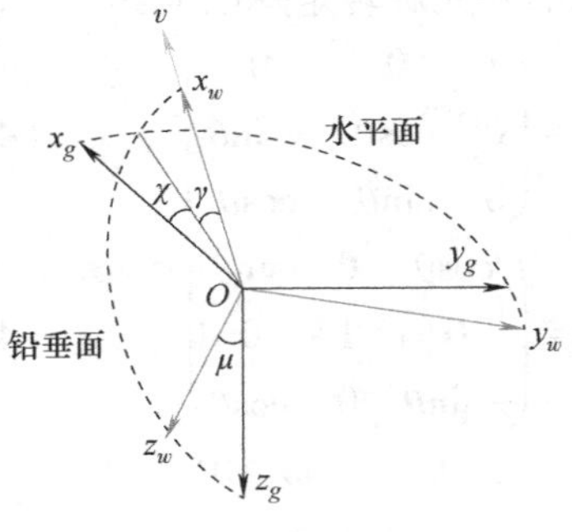

图 4-14　航迹角

图 4-14　彩图

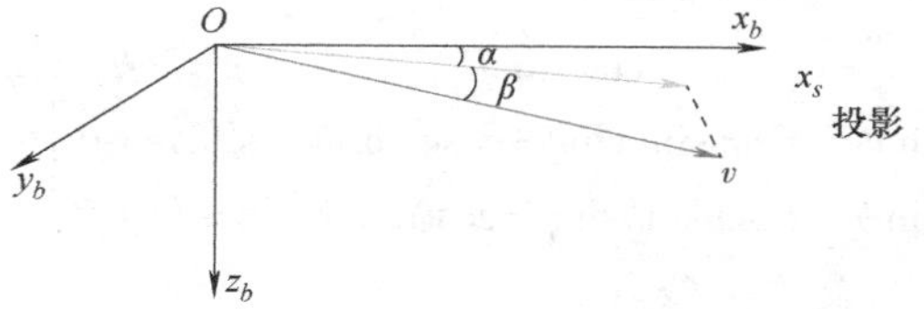

图 4-15　气流角

图 4-15　彩图

在定义了基于各坐标系的相应姿态角的表示方法之后，可以更简洁地表述几组空中机器人常用坐标轴系之间的转换矩阵：

（1）机体坐标轴系与气流坐标轴系之间的转换

1）机体坐标轴系 S_b 转动迎角 α 到稳定性坐标轴系 S_s，即

$$\begin{pmatrix} x_s \\ y_s \\ z_s \end{pmatrix} = \begin{pmatrix} \cos\alpha & 0 & \sin\alpha \\ 0 & 1 & 0 \\ -\sin\alpha & 0 & \cos\alpha \end{pmatrix} \begin{pmatrix} x_b \\ y_b \\ z_b \end{pmatrix} \tag{4-17}$$

2）稳定性坐标轴系 S_s 转动侧滑角 β 到气流坐标轴系 S_w，即

$$\begin{pmatrix} x_w \\ y_w \\ z_w \end{pmatrix} = \begin{pmatrix} \cos\beta & \sin\beta & 0 \\ -\sin\beta & \cos\beta & 0 \\ 0 & 0 & 1 \end{pmatrix} \begin{pmatrix} x_s \\ y_s \\ z_s \end{pmatrix} \tag{4-18}$$

则由机体坐标轴系 S_b 到气流坐标轴系 S_w 的转换矩阵为

$$\boldsymbol{L}_{bw} = \begin{pmatrix} \cos\alpha\cos\beta & \sin\beta & \sin\alpha\cos\beta \\ -\cos\alpha\sin\beta & \cos\beta & -\sin\alpha\sin\beta \\ -\sin\alpha & 0 & \cos\alpha \end{pmatrix} \tag{4-19}$$

$$\begin{pmatrix} x_w \\ y_w \\ z_w \end{pmatrix} = \boldsymbol{L}_{bw} \begin{pmatrix} x_b \\ y_b \\ z_b \end{pmatrix} \tag{4-20}$$

（2）地面坐标轴系与机体坐标轴系之间的转换

1）地面坐标轴系 S_g 转动偏航角 ψ 到过渡坐标轴系 S'——$Ox'y'z'$，即

$$\begin{pmatrix} x' \\ y' \\ z' \end{pmatrix} = \begin{pmatrix} \cos\psi & \sin\psi & 0 \\ -\sin\psi & \cos\psi & 0 \\ 0 & 0 & 1 \end{pmatrix} \begin{pmatrix} x_g \\ y_g \\ z_g \end{pmatrix} \tag{4-21}$$

2）过渡坐标轴系 S'转动俯仰角 θ 到过渡坐标轴系 S''——$Ox''y''z''$，即

$$\begin{pmatrix} x'' \\ y'' \\ z'' \end{pmatrix} = \begin{pmatrix} \cos\theta & 0 & -\sin\theta \\ 0 & 1 & 0 \\ \sin\theta & 0 & \cos\theta \end{pmatrix} \begin{pmatrix} x' \\ y' \\ z' \end{pmatrix} \tag{4-22}$$

3）过渡坐标轴系 S''转动滚转角 ϕ 到机体坐标轴系 S_b，即

$$\begin{pmatrix} x_b \\ y_b \\ z_b \end{pmatrix} = \begin{pmatrix} 1 & 0 & 0 \\ 0 & \cos\phi & \sin\phi \\ 0 & -\sin\phi & \cos\phi \end{pmatrix} \begin{pmatrix} x'' \\ y'' \\ z'' \end{pmatrix} \tag{4-23}$$

则由地面坐标轴系 S_g 到机体坐标轴系 S_b 的转换矩阵为

$$\boldsymbol{L}_{gb}=\begin{pmatrix}\cos\theta\cos\psi & \cos\theta\sin\psi & -\sin\theta\\ \cos\psi\sin\phi\sin\theta-\cos\phi\sin\psi & \sin\phi\sin\theta\sin\psi+\cos\phi\cos\psi & \sin\phi\cos\theta\\ \cos\phi\cos\psi\sin\theta+\sin\phi\sin\psi & \cos\phi\sin\theta\sin\psi-\cos\psi\sin\phi & \cos\phi\cos\theta\end{pmatrix} \tag{4-24}$$

$$\begin{pmatrix}x_b\\ y_b\\ z_b\end{pmatrix}=\boldsymbol{L}_{gb}\begin{pmatrix}x_g\\ y_g\\ z_g\end{pmatrix} \tag{4-25}$$

（3）地面坐标轴系与气流坐标轴系之间的转换　采用和从地面坐标系到机体坐标系类似的转换次序，先转动航迹方位角，再转动航迹倾斜角，最后转动航迹滚转角，可得到从地面坐标轴系到气流坐标轴系的转换矩阵。

$$\boldsymbol{L}_{gw}=\begin{pmatrix}\cos\gamma\cos\chi & \cos\gamma\sin\chi & -\sin\gamma\\ \sin\gamma\cos\chi\sin\mu-\sin\chi\cos\mu & \sin\gamma\sin\chi\sin\mu+\cos\chi\cos\mu & \cos\gamma\sin\mu\\ \sin\gamma\cos\chi\cos\mu+\sin\chi\sin\mu & \sin\gamma\sin\chi\cos\mu-\cos\chi\sin\mu & \cos\gamma\cos\mu\end{pmatrix} \tag{4-26}$$

（4）地面坐标轴系与航迹坐标轴系之间的转换

$$\boldsymbol{X}_k=\boldsymbol{L}_{gk}\boldsymbol{X}_g,\ \boldsymbol{X}_g=(\boldsymbol{L}_{gk})^{\mathrm{T}}\boldsymbol{X}_k \tag{4-27}$$

$$\boldsymbol{L}_{gk}=\boldsymbol{S}_{\mu\psi}=\begin{pmatrix}\cos\mu\cos\psi & \cos\mu\sin\psi & -\sin\mu\\ -\sin\psi & \cos\psi & 0\\ \sin\mu\cos\psi & \sin\mu\sin\psi & \cos\mu\end{pmatrix} \tag{4-28}$$

（5）航迹坐标轴系与气流坐标轴系之间的转换

$$\boldsymbol{X}_w=\boldsymbol{L}_{kw}\boldsymbol{X}_k,\ \boldsymbol{X}_k=(\boldsymbol{L}_{kw})^{\mathrm{T}}\boldsymbol{X}_w \tag{4-29}$$

$$\boldsymbol{L}_{kw}=\boldsymbol{S}_{\gamma}=\begin{pmatrix}1 & 0 & 0\\ 0 & \cos\gamma & \sin\gamma\\ 0 & -\sin\gamma & \cos\gamma\end{pmatrix} \tag{4-30}$$

综上所述，可以得到五个常用坐标系间的变换关系框图，如图 4-16 所示。

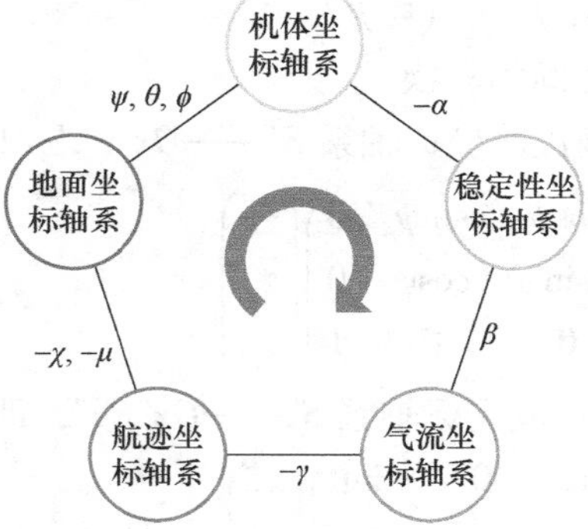

图 4-16　五个常用坐标系间的变换关系框图

图 4-16　彩图

4.2.3　四元数

四元数（Quaternions）是由爱尔兰数学家哈密顿（William Rowan Hamilton，1805—1865）在1843 年提出的数学概念。当时，哈密顿在爱尔兰都柏林沿着皇家运河散步时突然想到四元数运算公式的方程解，他立刻将此方程刻在附近布鲁穆桥（现称为金雀花桥，Broom Bridge）上。为了纪念他，人们在哈密顿产生四元数灵感的桥上的石碑上雕刻了四元数式，如图 4-17 所示。明确地说，四元数是复数的不可交换延伸。如果将四元数的集合考虑成多维实数空间，四元数就代表着一个四维空间（相对于复数的二维空间）。近年来，随着高性能计算机的发展与广泛应用，以及空中机器人姿态控制研究的快速发展，四元数受到了越来越广泛的关注和应用。

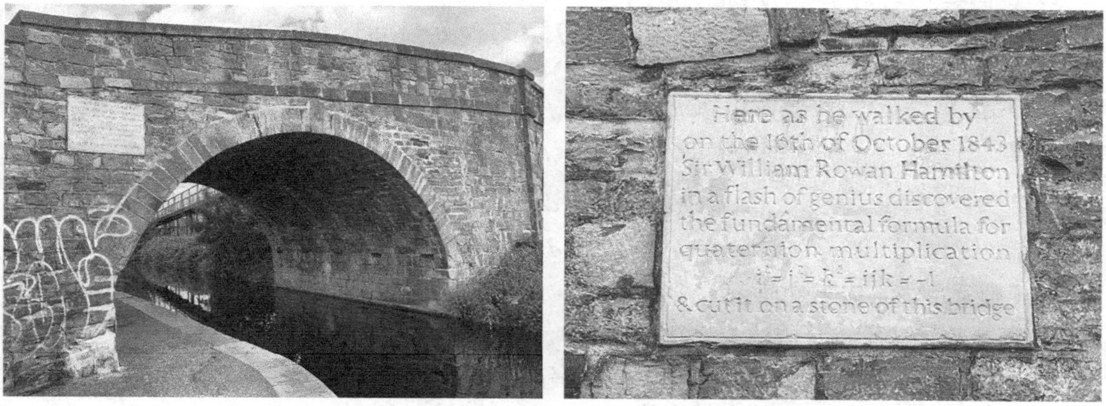

图 4-17　爱尔兰都柏林布鲁穆桥及四元数石碑

前文已经提到欧拉角表示法最大的问题在于万向节死锁，而采用四元数进行旋转表示恰恰可以规避这个问题。同时，根据四元数的定义，只需要一个四维的四元数即可执行绕任意过原点向量的任意角度旋转，这在某些情况下比旋转矩阵的效率更高。下面将针对四元数这一高维复数进行简单介绍。

1. 基本概念

（1）四元数的复数定义　四元数一般表示为

$$\boldsymbol{q}=\begin{pmatrix} s \\ v \end{pmatrix} \tag{4-31}$$

式中，$s\in R$ 为标量；$\boldsymbol{v}=[q_1 \quad q_2 \quad q_3]^{\mathrm{T}}$ 为矢量。由于四元数是复数层面上的定义，因此也可记为

$$\boldsymbol{q}=q_0+q_1 i+q_2 j+q_3 k \tag{4-32}$$

式中，q_0、q_1、q_2、q_3 均为实数；i、j、k 为复数标识，有 $i^2=j^2=k^2=-1$，$ij=k$，$jk=i$，$ki=j$，$ji=-k$，$kj=-i$，$ik=-j$。

在复数意义下，i、j、k 也可以理解为一种旋转概念，其中 i 代表 x 轴与 y 轴相交平面中 x 轴正方向向 y 轴正方向的旋转，j 代表 z 轴与 x 轴相交平面中 z 轴正方向向 x 轴正方向的旋转，k 则表示 y 轴与 z 轴相交平面中 y 轴正方向向 z 轴正方向的旋转，而 $-i$、$-j$、$-k$ 则分别代表 i、j、k 的反向旋转。

（2）四元数的运算　设存在两个四元数 $\boldsymbol{p}_1$、$\boldsymbol{p}_2$，即

$$\boldsymbol{p}_1=\begin{pmatrix} s_1 \\ \boldsymbol{v}_1 \end{pmatrix}=(a_1 \quad b_1 \quad c_1 \quad d_1)^{\mathrm{T}} \tag{4-33}$$

$$\boldsymbol{p}_2=\begin{pmatrix} s_2 \\ \boldsymbol{v}_2 \end{pmatrix}=(a_2 \quad b_2 \quad c_2 \quad d_2)^{\mathrm{T}} \tag{4-34}$$

则有：

1）模运算

$$|\boldsymbol{p}_1|=\sqrt{a_1^2+b_1^2+c_1^2+d_1^2} \tag{4-35}$$

2）加法运算

$$\begin{aligned}\boldsymbol{p}_1+\boldsymbol{p}_2&=s_1+s_2+\boldsymbol{v}_1+\boldsymbol{v}_2\\&=(a_1+a_2)+(b_1+b_2)i+(c_1+c_2)j+(d_1+d_2)k\end{aligned} \tag{4-36}$$

3）乘法运算

$$\begin{aligned}\boldsymbol{p}_1\otimes\boldsymbol{p}_2&=(s_1+\boldsymbol{v}_1)\otimes(s_2+\boldsymbol{v}_2)=s_1s_2-\boldsymbol{v}_1\boldsymbol{v}_2+s_1\boldsymbol{v}_2+s_2\boldsymbol{v}_1+\boldsymbol{v}_1\times\boldsymbol{v}_2\\&\triangleq(a_1+b_1i+c_1j+d_1k)\otimes(a_2+b_2i+c_2j+d_2k)\\&=\begin{pmatrix}a_1a_2-b_1b_2-c_1c_2-d_1d_2\\a_1b_2+b_1a_2+c_1d_2-d_1c_2\\a_1c_2-b_1d_2+c_1a_2+d_1b_2\\a_1d_2+b_1c_2-c_1b_2+d_1a_2\end{pmatrix}\end{aligned} \tag{4-37}$$

四元数乘法满足以下性质：

① 四元数乘法不满足乘法交换律：

$$\boldsymbol{p}_1\otimes\boldsymbol{p}_2\neq\boldsymbol{p}_2\otimes\boldsymbol{p}_1 \tag{4-38}$$

② 四元数乘法满足分配律和结合律：

$$\boldsymbol{p}_1\otimes(\boldsymbol{p}_2+\boldsymbol{p}_3)=\boldsymbol{p}_1\otimes\boldsymbol{p}_2+\boldsymbol{p}_1\otimes\boldsymbol{p}_3 \tag{4-39}$$

$$\boldsymbol{p}_1\otimes\boldsymbol{p}_2\otimes\boldsymbol{p}_3=(\boldsymbol{p}_1\otimes\boldsymbol{p}_2)\otimes\boldsymbol{p}_3=\boldsymbol{p}_1\otimes(\boldsymbol{p}_2\otimes\boldsymbol{p}_3) \tag{4-40}$$

③ 数乘：

$$k\boldsymbol{p}=\boldsymbol{p}k=\begin{pmatrix}ks\\k\boldsymbol{v}\end{pmatrix} \tag{4-41}$$

④ 取模：

$$|\boldsymbol{p}_1\boldsymbol{p}_2|=|\boldsymbol{p}_1||\boldsymbol{p}_2| \tag{4-42}$$

⑤ 点积(欧几里得内积)：

$$\boldsymbol{p}_1\cdot\boldsymbol{p}_2=s_1s_2+\boldsymbol{v}_1\cdot\boldsymbol{v}_2=a_1a_2+b_1b_2+c_1c_2+d_1d_2 \tag{4-43}$$

⑥ 共轭：

$$\boldsymbol{q}^*=\begin{pmatrix}s\\-\boldsymbol{v}\end{pmatrix} \tag{4-44}$$

$$\boldsymbol{q}\boldsymbol{q}^*=q_0^2+q_1^2+q_2^2+q_3^2 \tag{4-45}$$

⑦ 求逆：

$$\boldsymbol{q}\boldsymbol{q}^{-1}=\boldsymbol{q}^{-1}\boldsymbol{q}=1 \tag{4-46}$$

$$\boldsymbol{q}^{-1}=\frac{\boldsymbol{q}^*}{|\boldsymbol{q}|} \tag{4-47}$$

$$(\boldsymbol{q}_1\boldsymbol{q}_2)^{-1}=\boldsymbol{q}_2^{-1}\boldsymbol{q}_1^{-1} \tag{4-48}$$

⑧ 单位四元数：

单位四元数即模为 1 的四元数，即

$$|\boldsymbol{q}|=1 \tag{4-49}$$

单位四元数有以下性质：

第一条，单位四元数的共轭和逆相等，即

$$q^{-1}=q^{*} \tag{4-50}$$

第二条，单位四元数的乘积也是单位四元数，即

$$|q_3|=|q_1\otimes q_2|=1 \tag{4-51}$$

2. 四元数表示旋转

旋转四元数的一般性理念基于轴-角表示法(Axis-Angle Method)，即三维空间的任意旋转都可以用绕三维空间的某个轴旋转某个角度来表示。在这种表示方法中，轴(Axis)可用一个三维向量(x,y,z)来表示，角(Angle)可以用一个角度值θ来表示。从直观意义上，一个四维向量(θ,x,y,z)就可以表示出三维空间任意的旋转。需要注意的是，这里的三维向量(x,y,z)只是用来表示轴的方向朝向，因此更紧凑的表示方式是用一个单位向量来表示方向轴，而用该三维向量的长度来表示角度。如此便可使用一个三维向量$(f(\theta,x)\quad f(\theta,y)\quad f(\theta,z))^{\mathrm{T}}$直接体现三维空间任意的旋转，其中$f(\theta,*)$是一个关于角度与当前轴坐标的函数。

鉴于四元数是一个高阶复数，为便于理解，在介绍旋转四元数之前，这里先简单阐述二维复平面的旋转公式。

如图4-18所示，存在两个复数$p_1(a,b)$与$p_2(x,y)$，且$|p_1|=|p_2|$，p_1与实轴夹角为α。已知p_2是由p_1逆时针旋转θ角度得到，则有

$$x=r\cos(\alpha+\theta)=r\cos\alpha\cos\theta-r\sin\alpha\sin\theta=a\cos\theta-b\sin\theta \tag{4-52}$$

$$y=r\sin(\alpha+\theta)=r\sin\alpha\cos\theta+r\cos\alpha\sin\theta=b\cos\theta+a\sin\theta \tag{4-53}$$

记$q=\cos\theta+i\sin\theta$，则可知

$$qp_1=(a+ib)(\cos\theta+i\sin\theta)=(a\cos\theta-b\sin\theta)+i(b\cos\theta+a\sin\theta)=p_2 \tag{4-54}$$

由以上结果易知，利用复数q可以方便地描述这一旋转运动。因此可以记q为旋转数，用于描述二维复数平面的旋转。

考虑到四元数与复数的相似性，理论上可以设定$q=\begin{pmatrix}\cos\theta\\ v\sin\theta\end{pmatrix}$，但实际上四元数所定义的是四维旋转，而任意的四维旋转都可以拆分成两个方向相反的三维旋转，其数学表达为$q_L\otimes p\otimes q_R$，即可以理解为对四元数进行了一个左旋转与一个右旋转。当四元数为单位纯四元数$p=\begin{pmatrix}0\\ v\end{pmatrix}$，$|p|=1$时，旋转表达式可以写成$q\otimes p\otimes q^{-1}$。

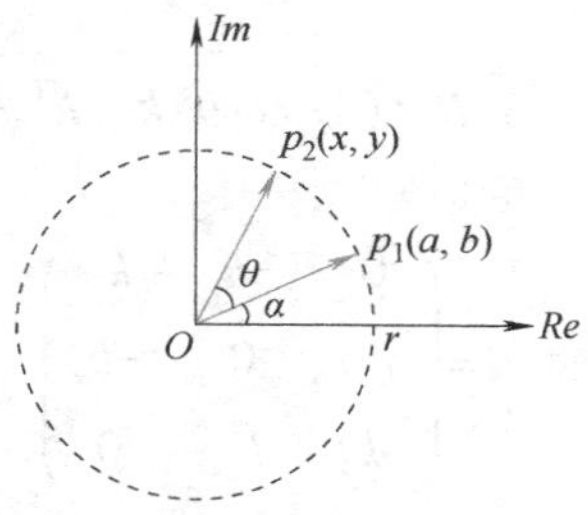

图4-18　四元数表示旋转

由于此时进行了两次旋转，因此对单位向量(x,y,z)旋转θ角度的旋转四元数应当记为

$$q=\begin{pmatrix}\cos\dfrac{\theta}{2}\\ v\sin\dfrac{\theta}{2}\end{pmatrix}=\begin{pmatrix}\cos\dfrac{\theta}{2} & x*\sin\dfrac{\theta}{2} & y*\sin\dfrac{\theta}{2} & z*\sin\dfrac{\theta}{2}\end{pmatrix}^{\mathrm{T}} \tag{4-55}$$

综上所述，针对三维坐标的旋转变换，完全可以通过四元数乘法进行直接操作，与旋转矩阵操作等价，但是表示方式更加紧凑，计算量也更小。

3. 四元数与旋转矩阵

(1) 四元数求旋转矩阵　在利用四元数求旋转矩阵时，需要用到罗德里格斯(Rodrigues)旋转公式。下面将简单介绍该公式的推导过程。

已知单位向量$k=(k_x\quad k_y\quad k_z)^{\mathrm{T}}$，向量$v$绕该向量旋转$\theta$角度，旋转后向量为$v_{rot}$，具体

示意图如图 4-19 所示。

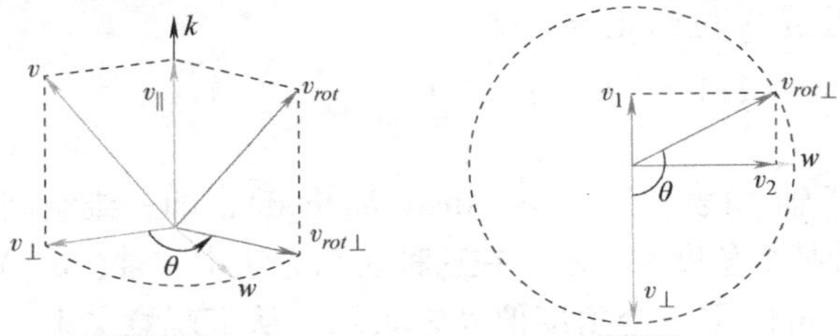

三维示意图　　俯视图

图 4-19　四元数求旋转矩阵

图 4-19　彩图

通过一系列数学变换，可知

$$\boldsymbol{v}_{\parallel}=(\boldsymbol{v}\cdot\boldsymbol{k})\cdot\boldsymbol{k} \tag{4-56}$$

$$\boldsymbol{v}_{\perp}=(\boldsymbol{k}\times\boldsymbol{v})\times\boldsymbol{k}=-\boldsymbol{k}\times(\boldsymbol{k}\times\boldsymbol{v}) \tag{4-57}$$

$$\boldsymbol{w}=\boldsymbol{k}\times\boldsymbol{v}_{\perp}=\boldsymbol{k}\times\boldsymbol{v} \tag{4-58}$$

$$\boldsymbol{v}_{rot\perp}=\boldsymbol{v}_1+\boldsymbol{v}_2=\boldsymbol{v}_{\perp}\cos\theta+\boldsymbol{w}\sin\theta \tag{4-59}$$

$$\begin{aligned}\boldsymbol{v}_{rot}=\boldsymbol{v}_{rot\perp}+\boldsymbol{v}_{\parallel}&=-\boldsymbol{k}\times(\boldsymbol{k}\times\boldsymbol{v})\cos\theta+\boldsymbol{k}\times\boldsymbol{v}\sin\theta+(\boldsymbol{v}\cdot\boldsymbol{k})\cdot\boldsymbol{k}\\&=(1+K\sin\theta+K^2-K^2\cos\theta)\boldsymbol{v}\end{aligned} \tag{4-60}$$

式中，$K\boldsymbol{v}=\boldsymbol{k}\times\boldsymbol{v}$，$K$ 为标量。

此外，还存在另一种表示方式，即

$$\begin{aligned}\boldsymbol{v}_{rot}=\boldsymbol{v}_{rot\perp}+\boldsymbol{v}_{\parallel}=\boldsymbol{v}_{\perp}\cos\theta+\boldsymbol{w}\sin\theta+\boldsymbol{v}_{\parallel}&=(\boldsymbol{v}-\boldsymbol{v}_{\parallel})\cos\theta+\boldsymbol{k}\times\boldsymbol{v}\sin\theta+\boldsymbol{v}_{\parallel}\\&=(1-\cos\theta)\boldsymbol{v}_{\parallel}+\boldsymbol{v}\cos\theta+\boldsymbol{k}\times\boldsymbol{v}\sin\theta\end{aligned} \tag{4-61}$$

式中，$\boldsymbol{v}_{\parallel}=\boldsymbol{k}\cdot\boldsymbol{k}^{\mathrm{T}}\boldsymbol{v}$，因此

$$\boldsymbol{v}_{rot}=[(1-\cos\theta)\boldsymbol{k}\cdot\boldsymbol{k}^{\mathrm{T}}+\cos\theta+\boldsymbol{K}\sin\theta]\boldsymbol{v} \tag{4-62}$$

令 $\boldsymbol{R}=(1-\cos\theta)\boldsymbol{k}\cdot\boldsymbol{k}^{\mathrm{T}}+\cos\theta+\boldsymbol{K}\sin\theta=1+\boldsymbol{K}\sin\theta+\boldsymbol{K}^2-\boldsymbol{K}^2\cos\theta$，则

$$\boldsymbol{v}_{rot}=\boldsymbol{R}\boldsymbol{v} \tag{4-63}$$

此时 $\boldsymbol{K}=\begin{pmatrix}0 & -k_z & k_y\\ k_z & 0 & -k_x\\ -k_y & k_x & 0\end{pmatrix}$。

因此，若已知四元数 $\boldsymbol{q}=\begin{pmatrix}s\\ \boldsymbol{v}\end{pmatrix}=q_0+q_1i+q_2j+q_3k$，则利用罗德里格斯公式可知

$$\boldsymbol{R}=\begin{pmatrix}1-2q_2^2-2q_3^2 & 2q_1q_2-2q_0q_3 & 2q_1q_3+2q_0q_2\\ 2q_1q_2+2q_0q_3 & 1-2q_1^2-2q_3^2 & 2q_2q_3-2q_0q_1\\ 2q_1q_3-2q_0q_2 & 2q_2q_3+2q_0q_1 & 1-2q_1^2-2q_2^2\end{pmatrix} \tag{4-64}$$

（2）旋转矩阵求四元数　利用上一小节中得到的旋转矩阵表达式，通过旋转矩阵内部分元素的迭代计算可以直接求出四元数的具体数值。

记旋转矩阵为

$$\boldsymbol{R}=\begin{pmatrix}1-2q_2^2-2q_3^2 & 2q_1q_2-2q_0q_3 & 2q_1q_3+2q_0q_2\\ 2q_1q_2+2q_0q_3 & 1-2q_1^2-2q_3^2 & 2q_2q_3-2q_0q_1\\ 2q_1q_3-2q_0q_2 & 2q_2q_3+2q_0q_1 & 1-2q_1^2-2q_2^2\end{pmatrix}=\begin{pmatrix}r_{11} & r_{12} & r_{13}\\ r_{21} & r_{22} & r_{23}\\ r_{31} & r_{32} & r_{33}\end{pmatrix} \tag{4-65}$$

此时可以分两种情况进行讨论：

1）$q_0 \neq 0$，$r_{11}+r_{22}+r_{33}>-1$，即 $1+\mathrm{tr}(\boldsymbol{R})>0$
则对角线元素之和为

$$r_{11}+r_{22}+r_{33}=3-4(q_1^2+q_2^2+q_3^2)=4q_0^2-1 \tag{4-66}$$

有

$$q_0=\frac{\sqrt{1+r_{11}+r_{22}+r_{33}}}{2} \tag{4-67}$$

$$q_1=\frac{r_{32}-r_{23}}{4q_0} \tag{4-68}$$

$$q_2=\frac{r_{13}-r_{31}}{4q_0} \tag{4-69}$$

$$q_3=\frac{r_{21}-r_{12}}{4q_0} \tag{4-70}$$

2）$q_0 \to 0$，$\mathrm{tr}(\boldsymbol{R}) \to -1$

若 $\max\{r_{11},r_{22},r_{33}\}=r_{11}$，则

$$r_{11}-r_{22}-r_{33}=4q_1^2-1 \tag{4-71}$$

有

$$q_0=\frac{r_{32}-r_{23}}{4q_1} \tag{4-72}$$

$$q_1=\frac{\sqrt{1+r_{11}-r_{22}-r_{33}}}{2} \tag{4-73}$$

$$q_2=\frac{r_{12}+r_{21}}{4q_1} \tag{4-74}$$

$$q_3=\frac{r_{13}+r_{31}}{4q_1} \tag{4-75}$$

若 $\max\{r_{11},r_{22},r_{33}\}=r_{22}$，则

$$r_{22}-r_{11}-r_{33}=4q_2^2-1 \tag{4-76}$$

有

$$q_0=\frac{r_{13}-r_{31}}{4q_2} \tag{4-77}$$

$$q_1=\frac{r_{12}+r_{21}}{4q_2} \tag{4-78}$$

$$q_2=\frac{\sqrt{1-r_{11}+r_{22}-r_{33}}}{2} \tag{4-79}$$

$$q_3=\frac{r_{23}+r_{32}}{4q_2} \tag{4-80}$$

若 $\max\{r_{11},r_{22},r_{33}\}=r_{33}$，则

$$r_{33}-r_{11}-r_{22}=4q_3^2-1 \tag{4-81}$$

有

$$q_0=\frac{r_{21}-r_{12}}{4q_3} \tag{4-82}$$

$$q_1=\frac{r_{13}+r_{31}}{4q_3} \tag{4-83}$$

$$q_2=\frac{r_{23}+r_{32}}{4q_3} \tag{4-84}$$

$$q_3=\frac{\sqrt{1-r_{11}-r_{22}+r_{33}}}{2} \tag{4-85}$$

4. 四元数与欧拉角

四元数 $\boldsymbol{q}=(q_1\quad q_2\quad q_3\quad q_4)^{\mathrm{T}}=q_0+q_1 i+q_2 j+q_3 k$ 实质上是由一个实数和三个虚数构成的一个四维空间。而高维空间在描述低维变换时具有显著优势，具体表现为在利用四维空间描述物体在三维空间中的姿态时，单次四元数旋转即可达到物体的任意姿态旋转，而利用欧拉角则一般需要三次变换。

四元数与欧拉角是针对物体姿态的两种表达方式，因此两者在实质上是一致的，而由于这两种表达方式均能转换为姿态转换矩阵的形式，那么利用转换矩阵的不同表达方式就能寻找到两者的对应关系。

以地面坐标系与机体坐标系的转换矩阵为例，利用欧拉角描述的从机体坐标系到地面坐标系的坐标转换矩阵为

$$\boldsymbol{R}(\phi,\theta,\psi)=\begin{pmatrix}\cos\theta\cos\psi & \cos\psi\sin\phi\sin\theta-\cos\phi\sin\psi & \cos\phi\cos\psi\sin\theta+\sin\phi\sin\psi\\ \cos\theta\sin\psi & \sin\phi\sin\theta\sin\psi+\cos\phi\cos\psi & \cos\phi\sin\theta\sin\psi-\cos\psi\sin\phi\\ -\sin\theta & \cos\theta\sin\phi & \cos\phi\cos\theta\end{pmatrix} \tag{4-86}$$

而根据四元数与旋转矩阵间的变换关系，可知由四元数描述的坐标转换矩阵为

$$\boldsymbol{R}(\boldsymbol{q})=\begin{pmatrix}q_0^2+q_1^2-q_2^2-q_3^2 & 2q_1q_2+2q_0q_3 & 2q_1q_3-2q_0q_2\\ 2q_1q_2-2q_0q_3 & q_0^2-q_1^2+q_2^2-q_3^2 & 2q_2q_3+2q_0q_1\\ 2q_1q_3+2q_0q_2 & 2q_2q_3-2q_0q_1 & q_0^2-q_1^2-q_2^2+q_3^2\end{pmatrix} \tag{4-87}$$

由 $\boldsymbol{R}(\phi,\theta,\psi)\triangleq\boldsymbol{R}(\boldsymbol{q})$，可直接解得四元数与欧拉角的转换关系，即

$$\begin{cases}\phi=\arctan\dfrac{2(q_2q_3+q_0q_1)}{q_0^2-q_1^2-q_2^2+q_3^2}\\ \theta=-\arcsin(2q_1q_3-2q_0q_2)\\ \psi=\arctan\dfrac{2(q_1q_2+q_0q_3)}{q_0^2+q_1^2-q_2^2-q_3^2}\end{cases} \tag{4-88}$$

相应地，有

$$\begin{cases}q_0=\cos\dfrac{\phi}{2}\cos\dfrac{\theta}{2}\cos\dfrac{\psi}{2}+\sin\dfrac{\phi}{2}\sin\dfrac{\theta}{2}\sin\dfrac{\psi}{2}\\ q_1=\sin\dfrac{\phi}{2}\cos\dfrac{\theta}{2}\cos\dfrac{\psi}{2}-\cos\dfrac{\phi}{2}\sin\dfrac{\theta}{2}\sin\dfrac{\psi}{2}\\ q_2=\cos\dfrac{\phi}{2}\sin\dfrac{\theta}{2}\cos\dfrac{\psi}{2}+\sin\dfrac{\phi}{2}\cos\dfrac{\theta}{2}\sin\dfrac{\psi}{2}\\ q_3=\cos\dfrac{\phi}{2}\cos\dfrac{\theta}{2}\sin\dfrac{\psi}{2}-\sin\dfrac{\phi}{2}\sin\dfrac{\theta}{2}\cos\dfrac{\psi}{2}\end{cases} \tag{4-89}$$

因此，三个姿态欧拉角与四元数满足一定的反三角函数形式，两者可以相互转换。

4.3　多旋翼空中机器人的动态模型

动态模型是分析与控制的重要工具，因此对其准确性和复杂程度都有较高的要求。模型脱离实际或结构繁琐都会给后续的工作带来消极的影响。之前的章节中已经介绍过刚体运动的有关内容及螺旋桨的动态模型，本节将结合这些内容，简单介绍多旋翼空中机器人的动态模型的建模方法。

4.3.1　螺旋桨拉力模型

螺旋桨是通过桨叶旋转，将电动机转动功率转化为力和力矩的装置，是目前空中机器人常用的动力转化部件。螺旋桨的选型通常需要与电动机相匹配，以提高电动机的工作效率，减少空中机器人的运行能耗。同时，螺旋桨的动力模型是研究空中机器人动力学模型的核心内容。下面将从螺旋桨参数开始，介绍螺旋桨的动力模型。

1. 螺旋桨参数简介

(1) 型号　螺旋桨的型号通常由直径和几何螺距组成，分别通过两位数字表示，单位为英寸(1in≈25.4mm)。螺旋桨型号一般表述为“(直径)(螺距)”或“(直径)×(螺距)”的规定格式，如直径为21in、螺距为7.5in的螺旋桨，其型号应写为“2175”或“21×75”(螺距默认不写小数点)。

(2) 直径(D)　螺旋桨直径一般指螺旋桨的外径，是影响螺旋桨性能的重要参数之一。根据空气力学的相关分析，直径增大，所产生的螺旋桨拉力也会增大，同时推进效率也将大大提高。因此，在结构允许的情况下应尽量选取大直径螺旋桨。

(3) 几何螺距(H)　几何螺距是当桨叶剖面迎角为零时，在无法流动的介质中旋转一周所前进的距离。几何螺距能够直接反映桨叶倾角的大小，并反映螺旋桨的工作特性。需要注意的是，桨叶各剖面的几何螺距可能存在差异，因此国际上规定在70%直径处计算几何螺距值。

(4) 实际螺距(Hg)　实际螺距是桨叶旋转一周空中机器人前进的距离，可以用$Hg=v/n$进行简单估算。在已知实际螺距的情况下，可以按照$H=1.1\sim1.3Hg$来估算几何螺距的数值。

(5) 桨叶数(B)　对于螺旋桨来说，与中心毂相连的桨叶数量并不固定，其中较为常见的有二叶桨、三叶桨及四叶桨。理论上来说，螺旋桨的拉力系数与桨叶数成正比，但在实际的实验中，随着桨叶数增加，螺旋桨拉力会增加，但效率则有所下降。对于旋翼空中机器人来说，二叶桨是最常用的螺旋桨。因此二叶桨在命名时无须特别标注，而其他桨叶在命名和使用时需进行额外标明。

(6) 实度(σ)　实度指桨叶面积与螺旋桨旋转覆盖面积的比值。实度越接近1，螺旋桨拉力与力转换效率越高。

(7) 力效(η)　对于螺旋桨来说，力效也可以称为效率，其单位为g/W，表示拉力与机械功率的比值，用于评估其能量转换效率。

(8) 有效功率(E)　当空中机器人受到螺旋桨拉力作用前进时，螺旋桨拉力在单位时间内做的功被称为有效功率，其大小等于螺旋桨拉力与飞行速度的乘积。当飞行速度增大时，有效功率随之增大，但当有效功率增长到一定值后反而会随飞行速度的升高逐渐下降，因而对于空中机器人而言存在最大有效功率。由于螺旋桨是由电动机带动旋转的，因此螺旋桨的作用也可以描述为将电动机功率转换为空中机器人前进的有效功率。

(9) 桨叶材质　空中机器人螺旋桨的材质有很多种，如金属、塑料、碳纤维等。不同材料的螺旋桨的成本、用途均有区别，在实际选型中，应综合性能、价格与安全性进行考虑。在性能接近的情况下，应避免使用刚性过高的桨叶，从而防止造成自身损坏的问题或空中机器人伤人等安全事故。

2. 螺旋桨的动力模型

螺旋桨的动力模型是空中机器人动态模型中的重要内容，空中机器人所采用的螺旋桨通常为定螺距螺旋桨。

定螺距螺旋桨的拉力 F(单位为 N)计算公式为

$$F=C_F\rho d^4 \cdot n^2 \tag{4-90}$$

定螺距螺旋桨的力矩(单位为 N · m)计算公式为

$$M=C_M\rho d^5 \cdot n^2 \tag{4-91}$$

式(4-90)、式(4-91)中的 C_F 与 C_M 为螺旋桨的拉力系数与转矩系数(无量纲)，可通过实验测量；d 为螺旋桨直径，单位为 m；n 为螺旋桨转速，单位为 r/s；ρ 为空中机器人工作环境的空气密度，可通过式(4-92)进行计算，即

$$\rho=\rho_0\frac{273P}{101325(273+T)} \tag{4-92}$$

式中，ρ_0 为标准大气密度，取值为 $\rho_0=4.393\text{kg/m}^3$；$T$ 为工作环境的温度，单位为℃；P 为工作环境的大气压强，单位为 Pa，可通过式(4-93)进行进一步计算，即

$$P=101325\left(1-0.0065\frac{H}{273+T}\right)^{5.2561} \tag{4-93}$$

式中，H 为工作环境的海拔，单位为 m。

本节中的内容描述了单个螺旋桨的动力学模型，通过这一模型可以进一步对旋翼空中机器人的动力学进行建模。需要注意的是，式(4-92)及式(4-93)的使用要充分结合空中机器人的工作环境与工作性质。对于工作范围相对较小的空中机器人来说，海拔与温度可当作常数计算；而对于一些工作区间较大或工作环境温度有较大变化的空中机器人来说，建模时应充分考虑海拔与温度的变化，从而提高模型的准确性。

4.3.2　多旋翼的拉力与力矩模型

在描述多旋翼动态模型之前，为了便于说明，需要对机体做出一些假设：①多旋翼空中机器人的受力为自身重力和螺旋桨的拉力，重力方向竖直向下，螺旋桨拉力沿机体坐标系 z 轴负方向；②空中机器人机身为刚体；③空中机器人形状规则且质量分布均匀，此时空中机器人的几何中心与质量中心完全重合。

对于多旋翼空中机器人来说，其旋翼数通常为偶数，如典型的四旋翼、六旋翼等。此类空中机器人为了平衡螺旋桨在航向角上的力矩，通常令相邻的螺旋桨采用相反的旋转方向，这样在各螺旋桨转速相同时，空中机器人所受到的合力矩为 0，避免了航向角上不必要的旋转。而对于奇数旋翼的空中机器人，每个旋翼电动机的控制都是独立的，需要根据力平衡方程进行实时计算，因此奇数旋翼空中机器人的建模与控制比偶数翼复杂得多。为了便于说明具体情况，有必要对空中机器人的旋翼进行标号，将逆时针旋转螺旋桨记作奇数(1 号、3

号、5 号…），而将顺时针旋转螺旋桨记作偶数(2 号、4 号、6 号…)。

上述假设以及旋翼转向分析均基于实际旋翼空中机器人的结构提出，可以在不影响模型准确度的情况下简化实际模型，便于后续的分析与控制。而根据上述假设，空中机器人的螺旋桨升力方向与机体坐标系 z 轴负方向一致，因此空中机器人在竖直方向上的合力可以表示为

$$\boldsymbol{F}=mg\boldsymbol{g}_z-\sum_{i=1}^{n}C_F\rho d^4\cdot n_i^2\boldsymbol{b}_z=\boldsymbol{G}-\boldsymbol{f} \tag{4-94}$$

式中，n_i 指 i 号旋翼的转速；$\boldsymbol{F}$ 为空中机器人所受的合力，且方向沿机体坐标系 z 轴负方向；$\boldsymbol{g}_z$ 为沿地面坐标系 z 轴正向的单位向量；$\boldsymbol{b}_z$ 为沿机体坐标系 z 轴正向的单位向量；$\boldsymbol{G}$ 为空中机器人整体重力；$\boldsymbol{f}$ 为空中机器人总升力。

对于多旋翼空中机器人来说，合力矩的计算要相对复杂，这是由旋翼空中机器人的力矩组成导致的。多个螺旋桨的旋转会分别产生相应的反扭力矩，而各螺旋桨的拉力作用于机体又会形成力矩，因此需要分别讨论。

反扭力矩是指空中机器人通过电动机旋转为螺旋桨提供力矩时，螺旋桨产生的反作用于机体的大小相同、方向相反的力矩。根据右手定则，逆时针旋转螺旋桨的力矩方向垂直于机身向上，顺时针旋转螺旋桨恰好相反。因此可以计算出各螺旋桨的反扭力矩，具体表达式为

$$\boldsymbol{M}_{ri}=(-1)^{i-1}\boldsymbol{M}_i\boldsymbol{b}_z=(-1)^{i-1}C_M\rho d^5\cdot n^2\boldsymbol{b}_z \tag{4-95}$$

对于螺旋桨作用于机体的力矩，则可视为是螺旋桨升力作用于对应力臂形成的，力臂的长度为各电动机到机体中心的距离，在本节中假设其为l_0，则可以得出

$$\|\boldsymbol{M}_i\|=F_il_0=C_F\rho d^4\cdot n_i^2\cdot l_0 \tag{4-96}$$

需要注意的是，式(4-96)仅给出了作用于机体力矩大小的表达式，为了进行合力矩的计算，还需要通过右手定则给出各力矩的方向，在此将其对应方向的单位向量写为$\boldsymbol{e}_i$。至此，旋翼空中机器人所受的合力矩可以记作

$$\boldsymbol{M}=\sum_{i=1}^{n}\boldsymbol{M}_{ri}+\sum_{i=1}^{n}\boldsymbol{M}_i=\sum_{i=1}^{n}[(-1)^{i-1}C_M\rho d^5\cdot n^2\boldsymbol{b}_z+C_F\rho d^4\cdot n_i^2\cdot l_0\boldsymbol{e}_i] \tag{4-97}$$

至此，旋翼空中机器人的力与力矩情况已经得到了详细说明，之后根据力/力矩平衡方程即可直接分析空中机器人的三维受力情况。

四旋翼空中机器人作为最常见、简单的多旋翼空中机器人，其力与力矩分析原理与多旋翼空中机器人一致，但其形式更为简洁。下面将以四旋翼空中机器人为例详细阐述力与力矩模型的搭建。

根据四旋翼空中机器人坐标系与旋翼电动机布局的相对关系，主要可以分为两种类型：十字形与 X 字形，示意图如图 4-20 所示。其中十字形布局由于各个电动机产生的力/力矩方向与机体坐标系的坐标轴方向一致，在应用上更为广泛，故在此以十字形四旋翼为例进行力/力矩模型的构建。

根据式(4-94)可知，十字形四旋翼所受的总拉力为

$$\boldsymbol{f}=-C_F\rho d^4(n_1^2+n_2^2+n_3^2+n_4^2)\boldsymbol{b}_z \tag{4-98}$$

沿机体坐标系 x 轴与 y 轴的力矩为螺旋桨拉力产生的力矩，其中 M_x 由 2 号旋翼与 4 号旋翼的力矩决定，M_y 则由 1 号旋翼与 3 号旋翼的力矩决定，根据式(4-96)可知具体表达式为

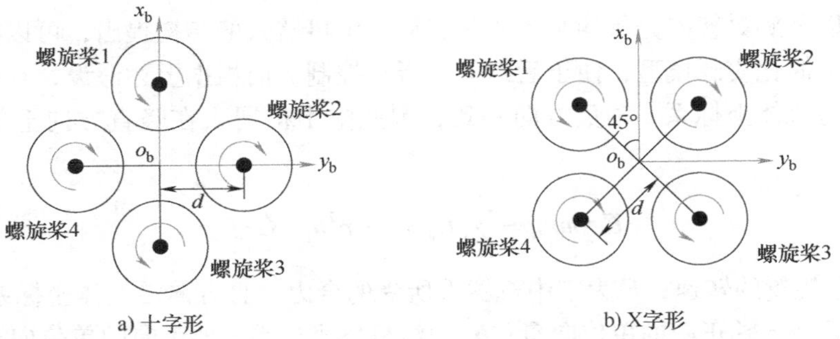

图 4-20　十字形及 X 字形四旋翼图

$$\boldsymbol{M}_x = C_F\rho d^4 l_0(-n_2^2+n_4^2)\boldsymbol{b}_x \tag{4-99}$$

$$\boldsymbol{M}_y = C_F\rho d^4 l_0(n_1^2-n_3^2)\boldsymbol{b}_y \tag{4-100}$$

沿机体坐标系 z 轴的力矩为反扭力矩，根据式(4-95)，其表达式为

$$\boldsymbol{M}_z = C_M\rho d^5(n_1^2-n_2^2+n_3^2-n_4^2)\boldsymbol{b}_z \tag{4-101}$$

至此，十字形四旋翼的力与力矩模型描述完成，可整理为如下的矩阵表达：

$$\begin{pmatrix} \boldsymbol{f} \\ \boldsymbol{M}_x \\ \boldsymbol{M}_y \\ \boldsymbol{M}_z \end{pmatrix} = \begin{pmatrix} \boldsymbol{C}_1 & \boldsymbol{C}_1 & \boldsymbol{C}_1 & \boldsymbol{C}_1 \\ 0 & -\boldsymbol{C}_2 & 0 & \boldsymbol{C}_2 \\ \boldsymbol{C}_3 & 0 & -\boldsymbol{C}_3 & 0 \\ \boldsymbol{C}_4 & -\boldsymbol{C}_4 & \boldsymbol{C}_4 & -\boldsymbol{C}_4 \end{pmatrix} \begin{pmatrix} n_1^2 \\ n_2^2 \\ n_3^2 \\ n_4^2 \end{pmatrix} \tag{4-102}$$

式中，

$$\boldsymbol{C}_1 = -C_F\rho d^4\boldsymbol{b}_z, \boldsymbol{C}_2 = C_F\rho d^4 l_0\boldsymbol{b}_x \tag{4-103}$$

$$\boldsymbol{C}_3 = C_F\rho d^4 l_0\boldsymbol{b}_y, \boldsymbol{C}_4 = C_M\rho d^5\boldsymbol{b}_z \tag{4-104}$$

X 字形四旋翼与十字形四旋翼的主要区别在于力/力矩方向，具体原理与十字形完全一致，在此直接给出 X 字形四旋翼的力/力矩模型：

$$\begin{pmatrix} \boldsymbol{f} \\ \boldsymbol{M}_x \\ \boldsymbol{M}_y \\ \boldsymbol{M}_z \end{pmatrix}_{\times} = \begin{pmatrix} \boldsymbol{C}_1 & \boldsymbol{C}_1 & \boldsymbol{C}_1 & \boldsymbol{C}_1 \\ \frac{\boldsymbol{C}_2}{\sqrt{2}} & -\frac{\boldsymbol{C}_2}{\sqrt{2}} & -\frac{\boldsymbol{C}_2}{\sqrt{2}} & \frac{\boldsymbol{C}_2}{\sqrt{2}} \\ \frac{\boldsymbol{C}_3}{\sqrt{2}} & \frac{\boldsymbol{C}_3}{\sqrt{2}} & -\frac{\boldsymbol{C}_3}{\sqrt{2}} & -\frac{\boldsymbol{C}_3}{\sqrt{2}} \\ \boldsymbol{C}_4 & -\boldsymbol{C}_4 & \boldsymbol{C}_4 & -\boldsymbol{C}_4 \end{pmatrix} \begin{pmatrix} n_1^2 \\ n_2^2 \\ n_3^2 \\ n_4^2 \end{pmatrix} \tag{4-105}$$

4.3.3　多旋翼空中机器人的运动模型

建立空中机器人动态模型的目的在于更好地了解飞行器的运动状态，而为了建立具体的数学模型，需要对实际模型进行简化处理，在此沿用部分 4.3.2 节中的机体假设：①多旋翼采用十字形布局，整体呈现中心对称的刚体结构；②机体坐标系原点、机体几何中心与机体质量中心重合；③在飞行过程中忽略外界阻力的影响与干扰；④电动机带动螺旋桨产生的力/力矩仅与转速二次方成正比，其余参数固化为标准量。

根据上述假设，多旋翼空中机器人可以视作一个由四个电动机直接驱动的刚体模型，这一简化便于后续分析。参照 4.1.2 节定义惯性坐标系 $O_g(x_g,y_g,z_g)$ 与机体坐标系 $O_b(x_b,y_b,z_b)$，惯性坐标系下的线速度定义为 $\boldsymbol{v}_g=(v_x\quad v_y\quad v_z)^{\mathrm{T}}=(\dot{x}\quad \dot{y}\quad \dot{z})^{\mathrm{T}}$，机体坐标系下的线速度定义为 $\boldsymbol{v}_b=(u\quad v\quad w)^{\mathrm{T}}$，机体坐标系下的角速度定义为 $\boldsymbol{\omega}_b=(p\quad q\quad r)^{\mathrm{T}}$。$\phi$、$\theta$、$\psi$ 分别代表多旋翼空中机器人的滚转角、俯仰角与偏航角。

1. 运动学方程

欧拉角是定义在机体坐标系与惯性坐标系之间的夹角，在使用欧拉角作为姿态表示方式的情况下，需要先定义机体坐标系到惯性坐标系的转换矩阵，推导过程参见 4.2.3 小节：

$$\begin{aligned}\boldsymbol{R}&=\boldsymbol{R}_\psi\boldsymbol{R}_\theta\boldsymbol{R}_\phi\\&=\begin{pmatrix}\cos\psi\cos\phi & \cos\psi\sin\theta\sin\phi-\cos\phi\sin\psi & \cos\psi\sin\theta\cos\phi+\sin\psi\sin\phi\\ \sin\psi\cos\theta & \sin\psi\sin\theta\sin\phi+\cos\phi\cos\psi & \sin\psi\sin\theta\cos\phi-\sin\phi\cos\psi\\ -\sin\theta & \cos\theta\sin\phi & \cos\theta\cos\phi\end{pmatrix}\end{aligned}\tag{4-106}$$

因此线速度可以表示为

$$\boldsymbol{v}_g=\boldsymbol{R}\boldsymbol{v}_b\tag{4-107}$$

即

$$\begin{cases}\dot{x}=u\cos\psi\cos\phi+v(\cos\psi\sin\theta\sin\phi-\cos\phi\sin\psi)+w(\cos\psi\sin\theta\cos\phi+\sin\psi\sin\phi)\\ \dot{y}=u\sin\psi\cos\theta+v(\sin\psi\sin\theta\sin\phi+\cos\phi\cos\psi)+w(\sin\psi\sin\theta\cos\phi-\sin\phi\cos\psi)\\ \dot{z}=-u\sin\theta+v\cos\theta\sin\phi+w\cos\theta\cos\phi\end{cases}\tag{4-108}$$

而根据三维运动状态，可以通过姿态角速率直接推导出机体坐标系下的角速度，即

$$\begin{cases}p=\dot{\phi}-\dot{\psi}\sin\theta\\ q=\dot{\theta}\cos\phi+\dot{\psi}\cos\theta\sin\phi\\ r=-\dot{\theta}\sin\phi+\dot{\psi}\cos\theta\cos\phi\end{cases}\tag{4-109}$$

经变换可得

$$\begin{cases}\dot{\phi}=p+q\cdot\sin\phi\tan\theta+r\cdot\cos\phi\tan\theta\\ \dot{\theta}=q\cdot\cos\phi-r\cdot\sin\phi\\ \dot{\psi}=\dfrac{\sin\phi}{\cos\theta}\cdot q+\dfrac{\cos\phi}{\cos\theta}\cdot r\end{cases}\tag{4-110}$$

2. 动力学方程

根据牛顿运动定律可以建立空中机器人在外力作用下的线性动力学方程：

$$\boldsymbol{F}=m\boldsymbol{a}=m\frac{\mathrm{d}\boldsymbol{v}}{\mathrm{d}t}=m\frac{\mathrm{d}^2}{\mathrm{d}t^2}\boldsymbol{r}\tag{4-111}$$

$$\boldsymbol{F}=\boldsymbol{f}-\boldsymbol{G}=\left(\sum_{i=1}^{4}F_i\right)\boldsymbol{b}_z-mg\boldsymbol{k}=m\frac{\mathrm{d}^2}{\mathrm{d}t^2}\boldsymbol{r}=m(\boldsymbol{i}\quad\boldsymbol{j}\quad\boldsymbol{k})\begin{pmatrix}\ddot{x}\\ \ddot{y}\\ \ddot{z}\end{pmatrix}\tag{4-112}$$

式中，$\boldsymbol{F}$ 为作用在四旋翼空中机器人上的合外力；m 为空中机器人总质量；$\boldsymbol{v}$ 为飞行速度；F_i 是单个旋翼所提供的升力。由简化假设可知，旋翼升力仅与转速二次方成正比，可设定各旋翼升力 $F_i=K_t\omega_i^2$，其中 K_t 为螺旋桨升力系数，ω_i 为旋翼转速(即电动机转速)。

由转换矩阵 $\boldsymbol{R}$ 可知

$$\boldsymbol{b}_z=(\boldsymbol{i}\quad\boldsymbol{j}\quad\boldsymbol{k})\begin{pmatrix}\cos\psi\sin\theta\cos\phi+\sin\psi\sin\phi\\ \sin\psi\sin\theta\cos\phi-\sin\phi\cos\psi\\ \cos\theta\cos\phi\end{pmatrix}\tag{4-113}$$

代入动力方程可得

$$\left(\sum_{i=1}^{4}F_i\right)\boldsymbol{b}_z-mg\boldsymbol{k}=\left(\sum_{i=1}^{4}F_i\right)(\boldsymbol{i}\quad\boldsymbol{j}\quad\boldsymbol{k})\begin{pmatrix}\cos\psi\sin\theta\cos\phi+\sin\psi\sin\phi\\ \sin\psi\sin\theta\cos\phi-\sin\phi\cos\psi\\ \cos\theta\cos\phi\end{pmatrix}-mg\boldsymbol{k}$$

$$=m(\boldsymbol{i}\quad\boldsymbol{j}\quad\boldsymbol{k})\begin{pmatrix}\ddot{x}\\ \ddot{y}\\ \ddot{z}\end{pmatrix}\tag{4-114}$$

即

$$\begin{cases}\ddot{x}=\dfrac{1}{m}\displaystyle\sum_{i=1}^{4}K_t\omega_i^2(\cos\psi\sin\theta\cos\phi+\sin\psi\sin\phi)\\ \ddot{y}=\dfrac{1}{m}\displaystyle\sum_{i=1}^{4}K_t\omega_i^2(\sin\psi\sin\theta\cos\phi-\sin\phi\cos\psi)\\ \ddot{z}=\dfrac{1}{m}\displaystyle\sum_{i=1}^{4}K_t\omega_i^2(\cos\theta\cos\phi)-g\end{cases}\tag{4-115}$$

之后针对空中机器人进行角动力分析，首先由质心运动的角动量定理可知

$$\boldsymbol{M}=\frac{\mathrm{d}\boldsymbol{L}}{\mathrm{d}t}\tag{4-116}$$

该定理在机体坐标系下的表述为

$$\boldsymbol{M}=\left.\frac{\mathrm{d}\boldsymbol{L}}{\mathrm{d}t}\right|_b+\boldsymbol{\omega}\times\boldsymbol{L}=\boldsymbol{M}_1+\boldsymbol{M}_2\tag{4-117}$$

式中，$\boldsymbol{L}$ 为动量矩；$\boldsymbol{M}$ 为空中机器人所受合外力矩；$\boldsymbol{M}_1$ 是升力产生的力矩；$\boldsymbol{M}_2$ 是空气阻力对螺旋桨产生的力矩。同样地，由上述简化假设可知力矩也仅与转速二次方成正比，据此定义各旋翼阻力矩 $M_{2i}=K_d\omega_i^2$，其中 K_d 为阻力矩系数，ω_i 为对应的电动机转速。

由力矩分析可知

$$\boldsymbol{M}_1=\sum_{i=1}^{4}\boldsymbol{r}_i\times\boldsymbol{F}_i=l(\boldsymbol{F}_3-\boldsymbol{F}_1)\boldsymbol{b}_y+l(\boldsymbol{F}_2-\boldsymbol{F}_4)\boldsymbol{b}_x\tag{4-118}$$

$$\boldsymbol{M}_2=K_d(\omega_1^2-\omega_2^2+\omega_3^2-\omega_4^2)\boldsymbol{b}_z\tag{4-119}$$

$$\boldsymbol{M}=\boldsymbol{M}_1+\boldsymbol{M}_2=(\boldsymbol{b}_x\quad\boldsymbol{b}_y\quad\boldsymbol{b}_z)\begin{pmatrix}l(F_2-F_4)\\ l(F_3-F_1)\\ K_d(\omega_1^2-\omega_2^2+\omega_3^2-\omega_4^2)\end{pmatrix}\tag{4-120}$$

式中，$\boldsymbol{b}_x$、$\boldsymbol{b}_y$、$\boldsymbol{b}_z$ 为 x、y、z 方向上的单位向量；$\boldsymbol{r}_i$ 为各旋翼力臂矢量(转动轴到施力点)；$\boldsymbol{F}_i$ 为各旋翼升力矢量。

在涉及刚体角运动时，转动惯量是一个不可忽视的参量。转动惯量是关于刚体绕轴转动时自身惯性(回转物体保持其匀速圆周运动或静止的一种特性)的一种度量，又称质量惯性矩，一般以 I 或 J 表示，单位为 $\mathrm{kg}\cdot\mathrm{m}^2$。对于一个物体，它的转动惯量 $I=mr^2$，其中 m 为物体质量，r 为物体质点与转轴间的垂直距离。而对于质量连续分布的刚体，其转动惯量表达式可被写成

$$I=\iiint r^2\mathrm{d}m=\iiint r^2\rho\mathrm{d}V\tag{4-121}$$

根据转轴的不同，计算四旋翼绕各轴旋转的转动惯量，分别记为 I_x、I_y、I_z。在简化假

设中已经定义四旋翼空中机器人为一对称刚体，那么四旋翼的惯性力矩应为一对角阵，即

$$\boldsymbol{I}=\begin{pmatrix} I_x & 0 & 0 \\ 0 & I_y & 0 \\ 0 & 0 & I_z \end{pmatrix} \tag{4-122}$$

同时，四旋翼角动量矩可以表示为

$$\boldsymbol{L}=(\boldsymbol{b}_x \quad \boldsymbol{b}_y \quad \boldsymbol{b}_z)\begin{pmatrix} J_x\omega_x \\ J_y\omega_y \\ J_z\omega_z \end{pmatrix} \tag{4-123}$$

参照角动量定理有

$$\begin{aligned}\boldsymbol{M}=\left.\frac{\mathrm{d}\boldsymbol{L}}{\mathrm{d}t}\right|_b+\boldsymbol{\omega}\times\boldsymbol{L} &=(\boldsymbol{b}_x \quad \boldsymbol{b}_y \quad \boldsymbol{b}_z)\begin{pmatrix} J_x\dot{\omega}_x+(J_z-J_y)\omega_y\omega_z \\ J_y\dot{\omega}_y+(J_x-J_z)\omega_x\omega_z \\ J_z\dot{\omega}_z+(J_y-J_x)\omega_x\omega_y \end{pmatrix} \\ &=(\boldsymbol{b}_x \quad \boldsymbol{b}_y \quad \boldsymbol{b}_z)\begin{pmatrix} l(F_2-F_4) \\ l(F_3-F_1) \\ K_d(\omega_1^2-\omega_2^2+\omega_3^2-\omega_4^2) \end{pmatrix}\end{aligned} \tag{4-124}$$

根据上述表达式可得

$$\begin{cases} \dot{p}=\dot{\omega}_x=\dfrac{l(F_2-F_4)-(I_z-I_y)qr}{I_x}=\dfrac{lM_x-(I_z-I_y)qr}{I_x} \\ \dot{q}=\dot{\omega}_y=\dfrac{l(F_3-F_1)-(I_x-I_z)pr}{I_y}=\dfrac{lM_y-(I_x-I_z)pr}{I_y} \\ \dot{r}=\dot{\omega}_z=\dfrac{K_d(\omega_1^2-\omega_2^2+\omega_3^2-\omega_4^2)-(I_y-I_x)pq}{I_z}=\dfrac{M_z-(I_y-I_x)pq}{I_z} \end{cases} \tag{4-125}$$

若考虑到螺旋桨转动引起的陀螺效应，角加速度 $\dot{p}$、$\dot{q}$ 会产生变化，有

$$\begin{cases} \dot{p}_t=\dot{p}+\Delta\dot{p}=\dfrac{l(F_2-F_4)-(I_z-I_y)qr-I_r\omega_r q}{I_x} \\ \dot{q}_t=\dot{q}+\Delta\dot{q}=\dfrac{l(F_3-F_1)-(I_x-I_z)pr+I_r\omega_r p}{I_y} \end{cases} \tag{4-126}$$

式中，$\omega_r=\omega_1-\omega_2+\omega_3-\omega_4$；$\omega_i(i=1,2,3,4)$ 为各旋翼电动机转速；I_r 为绕垂直轴的转动惯量。

由欧拉动力学方程可知

$$\boldsymbol{\omega}_b=\begin{pmatrix} \omega_x \\ \omega_y \\ \omega_z \end{pmatrix}=\begin{pmatrix} p \\ q \\ r \end{pmatrix}=\begin{pmatrix} \dot{\phi}-\dot{\psi}\sin\theta \\ \dot{\theta}\cos\phi+\dot{\psi}\cos\theta\sin\phi \\ -\dot{\theta}\sin\phi+\dot{\psi}\cos\theta\cos\phi \end{pmatrix} \tag{4-127}$$

而在仅考虑小角度变化时，可将 $\boldsymbol{\omega}_b$ 在平衡位置$\left(\theta=\dfrac{\pi}{2},\psi=\phi=0\right)$进行线性化，则得

$$\boldsymbol{\omega}_b=\begin{pmatrix} \omega_x \\ \omega_y \\ \omega_z \end{pmatrix}=\begin{pmatrix} \dot{\phi} \\ \dot{\theta} \\ \dot{\psi} \end{pmatrix} \tag{4-128}$$

在本节中，为了一般性考虑，不应局限于小角度假设，因此不进行线性化简化处理。

而关于四旋翼力与力矩模型，其表达式可以被简写为

$$\begin{pmatrix} f \\ \boldsymbol{M}_x \\ \boldsymbol{M}_y \\ \boldsymbol{M}_z \end{pmatrix} = \begin{pmatrix} F_1+F_2+F_3+F_4 \\ F_2-F_4 \\ F_3-F_1 \\ F_1-F_2+F_3-F_4 \end{pmatrix} = \begin{pmatrix} K_t \sum_{i=1}^{4} \omega_i^2 \\ K_t(\omega_2^2-\omega_4^2) \\ K_t(\omega_3^2-\omega_1^2) \\ K_d(\omega_1^2-\omega_2^2+\omega_3^2-\omega_4^2) \end{pmatrix} \tag{4-129}$$

式中，$\boldsymbol{f}$ 为四旋翼总升力；$\boldsymbol{M}_x$、$\boldsymbol{M}_y$、$\boldsymbol{M}_z$ 为各姿态角下的滚转力矩、俯仰力矩和偏航力矩。

综上所述，可得到最终的四旋翼数学模型为

$$\begin{cases} \ddot{x} = \dfrac{\cos\psi\sin\theta\cos\phi+\sin\psi\sin\phi}{m}f \\ \ddot{y} = \dfrac{\sin\psi\sin\theta\cos\phi-\sin\phi\cos\psi}{m}f \\ \ddot{z} = \dfrac{\cos\theta\cos\phi}{m}f-g \\ \dot{p} = \dot{\omega}_x = \dfrac{lM_x-(I_z-I_y)qr-I_r\omega_r q}{I_x} \\ \dot{q} = \dot{\omega}_y = \dfrac{lM_y-(I_x-I_z)pr+I_r\omega_r p}{I_y} \\ \dot{r} = \dot{\omega}_z = \dfrac{M_z-(I_y-I_x)pq}{I_z} \\ \dot{\phi} = p+q\cdot\sin\phi\tan\theta+r\cdot\cos\phi\tan\theta \\ \dot{\theta} = q\cdot\cos\phi-r\cdot\sin\phi \\ \dot{\psi} = \dfrac{\sin\phi}{\cos\theta}\cdot q+\dfrac{\cos\phi}{\cos\theta}\cdot r \end{cases} \tag{4-130}$$

4.4 固定翼空中机器人的动态模型

相较于多旋翼空中机器人来说，固定翼空中机器人的动态模型更为复杂。固定翼空中机器人依靠空气动力提供升力，对空中机器人的飞行速度有较高的要求，这也使空中机器人具有较大的空气阻力，因此必须要额外建立准确的气阻模型。本节将从固定翼空中机器人的拉力与力矩出发，阐述固定翼空中机器人动态模型的建模方法。

4.4.1 固定翼空中机器人上的力与力矩

作用于固定翼空中机器人上的力主要有重力、空气动力以及推力。重力可以视为作用于空中机器人质心的力，不产生力矩。因此，作用于固定翼空中机器人上的力与力矩可以由式(4-131)表示：

$$\begin{cases} f=f_g+f_a+f_p \\ \boldsymbol{M}=\boldsymbol{M}_a+\boldsymbol{M}_p \end{cases} \tag{4-131}$$

式中，f_g、f_a、f_p 分别代表空中机器人的重力、空气动力及推力；$\boldsymbol{M}_a$、$\boldsymbol{M}_p$ 则为空气动力与推力产生的力矩。

1. 重力

重力作用于空中机器人的质心，其方向为沿惯性坐标系 z_g 轴的正方向。在惯性坐标系下，机体重力可表示为

$$\boldsymbol{f}_g^g=\begin{pmatrix}0\\0\\mg\end{pmatrix} \tag{4-132}$$

通过坐标系变换可以得到重力在机体坐标系下的表示，记 $\boldsymbol{L}_{gb}$ 为惯性坐标系到机体坐标系的转换矩阵，则

$$\boldsymbol{f}_g^b=\boldsymbol{L}_{gb}\begin{pmatrix}0\\0\\mg\end{pmatrix}=\begin{pmatrix}-mg\sin\theta\\mg\sin\phi\cos\theta\\mg\cos\phi\cos\theta\end{pmatrix} \tag{4-133}$$

2. 空气动力

空气动力是指空中机器人与环绕气流相对运动而产生的作用于空中机器人的力。对于固定翼空中机器人来说，空气动力一般可以按照纵向和侧向进行分解。

（1）纵向空气动力　纵向空气动力可以视为作用于机体坐标系纵向对称面 $O_bx_bz_b$ 内的力，其对于空中机器人的作用可以描述为升力、阻力以及一个围绕 y_b 轴的力矩，其大小及方向的表达式为

$$\begin{cases}\boldsymbol{f}_l=-\dfrac{1}{2}\rho v_a^2SC_l\boldsymbol{b}_z\\ \boldsymbol{f}_d=-\dfrac{1}{2}\rho v_a^2SC_d\boldsymbol{b}_x\\ \boldsymbol{m}_a=\dfrac{1}{2}\rho v_a^2ScC_m\boldsymbol{b}_y\end{cases} \tag{4-134}$$

式中，$\boldsymbol{f}_l$、$\boldsymbol{f}_d$、$\boldsymbol{m}_a$ 分别为纵向空气动力所带来的升力、阻力以及力矩；c 指固定翼空中机器人的平均气动弦长；ρ 为飞行环境的空气密度；v_a 为机体与空气的相对速度；S 为空中机器人的机翼面积；C_l、C_d、C_m 为当前的升力系数、阻力系数与力矩系数；$\boldsymbol{b}_x$、$\boldsymbol{b}_y$、$\boldsymbol{b}_z$ 为沿稳定性坐标系坐标轴方向的单位向量。

不同于前文中螺旋桨的拉力系数与转矩系数，固定翼空中机器人的 C_l、C_d、C_m 会随着空中机器人迎角 α、俯仰角速率 q 及升降舵偏角 δ_e 而发生变化。其中空中机器人迎角指空中机器人速度矢量在 $x_bO_bz_b$ 平面上投影与 x_b 轴夹角，如图 4-21 所示。固定翼升降舵和方向舵示意图如图 4-22 所示，升降舵偏角指当前舵面与平衡状态时舵面的夹角。

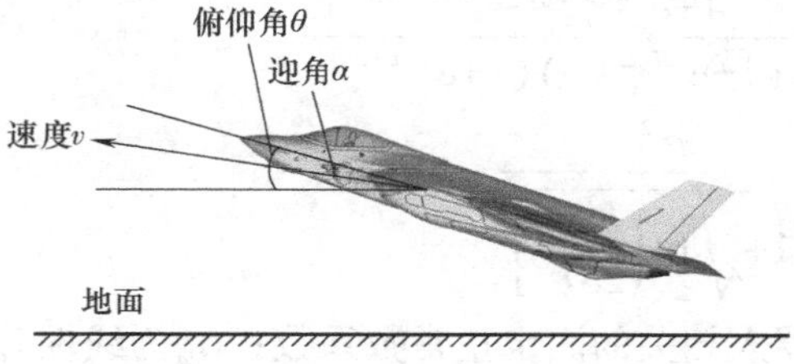

图 4-21　空中机器人迎角

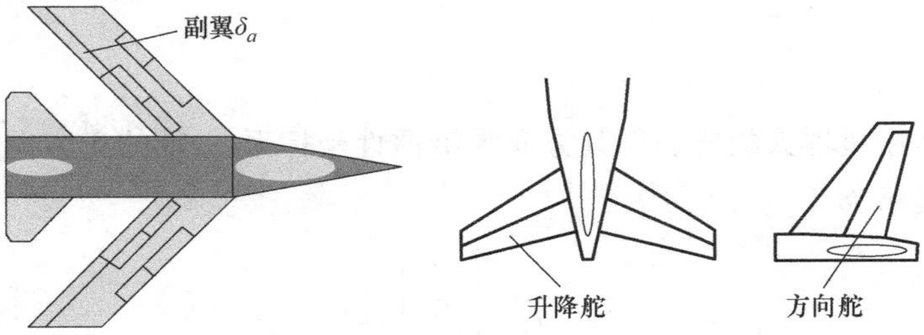

图 4-22 固定翼升降舵和方向舵

在迎角较小时，C_l、C_d、C_m 与 α、q、δ_e 近似呈线性关系，可以通过一阶泰勒展开来对其关系进行近似描述，即

$$\begin{cases} C_l = C_{l0} + \dfrac{\partial C_l}{\partial \alpha}\alpha + \dfrac{\partial C_l}{\partial q}q + \dfrac{\partial C_l}{\partial \delta_e}\delta_e \\ C_d = C_{d0} + \dfrac{\partial C_d}{\partial \alpha}\alpha + \dfrac{\partial C_d}{\partial q}q + \dfrac{\partial C_d}{\partial \delta_e}\delta_e \\ C_m = C_{m0} + \dfrac{\partial C_m}{\partial \alpha}\alpha + \dfrac{\partial C_m}{\partial q}q + \dfrac{\partial C_m}{\partial \delta_e}\delta_e \end{cases} \tag{4-135}$$

式中，C_{l0}、C_{d0}、C_{m0}分别指 $\alpha = q = \delta_e = 0$ 时的升力系数、阻力系数与力矩系数。

对于小型固定翼空中机器人来说，由于机体比较容易受到气流影响，因此在飞行过程中可能会突破小迎角限制而产生大偏移。为了使纵向空气动力学模型适用于更广泛的情况，C_l、C_d、C_m 与 α、q、δ_e 参数不能再用线性关系进行近似，此时需将空气动力调整为非线性模型：

$$\begin{cases} \boldsymbol{f}_l = -\dfrac{1}{2}\rho v_a^2 S\left[C_l(\alpha) + \dfrac{\partial C_l}{\partial q}q + \dfrac{\partial C_l}{\partial \delta_e}\delta_e\right]\boldsymbol{b}_z \\ \boldsymbol{f}_d = -\dfrac{1}{2}\rho v_a^2 S\left[C_d(\alpha) + \dfrac{\partial C_d}{\partial q}q + \dfrac{\partial C_d}{\partial \delta_e}\delta_e\right]\boldsymbol{b}_x \end{cases} \tag{4-136}$$

式中，$C_l(\alpha)$和 $C_d(\alpha)$为关于迎角 α 的非线性方程。

当迎角超过临界迎角时，机翼的气动效果与平板翼气动效果大致相同，此时气动系数可以表示为

$$C_{air} = 2\text{sign}(\alpha)\sin^2\alpha\cos\alpha \tag{4-137}$$

结合平板翼的失速模型，可以推导出升力系数的非线性方程 $C_l(\alpha)$为

$$\begin{cases} C_l(\alpha) = (1-\sigma(\alpha))\left[C_{l0} + C_{la}\alpha\right] + \sigma(\alpha)2\text{sign}(\alpha)\sin^2\alpha\cos\alpha \\ \sigma(\alpha) = \dfrac{1+\mathrm{e}^{-M(\alpha-\alpha_0)}+\mathrm{e}^{M(\alpha+\alpha_0)}}{(1+\mathrm{e}^{-M(\alpha-\alpha_0)})(1+\mathrm{e}^{M(\alpha+\alpha_0)})} \\ C_{la} = \dfrac{\pi b^2}{S\left[1+\sqrt{1+\left(\dfrac{b^2}{2S}\right)^2}\right]} \end{cases} \tag{4-138}$$

式中，M、α_0 为与空中机器人相关的固定正常数系数；C_{la}为线性升力系数，b 为空中机器人翼展；S 为机翼面积。

阻力系数 C_d 由诱导阻力与零升阻力共同构成，其中诱导阻力 C_{d1} 与升力的二次方成正比，而零升阻力 C_{d2} 是由于气流黏性流过机翼产生的，一般情况下可近似为常数，因此阻力系数的非线性方程 $C_d(\alpha)$ 可以写为

$$C_d(\alpha)=C_{d1}(\alpha)+C_{d2}=\frac{S(C_{l0}+C_{l\alpha}\alpha)^2}{\pi eb^2}+C_{d2} \tag{4-139}$$

式中，e 为奥斯瓦尔德效率因子，取值在 0.8~1.0 之间。

根据迎角 α 推导的升力系数 $C_l(\alpha)$ 和阻力系数 $C_d(\alpha)$ 都是在稳定性坐标系下得到的结果，将其转换到机体坐标系时有如下转换公式：

$$\begin{aligned}\begin{pmatrix}f_{ax}\\f_{az}\end{pmatrix}&=\begin{pmatrix}\cos\alpha & -\sin\alpha\\ \sin\alpha & \cos\alpha\end{pmatrix}\begin{pmatrix}-f_d\\-f_l\end{pmatrix}\\&=\frac{1}{2}\rho v_a^2S\begin{pmatrix}-C_d(\alpha)\cos\alpha+C_l(\alpha)\sin\alpha+\left(-\frac{\partial C_l}{\partial q}\cos\alpha+\frac{\partial C_d}{\partial q}\sin\alpha\right)q+\left(-\frac{\partial C_l}{\partial \delta_e}\cos\alpha+\frac{\partial C_d}{\partial \delta_e}\sin\alpha\right)\delta_e\\-C_d(\alpha)\sin\alpha-C_l(\alpha)\cos\alpha+\left(-\frac{\partial C_l}{\partial q}\sin\alpha-\frac{\partial C_d}{\partial q}\cos\alpha\right)q+\left(-\frac{\partial C_l}{\partial \delta_e}\sin\alpha-\frac{\partial C_d}{\partial \delta_e}\cos\alpha\right)\delta_e\end{pmatrix}\end{aligned} \tag{4-140}$$

对于大迎角固定翼空中机器人来说，纵向力矩模型必须通过风洞试验等进行参数测量，在缺少实验条件时可以线性化模型替代：

$$C_m=C_{m0}+\frac{\partial C_m}{\partial \alpha}\alpha \tag{4-141}$$

（2）侧向空气动力　侧向空气动力会引起机身的侧向平移及滚转偏航运动。影响侧向空气动力的参数主要有滚转角速度 p、偏航角速度 r、副翼舵偏角 δ_a、方向舵偏角 δ_r 以及侧滑角 β，其推导方法与纵向气动力类似，在这里直接给出了其大小的计算表达式：

$$\begin{cases}f_{ay}=\frac{1}{2}\rho v_a^2S\left[C_{y0}+\frac{\partial C_y}{\partial \beta}\beta+\frac{\partial C_y}{\partial p}p+\frac{\partial C_y}{\partial r}r+\frac{\partial C_y}{\partial \delta_a}\delta_a+\frac{\partial C_y}{\partial \delta_r}\delta_r\right]\\l_a=\frac{1}{2}\rho v_a^2Sb\left[C_{l0}+\frac{\partial C_l}{\partial \beta}\beta+\frac{\partial C_l}{\partial p}p+\frac{\partial C_l}{\partial r}r+\frac{\partial C_l}{\partial \delta_a}\delta_a+\frac{\partial C_l}{\partial \delta_r}\delta_r\right]\\n_a=\frac{1}{2}\rho v_a^2Sb\left[C_{n0}+\frac{\partial C_n}{\partial \beta}\beta+\frac{\partial C_n}{\partial p}p+\frac{\partial C_n}{\partial r}r+\frac{\partial C_n}{\partial \delta_a}\delta_a+\frac{\partial C_n}{\partial \delta_r}\delta_r\right]\end{cases} \tag{4-142}$$

式中，f_{ay} 为沿机体坐标系 y 轴的侧向力；l_a、n_a 为机器人的滚转力矩与偏航力矩。

3. 推力

小型固定翼空中机器人的推力也通常通过螺旋桨旋转提供，螺旋桨的力与力矩模型已经在之前有过论述，其推力仅与转速的二次方成正比，记作 $f_t=k_t\omega_t^2$，其中 k_t 为螺旋桨升力系数，ω_t 为螺旋桨转速。由于固定翼的螺旋桨推力仅提供单向力，且必须考虑到转换效率的问题，因此固定翼推力并不仅仅取决于螺旋桨推力。

通过伯努利方程可知，在前进过程中螺旋桨前的压强为

$$P_{t1}=P_0+\frac{1}{2}\rho v_a^2 \tag{4-143}$$

式中，P_0 为飞行环境的静态压强；ρ 为飞行环境的空气密度；v_a 为机体与空气的相对速度。而螺旋桨后的压强可以表示为

$$P_{t2}=P_0+\frac{1}{2}\rho v_e^2 \tag{4-144}$$

式中，v_e 为气流离开桨叶的速度。

而由于推力仅作用在 x 轴方向上，据此可直接计算螺旋桨产生的实际推动力，即

$$\boldsymbol{f}_p=C_pS_p(P_{t2}-P_{t1})\boldsymbol{b}_x=\frac{1}{2}\rho C_pS_p\begin{pmatrix}v_e^2-v_a^2\\0\\0\end{pmatrix} \tag{4-145}$$

式中，C_p 为推力系数；S_p 为螺旋桨旋转覆盖面积。

而对于螺旋桨旋转所产生的反扭力矩，由于并不涉及空气力学问题，其具体数值与4.3.2小节中描述的反扭力矩保持一致，可以表示为

$$\boldsymbol{M}_p=\begin{pmatrix}-k_d\omega_t^2\\0\\0\end{pmatrix} \tag{4-146}$$

式中，k_d 为螺旋桨阻力矩系数。

需要注意的是，对于单螺旋桨的固定翼空中机器人来说，在机器人的运动过程中螺旋桨带来的反扭力矩无法达到平衡，通常需要调整副翼或采取其他操作来进行平衡；而双螺旋桨的固定翼在力矩平衡上具有更优越的特性。

4.4.2 固定翼空中机器人的运动模型

对于固定翼空中机器人，其动态模型相较于四旋翼空中机器人更为复杂，因此为建立一个精确可靠又简单的数学模型，需要在忽略地球自转与空中机器人弹性形变的前提下对空中机器人机体做出一定的简化假设：①固定翼整体呈现镜面对称的刚体结构，且质量在飞行过程中恒定不变；②机体坐标系原点、机体几何中心与机体质量中心重合；③在飞行过程中忽略外界阻力的影响与干扰；④忽略地面曲率，地面为平面且重力加速度在三维空间中保持恒值。

根据上述假设，固定翼空中机器人可以视作由空气动力即推力共同提供驱动力的刚体模型，这一简化便于后续分析。对于小型固定翼空中机器人，在其运动过程中一共有十二个状态量：三个位置状态量、三个速度状态量、三个角度状态量与三个角速度状态量。参照4.1.2节定义惯性坐标系 $O_g(x_g,y_g,z_g)$ 与机体坐标系 $O_b(x_b,y_b,z_b)$，惯性坐标系下的位置状态量记作 $\boldsymbol{P}_g=(x\quad y\quad z)^{\mathrm{T}}$，机体坐标系下的线速度定义为 $\boldsymbol{v}_b=(u\quad v\quad w)^{\mathrm{T}}$，机体坐标系下的角速度定义为 $\boldsymbol{\omega}_b=(p\quad q\quad r)^{\mathrm{T}}$。参照4.2.1节中定义，$\phi$、$\theta$、$\psi$ 分别代表固定翼空中机器人的滚转角、俯仰角与偏航角。

1. 运动学方程

对于初始状态与角加速度、线加速度已知的刚体来说，其任意时刻的位姿都是确定的。为了进一步确定固定翼空中机器人的动态模型，需要建立其运动学模型。下面将分别讨论固定翼空中机器人在地面坐标系下的角运动与线运动模型。

在进行运动学分析时，需要先将各参量转换到同一坐标系下，在同一参考系下的参数才能进行相互比较。在4.3.3节中已经得到了从机体坐标系到惯性坐标系的转换矩阵：

$$
\begin{aligned}
\boldsymbol{R} &= \boldsymbol{R}_{\psi}\boldsymbol{R}_{\theta}\boldsymbol{R}_{\phi} \\
&= \begin{pmatrix} \cos\psi\cos\phi & \cos\psi\sin\theta\sin\phi-\cos\phi\sin\psi & \cos\psi\sin\theta\cos\phi+\sin\psi\sin\phi \\ \sin\psi\cos\theta & \sin\psi\sin\theta\sin\phi+\cos\phi\cos\psi & \sin\psi\sin\theta\cos\phi-\sin\phi\cos\psi \\ -\sin\theta & \cos\theta\sin\phi & \cos\theta\cos\phi \end{pmatrix}
\end{aligned} \tag{4-147}
$$

将机体坐标系速度转化为惯性坐标系下的线速度，有

$$
\begin{cases} \dot{x} = u\cos\psi\cos\phi+v(\cos\psi\sin\theta\sin\phi-\cos\phi\sin\psi)+w(\cos\psi\sin\theta\cos\phi+\sin\psi\sin\phi) \\ \dot{y} = u\sin\psi\cos\theta+v(\sin\psi\sin\theta\sin\phi+\cos\phi\cos\psi)+w(\sin\psi\sin\theta\cos\phi-\sin\phi\cos\psi) \\ \dot{z} = -u\sin\theta+v\cos\theta\sin\phi+w\cos\theta\cos\phi \end{cases} \tag{4-148}
$$

除线速度外，固定翼空中机器人的角速度也需要进行坐标换算。固定翼空中机器人的角运动指机器人绕质心做旋转运动，即欧拉角运动。参照 4.2.2 节，欧拉角速度与机体坐标系下的角速度可以进行如下转换：

$$
\begin{pmatrix} p \\ q \\ r \end{pmatrix} = \begin{pmatrix} 1 & 0 & 0 \\ 0 & \cos\phi & \sin\phi\cos\theta \\ 0 & -\sin\phi & \cos\phi\cos\theta \end{pmatrix} \begin{pmatrix} \dot{\phi} \\ \dot{\theta} \\ \dot{\psi} \end{pmatrix} \tag{4-149}
$$

则固定翼空中机器人在地面坐标系下的角速率表达式为

$$
\begin{pmatrix} \dot{\phi} \\ \dot{\theta} \\ \dot{\psi} \end{pmatrix} = \begin{pmatrix} p+(r\cos\phi+q\sin\phi)\tan\theta \\ q\cos\phi-r\sin\phi \\ (r\cos\phi+q\sin\phi)/\cos\theta \end{pmatrix} \tag{4-150}
$$

2. 动力学方程

根据简化假设，固定翼空中机器人可以视作一恒定的刚体，而针对刚体运动，由牛顿定理可知

$$
\boldsymbol{f} = m\frac{\mathrm{d}\boldsymbol{v}_g}{\mathrm{d}t} \tag{4-151}
$$

式中，$\boldsymbol{f}$ 为惯性坐标系下作用于空中机器人的合力矢量；m 为空中机器人质量；$\boldsymbol{v}_g$ 为惯性坐标系下的空中机器人速度矢量，$\boldsymbol{v}_g = (\dot{x}\quad \dot{y}\quad \dot{z})^{\mathrm{T}}$。

若在机体坐标系下描述这一定理，可以表示为

$$
\frac{\boldsymbol{f}_b}{m} = \frac{\boldsymbol{f}_a^b+\boldsymbol{f}_g^b+\boldsymbol{f}_p^b}{m} = \frac{\mathrm{d}\boldsymbol{v}_b}{\mathrm{d}t}+\boldsymbol{\omega}_b\times\boldsymbol{v}_b \tag{4-152}
$$

式中，$\boldsymbol{v}_b = (u\quad v\quad w)^{\mathrm{T}}$；$\boldsymbol{\omega}_b = (p\quad q\quad r)^{\mathrm{T}}$；$\boldsymbol{f}_b = (f_x\quad f_y\quad f_z)^{\mathrm{T}}$；$\boldsymbol{f}_p^b$ 为螺旋桨提供的推力；$\boldsymbol{f}_g^b$ 为空中机器人重力；$\boldsymbol{f}_a^b$ 为空中机器人飞行过程中的空气动力。因此机体坐标系下的线加速度可以表示为

$$
\begin{pmatrix} \dot{u} \\ \dot{v} \\ \dot{w} \end{pmatrix} = \begin{pmatrix} rv-qw \\ pw-ru \\ qu-pv \end{pmatrix} + \frac{1}{m}\begin{pmatrix} f_x \\ f_y \\ f_z \end{pmatrix} = \begin{pmatrix} rv-qw \\ pw-ru \\ qu-pv \end{pmatrix} + \frac{1}{m}\begin{pmatrix} f_{ax}+f_{gx}^b+f_{px} \\ f_{ay}+f_{gy}^b \\ f_{az}+f_{gz}^b \end{pmatrix} \tag{4-153}
$$

然后针对空中机器人进行角动力分析，首先由质心运动的角动量定理可知

$$
\boldsymbol{M} = \frac{\mathrm{d}\boldsymbol{L}}{\mathrm{d}t} \tag{4-154}
$$

式中，$\boldsymbol{M}$ 为作用在空中机器人上的总力矩；$\boldsymbol{L}$ 为角动量。

同样地，该定理在机体坐标系下的表述为

$$\boldsymbol{M}_b=\frac{\mathrm{d}\boldsymbol{L}_b}{\mathrm{d}t}+\boldsymbol{\omega}_b\times\boldsymbol{L}_b \tag{4-155}$$

式中，$\boldsymbol{M}_b=(l_a \quad m_a \quad n_a)^{\mathrm{T}}$；$\boldsymbol{L}_b=(L_x \quad L_y \quad L_z)^{\mathrm{T}}$。

在机体坐标系内，角动量可以由下式直接计算：

$$\boldsymbol{L}_b=\int(\boldsymbol{r}\times\boldsymbol{v}_b)\,\mathrm{d}m \tag{4-156}$$

式中，$\boldsymbol{r}$ 为质量微元 $\mathrm{d}m$ 到刚体质心的距离；$\boldsymbol{v}_b$ 为 $\mathrm{d}m$ 在机体坐标系下的速度矢量。定义 $\boldsymbol{r}=(r_xr_yr_z)^{\mathrm{T}}$，$\boldsymbol{L}_b=(L_xL_yL_z)^{\mathrm{T}}$，根据速度与角速度关系 $\boldsymbol{v}=\boldsymbol{\omega}\times\boldsymbol{r}$ 可推导出机体坐标系下的角动量表达式为

$$\boldsymbol{L}_b=\begin{pmatrix}L_x\\L_y\\L_z\end{pmatrix}=\begin{pmatrix}p\int(r_y^2+r_z^2)\,\mathrm{d}m-q\int xy\mathrm{d}m-r\int xz\mathrm{d}m\\q\int(r_x^2+r_z^2)\,\mathrm{d}m-r\int yz\mathrm{d}m-p\int yx\mathrm{d}m\\r\int(r_x^2+r_y^2)\,\mathrm{d}m-p\int zx\mathrm{d}m-q\int zy\mathrm{d}m\end{pmatrix}=\begin{pmatrix}pI_x-qI_{xy}-rI_{xz}\\qI_y-rI_{yz}-pI_{yx}\\rI_z-pI_{zx}-qI_{zy}\end{pmatrix} \tag{4-157}$$

需要说明的是，固定翼空中机器人通常关于 $x_bO_bz_b$ 平面中心对称，其惯性积满足 $I_{xy}=I_{yx}=I_{yz}=I_{zy}=0$，因此式(4-157)可以简化为

$$\boldsymbol{L}_b=\begin{pmatrix}L_x\\L_y\\L_z\end{pmatrix}=\begin{pmatrix}pI_{xx}-rI_{xz}\\qI_{yy}\\rI_{zz}-pI_{zx}\end{pmatrix} \tag{4-158}$$

为了便于说明，引入惯性矩阵 $\boldsymbol{J}$：

$$\boldsymbol{J}=\begin{pmatrix}I_x&-I_{xy}&-I_{xz}\\-I_{yx}&I_y&-I_{yz}\\-I_{zx}&-I_{zy}&I_z\end{pmatrix}=\begin{pmatrix}I_x&0&-I_{xz}\\0&I_y&0\\-I_{zx}&0&I_z\end{pmatrix} \tag{4-159}$$

易知

$$\boldsymbol{L}_b=\boldsymbol{J}\boldsymbol{\omega}_b \tag{4-160}$$

由于 $\frac{\mathrm{d}\boldsymbol{J}}{\mathrm{d}t}=0$，角动量定理可以改写为

$$\boldsymbol{M}_b=\boldsymbol{J}\frac{\mathrm{d}\boldsymbol{\omega}_b}{\mathrm{d}t}+\boldsymbol{\omega}_b\times(\boldsymbol{J}\boldsymbol{\omega}_b) \tag{4-161}$$

变形后可得

$$\dot{\boldsymbol{\omega}}_b=\boldsymbol{J}^{-1}[-\boldsymbol{\omega}_b\times(\boldsymbol{J}\boldsymbol{\omega}_b)+\boldsymbol{M}_b] \tag{4-162}$$

其中

$$\boldsymbol{J}^{-1}=\frac{\mathrm{adj}(\boldsymbol{J})}{\det(\boldsymbol{J})}=\frac{1}{I_xI_yI_z-I_{xz}^2I_y}\begin{pmatrix}I_yI_z&0&I_yI_{xz}\\0&I_xI_z-I_{xz}^2&0\\I_{xz}I_y&0&I_xI_y\end{pmatrix}=\begin{pmatrix}\frac{I_z}{k_0}&0&\frac{I_{xz}}{k_0}\\0&\frac{1}{I_y}&0\\\frac{I_{xz}}{k_0}&0&\frac{I_x}{k_0}\end{pmatrix} \tag{4-163}$$

因此可得到固定翼空中机器人在机体坐标系下的角加速度为

$$\begin{pmatrix}\dot{p}\\ \dot{q}\\ \dot{r}\end{pmatrix}=\begin{pmatrix}\dfrac{I_z}{k_0} & 0 & \dfrac{I_{xz}}{k_0}\\ 0 & \dfrac{1}{I_y} & 0\\ \dfrac{I_{xz}}{k_0} & 0 & \dfrac{I_x}{k_0}\end{pmatrix}\left(\begin{pmatrix}0 & r & -q\\ -r & 0 & p\\ q & -p & 0\end{pmatrix}\begin{pmatrix}I_x & 0 & -I_{xz}\\ 0 & I_y & 0\\ -I_{zx} & 0 & I_z\end{pmatrix}\begin{pmatrix}p\\ q\\ r\end{pmatrix}+\begin{pmatrix}l_a+l_p\\ m_a\\ m_a\end{pmatrix}\right)$$

$$=\begin{pmatrix}k_1pq-k_2qr+k_3(l_a+l_p)+k_4n_a\\ k_5pr-k_6(p^2-r^2)+\dfrac{m_a}{I_y}\\ k_7pq-k_1qr+k_4(l_a+l_p)+k_8n_a\end{pmatrix} \tag{4-164}$$

其中

$$k_0=I_xI_z-I_{xz}^2,k_1=\frac{(I_x-I_y+I_z)I_{xz}}{k_0},k_2=\frac{(I_z-I_y)I_z-I_{xz}^2}{k_0},$$

$$k_3=\frac{I_z}{k_0},k_4=\frac{I_{xz}}{k_0},k_5=\frac{I_z-I_x}{I_y},k_6=\frac{I_{xz}}{I_y},$$

$$k_7=\frac{(I_x-I_y)I_x+I_{xz}^2}{k_0},k_8=\frac{I_x}{k_0} \tag{4-165}$$

综上所述，可得到最终的固定翼数学模型为

$$\begin{cases}\dot{x}=u\cos\psi\cos\phi+v(\cos\psi\sin\theta\sin\phi-\cos\phi\sin\psi)+w(\cos\psi\sin\theta\cos\phi+\sin\psi\sin\phi)\\ \dot{y}=u\sin\psi\cos\theta+v(\sin\psi\sin\theta\sin\phi+\cos\phi\cos\psi)+w(\sin\psi\sin\theta\cos\phi-\sin\phi\cos\psi)\\ \dot{z}=-u\sin\theta+v\cos\theta\sin\phi+w\cos\theta\cos\phi\\ \dot{u}=rv-qw-g\sin\theta+\dfrac{1}{m}(f_x+f_{px})\\ \dot{v}=pw-ru+g\sin\phi\cos\theta+\dfrac{1}{m}f_y\\ \dot{w}=qu-pv+g\cos\phi\cos\theta+\dfrac{1}{m}f_z\\ \dot{\phi}=p+q\sin\phi\tan\theta+r\cos\phi\tan\theta\\ \dot{\theta}=q\cos\phi-r\sin\phi\\ \dot{\psi}=q\sin\phi\sec\theta+r\cos\phi\sec\theta\\ \dot{p}=k_1pq-k_2qr+k_3(l_a+l_p)+k_4n_a\\ \dot{q}=k_5pr-k_6(p^2-r^2)+\dfrac{m_a}{I_y}\\ \dot{r}=k_7pq-k_1qr+k_4(l_a+l_p)+k_8n_a\end{cases} \tag{4-166}$$

其中

$$
\begin{cases}
\boldsymbol{f}_p=\begin{pmatrix} f_{px}\\ f_{py}\\ f_{pz}\end{pmatrix}=\dfrac{1}{2}\rho C_p S_p\begin{pmatrix} v_e^2-v_a^2\\ 0\\ 0\end{pmatrix}\\
f_x=\dfrac{1}{2}\rho v_a^2 S\left[-C_d(\alpha)\cos\alpha+C_l(\alpha)\sin\alpha+\left(-\dfrac{\partial C_l}{\partial q}\cos\alpha+\dfrac{\partial C_d}{\partial q}\sin\alpha\right)q+\left(-\dfrac{\partial C_l}{\partial \delta_e}\cos\alpha+\dfrac{\partial C_d}{\partial \delta_e}\sin\alpha\right)\delta_e\right]\\
f_y=\dfrac{1}{2}\rho v_a^2 S\left[C_{y0}+\dfrac{\partial C_y}{\partial \beta}\beta+\dfrac{\partial C_y}{\partial p}p+\dfrac{\partial C_y}{\partial r}r+\dfrac{\partial C_y}{\partial \delta_a}\delta_a+\dfrac{\partial C_y}{\partial \delta_r}\delta_r\right]\\
f_z=\dfrac{1}{2}\rho v_a^2 S\left[-C_d(\alpha)\sin\alpha-C_l(\alpha)\cos\alpha+\left(-\dfrac{\partial C_l}{\partial q}\sin\alpha-\dfrac{\partial C_d}{\partial q}\cos\alpha\right)q+\left(-\dfrac{\partial C_l}{\partial \delta_e}\sin\alpha-\dfrac{\partial C_d}{\partial \delta_e}\cos\alpha\right)\delta_e\right]\\
l_a=\dfrac{1}{2}\rho v_a^2 Sb\left[C_{l0}+\dfrac{\partial C_l}{\partial \beta}\beta+\dfrac{\partial C_l}{\partial p}p+\dfrac{\partial C_l}{\partial r}r+\dfrac{\partial C_l}{\partial \delta_a}\delta_a+\dfrac{\partial C_l}{\partial \delta_r}\delta_r\right]\\
l_p=-k_d\omega_t^2\\
m_a=\dfrac{1}{2}\rho v_a^2 Sc\left[C_{m0}+\dfrac{\partial C_m}{\partial \alpha}\alpha+\dfrac{\partial C_m}{\partial q}q+\dfrac{\partial C_m}{\partial \delta_e}\delta_e\right]\\
n_a=\dfrac{1}{2}\rho v_a^2 Sb\left[C_{n0}+\dfrac{\partial C_n}{\partial \beta}\beta+\dfrac{\partial C_n}{\partial p}p+\dfrac{\partial C_n}{\partial r}r+\dfrac{\partial C_n}{\partial \delta_a}\delta_a+\dfrac{\partial C_n}{\partial \delta_r}\delta_r\right]\\
k_0=I_xI_z-I_{xz}^2,k_1=\dfrac{(I_x-I_y+I_z)I_{xz}}{k_0},k_2=\dfrac{(I_z-I_y)I_z-I_{xz}^2}{k_0}\\
k_3=\dfrac{I_z}{k_0},k_4=\dfrac{I_{xz}}{k_0},k_5=\dfrac{I_z-I_x}{I_y}\\
k_6=\dfrac{I_{xz}}{I_y},k_7=\dfrac{(I_x-I_y)I_x+I_{xz}^2}{k_0},k_8=\dfrac{I_x}{k_0}
\end{cases}
\tag{4-167}
$$

由于空气动力系数都是关于迎角 α 的非线性函数，因此升力、阻力和力矩系数 C_l、C_m、C_n 可以用以下模型进行描述：

$$
\begin{cases}
C_l(\alpha)=(1-\sigma(\alpha))[C_{l0}+C_{l\alpha}\alpha]+\sigma(\alpha)2\mathrm{sign}(\alpha)\sin^2\alpha\cos\alpha\\
\sigma(\alpha)=\dfrac{1+\mathrm{e}^{-M(\alpha-\alpha_0)}+\mathrm{e}^{M(\alpha+\alpha_0)}}{(1+\mathrm{e}^{-M(\alpha-\alpha_0)})(1+\mathrm{e}^{M(\alpha+\alpha_0)})}\\
C_{l\alpha}=\dfrac{\pi b^2}{S\left[1+\sqrt{1+\left(\dfrac{b^2}{2S}\right)^2}\right]}\\
C_d(\alpha)=C_{d1}(\alpha)+C_{d2}=\dfrac{S(C_{l0}+C_{l\alpha}\alpha)^2}{\pi e b^2}+C_{d2}\\
C_m(\alpha)=C_{m0}+C_{m\alpha}\alpha
\end{cases}
\tag{4-168}
$$

4.5 本章小结

建立合适的坐标系是定量描述空中机器人姿态和位置变量关系的必要工具基础，本章从建立坐标系开始，通过各坐标系之间的旋转转换关系描述了空中机器人在空间中的不同姿态变化。本章详细介绍了如何采用欧拉角、旋转矩阵以及四元数这三种常见方法进行空中机器人的姿态表示，以及它们之间的相互转换关系。深刻理解坐标系和姿态表示方法对理解旋翼和固定翼空中机器人的运动规律有着极大的帮助，进而有助于更好地理解后续的建模及控制方法。在此基础上，本章还介绍了多旋翼和固定翼空中机器人动态模型的建模方法，在分析其所受力和力矩的基础上，建立了空中机器人动力学模型及运动学模型。高精度的空中机器人模型可以实现高精度的控制，理解并掌握空中机器人的动态模型可以更好地理解空中机器人的运动规律及控制方法。

参考文献

[1] 吴杰，安雪滢，郑伟. 飞行器定位与导航技术[M]. 北京：国防工业出版社，2015.

[2] 李传新. 左手定则、右手定则与右手螺旋定则[J]. 荆楚理工学院学报，2000(3)：40-43.

[3] GREENSLADE T B. Ancestors of the right-hand rule[J]. The Physics Teacher，1980，18(9)：669.

[4] GRAUMANN R，MITSCHKE M. Method for determining a coordinate transformation for use in navigating an object：U. S. Patent 6533455[P]. 2003-3-18.

[5] 鲁鑫，高敬东，李开龙. 不同姿态表示方法下的姿态估计分析[J]. 舰船科学技术，2018，40(3)：137-141.

[6] 刘延柱. 关于刚体姿态的数学表达[J]. 力学与实践，2008，30(1)：98-101.

[7] 黄真，李艳文，高峰. 空间运动构件姿态的欧拉角表示[J]. 燕山大学学报，2002(3)：189-192.

[8] CONSIDINE D M，CONSIDINE G D. Van Nostrand's Scientific Encyclopedia[M]. Berlin：Springer Science & Business Media，2013.

[9] ALAN P. Formalism for the rotation matrix of rotations about an arbitrary axis[J]. American Journal of Physics，1976，44(1)：63-67.

[10] OZGOREN M K. Kinematics of General Spatial Mechanical Systems[M]. Hoboken：John Wiley & Sons，2020.

[11] 陈志明，王惠南，刘海颖. 全角度欧拉角与四元数转换研究[J/OL]. 中国科技论文在线，[2006-11-09]. http://www.paper800.com/paper100/5126A2B，2006，8.

[12] 李文亮. 四元数矩阵[M]. 长沙：国防科技大学出版社，2002.

[13] 雷新堂. 常用坐标系统转换方法探讨[J]. 地理空间信息，2008(4)：121-124.

[14] 刘沛清. 空气螺旋桨理论及其应用[M]. 北京：北京航空航天大学出版社，2006.

[15] 韩志凤，李荣冰，刘建业，等. 小型四旋翼飞行器动力学模型优化[J]. 控制工程，2013，20(S0)：158-162.

[16] 杨庆华，宋召青，时磊. 四旋翼飞行器建模、控制与仿真[J]. 海军航空工程学院学报，2009，24(5)：499-502.

[17] TONGUE B H，SHEPPARD S. Dynamics：Analysis and Design of Systems in Motion[M]. Hoboken：John Wiley & Sons，2005.

[18] 吴翰，王正平，周洲，等. 多旋翼固定翼无人机多体动力学建模[J]. 西北工业大学学报，2019，37(5)：928-934.

[19] 金伯林. 固定翼飞机的飞行试验[M]. 张炜，田福礼，译. 北京：航空工业出版社，2012.

[20] KIMBERLIN R D. Flight Testing Of Fixed-Wing Aircraft[M]. Reston：American Institute of Aeronautics and Astronautics，2003.

[21] 李俊. 小型固定翼无人机飞行控制软件设计与开发[D]. 南京：南京航空航天大学，2011.

[22] BREZOESCU A，ESPINOZA T，CASTILLO P，et al. Adaptive Trajectory Following for a Fixed-Wing UAV in Presence of Crosswind[J]. Journal of Intelligent & Robotic Systems，2013，69(1-4)：257-271.

[23] KANG Y，HEDRICK J. Design of nonlinear model predictive controller for a small fixed-wing unmanned aerial vehicle[C]. AIAA Guidance，Navigation，and Control Conference and Exhibit，2006.

[24] 付乐. 面向小型固定翼无人机的姿态控制律设计[D]. 成都：电子科技大学，2019.

[25] 徐钊，王新民，余翔，等. 固定翼飞机控制律设计与飞行模拟系统的实现[J]. 计算机仿真，2008，25(9)：25-28.

第 5 章

空中机器人测量与传感

空中机器人为了实现稳定的起飞和降落以及在空中的平稳飞行，首先需要解决的问题就是确定自身在空间中的位置和姿态。为了得到位置和姿态信息，就需要利用各种不同的传感器，通过测量和计算来感知飞行器自身的位置以及在空中的姿态。本章主要讨论空中机器人常用的各类传感器及其工作原理和应用。

众所周知，人们为了从外界获取信息，必须借助于感觉器官。传感器是飞行器用以测量和感知外界环境的重要检测装置，相当于飞行系统的感觉器官，在飞行控制系统中具有重要的作用。

从整体上讲，空中机器人传感器可分为内部传感器和外部传感器两大类。内部传感器是用于测量飞行器自身状态的功能器件，主要用于相对位姿估计，如惯性传感器、航向传感器；外部传感器则用来检测飞行器所处环境及状况，主要用于环境感知，如测距传感器、定位导航系统及视觉传感器。本章将分别介绍这几类传感器的原理及特征，并以惯性导航系统为例简单介绍多传感器的组合。

5.1 惯性传感器

惯性传感器是用于检测和测量物体的加速度、倾斜、冲击、振动、旋转和多自由度(Degree of Freedom，DOF)运动的传感器，是解决导航、定向和运动载体控制问题的重要部件。惯性传感器主要包括加速度传感器(加速度计)和角速度传感器(陀螺仪)以及它们的单、双、三轴组合惯性测量单元(Inertial Measurement Unit，IMU)。飞行器上的惯性传感器利用这些惯性敏感元件，测量其载体飞行器相对于惯性空间的线运动和角运动参数，并在给定的初始条件下，输出载体飞行器的姿态参数和导航定位参数。

惯性传感器的基本工作原理以牛顿力学定律为基础，通过测量载体在惯性参考系中的加速度信息，再对时间进行积分并将其变换到导航坐标系中，就能够得到在导航坐标系中的速度、偏航角及位置等信息。

5.1.1 陀螺仪

1. 陀螺仪的概念

陀螺仪(Gyroscope)也称地感器，是一种用来传感和维持方向的装置，它是基于角动量守恒的理论设计出来的，在无人自主飞行器中用来检测飞行器角度的变化量。将能绕回转体对称轴进行高速旋转的刚体称为陀螺，能够产生陀螺效应的装置称为陀螺仪。陀螺仪由转子、内环、外环和基座组成，它能够保持给定方位并且能够反映载体角位移或角速度信息。当飞行器机身发生倾斜时，陀螺仪就计算出其角度的数值传递给飞行控制器，从而使机身保持平稳。陀螺仪多用于导航、定位等系统，对于飞行器机身稳定而言是必不可少的。

陀螺仪有许多不同的分类方式：根据主轴自由度数目，可以分为两自由度陀螺仪和单自由度陀螺仪；根据陀螺仪重心与支架中心的位置，可以分为平衡陀螺仪(陀螺仪的重心与支架中心重合)和重力陀螺仪(陀螺仪的中心偏离支架中心)；根据陀螺仪的支承方式不同，可分为框架陀螺仪、液浮陀螺仪、气浮陀螺仪、静电陀螺仪和挠性陀螺仪等。随着技术发展，在传统的机械式陀螺仪之外还出现了振动式陀螺仪、激光陀螺仪、微机电机械陀螺仪等，在体积微型化、测量精度和易用性上都有很大的提高。

2. 陀螺仪的原理

陀螺仪测量的是角速度信息，它的基本原理是角动量守恒，即在不受外力影响的情况下，旋转物体转轴所指的方向是不会改变的。陀螺仪在工作时需要施加一个力，使它快速旋转起来，一般能达到每分钟几十万转的速度，然后再利用多种方法读取轴所指示的方向，并自动将数据信号传给控制系统。

对于空中飞行器，飞行过程中的方向和姿态可以用三个角度来描述：俯仰角(pitch)、偏航角(yaw)和侧滚角(roll)。测出这三个角度至少要用两个陀螺仪，分别绕铅直和水平轴转动。由于高速转子的定轴性，无论飞行器如何运动，两轴线的方向都保持不变，因此两轴线可分别作为铅直和水平基准线。上述三个角度可分别通过陀螺仪的内、外框架与相应轴线、基座之间的夹角测得。例如，飞行器的侧滚角和俯仰角可根据以铅直基准线为转轴的陀螺仪测出，偏航角可以根据以水平基准线为转轴的陀螺仪测出，将测出的信号传送给计算机系统，就能发出指令，随时纠正飞行器飞行的方向和姿态。

3. 陀螺仪的特性

陀螺仪被广泛用于航空、航天和航海领域。这是由于它具有两个基本特性：一个是定轴性(inertia or rigidity)，另一个是进动性(precession)，这两种特性都是建立在角动量守恒的原则下。

(1) 定轴性 定轴性是指力图保持陀螺仪的自转轴在惯性空间方向不变的特性，也称陀螺仪的稳定性。当陀螺转子以高速旋转时，在没有任何外力矩作用在陀螺仪上时，陀螺仪的自转轴在惯性空间中的指向保持稳定不变，同时反抗任何改变转子轴向的力量。这种物理现象称为陀螺仪的定轴性或稳定性。定轴性随以下的物理量而改变：

1）转子的转动惯量越大，定轴性越好。

2）转子的角速度越大，定轴性越好。

所谓“转动惯量”，是描述刚体在转动中的惯性大小的物理量。当以相同的力矩分别作用于绕定轴转动的两个不同刚体时，它们所获得的角速度一般是不一样的：转动惯量大的刚体所获得的角速度小，也就是保持原有转动状态的惯性大；反之，转动惯量小的刚体所获得的角速度大，也就是保持原有转动状态的惯性小。

(2) 进动性 进动性是指在外力矩作用下，陀螺仪主轴转动方向与外力矩向量方向不一致，而是与外力矩向量垂直，并力图使主轴以最短途径向外力矩向量靠拢的特性。

当转子高速旋转时，若外力矩作用于外环轴，陀螺仪将绕内环轴转动；若外力矩作用于内环轴，陀螺仪将绕外环轴转动。其转动角速度方向与外力矩作用方向互相垂直，这种特性被称为陀螺仪的进动性。进动角速度的方向取决于动量矩 $\boldsymbol{H}$ 的方向（与转子自转角速度矢量的方向一致）和外力矩 $\boldsymbol{M}$ 的方向，而且是自转角速度矢量以最短的路径追赶外力矩，如图 5-1 所示。

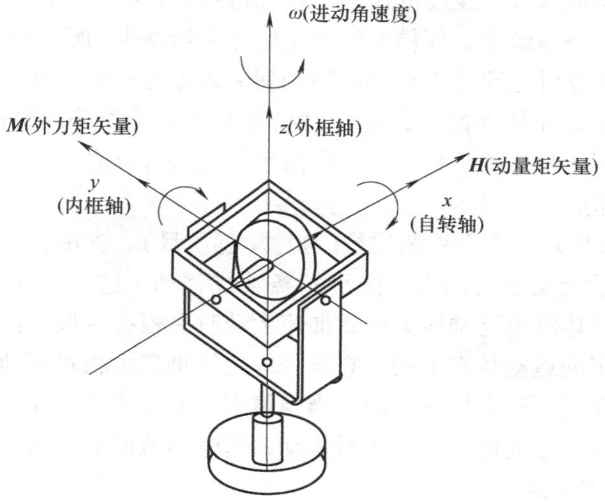

图 5-1　进动角速度示意图

进动角速度 ω 的大小取决于转子动量矩 $\boldsymbol{H}$ 的大小和外力矩 $\boldsymbol{M}$ 的大小，其计算式为 $\omega=\boldsymbol{M}/\boldsymbol{H}$。进动性的大小也有三个影响因素：

1）外力矩越大，进动角速度越大。

2）转子的转动惯量越大，进动角速度越小。

3）转子的角速度越大，进动角速度越小。

4. 陀螺仪的应用

陀螺仪最早用于航海导航，随着科学技术的发展，它在航空和航天事业中也得到了广泛的应用。陀螺仪不仅可以作为指示仪表，还可以作为自动控制系统中的一个敏感元件，即信号传感器。

在惯性导航系统中最早使用陀螺仪进行飞行姿态角的测量。同时，利用陀螺仪的动力学特性还可以将它制成各种仪表或装置，比如陀螺方向仪（能给出飞行物体转弯角度和航向指示的陀螺装置）、陀螺罗盘（供航行和飞行物体作方向基准，寻找并跟踪地理子午面的三自由度陀螺仪）、陀螺垂直仪（利用摆式敏感元件对三自由度陀螺仪施加修正力矩以指示地垂线的仪表，又称陀螺水平仪）、陀螺稳定器（稳定船体的陀螺装置）、速率陀螺仪（用以直接测定运载器角速率的二自由度陀螺装置）、陀螺稳定平台（以陀螺仪为核心元件，使被稳定对象相对惯性空间的给定姿态保持稳定的装置）等。

随着技术的发展，陀螺仪的形式从 18 世纪的刚体转子陀螺仪逐渐发展为液浮陀螺仪、气浮陀螺仪、动力谐调陀螺仪等，目前广泛使用的有静电陀螺仪、激光陀螺仪、光纤陀螺仪和半球谐振陀螺仪。其中，光纤陀螺技术发展最为迅速，也是今后发展的主要方向。虽然陀螺仪的发展已有一百多年的历史，但为了满足未来军事发展的需要，有必要继续减小体积、减轻质量及降低成本，并继续提高可靠性、稳定性和耐用性。

5.1.2　加速度计

1. 加速度计的概念

加速度计是测量运载体线加速度的仪表。在飞行控制系统中，加速度计是重要的动态特性校正元件；在惯性导航系统中，高精度的加速度计是最基本的敏感元件之一；在各类飞行器的飞行试验中，加速度计是研究飞行器颤振和疲劳寿命的重要工具。

加速度计用于测量物体的加速度，通过对测量的加速度积分后可以得到物体运动的速度，二次积分后可以得到物体的位移，故可以为飞行器进行导航。

2. 加速度计的结构

加速度计如图 5-2 所示，它由检测质量(也称敏感质量)、支承、电位器、弹簧、阻尼器和壳体组成。检测质量受支承的约束只能沿一条轴线移动，这个轴通常称为输入轴或敏感轴。仪表壳体随着运载体沿感受轴线方向做加速运动时，根据牛顿定律，具有一定惯性的检测质量力图保持其原来的运动状态不变。它与壳体之间将产生相对运动，使弹簧变形，于是检测质量在弹簧力的作用下随之加速运动。当弹簧力与检测质量加速运动时产生的惯性力相平衡时，检测质量与壳体之间便不再有相对运动，这时弹簧的变形反映被测加速度的大小。

3. 常用加速度计的分类

常用加速度计按检测质量的位移方式可以分为两类：一类是线性加速度计，一类是摆式加速度计。线性加速度计的测量原理和高中物理实验测量加速度相似，通过打点的方式测量两点之间的距离计算出加速度。摆式加速度计是通过测量物体所受惯性力而后得到加速度，测量原理图如图 5-3 所示。

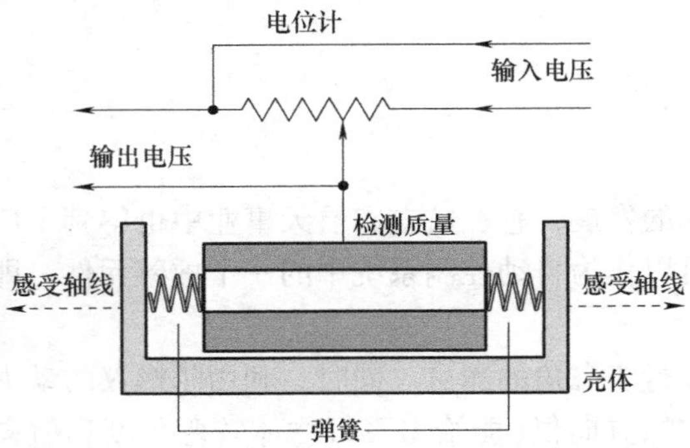

图 5-2　加速度计示意图

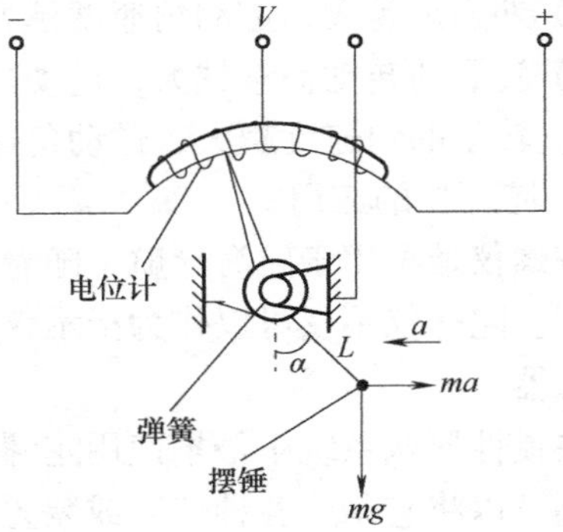

图 5-3　摆式加速度计测量原理

由力矩平衡方程可知：

$$
\begin{aligned}
&J\ddot{\alpha}+k_e\alpha=maL\cos\alpha-mgL\sin\alpha+M_d\\
&J\ddot{\alpha}+(k_e+mgL)\alpha=maL+M_d\\
&\alpha_\infty=\frac{maL}{k_e+mgL}+\frac{M_d}{k_e+mgL}
\end{aligned}
\qquad (5\text{-}1)
$$

式中，k_e 表示弹簧的弹性系数；α 表示摆偏角(由电位计测得)；L 表示摆长；M_d 表示干扰力矩；m 表示摆锤质量；a 表示加速度；ma 表示惯性力大小。这里假定测量角变化非常小，几乎可以忽略不计，即 $\alpha=0$，$\sin\alpha=0$，$\cos\alpha=1$，系统稳定后，滑轮的角速度为 0，所以 $J\alpha=0$。

5.1.3　惯性测量组合

惯性测量组合（以下简称“惯导组合”）指两种或两种以上不同的导航设备以适当的方式组合在一起，利用性能上的互补特性，以获得比单独使用任一惯性测量单元时更高的导航性能。国内外对惯性测量组合的研究方法有陀螺仪/加速度计组合、惯导/多普勒导航雷达组合、惯导/GPS组合、惯导/星敏感器组合、惯导/里程仪组合、惯导/卫星/捷联星光组合、磁强计/微机械陀螺仪/加速度计组合、地磁传感器/陀螺仪组合、磁强计/微机械陀螺仪组合、微机械陀螺仪/加速度计/微磁强计组合等。

1. 惯性测量单元

目前，在无人自主飞行器的应用中，普遍采用三个单轴加速度传感器和三个单轴陀螺仪来组成IMU，用于完成对无人机在空中姿态角和加速度的测量。加速度计检测物体在载体坐标系中三轴的加速度信号，而陀螺仪检测载体相对于导航坐标系的角速度信号。因此，IMU可以测量出物体在三维空间中的角速度和加速度，并以此解算出物体的姿态。通过将两个测量装置采集的加速度值和旋转角速度值进行整合处理，可以计算出物体实时的运动状态并推算出其位置信息。

惯性测量装置被广泛应用于导航系统，如无人机、制导导弹、航海、太空飞船、卫星的导航。现在也越来越多地应用到生活领域，比如人运动行为信号的采集分析以及与外界多媒体信号的交互等。

（1）IMU工作原理　IMU惯性测量装置属于捷联式惯导。由理论力学可知，所有的运动都可以分解为一个直线运动和一个旋转运动，而惯性测量单元就是用来测量这两种运动的。直线运动通过加速度计测量，旋转运动则通过陀螺仪来测量，两者的巧妙组合使得惯性测量单元应运而生。

以当地水平指北系统为例，惯性平台始终保持地平坐标系。惯性坐标系（$Ox_iy_iz_i$）、地球坐标系（$Ox_ey_ez_e$）和当地地理NED（北东地）坐标系示意图如图5-4所示，IMU所在P点位于当地地理坐标系。安装在平台上的三个互相正交的加速度计分别测出沿东西、南北和垂直方向的加速度分量，并输入计算机。在消除加速度计误差、重力加速度和由于地球自转产生的科里奥利加速度影响后，可以得出运载体相对于地平坐标系的位移加速度分量，对此以从起始点到待测点的时间进行两次积分，并考虑初始速度值，就可算出相对前一起始点的坐标变化量，同相应起始点的经度、纬度和高程累加，就得到待定点的坐标。

垂直加速度计的输出信号，实际是运载体垂直加速度与当地的重力加速度之和。当运载体停止时，它的垂直加速度为零，这时垂直加速度计的输出就是当地的重力加速度。

运载体在运动过程中，由计算机通过陀螺仪控制惯性平台，不断地按参考椭球面的曲率进动。由于加速度计误差、陀螺仪漂移和垂线偏差变化等因素的影响，运载体到达待测点停止时，平台将不平行于当地水平面，两个水平加速度计的输出不等于零。消除加速度计误差和陀螺仪漂移后，就得到相对于前一点的垂线偏差变化分量的输出，加上前一点已知的垂线偏差分量，便可得出待测点的垂线偏差分量。

（2）IMU测量精度　惯性测量的精度主要受加速度计和陀螺仪的影响，在行进过程中，采用运载体每隔相等时间停下来的方法，可以提高测量精度。当运载体停止时，其运动加速度和速度应精确为零，利用这一信息，可以检核和改正前段随时间累积的误差，这一操作称为“零速更新”。

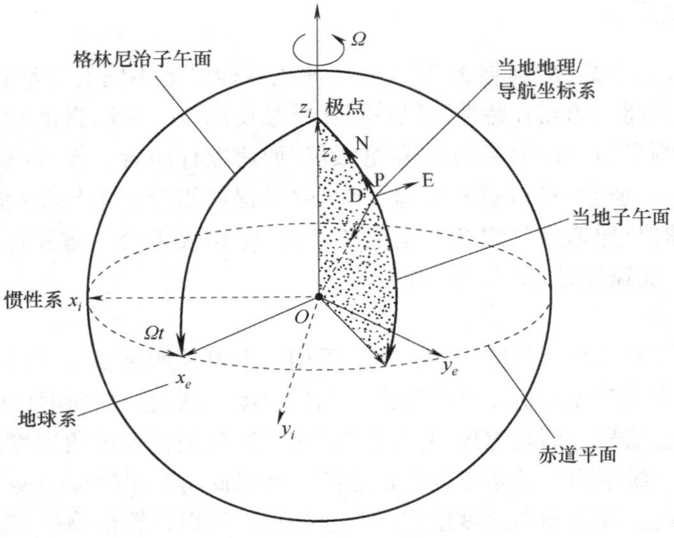

图 5-4　IMU 坐标系

(3) IMU 特点　IMU 作为安装在运载体上的惯性测量系统，不依赖外界的其他辅助设备，能快速而独立地测量多种定位和地球重力场参数，可大大提高作业效率。该系统可以全天候工作，不受大气折射的影响，不要求相邻待测点之间通视，克服了传统大地测量所受的自然条件的限制。因此，惯性测量系统为大地控制网的加密快速定位开辟了新的途径。

惯性测量系统的缺点是仪器结构复杂，造价较高，维护工作繁重，但它仍是一种能满足军事测绘要求的全天候快速测量仪器。

2. 惯性器件与非惯性器件测量组合

最早提出的惯性测量组合由惯导与多普勒导航雷达组成，利用多普勒雷达的长期高精度特点对惯导系统的短期高精度进行速度修正，提高了导航精度。

惯导与 GPS 的组合技术是近年来研究的热点，两者均是全球、全天候、全时间的导航设备，同时都能提供十分完整的导航数据。该组合利用 GPS 的长期稳定性与适中的精度弥补惯导系统中随时间变化而积累误差的缺点，利用惯导系统短期高精度弥补 GPS 接收机在受干扰时误差增大或遮挡时丢失信号等缺点，充分发挥了各自的优势、取长补短。系统具有结构简单、可靠性高、体积小、质量轻、造价低等特点。但是 GPS 需要外测装置，因此在应用上受到一定的限制。

光学传感器也可测得飞行器姿态信息，将其获取的信息与惯导系统进行数据融合，可修正惯导系统的位置、速度和姿态角，一定程度上提高了定位的准确性。

惯导组合中磁强计的引入可弥补陀螺仪的零点漂移及误差积累等缺点，有学者提出的三轴磁强计与三轴速率陀螺仪组合定姿方案还解决了磁强计存在探测盲区问题。此外，也有研究组提出了由微机械(MEMS)陀螺仪、加速度计及微磁强计组合的姿态确定系统，具有体积小、成本低、性能可靠等优点。这两种方案目前仅通过单轴转台成功验证，更全面、更细致地验证系统的精度及稳定性还需借助高精度三轴无磁性转台完成。

地磁传感器作为一种测量地磁信号的敏感器件，在飞行姿态测量中也得到了广泛的应用。有研究组提出了地磁传感器与陀螺仪组合姿态测量方法，该方法将三维地磁传感器与全固态微机械陀螺仪捷联安装在弹体上，地磁传感器的敏感轴对准弹体坐标系的三个轴向，陀螺敏感轴对应于弹体纵轴，利用单轴陀螺测量弹体某一姿态角的角速率，再利用三轴地磁传感器探测地磁矢量在弹体坐标系上的投影，采用单点算法联立求解弹体的三维姿态，这样可以满足实时性要求且不会累积误差。该方案的全固态特性适合常规弹药使用，但硅微陀螺具有初始温度漂移特性，必须在使用中进行补偿。此外，地磁探测存在盲区，在应用中可通过添加冗余传感器的方法保证测量数据的连续可靠。

5.2 航向传感器

在飞行控制系统中，航向系统是重要的组成部分，起到航向测量和领航驾驶的作用。无人自主飞行器不像有人驾驶飞机，需要航向仪表向飞行员指示当前航向，但作为一个控制系统，它需要测量飞机航向，构成闭环控制系统使飞机按指定的航向飞行。所以无人自主飞行器的航向测量器件功能相对单一，要求体积小、能耗低。

航向定义为飞行器的机头方向角度，其大小为飞行器纵轴的水平投影与地平面上某一基准线之间的夹角，并规定正航向角的方向是从基准线的正方向按顺时针方向量至定位线的正方向。根据不同的基准，可将航向分为真航向、磁航向、罗航向、陀螺航向和大圆航向：

① 真航向。真子午线(即地理经线)与飞机纵轴在水平面上投影的夹角为真航向角。按真航向角计算的飞机航向称为真航向。

② 磁航向。磁子午线(即地球磁经线)与飞机纵轴在水平面上投影的夹角为磁航向角。按磁航向角计算的飞机航向称为磁航向。地球磁场随时间、地点不同而异，磁子午线与真子午线方向不一致而形成的磁偏角称为磁差角。

③ 罗航向。飞机上的钢铁物质和工作中的电气设备会形成飞机磁场。由此，飞机上用磁罗盘测得的航向基准线实际上是地球磁场与飞机磁场两者形成的合成磁场水平分量方向，即罗经线。该线与飞机纵轴在水平面上投影的夹角为罗航向角。按罗航向角计算的飞行航向叫作罗航向。

④ 陀螺航向。以陀螺的自转轴置于水平，作为航向基准线，陀螺所指示的航向即为陀螺航向。陀螺航向通常用来确定飞机的转弯角度。陀螺航向的基准线可以任意选择位置，若将其零度线置于磁子午线上，则所指的为陀螺磁航向；若将其零度线置于真子午线上，则所指的为陀螺真航向。

⑤ 大圆航向。通过地心与地球表面相交的圆称大圆，飞机沿大圆飞行的航向称为大圆航向。地球表面任意两点间的距离，大圆圈线最短，即按大圆飞行航程最短。用陀螺罗盘确定大圆航向，陀螺罗盘选择的航向基准是直飞航线起点子午面上的大圆圈线。陀螺罗盘作大圆飞行的主要问题是大圆航向基准线与航线起点子午线作同步运动。

一般的航向测量装置有航向陀螺仪、无线电航向仪和磁航向传感器。航向陀螺仪利用陀螺的定轴性测量载体相对惯性空间的姿态角，准确度高、稳定性好，但是成本较高。无线电航向仪接收地面信标台的甚高频无线电信号，通过鉴相确定载体相对台站的方向角，进而确定载体的航向，这是一种在大型飞机中常用的方法，缺点是易受到电磁波的干扰。磁航向传感器也叫磁罗盘，利用地磁场来测量航向，结构简单、质量轻、信号易处理、成本低，是一种常规的航向测量方法，较适合应用于无人机。

5.2.1 航向陀螺仪

航向陀螺仪(Directional Gyroscope)，是利用陀螺特性测量飞机航向的飞行仪表。陀螺转子高速旋转时，其旋转轴具有方向稳定不变的特性。因此方位陀螺仪在飞机转弯时，虽然仪表壳体随着飞机转向，但陀螺转子仍稳定在一定方位上，航向刻度指出了飞机所转过的角度。航向陀螺仪在长时间内测量航向的精度较低，故常用来测量飞机转弯时航向角的变化。

1. 航向陀螺仪的分类

航向陀螺仪有两种类型：一种是直读式航向陀螺仪，又称陀螺半罗盘；另一种是远读式航向陀螺仪，主要输出飞机航向角变化的信息，供指示器指示或作为陀螺磁罗盘和航向系统的一个主要部件。

为了避免飞机机动飞行时陀螺方位轴偏离地垂线而引起倾侧支架误差，有的航向陀螺仪在外环(即方位环)外面还增加1~2个随动环，随动环由垂直陀螺仪输出的俯仰和倾侧信息控制，这可使外环不受飞机姿态的影响而始终保持垂直方向，提高测量精度。

2. 航向陀螺仪的结构原理

航向陀螺仪是利用陀螺特性测量飞机航向的飞行仪表。航向陀螺仪的主要部件是方位陀螺仪，外环轴(即方位轴)通过轴承竖直支撑在仪表壳体内。陀螺转子高速旋转时，自转轴和装在外环上的航向刻度环靠陀螺稳定性稳定在一定方位上。飞机转弯时，仪表壳体与标线随飞机相对航向刻度环转过的角度就是飞机航向的变化角。方位陀螺仪不能自寻地理方位，飞机所在地的地理北向随着地球自转和飞机的运动而不断地相对惯性空间转动，因此须随时修正陀螺自转轴的指向，才能正确地测量飞机航向角。一种最简单的修正方法是沿自转轴方向装一配重，产生绕内环轴的修正力矩，使陀螺绕外环轴不断进动。

5.2.2 无线电航向仪

无线电航向仪是重要的航向仪表系统之一，其作用是为飞行员提供各种航向的目视显示以及为机载电子设备提供各种航向基准和航向误差信号。

1. 无线电航向仪的组成

无线电航向仪主要由组合天线、天线信号变换电路、接收电路、指示电路、频率合成电路、控制电路和电源电路等组成。其中接收电路、指示电路、频率合成电路、控制电路和电源电路安装在飞机舱台内，受外界环境的影响小，易拆卸和安装；但垂直天线和环形天线(合称为组合天线)安装在飞机机舱外部，对安装位置、安装角度和接地电阻都有精确的要求，并对环境的电磁干扰敏感，致使它的安装和拆卸存在一定的难度。但它是一个固化单元，其可靠性高、故障率低，因此经飞机厂家安装调试后，很少需要对其进行拆卸；但无线电罗盘其他部分电路的故障较多，当出现故障进行维修时，需加载天线信号进行测试，这使无线电罗盘天线信号模拟器成为无线电罗盘测试或维修的前提和基础。

2. 无线电航向仪的基本原理

无线电航向仪是在无线电罗盘工作原理的基础上发展而来的，它能自动测出飞机纵轴与电波来向间的夹角(相对方位角)。无线电罗盘输出的右偏信号控制一个双向电动机，电动机带动环状天线旋转，直至环面法线和导航台电波来向重合。环状天线转过的角度就是导航台的相对方位角，再用电气同步器将这个角度信号传送到指示器，指示导航台相对飞机的方位角。无线电罗盘使用简便，被为数众多的导航台选用，因而从20世纪30年代至今一直是飞机必备的无线电导航仪表；但由于其工作在中波波段，噪声干扰很大，测量精度较低。

3. 无线电航向仪的功能

无线电航向仪的主要功能是自动定向。它利用天线接收地面导航台(无线电台)发射的无线电波，使测角系统的搜索圈自动跟踪电波来向，因而能连续地测出从飞机纵轴顺时针到电波来向的角度，并由航向指示器指示出这个角度——电台相对方位角。飞行员根据此方位角，就可以驾驶飞机向导航台飞行或背导航台飞行，可以测定飞机所在位置，在能见度不好时，还可以与无线电高度表、信标接收机等配合，进行仪表着陆等。

5.2.3　磁航向传感器

1. 电子罗盘的定义

带有数字信号处理电路的磁航向传感器叫作电子罗盘，也被称为数字罗盘或数字指南针，是利用地磁场来定北极的一种装置。罗盘古代被称为罗经，而现代利用先进的加工工艺生产的磁阻传感器为罗盘的数字化提供了有力的帮助，现在一般使用磁阻传感器和磁通门加工而成的电子罗盘。电子罗盘可以作为组合导航定向的一部分来使用。例如，虽然 GPS 在导航、定位、测速、定向方面有着广泛的应用，但由于其信号常受到地形限制、被障碍物遮挡，导致精度大大降低，甚至不能使用。尤其在高楼林立的城区和植被茂密的林区，GPS 信号的有效性仅为 60%，并且在静止的情况下，GPS 也无法给出航向信息。而电子罗盘可以对 GPS 信号进行有效补偿，保证导航定向信息 100%有效，即使是在 GPS 信号失锁后也能正常工作，做到“丢星不丢向”。

电子罗盘与传统指针式和平衡架结构罗盘相比，其能耗低、体积小、质量轻、精度高、可微型化，其输出信号通过处理可以实现数码显示，不仅可以用来指向，而且其数字信号可直接送到自动舵，控制船舶的操纵。目前使用较为广泛的是三轴捷联磁阻式数字磁罗盘，这种罗盘具有抗摇动和抗振性、航向精度较高、对干扰场有电子补偿、可以集成到控制回路中进行数据链接等优点，因而广泛应用于航空、航天、机器人、航海、车辆自主导航等领域，同时在手机中的应用也比较广泛。

2. 电子罗盘的分类

电子罗盘可以分为平面电子罗盘和三维电子罗盘。平面电子罗盘要求用户在使用时必须保持罗盘的水平，否则会产生错误的测量信息。虽然平面电子罗盘的使用要求很高，但如果能保证罗盘所附载体始终水平的话，平面电子罗盘是一种性价比很高的选择。三维电子罗盘克服了平面电子罗盘在使用中的严格限制，因为三维电子罗盘在其内部加入了倾角传感器，在罗盘发生倾斜时可以对罗盘进行倾角补偿，保证航向数据准确无误。有时为了克服温度漂移，罗盘也可内置温度补偿，最大限度减少倾斜角和指向角的温度漂移。

5.3　测距传感器

5.3.1　飞行高度的定义和测量

1. 飞行高度的定义

飞行高度是指飞行器在空中距离某一基准面的垂直距离。通常，测量基准面不同，所测量出的飞行高度也不同。

按照选择基准面的不同，飞行器的飞行高度可分为标准气压高度、绝对高度、相对高度以及真实高度四类，图 5-5 是飞行高度的示意图。

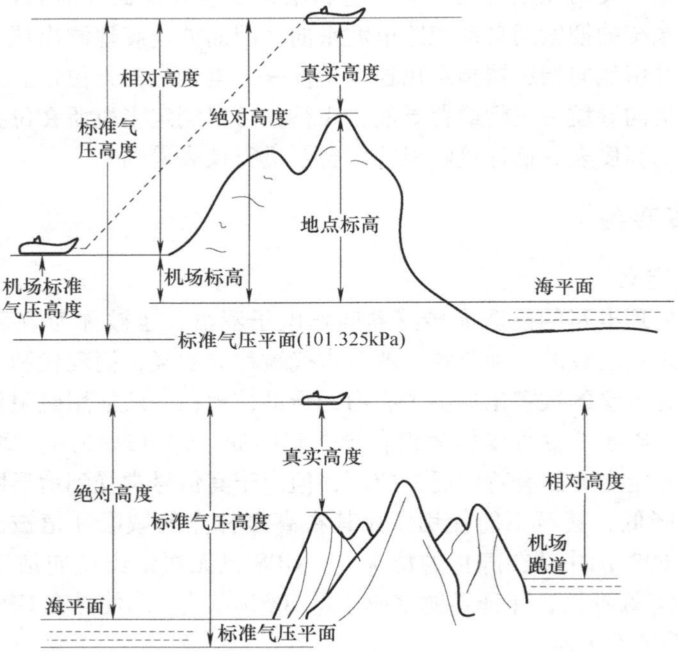

图 5-5 飞行高度示意图

(1) 标准气压高度 标准气压高度又称重力势高度、压力高度，所选基准平面是标准气压平面，即指飞行中的飞机重心与标准气压平面之间的垂直距离。国际标准大气（International Standard Atmosphere，ISA）规定，标准海平面的参数为 15℃（288K）、760mmHg(毫米汞柱)。(国际标准化组织(ISO)规定标准气压平面的大气压力为 760×133. 322Pa)。

(2) 绝对高度 选实际海平面为基准平面，飞机重心在空中距离实际海平面的垂直距离称为绝对高度，又称海拔。

(3) 相对高度 飞机在飞行中的重心与某一指定参考平面之间的垂直距离称为相对高度。一般将飞机起飞或着陆机场的地平面作为指定参考平面。

(4) 真实高度 选飞机正下方的地面目标(如地面、水面、山峰等)之最高点与地面平行的平面为基准平面，飞机重心在空中距离此平面的垂直距离称为真实高度。

2. 飞行高度的测量

高度参数是飞行器飞行控制的重要参数，也是定位导航数据的关键信息。目前普遍采用气压传感器感知大气密度变化，通过气压高度公式计算得到海拔。但随着空中机器人越来越广泛的应用场景，仅仅利用气压进行高度测量已不能满足对于精度的要求。本节针对空中机器人的高度测量传感器展开详述。

飞行器在空中飞行过程中需要不断调整自身飞行状态，以进行上升、下降或者平飞等飞行动作。在理想状态下，可利用相对高度即飞机与起飞点之间的垂直高度值，在飞机的起飞和降落过程中，对起飞和降落速度进行调整。同时，可以利用相对高度的变化表示飞行器在飞行过程中的高度变化。但在实际状态下，由于地面状况复杂、障碍物较多或由于飞行器本身任务特殊，如进行超低空飞行或悬停降落等情况时，为了保证飞行安全，必须获取精确的真实高度值。一般情况下，无人自主飞行器的高度测量方法可分为以下几种：

（1）气压高度测量　气压高度测量是无人机普遍采用的传统高度测量方法。但通常无法用于无人自主飞行器的自主起飞、着陆，以及地形复杂的环境中进行超低空飞行等情形。

（2）卫星导航系统提取高度数据　卫星导航系统是实现无人自主飞行器导航定位必不可少的工具，在导航定位的同时可直接提取其中的高度数据。

（3）超声波测高　超声波测高具有低功耗、误差小和精度高等特点，非常符合无人自主飞行器的低空高度测量需求。

（4）惯性测高　惯性测高即垂直加速度二次积分。在小型无人自主飞行器中目前广泛采用惯性传感器组合单元进行飞行控制所必需的姿态参数测量。利用姿态参数解算过程中获得的飞行器的垂直加速度分量，再经过二次积分解算，可得到飞行器沿地球径向的垂直位移即高度变化，进而可得到飞行器的高度数据。

（5）无线电高度表　无线电高度表是利用无线电波的反射特性，通过向地面发射无线电波并接收返回的反射波，测量其往返时间计算得到相对高度，由于无线电体积和重量的限制，无线电高度表通常在较大型无人自主飞行器中使用。

（6）激光测高　激光测高是以激光器作为光源，向目标射出一束很细的激光，由光电元件接收目标反射的激光束、计时器测定激光束从发射到接收的时间，从而计算出从激光测距者到目标的距离。目前，激光测距广泛用于地形测量，战场测量，坦克、飞机、舰艇和火炮对目标的测距，云层、飞机、导弹以及人造卫星的高度测量等。在工业上，激光测距也应用于工业测控、矿山、港口等领域。激光测距精度可达到毫米级，但由于其成本高且测距仪体积较大，在小型无人自主飞行器中还没有得到广泛使用。

5.3.2　超声波测距仪

1. 超声波测距的基本原理

超声波是一种频率超过人耳听觉频率上限(20kHz)的声波。由于超声波具有良好的方向性和强大的穿透性，其被广泛应用于测速、测距等方面。超声波信号由超声波传感器发出，经由障碍反射，最终被另一台超声波传感器接收。传感器到障碍的距离可通过超声波信号发出到接收时间间隔的一半与空气中的声波传播速度的乘积得到。考虑到不同温度下空气中的声波传播速度有所不同，因此不同环境下利用超声波传感器计算距离也需要根据温度的不同进行相应的调整。另外，超声波测距也存在一些不足，比如它的测量范围小，且柔软的障碍物体或者与传感器成特定角度的障碍物体可能反射的声波较少，甚至没有反射波。

2. 超声波测高方法

超声波测高具有低功耗、误差小和精度高等特点，非常符合无人自主飞行器的低空高度测量需求。超声波测高是利用超声波测距的原理，其方法主要有渡越时间检测法、相位检测法和声波幅值检测法三种。

（1）渡越时间检测法　渡越时间检测法即超声波往返时间检测法，测量从超声波传感器发出超声波到接收到被测物体反射回波的时间。

超声波在空气中传播的速度已知，往返时间 T 与气体介质中的声速 V 相乘，就是超声波传播的距离。而所测距离 L 是超声波传播距离的一半，即

$$L=\frac{1}{2}VT \tag{5-2}$$

（2）相位检测法 相位检测法是利用发射波和被测目标反射回波之间的声波相位差包含的距离信息来实现对被测目标距离的测量。设起始时刻发射的超声波强度 $I_1=A_1\sin(\omega t_1+\phi_0)$（实际为方波），接收时刻调制的波强度为 $I_2=A_2\sin(\omega t_1+\omega t+\phi_0)$，则接收与发射时刻的相位差为 ϕ，时间差 t 可由下述公式计算：

$$t=\frac{\phi}{\omega}=\frac{\phi}{2\pi f} \tag{5-3}$$

根据时间和相位的关系，待测距离可以转换为下述公式：

$$D=\frac{c}{2}\times\frac{\phi}{2\pi f}=\frac{\lambda}{2}\left(N+\frac{\Delta\phi}{2\pi}\right) \tag{5-4}$$

式中，D 为待测距离；c 为超声波传播速度；λ 为超声波波长；N 为相位传播延迟中的整周期数（利用计数器算出）；$\Delta\phi$ 为相位延迟中不足一周期的相位差值。

（3）声波幅值检测法 幅度法超声波测距是根据超声波在空气中传播会不断衰减的特性，通过检测回波信号的幅值，测出延迟时间来实现对被测目标距离的测量。

以上三种超声波高度测量方法中渡越时间检测法原理简单，便于硬件实现。目前，超声波高度测量模块的设计多使用渡越时间检测法。

5.3.3 气压计

因起飞质量和载荷能力的限制，目前无人自主飞行器普遍采用气压高度测量方法来获取飞行高度数据。具体方法是：采用压力传感器获取飞行器所在高度的大气压力数据，根据气压高度计算公式计算得到气压高度。这种技术主要依赖于气压高度表，气压高度表是以压敏元件作为传感器采集大气压力数据，再利用大气压力随高度增加而减小的原理来间接测量飞行器高度。

国际标准大气和各国标准大气以大气中温度随高度的分布为主要依据，将大气分为对流层、平流层、中间层、热层、散逸层五个层次。对流层是大气最下层，不同纬度的对流层上界不同，对流层厚度在不同季节也有差异。但对流层最小厚度范围也可达到 10km 左右，而无人自主飞行器因其动力性能和用途的限制，通常在千米以下的低空飞行，所以本章对气压高度测量方法的研究只针对对流层。式(5-5)为对流层的标准气压高度公式：

$$H=\frac{T_b}{\beta}\left[\left(\frac{P_H}{P_b}\right)^{-\frac{\beta R}{g}}-1\right]+H_b \tag{5-5}$$

式中，P_H 为高度 H 对应的气压(Pa)；P_b 为地面高度 H_b 下的气压(Pa)；β 为温度垂直变化率(K/m)，取 $\beta=-6.5\times10^{-3}$K/m；T_b 为地面高度 H_b 下的温度(K)；g 为重力加速度(m/s^2)；R 为空气专用气体常数(m^2/KS^2)，$R=287.05287$m^2/KS^2。

以标准海平面为基准面，即取 $H_b=0$m，$T_b=288.15$K，$P_b=101325.2$Pa，$g=9.80665$m/s^2，将测量得到的 P_H 值代入上述公式，得到的即为标准气压高度。

标准气压高度计算公式是一种理想条件下的气压高度计算模型，该公式假设气压环境为理想大气环境，参考平面为标准气压平面，但通常情况下，飞行器飞行中使用的气压传感器测量的实际大气环境与标准气压环境是不一致的，因此利用公式计算出的气压高度与实际飞行高度不符，即存在原理误差。若在飞行中直接使用计算得到的标准气压高度作为实际飞行高度进行参考，会给飞行安全带来隐患。

若已知起飞点的海拔，通过测量得到基准面的气压值和空气的温度值，以此起飞点参数为基准平面参数，则在飞行中可以由公式计算得到飞行器所在的真实海拔，即绝对高度。但在实际应用中，飞行器灵活的起飞地点使得无法预先获取起飞点的海拔，所以通常通过 GPS 获取起飞点海拔，从而利用气压高度获取飞行器的海拔。

在无法获取参考平面的准确参考值的情况下，气压高度的准确性依赖于 GPS 高度数据的准确性。为避免 GPS 无法获取到定位信息和 GPS 高度误差对气压高度的影响，可用当前气压计算得到的海拔高度与通过 GPS 数据计算得到的参考点海拔高度相减，得到相对高度。

5.3.4　激光传感器

1. 激光传感器的定义

激光传感器是利用激光技术进行测量的传感器，它由激光器、激光检测器和测量电路组成。激光传感器是新型测量仪表，它的优点是能实现无接触远距离测量，速度快、精度高、量程大，抗光、电干扰能力强等。

激光与普通光不同，需要用激光器产生。激光器的工作物质，在正常状态下，多数原子处于稳定的低能级 E_1，在适当频率的外界光线的作用下，处于低能级的原子吸收光子能量受激发而跃迁到高能级 E_2。光子能量 $E=E_2-E_1=h\nu$，式中 h 为普朗克常数，ν 为光子频率。反之，在频率为 ν 的光的诱发下，处于高能级 E_2 的原子会跃迁到低能级释放能量而发光，称为受激辐射。激光器首先使工作物质的原子反常地多数处于高能级(即粒子数反转分布)，就能使受激辐射过程占优势，从而使频率为 ν 的诱发光得到增强，并可通过平行的反射镜形成雪崩式的放大作用而产生强大的受激辐射光，简称激光。激光具有以下三个重要特性：

1）高方向性(即高定向性，光速发散角小)：激光束在几千米外的扩展范围不过几厘米。

2）高单色性：激光的频率宽度比普通光小 10 倍以上。

3）高亮度：利用激光束会聚最高可产生达几百万度的温度。

2. 激光测距的基本原理

传统的激光测距原理可大致描述为光速和激光从发出到接收往返时间一半的乘积，就是测距仪和被测量物体之间的距离。以激光测距仪为例，具体的数学表述为：如果光以速度 c 在空气中传播，在 A、B 两点间往返一次所需时间为 t，则 A、B 两点间距离 D 可表示为

$$D=\frac{ct}{2} \tag{5-6}$$

由式(5-6)可知，要测量 A、B 两点间距离，实际上是要测量光传播的时间 t。根据测量时间方法的不同，激光测距仪通常可分为相位式和脉冲式两种测量形式。

3. 激光测距的分类

（1）相位式激光测距　相位式激光测距是用无线电波段的频率，对激光束进行幅度调制并测定调制光往返测线一次所产生的相位延迟，再根据调制光的波长，换算此相位延迟所代表的距离，即用间接方法测定出光经往返测线所需的时间。

若调制光角频率为 ω，在待测量距离 D 上往返一次产生的相位延迟为 φ，则对应时间 t 可表示为

$$t=\frac{\varphi}{\omega} \tag{5-7}$$

将此关系代入关系式 $D=ct/2$，距离 D 可表示为

$$D=\frac{1}{2}ct=\frac{1}{2}c\frac{\varphi}{\omega}=\frac{c}{4\pi f}(N\pi+\Delta\varphi)=\frac{c}{4f}(N+\Delta N) \tag{5-8}$$

式中，φ 为信号往返测线一次产生的总的相位延迟；ω 为调制信号的角频率，$\omega=2\pi f$；N 为测线所包含调制半波长个数；$\Delta\varphi$ 为信号往返测线一次产生相位延迟不足 π 部分；ΔN 为测线所包含调制波不足半波长的小数部分，$\Delta N=\varphi/\omega$。

在给定调制和标准大气条件下，频率 $\frac{c}{4\pi f}$ 是一个常数，此时距离的测量变成了测线所包含半波长个数的测量和不足半波长的小数部分的测量即测 N 或 φ，由于近代精密机械加工技术和无线电测相技术的发展，已使 φ 的测量达到很高的精度。

为了测得不足 π 的相角 φ，可以通过不同的方法来进行测量，通常应用最多的是延迟测相和数字测相，目前短程激光测距仪均采用数字测相原理来求得 φ。

（2）脉冲式激光测距 简单来说，脉冲式激光测距就是针对激光的飞行时间差进行测距，它是利用激光脉冲持续时间极短、能量在时间上相对集中、瞬时功率很大的特点进行测距。该方法在有合作目标时，可以达到很远的测程；在近距离测量（几千米内）即使没有合作目标，在精度要求不高的情况下也可以进行测距。该方法主要用于地形测量、战术前沿测距、导弹运行轨道跟踪、激光雷达测距以及人造卫星、地月距离测量等。

脉冲式激光测距原理如图 5-6 所示。由激光发射系统发出一个持续时间极短的脉冲激光，经过待测距离 L 之后，被目标物体反射，发射脉冲激光信号被激光接收系统中的光电探测器接收，时间间隔电路通过计算激光发射和回波信号到达之间的时间 t，得出目标物体与发射出的距离 L。其精度取决于激光脉冲的上升沿、接收通道带宽、探测器信噪比和时间间隔精确度。

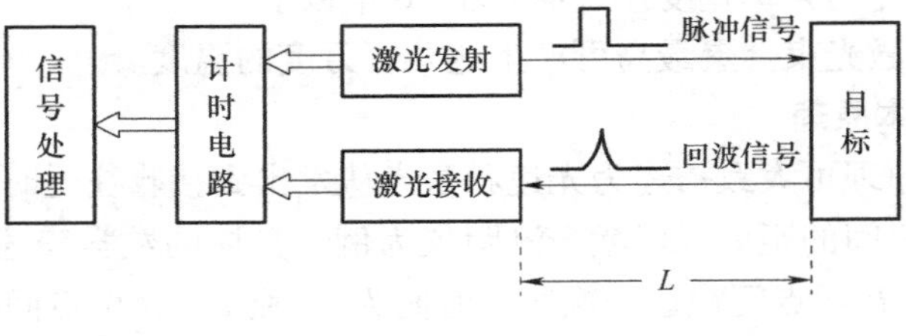

图 5-6　脉冲式激光测距原理图

（3）激光三角反射法测距 激光位移传感器的测量方法称为激光三角反射法。激光测距仪的精度是一定的，同样的测距仪测 10m 与 100m 的精度是一样的。而激光三角反射法测量精度是跟量程相关的，量程越大，精度越低。

激光三角反射法原理如图 5-7 所示：半导体激光器 1 被镜片 2 聚焦到被测物体 6；反射光被镜片 3 收集，投射到线性 CCD 阵列 4 上；信号处理器 5 通过三角函数计算线性 CCD 阵列 4 上的光点位置得到距物体的距离。

激光发射器通过镜头将可见红色激光射向物体表面，经物体反射的激光通过接收器镜头，被内部的 CCD 线性相机接收，根据不同的距离，CCD 线性相机可以在不同的角度下“看见”这个光点。根据这个角度即知激光和相机之间的距离，数字信号处理器就能计算出传感器和被测物体之间的距离。

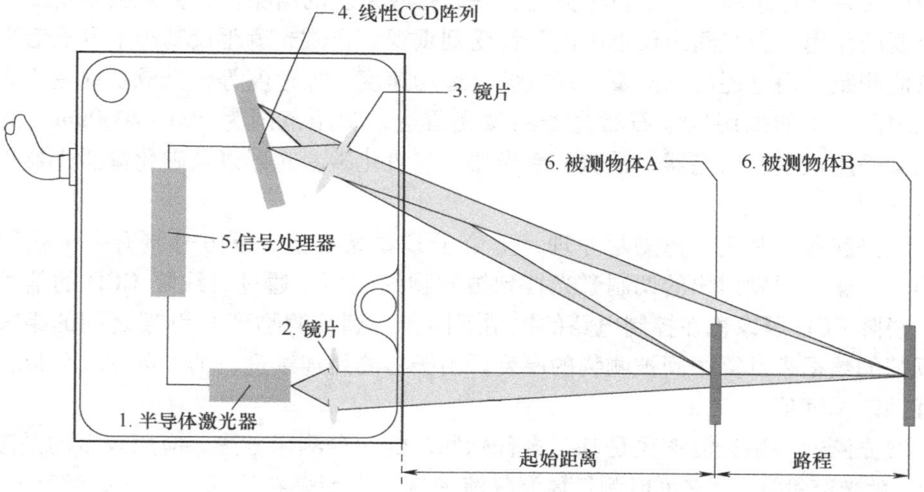

图 5-7　激光三角反射法原理图

同时，光束在接收元件的位置通过模拟和数字电路处理，并通过微处理器分析，计算出相应的输出值，并在用户设定的模拟量窗口内，按比例输出标准数据信号。如果使用开关量输出，则在设定的窗口内导通，窗口之外截止。另外，模拟量与开关量输出可设置独立检测窗口。

（4）激光回波分析法　激光位移传感器采用回波分析原理来测量距离可以达到一定程度的精度。传感器内部由处理器单元、回波处理单元、激光发射器、激光接收器等部分组成。激光位移传感器通过激光发射器每秒发射一百万个脉冲到检测物并返回至接收器，处理器计算激光脉冲遇到检测物并返回接收器所需时间，以此计算出距离值。该输出值是将上千次的测量结果进行平均，然后输出。激光回波分析法适用于远距离测距。

激光位移传感器能够利用激光的高方向性、高单色性和高亮度等特点可实现无接触远距离测量。激光位移传感器(磁致伸缩位移传感器)就是利用激光的这些优点制成的新型测量仪表，它的出现使位移测量的精度、可靠性得到极大的提高，也为非接触位移测量提供了有效的测量方法。

4. 激光传感器的应用

利用激光的高方向性、高单色性和高亮度等特点可实现无接触远距离测量。激光传感器常用于长度、距离、振动、速度、方位等物理量的测量，还可用于探伤和大气污染物的监测等，应用领域越来越广泛。下面主要介绍激光传感器的四点应用：

（1）激光测长　精密测量长度是精密机械制造工业和光学加工工业的关键技术之一。现代长度计量多是利用光波的干涉现象来进行的，其精度主要取决于光的单色性的好坏。激光是最理想的光源，它比以往最好的单色光源(氪-86 灯)还纯 10 万倍。因此激光测长的量程大、精度高。由光学原理可知单色光的最大可测长度 L 与波长 λ 和谱线宽度 δ 之间的关系是 $L=2\lambda/\delta$。用氪-86 灯可测最大长度为 38. 5cm，对于较长物体就需分段测量而使精度降低。若用氦氖气体激光器，则最大可测几十千米。一般测量数米之内的长度，其精度可达 0. 1μm。

（2）激光测距　激光测距的原理与无线电雷达相同，将激光对准目标发射出去后，测量它的往返时间，再乘以光速即得到往返距离。由于激光具有高方向性、高单色性和高功率等优点，因此其在测远距离、判定目标方位、提高接收系统的信噪比、保证测量精度等方面都发挥着重要的作用，激光测距仪也因此日益受到重视。在激光测距仪基础上发展起来的激光雷达不仅能测距，而且还可以测量目标方位、运动速度和加速度等，已成功地用于人造卫星的测距和跟踪，比如采用红宝石激光器的激光雷达，测距范围为500~2000km，误差仅几米。目前常采用红宝石激光器、钕玻璃激光器、二氧化碳激光器以及砷化镓激光器作为激光测距仪的光源。

（3）激光测厚 利用三角测距原理，上位于C型架的上、下方分割有一个精密激光测距传感器，由激光器发射出的调制激光打到被测物的表面，通过对线阵CCD的信号进行采样处理，线阵CCD摄像机在控制电路的控制下同步得到被测物到C型架之间的距离，通过传感器反馈的数据来计算中间被测物的厚度。由于检测是连续进行的，因此就可以得到被测物的连续动态厚度值。

（4）激光测速 激光测速也是基于多普勒原理的一种测速方法，应用较多的是激光多普勒流速计（激光流量计），它可以测量风洞气流速度、火箭燃料流速、飞行器喷射气流流速、大气风速和化学反应中粒子的大小及汇聚速度等。激光多普勒测速仪是测量通过激光探头的示踪粒子的多普勒信号，再根据速度与多普勒频率的关系得到速度。由于是激光测量，对于流场没有干扰，测速范围宽，而且由于多普勒频率与速度是线性关系，和该点的温度、压力没有关系，激光多普勒测速仪是目前世界上速度测量精度最高的仪器。

5.4 定位导航系统

全球导航卫星系统（Global Navigation Satellite System，GNSS）是能在地球表面或近地空间的任何地点为用户提供全天候的三维坐标和速度以及时间信息的空基无线电导航定位系统，包括一个或多个卫星星座及其支持特定工作所需的增强系统。其中包含有高度数据，高度数据是利用GNSS提供位置信息。目前联合国卫星导航委员会已认定的GNSS供应商有：GPS（美国）、北斗系统（中国北斗卫星导航系统）、GLONASS（俄罗斯）、GALILEO（欧盟）。

这些卫星导航系统在室外定位方面已经非常成熟，并且能取得较好的定位导航精度。但是卫星信号难以穿越墙壁，导致GPS等卫星导航系统无法在室内使用。目前，室内定位较为常用的是超宽带（Ultra WideBand，UWB）技术，这是一种无载波通信技术，室内定位精度可达厘米级，已广泛应用于人员定位、车辆定位和物品定位等。

5.4.1 GPS（美国）

全球定位系统（Global Positioning System，GPS）的全称为导航卫星定时和测距系统（Navigation Satellite Timing And Ranging Global Positioning System，NAVSTAR GPS），它是一种基于卫星的无线导航系统，是由美国国防部设计和运行的、旨在为军事和民用领域提供精确的授时和定位服务。GPS最初的设计标准为：全球性覆盖；持续地、全天候地提供服务；高动态情况下可提供较高精度的定位。每一个用户接收机通过接收来自卫星网络的信号，来计算它们的大致位置，并且在无网络或没有外部输入的情况下能够实现纳秒级别的定时。

GPS是最早研发使用的全球定位系统，相对于其他三种卫星导航系统，GPS发展成熟、应用广泛、芯片制造商较多、可供选择的芯片性能稳定，在种类、功耗以及价格上有明显优势，因此GPS广泛应用于无人自主飞行器的飞行控制系统，以获得位置信息进行导航控制。

1. GPS 组成

全球定位系统主要由三个部分组成：空间部分、地面监控部分、用户设备部分，它们分别由空间 GPS 卫星、地面监控监测网络和接收卫星信号的用户设备组成，如图 5-8 所示。GPS 的工作原理可以简单描述为：地面监控部分实时地监控、计算空间部分的各颗 GPS 卫星的运行轨道信息，并将卫星的轨道信息发送给卫星，卫星再将这些轨道信息发送到用户接收机上，用户接收机根据卫星轨道信息计算自身的空间位置。

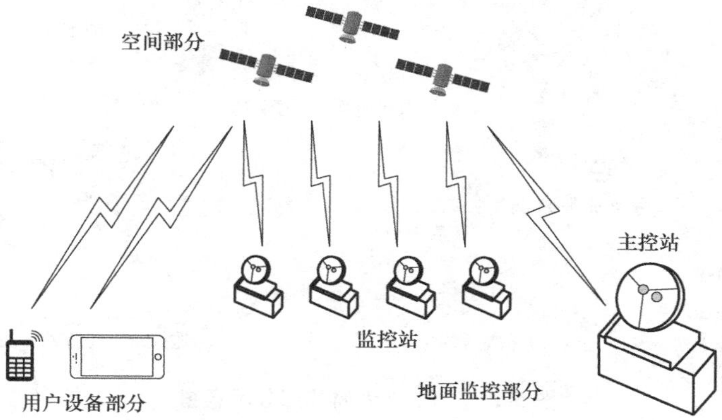

图 5-8　GPS 组成

（1）空间部分　GPS 空间部分在设计之初由 24 颗卫星组成，它们平均分布在 6 条轨道上，每条轨道上有 4 颗卫星，以保证地球上任何位置在任何时间里都能够观测到至少 5 颗卫星，如图 5-9 所示。当然，这是在 1995 年 GPS 启用时的数量，在随后的几年时间内，又陆续发射了几颗卫星，到目前为止 GPS 卫星的总数已经达到了 31 颗，以保证接收机在任何时候、任何位置能够观测到更多的卫星，实现更加准确的定位。

GPS 卫星属于中轨卫星，距离地球中心大约 26600km，每颗卫星的轨道周期约为 11 小时 58 分，每个轨道面和地球赤道面成 55°夹角，相邻两颗卫星的轨道面的升交点经度成 60°夹角。假设地球的平均半径约为 6378km，那么 GPS 卫星距离地球表面的高度大约为 20222km。

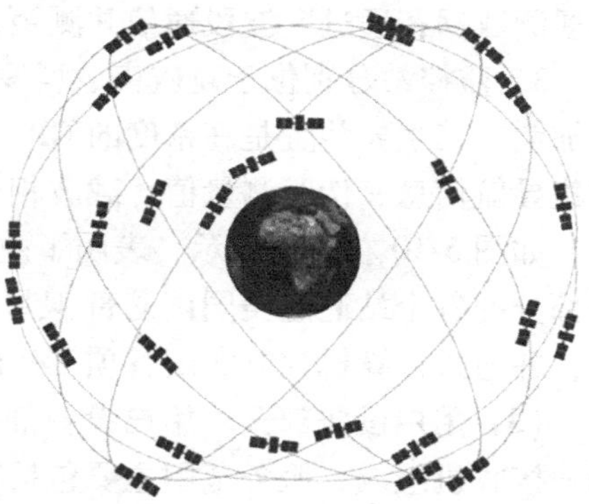

图 5-9　GPS 卫星空间分布图

为了区别 GPS 卫星，美国国防部通过 SVN(Space Vehicle Numbers)来给每颗卫星进行编号。然而，卫星会经历使用和淘汰的过程，因此，为了便于更好的使用，可以使用它们发射的独一无二的序列码来区分它们，这就是伪随机噪声（Pseudo-Random Noise, PRN）。PRN 被预先定义为 32 个数字序列，每颗卫星在任何时刻都只发射序列中的一个，不会存在同一时刻有两颗卫星发出相同序列码的情况，因此，在某一时刻，可以使用 PRN 来唯一标记 GPS 卫星。

GPS 卫星的基本功能可以总结为：接收来自地面监控部分的导航数据并向地面进行转发，同时，接收来自地面监控部分的控制指令，来调整卫星自身的运动姿态以维持 GPS 定位系统的稳定性。

（2）地面监控部分 为了保障 GPS 运行的稳定性，需要地面监控部分的严格监控。地面监控部分主要由 6 个监测站、4 个注入站和 1 个主控站组成，如图 5-10 所示。

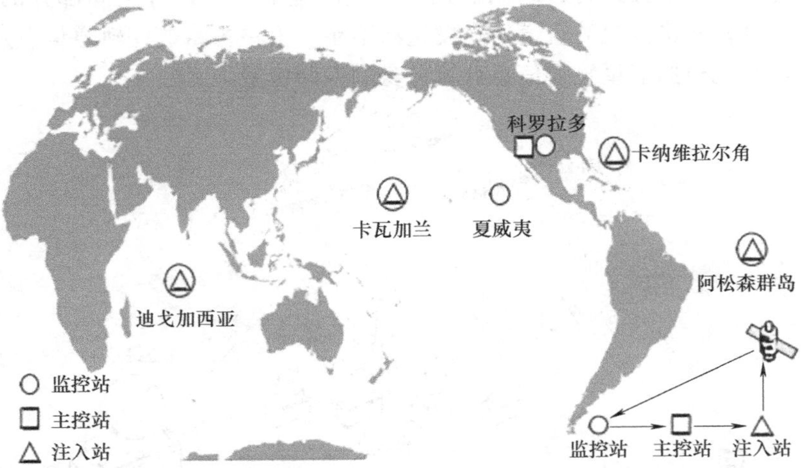

图 5-10　GPS 地面监控部分示意图

1）主控站位于科罗拉多州科罗拉多斯普林斯的施里弗空军基地，其主要功能为：提供 GPS 卫星的控制命令；利用全球监测站的数据来计算卫星的精确位置；生成通过注入站发送给卫星的导航信息；监测 GPS 卫星的广播信号和 GPS 的完整性，以确保 GPS 的健康状态和准确性；负责 GPS 卫星的维护和异常处理，包括卫星的空间姿态调整以保持 GPS 最佳的定位性能。

2）注入站分别位于卡纳维拉尔角（大西洋）、阿松森群岛（大西洋）、迪戈加西亚（印度洋）、卡瓦加兰（太平洋），它们的主要功能为：给卫星发送命令、导航数据、处理程序；收集遥测数据；通过 S 波段通信并测距，以提供异常处理和早期的轨道数据。

3）监控站分别位于夏威夷、科罗拉多、卡纳维拉尔角、阿松森群岛、迪戈加西亚、卡瓦加兰，其主要装置是高精度的 GPS 设备及环境数据传感器，主要作用是：追踪 GPS 卫星；收集导航信息、伪距测量值、载波相位测量值以及大气数据等；将观测的数据传给主控站。

如图 5-10 右下角所示，表明了主控站、注入站和监控站三者之间数据的流向。地面控制部分的各个站通过美国国防部卫星通信系统保持联络，在高精度原子钟的驱动下保持同步，并通过计算机控制实现各项工作的自动化和标准化。

（3）用户设备部分 用户设备部分可以简单地理解为常见的 GPS 接收机，它由无数个用户接收机组成，服务范围主要包括军事上的高精度定位服务和数以千万的民用、商业、科学领域的标准定位服务。接收机通过接收来自 GPS 卫星的导航信息，经过信号处理、数据解析来实现定位，而这一切都需要空间部分和地面监控部分提供基础。一般来说，GPS 接收机主要由接收机硬件部分、数据处理软件、终端显示组成，其中硬件部分主要由天线、微处理器、高效稳定的时钟、电源组成。一个接收机的性能通常使用通道数来加以描述，这决定了该接收机能够捕获到的卫星的数量。GPS 系统建立的初期，接收机的通道数被限制在 4~5 个，随着时间的推移，通道数逐渐增加，到 2007 年之后，接收机的通道数增加到 12~20 之间。

用户设备的主要功能是捕获 GPS 卫星的信号并持续跟踪，解算出接收机天线到卫星的伪距，并从导航电文中解调出卫星轨道参数等，从而进一步计算出用户自身的经纬高度、速度、时间等信息。

2. GPS 定位原理

在 GPS 定位中，无论采用哪一种定位方法，都是通过 GPS 接收机接收 GPS 卫星的信号加以处理，解算出 GPS 接收机到 GPS 卫星的距离，再利用测量学中的交会法测量原理确定 GPS 接收机的位置。

伪距是 GPS 定位中最基本的一个观测值，它的物理意义表示为 GPS 接收机到 GPS 卫星之间的物理距离。但是，由于各种误差的存在，GPS 接收机的真实值往往和接收机输出的未经处理过的原始测量值不一致，这种带有误差的观测距离通常称为伪距。伪距的表达式为

$$\rho=r+\Delta r \tag{5-9}$$

式中，ρ 为伪距；r 为真实的距离；Δr 由确定性距离误差和随机性距离误差两部分组成。确定性距离误差是由用户接收设备的时钟与卫星系统时钟不同步引起的；随机性距离误差则由各种原因产生，包括星历误差、传输误差、接收设备分辨误差以及噪声影响等。为了获得真实的距离，在卫星定位解算过程，需要设计方法消除距离误差。

GPS 定位的原理和测量学中的空间距离后方交会法测量原理类似，利用空间分布的 GPS 卫星到 GPS 接收机的距离求解出定位结果，可以采用单星、双星、三星以及多星（四颗以上）来实现定位。单星定位是利用一颗卫星在相近的不同时间点上，通过测量卫星与用户接收机之间的伪距来实现定位，但这种方法要求用户的接收设备采用高精度的原子钟且用户运动速度很慢，因此单星定位不适合空中机器人大机动飞行过程中的定位。双星和三星定位都需要用户发射导航信号，并且用户和地面中心之间需要建立双向通道，它们都只能获得二维定位信息，第三维定位信息必须通过其他手段获得。多星定位的基本原理是通过用户接收设备与多个卫星之间的测距信息，建立联立方程来获得用户位置信息。

假设卫星之间的时间同步，假设在 t 时刻，有一个 GPS 接收机同时捕获到三颗 GPS 卫星的信号，三颗卫星在地心地固坐标系（Earth-Centered，Earth-Fixed，ECEF）内所对应的坐标表示为 (x_1,y_1,z_1)、(x_2,y_2,z_2)、(x_3,y_3,z_3)，接收机至三颗卫星的距离分别表示为 ρ_1、ρ_2、ρ_3。三星 GPS 定位原理示意图如图 5-11 所示。

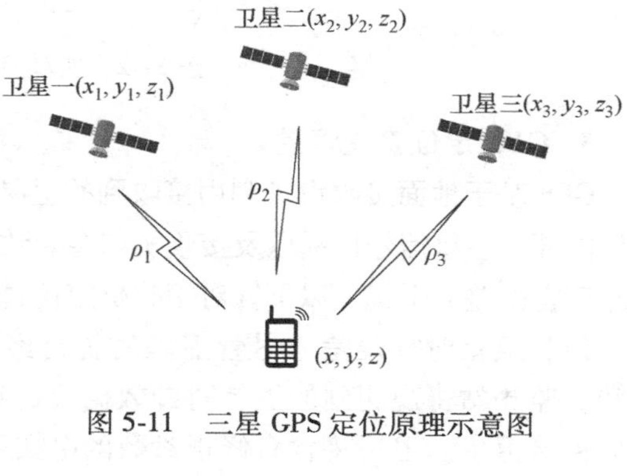

图 5-11　三星 GPS 定位原理示意图

根据几何数学的知识可以列出以下方程：

$$\begin{cases}\sqrt{(x_1-x)^2+(y_1-y)^2+(z_1-z)^2}=\rho_1\\ \sqrt{(x_2-x)^2+(y_2-y)^2+(z_2-z)^2}=\rho_2\\ \sqrt{(x_3-x)^2+(y_3-y)^2+(z_3-z)^2}=\rho_3\end{cases} \tag{5-10}$$

式中，(x,y,z)表示待求解的 GPS 接收机的位置；ρ_1、ρ_2、ρ_3 可以通过 GPS 接收机测算的 GPS 信号传播时间乘以光速得到；卫星的空间坐标可以通过导航电文中的星历数据得到。

通过式(5-10)，理论上可以求解出接收机的位置坐标，但是在实际应用中，GPS 接收机

存在较大的时钟误差，也就是ρ_1、ρ_2、ρ_3的值不准确，需要将本地用户时钟和卫星时钟之间的时钟误差考虑进去。因此，在利用伪距测量三维定位过程中有四个未知量，所以GPS接收机至少需要捕获四颗GPS卫星才能进行接收机位置的解算，四星GPS定位原理示意图如图5-12所示。公式如下：

$$\begin{cases}\sqrt{(x_1-x)^2+(y_1-y)^2+(z_1-z)^2}+c\cdot\delta t_u=\rho_1\\\sqrt{(x_2-x)^2+(y_2-y)^2+(z_2-z)^2}+c\cdot\delta t_u=\rho_2\\\sqrt{(x_3-x)^2+(y_3-y)^2+(z_3-z)^2}+c\cdot\delta t_u=\rho_3\\\sqrt{(x_4-x)^2+(y_4-y)^2+(z_4-z)^2}+c\cdot\delta t_u=\rho_4\end{cases} \tag{5-11}$$

式中，δt_u表示GPS接收机的时钟误差；c表示光速；(x_4,y_4,z_4)表示第四颗卫星的空间位置坐标；ρ_4表示第四颗卫星至GPS接收机的距离。

式(5-11)包含四个方程、四个未知数，可确定其唯一解。如果同时可用卫星个数更多，则上述方程组变为超定方程组，可使用最小二乘法进行数值求取最优解，增加了问题对测量误差的鲁棒性。

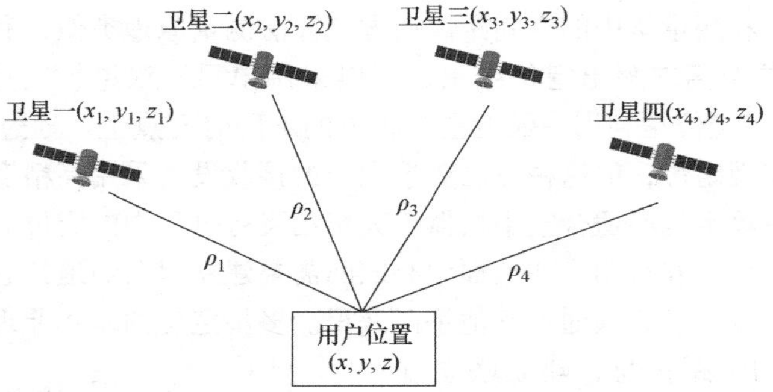

图5-12　四星GPS定位原理示意图

3. GPS定位系统误差

GPS基于地面接收设备利用接收到的卫星信息以确定用户位置即三维坐标信息，而在GPS卫星内部、卫星信号传播以及接收机都会导致误差的产生。为了获取接收机的准确定位，必须排除有害误差的干扰。以下针对接收机定位过程中遇到的各类误差，进行简要叙述。

（1）卫星时钟误差　尽管卫星时钟已经很精确，但是随着时间推移，仍然会偏离GPS时间。监测站将观测到的卫星时钟数据传送到地面监测部分，并计算卫星时钟的修正参数，然后传给卫星。卫星将含有修正参数的电文发送出来，使得接收机能够在伪距测量中对卫星时钟误差进行修正。

（2）接收机时钟偏差　接收机采用低成本的时钟设备，其精度低于卫星时钟，且存在固有偏差。相同情况下，该时钟偏差可能影响所有的观测量。因此，建立的四个有效伪距量测方程，能够将该偏差和接收机的坐标位置一起估算出来。

（3）相对论效应误差　同一情况下，运动着的时钟相对于静止的时钟之间，有着一定的时钟频率之差。当GPS卫星高速运动时，根据爱因斯坦相对论，相对于地面静止钟，卫星钟的频率发生频率偏移，因此产生误差。

（4）电离层延迟误差　电离层内含有电离气体，位于离地面60~1000km空间。卫星发射的无线电波，必须穿过电离层才能被接收机接收到。由于太阳的活动，电离层的电离程度不一致，从而影响电离层的折射率，进而改变 GPS 信号在电离层中的传播时间，电离层延迟误差因此出现。同时，低轨道卫星的信号穿过电离层的倾斜路径比高轨道大，因此，卫星运行高度也会产生这一误差。

（5）对流层延迟误差　对流层的大气成分主要是干燥气体（氮氧混合气体）和水蒸气。相对电离层来说，对流层表现为电中性，其折射率与 GPS 频率无关。但是由于折射现象的存在，会导致信号的传输速度相对真空有所降低。且由于卫星仰角的不同，测距观测量也会产生 2.5~25m 的对流层测距误差。

（6）多路径误差　测量时，GPS 信号通过多种不同的路径到达接收机前段。这些路径不仅包括直接到达的信号本身，还包括在接收天线周围反射回来的信号。非直接到达的信号是存在延时的，并且具有很低的信噪比。由于接收天线被反射信号干扰，导致多径问题改变了原始信号，从而使测量距离产生 10m 左右的偏差。同时，利用改善接收机电路设计等方式能够降低多路径误差。

（7）卫星轨道误差　卫星轨道误差是由于卫星的实际位置与接收机利用卫星星历计算的卫星空间位置不一致而产生的误差。地面监控部分利用前一时刻卫星空间位置与地球引力公式对卫星轨道进行预测，并将预测结果上传至卫星，利用卫星星历播发给用户使用。而卫星星历采用曲线拟合的方式对卫星轨道进行预测，此方法相对卫星实际运行轨道会产生随时间变化的残余误差。一般情况下，卫星轨道的误差在 2~5m 之间。

（8）接收机噪声　接收机噪声是 GPS 接收机本身固有的测量误差，很多因素都能导致其出现，比如天线的设计电路、高频信号的干扰以及信号的量化与采样等。接收机噪声会导致 GPS 信号发射时间的不准确性。

5.4.2　北斗系统（中国北斗卫星导航系统）

北斗卫星导航系统（以下简称“北斗系统”）是我国正在实施的自主发展、独立运行的全球卫星导航系统。北斗系统是我国着眼于国家安全和经济社会发展需要，自主建设运行的全球卫星导航系统，是为全球用户提供全天候、全天时、高精度的定位、导航和授时服务的国家重要时空基础设施。近年来，随着北斗系统的发展，它将从提供区域性定位导航服务逐步发展成为可在全球范围内全天候、全天时为各类用户提供高精度、高可靠的定位、导航、授时服务，且具备短报文通信能力。

2012 年 12 月，北斗系统空间信号接口控制文件正式版 1.0 公布，北斗导航业务正式对亚太地区提供无源定位、导航、授时服务。目前，服务区为南北纬 55°、东经 55°~180°区域，定位精度优于 10m，测速精度优于 0.2m/s，授时精度优于 50ns。2035 年前还将建设完善更加泛在、更加融合、更加智能的综合时空体系。

北斗系统由空间段、地面段和用户段三部分组成：北斗系统空间段由若干地球静止轨道卫星、倾斜地球同步轨道卫星和中圆地球轨道卫星等组成；北斗系统地面段包括主控站、时间同步/注入站和监测站等若干地面站，以及星间链路运行管理设施；北斗系统用户段包括北斗兼容其他卫星导航系统的芯片、模块、天线等基础产品，以及终端产品、应用系统与应用服务等。

北斗系统具有以下特点：一是北斗系统空间段采用三种轨道卫星组成的混合星座，与其他卫星导航系统相比，北斗系统的高轨卫星更多，抗遮挡能力强，尤其低纬度地区性能优势更为明显；二是北斗系统提供多个频点的导航信号，能够通过多频信号组合使用等方式提高服务精度；三是北斗系统创新融合了导航与通信能力，具备定位导航授时、星基增强、地基增强、精密单点定位、短报文通信和国际搜救等多种服务能力。

随着北斗系统的民用化，北斗接收模块被广泛应用于车辆导航定位中。如今，北斗接收模块体积小、成本低、功耗低，符合小型无人机机载设备的要求，在其提供服务的区域范围内可作为飞控系统定位导航使用。

北斗系统提供服务以来，已在交通运输、农林渔业、水文监测、气象测报、通信授时、电力调度、救灾减灾、公共安全等领域得到广泛应用，服务国家重要基础设施，产生了显著的经济效益和社会效益。基于北斗系统的导航服务已被电子商务、移动智能终端制造、位置服务等厂商采用，广泛进入中国大众消费、共享经济和民生领域，应用的新模式、新业态、新经济不断涌现，深刻改变着人们的生产生活方式。我国将持续推进北斗应用与产业化发展，服务国家现代化建设和百姓日常生活，为全球科技、经济和社会发展做出贡献。

北斗系统虽然取得了巨大成功，但是面对国际卫星导航领域的激烈竞争，北斗系统同样面临着巨大的挑战：首先，北斗坐标依附于中国大地测量参考框架（CTRF2000），而CTRF2000相对于ITRF的精度并不均匀；在确定CTRF2000时仅用了28个连续跟踪站和1000个左右的高精度GPS重复观测站资料，CTRF2000的几何结构较弱。此外，中国板块变化显著，CTRF2000的精度和可靠性均存在问题。现有北斗坐标框架坐标还不足以维持北斗坐标系与ITRF的一致性。其次，北斗卫星寿命相对较短（相对于GPS），空间部分的稳定性和可靠性还有待加强，卫星平台及有效载荷性能有提升的空间；由于硬件水平较低，北斗信号质量有改进余地，抗干扰能力有待加强；北斗卫星导航系统频率资源紧缺，直接影响信号调制水平；独立守时装备相对落后，北斗卫星时钟稳定性与国际先进水平有一些差距，时间管理体系并不十分健全。再次，现有北斗星座几何结构较弱，信号受遮挡概率较高，直接影响用户定位的连续性和可用性；北斗卫星地面跟踪站仅限国土范围，几何结构较差，直接影响北斗卫星轨道精度尤其是实时定轨与轨道预报精度，进而影响北斗的实时导航定位可靠性。要想在国际卫星导航占有一席之地，中国北斗人必须面临这些挑战，将北斗导航建设为国家经济建设和国防建设中重要的一部分。

5.4.3 GLONASS（俄罗斯）

俄罗斯全球导航卫星系统（Global Navigation Satellite System，GLONASS）是苏联国防部从20世纪80年代初开始建设的与美国GPS相抗衡的全球卫星导航系统。该系统耗资30多亿美元，1995年投入使用，现在由俄罗斯联邦航天局管理，其与GPS原理、功能十分类似。

GLONASS于1995年完成24颗中高度圆轨道卫星加1颗备用卫星组网，成为世界上第二个独立的军民两用全球卫星导航系统。该系统由卫星星座、地面监测控制站和用户设备三部分组成。卫星星座由24颗工作星和3颗备份星组成，均匀地分布在3个近圆形的轨道面上，每个轨道面8颗卫星，轨道高度19~100km，18颗卫星就能保证该系统为俄罗斯境内用户提供全部服务。地面支持系统原来由苏联境内的许多监控站完成，随着苏联的解体，GLONASS的地面支持已经减少到只有俄罗斯境内的场地了，系统控制中心和中央同步处理器位于莫斯科，遥测遥控站位于圣彼得堡、捷尔诺波尔、埃尼谢斯克和共青城。GLONASS单点定位精度水平方向为16m，垂直方向为25m。与美国的GPS不同的是，GLONASS采用频分多址（FDMA）方式，根据载波频率来区分不同卫星（GPS是码分多址（CDMA），根据调制码来区分卫星）。俄罗斯对 GLONASS 采用了军民合用、不加密的开放政策。与美国的 GPS 相比，GLONASS 导航精度相对较低，应用普及情况远不如 GPS，其最大价值在于抗干扰能力强。

GLONASS 卫星设计工作寿命只有 3 年，系统建成后原来在役的卫星陆续退役，系统的大部分卫星老化。俄罗斯由于财政困难，航天拨款严重不足，无法发射足够的新卫星取代已到寿命的卫星，以致到 20 世纪 90 年代后期工作卫星数量减少到不足 10 颗，已不能独立组网，陷入功能不完善的状态，只能与 GPS 联合使用。

俄罗斯政府于 1996 年宣布 GLONASS 全球卫星导航系统正式建成。从 2003 年开始，GLONASS 系统进入全面升级阶段，寿命更长、通信系统更为稳定的新型 GLONASS-M 卫星陆续发射并入轨运行，进入 2010 年后，5 颗 GLONASS-M 卫星的发射成功标志着新一代 GLONASS 系统正式完成组网建设。2011 年，具有更轻便体积和更长久寿命的 GLONASS-K1 卫星的发射标志着 GLONASS 系统进入了第三代发展阶段。随后该颗卫星播发的码分多址（CDMA）信号被地面检测站首次捕获，使得 GLONASS 的信号编码方式实现了重大转变，并在 2011 年底实现了全球覆盖能力。

截至 2020 年 10 月，GLONASS 系统共包含 28 颗卫星，其中 24 颗卫星运行在工作状态，2 颗卫星处于后备状态，1 颗卫星处于维修状态，1 颗卫星正在进行飞行测试。

与 GPS、GALILEO 以及北斗系统相比，GLONASS 的定位精度稍微低一些，但由于 GLONASS 采用的是频分多址，各个卫星的载波频率都不一样，故它能够很好地避免整个系统同时被干扰，即抗干扰能力最好。但也因为它与其他三个系统的卫星识别方式不同，其接收机不可能通用，所以在今后它将面临巨大的成本压力。

5.4.4　GALILEO（欧盟）

欧洲伽利略卫星导航（GALILEO）系统是为了摆脱对美国 GPS 的依赖，欧空局和欧盟于 1999 年合作启动的项目。计划中的 GALILEO 系统由 30 颗卫星组成，可以提供定位精度为 1m 的民用信号。

伽利略卫星导航系统是全球首个基于民用的全球定位系统。根据欧洲航天局（空间局）发布的消息，在轨测试阶段的伽利略卫星导航系统的定位精度 95%水平面误差为 3m、垂直误差为 6m。

2002 年，欧盟批准建设伽利略卫星导航系统，整个系统的建设分为两个阶段。第一阶段是在轨测试，包括 2 颗试验卫星和一个由 4 颗运行卫星组成的卫星星座。2005 年 12 月 28 日，首颗试验卫星 Glove-A 发射成功，标志着 GALILEO 系统建设的里程碑。Glove-A 进入 23260km 高的轨道后，先后顺利地完成了太阳能电池帆板展开和星载计算机软件的上载、系统功能检测等活动。2007 年 1 月 12 日，Glove-A 开始向地面控制中心发送信号。目前，该卫星正在轨道上进行各种功能模块测试。第二颗试验卫星 Hove-B 已经于 2007 年 4 月 27 日由俄罗斯“联盟”运载火箭从哈萨克斯坦境内的拜科努尔发射场升空。2008 年底再次发射一颗实验卫星 Glove-B。2011 年 10 月，欧洲航天局（空间局）发射了 2 颗运行卫星并成功送入第一轨道面，随后又于 2012 年 10 月，发射 2 颗运行卫星并成功送入第二轨道面。第二阶段是全面部署阶段。2015 年 3 月 30 日，欧洲再发射 2 颗伽利略导航卫星。2019 年 7 月 14 日，受与地面基础设施相关的技术问题影响，伽利略系统的初始导航和计时服务暂时中断。2019 年 8 月 18 日，伽利略卫星定位系统修复完毕，定位和导航服务已经恢复正常。

伽利略系统是欧洲自主、独立的全球多模式卫星定位导航系统，可以提供高精度、高可靠性的定位服务，实现完全非军方控制、管理，可以进行覆盖全球的导航和定位功能。伽利略系统能够与美国的GPS、俄罗斯的GLONASS实现多系统内的相互合作，任何用户将来都可以用一个接收机采集各个系统的数据或者通过各系统数据的组合来实现定位导航的要求。伽利略系统可以分发实时的米级定位精度信息，这是现有的卫星导航系统所没有的。同时伽利略系统能够保证在许多特殊情况下提供服务，如果失败也能够在几秒钟内通知用户，对安全性有特殊要求的情况如运行的火车、导航汽车、飞机着陆等，伽利略系统的应用就特别适合。该民用系统将为海上和陆上交通提供极大的便利，将为欧洲公路、铁路、空中和海洋运输、欧洲共同防务甚至是徒步旅行者有保障地提供精度为1m的定位导航服务。与美国的GPS相比，伽利略系统更先进、更可靠。美国的GPS向别国提供的卫星信号，只能发现地面大约10m长的物体，而伽利略的卫星则能发现1m长的目标。一位军事专家形象地比喻说，GPS只能找到街道，而伽利略则可找到家门。

5.4.5 UWB室内无线定位技术

无线定位技术领域可分为广域定位和短距离无线定位：广域定位可分为卫星定位和移动定位；短距离定位主要包括无线局域网(Wireless Local Area Network，WLAN)、射频识别(Radio Frequency Identification，RFID)、超宽带(UWB)、蓝牙、超声波等。在空中机器人飞行控制系统中，导航与定位是非常重要的一部分，它可以为机器人提供自身的位置信息以完成机器人导航、避障等任务。在有卫星信号覆盖的区域，可以使用GPS等进行定位，然而卫星信号在室内会被严重地影响，从而导致GPS等卫星定位方法无法正常工作。所以在室内定位问题上，主要采用的是无线通信、基站定位、惯导定位等多种技术集成的一套室内定位体系，从而实现人员、物体等在室内空间中的定位任务。在各种不同的无线网络中快速、准确、稳定地获取移动位置信息的定位技术及其定位系统是当前的研究热点。当前应用广泛的无线定位技术与无线定位测量方法的关联状况如图5-13所示。

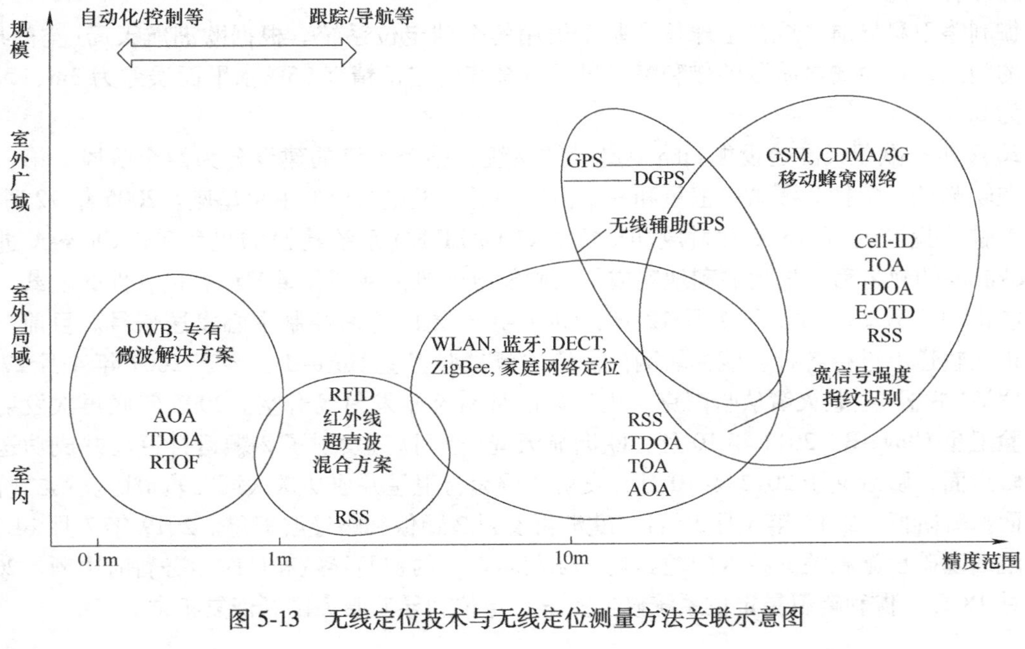

图5-13 无线定位技术与无线定位测量方法关联示意图

与室外环境相比，在室内环境中进行精准的位置信息感测更加具有挑战性，其中的部分原因是各种物体反射和信号的分散。而UWB是室内定位领域的一项新兴技术，与其他定位技术相比，它具有更好的性能、更高的精度，更适用于室内定位。表5-1是UWB与其他常用室内定位技术之间的比较。

表5-1　UWB与其他常用室内定位技术之间的比较

定位技术	常见的测量方法	优　势	劣　势	定位精度
UWB	TOA、TDOA	1. 定位精度高 2. 即使在存在严重的多路径情况下，也能有效地穿过墙壁、设备和任何其他障碍物；如果设计合理，不会干扰现有的射频系统	1. 设备成本较高 2. UWB相对于其他技术来说不易受到干扰，但仍然会受到金属材料的干扰	分米级定位精度
WLAN	RSS	1. 网络已广泛部署，产品成熟 2. 无须额外设备，成本低 3. 使用方便	1. 射频信号易受环境干扰 2. 具有较强的时变特性 3. 训练数据采集工作量大	定位精度3~15m
RFID	RSS	1. 无源RFID标签定位成本低 2. 有源RFID标签定位范围相对较大 3. 可根据不同的应用需求选择不同的定位方法 4. 成本低	1. 无源RFID读写器成本较高 2. 需要部署多个读写器构建定位基础设施 3. 定位覆盖范围小	标签和部署方式不同，定位精度变化较大，增加参考标签可以提高定位精度
蓝牙	RSS	1. 低功耗 2. 定位精度较高	1. 蓝牙基站不普及 2. 会受射频干扰	米级定位精度
ZigBee	RSS	1. 低功耗 2. 低成本	1. 节点基站的成本较高，高于普通有源RFID读写器的成本 2. 会受射频干扰	米级定位精度
超声波	TOA、TDOA	1. 定位精度高 2. 不受视距限制 3. 不干扰电磁波	1. 需要使用专门的硬件 2. 环境的湿度变化影响测距精度	厘米级定位精度

1. 超带宽定位技术

超宽带(UWB)定位技术是一种全新的、与传统通信技术有极大差异的通信新技术。它利用事先布置好的已知位置的基站，与新加入的标签进行通信，并利用三角定位来确定位置。它不需要使用传统通信体制中的载波，而是通过发送和接收具有纳秒或纳秒级以下的极窄脉冲来传输数据，因此具有GHz量级的带宽。

UWB室内定位系统包括UWB基站和UWB标签。定位过程中由UWB接收器接收标签发射的UWB信号，通过过滤电磁波传输过程中夹杂的各种噪声干扰，得到含有效信息的信号，再通过中央处理单元进行测距定位计算分析。

超宽带系统与传统的窄带系统相比，具有穿透力强、功耗低、抗多径效果好、安全性离、系统复杂度低、能提供精确定位等优点。因此，超宽带技术广泛应用于室内静止或者移动物体以及人的定位跟踪与导航，比如贵重物品仓储、矿井人员定位、机器人运动跟踪、汽车地库停车等。其缺点在于成本比较昂贵，网络部署复杂。

2. UWB 测距原理

UWB 的测距利用了距离、时间、速度三者之间的关系。标签、基站之间会相互发送电磁波进行通信，并且电磁波的速度是恒定不变的常量，和光速相同。所以，要想知道标签、基站之间的距离，首先要确定电磁波从标签到基站的飞行时间 t。

（1）双向飞行时间测距法 双向飞行时间（Two-Way Time-of-Flight，TW-TOF）测距法如图 5-14 所示，设备 A 首先向设备 B 发出一个数据包，并记录下发包时刻 T_{a1}，设备 B 收到数据包后，记录下收包时刻 T_{a2}。然后设备 B 等待 T_{reply} 时刻，在 T_{b2}（$T_{b2}=T_{b1}+T_{reply}$）时刻，向设备 A 发送一个数据包，设备 A 收到数据包后记录下时刻值 T_{b2}。由此可以算出电磁波在空中的飞行时间 T_{prop}，$T_{prop}=(T_{a2}-T_{a1})-(T_{b2}-T_{b1})$。飞行时间乘以光速即为两个设备间的距离。即 $S=c[(T_{a2}-T_{a1})-(T_{b2}-T_{b1})]$，其中 c 为光速。

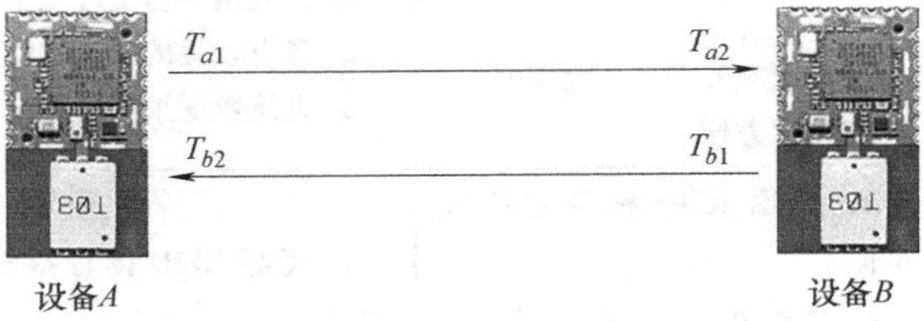

图 5-14 双向飞行时间测距法

（2）飞行时间测距法 飞行时间（Time of Flight，TOF）测距法属于双向测距技术，它主要利用信号在两个异步收发机（Transceiver）之间的飞行时间来测量节点间的距离。因为在视距视线环境下，TOF 测距的结果与距离呈线性关系，所以测量结果会更加精准。将发射端发出数据信号和接收到接收端应答信号的时间间隔记为 T_t，接收端收到发射端的数据信号和发出应答信号的时间间隔记为 T_r，如图 5-15 所示。则信号在这对收发机之间的单向飞行时间为 $T_f=(T_t-T_r)/2$，两点间的距离 $d=cT_f$，其中 c 表示电磁波的传播速度。

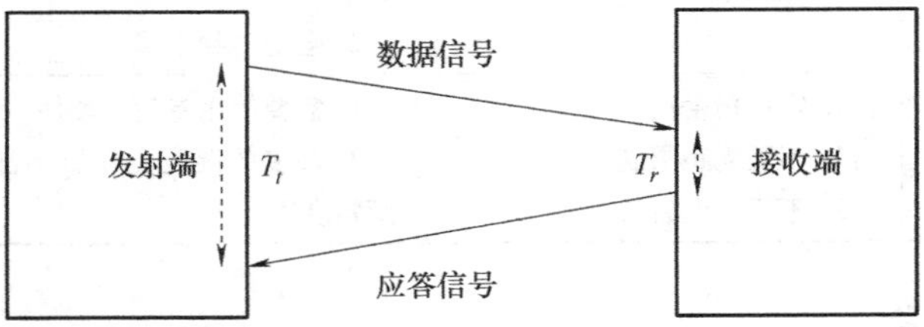

图 5-15 飞行时间测距法

TOF 测距法有两个比较严格的约束：一是发送设备和接收设备必须始终同步；二是接收设备提供信号传输时间的长短。TOF 测距法采用始终偏移量来解决始终同步问题。为了减少误差的影响，这里采用反向测量方法，即远程节点发送数据包，本地节点接收数据包，并自动响应。通过平均正向和反向多次测量的平均值，减少对任何始终偏移量的影响，从而减少测距误差。

3. UWB 的定位原理

UWB 的室内定位功能和卫星定位原理很相似，就是通过在室内布置 4 个已知坐标的定位基站，需要定位的人员或设备携带定位标签，标签按照一定的频率发射脉冲，不断地和4个已知位置的基站进行测距，通过一定的精确算法定出标签的位置，UWB定位方法如图5-16所示。

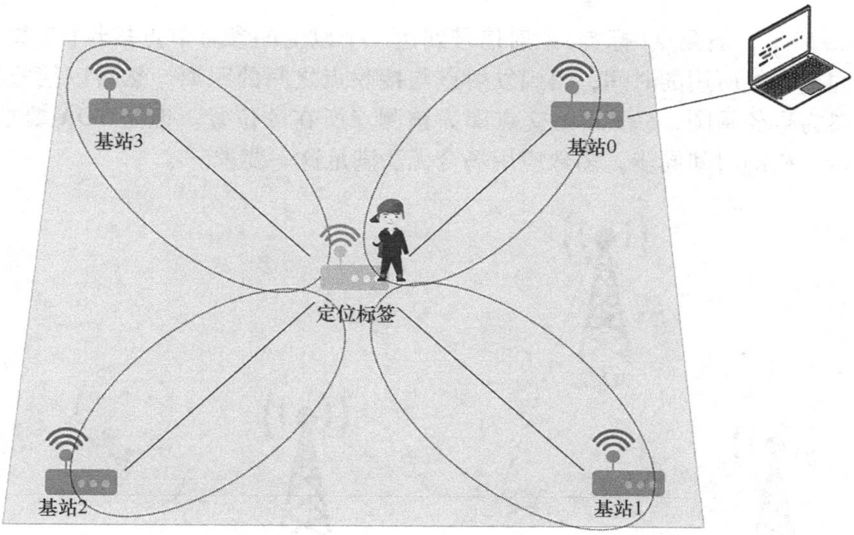

图5-16　UWB定位方法

常用的室内无线定位测量算法主要有：①基于AOA(Angle of Arrival，到达角度)的定位算法；②基于TOA(Time of Arrival，到达时间)的定位算法；③基于TDOA(Time Difference of Arrival，到达时间差)的定位算法；④基于RSS(Received Signal Strength，接收信号强度)的定位算法；⑤混合定位。

不同的算法，定位的精度也不同。为了提高定位的精度，也可以采用多种技术的组合。

(1) 基于AOA的定位算法　AOA定位算法是通过基站天线或天线阵列测出终端发射电波的入射角(电波方向与法线的夹角)进行定位，如图5-17所示。利用两个或两个以上AP接入点提供的AOA测量值，按AOA定位算法确定多条方位线的交点，即为待定终端的估计位置。

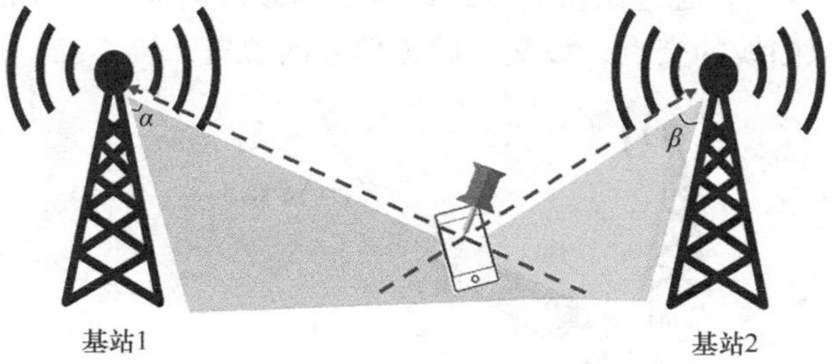

图5-17　基于AOA的定位算法

由于AOA涉及角度分辨率的问题，因此离基站越远，定位精度就越差。AOA定位算法一般不单独使用，而是配合TOF测距算法进行定位。

(2) 基于TOA的定位算法　TOA技术是指由基站向移动站发出特定的测距命令或指令信号，并要求终端对该指令进行响应。基站会记录下由发出测距指令到收到终端确认信号所花费的时间，该时间主要由射频信号在环路中的传播时延、终端的响应时延和处理时延、基站的处理时延组成。如果能够准确地得到终端和基站的响应和处理时延，就可以算出射频信号的环路传播时延。因为无线电波在空气中以光速传播，所以基站与终端之间的距离可以估算出来。

如图 5-18 所示，被测点(标签)发射信号到达 3 个以上的参考节点接收机(基站)，通过测量到达不同接收机所用的时间，得到发射点与接收点之间的距离，然后以接收机为圆心，所测得的距离为半径画圆，3 个圆的交点即为被测点所在的位置。但是 TOA 要求参考节点与被测点保持严格的时间同步，多数应用场合无法满足这一要求。

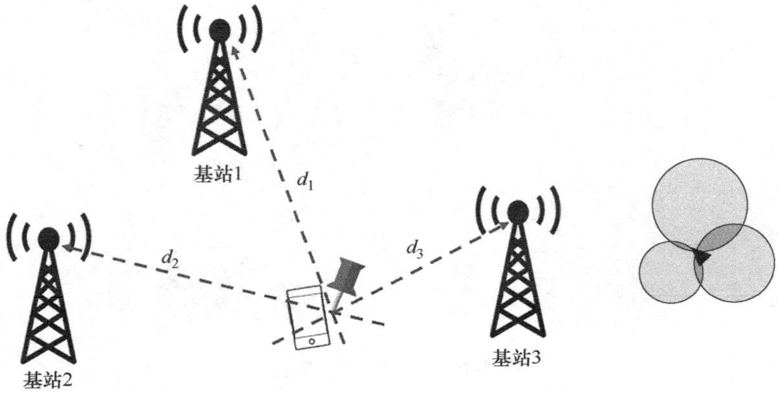

图 5-18　基于 TOA 的定位算法

该方法实现过程中，需要测得 UWB 定位标签与每个基站的距离信息，从而定位标签需要与每个基站进行来回通信，因此定位标签功耗较高。该定位方法的优势在于在定位区域内外(基站围成区域的内外)，都能保持很高的定位精度。

(3) 基于 TDOA 的定位算法　TDOA 定位算法是一种利用时间差进行定位的方法，系统中需要有精确时间同步功能。如图 5-19 所示，通过测量信号达到基站的时间，可以确定信号源的距离，利用信号源到多个无线电监测站的距离(以无线电基站为中心，距离为半径画圆)，就能确定信号的位置。通过比较信号到达多个基站的时间差，就能做出以检测站为焦点、距离差为长轴的双曲线的交点，该交点即为信号的位置。

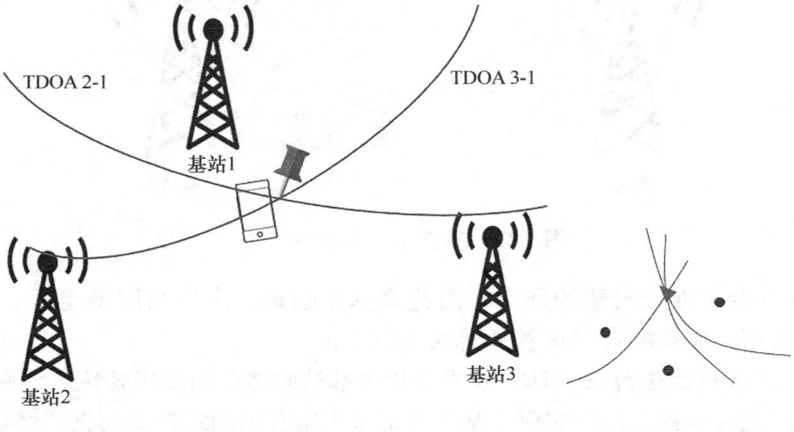

图 5-19　基于 TDOA 的定位算法

TDOA 是基于多站点的定位算法，因此要对信号进行定位必须有至少 3 个以上的监测站进行同时测量。而每个监测站的组成则相对比较简单，主要包括接收机、天线和时间同步模块。理论上现有的监测站只要具有时间同步模块就能升级为 TDOA 监测站，而不需要复杂的技术改造。

TDOA 定位不必要进行基站和移动终端之间的同步，而只需要基站之间进行同步。因为基站的位置是固定的，基站之间进行同步比基站和移动终端之间进行同步要容易实现得多。这使得 TDOA 定位比 TOA 定位更加容易实现，所以 TDOA 定位的应用非常广泛。

（4）基于 RSS 的定位算法 基于 RSS 的定位算法可以分为两种主要类型：三边测量和指纹识别。三边测量算法使用 RSS 测量来估计到三个不同参考节点的距离，从而估计当前位置；指纹识别需要收集场景 RSS 指纹的数据集，该数据集则用于将在线测量与数据集中最接近的指纹匹配用以估计位置。

RSS 根据信号的传播模型，利用接收信号的强度与信号传播距离的关系，对目标进行定位。这种方法的定位覆盖距离较近，且对信道传输模型的依赖性非常大，多径以及环境条件的变化都会使其精度严重恶化，特别是距离估计的精度与信号的带宽无关，不能发挥 UWB 带宽大的优势。基于 RSS 的定位算法与其他定位算法相比具有以下优势：在基于 RSS 的定位算法中，移动标签仅用作接收器，因此依赖于来自多个发射器的接收信号的强度来找到它们的位置，通过这种方式，基于 RSS 的定位算法倾向于具有较少的通信流量，这有助于改善信道访问控制和定位准确性。此外，较少的通信流量有助于克服对使用中的标签数量的限制。移动标签只是接收器，数量没有限制。

（5）混合定位 目前，混合定位已成为新的无线定位主流。混合定位的核心思想依赖于可靠的短程测量的使用，以提高无线系统的位置估计的准确性。用已经实现了基本独立的无线定位测量方法（AOA、TOA、TDOA、RSS 等）的不同组合来增强位置估算的准确性。

对于 UWB 定位而言，AOA 不如其他算法实用。此外，AOA 需要传感器之间的大量合作，并且会受到误差累积的影响。虽然 AOA 具有可接受的准确度，但对于具有强散射的 UWB 信号而言其功能较弱。

另一方面，RSS 算法相对于其他算法没有有效地利用 UWB 的高带宽。RSS 算法更适合使用窄带信号的系统，而 TOA 算法在基于 UWB 的系统等宽带系统中表现更好。使用 RSS 算法，在提高可实现的准确度的意义上，对大带宽没有积极影响。与提供高精度的时间方法相比，这使得 RSS 算法的使用效率降低。

关于在二维空间中的定位，TDOA 算法需要至少 3 个适当定位的基站，而 AOA 算法仅需要 2 个基站用于位置估计。就准确性而言，当目标物体远离基站时，角度测量中的微小误差将对准确性产生负面影响。TDOA 和 AOA 定位算法可以组合在一个算法中，它们可相互补充，这种算法具有实现高定位精度的优点。

由于 UWB 信号的高时间分辨率，TOA 和 TDOA 相对于其他算法具有更高的准确度。对目前 UWB 定位来说，最有效的解决方案是采用 TOA 与 TDOA 的混合定位算法，这种混合算法结合了两种算法的优点，保证高精度定位效果的同时，大大降低了定位标签的功耗。

4. 总结

室内定位技术众多，各种技术都有自己的局限性，彼此间又在一定程度上存在互相竞争。高精度室内定位技术均需要比较昂贵的额外辅助设备或前期大量的人工处理，这些都大大制约了技术的推广普及。低成本的定位技术则在定位精度上需要提高。在提供高精度定位的基础上降低成本也是室内定位的一个方向。未来的趋势一定是多种技术融合使用，实现优势互补，以面对复杂环境。其中成本越低、兼容性越好、精度越高的技术越容易普及。

5.5 视觉传感器

视觉传感器通常指的是利用光学元件和成像装置获取外部环境图像信息的仪器，其性能通常由图像分辨率来描述。视觉传感器的精度不仅与分辨率有关，而且与被测物体的检测距离相关：被测物体距离越远，其绝对的位置精度越差。视觉传感器是整个机器视觉系统信息的直接来源，主要由一个或者两个图像传感器组成，有时还要配以光投射器及其他辅助设备。视觉传感器的主要功能是获取足够多的图像信息，以供机器视觉系统处理。

1. 视觉传感器的由来

1970 年之后，随着数字成像技术的发展，相机作为一种传感器开始被广泛研究和使用。因为人可以通过自己的视觉信息估计视野中物体的位置、距离，而相机的原理模拟了人的双眼，所以研究者们模仿人的特点，利用相机的二维图像反推图像中物体的三维信息。这种由二维图像信息推算三维信息的技术和数学理论发展成了一个独立的学科——计算机视觉，也被称作机器视觉。

视觉感知系统是目前世界上热门的机器人学和机器视觉领域研究课题。其原理是利用一个或者多个相机构成的视觉传感器系统，采用复杂的算法，通过二维的相机图像信息推算出视野中物体相对于视觉传感器系统几何中心的运动信息，如果假设这些物体都是静止的，那么相对运动其实代表了视觉传感器本身的运动。理论上，计算机视觉技术单凭一个相机就可以准确测量 15 个状态量，但是与其他传感器类似，相机也有很多的缺陷，包括无法恢复尺度信息、成像质量有限、计算量消耗巨大等。为了解决以上问题，可以把视觉感知系统和其他传感器结合起来，互相提高测量精度。

2. 视觉传感器的分类

（1）单目摄像头 单目摄像头的优点是成本低廉、应用广泛、体积小，且能够识别具体障碍物的种类，识别准确；缺点是由于其识别原理导致其无法识别没有明显轮廓的障碍物，工作准确率与外部光线条件有关，并且受限于数据库，没有自学习功能。

（2）双目摄像头 相比于单目摄像头，双目摄像头没有识别率的限制，无须先识别，可直接进行测量；直接利用视差获得深度信息，精度更高；且无须维护样本数据库。但配置与标定较为复杂，其体积比单目摄像头大。

（3）三目摄像头 三目摄像头感知范围更大，但同时标定三个摄像头，工作量大。

（4）环视摄像头 环视摄像头一般至少包括 4 个摄像头，可实现 360°环境感知。

随着摄像机技术的不断升级，视觉传感器对于外部环境的感知能力也在不断提升。

3. 基于视觉传感器的环境感知流程

基于视觉传感器的环境感知流程一般包括图像采集、图像预处理、图像特征提取、图像模式识别、结果传输等过程，根据具体识别对象和采用的识别方法的不同，环境感知流程也会略有差异。

（1）图像采集 图像采集主要是通过摄像头采集图像，如果采集的是模拟信号，需要把模拟信号转换为数字信号，并把数字图像以一定格式表现出来。在实践中，应根据具体研究对象和应用场合，选择性价比较高的摄像头。

（2）图像预处理　图像预处理包含的内容较多，如图像压缩、图像增强与复原、图像分割等，需要根据具体实际情况进行选择。

（3）图像特征提取　为了完成图像中目标的识别，需要在图像分割的基础上，提取需要的特征，并将这些特征进行计算、测量、分类，以便于计算机根据特征值进行图像分类和识别。

（4）图像模式识别　图像模式识别的方法很多，从图像模式识别提取的特征对象来看，图像模式识别方法可分为基于形状特征的识别技术、基于色彩特征的识别技术以及基于纹理特征的识别技术等。

（5）结果传输　通过环境感知系统识别出的信息，传输到其他控制系统，完成相应的控制功能。

4. 视觉传感器测量模型

（1）相机模型与相机内参　相机中有四个坐标系，分别为世界坐标系、相机坐标系、图像坐标系（也称为物理成像坐标系）和像素坐标系，针孔相机模型如图 5-20 所示。

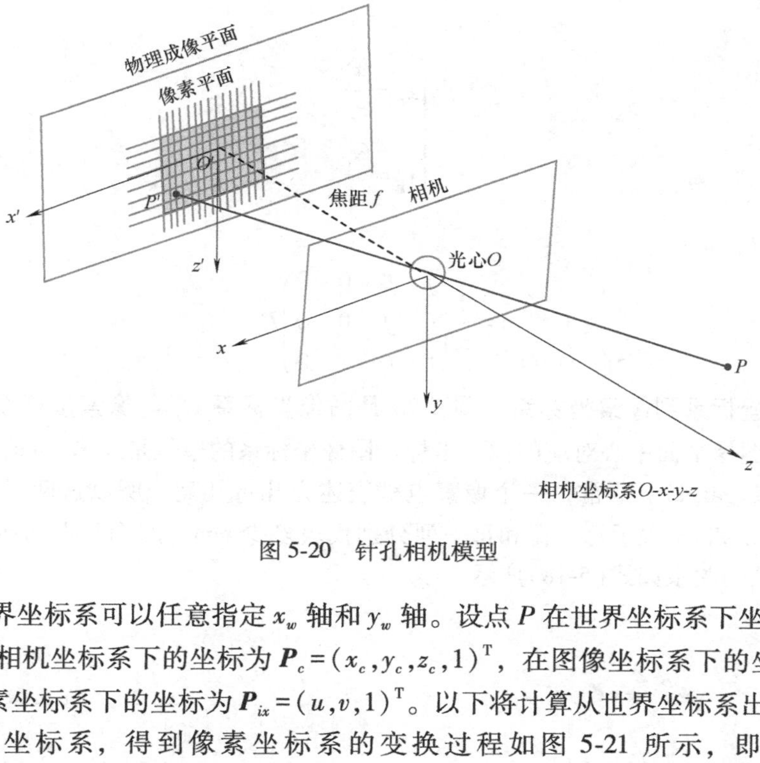

图 5-20　针孔相机模型

其中，世界坐标系可以任意指定 x_w 轴和 y_w 轴。设点 P 在世界坐标系下坐标为 $\boldsymbol{P}_w=(x_w,y_w,z_w,1)^{\mathrm{T}}$，在相机坐标系下的坐标为 $\boldsymbol{P}_c=(x_c,y_c,z_c,1)^{\mathrm{T}}$，在图像坐标系下的坐标为 $\boldsymbol{m}=(x_p,y_p,1)^{\mathrm{T}}$，在像素坐标系下的坐标为 $\boldsymbol{P}_{ix}=(u,v,1)^{\mathrm{T}}$。以下将计算从世界坐标系出发，通过相机坐标系和图像坐标系，得到像素坐标系的变换过程如图 5-21 所示，即世界坐标系：$\boldsymbol{P}_w=(x_w,y_w,z_w,1)^{\mathrm{T}}$->相机坐标系：$\boldsymbol{P}_c=(x_c,y_c,z_c,1)^{\mathrm{T}}$->图像坐标系：$\boldsymbol{m}=(x_p,y_p,1)^{\mathrm{T}}$->像素坐标系：$\boldsymbol{P}_{ix}=(u,v,1)^{\mathrm{T}}$。

图 5-21　像素坐标系的变换过程图

1）从世界坐标系到相机坐标系：

$$P_c=\begin{pmatrix}R & T\\0 & 1\end{pmatrix}P_w \tag{5-12}$$

式中，R 为旋转矩阵；T 为平移矩阵。

$$R=\begin{pmatrix}r_{11} & r_{12} & r_{13}\\r_{21} & r_{22} & r_{23}\\r_{31} & r_{32} & r_{33}\end{pmatrix} \tag{5-13}$$

$$T=(t_x \quad t_y \quad t_z)^{\mathrm{T}} \tag{5-14}$$

2）从相机坐标系到图像坐标系。设物理成像平面到小孔的距离为f(焦距)点 P 在相机坐标系下的坐标为$(X,Y,Z)^{\mathrm{T}}=(x_c,y_c,z_c)^{\mathrm{T}}$，在像平面的坐标为$(X',Y',f)^{\mathrm{T}}=(x_p,y_p,z_p)^{\mathrm{T}}$。由相似三角形原理示意图(图 5-22)可得

$$\frac{Z}{f}=\frac{X}{X'}=\frac{Y}{Y'} \tag{5-15}$$

即

$$\begin{cases}x_p=\dfrac{fx_c}{z_c}\\[2ex] y_p=\dfrac{fy_c}{z_c}\end{cases} \tag{5-16}$$

写成矩阵形式为

$$m=\frac{1}{z_c}\begin{pmatrix}f & 0 & 0 & 0\\0 & f & 0 & 0\\0 & 0 & 1 & 0\end{pmatrix}P_c \tag{5-17}$$

3）从图像坐标系到像素坐标系。图 5-23 是图像坐标系 O_1 与像素坐标系 O_0 之间的关系。(u_0,v_0)为图像平面中心对应的像素坐标。图像坐标系的单位是毫米(mm)，而像素坐标系的单位是像素(pixel)。通常，一个像素点被表述为几行几列。所以这两者之间的转换关系如下：其中 dx 和 dy 表示每一行和每一列分别代表多少 mm，即 1pixel＝d$x$mm。图像坐标系与像素坐标系的关系如式(5-18)所示。

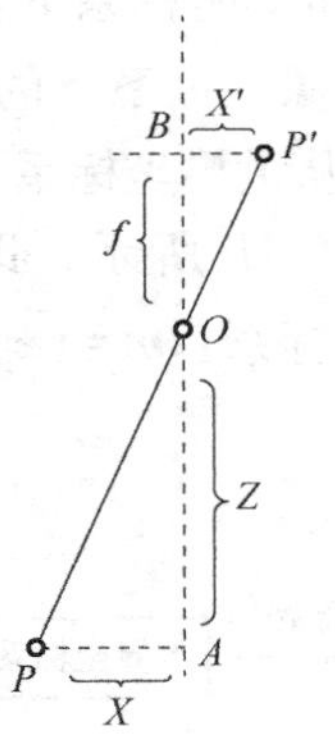

图 5-22　相似三角形原理示意图

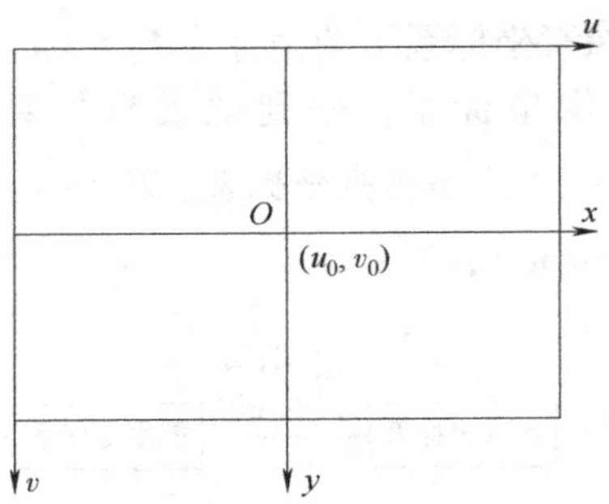

图 5-23　图像坐标系与像素坐标系

$$P_{ix}=\begin{pmatrix}\frac{1}{dx} & 0 & u_0\\ 0 & \frac{1}{dy} & v_0\\ 0 & 0 & 1\end{pmatrix}m \tag{5-18}$$

式中，$\frac{1}{dx}$、$\frac{1}{dy}$、u_0、v_0 分别为 x 方向缩放因子、y 方向缩放因子、x 方向平移、y 方向平移。

令变换矩阵 $\boldsymbol{K}$ 为

$$\boldsymbol{K}=\begin{pmatrix}\frac{1}{dx} & 0 & u_0\\ 0 & \frac{1}{dy} & v_0\\ 0 & 0 & 1\end{pmatrix}\begin{pmatrix}f & 0 & 0 & 0\\ 0 & f & 0 & 0\\ 0 & 0 & 1 & 0\end{pmatrix}=\begin{pmatrix}f_x & 0 & u_0 & 0\\ 0 & f_y & v_0 & 0\\ 0 & 0 & 1 & 0\end{pmatrix} \tag{5-19}$$

则从世界坐标系到像素坐标系的变换矩阵为

$$P_{ix}=\frac{1}{z_c}\boldsymbol{K}\begin{pmatrix}\boldsymbol{R} & \boldsymbol{T}\\ 0 & 1\end{pmatrix}P_w \tag{5-20}$$

式中，矩阵 $\boldsymbol{K}$ 就是相机的内参矩阵。

（2）相机畸变参数　相机畸变分为径向畸变和切向畸变，如图 5-24 所示。

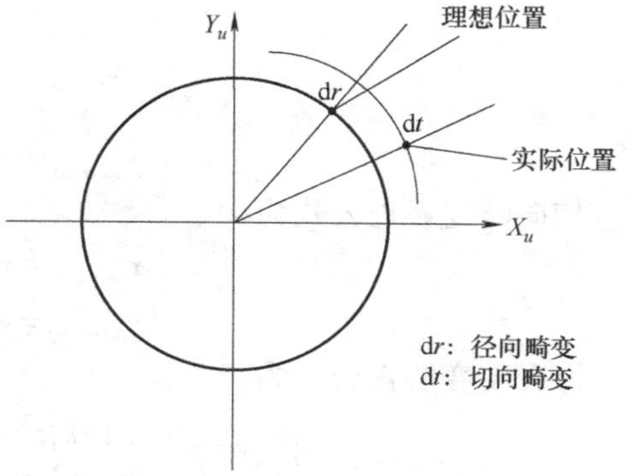

图 5-24　相机径向畸变和切向畸变

相机安装了透镜所以不是完美的小孔成像，透镜从两方面影响模型：

1）透镜形状：透镜的形状会影响光路，其造成的畸变称为径向畸变。径向畸变又可分为桶形畸变和枕形畸变。图 5-25 为径向畸变的两种类型。

2）安装误差：透镜的安装不会完全与物理成像平面平行，从而造成的畸变称为切向畸变。图 5-26 为切向畸变来源示意图。

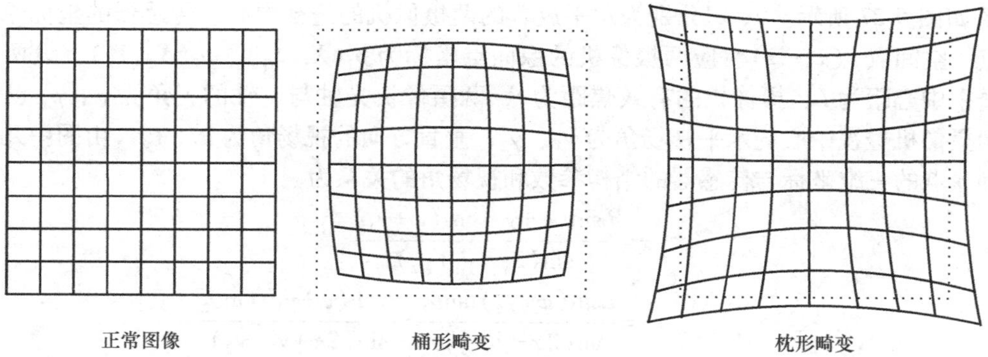

图 5-25　径向畸变的两种类型

径向参数是随着离中心距离增加而增加的，其矫正公式为

$$x_{\text{corrected}}=x(1+k_1r^2+k_2r^4+k_3r^6) \tag{5-21}$$

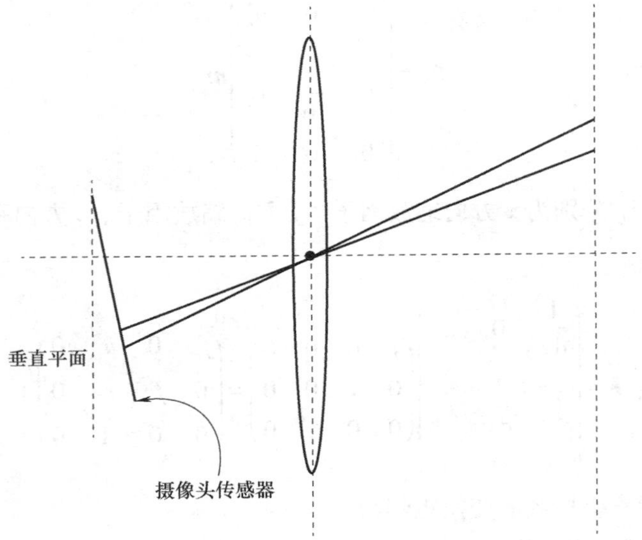

图 5-26　切向畸变来源示意图

$$y_{\text{correted}}=y(1+k_1r^2+k_2r^4+k_3r^6) \tag{5-22}$$

切向畸变矫正公式为

$$x_{\text{corrected}}=x+2p_1xy+p_2(r^2+2x^2) \tag{5-23}$$

$$y_{\text{corrected}}=y+p_1(r^2+2y^2)+2p_2xy \tag{5-24}$$

综合畸变矫正公式为

$$\begin{cases}x_{\text{corrected}}=x(1+k_1r^2+k_2r^4+k_3r^6)+2p_1xy+p_2(r^2+2x^2)\\y_{\text{corrected}}=y(1+k_1r^2+k_2r^4+k_3r^6)+p_1(r^2+2y^2)+2p_2xy\end{cases} \tag{5-25}$$

由此得到畸变参数矩阵：(k_1,k_2,p_1,p_2,k_3)。

(3) 双目立体视觉传感器数学模型　在双目立体视觉测量系统中，通常都采用对称式结构来简化双目立体视觉传感器结构设计，即结构中的两摄像机及镜头焦距完全相同、两摄像机的光轴倾角一致。本书采用三角法建立双目立体视觉传感器的数学模型并建立坐标系如图 5-27 所示。o、o'分别为水平放置的两摄像机的透视中心，传感器的坐标原点设为 o 点，空间点 $p(x,y,z)$ 对应两摄像机的像面点坐标为 $p_1(X_1,Y_1)$、$p_2(X_2,Y_2)$。设两摄像机的透视中心距为 L，摄像机的有效焦距为 f，两摄像机光轴与 x 轴的夹角为 φ，p_1 点和 p_2 点对两摄像机透视中心的水平视场角为 γ_1、γ_2，垂直方向的视场角为 θ_1、θ_2。由图中几何关系得到 p 点的三维坐标与传感器的结构参数和视场角的关系为

$$x=\frac{L\sin(\varphi+\gamma_2)\cos(\varphi+\gamma_1)}{\sin(2\varphi+\gamma_1+\gamma_2)}$$

$$y=\frac{L\sin(\varphi+\gamma_2)\tan\theta_1}{\sin(2\varphi+\gamma_1+\gamma_2)}=\frac{L\sin(\varphi+\gamma_1)\tan\theta_2}{\sin(2\varphi+\gamma_1+\gamma_2)}$$

$$z=\frac{L\sin(\varphi+\gamma_1)\sin(\varphi+\gamma_2)}{\sin(2\varphi+\gamma_1+\gamma_2)} \tag{5-26}$$

根据两摄像机的像点坐标对其透视中心的水平及垂直视场角关系：$\gamma_1=\arctan(X_1/f)$，$\gamma_2=-\arctan(X_2/f)$，$\theta_1=\arctan(Y_1\cos\gamma_1/f)$，$\theta_2=\arctan(Y_2\cos\gamma_2/f)$，式(5-26)可转化为用像

点坐标表示。

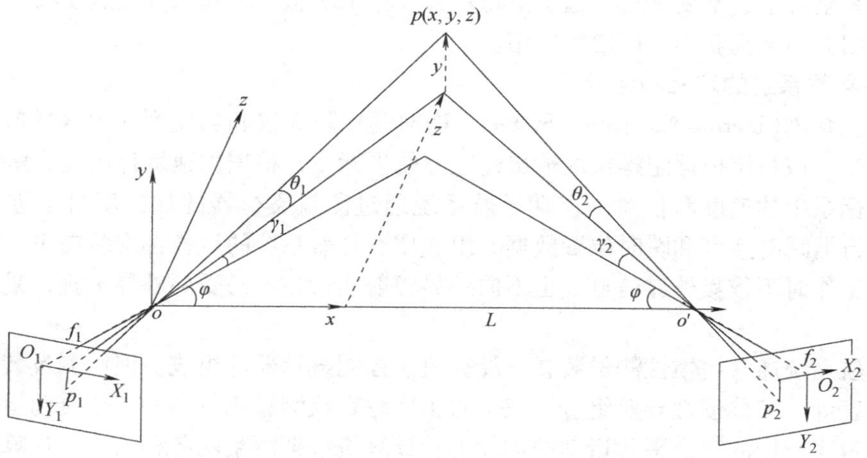

图 5-27　双目立体视觉传感器模型

5. 视觉传感器测量误差分析

简单起见，可以将空间点的三维坐标测量数学模型归结为以下矢量函数关系式：

$$p(x,y,z)=F(i_1,i_2,\cdots,i_n) \tag{5-27}$$

式中，$i_1,i_2,\cdots,i_n$ 表示视觉传感器的结构参数与像点坐标各因素。根据误差分析理论可以得到空间物点的坐标测量综合误差为

$$\Delta=\|\Delta_k\|=\left\|\left(\left\|\frac{\partial F_k}{\partial i}\Delta_i\right\|\right)\right\| \tag{5-28}$$

式中，k 分别取 x、y、z，F_k 表示坐标函数在各坐标轴上的投影；Δ_k 表示视觉传感器测量空间点时沿坐标轴方向上的测量误差；Δ_i 代表视觉传感器结构参数的标定误差及被测物点 $p(x,y,z)$ 在摄像机上像点坐标的提取误差。为了便于分析，定义式(5-28)中的测量综合误差 Δ 为 2 的范数和，即

$$\Delta=\sqrt{\Delta x^2+\Delta y^2+\Delta z^2}=\sqrt{\sum_k\sum_i\left(\frac{\partial F_k}{\partial i}\Delta_i\right)^2}=\sqrt{\sum_i(\psi_i\Delta_i)^2} \tag{5-29}$$

式中，ψ_i 表示各因素的误差传递函数，即

$$\psi_i=\sqrt{\sum_k\left(\frac{\partial F_k}{\partial i}\right)^2} \tag{5-30}$$

5.6　多传感器的组合

由于传感器自身存在很多限制，飞行机器人仅使用单个传感器难以适应各种复杂场景，也无法保证飞行器长期稳定地运行。且单个传感器只能够测量环境中一部分的信息，得不到对整个环境的完全描述。而解决这一问题的一个很好的方法就是使用多个传感器的组合形式，通过多个传感器的组合实现多种传感器优势互补、共同作用。经过组合后的传感器信息通常具有以下特征：信息冗余性、信息互补性、信息实时性。

空中机器人多传感器的组合一般应用于飞行器的定位和导航系统中。多传感器导航的一

个典型实例就是惯性导航系统。惯性导航系统是随着惯性传感器的发展而发展起来的一门导航技术，它完全自主、不受干扰、输出信息量大、输出信息实时性强等优点使其在军用航行载体和民用相关领域都获得了广泛的应用。

1. 惯性导航系统的定义和组成

惯性导航系统(Inertial Navigation System，INS)是以陀螺仪和加速度计为敏感器件的导航参数解算系统，该系统根据陀螺仪的输出建立导航坐标系，根据加速度计的输出解算出运载体在导航坐标系中的速度和位置。惯性导航系统通过测量飞行器的加速度自动进行积分运算，获得飞行器瞬时速度和瞬时位置数据。组成惯性导航系统的设备都安装在飞行器内，因此惯导系统工作时不依赖外界信息，也不向外界辐射能量，不易受到外界干扰，是一种自主式导航系统。

惯性导航系统通常由惯性测量装置、计算机、控制显示器等组成。惯性测量装置包括陀螺仪和加速度计，又称惯性导航组合。三个自由度陀螺仪测量飞行器的三个转动运动，三个加速度计测量飞行器的三个平移运动的加速度；计算机根据测量的各种信息，计算出飞机的速度和位置数据；控制显示器显示各种导航参数。

2. 惯性导航系统的分类

按照惯性导航组合在飞行器上的安装方式，可以将惯性导航系统分为平台式惯性导航系统和捷联式惯性导航系统。

(1) 平台式惯性导航系统 平台式惯性导航系统是将陀螺仪和加速度计等惯性元件通过万向支架角运动隔离系统与运动载物固联的惯性导航系统。该系统主要有以下三种分类：

1) 半解析式惯导系统：该系统又称当地水平惯导系统，系统有一个三轴稳定平台，台面始终平行当地水平面，方向指向地理北(或其他方位)。陀螺仪和加速度计放置在平台上，其测量值为载体相对惯性空间沿水平面的分量。计算时，需要消除地球自转、飞行速度等引起的有害加速度，然后再计算载体相对地球的速度和位置。这种导航系统主要用于飞机和飞航式导弹，可省略垂直通道加速度计从而达到简化系统的目的。

2) 几何式惯导系统：该系统有两个平台，一个装有陀螺仪，相对惯性空间稳定；另一个装有加速度计，跟踪地理坐标系。陀螺平台和加速度计平台间的几何关系可确定载体的经纬度，故称为几何式惯导系统。该系统主要用于船舶和潜艇的导航定位，其精度较高、可长时间工作、计算量小，但平台结构较为复杂。

3) 解析式惯导系统：该系统陀螺仪和加速度计装于同一平台，平台相对惯性空间稳定。加速度计测量值包含重力分量，在导航计算前必须先消除重力加速度的影响。求出的参数是相对惯性空间的，需要进一步计算转换为相对地球的参数。平台结构较简单，计算量较大，主要用于宇宙航行及弹道式导弹。

平台式惯导系统由三轴陀螺稳定平台，加速度计固定在平台上，其敏感轴与平台轴平行，平台的三根稳定轴模拟一种导航坐标系。其优点是直接模拟导航坐标系，计算比较简单；能隔离载体的角运动；系统精度高。但也存在缺点，如结构复杂，体积大，制作成本高等。

(2) 捷联式惯性导航系统 捷联式惯性导航系统是在平台式惯导系统的基础上发展而来的，它是一种无框架系统，由三个速率陀螺仪、三个线加速度计和微型计算机组成。捷联式惯导系统无稳定平台，加速度计和陀螺仪与载体直接固定。载体转动时，加速度计和陀螺仪的敏感轴指向也跟随转动。陀螺仪测量载体角运动，计算载体姿态角，从而确定加速度计敏感轴指向。再通过坐标变换，将加速度计输出的信号变换到导航坐标系上，进行导航计算。

平台式惯导系统和捷联式惯导系统的主要区别是：前者有实体的物理平台，陀螺仪和加速度计置于陀螺稳定的平台上，该平台跟踪导航坐标系，以实现速度和位置解算，姿态数据直接取自于平台的环架；后者的陀螺仪和加速度计直接固连在载体上作为测量基准，它不再采用机电平台，惯性平台的功能由计算机完成，即在计算机内建立一个数学平台取代机电平台的功能，其飞行器姿态数据通过计算机计算得到，故有时也称其为数学平台，这是捷联式惯导系统和平台式惯导系统的根本区别。由于惯性器件有固定漂移率，会造成导航误差，因此，远程导弹、飞机等武器平台通常采用指令、GPS 或其组合等方式对惯导系统进行定时修正，以获取持续准确的位置参数。比如采用指令+捷联式惯导、GPS+惯导(GPS/INS)，美国的"战斧"巡航导弹采用了 GPS+INS+地形匹配组合导航。

惯导系统基本工作原理是以牛顿力学定律为基础，通过测量载体在惯性参考系中的加速度，将它对时间进行积分，之后将其变换到导航坐标系，得到在导航坐标系中的速度、偏航角和位置信息等。对捷联式惯导系统而言，平台的作用和概念体现在计算机中，它是写在计算机中的方向余弦阵。直接安装在载体上的惯性元件测得相对惯性空间的加速度和角加速度是沿载体轴的分量，将这些分量经过一个坐标转换方向余弦阵，可以转换到要求的计算机坐标系内的分量。如果这个矩阵可以描述载体和地理坐标系之间的关系，那么载体坐标系测得的相对惯性空间的加速度和角速度，经过转换后便可得到沿地理坐标系的加速度和角速度分量。有了已知方位的加速度和角速度分量之后，导航计算机便可根据相应的力学方程解出要求的导航和姿态参数。

3. 两种惯导系统的对比

平台式惯导系统和捷联式惯导系统在本质上是相同的，但在系统的具体实现上却存在着明显的不同。

(1) 陀螺动态范围要求不同　平台式惯导系统的陀螺安装在平台台体上，陀螺感测台体偏离导航坐标系的偏差，平台通过稳定回路消除这种偏差，其作用是隔离掉运载体的角运动，使陀螺的工作环境不受运载体角运动的影响。同时，平台通过修正回路使陀螺按一定要求进动，控制平台跟踪导航坐标系的旋转运动。而导航坐标系的旋转仅由运载体相对于地球的线运动和地球的自转决定，这些旋转角速度都十分微小，所以对陀螺的指令施矩电流是很小的。这就是说平台式惯导系统的陀螺的动态范围可设计得较小。但捷联式惯导系统的陀螺直接安装在运载体上，陀螺必须跟随运载体的角运动，施矩电流远比仅跟踪导航坐标系的施矩电流大，即捷联式惯导系统所用陀螺的动态范围远比平台式惯导系统所采用的大。

(2) 惯导器件的工作环境不同，惯导器件动态误差和静态误差的补偿要求也不同　在平台式惯导系统中，平台对运载体的角运动起隔离作用，安装在平台上的惯导器件只需对线加速度引起的静态误差进行补偿。而捷联式惯导系统中的惯性器件除补偿静态误差以外，还需要对角速度和角加速度引起的动态误差进行补偿。因此，必须在实验室条件下对捷联陀螺和加速度计的动、静态误差系数进行严格的测试和标定。

(3) 捷联式惯导系统必须对三种算法误差进行补偿　在实际系统中，为了降低捷联陀螺和加速度计的输出噪声对系统解算精度的影响，并且能够完全利用输出信息，陀螺和加速度计的输出需要全部采用增量形式，即加速度计输出为速度增量，陀螺输出为角增量(液浮陀螺或挠性陀螺及加速度计输出采用 I-F 或 V-F 转换成脉冲输出，激光陀螺本身就是脉冲输出)。在此情况下，姿态解算和导航解算只能通过求解差分方程来完成，而当运载体存在线振动和角振动或运载体做机动运动时，在姿态解算中会存在圆锥误差，在速度解算中会存在划桨误差，在位置解算中会存在涡卷误差。在这些误差中，圆锥误差对捷联式惯导系统精度的影响是最严重的，划桨误差次之，涡卷误差最轻，在相应算法中需要进行严格补偿。

(4) 计算量不同 平台式惯导系统中，平台以物理实体形式存在，平台模拟了导航坐标系，运载体的姿态角和航向角可直接从平台框架上获得或仅通过少量计算获得。但在捷联式惯导系统中，平台并不实体存在，而以数学平台形式存在，姿态角和航向角都必须经过计算获得，计算量庞大。

尽管在惯性器件、计算量等方面捷联式惯导系统远比平台式惯导系统要求苛刻，但捷联式惯导系统省去了复杂的机电平台，并且其结构简单、体积小、质量轻、成本低、维护简单、可靠性高，还可以通过冗余技术提高其容错能力。此外，由于诸如激光陀螺、光纤陀螺等固态惯性器件的出现，计算机技术的快速发展和计算理论的日益完善，捷联式惯导系统的优越性日趋显露。

5.7 本章小结

本章分类介绍了空中机器人常用传感器的基本原理及应用，利用这些传感器，飞行器可以对自身的位置和姿态进行实时感知，进而确定出下一步的路径和动作规划。空中机器人上搭载的各类传感器是其定位与导航系统的重要组成模块，了解并掌握它们的基本原理及特征是后续学习的基础和前提。随着机器人技术的不断发展，对飞行器各类信息数据精度的要求也会越来越高，单一的传感器难以适应各种复杂多变的环境，多传感器的组合及多传感器信息融合技术应运而生，受到了越来越广泛的关注。在未来发展中，随着传感器的需求和应用越来越广泛，采用新材料、新工艺、新技术对传统的空中机器人传感器进行改进与更新是非常必要的。

参 考 文 献

[1] 徐景硕. 惯性传感器技术及发展[J]. 传感器技术，2001，20(5)：1-4.

[2] 刘危，解旭辉，李圣怡. 微机械惯性传感器的技术现状及展望[J]. 光学精密工程，2003，11(5)：425-431.

[3] 秦永元. 惯性导航[M]. 2版. 北京：科学出版社，2014.

[4] 谷庆红. 微机械陀螺仪的研制现状[J]. 中国惯性技术学报，2003，11(5)：67-72.

[5] 李圣怡，刘宗林，吴学忠. 微加速度计研究的进展[J]. 国防科技大学学报，2004，26(6)：34-37.

[6] 胡士峰，马建仓. 基于MEMS陀螺和加计的微惯性测量单元研制[J]. 航空计算技术，2008，38(6)：115-118.

[7] 齐广峰，吕军锋. MEMS惯性技术的发展及应用[J]. 电子设计工程，2015，23(1)：87-89.

[8] AHMAD N，GHAZILLA R A R，KHAIRI N M，et al. Reviews on Various Inertial Measurement Unit (IMU) Sensor Applications[J]. International Journal of Signal Processing Systems，2013，1(2)：256-262.

[9] 刘歌群，薛尧舜，卢京潮，等. 磁航向传感器在无人机飞行控制系统中的应用[J]. 传感器技术，2003，22(12)：54-56.

[10] 孙振贤，钟万登. 寻北和航向保持陀螺仪[J]. 导航与控制：译文集，2005(2)：59-62.

[11] 苗强，吴德伟，何晶，等. 航空无线电导航系统仿真研究[J]. 空军工程大学学报(自然科学版)，2008(3)：16-19.

[12] 王璐. 组合式航向系统关键技术研究[D]. 西安：西北工业大学，2007.
[13] Jing He, Yongshu Li, Keke Zhang. Research of UAV Flight Planning Parameters[J]. Positioning, 2012, 3(4): 43-45.
[14] 王伟，周勇，王峰，等. 基于气压高度计的多旋翼飞行器高度控制[J]. 控制工程，2011，18(4): 614-617.
[15] 胡永红. 小型飞行器高度定位数据融合方法[J]. 传感器技术，2003，22(6): 24-26.
[16] 时德钢，刘晔. 超声波测距仪的研究[J]. 计算机测量与控制，2002，10(7): 480-482.
[17] 王秀芳，王江，杨向东，等. 相位激光测距技术研究概述[J]. 激光杂志，2006，27(2): 4-5.
[18] TULLDAHL H M, BISSMARCK F, LARSSON H, et al. Accuracy Evaluation of 3D Lidar Data from Small UAV[C]. Electro-Optical Remote Sensing, Photonic Technologies, and Applications IX. International Society for Optics and Photonics, 2015.
[19] 宁津生，姚宜斌，张小红. 全球导航卫星系统发展综述[J]. 导航定位学报，2013(1): 3-8.
[20] 陈忠贵，帅平，曲广吉. 现代卫星导航系统技术特点与发展趋势分析[J]. 中国科学：E 辑，2009(4): 686-695.
[21] 杨元喜. 北斗卫星导航系统的进展、贡献与挑战[J]. 测绘学报，2010，39(1): 1-6.
[22] 施闯，赵齐乐，李敏，等. 北斗卫星导航系统的精密定轨与定位研究[J]. 中国科学：地球科学，2012，42(6): 854-861.
[23] 吴显亮，石宗英，钟宜生. 无人机视觉导航研究综述[J]. 系统仿真学报，2010，22(A1): 62-65.
[24] SANFOURCHE M, DELAUNE J, LE BESNERAIS G, et al. Perception for UAV: Vision-Based Navigation and Environment Modeling[J]. AerospaceLab, 2012(4): 1-19.
[25] LU Y, XUE Z, XIA G S, et al. A Survey on Vision-based UAV Navigation[J]. Geo-spatial Information Science, 2018, 21(1): 21-32.
[26] 孙军华，吴子彦，刘谦哲，等. 大视场双目视觉传感器的现场标定[J]. 光学精密工程，2009，17(3): 633.
[27] 曹娟娟，房建成，盛蔚，等. 低成本多传感器组合导航系统在小型无人机自主飞行中的研究与应用[J]. 航空学报，2009，30(10): 1923-1929.
[28] 卜彦龙，牛轶峰，沈林成. 基于多传感器信息融合的无人机自主精确导航技术[J]. 系统仿真学报，2010(A1): 70-74.
[29] YOO C S, AHN I K. Low Cost GPS/INS Sensor Fusion System for UAV Navigation[C]. Digital Avionics Systems Conference, 2003.
[30] NEMRA A, AOUF N. Robust INS/GPS Sensor Fusion for UAV Localization Using SDRE Nonlinear Filtering[J]. IEEE Sensors Journal, 2010, 10(4): 789-798.

第6章 空中机器人控制基础

空中机器人正变得越来越小、越来越轻，对于外界干扰也越来越敏感，如何强化空中机器人的抗干扰能力正成为影响空中机器人后续发展的重要课题。同时，随着现代电子技术的进步，空中机器人的低成本和高效益使其受到了市场的青睐，市场需求也伴随着空中机器人的迭代更新而愈加丰富，高续航、高速、微小型、隐蔽性等越来越多的任务需求不断挑战着空中机器人的设计上限。在保持空中机器人成本效益比的情况下，如何通过内部系统的自我调整以适应更高的评价标准并满足更复杂的功能需求？答案只有不断优化控制方案。

纵观空中机器人近年来不断增长的应用需求，都是基于特定的作业任务，如巡航、监控、作战、运输等，其目的是更快更好地取代原有方式来优化旧方案或对其进行缺陷弥补。因此空中机器人的一切指令都应当是任务驱动的，这就要求所涉及的空中机器人应严格按照任务目标进行作业，实现“精确打击”。在第 4 章中已经对空中机器人的数学模型进行了分析，明确了输入输出关系，最简单的开环控制前提已经达成，在系统参数恒定的情况下，可以根据系统模型借由期望输出求解期望输入，那么在该输入的作用下系统就可以实现期望的运动。但这一控制过程基于“理想无扰动情况”，作业精度无法得到保证。因此，为了满足精度要求，闭环控制回路必须纳入设计考量，通过负反馈环节进行实时纠偏，在实现实时跟踪期望状态的情况下略去了繁琐的输入推导环节。对比开环控制方案，负反馈闭环控制进一步提高了作业精度与实时纠偏能力，这是完善空中机器人功能的重要步骤。而尽管负反馈系统在理论上能实现“零误差”输入跟踪，但在某些特定场合仍具有局限性，比如对象模型未知或可变、快速响应要求、高度非线性等情况下均无法达到很好的控制效果，这就要求有更加智能的控制方案以适应更丰富的控制需求，比较典型的有神经网络控制、模糊控制、滑模变结构控制等。

控制环节的强化带来了更高的控制精度与任务执行度，也为空中机器人的发展提供着巨大助力，本章内容将围绕如何通过设计恰当的控制方案从而更便捷有效地实现既定目标展开。本章将详细阐述关于多旋翼系统及固定翼系统的基本控制理论，并通过设计具体的仿真实验进行验证说明。同时，为体现各种控制技术的优势与差异性，将通过不同控制方案结合多种案例的方式进行实例说明。

6.1 飞行控制系统简介

1. 飞行控制系统的组成

飞行控制系统一般由传感模块、控制模块、执行模块以及供电模块组成，各个模块间既相互独立又相互协作，共同完成一系列飞行任务。每个模块都有其特定的任务目标，不可或缺，其具体作用如下：

（1）传感模块　传感模块是飞行器感知周边环境及自身状态的一组重要模块，其功能类似于人体感知器官，具体包含视觉信息、超声波信息、GPS 信息等，通过一系列传感单元的信息整合，飞行器能够实现精确的外部感知与自身感知，为上层决策提供支撑信息。简而言之，传感模块可以实现对飞行器自身姿态的测量并进行实时反馈以及时更新飞行器状态，同时也对周边环境进行探测并实时反馈以协助任务决策。

（2）控制模块　传感模块传入的信息经由控制模块汇总并决策才能决定后续操作，控制模块的功能类似于人类大脑，其汇总各部位信息并综合任务目标来制定最终的行动指南。控制模块还可以细分为上层控制与底层控制，其中上层控制负责规划与决策，而底层控制则负责飞行器各部件间的互相协作。简而言之，控制模块可以根据传感信息进行行动决策，并根据任务目标进行行动规划，同时利用控制算法协调各部件间的精确性与配合度，以更好更快地完成既定任务，优化行动过程。

（3）执行模块　当控制模块拟定了最终任务规划后，将下达控制命令至执行模块，由执行模块进行具体作业以达到期望效果。执行模块的功能类似于人类四肢，其是完成大脑决策的终端，也决定了最终的任务效果。执行模块的响应速度、精度决定了控制模块的部分约束，其不确定性也将严重影响最终执行效果。简而言之，执行模块能够根据控制模块下达的任务进行相应电机、舵机的调整，保证行动符合预定决策，使任务进程更完美地符合预期。

（4）供电模块　任何行动都需要后勤能量保障，飞行器的能源来自于供电模块，其功能类似于人体内的糖类及脂肪。尽管从任务执行过程中看不到供电模块的作用，但其地位无须质疑。供电模块的质量决定了飞行器的续航时间、最大输出等功能上限，一个优秀的供电模块将大大提升飞行器的实际应用价值。简而言之，供电模块的功能就是向各模块提供稳定的能源，而且必须要注意的是，供电模块的承载力限制着整个飞行器的工作能力。

2. 底层控制模块的组成

根据四个主要模块的简单介绍，控制模块无疑是飞行器的核心模块，起着协调各模块的重要作用。而上层控制模块的功能十分常见，规划与决策是所有机器人所必需的，因而并不具有特殊性。而底层控制模块需要调控的是飞行器内的具体部件，因而具有特定性，需要经过精心的设计，为便于说明，可以将底层控制模块划分为三个组成部分，分别为位置控制、姿态控制与电机控制。

（1）位置控制　三维位置是机器人运动过程中不可忽视的，也是最为常见的参量，位置控制就是对飞行器实际三维位置 $\boldsymbol{P}(x,y,z)$ 的一种精确控制。但在实际运动中，无法直接调整飞行器的三维绝对位置，因此只能在确定速度大小及方向的情况下通过调整姿态来保证下一时刻的位置。在这一环节，控制模块主要利用期望的三维位置 $\boldsymbol{P}_d(x_d,y_d,z_d)$ 与相关模型进行姿态解算，得到相应的期望姿态角 $\boldsymbol{O}_d(\phi_d,\theta_d,\psi_d)$ 与期望牵引力 T，之后便进入姿态控制环节。

（2）姿态控制　在确定三维位置后，飞行器的位姿仍有无数种可能性，为了精准调控飞行位姿，还需要对飞行器三轴姿态进行控制。这就类似于在地球运转过程中，位置控制只能确定地球质心的位置，而这只能推断出目标地点的季节，只有辅以姿态控制才能准确判断地球自转状态，从而确定目标地点的实际时间。因此，只有结合位置与姿态，才能最终确定飞行器当前的唯一状态，以便于后续的行动规划。但同理，飞行器的三轴姿态也无法直接调控，需要借助驱动电机来改变受力情况，从而改变飞行器的实际角速度与线速度。在这一环节，控制模块主要利用期望姿态角 $\boldsymbol{O}_d(\phi_d,\theta_d,\psi_d)$ 进行力矩解算，得到期望力矩 $\boldsymbol{M}_d(\tau_{d1},\tau_{d2},\tau_{d3})$。

（3）电机控制 在姿态控制环节中实际上已经给出了期望三维位姿的实现条件，即各驱动电机的期望力矩信息，电机控制的目标就是精准调控各驱动电机以使其达到期望力矩。这一环节是与执行模块直接关联的底层控制环节，实际上是输入控制信号与输出电机力矩的一个匹配，因此该控制环节并不需要复杂的控制算法，但相对地，需要详细了解电机的驱动原理。需要注意的是，电机输出力矩的关联变量是电机转速，因此该环节实际调控的是驱动电机的实际转速，在转速与力矩之间还存在一个转换过程。同时，电机对信号的敏感程度将大大影响该控制环节的控制效果。在这一环节，控制模块主要利用期望力矩 $\boldsymbol{M}_d(\tau_{d1},\tau_{d2},\tau_{d3})$ 进行电机转速解算，并将电机转速映射为具体电机控制信号 $\boldsymbol{U}_{d,k}(k=1,2,\cdots,n)$。

通过对底层控制模块的分析，空中机器人的飞行控制就是对其三维位姿 (x,y,z,ϕ,θ,ψ) 的精准调控，其本质则是对驱动电机（舵机）转速的控制问题，因此空中机器人的执行模块仅仅是驱动电机（舵机）而不包含其他部件。底层控制模块是完成飞行动作的基础与前提，决定了飞行控制的完成度与最终成效。而针对底层控制模块，若要实现精确的飞行控制，需要构建完善的控制框架，空中机器人的一般性框架如图 6-1 所示。

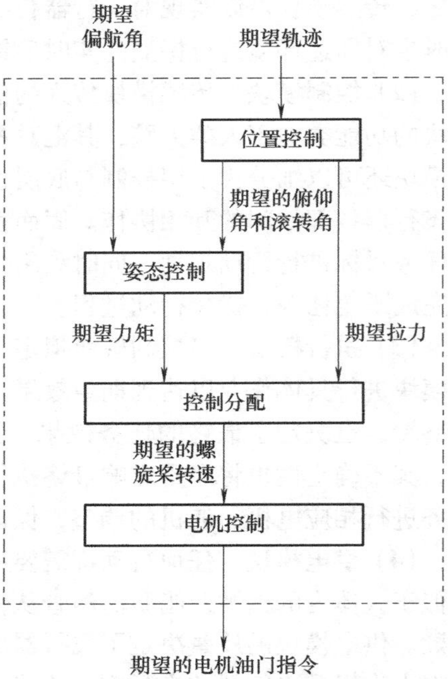

图 6-1 空中机器人控制框架简图

由图 6-1 可知，在该控制框架下，系统的输入是期望的轨迹信息（其中包含了各时刻偏航角的信息），而系统输出则是各驱动电机的控制信号。针对该框架，可以使用经典串级控制方案来简单、直观地描述具体的控制过程，其控制框图如图 6-2 所示。

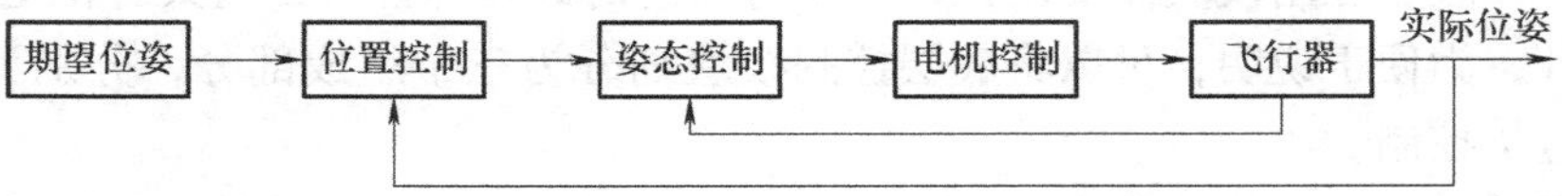

图 6-2 空中机器人经典串级控制框图

图 6-3 为空中机器人闭环控制框图，其中内环为姿态控制环，外环为位置控制环，电机控制环节则与执行模块直接串联。其中，外环实质上调节的是角度信息，而内环调节的是角速度信息。

在整个控制过程中，空中机器人表现为欠驱动系统，其整体输出六个参量 (x,y,z,ϕ,θ,ψ)，但只有四个独立输入（三轴力矩 $\tau\in\mathbb{R}^3$ 与升力 $T\in\mathbb{R}$），因此也只能追踪四个期望指令 (x_d,y_d,z_d,ψ_d)，其余变量 (ϕ_d,θ_d) 直接由期望指令进行赋值。

这一闭环控制框图简要地阐述了空中机器人底层控制的各环节任务与目标，比如位置控制是根据实际位置 P_d 与速度的反馈信息 $\boldsymbol{P}$，$\boldsymbol{V}$ 来调整期望滚转角 ϕ_d、俯仰角 θ_d 以及升力 f_d，姿态控制是根据实际姿态 $\boldsymbol{\theta}$ 与角速度 Ω 的反馈信息调整三轴期望力矩 τ_d，控制分配器根

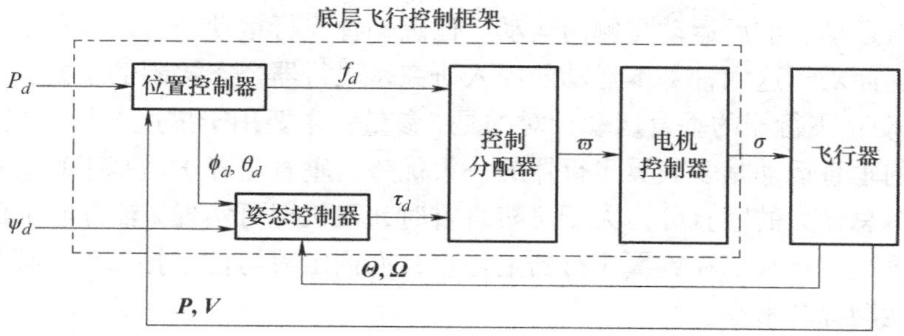

图 6-3　空中机器人闭环控制框图

据位置控制器和姿态控制器输出期望的螺旋浆转速ϖ，而电机控制则是根据位置控制与姿态控制的输出信息调整各驱动电机输入信号σ。因此在实际系统设计过程中，也应该分模块进行设计，最终完成整合。根据串级系统控制器的设计流程，应该先设计内环控制器再设计外环控制器，因此设计顺序应为：电机控制器→姿态控制器→位置控制器。

基于该控制结构，本章将主要针对旋翼与固定翼这两类典型控制机器人进行底层控制器的设计，上层控制系统的构建将在第 7 章中进行阐述。由于电机控制已经在第 4 章中进行了说明，因此本章仅介绍姿态控制与位置控制这两个控制环节。

6.2　多旋翼控制系统

多旋翼飞行器是一类比较稳定可控的飞行器，其控制问题的实质是对多个旋翼电机转速的调节与协调。由于旋翼电机位置固定，多旋翼系统的受力情况明确、运动趋势稳定，因此可直接针对实时状态进行反馈调整。例如，协调所有旋翼电机使其合力方向竖直向上时，就可直接实现飞行器在 z 轴方向上的位移。相较于直升机与固定翼，多旋翼飞行器的运动状态无疑是最稳定、可控的，这也是其应用愈加广泛的一个重要原因。

值得一提的是，多旋翼飞行器具有一种特殊运动模式——定点悬停，而大部分空中机器人(如固定翼、扑翼等)并不具备这一功能。作为一种标志性模态，定点悬停为多旋翼飞行器的应用提供了更多可能性，是多旋翼飞行器控制过程中的一个重要基础功能，也是其性能评价过程中的一组重要指标。在多旋翼飞行器的控制中，往往会针对定点悬停过程中的精度、响应时间、多点切换等进行静态、动态特性评估。

作为一种典型的空中机器人，多旋翼飞行器控制系统符合上述一般性底层控制方案，即姿态控制与位置控制的串级协调，本节将按照这一串级控制方案进行控制原理的阐述，并通过仿真实例进行具体说明。

6.2.1　姿态控制

当一个不规则物体的质心位置固定，而姿态未知时，该物体的状态仍有无数种可能。为避免这一不确定性，有必要对姿态信息进行反馈控制，从而结合位置信息来唯一确定物体状态。在三维空间中，物体的姿态可以用三个变量唯一表示，因此可以将对应的姿态进行分类以便于后续操作。

飞行器运动的一般性位姿表示为(x,y,z,ϕ,θ,ψ)，一共有六个自由度，因此在飞行器控制中主要将飞行器的基本运动按照各位姿自由度划分为六种，分别是垂直运动、俯仰运动、滚转运动、偏航运动、前后运动与侧向运动。任意一种飞行运动都可以被分解为这六种基本运动的组合，因而对于这六种基本运动的深入研究是飞行器姿态控制的基础：

① 垂直运动：飞行器的垂直运动针对的是 z 参量，主要用于描述飞行器在 z 轴方向上的运动。飞行器的垂直运动是多旋翼飞行器的一大优势，垂直起降正是基于垂直运动的一项实用功能。当飞机总升力的竖直分力大于飞机自重时，飞机即可实现 z 轴方向上的抬升。一般而言，单独的垂直运动仅能在旋翼飞行器上体现，而固定翼与仿生扑翼等飞行器类型垂直运动往往与俯仰运动综合考虑。

② 俯仰运动：飞行器的俯仰运动针对的是 θ 参量，主要用于描述飞行器俯仰角 θ 的变化情况。俯仰运动既是飞行器姿态变化的重要一环，也对高度调节具有一定作用。精确的俯仰控制能够更高效地辅助调节飞行器的高度位置，在一些特种作战过程中也能及时调整作战姿势（如抬起枪口进行射击或调整摄像头进行广角侦察）。

③ 滚转运动：飞行器的滚转运动针对的是 ϕ 参量，主要用于描述飞行器滚转角 ϕ 的变化情况。精确的滚转控制能够大大提升飞行器的灵活性，是一系列花式飞行动作的基础。而在特种作业中，滚转运动则为实现灵活避障、快速变向（如在躲避前向飞速移动物体时，滚转侧身是最高效的躲避方式）等功能提供了极大的助力。

④ 偏航运动：飞行器的偏航运动针对的是 ψ 参量，主要用于描述飞行器偏航角 ψ 的变化情况。偏航控制是飞行器轨迹控制的核心环节，决定了飞行器的运动方向与偏转半径。一个灵活的飞行控制离不开精确的偏航控制，而一个严谨的任务规划也一定需要偏航控制的大力配合。

⑤ 前后运动：飞行器的前后运动针对的是 x 参量，主要用于描述飞行器在 x 轴上的运动。前后运动是一类比较常见的运动模式，也是在各类飞行器上都能进行独立应用的一种运动方式（旋翼飞行器保持一定俯仰角时总升力的水平分力即可实现前后运动，固定翼的动力装置在实质上就是前后动力，扑翼的实际动力的水平分力也可直接实现前后运动）。作为一类基本的位置控制环节，前后运动保证了飞行器的径向位移。

⑥ 侧向运动：飞行器的侧向运动针对的是 y 参量，主要用于描述飞行器在 y 轴上的运动。侧向运动的实现相较于垂直、前后运动更为困难，其在旋翼上的工作原理与前后运动完全一致，依靠的是一定滚转角下产生的水平分力，但在固定翼和扑翼等一系列飞行器上的实现一般需要搭配偏航运动。

飞行器的六种基本运动模式的示意图如图 6-4 所示，这些基本运动模式均有其特殊意义及重大价值，是实现飞行器稳定飞行的重要基础，任意一种运动模式的缺失或者低精度都会导致整体飞行效果变差，甚至直接导致飞行器无法完成指定任务。基于这六种基本运动模式进行分析，若给定飞行器的飞行速度，只需要通过判定飞行器的瞬时姿态，就可以直接得到飞行器的瞬时运动模式以及下一时刻的具体方位（下一时刻的姿态信息则需要通过相应的角速度信息进行判定），这对于飞行器的控制与检测反馈都有重大意义。

姿态控制系统的目标就是操控任一时刻下的飞行器姿态，而这决定着飞行器的运动状态与下一时刻的位姿。例如，爬升过程的姿态就需要有一定的俯仰角，否则会造成更多的能源耗费，而平稳巡航过程则要保持机身水平以减少移动阻力，还有攻击姿态的俯冲倾角和躲避姿态的滚转倾角等。从某种意义而言，姿态控制系统决定了运动的效率并可以大大提高任务功效。

前文已经提过，在姿态描述时主要有欧拉角表示法、旋转矩阵表示法、四元数表示法等，这三类方法的对比见表 6-1。

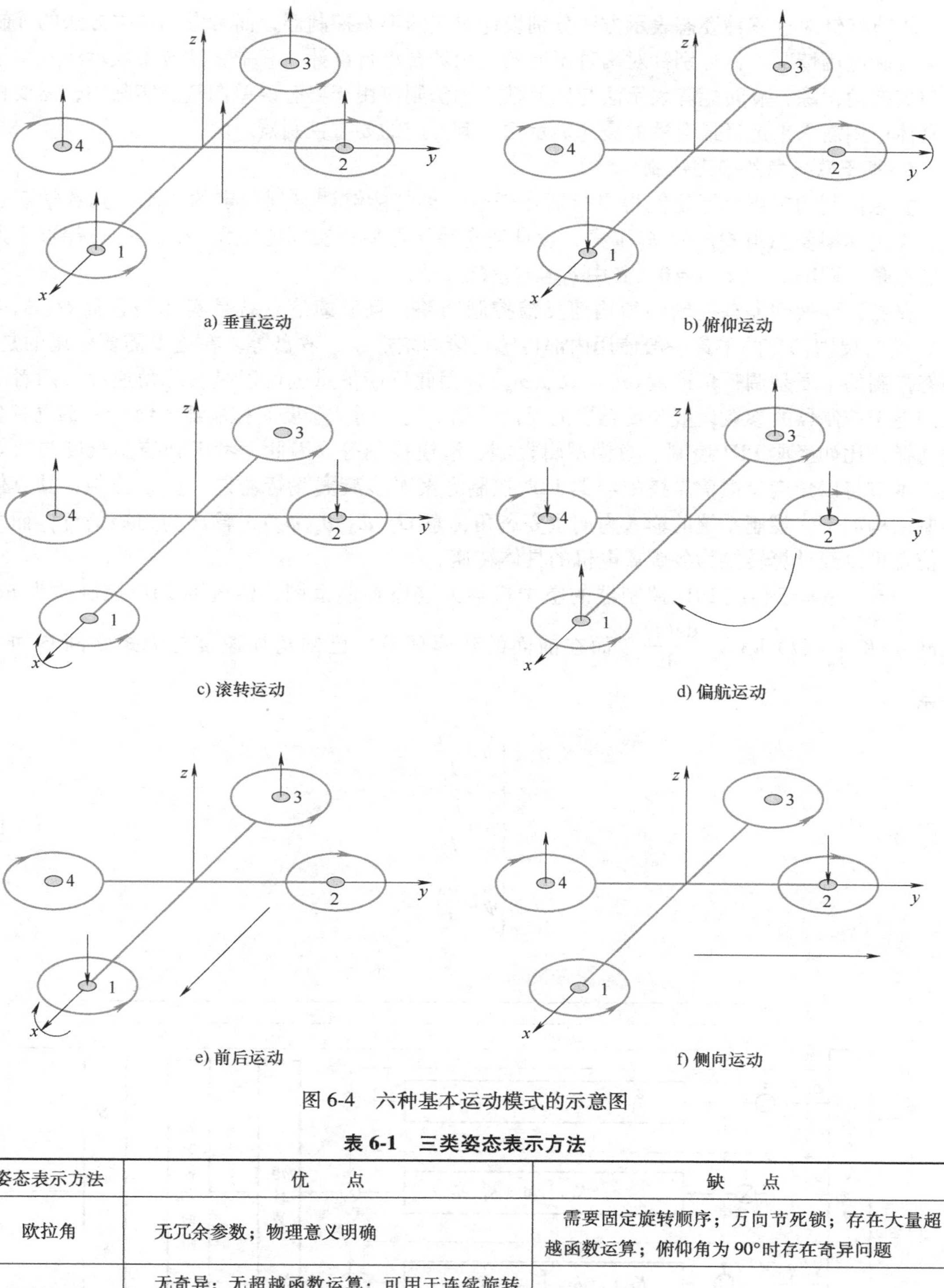

图 6-4　六种基本运动模式的示意图

表 6-1　三类姿态表示方法

姿态表示方法	优　点	缺　点
欧拉角	无冗余参数；物理意义明确	需要固定旋转顺序；万向节死锁；存在大量超越函数运算；俯仰角为 90°时存在奇异问题
旋转矩阵	无奇异；无超越函数运算；可用于连续旋转表示；全局且唯一；便于插值	六个冗余参数
四元数	计算量小；旋转效率高；可提供平滑差值；无万向节死锁问题	理论复杂，理解困难；不直观；可能存在累计误差而产生非法四元数

本节将针对这三种姿态表示方法分别设计对应的姿态控制器，而考虑到各类方法的优缺点与实际应用情况，将分别针对两种不同的应用场合进行设计。其中，欧拉角表示法应用于期望姿态角跟踪，旋转矩阵表示法与四元数表示法则应用于姿态误差调整。实际中，需要根据具体应用需求来选择最合适的姿态表示法及其对应的姿态控制器。

1. 基于欧拉角的姿态控制

姿态控制的首要目标是使得飞行器在任意时刻都能够调整到预定的姿态，其数学表述为：设定期望姿态角 $\boldsymbol{O}_d(\phi_d,\theta_d,\psi_d)$，设计姿态控制器使得实际姿态角 $\boldsymbol{O}(\phi,\theta,\psi)$ 趋近于期望姿态角，即$\lim_{t\to\infty}|\boldsymbol{e}_O|=0$，其中 $\boldsymbol{e}_O\triangleq\boldsymbol{O}_d-\boldsymbol{O}$。

显然，要做到姿态控制必须构建反馈控制回路，且反馈信息就是实际姿态角 $\boldsymbol{O}(\phi,\theta,\psi)$。此时反馈信息的采集一般使用内部传感器诸如陀螺仪、罗盘等。在这里需要强调的是，姿态控制的本质是调整角速度 $\boldsymbol{\omega}(\omega_\phi,\omega_\theta,\omega_\psi)$，因此反馈信息也可以是实际角速度，两者的区别在于控制器的参数设置与传感器的反馈信息不同。而关于姿态控制器的设计方案也有多种选择，比如经典 PID 控制、模糊逻辑控制、滑模控制等。因此，考虑到控制难度与直观性，本节将以角度反馈信息搭配经典 PID 控制方案对多旋翼飞行器进行姿态控制，其具体控制结构如下。控制系统的输入为期望姿态角信息 $\boldsymbol{O}_d(\phi_d,\theta_d,\psi_d)$，输出为力矩信息，而力矩信息可以经计算转换为各旋翼电机的具体转速。

图 6-5 是基于传统 PID 控制器的空中机器人姿态控制框图，传统的 PID 控制律为 $u=K_{\mathrm{P}}e(t)+K_{\mathrm{I}}\int_0^t e(t)\,\mathrm{d}t+K_{\mathrm{D}}\frac{\mathrm{d}e(t)}{\mathrm{d}t}$，而在前面的建模环节中已知角加速度与力矩之间有如下关系：

$$\begin{cases}\ddot{\phi}=\dfrac{U_2}{I_x}\\ \ddot{\theta}=\dfrac{U_3}{I_y}\\ \ddot{\psi}=\dfrac{U_4}{I_z}\end{cases}\tag{6-1}$$

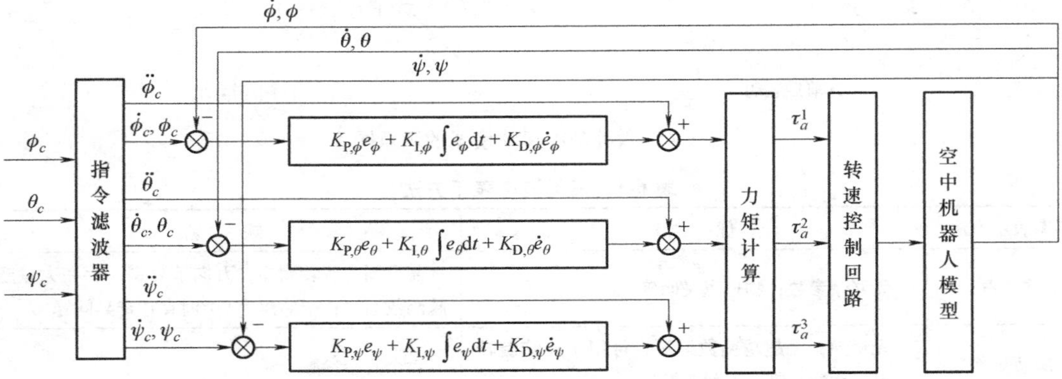

图 6-5　基于传统 PID 控制器的空中机器人姿态控制框图

三种姿态角之间存在一定的耦合关系，但表现为三种不同的角参量，因此设计三组姿态调整回路分别进行控制。而考虑到多旋翼飞行器的具体模型，对 PID 控制律进行一定修改后得到如下姿态角控制律：

$$\begin{cases} U_{\phi}=k_1e_{\phi}+k_2\int e_{\phi}\mathrm{d}t+k_3\dot{e}_{\phi}+\ddot{\phi}_d \\ U_{\theta}=k_4e_{\theta}+k_5\int e_{\theta}\mathrm{d}t+k_6\dot{e}_{\theta}+\ddot{\theta}_d \\ U_{\psi}=k_7e_{\psi}+k_8\int e_{\psi}\mathrm{d}t+k_9\dot{e}_{\psi}+\ddot{\psi}_d \end{cases} \tag{6-2}$$

式中，U_{ϕ}、U_{θ}、U_{ψ} 是各姿态角控制回路的控制器输出；$k_i(i=1,2,\cdots,9)$ 是控制器设计参数，用于改善控制效果；引入的 $\ddot{\phi}_d$、$\ddot{\theta}_d$、$\ddot{\psi}_d$ 为抗干扰项，可提高系统的稳定性。

在该控制律的作用下，当系统稳定时可以推断有

$$\begin{cases} U_2=\dfrac{\dot{\omega}_xI_x+(I_z-I_y)qr-I_r\omega_rq}{l}\approx\dfrac{\ddot{\phi}I_x}{l}=\dfrac{U_{\phi}I_x}{l} \\ U_3=\dot{\omega}_y=\dfrac{\dot{\omega}_yJ_y-(I_x-I_z)pr-I_r\omega_rp}{l}\approx\dfrac{\ddot{\theta}I_y}{l}=\dfrac{U_{\theta}I_y}{l} \\ U_4=\dot{\omega}_zI_z-(I_y-I_x)pq\approx\ddot{\psi}I_z=U_{\psi}I_z \end{cases} \tag{6-3}$$

式中，U_2、U_3、U_4 是各姿态角的滚转力矩、俯仰力矩和偏航力矩；I_x、I_y、I_z 为各轴转动惯量。

综上所述，在该控制器的作用下，最终可以直接得到系统稳定时各姿态角旋转力矩的大小。而旋转力矩的大小直接由各旋翼提供的升力决定，旋翼升力又与旋翼电机转速直接相关，因此确定旋转力矩即可反推得到各旋翼电机的期望转速，从而确定电机控制量，这一推导过程即为电机控制环节。由于电机控制相关内容已经在第 4 章进行了说明，本章将不再赘述。

例 6-1　针对四旋翼的俯仰角进行控制，完成飞行器俯仰姿态的动态调整。

解：四旋翼的俯仰控制对应的是俯仰运动模态，按照图 6-6 所示的四旋翼，其运动原理为：在悬停状态下四个电机的转速保持一致，此时俯仰角为 0°，之后令电机 1 的转速下降，电机 3 的转速上升，电机 2 与电机 4 的转速不变。为了保证四旋翼的整体扭矩及总升力不变，电机 1 与电机 3 的转速变化量应保持一致。此时，由于电机 1 产生的升力下降而电机 3 的升力上升，会产生一个俯仰扭矩使四旋翼机身绕 y 轴产生一个定向旋转，从而实现飞行器的俯仰运动。

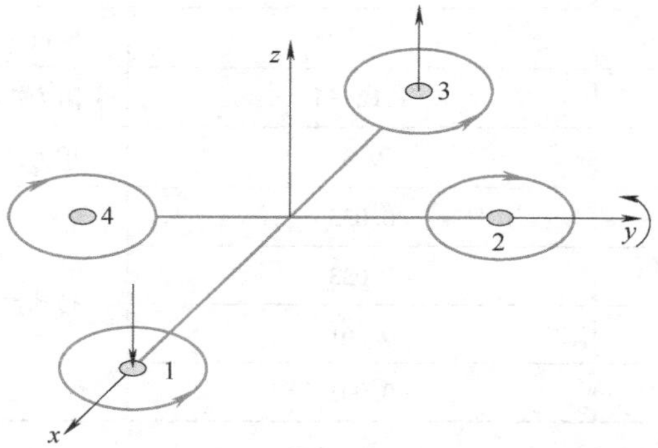

图 6-6　四旋翼飞行器俯仰运动示意图

根据第 4 章的数学模型，电机转速与各轴力矩间的关系为

$$\begin{pmatrix} U_1 \\ U_2 \\ U_3 \\ U_4 \end{pmatrix} = \begin{pmatrix} F_1+F_2+F_3+F_4 \\ F_2-F_4 \\ F_3-F_1 \\ F_1-F_2+F_3-F_4 \end{pmatrix} = \begin{pmatrix} K_t \sum_{i=1}^{4} \omega_i^2 \\ K_t(\omega_2^2-\omega_4^2) \\ K_t(\omega_3^2-\omega_1^2) \\ K_d(\omega_1^2-\omega_2^2+\omega_3^2-\omega_4^2) \end{pmatrix} \tag{6-4}$$

式中，F_i 为各电机升力；ω_i 为各电机转速；U_1 为四旋翼总升力；U_2、U_3、U_4 是各姿态角的滚转力矩、俯仰力矩和偏航力矩；K_t 为升速比；K_d 为总阻力矩系数。

而姿态角与各轴力矩间存在以下关系：

$$\begin{cases} \dot{p}=\dot{\omega}_x=\dfrac{lU_2-(I_z-I_y)qr+I_r\omega_r q}{I_x} \\ \dot{q}=\dot{\omega}_y=\dfrac{lU_3-(I_x-I_z)pr+I_r\omega_r p}{I_y} \\ \dot{r}=\dot{\omega}_z=\dfrac{U_4-(I_y-I_x)pq}{I_z} \\ \dot{\phi}=p+q\cdot\sin\phi\tan\theta+r\cdot\cos\phi\tan\theta \\ \dot{\theta}=q\cdot\cos\phi-r\cdot\sin\phi \\ \dot{\psi}=\dfrac{\sin\phi}{\cos\theta}\cdot q+\dfrac{\cos\phi}{\cos\theta}\cdot r \end{cases} \tag{6-5}$$

式中，p、q、r 为各轴角速度；I_x、I_y、I_z 为各轴转动惯量；l 为机身长度(由于四旋翼呈中心对称，$l_x=l_y=l$)。

根据数学模型可以直接进行输入控制，参照表 6-2 中四旋翼飞行器参数进行仿真模型搭建。

表 6-2　四旋翼飞行器参数设置

参　数	数　值	描　述
m(kg)	0.288	飞行器总质量
l(m)	0.25	飞行器 x、y 方向上机身长度
K_t(N·s²)	3.6e-5	电机转速与升力关系参数
K_d(N·s²)	1.12e-5	阻力矩参数
g(m/s²)	9.8	重力加速度
I_x(kg·m²)	0.033	转动惯量
I_y(kg·m²)	0.033	
I_z(kg·m²)	0.061	
I_r(kg·m²)	0.001	

经计算分析，当各轴电机转速达到 140rad/s(弧度/秒)，即 4200r/m(转/分)时，四旋翼恰可保持定点悬停，令其悬停于(0,0,10)位置，位置曲线如图 6-7 所示。

根据飞行原理直接对 1、3 号电机进行处理，电机油门指令如图 6-8 所示，从而可以直接对四旋翼飞行器的俯仰角进行调整，动态响应如图 6-9 所示。

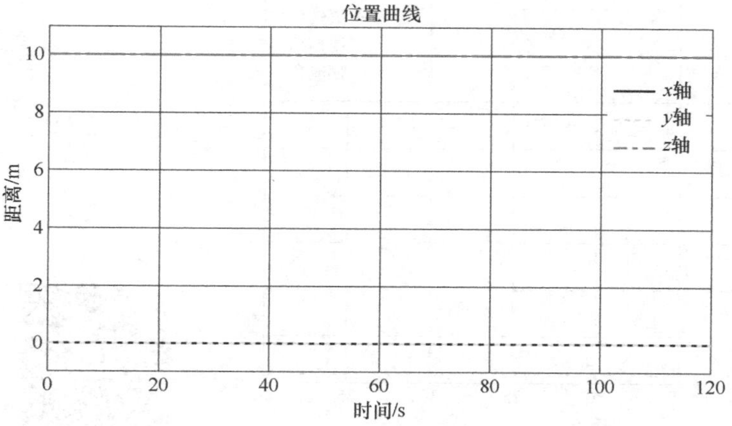

图 6-7　四旋翼开环姿态控制下位置曲线

图 6-7　彩图

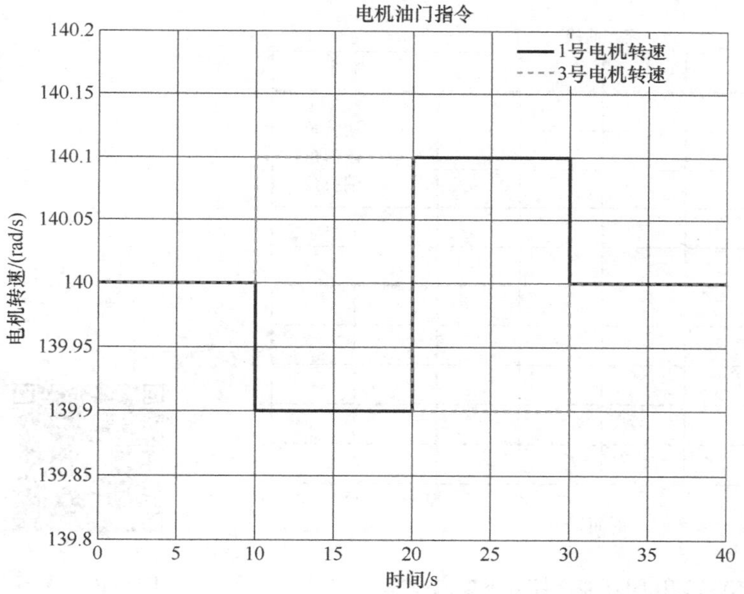

图 6-8　四旋翼开环姿态控制下电机油门指令

图 6-8　彩图

但从图像可知，这一开环过程的控制精度较低，无法满足特定的设定需求，即无法实现对飞行器姿态的任意调节(比如图 6-9 中对于俯仰角的操纵存在明显偏差)。根据上述模型进行经典 PID 控制方案设计后，控制效果存在明显好转，如图 6-10 所示。

2. 基于旋转矩阵的姿态控制

基于旋转矩阵的姿态控制器的设计思路是：首先定义期望机体坐标系下的期望坐标旋转矩阵，之后经过测量计算得到实际旋转矩阵，利用实际旋转矩阵与期望旋转矩阵定义姿态误差，最后根据姿态误差来设计姿态控制器。

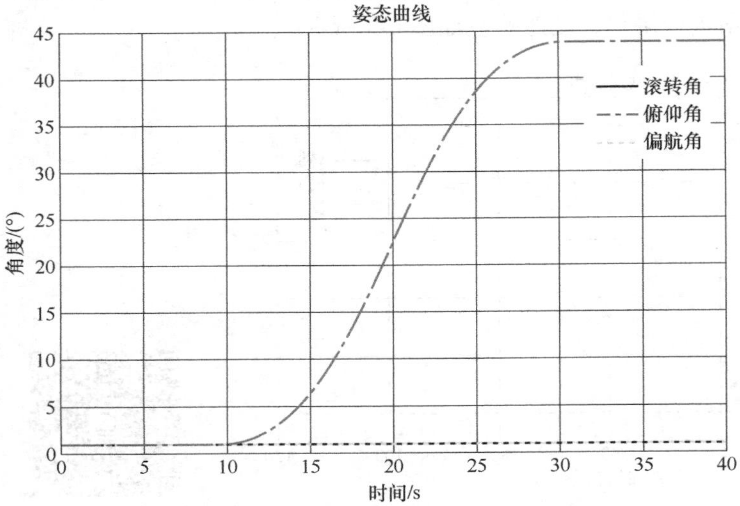

图 6-9　四旋翼开环姿态控制下姿态曲线

图 6-9　彩图

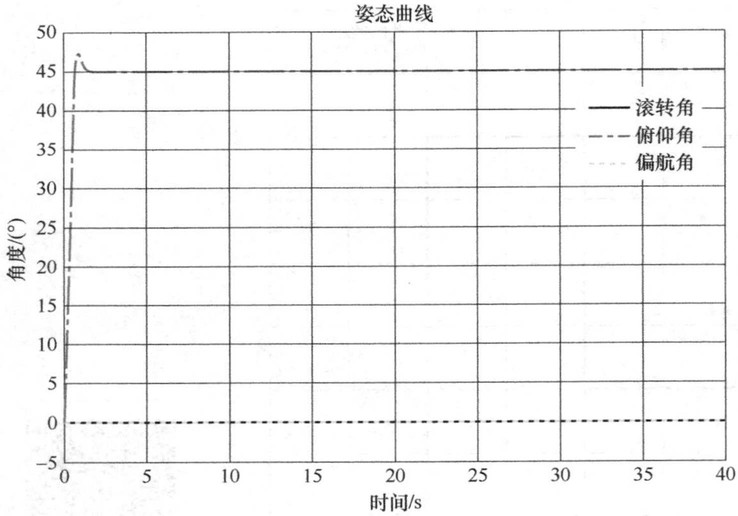

图 6-10　四旋翼 PID 闭环姿态控制下姿态曲线

图 6-10　彩图

假设实际旋转矩阵为 $\boldsymbol{R}$，期望旋转矩阵为 $\boldsymbol{R}_d$，定义姿态误差矩阵 $\widetilde{\boldsymbol{R}}$ 为

$$\widetilde{\boldsymbol{R}}=\boldsymbol{R}^{\mathrm{T}}\boldsymbol{R}_d \tag{6-6}$$

由上述定义以及旋转矩阵的性质可知，当 $\boldsymbol{R}=\boldsymbol{R}_d$ 时，有 $\widetilde{\boldsymbol{R}}=\boldsymbol{I}_3=\begin{pmatrix}1&0&0\\0&1&0\\0&0&1\end{pmatrix}$。因此姿态控制的控制目标可以转化为$\lim_{t\to\infty}\|\widetilde{\boldsymbol{R}}(t)-\boldsymbol{I}_3\|=0$。

定义姿态误差为

$$e_R=\frac{1}{2}vex(\boldsymbol{R}_d^{\mathrm{T}}\boldsymbol{R}-\boldsymbol{R}^{\mathrm{T}}\boldsymbol{R}_d) \tag{6-7}$$

式中，假设 $\boldsymbol{x}=(x_1 \quad x_2 \quad x_3)^{\mathrm{T}}$，则 $[\boldsymbol{x}]_\times=\begin{pmatrix}0 & -x_3 & x_2\\ x_3 & 0 & -x_1\\ -x_2 & x_1 & 0\end{pmatrix}$，$vex([\boldsymbol{x}]_\times)=\boldsymbol{x}$

定义角速度误差为

$$e_\omega=\omega-\boldsymbol{R}^{\mathrm{T}}\boldsymbol{R}_d\omega_d \tag{6-8}$$

在小角度假设情况下，系统稳定时有 $\omega_d=\dot{\theta}_d\approx 0$，可忽略不计，因而此时 $e_\omega=\omega$。而此时经计算可得 $e_R=\theta-\theta_d$。

基于以上分析，可以设计如下的控制器：

$$\boldsymbol{U}_R=-\boldsymbol{K}_R e_R-\boldsymbol{K}_\omega e_\omega \tag{6-9}$$

式中，$\boldsymbol{K}_R$、$\boldsymbol{K}_\omega\in\mathbb{R}^{3\times 3}$ 为正定增益矩阵。但这种控制器只能在平衡点小范围内维持系统稳定。为进一步提高系统稳定性，可引入误差校正项，此时非线性控制器输出为

$$\boldsymbol{U}_R=-\boldsymbol{K}_R e_R-\boldsymbol{K}_\omega e_\omega-\boldsymbol{J}([\omega]_\times\boldsymbol{R}^{\mathrm{T}}\boldsymbol{R}_d\omega_d-\boldsymbol{R}^{\mathrm{T}}\boldsymbol{R}_d\dot{\omega}_d) \tag{6-10}$$

该控制器几乎可以保证在任意旋转情况下系统指数的稳定，可以达到状态误差调整的功效。在小范围移动过程中，校正项数值很小可忽略不计，但在大机动飞行过程中校正项对于控制输出的影响很大，因而可用于提高系统的稳定性。

3. 基于四元数的姿态控制

在描述姿态变换时，四元数是一种极有利的工具，在大大减少计算量的同时也可以避免万向节死锁等问题。因此在姿态控制中，将单独列举出基于四元数的姿态控制方案，其实用性高于基于旋转矩阵的姿态控制。

根据第 4 章有关四元数的定义可知，四元数一般可以表示为

$$\boldsymbol{q}=\begin{pmatrix}\cos\dfrac{\alpha}{2}\\ \boldsymbol{v}\sin\dfrac{\alpha}{2}\end{pmatrix}=\left(\cos\frac{\alpha}{2} \quad x*\sin\frac{\alpha}{2} \quad y*\sin\frac{\alpha}{2} \quad z*\sin\frac{\alpha}{2}\right)^{\mathrm{T}} \tag{6-11}$$

式中，单位向量 $\boldsymbol{v}=(x,y,z)$ 为瞬时旋转轴；α 为旋转角度。

假设当前姿态下的四元数为 $\boldsymbol{q}_c$，期望姿态下的四元数为 $\boldsymbol{q}_d$，姿态差对应的四元数为 $\boldsymbol{q}_\Delta$，那么由四元数乘法可知

$$\boldsymbol{q}_d=\boldsymbol{q}_\Delta\otimes\boldsymbol{q}_c \tag{6-12}$$

由于四元数的共轭与逆相等，即 $\boldsymbol{q}^*=\begin{pmatrix}s\\ -\boldsymbol{v}\end{pmatrix}=\boldsymbol{q}^{-1}$，则

$$\boldsymbol{q}_\Delta=\boldsymbol{q}_d\otimes\boldsymbol{q}_c=\begin{pmatrix}q_{d0} & -q_{d1} & -q_{d2} & -q_{d3}\\ q_{d1} & q_{d0} & -q_{d3} & q_{d2}\\ q_{d2} & q_{d3} & q_{d0} & -q_{d1}\\ q_{d3} & -q_{d2} & q_{d1} & q_{d0}\end{pmatrix}\begin{pmatrix}q_{c0}\\ -q_{c1}\\ -q_{c2}\\ -q_{c3}\end{pmatrix} \tag{6-13}$$

对于飞行器姿态的控制过程就是令飞行器实际姿态四元数趋近期望姿态四元数的过程，也就是控制姿态差四元数逼近零误差四元数 $\boldsymbol{q}_0=(1 \quad 0 \quad 0 \quad 0)^{\mathrm{T}}$ 的过程。

基于以上分析，定义误差项

$$
\boldsymbol{e}=\begin{pmatrix} e_0 \\ e_1 \\ e_2 \\ e_3 \end{pmatrix}=\begin{pmatrix} q_{\Delta 0}-1 \\ q_{\Delta 1} \\ q_{\Delta 1} \\ q_{\Delta 1} \end{pmatrix} \tag{6-14}
$$

设定 PID 控制律为

$$
\begin{cases} U_0=k_{0,1}e_0+k_{0,2}\int e_0\mathrm{d}t+k_{0,3}\dot{e}_0 \\ U_1=k_{1,1}e_1+k_{1,2}\int e_1\mathrm{d}t+k_{1,3}\dot{e}_1 \\ U_2=k_{2,1}e_2+k_{2,2}\int e_2\mathrm{d}t+k_{2,3}\dot{e}_2 \\ U_3=k_{3,1}e_3+k_{3,2}\int e_3\mathrm{d}t+k_{3,3}\dot{e}_3 \end{cases} \tag{6-15}
$$

则在该控制律的作用下，当系统稳定时，$\boldsymbol{q}_\Delta=\boldsymbol{q}_0=(1\quad 0\quad 0\quad 0)^{\mathrm{T}}$，此时 $\boldsymbol{q}_c=\boldsymbol{q}_d$，即实现了姿态四元数的稳定跟踪。而一个四元数可以唯一对应一组欧拉角，通过对四元数的跟踪控制便可实现对飞行器姿态信息的控制。

6.2.2 位置控制

在明确了飞行器姿态控制方法之后，就可以着手对飞行器的位置进行控制。姿态的调整仅仅确保了当前状态下的飞机朝向与运动趋势，而位置控制才是决定飞行器任务过程的关键。

位置控制系统的作用是使飞行器能够成功到达某一三维空间位置，从而完成后续的一系列规划部署。只有实现位置控制，飞行器的一系列行为才有意义，否则再复杂的功能设定、再灵活的姿态控制都是徒劳。例如，巡航需要保持一定的巡航高度与巡航范围，攻击需要到达指定战略部署地点，侦察需要到达指定侦察范围与合理高空位置，一切任务都需要精准的位置控制系统进行辅助。而根据任务目标的不同，位置控制大致可以分为以下三类：

① 定点控制：给定一期望点，要求飞行器平稳抵达某一指定位置而不考虑路径、时间、姿态，其数学描述为——给定期望点 $\boldsymbol{P}_d\in\mathbb{R}^3$，$\boldsymbol{P}_d$ 为一常值，设计控制器使得 $\lim_{t\to\infty}\|\boldsymbol{P}(t)-\boldsymbol{P}_d\|<\varepsilon$，$\varepsilon$ 为一大于 0 的微小量，$\boldsymbol{P}(t)$ 为 t 时刻下的飞行器实际位置($x(t)$, $y(t)$, $z(t)$)。定点控制在固定翼与仿生扑翼等飞行器上的应用仅仅表现为抵达某一中转站、任务点，或在期望点邻域范围内绕空盘旋，而真正完美展现定点控制这一任务分支的实用性的是旋翼飞行器。受益于旋翼飞行器定点悬停这一特殊功能，定点侦测、定点打击、定点充能等任务目标都能在定点控制的基础上实现，而由于定点悬停这一运动模态对外界环境并不会造成大规模扰动(比如高速移动过程中对空气流层的扰乱，盘旋过程中的大范围空气层扰动等)，因此大大提高了任务过程中的隐蔽性与稳定性。

② 轨迹跟踪：给定一期望轨迹，要求飞行器实时跟随该轨迹进行运动，其数学描述为——给定期望轨迹 $\boldsymbol{P}_d(t)\in\mathbb{R}^3$，$t\in[0,\infty)$，设计控制器使得 $\lim_{t\to\infty}\|\boldsymbol{P}(t)-\boldsymbol{P}_d(t)\|<\varepsilon$，$\varepsilon$ 为一大于 0 的微小量。轨迹跟踪是移动机器人领域的重要研究课题，无论是在轨迹优化、路径选取等决策规划还是视觉避障、全局巡查等功能性任务都依托于轨迹跟踪的精确度。排除一些特殊情况下的紧急路径调整，大部分任务都需要事先拟定一条可行轨迹，使飞行器根

据该指定轨迹进行运行，这既节省了实时规划的计算规模，又提高了移动的有序性。对于期望轨迹的精确跟踪是飞行器众多高级功能的实现基础，在多机协调、侦查巡航等方面均有突出贡献。

③ 路径跟随：路径跟随问题与轨迹跟踪问题有很高的相似性，两者的重要区别是期望轨迹的决定参量不同。在轨迹跟踪问题中，期望轨迹是一已知的与时间 t 相关的曲线，而在路径跟随问题中期望轨迹的决定变量不仅限于时间，其期望轨迹往往是一后续变化未知的曲线。路径跟随问题的数学描述形式为——给定期望轨迹 $\boldsymbol{P}_d(\sigma)\in\mathbb{R}^3$，$\sigma$ 为一决定参数矢量，其可包含多个变化参数（一般含时间参数 t），设计控制器使得$\lim_{t\to\infty}\|\boldsymbol{P}(t)-\boldsymbol{P}_d(\sigma(t))\|<\varepsilon$，$\varepsilon$ 为一大于 0 的微小量。相较于轨迹跟踪问题，路径跟随往往具有更多的随机性，其具体应用包括对特定对象的实时跟踪（如可疑物体、目标物体等）、对特殊地形的定高移动（如地形绘制、潜伏跟踪等）、多模态切换跟踪等。路径跟随的实现难度无疑比轨迹跟踪更高，但其具体应用也有更高的实用性，能直接作为核心技术进行功能性应用，目前比较流行的任务跟随就是基于路径跟随实现的。

位置控制的三种类型存在一定的关系，其中定点控制是最简单的控制类别，而轨迹跟踪问题增加了时间维度，路径跟随问题则独立于时间变量并引入了更多的可变参数。当$\sigma(t)=t$时，路径跟随问题退化为轨迹跟踪问题，而当 $\boldsymbol{P}_d(t)=\boldsymbol{P}_d^0\equiv$常数时，轨迹跟踪问题进一步退化为定点控制问题。因此，从另一层面而言，定点控制问题是轨迹跟踪问题的一个特例，轨迹跟踪问题则是路径跟随问题的一个特例。

位置控制系统的输出主要有欧拉角输出与旋转矩阵输出两种（四元数输出的方式在位置控制过程中并不具有显著优势，一般不单独应用）。其中，欧拉角输出一般应用于线性系统，而针对非线性耦合系统往往使用旋转矩阵输出方式。而在第 4 章的建模过程中可以发现，目前大多数的飞行器控制都会对物体模型进行一个线性化处理，因此本节将基于这一线性化模型，简单介绍多旋翼位置控制系统设计，同时也与前文的姿态控制形成呼应，便于理解。

1. 基于欧拉角的位置控制

位置控制的首要目标是使得飞行器的位置在任意时刻均可控，即任意时刻下的飞行器三维位置均为期望位置，其数学表述即：设定期望位置 $\boldsymbol{P}_d(x_d,y_d,z_d)$，设计位置控制器令实际位置 $\boldsymbol{P}(x,y,z)$趋近于期望位置，即$\lim_{t\to\infty}|\boldsymbol{e}_P|=0$，其中 $\boldsymbol{e}_P\triangleq\boldsymbol{P}_d-\boldsymbol{P}$。

在姿态控制中已经强调，一种飞行器状态对应唯一一组姿态角信息，而一个三维坐标却可以对应无数种飞行状态。为了减少这一不确定性，往往在提供期望位置 $\boldsymbol{P}_d$ 的同时也会给出期望偏航角 ψ_d，在减少不确定性的同时降低计算难度。

为了提高位置控制的精确度，闭环反馈回路亦不可或缺，而此时的反馈信息为飞行器质心位置 $\boldsymbol{P}(x,y,z)$，这类信息则一般使用外部传感器如 GPS、视觉传感器等获取。而位置控制环的实质是角度调节环，这也使得可以用角度信息 $\boldsymbol{O}(\phi,\theta,\psi)$进行控制环路的设计。考虑到直观性与计算复杂度，目前大部分研究都是直接使用三维位置进行控制系统设计。

在位置控制器的设计上，沿用姿态控制器的设计思路，本节将继续使用传统 PID 控制作为示例，如图 6-11 所示。

在建模环节已知各轴加速度与飞行器垂直方向升力 U_1 之间的关系：

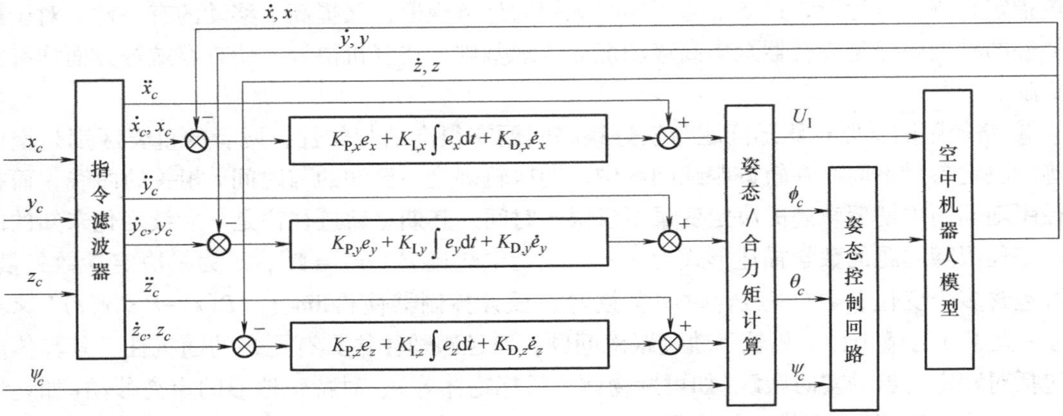

图 6-11　基于传统 PID 控制器的空中机器人位置控制框图

$$\begin{cases}\ddot{x}=U_1\dfrac{\cos\phi\cos\psi\sin\theta+\sin\phi\sin\psi}{m}\\ \ddot{y}=U_1\dfrac{\cos\phi\sin\psi\sin\theta-\cos\psi\sin\phi}{m}\\ \ddot{z}=U_1\dfrac{\cos\phi\cos\theta}{m}-g\end{cases}\tag{6-16}$$

式中，m 为飞行器整体重量；g 为当地重力加速度。

同样地，针对具体的模型信息，可以对 PID 控制律进行如下改动：

$$\begin{cases}U_x=l_1e_x+l_2\int e_x\mathrm{d}t+l_3\dot{e}_x+\ddot{x}\\ U_y=l_4e_y+l_5\int e_y\mathrm{d}t+l_6\dot{e}_y+\ddot{y}\\ U_z=l_7e_z+l_8\int e_z\mathrm{d}t+l_9\dot{e}_z+\ddot{z}\end{cases}\tag{6-17}$$

式中，U_x、U_y、U_z 是各姿态角控制回路的控制器输出；$l_i(i=1,2,\cdots,9)$ 是控制器设计参数，用于改善控制效果。

此时，在给定期望偏航角 ψ_d 的情况下，当系统趋于稳定时，有

$$\begin{cases}U_x=\ddot{x}\\ U_y=\ddot{y}\\ U_z=\ddot{z}\\ U_1=\sqrt{m(U_x^2+U_y^2+(U_z+g)^2)}\\ \phi_d=\dfrac{\arcsin(\sin\psi_d U_x-\cos\psi_d U_y)m}{U_1}\\ \theta_d=\arcsin\left(\dfrac{U_x m-U_1\sin\psi_d\sin\phi_d}{U_1\cos\psi_d\cos\phi_d}\right)\end{cases}\tag{6-18}$$

由式(6-18)可知，在给定期望位置时，位置控制器可以在达到预期目标的情况下输出此时需要的期望姿态角，而这一数据恰恰可以作为姿态控制器的输入，从而构成串级回路，这也是目前最常见的飞行器控制结构。

例 6-2　针对四旋翼的高度进行控制，完成飞行器的定高悬停。

解：四旋翼的高度控制对应的是垂直运动模态，按照图 6-12 所示的四旋翼，其运动原理为：相对位置的两个电机转向相反、转速相等，使得电机转矩恰好互相平衡，不产生任何侧向力矩。在垂直运动时，为保证四旋翼机身水平于地面，应控制四个旋翼电机保持相同转速，使得总升力竖直向上且无水平分力。当同时增加四个电机的转速时，四旋翼升力逐渐增大，当总升力增长至可以克服四旋翼整机自重时，四旋翼便可实现垂直上升；而在总升力下降至刚好平衡四旋翼自重时，四旋翼可实现定点悬浮；而当总升力不足以平衡四旋翼重量时，四旋翼则会垂直下落。因此，四旋翼垂直运动的关键在于保证四个旋翼电机转速的一致性变化。

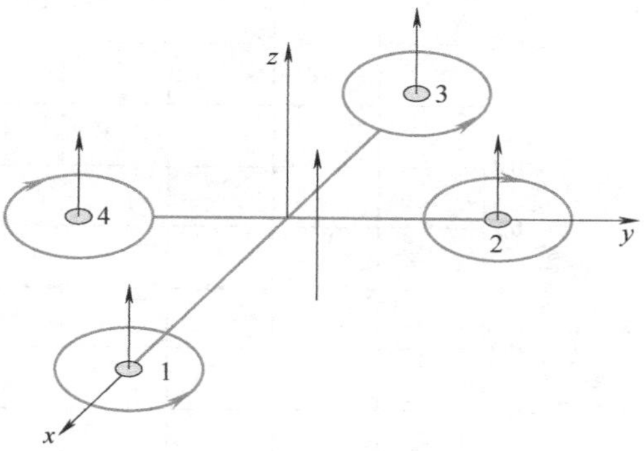

图 6-12　四旋翼飞行器垂直运动示意图

根据第 4 章数学模型中针对四旋翼三维位置的公式：

$$\begin{cases}\ddot{x}=\dfrac{\cos\psi\sin\theta\cos\phi+\sin\psi\sin\phi}{0.288}U_1\\ \ddot{y}=\dfrac{\sin\psi\sin\theta\cos\phi-\sin\phi\cos\psi}{0.288}U_1\\ \ddot{z}=\dfrac{\cos\theta\cos\phi}{0.25}U_1-9.8\end{cases}\tag{6-19}$$

四旋翼的三维位置仅与三轴姿态角以及总升力有关，而在保证三轴姿态角保持 0°不变时(机身平行于水平面)，三维位置可由升力变化曲线直接确定。

参照例 6-1 的四旋翼实际模型建立仿真，在各轴电机转速达到 140rad/s 时恰可令四旋翼总升力与自重平衡。将四旋翼初始位置设定为(0,0,10)，则理论上可直接利用电机转速对四旋翼位置完成开环控制，系统曲线如图 6-13～图 6-15 所示。

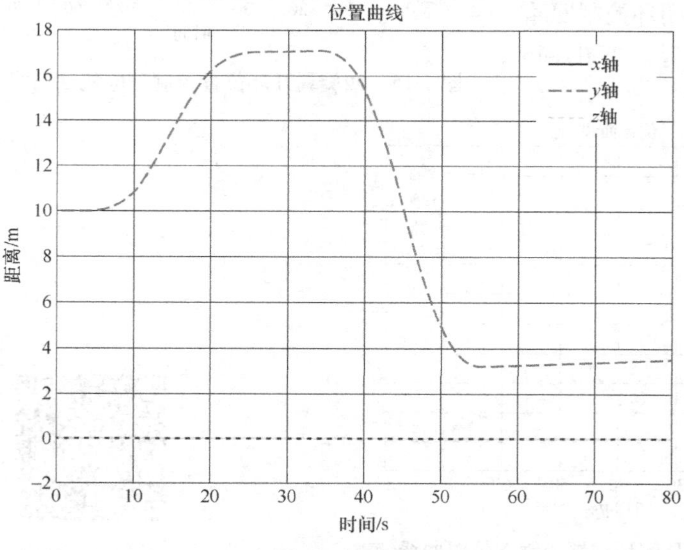

图 6-13　四旋翼开环位置控制下位置曲线

图 6-13　彩图

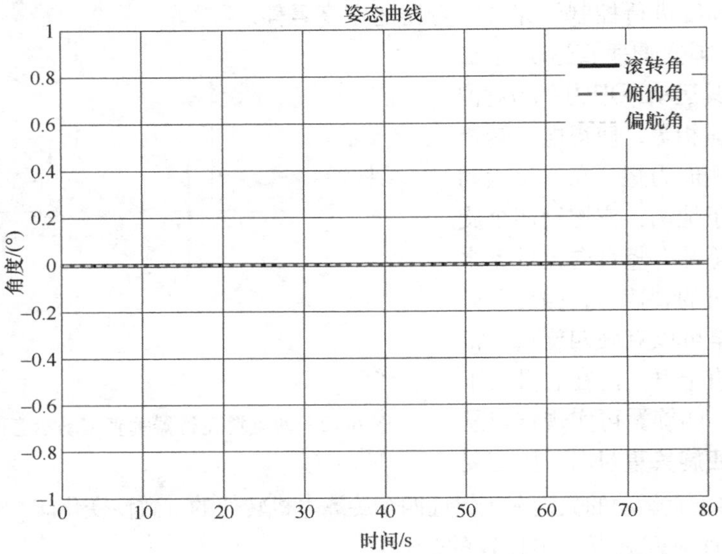

图 6-14 四旋翼开环位置控制下姿态曲线

图 6-14 彩图

若单从响应曲线进行分析，电机开环控制确实可以进行四旋翼高度上的任意变换，甚至在分析输入输出曲线的对应关系后能直接根据期望高度进行输入信号的解算，借此提高飞行控制精度从而实现四旋翼高度的精确控制。但这一解算过程极其复杂也具有针对性，对任意一种情况、案例都需要进行复杂的输入输出曲线分析，且对干扰的抑制能力极差。

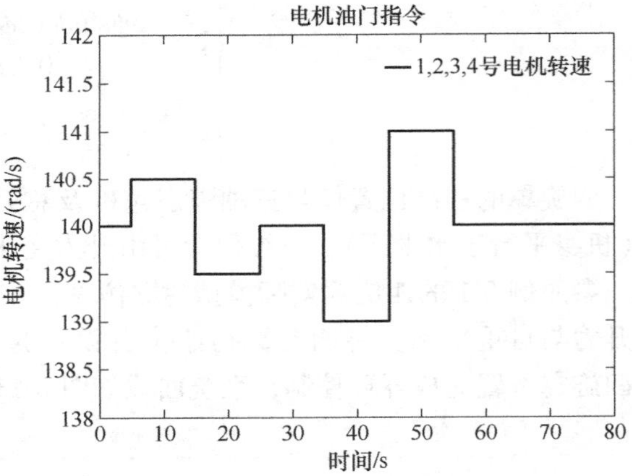

图 6-15 四旋翼开环位置控制下电机油门指令

而在利用 PID 控制器设计闭环控制回路后，控制效果得到了明显的改善，如图 6-16 所示。

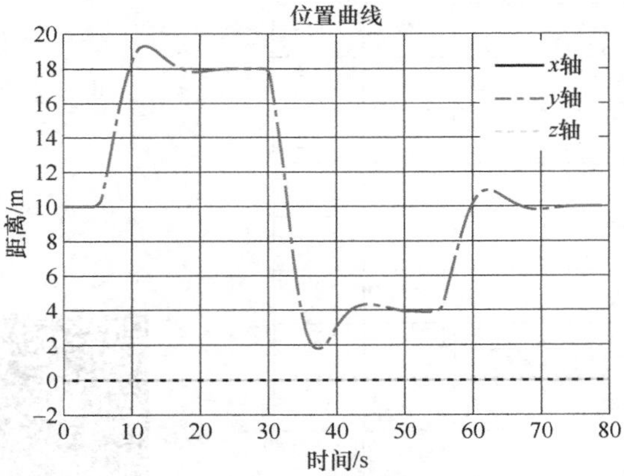

图 6-16 四旋翼 PID 闭环位置控制下位置曲线

图 6-16 彩图

2. 基于旋转矩阵的位置控制

基于旋转矩阵描述的姿态运动学方程为

$$\dot{\boldsymbol{R}}=\boldsymbol{R}[\omega]_{\times}$$

式中，$\boldsymbol{R}=(\boldsymbol{r}_1\quad \boldsymbol{r}_2\quad \boldsymbol{r}_3)$为实际旋转矩阵；$\omega$为角速度。

假设期望旋转矩阵$\boldsymbol{R}_d=(\boldsymbol{r}_{d1}\quad \boldsymbol{r}_{d2}\quad \boldsymbol{r}_{d3})$，则满足

$$\boldsymbol{A}_d=\begin{pmatrix}\ddot{x}\\ \ddot{y}\\ \ddot{z}\end{pmatrix}=\begin{pmatrix}0\\0\\g\end{pmatrix}-\frac{U_1}{m}\boldsymbol{r}_{d3} \tag{6-20}$$

式中，$\boldsymbol{A}_d$为期望加速度。基于旋转矩阵的位置控制的实质就是对飞行器加速度的控制，针对加速度信息设计如下 PID 控制律：

$$\begin{cases}\ddot{x}=l_{r1}e_{vx}+l_{r2}\int e_{vx}\mathrm{d}t+l_{r3}\dot{e}_{vx}\\ \ddot{y}=l_{r4}e_{vy}+l_{r5}\int e_{vy}\mathrm{d}t+l_{r6}\dot{e}_{vy}\\ \ddot{z}=l_{r7}e_{vz}+l_{r8}\int e_{vz}\mathrm{d}t+l_{r9}\dot{e}_{vz}\end{cases} \tag{6-21}$$

式中，$e_{vx}=v_x-v_{xd}$；v_x为实际x轴速度；v_{xd}为x轴期望速度。同理，$e_{vy}=v_y-v_{yd}$；$e_{vz}=v_z-v_{zd}$；$l_{ri}(i=1,2,\cdots,9)$是控制器设计参数，用于改善控制效果。

因此

$$\boldsymbol{r}_{d3}=\frac{m(g\boldsymbol{e}_3-\boldsymbol{A}_d)}{U_1} \tag{6-22}$$

$$\boldsymbol{e}_3=\begin{pmatrix}0\\0\\1\end{pmatrix} \tag{6-23}$$

由于旋转矩阵为正交矩阵，根据正交矩阵的性质，作为正交向量一组列向量的$\boldsymbol{r}_{d3}$满足$\boldsymbol{r}_{d3}^{\mathrm{T}}\boldsymbol{r}_{d3}=1$，因此

$$\boldsymbol{r}_{d3}=\frac{g\boldsymbol{e}_3-\boldsymbol{A}_d}{\|g\boldsymbol{e}_3-\boldsymbol{A}_d\|} \tag{6-24}$$

通过上述方式，可基本确定向量$\boldsymbol{r}_{d3}$，之后是对于整个期望旋转矩阵$\boldsymbol{R}_d$的求解。根据实际情况，在求解过程中主要有两种方法，分别适用于小角度假设与大角度飞行，下面分别展开介绍。

（1）小角度假设　小角度假设下的飞行器控制是一种简化控制，其基本内容为：多旋翼飞行过程中俯仰角和滚转角均非常小，可忽略不计，而总升力约等于多旋翼自重以实现力平衡，竖直方向上其余力均可忽略不计。

基于这类假设有以下结论：

$$\sin\phi\approx\phi,\cos\phi\approx1,\sin\theta\approx\theta,\cos\theta\approx1,U_1=mg$$

而在该假设下，对应的期望向量$\boldsymbol{r}_{d1}$可近似为

$$\boldsymbol{r}_{d1}=\begin{pmatrix}\cos\theta_d\cos\psi_d\\ \cos\theta_d\sin\psi_d\\ -\sin\theta_d\end{pmatrix}\approx\begin{pmatrix}\cos\psi_d\\ \sin\psi_d\\ 0\end{pmatrix}=\tilde{\boldsymbol{r}}_{d1} \tag{6-25}$$

由于旋转矩阵为正交矩阵，可得

$$\boldsymbol{r}_{d2}=\frac{\boldsymbol{r}_{d3}\times\tilde{\boldsymbol{r}}_{d1}}{\|\boldsymbol{r}_{d3}\times\tilde{\boldsymbol{r}}_{d1}\|} \tag{6-26}$$

$$\boldsymbol{r}_{d1}=\boldsymbol{r}_{d2}\times\boldsymbol{r}_{d3}$$

因此，在小角度假设之下，期望旋转矩阵为

$$\boldsymbol{R}_d=(\boldsymbol{r}_{d2}\times\boldsymbol{r}_{d3}\quad \boldsymbol{r}_{d2}\quad \boldsymbol{r}_{d3}) \tag{6-27}$$

此时 $\boldsymbol{R}_d$ 满足正交矩阵定义 $\boldsymbol{R}_d^{\mathrm{T}}\boldsymbol{R}_d=\boldsymbol{I}_3$。

（2）大角度飞行 相较于小角度假设，大角度飞行的适用范围更广，结果也更精确。根据第 4 章中的定义，向量 $\boldsymbol{r}_{d3}$的表达式为

$$\boldsymbol{r}_{d3}=\begin{pmatrix}\cos\psi_d\sin\theta_d\cos\phi_d+\sin\psi_d\sin\phi_d\\ \sin\psi_d\sin\theta_d\cos\phi_d-\cos\psi_d\sin\phi_d\\ \cos\phi_d\cos\theta_d\end{pmatrix}=\begin{pmatrix}d_1\\ d_2\\ d_3\end{pmatrix} \tag{6-28}$$

根据 $\boldsymbol{r}_{d3}=\dfrac{g\boldsymbol{e}_3-\boldsymbol{A}_d}{\|g\boldsymbol{e}_3-\boldsymbol{A}_d\|}$可得

$$\begin{cases}\sin\phi_d=\sin\psi_d d_1-\cos\psi_d d_2\\ \sin\theta_d\cos\phi_d=\cos\psi_d d_1+\sin\psi_d d_2\\ \cos\phi_d\cos\theta_d=d_3\end{cases} \tag{6-29}$$

求解后可得

$$\theta_d=\begin{cases}\theta_{d,1}=\operatorname{arctan2}(\cos\psi_d d_1+\sin\psi_d d_2,d_3)\\ \theta_{d,2}=\operatorname{arctan2}(-\cos\psi_d d_1-\sin\psi_d d_2,-d_3)\end{cases} \tag{6-30}$$

$$\phi_d=\begin{cases}\phi_{d,1}=\arcsin(\sin\psi_d d_1-\cos\psi_d d_2)\\ \phi_{d,2}=\phi_{d,1}-\operatorname{sign}(\phi_{d,1})\pi\end{cases} \tag{6-31}$$

式中，$\operatorname{arctan2}(x,y)$为点$(x,y)$与 x 轴的夹角；sign( )为符号函数。

大多数情况下，θ_d 与 ϕ_d 的真值可被唯一确定，但存在一种特殊情况，即当 $\psi_d=0$，$\boldsymbol{r}_{d3}=(0\quad 0\quad -1)^{\mathrm{T}}$ 时，存在两组解 $\theta_d=0$，$\phi_d=\pi$ 和 $\theta_d=\pi$，$\phi_d=0$，对应的旋转矩阵分别为

$$\boldsymbol{R}_d=\begin{pmatrix}1&0&0\\0&-1&0\\0&0&-1\end{pmatrix},\quad \boldsymbol{R}_d=\begin{pmatrix}-1&0&0\\0&1&0\\0&0&-1\end{pmatrix} \tag{6-32}$$

但在实际操作过程中，由于运动具有连续性，可以利用上一时刻的姿态角信息进行判断，从而推断出接近前一时刻姿态的唯一真值。

至此，期望旋转矩阵 $\boldsymbol{R}_d$ 可以得到求解，而在位置控制中还需要确定期望升力。由于升力 U_1 与 $\boldsymbol{r}_{d3}$存在耦合关系，可得

$$U_1=m\boldsymbol{r}_{d3}^{\mathrm{T}}(g\boldsymbol{e}_3-\boldsymbol{A}_d) \tag{6-33}$$

在实际应用过程中，飞行器升力存在最大电机功率限制与最低转速限制，一般会有一个调节区间，即升力 U_1 被限制在$[U_{\min},U_{\max}]$之内，则最终的升力调节输出为

$$U_1=\operatorname{sat}_{gd}\left(m\boldsymbol{r}_{d3}^{\mathrm{T}}(g\boldsymbol{e}_3-\boldsymbol{A}_d)-\frac{U_{\min}+U_{\max}}{2},\frac{U_{\max}-U_{\min}}{2}\right)+\frac{U_{\min}+U_{\max}}{2} \tag{6-34}$$

式中，$\operatorname{sat}_{gd}(\,)$为保方向饱和函数，其定义如下：

$$\operatorname{sat}_{gd}(u,a)=\kappa_a(u)u \tag{6-35}$$

$$\kappa_a(u) \triangleq \begin{cases} 1, & \|u\|_\infty \leqslant a \\ \dfrac{a}{\|u\|_\infty}, & \|u\|_\infty > a \end{cases} \tag{6-36}$$

式中，u 为调节变量；a 为调节区间阈值；$\kappa_a(u)$为调节函数。

6.2.3　仿真实例

在完成了空中机器人的建模以及控制器框架设计之后，所设计出的飞行器就已具备大部分基础应用功能，至于更复杂功能的实现则需要上层架构的设计与不同机器人平台间的协作。

空中机器人在设计之初就只有一个目标，即替代载人飞行器完成空中任务，包括侦察、打击、巡航等。这类任务目标的基础是一系列空中运动模式，诸如悬停、轨迹跟踪、避障等。这类空中运动模式的实现较为简单且属于必要环节，因此在空中机器人控制系统设计的初步阶段就是完美实现这类运动模式。只有完成了这类基本运动模式，才有可能实现更复杂的任务规划。

本节将以一个具体的四旋翼飞行器为例，详细阐述其建模及控制系统的设计过程，并完成相应的仿真实验以验证其有效性。

1. 基于欧拉角的多旋翼位姿控制

（1）问题简述　本节以目前应用最广泛的四旋翼无人飞行器作为控制对象，利用经典PID控制器完成对该飞行器的精准控制，期望实现三维空间内的轨迹跟踪，并对系统的抗干扰性进行分析。

（2）控制器设计　在设计飞行控制器之前，需要对四旋翼飞行器建立简单模型。在此先对模型做出以下简化假设：

1）四旋翼飞行器为均匀对称的刚体，重心即为几何中心。

2）四旋翼飞行器所受阻力不受飞行高度等其他因素影响。

3）四旋翼飞行器各方向上拉力仅与电机转速的二次方成正比。

由第4章中的多旋翼建模可知该四旋翼的数学模型为

$$\begin{cases} \ddot{x} = \dfrac{\cos\psi\sin\theta\cos\phi + \sin\psi\sin\phi}{m}U_1 \\ \ddot{y} = \dfrac{\sin\psi\sin\theta\cos\phi - \sin\phi\cos\psi}{m}U_1 \\ \ddot{z} = \dfrac{\cos\theta\cos\phi}{m}U_1 - g \\ \dot{p} = \dot{\omega}_x = \dfrac{lU_2 - (I_z - I_y)qr + I_r\omega_r q}{I_x} \\ \dot{q} = \dot{\omega}_y = \dfrac{lU_3 - (I_x - I_z)pr + I_r\omega_r p}{I_y} \\ \dot{r} = \dot{\omega}_z = \dfrac{U_4 - (I_y - I_x)pq}{I_z} \\ \dot{\phi} = p + q \cdot \sin\phi\tan\theta + r \cdot \cos\phi\tan\theta \\ \dot{\theta} = q \cdot \cos\phi - r \cdot \sin\phi \\ \dot{\psi} = \dfrac{\sin\phi}{\cos\theta} \cdot q + \dfrac{\cos\phi}{\cos\theta} \cdot r \end{cases} \tag{6-37}$$

式中，U_1 为垂直方向的升力；U_2、U_3、U_4 是各姿态角的滚转力矩、俯仰力矩和偏航力矩；ω_x、ω_y、ω_z 为各轴方向上的角速度；$\omega_r=\omega_1-\omega_2+\omega_3-\omega_4$，$\omega_i(i=1,2,3,4)$ 为各旋翼电机转速；I_x、I_y、I_z 为各轴转动惯量；l 为机身长度(由于四旋翼呈中心对称，$l_x=l_y=l$)。

参照一标准四旋翼飞行器，测定其相关参数，具体数值见表 6-3。

表 6-3 四旋翼飞行器相关参数

参数	数值	描述	参数	数值	描述
m(kg)	0.288	飞行器总质量	I_x(kg·m²)	0.033	转动惯量
l(m)	0.25	飞行器 x、y 方向上机身长度	I_y(kg·m²)	0.033	
K_t(N·s²)	3.6e−5	电机转速与升力关系参数	I_z(kg·m²)	0.061	
K_d(N·s²)	1.12e−5	阻力矩参数	I_r(kg·m²)	0.001	
g(m/s²)	9.8	重力加速度			

将各参数代入上述数学模型，有

$$
\begin{cases}
\ddot{x}=\dfrac{\cos\psi\sin\theta\cos\phi+\sin\psi\sin\phi}{0.288}U_1 \\
\ddot{y}=\dfrac{\sin\psi\sin\theta\cos\phi-\sin\phi\cos\psi}{0.288}U_1 \\
\ddot{z}=\dfrac{\cos\theta\cos\phi}{0.288}U_1-9.8 \\
\dot{p}=\dot{\omega}_x=\dfrac{0.25U_2-0.028qr+0.001\omega_r q}{0.033} \\
\dot{q}=\dot{\omega}_y=\dfrac{0.25U_3-0.028pr+0.001\omega_r p}{0.033} \\
\dot{r}=\dot{\omega}_z=\dfrac{U_4}{0.061} \\
\dot{\phi}=p+q\cdot\sin\phi\tan\theta+r\cdot\cos\phi\tan\theta \\
\dot{\theta}=q\cdot\cos\phi-r\cdot\sin\phi \\
\dot{\psi}=\dfrac{\sin\phi}{\cos\theta}\cdot q+\dfrac{\cos\phi}{\cos\theta}\cdot r
\end{cases}
\tag{6-38}
$$

在已知飞行器数学模型的前提下可以轻易得到其输入输出关系，因此只需要进行相应的计算转换即可根据期望输出得到其输入函数曲线。但这一反演过程十分复杂且对干扰具有较强的敏感度，针对任一过程都需要进行特定换算，这就导致尽管直接控制存在理论可行性但并不适用于实际场景。因此，一套行之有效的控制方案至关重要，鉴于控制复杂度的考量，本次仅以最简单的经典 PID 控制器为例进行控制方案设计。

根据相关知识构造 PID 串级控制方案，以姿态控制作为内环、位置控制为外环，具体控制方案如图 6-17 所示。系统输入为期望位置 $\boldsymbol{P}_d(x_d,y_d,z_d)$，系统输出为各旋翼电机的转速，参考误差为位姿误差 $\boldsymbol{e}=(x_d-x \quad y_d-y \quad z_d-z \quad \phi_d-\phi \quad \theta_d-\theta \quad \psi_d-\psi)^{\mathrm{T}}$，因此可以根据期望轨迹信息得到多旋翼飞行器实际各旋翼电机的具体转速，而旋翼电机的驱动就代表着飞行器动力装置正常运转从而带动整个飞行器完成相应的运动。

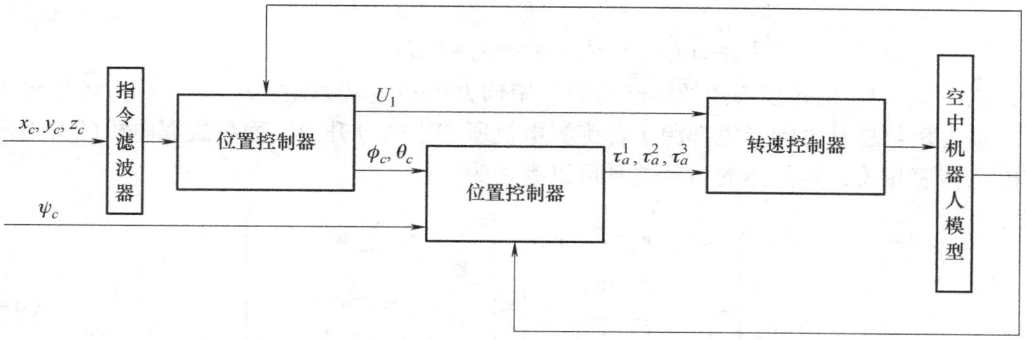

图 6-17　空中机器人控制方案示意图

由于多旋翼飞行器在三维空间中有六个自由度，表现为一组六元素的位姿矢量(x,y,z,ϕ,θ,ψ)，而每个位姿参量都具有一定的独立性，因此需要设计六个独立 PID 控制器进行位姿控制。根据实际旋翼模型设计的控制律如下：

$$\begin{cases} U_x=l_1e_x+l_2\int e_x\mathrm{d}t+l_3\dot{e}_x+\ddot{x} \\ U_y=l_4e_y+l_5\int e_y\mathrm{d}t+l_6\dot{e}_y+\ddot{y} \\ U_z=l_7e_z+l_8\int e_z\mathrm{d}t+l_9\dot{e}_z+\ddot{z} \\ U_\phi=k_1e_\phi+k_2\int e_\phi\mathrm{d}t+k_3\dot{e}_\phi+\ddot{\phi}_d \\ U_\theta=k_4e_\theta+k_5\int e_\theta\mathrm{d}t+k_6\dot{e}_\theta+\ddot{\theta}_d \\ U_\psi=k_7e_\psi+k_8\int e_\psi\mathrm{d}t+k_9\dot{e}_\psi+\ddot{\psi}_d \end{cases} \tag{6-39}$$

由控制律可知，PID 控制器调整的实际是加速度与角加速度，这保证了实际飞行轨迹的平滑性以及连贯性，对于实际系统的运行具有更高的可操作性。

利用位置控制(加速度控制)与期望轨迹得到的期望偏航角信息，能够实时解算期望升力、期望滚转角以及期望俯仰角信息：

$$\begin{cases} U_1=\sqrt{m(U_x^2+U_y^2+(U_z+g)^2)} \\ \phi_d=\dfrac{\arcsin(\sin\psi_d U_x-\cos\psi_d U_y)m}{U_1} \\ \theta_d=\arcsin\left(\dfrac{U_x m-U_1\sin\psi_d\sin\phi_d}{U_1\cos\psi_d\cos\phi_d}\right) \end{cases} \tag{6-40}$$

式中，U_1 为飞行器总升力。而根据实时期望姿态角信息以及期望升力，在姿态控制(角加速度控制)的作用下即可实时解算所需的三轴力矩大小：

$$\begin{cases} U_2=\dfrac{\dot{\omega}_x I_x+(I_z-I_y)qr-I_r\omega_r q}{l}\approx\dfrac{\ddot{\phi}I_x}{l}=\dfrac{U_\phi I_x}{l} \\ U_3=\dot{\omega}_y=\dfrac{\dot{\omega}_y J_y-(I_x-I_z)pr-I_r\omega_r p}{l}\approx\dfrac{\ddot{\theta}I_y}{l}=\dfrac{U_\theta I_y}{l} \\ U_4=\dot{\omega}_z I_z-(I_y-I_x)pq\approx\ddot{\psi}I_z=U_\psi I_z \end{cases} \tag{6-41}$$

式中，U_2、U_3、U_4 是各姿态角的滚转力矩、俯仰力矩和偏航力矩；I_x、I_y、I_z 为各轴转动惯量。三轴力矩与总升力的产生都源于各旋翼电机所产生的分升力，而各旋翼电机的升力又直接与电机转速相关，其具体的力学关系可以表述为

$$\begin{pmatrix} U_1 \\ U_2 \\ U_3 \\ U_4 \end{pmatrix}=\begin{pmatrix} F_1+F_2+F_3+F_4 \\ F_2-F_4 \\ F_3-F_1 \\ F_1-F_2+F_3-F_4 \end{pmatrix}=\begin{pmatrix} K_t\sum\limits_{i=1}^{4}\omega_i^2 \\ K_t(\omega_2^2-\omega_4^2) \\ K_t(\omega_3^2-\omega_1^2) \\ K_d(\omega_1^2-\omega_2^2+\omega_3^2-\omega_4^2) \end{pmatrix} \tag{6-42}$$

式中，K_t 为升速比；K_d 为总阻力矩系数。

根据该关系式可直接解算各电机转速的表达式，即

$$\begin{pmatrix} w_1^2 \\ w_2^2 \\ w_3^2 \\ w_4^2 \end{pmatrix}=\begin{pmatrix} \dfrac{1}{4K_t} & 0 & -\dfrac{1}{2K_t} & \dfrac{1}{4K_d} \\ \dfrac{1}{4K_t} & \dfrac{1}{2K_t} & 0 & -\dfrac{1}{4K_d} \\ \dfrac{1}{4K_t} & 0 & -\dfrac{1}{2K_t} & \dfrac{1}{4K_d} \\ \dfrac{1}{4K_t} & -\dfrac{1}{2K_t} & 0 & -\dfrac{1}{4K_d} \end{pmatrix}\begin{pmatrix} U_1 \\ U_2 \\ U_3 \\ U_4 \end{pmatrix} \tag{6-43}$$

综上所述，根据该控制方案，在给定期望轨迹曲线即$(x(t),y(t),z(t),\psi(t))$后，就能得到相应的电机转速实时曲线 $\omega_i(t)\ (i=1,2,3,4)$，最终实现实际轨迹对期望曲线的完美跟踪。

至此，控制系统构建完毕，之后需要根据输入输出关系对 PID 控制器内部参数进行整定。

根据之前对 PID 参数整定的介绍及分析，采用衰减曲线法进行四旋翼飞行器内六个 PID 控制器的参数整定，由于各控制环节存在相互影响的因素，最终还需要进行适度微调，最终确定的 PID 参数如下：

$$\mathrm{PID}_x: k_\mathrm{P}=0.3; k_\mathrm{I}=0; k_\mathrm{D}=0.9$$
$$\mathrm{PID}_y: k_\mathrm{P}=0.3; k_\mathrm{I}=0; k_\mathrm{D}=0.9$$
$$\mathrm{PID}_z: k_\mathrm{P}=0.75; k_\mathrm{I}=0; k_\mathrm{D}=1$$
$$\mathrm{PID}_\phi: k_\mathrm{P}=15; k_\mathrm{I}=0; k_\mathrm{D}=7$$
$$\mathrm{PID}_\theta: k_\mathrm{P}=15; k_\mathrm{I}=0; k_\mathrm{D}=7$$
$$\mathrm{PID}_\psi: k_\mathrm{P}=30; k_\mathrm{I}=0.1; k_\mathrm{D}=6$$

之后将应用这些控制器参数进行仿真效果的验证。

（3）仿真结果 经过以上步骤，飞行器控制系统已经搭建完毕，其理论上可以完成飞行

器的精确位置控制，但具体效果仍需进行仿真验证。本节将从几个基本控制目标出发考察该控制方案的有效性。

1）轨迹跟踪。轨迹跟踪作为飞行器的基本功能之一，具有重大的战略价值。飞行器在执行任务时，往往会有一个上层系统负责任务规划，而底层控制系统需要根据该规划进行实际运动控制。而由于规划出的轨迹需要根据实际情况进行调整，因此在执行任务的过程中实际规划的轨迹总是各种各样，不具有普遍规律。因此，如何完美跟踪规划出的行动轨迹成为判定飞行器控制系统卓越性的重要指标之一。

本节拟定一条螺旋线作为期望轨迹，以考察三维空间上轨迹变动的影响：

$$\begin{cases} x=4\cos 0.1t-4 \\ y=4\sin 0.1t \\ z=0.5t \end{cases}$$

图 6-18　彩图　　图 6-19　彩图

仿真环境下的跟踪效果如图 6-18 和图 6-19 所示。

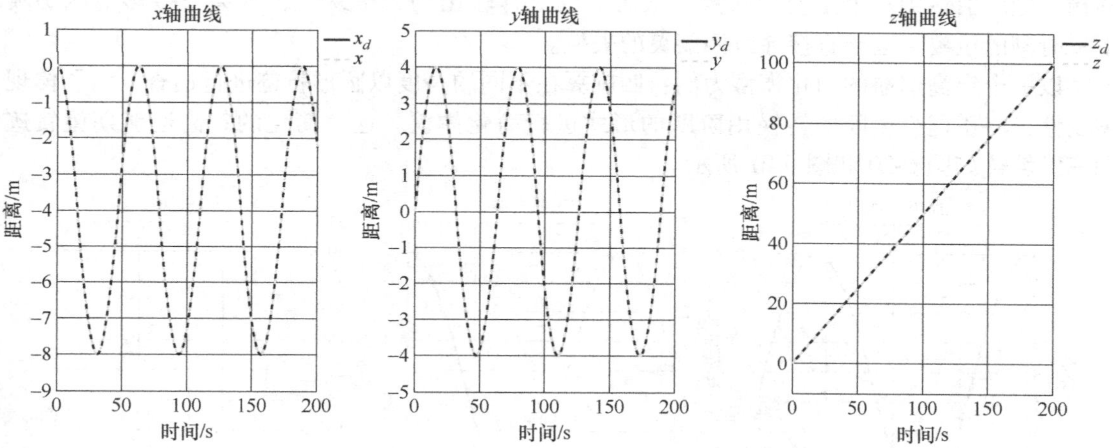

图 6-18　仿真环境下螺旋线跟踪效果图

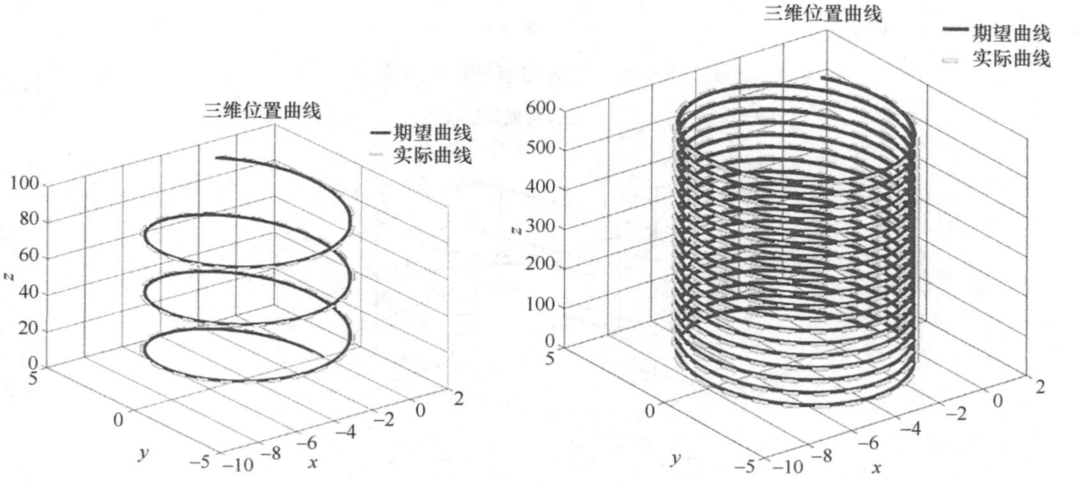

图 6-19　仿真环境下轨迹跟踪三维效果图(t=200s，1200s)

由上述仿真曲线可知，该控制方案可以实现对“螺旋线轨迹”的跟踪，虽然存在一定的偏差，但偏差量较小，在可接受误差范围之内。而由于“螺旋线”属于多变轨迹，因此在满足螺旋跟踪之后，原则上亦可跟踪任意曲线。

因此，在该模型及控制算法下，四旋翼飞行器能够实现螺旋曲线跟踪，存在的细微控制缺陷也属于可接受误差范围之内，即所设计控制模型及方案可成功实现既定轨迹跟踪控制目标。

2）饱和性测试。上述控制过程已经证明了该控制方案的有效性，其可以近乎完美地跟踪上平滑变化的期望轨迹。由于实际操作过程中都会对期望轨迹进行平滑化处理，因此上述控制方案已经具备了现实可行性，能够达到很好的控制效果。

然而，进一步追求控制方案的优秀效果是抑制意外情况的有效手段。尽管在实际应用时都会对预期轨迹进行平滑处理，但不能强制要求这一环节的必须性。因此，为了提高该控制系统对任务规划的适应性，需要对突变轨迹曲线的跟踪问题进一步分析。

在分析突变轨迹的响应时，其最大的问题在于参数的突变性，特别是误差信号与PID输出参数的突变性。在期望轨迹突变时，误差信号 $e=f_d(t)-f(t)$ 会发生突变，这就造成PID的输入绝对值达到一个比较大的数，从而造成PID输出的大幅跃迁，这会直接影响四旋翼下一时刻的位姿，甚至直接导致四旋翼的失控。

以一个定高巡航的简化模型为例：四旋翼在不同的高度以圆形轨迹进行巡查，为了体现突变性，将不同高度间的转换用阶跃的形式进行简化体现。这一简化的定高巡航期望轨迹和三维轨迹如图6-20和图6-21所示。

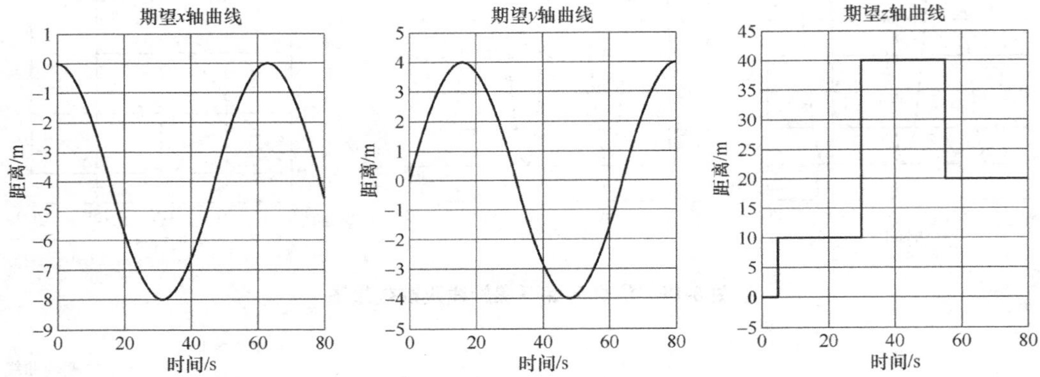

图6-20　定高巡航期望轨迹图

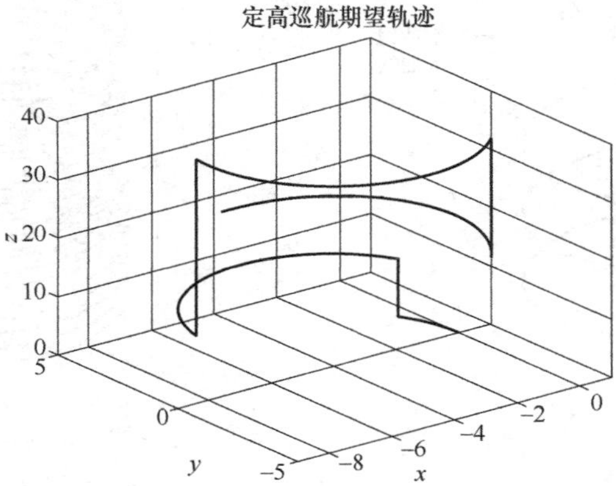

图6-21　定高巡航三维轨迹图

针对这一轨迹，若直接应用上述的控制系统，势必会引起极大的控制问题，其仿真响应如图 6-22 所示。

从图 6-22 可知，原先的控制系统对于突变轨迹并不适用，反而会引起实际轨迹的发散、失控问题。这种现象产生的一大重要原因是 PID 控制器的输出由于误差项的突变提升到了一个十分极端甚至超出正常意义的数值（特别是在微分环节参与调节的情况下），从而计算出了一个无法被接受的姿态角信息（期望俯仰角与期望滚转角）。在这类“非正常”期望姿态角的作用下，系统开始向不可控方向发展而无法通过正常调节进行“调回”，最终导致系统的失控，结局反映为四旋翼的坠机。

图 6-22　彩图

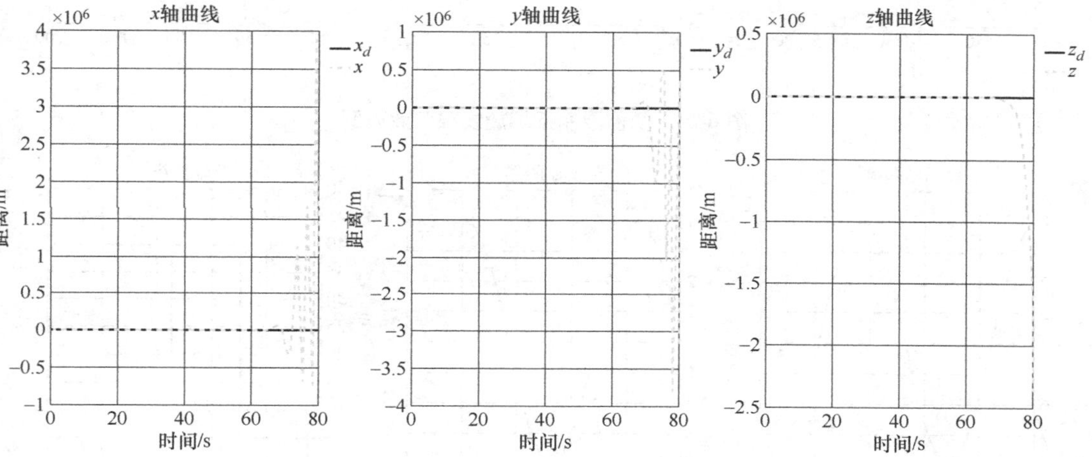

图 6-22　仿真环境下定高巡航轨迹跟踪效果图

为避免这一问题，需要对控制系统进行优化。首先列举出问题的环节参数，主要有 PID 输出值、误差值、轨迹突变值、期望姿态角值，这其中轨迹信息属于外部输入（上层信息），而误差值取决于期望轨迹与实时轨迹的偏差，若对误差值进行阈值限制会大大影响检测精度与调节速度，而期望姿态角则取决于 PID 的输出，因此经过统筹考虑后对 PID 的输出进行饱和处理是比较好的优化举措，而这也是目前常见的优化方式。

参考原控制系统的 PID 输出数值，设计阈值控制系统，最终将 PID 控制器的输出限定在[−5,5]之内，以防出现大输出而扰乱系统平衡。为验证优化效果，对饱和 PID 控制系统进行仿真测试。

首先对正常平滑轨迹进行测试，以验证其实际应用性，将 1）轨迹跟踪中螺旋线设置为期望轨迹，其输出响应如图 6-23 所示。

根据上述仿真曲线可知优化后系统在平滑轨迹的跟踪问题上仍具有良好的控制效果。这一结果体现了阈值限制系统的合理性：设定的阈值只是干扰了不正常输出，而不影响正常平滑曲线的跟踪效果。

在验证了正常情况下的适用性后，将进入优化的主要目的：对不正常情况响应的适应性。为便于衡量优化效果，以上述简化定高巡航为例测试控制效果，其输出响应如图 6-24 所示。

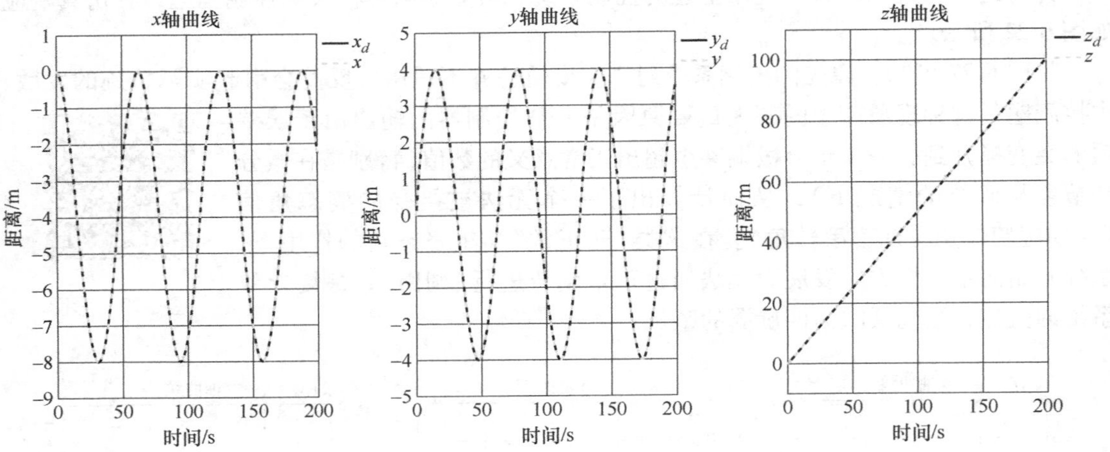

图 6-23　阈值限制下螺旋线跟踪效果图

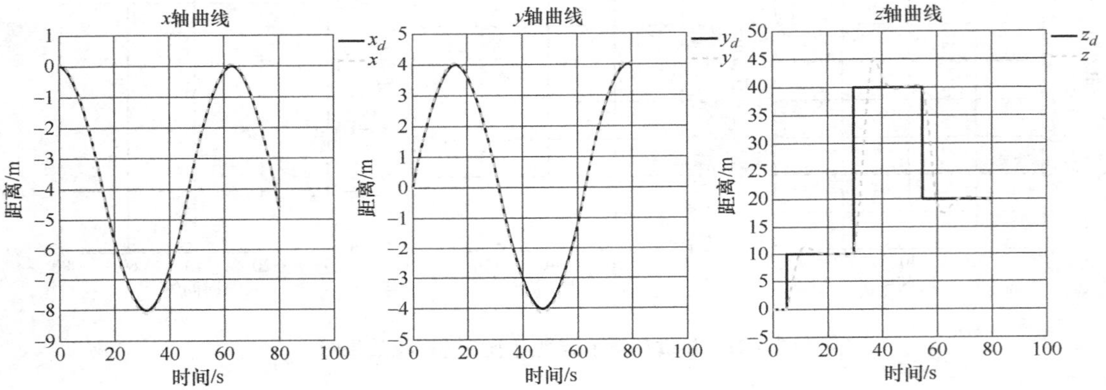

图 6-24　阈值限制下定高巡航轨迹跟踪效果图

根据上述仿真曲线可知优化系统对于突变轨迹也能达到比较好的控制效果，由此体现了饱和性 PID 控制对于特殊情况的适应性与实际应用价值。

图 6-23　彩图　　图 6-24　彩图

而除了 PID 控制器输出的饱和约束外，在实际四旋翼控制系统中还应对一项参数进行阈值约束：电机转速。在实际系统中，四旋翼的驱动电机一般为无刷直流电机，而对于每一类特定规格的电机都会有最大转速的限制，任意一类电机都无法完成转速的无限提升。因此，为了令仿真结果更趋于实际曲线，对电机转速的限制必不可少。上文已经提到，在该仿真模型中，四旋翼保持悬停状态时其电机转速为 140rad/s，即 4200r/m。将电机转速限制在 0~150rad/s 之内（四旋翼电机应避免反转），则上述简化定高巡航轨迹的跟踪曲线如图 6-25 所示。

与未限制转速的仿真曲线相比，限制转速后系统的响应速度明显减慢，且超调量大幅增加，调节效率大大降低，尽管跟踪效果大打折扣但仍能稳定跟踪上期望轨迹。

因此，在优化饱和 PID 控制器以及限制转速后，四旋翼飞行器仍然能够实现期望轨迹的跟踪，尽管控制曲线存在一定的偏差但大抵符合期望曲线，并且在系统稳定后仍能够达到较高的控制精度。

3）抗干扰测试。在四旋翼飞行过程中存在多项干扰因素，如风场干扰、传感设备噪声、执行装置偏差等，这类干扰仅一部分可实现规避，其余仍不能提前调整。其中，针对硬件的干扰能够通过后期调试与维修进行处理，或者在系统辨识后从规划层面进行避免，如检测设备可以直接更换，而系统零点漂移可在软件层面进行纠偏。而类似环境影响因素就属于不可提前规避的干扰项，在四旋翼飞行过程中最典型的环境干扰就是气流扰动，而其他诸如外力干扰、顶风飞行等都需要通过控制系统的鲁棒性进行减弱甚至消除。

图 6-25　彩图

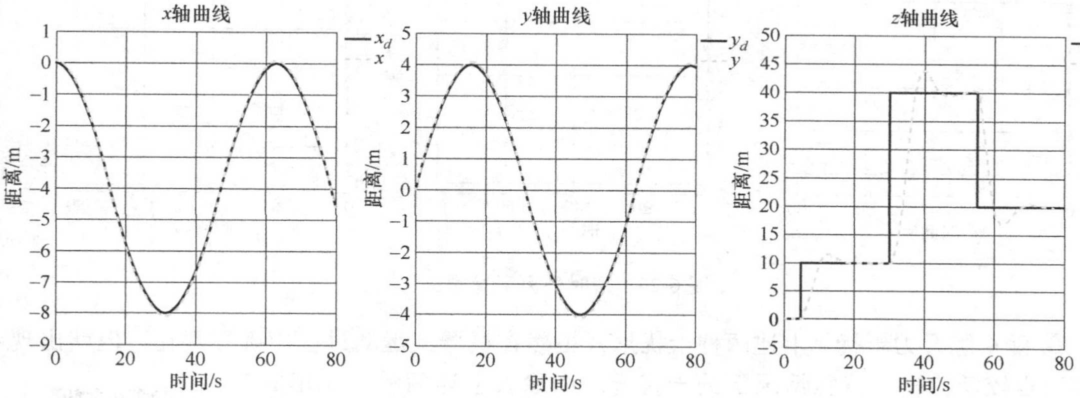

图 6-25　转速限制下定高巡航轨迹跟踪效果图

为了验证控制方案的鲁棒性，需要测试其抗干扰能力。经分析，干扰一般可分为三种类型：瞬时外力干扰、持续作用力干扰以及随机综合力干扰。为了更全面地凸显系统抗干扰能力，有必要对三种干扰源类型分别进行测试。

① 瞬时外力干扰。在机器人鲁棒性测试环节中，一项经典测试内容就是对机器人施加一个外力破坏其瞬时平衡态，之后观察机器人从非稳态恢复到稳态的调整过程，根据调整的效果对抗干扰性、鲁棒性进行评估。

参照这一测试内容，在仿真过程中向一处于悬停状态的四旋翼飞行器施加一个瞬时干扰，由于实际环境中作用力一定存在作用时间，因此在本次仿真测试中使用一个短方波进行替换。具体操作过程为：令四旋翼飞行器悬停于一指定点(10,20,30)，待系统稳定后施加一个幅值为 0.5、周期为 2s 的正向单方波。最终仿真响应曲线如图 6-26 所示。

由图 6-26 可知，系统在受到外力作用后会偏离平衡态，但在外力消失后系统逐渐回到平衡态，四旋翼也重新悬停于期望点。就整个仿真曲线而言，该控制系统对于瞬时施加的外力作用具有良好的克服效果。

② 持续作用力干扰。除去瞬时的外力作用，机器人的运动过程中还经常会受到持续作用力的影响，如顶风前进、外力助推等，而这类作用力相当于是在机器人的力平衡状态上施加的持续性干扰。对于这类干扰源，就需要保证机器人在外力辅助、阻碍下保持系统状态。不同于瞬时干扰，这类情况下产生的干扰是持续性的，这就要求控制系统能够实时调整自己的控制状态，而不能仅仅只是通过平衡-不平衡的切换来完成抗干扰。

对于这一干扰情况的仿真，需要向一处于悬停状态的四旋翼飞行器施加一持续干扰进行测试，具体操作过程为：令四旋翼飞行器悬停于一指定点(10,20,30)，待系统稳定后施加一个幅值为 1 的正向阶跃信号作为干扰。最终仿真响应曲线如图 6-27 所示。

由图 6-27 可知，在系统受到持续作用的外力干扰后，四旋翼会在偏离平衡态后很快再次构建新平衡态，并重新悬停于期望点。就整个仿真曲线而言，该控制系统对于持续施加的外力作用具有良好的克服效果。

图 6-26　彩图

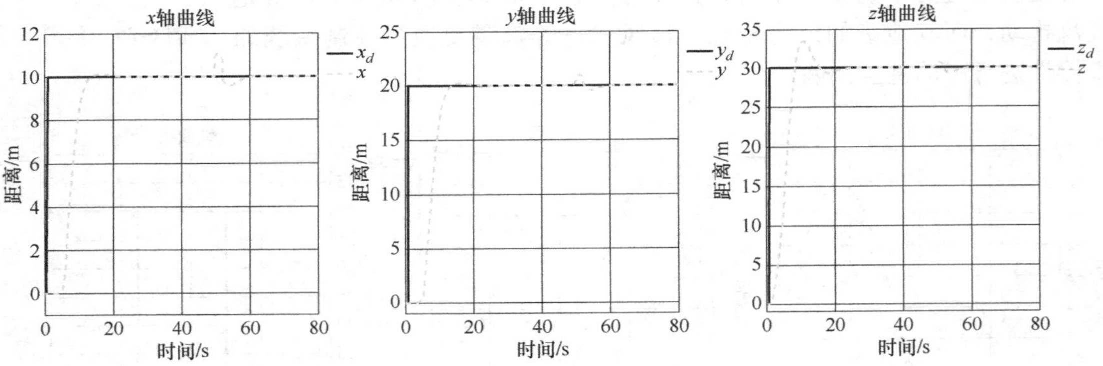

图 6-26　瞬时外力干扰测试

③ 随机综合力干扰。上述两种干扰形式虽然在机器人运动过程中确实存在，但就出现频率而言较低，属于特殊情况下的干扰源。而除去上述两种干扰形式，在机器人运动过程中出现频次最多的是周围各种环境力的综合作用。这类环境力的特点是持续且随机，但幅值较小，一般不影响四旋翼飞行器的正常运动，在处理时往往作为噪声信号进行滤波或者直接忽略不计。但对于这类干扰的鲁棒性测试仍十分有必要，这对于整个运动过程的稳定性有重要作用。在此次仿真中，为了体现系统的鲁棒性与抗干扰性能，对这一现象进行强化。

图 6-27　彩图

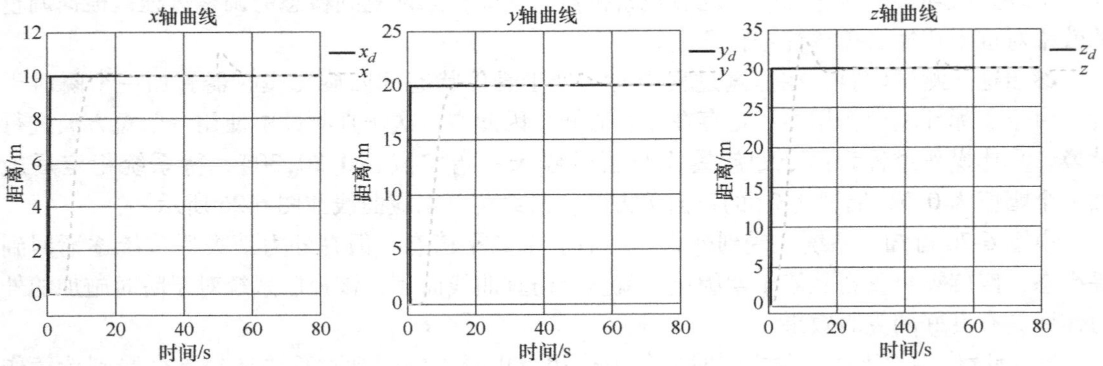

图 6-27　持续作用力干扰测试

据此，在仿真过程中对一处于悬停状态的四旋翼飞行器施加一个强化后的持续随机干扰并观察其抗扰动特性，具体操作过程为：令四旋翼飞行器悬停于一指定点(10,20,30)，在整个起飞、稳定过程中施加一个幅值为[-0.2,0.2]、采样时间为 0.1s 的随机信号。最终仿真响应曲线如图 6-28 所示。

由图 6-28 可知，在系统受到持续随机综合力干扰后，四旋翼的运动状态会出现小范围波动，但大体上仍能够保持期望运动状态。响应曲线的波动幅值绝对量大概在±2m 以内，且波动幅值不随输出变化而增大，就这一点而言，系统的鲁棒性得到了一定的体现。就整个仿真曲线而言，尽管在持续随机综合力扰动后响应曲线存在持续波动，但整体曲线大抵符合预期，在一定误差范围内，该控制系统对于持续施加的随机综合力作用具有较好的克服效果。

图 6-28　彩图

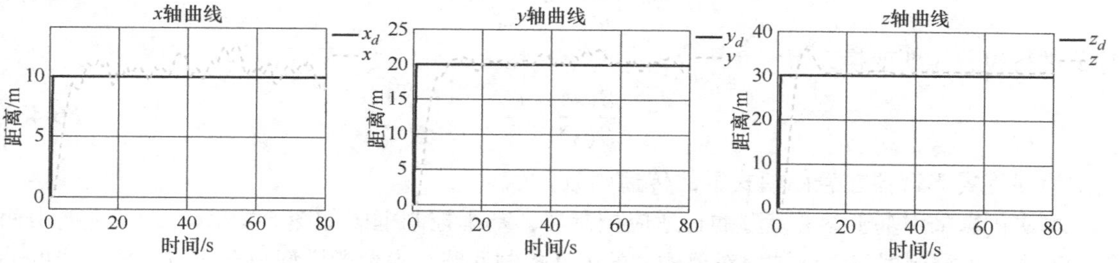

图 6-28　随机作用力干扰测试

综上所述，本次仿真采用的控制系统具有较好的鲁棒性，在抗干扰性能上具有一定的优势，适用于实际控制系统。

2. 针对不确定模型的自适应控制

（1）问题简述　之前所讨论的控制系统均是基于精准模型所设计的，其最重要的前提是已知精准对象模型。而在实际情况中，对象模型的精确获取十分困难，一般只能得到一个粗略模型，而且随着飞行器的不断运转，其模型参数会发生一系列变化，这都会大大增加其模型的不确定性。因此，大部分控制系统的控制精度会随着应用时间的延长出现衰减。为避免这一情况，需要对控制器进行自适应调整以延长飞行器的有效应用寿命。

本次仿真实例希望借助一套参考模型对实际对象进行参数估计，而不再单纯依赖于原先设定，从而提高控制系统的自适应能力，并通过定高悬停的控制效果来进行方案有效性验证。

（2）控制器设计　根据第 4 章中的飞行器模型，四旋翼飞行器的近似动力学模型可以表示为

$$\begin{cases}\ddot{x}=\dfrac{\cos\psi\sin\theta\cos\phi+\sin\psi\sin\phi}{m}U_1\\ \ddot{y}=\dfrac{\sin\psi\sin\theta\cos\phi-\sin\phi\cos\psi}{m}U_1\\ \ddot{z}=\dfrac{\cos\theta\cos\phi}{m}U_1-g\\ \ddot{\phi}=\tau_\phi\\ \ddot{\theta}=\tau_\theta\\ \ddot{\psi}=\tau_\psi\end{cases}\tag{6-44}$$

式中，τ_ϕ、τ_θ、τ_ψ 分别表示滚转力矩、俯仰力矩与偏航力矩。

当飞行器处于稳定悬停状态时，易知 $\phi\approx0$，$\theta\approx0$，则

$$\ddot{z}=\frac{U_1}{m}-g=\frac{F_0}{m}-g=0\tag{6-45}$$

式中，F_0 为稳定状态时四旋翼总升力，此时应与飞行器自重平衡。

若将高度作为控制目标，则控制输入可定义为

$$u=k_0(U_1-F_0) \tag{6-46}$$

式中，U_1 为实际升力；F_0 为稳定状态下理论升力(为常数)；k_0 的取值与输出信号占空比有关。

将控制输入引入动态模型，则得

$$\ddot{z}=\frac{U_1-F_0}{m}=\frac{u}{mk_0}=ku \tag{6-47}$$

对 $\ddot{z}$ 进行拉普拉斯变换，得

$$\frac{Z(s)}{U(s)}=\frac{k}{s^2} \tag{6-48}$$

此即为四旋翼飞行器在悬停模式下的传递函数。

本次仿真采用基于参考模型的自适应控制器，基本控制框图如图 6-29 所示，其主要由两部分组成：由控制器与实际被控对象构成的内环控制回路、由参考模型与自适应结构组成的外环调整回路。其原理类似于在常规负反馈控制回路上并联一个参考模型与自适应控制器。

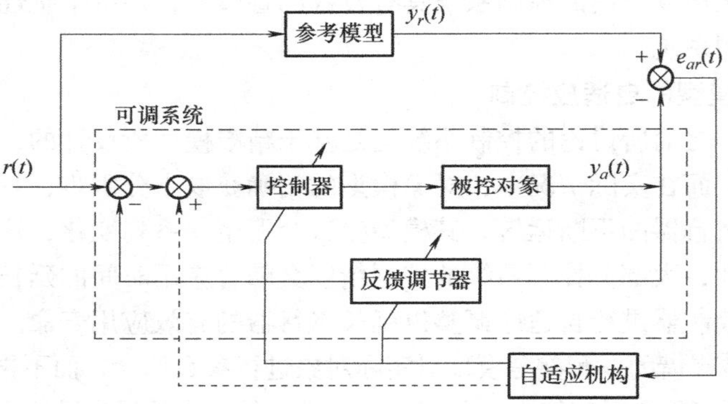

图 6-29　自适应控制结构框图

该控制系统中，被控对象的模型参数未知，控制器参数可调，参考模型为一个具有良好动态及静态特性的系统(即所建立的四旋翼数学模型)。在实际控制过程中，先将期望信号同时输入参考模型与可调系统，之后将参考模型输出与被控对象输出进行比较，取其误差作为自适应机构的调整输入，产生一个辅助调整信号作为控制器的叠加输入，同时输出反馈调节器与控制器的调整参数信息。这一控制系统的目的在于使被控对象的输出尽可能跟踪参考模型的输出，以此控制实际对象的状态按照期望进行演变。当被控对象的参数发生变化或系统受到外部干扰而偏离平衡态时，其与参考模型输出之间的误差将增大，从而推动自适应机构再次调整系统状态使得误差再次趋于 0，由此构成一套完整的自适应控制系统。

模型参考自适应控制系统的核心就是自适应机构的调整模式，即如何通过误差信号调整控制器参数。这种自适应参数调整一般有两种常见手段：①利用优化方法寻找最优参数，即拟定评价指标，寻找使得评价指标最小的参数；②基于系统稳定性进行系统参数设计。本次仿真将采用第二种方式，利用李雅普诺夫稳定性方法进行方案设计。

根据四旋翼的理论模型，高度控制系统可以近似为二阶积分过程 $\ddot{z}=k_zu$，其中 k_z 为系

统参数，则控制系统的闭环特征方程可以被描述为

$$\Delta(s)=s^2+k_zk_ds+k_zk_c \tag{6-49}$$

一般期望闭环特征方程表达式为

$$\Delta(s)=s^2+2\xi\omega_ns+\omega_n^2 \tag{6-50}$$

联立可得

$$\begin{cases} k_c=\dfrac{\omega_n^2}{k_z} \\ k_d=\dfrac{2\xi\omega_n}{k_z} \end{cases} \tag{6-51}$$

式中，k_z、k_d、k_c 均为系统参数；ω_n 是自然频率；ξ 表示阻尼比。

参考模型选取与实际系统相似并具有期望动态特性的二阶系统，且参考模型中的相关参数恒定不变，其结构如图 6-30 所示。

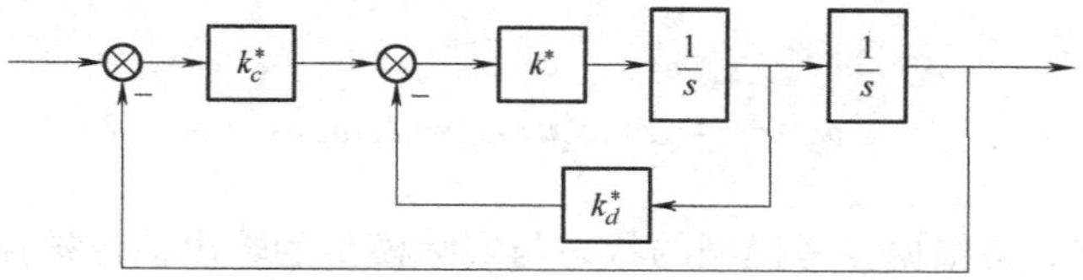

图 6-30　参考模型框图

基于期望动态特性，参考模型参数应满足

$$\begin{cases} k_c^*=\dfrac{\omega_n^2}{k^*} \\ k_d^*=\dfrac{2\xi\omega_n}{k^*} \end{cases} \tag{6-52}$$

因此，记 u 为系统输入，y_d 为系统输出，则参考模型的闭环传递函数为

$$\frac{Y^*(s)}{U^*(s)}=\frac{\omega_n^2}{s^2+2\xi\omega_ns+\omega_n^2} \tag{6-53}$$

对应的微分方程为

$$\ddot{y}_d+2\xi\omega_n\dot{y}_d+\omega_n^2y_d=\omega_n^2u \tag{6-54}$$

取系统状态变量 $\boldsymbol{x}_d=[y \quad \dot{y}]^{\mathrm{T}}$，则

$$\dot{\boldsymbol{x}}_d=\begin{pmatrix}\dot{y}_d\\ \ddot{y}_d\end{pmatrix}=\begin{pmatrix}0 & 1\\ -\omega_n^2 & -2\xi\omega_n\end{pmatrix}\boldsymbol{x}_d+\begin{pmatrix}0\\ \omega_n^2\end{pmatrix}u \tag{6-55}$$

同样地，内环控制回路框图可以简化为如图 6-31 所示的结构。

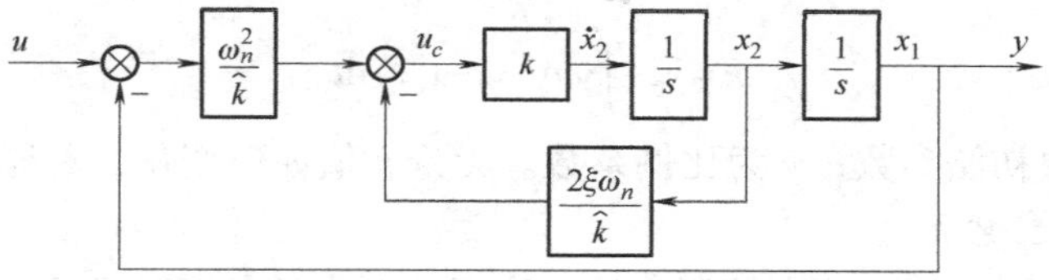

图 6-31　内环控制回路框图

根据图 6-31 所示的内环控制回路框图，实际系统的闭环传递函数可以被描述成

$$\frac{Y(s)}{X(s)}=\frac{k\omega_n^2}{\hat{k}s^2+2k\xi\omega_n s+k\omega_n^2} \tag{6-56}$$

式中，k 为被控对象实际参数，k 的实际值未知且可变；$\hat{k}$ 是自适应参数，用于调节控制系统以适应参数 k 的变化，定义 $\hat{k}=k+\Delta k$，Δk 表示参数误差，则自适应机构的调节目标就是使 $\Delta k\to 0$。

对应的微分方程为

$$\hat{k}\ddot{y}+2k\xi\omega_n\dot{y}+k\omega_n^2 y=k\omega_n^2 u \tag{6-57}$$

取系统状态变量 $\boldsymbol{x}=(y\quad \dot{y})^{\mathrm{T}}$，则

$$\dot{\boldsymbol{x}}=\begin{pmatrix}\dot{y}\\ \ddot{y}\end{pmatrix}=\begin{pmatrix}0 & 1\\ -\dfrac{k}{\hat{k}}\omega_n^2 & -\dfrac{k}{\hat{k}}2\xi\omega_n\end{pmatrix}\boldsymbol{x}+\begin{pmatrix}0\\ \dfrac{k}{\hat{k}}\omega_n^2\end{pmatrix}u \tag{6-58}$$

此时控制器输出为

$$u_c=\frac{\ddot{y}}{k}=\frac{1}{\hat{k}}(\omega_n^2 u-\omega_n^2 y-2\xi\omega_n\dot{y}) \tag{6-59}$$

自适应机构的核心是根据参考模型的状态与实际模型的输出估计被控对象参数，即调整参数 $\hat{k}$ 不断逼近实际参数 k。定义状态误差

$$\boldsymbol{e}=\begin{pmatrix}e_1\\ e_2\end{pmatrix}=\boldsymbol{x}-\boldsymbol{x}_d=\begin{pmatrix}x_1-x_{d1}\\ x_2-x_{d2}\end{pmatrix} \tag{6-60}$$

$$\dot{\boldsymbol{e}}=\dot{\boldsymbol{x}}-\dot{\boldsymbol{x}}_d=\begin{pmatrix}e_2\\ -\Delta k u_c-\omega_n^2 e_1-2\xi\omega_n e_2\end{pmatrix} \tag{6-61}$$

构造李雅普诺夫函数

$$V=\frac{\omega_n^2}{2}e_1^2+\frac{1}{2}e_2^2+\frac{1}{2\gamma}\Delta k^2 \tag{6-62}$$

则

$$\begin{aligned}\dot{V}&=\omega_n^2 e_1\dot{e}_1+e_2\dot{e}_2+\frac{1}{\gamma}\Delta k\,\Delta\dot{k}=\omega_n^2 e_1 e_2-e_2(\Delta k u_c+\omega_n^2 e_1+2\xi\omega_n e_2)+\frac{1}{\gamma}\Delta k\Delta\dot{k}\\ &=-2\xi\omega_n e_2^2+\Delta k\left(\frac{1}{\gamma}\Delta\dot{k}-e_2 u_c\right)\end{aligned} \tag{6-63}$$

由于 $\Delta k\in R$，当且仅当 $\dfrac{1}{\gamma}\Delta\dot{k}-e_2u_c=0$ 时 $\dot{V}\leqslant 0$，此时由李雅普诺夫稳定性判据可知系统稳定，则

$$\Delta\dot{k}=\gamma e_2 u_c \tag{6-64}$$

$$\hat{k}=k_0+\int\gamma u_c(x_2-x_{d2})\,\mathrm{d}t \tag{6-65}$$

式中，k_0 为被控对象初始参数；γ 为比例系数。无论 k 值如何变化，总能根据式(6-65)调整 $\hat{k}$ 使其无限逼近实际参数 k。

（3）仿真结果 同样地，一套控制系统的应用需要先从仿真验证开始。

首先需要检验参考模型的精度，向参考模型与实际系统同时输入一组方波信号，其输出

响应如图 6-32 所示。

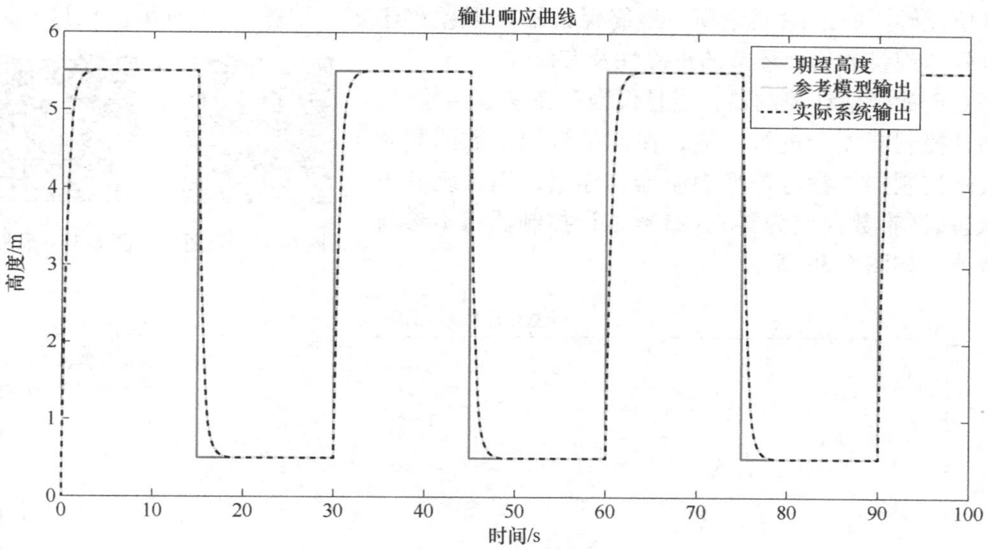

图 6-32　参考模型输出及实际系统输出

从输出响应结果可以看出，实际控制系统能够很好地跟上参考模型的输出，两者都能够很好地跟上期望输出，这进一步体现了参考模型的正确性。

图 6-32　彩图　　图 6-33　彩图

在验证参考模型后，需要对参数估计环节进行检测。当实际系统输出与参考模型输出存在误差时，需要通过参数估计环节计算被控对象实际参数，而当误差为零时不进行校准。图 6-33 为飞行器实时质量参数的估计，其曲线响应说明了尽管存在滞后，但估计参数值总能不断跟踪上实时值的变化。

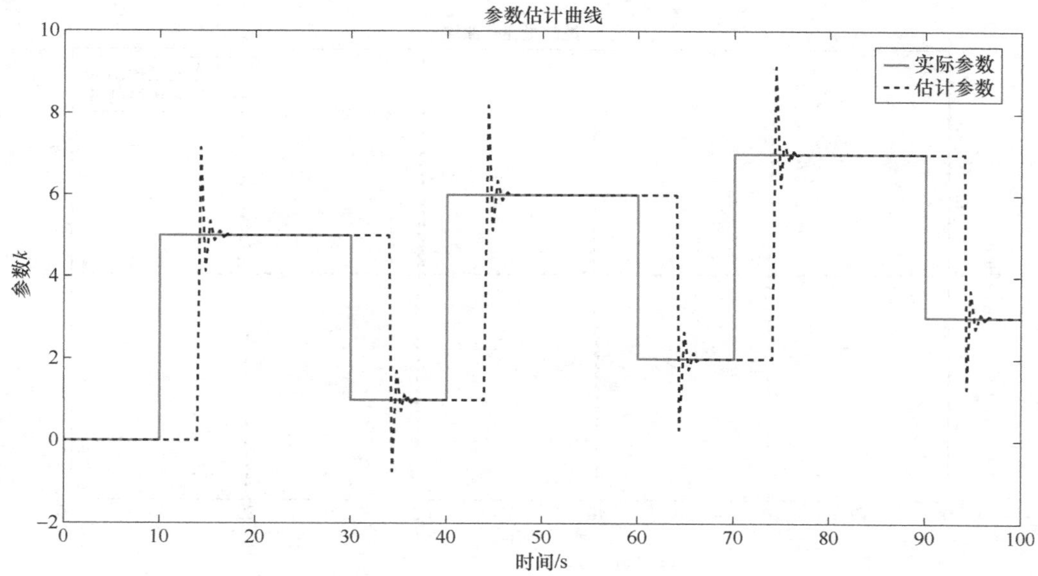

图 6-33　被控对象的真实值及估计值

在分析参数估计环节的输入及输出曲线时可以发现，当输入值为参数误差时，输出的参数估计值能够不断消除误差项，最终保证输入误差趋于零，如图 6-34 所示。从这一方面，能够有效体现参数估计环节的正确性及有效性。

而对于参数估计控制器，当且仅当存在参数误差时，参数估计控制器才会进行响应，在调整被控参数的同时改变实际控制器与参考模型控制器的输出；当系统处于稳定状态时(参数误差为零)，参数估计控制器将不参与状态调节，如图 6-35 所示。

图 6-34　彩图　　图 6-35　彩图

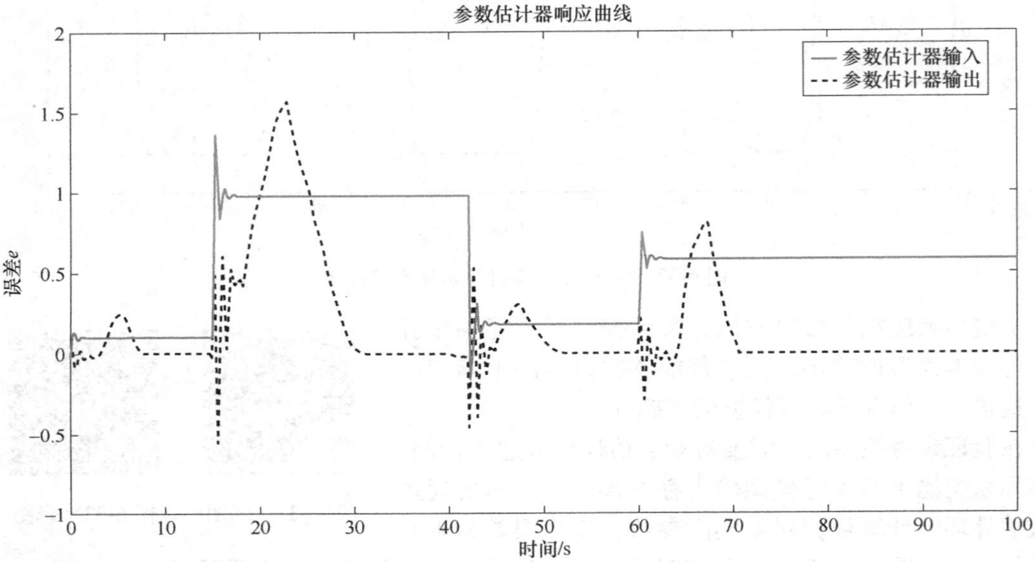

图 6-34　参数估计器的输入及输出

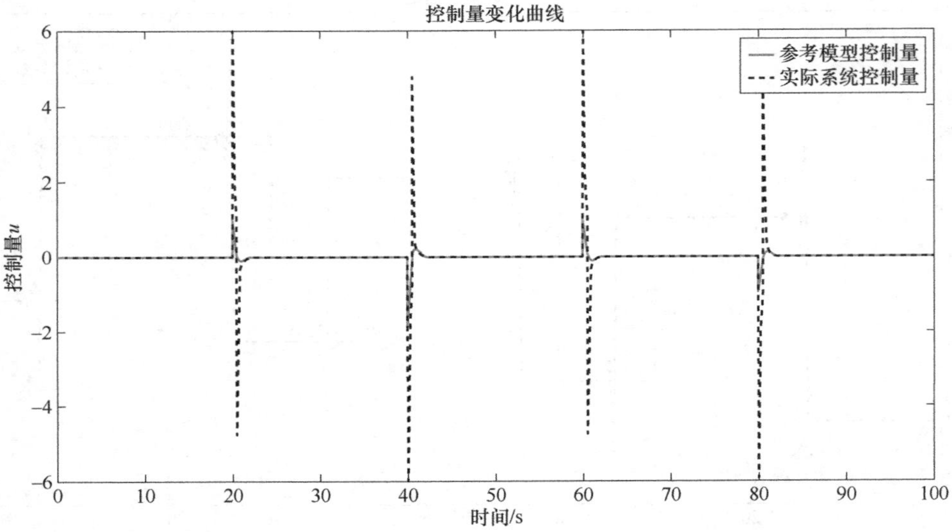

图 6-35　参考模型及实际系统的控制量

6.3 固定翼控制系统

与旋翼空中机器人不同，固定翼具有多种形态，如喷气式、螺旋桨式等。目前常见的小型固定翼飞行器一般采用螺旋电机提供推力，本节将针对这类固定翼飞行器进行控制系统设计。

固定翼控制系统的基本任务是控制飞行，其任务目标一是保持飞行过程中的飞行状态不变，以保证平稳飞行，诸如飞行航迹、航姿、航速和飞行高度等；二是在出现诸如偏航、干扰等问题后及时纠偏，以保证飞行任务顺利完成。

由于固定翼飞行状态的改变并不取决于螺旋桨推力，而依赖于升降舵、方向舵与副翼，因此在设计固定翼姿态控制系统时往往将其运动姿态划分为纵向与横向两个分支，对两个分支分别设计控制器。而关于位置控制，固定翼的位置是动态变化的，其不仅取决于底层控制系统，还受制于上层速度规划的影响，因而单独分析位置控制意义不大，其最终的轨迹需要先经由速度规划再得到对应姿态信息，而不会给定固定点信息，因此固定翼的位置控制一般体现为航迹控制。

6.3.1 姿态控制

1. 纵向控制

固定翼纵向控制的实质是对于俯仰姿态以及升降运动的控制，纵向控制所需要完成的任务是：①稳定飞行高度与速度；②以给定俯仰角进行爬升或俯冲；③实现定高巡航。

固定翼纵向控制所调控的是飞行器的高度、俯仰角与飞行速度，这均通过调整升降舵来实现。因此，纵向控制的关键在于俯仰姿态的控制。固定翼的纵向控制基本框图如图 6-36 所示，存在俯仰角与俯仰角速度两项反馈信号，另外还有高度控制回路。

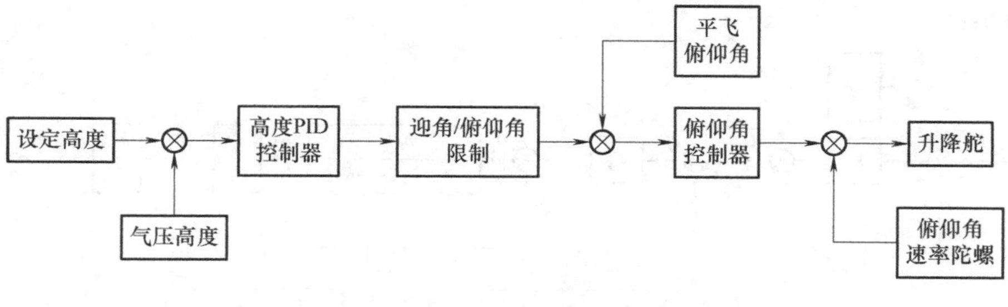

图 6-36　固定翼的纵向控制基本框图

固定翼飞行器的纵向运动可以划分为远离原点的长周期弱阻尼的浮沉运动以及接近原点的短周期强阻尼运动，其中长周期表现为飞行器整体质心动势能间的转换，而短周期才是姿态运动所引起的，因此在纵向控制中，主要考察短周期运动。在忽略飞行器速度快速变化等特殊场合，固定翼俯仰通道的传递函数一般可以简化为二阶系统 $G(s)=\dfrac{a_{\theta 3}s}{s^2+a_{\theta 1}s+a_{\theta 2}}$。

前文已经提到，纵向控制系统包含了俯仰角控制回路与高度控制回路，两者存在一种串级关系。而在实际飞行过程中，固定翼控制系统首先控制飞行器的姿态发生改变，而后随着速度规划才能实现质心的轨迹变化。因此俯仰角控制确实是高度控制的基础，只有完善了俯仰角控制才能在此基础上进行高度回路的协调控制。

单纯的俯仰姿态控制框图如图 6-37 所示。

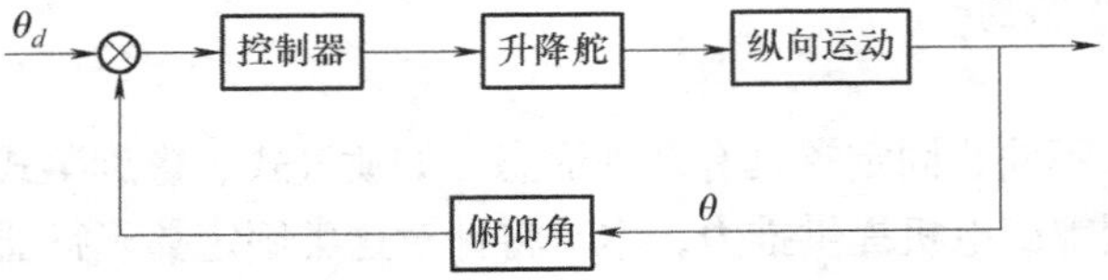

图 6-37　固定翼俯仰姿态控制框图

在此以常见的 PD 控制器为例，令纵向姿态控制律为

$$\delta_e = K_P(\theta_d - \theta) + K_D\dot{\theta}$$

式中，δ_e 为升降舵的偏转量；$K_P>0$ 为比例系数；K_D 为微分系数；θ_d 为期望俯仰角；θ 为当前俯仰角；$\dot{\theta}$ 为俯仰角速度。

俯仰控制框图如图 6-38 所示。

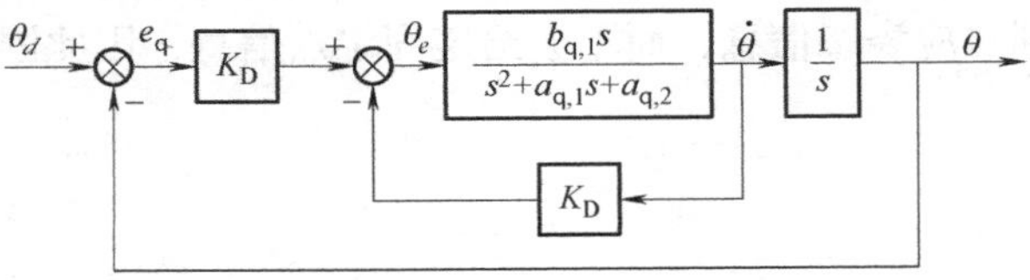

图 6-38　俯仰控制框图

在实际控制过程中，控制输入 $u=e_\theta=\theta_d-\theta$，由于飞行过程中的角度偏差绝对值较小，为改善控制精度，比例系数应适当放大。根据之前的运动学方程，此时系统的输出为角速度信息，因此需要叠加微分过程进行进一步调整。而针对微分系数的调整，其应与系统阻尼成正比，若 K_D 过小，姿态角易振荡，若 K_D 过大，则过渡时间增长、动态响应速度变慢。

在完成俯仰姿态调控后，就可在此基础上完成飞行器的高度控制，飞行高度控制框图如图 6-39 所示。

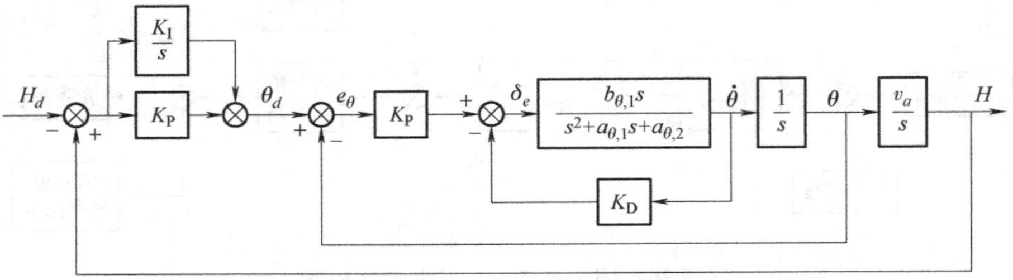

图 6-39　飞行高度控制框图

从图 6-39 可以看到，飞行控制的本质仍是俯仰姿态控制，其控制方案实质上是一个串级控制，其中内环控制俯仰姿态，外环调整实际高度，这也与实际情况相吻合。

设定外环高度控制律为

$$\theta_d = K_P(H-H_d) + K_I\int(H-H_d)\,dt \tag{6-66}$$

式中，H 为实际高度；H_d 为期望高度；K_P 为比例系数；K_I 为积分系数。根据这一控制方案，可以直观地了解到固定翼飞行器的高度控制情况与原理，且易于实现。

综上所述，纵向控制以俯仰控制为内环、高度控制为外环，通过调整迎角 α 改变纵向飞行姿态并实现高度保持。

2. 横向控制

固定翼横向控制的目的是保证飞行器的平稳运行，其包含滚转与偏航两个姿态的调控，其中滚转姿态通过调节副翼实现，而偏航姿态则由方向舵进行调节，横向控制所需要完成的任务是：①稳定滚转角，确保飞行器的飞行稳定性；②稳定偏航角，确保飞行器按照期望轨迹飞行。

固定翼横向控制的效果主要体现在转弯运动的顺畅性与稳定性。飞行器的转弯一般可以划分为三种基本方式：通过方向舵实现水平转弯、通过副翼修正航向并用方向舵削弱荷兰滚的侧向转弯、等滚转角的侧向转弯。前两者存在侧滑角，在特定场合会严重影响飞行质量，且转弯半径较大不易控制，仅适用于微调，因而在大部分场合飞行器的转弯都采用等滚转角的侧向转弯，也称协调转弯。

要实现协调转弯，需要满足几个条件：①稳态的滚转角为常数；②稳态的偏航速率为零；③稳态的升降速度为零(即水平转弯)；④稳态时无侧滑角。

为推导方便，此时假设俯仰角 $\theta=0$，则此时水平方向上升力分量与离心力平衡，垂直方向上升力与重力平衡，其力学示意图如图 6-40 所示。

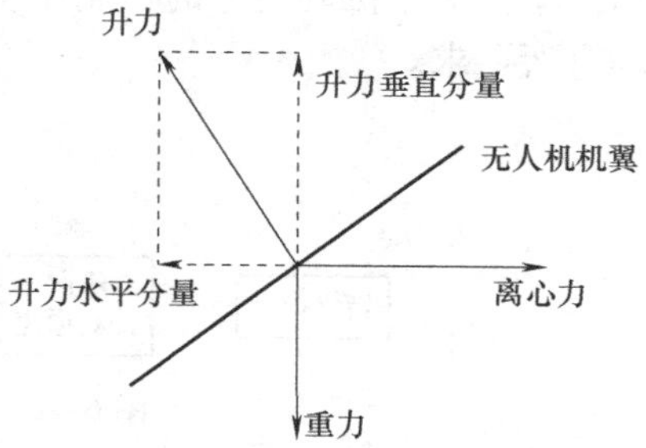

图 6-40 固定机翼力学分析示意图

在该受力分析下，可得力平衡表达式为

$$\begin{cases} mg=L\cos\phi \\ mV\dot{\psi}=L\sin\phi \end{cases} \tag{6-67}$$

式中，L 为升力；V 为空速向量；ϕ 为滚转角；ψ 为偏航角；m 为机翼自重；g 为重力加速度。

则协调转弯公式为

$$\dot{\psi}=\frac{g}{V}\tan\phi \tag{6-68}$$

将角偏航速率投影到机体坐标系，可得

$$\begin{cases} r_b=\dot{\psi}\cos\theta\cos\phi=\dfrac{g}{V}\cos\theta\sin\phi \\ q_b=\dot{\psi}\cos\theta\sin\phi=\dfrac{g}{V}\cos\theta\sin\phi\tan\phi \end{cases} \tag{6-69}$$

式中，r_b 为偏航角速度；q_b 为俯仰角速度。

因此，协调转弯的实现需要同时对副翼、升降舵和方向舵进行操纵。给定期望滚转角 ϕ_d 与期望偏航角 ψ_d，引入侧滑角 β，可形成控制律

$$\begin{cases} \delta_a=k_1(\phi-\phi_d)+k_2\dot{\phi}+k_3\int(\phi-\phi_d)\mathrm{d}t \\ \delta_r=k_4(\psi-\psi_d)+k_5\dot{\psi}-k_6\int\beta(t)\mathrm{d}t \end{cases} \tag{6-70}$$

式中，$\dot{\phi}$ 为滚转角速度；$\dot{\psi}$ 为偏航角速度；δ_a 为副翼偏转量；δ_r 为方向舵偏转量。

由于协调转弯存在恒定滚转角 ϕ_d，此时飞行器机体侧倾使得升力既提供离心力的平衡又实现重力的抵消，因此若保持原飞行俯仰角将导致高度下降。为保持飞行高度不变，需要操作升降舵使之负向偏转，令机头抬升，进而弥补垂直方向上的升力损失，即满足

$$(L+\Delta L)\cos\phi=G=mg \tag{6-71}$$

经推导，可得迎角增量与升降舵偏转角表达式为

$$\Delta\alpha=\frac{G}{QS_WC_L}\frac{1-\cos\phi}{\cos\phi} \tag{6-72}$$

$$\Delta\delta_e=\frac{g\omega_{sp}^2}{M_{\delta_e}}|\phi| \tag{6-73}$$

式中，Q 为飞行器动态压力；S_W 为机翼面积；C_L 为升力线斜率；ω_{sp}为飞行器短周期运动固有频率；M_{δ_e}为一量纲常数。

简而言之，飞行器的协调转弯需要同时调动纵向控制与横向控制，是一项涉及整个控制系统的操作目标。其中纵向控制保证飞行高度不变，横向控制保证转弯时的恒定滚转角与偏航角速率。关于协调转弯的控制结构框图如图 6-41、图 6-42 所示，其对纵向控制与横向控制均有所要求。

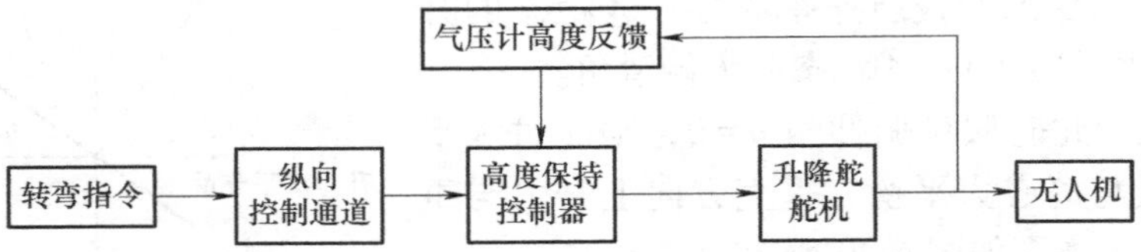

图 6-41　固定翼纵向控制下转弯控制框图

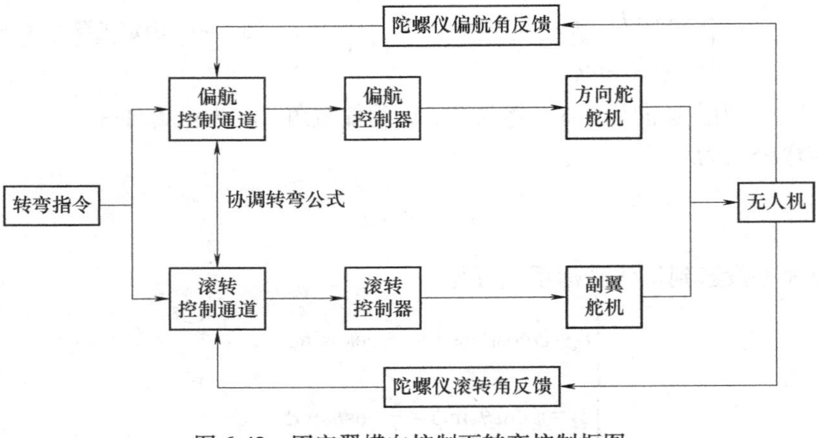

图 6-42　固定翼横向控制下转弯控制框图

综上所述，横向控制是滚转控制与偏航控制的结合，分别通过控制副翼与方向舵来实现，其保证了滚转姿态与偏航姿态的可控性，同纵向控制一起实现了固定翼的姿态控制。

6.3.2　航迹控制

固定翼的位置控制与多旋翼不同，其控制目标并不是实时跟踪期望轨迹，而是通过不断调整航路信息使飞行器实际轨迹以分段逼近的形式趋近于期望轨迹。

在这一过程中，制导技术至关重要，其主要作用是根据飞行器当前偏离航段航线的侧偏距和侧偏距的微分计算出目标航向差，将该航向差叠加到当前航向之上，使得飞行器在运行到期望航点的圆半径或过线提前转弯后自动切换到下一航点，在不断的分段逼近中保持整体轨迹曲线基本符合预期。

在固定翼航迹控制中，所有的航迹信息在理论上都能用直线+圆弧的分段线段进行逼近，并由轨迹精度要求决定最终的分割航段数量。因此在确定制导方案时，主要分析两种情况，即直线航迹与圆弧航迹，下面分别展开介绍。

1. 直线航迹制导

在三维空间中，对于一条直线航迹 $\boldsymbol{L}$，可以用两个矢量进行唯一性描述，即

$$\boldsymbol{L}=\boldsymbol{r}+\lambda\boldsymbol{q} \tag{6-74}$$

式中，$\boldsymbol{r}$ 为路径起始点；$\boldsymbol{q}$ 代表飞行航迹的单位矢量；λ 为一比例系数。

以北东地坐标系$(g_n,g_e,g_d)^{\mathrm{T}}$为参考坐标系，绘制航迹三维图如图 6-43 所示。

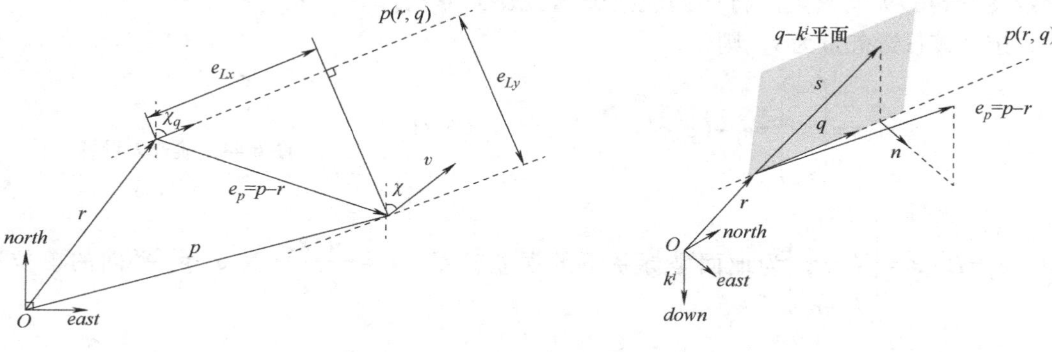

图 6-43　直线航迹三维示意图

定义 $\boldsymbol{q}=(q_n\quad q_e\quad q_d)^{\mathrm{T}}$，则航迹角为

$$\chi_q=\arctan\frac{q_e}{q_n} \tag{6-75}$$

而由航迹坐标系到地面坐标系的转换矩阵为

$$\boldsymbol{R}=\begin{pmatrix}\cos\chi_q & \sin\chi_q & 0\\ -\sin\chi_q & \cos\chi_q & 0\\ 0 & 0 & 1\end{pmatrix} \tag{6-76}$$

因此航迹误差在航迹坐标系下的表示形式为

$$\boldsymbol{e}_L=\begin{pmatrix}e_x\\ e_y\\ e_z\end{pmatrix}=\boldsymbol{R}(\boldsymbol{L}^i-\boldsymbol{r}^i) \tag{6-77}$$

式中，$\boldsymbol{L}^i$、$\boldsymbol{r}^i$ 为矢量在地面坐标系下的表示形式。

因此航迹误差变化率可以表示为

$$\begin{pmatrix}\dot{e}_x\\ \dot{e}_y\end{pmatrix}=\begin{pmatrix}\cos\chi_q & \sin\chi_q\\ -\sin\chi_q & \cos\chi_q\end{pmatrix}\begin{pmatrix}v\cos\chi\\ v\sin\chi\end{pmatrix}=v\begin{pmatrix}\cos(\chi-\chi_q)\\ \sin(\chi-\chi_q)\end{pmatrix} \tag{6-78}$$

对于航迹追踪问题，直线航迹制导方法的主要工作机制是通过给定航向角使得航向误差 e_L 趋于 0。由于飞行器在空间中不同位置直线制导方法所产生的航向角向量相对于直线航线具有统一的幅度，可将其绘制成如图 6-44 所示的图案，因此该方法也被称作矢量场制导方法。

该方法的主要目的是当 e_y 很大时，飞行器应以 $\chi^{\infty}\in\left(0,\frac{\pi}{2}\right]$ 的定航向角飞向期望航线，而当 e_y 逐渐趋于 0 时，期望航向角也应趋于 0，因此定义期望航向角的表达式为

$$\chi_d=-\chi^{\infty}\frac{\pi}{2}\arctan(k_L e_y) \tag{6-79}$$

式中，k_L 为一正常数。

关于 k_L 的取值，过大会导致航迹平滑度下降，过小则会大大延长实际航线长度。

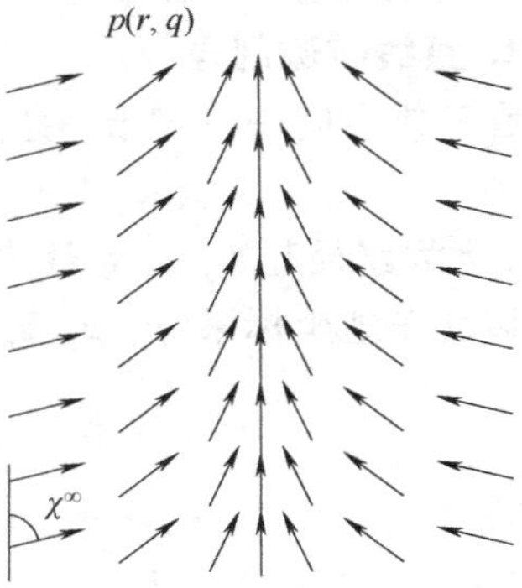

图 6-44　航迹矢量场

此时飞行器实时追踪的航向角曲线为

$$\chi_c(t)=\chi_q-\chi_d \tag{6-80}$$

通过航向角，可以确定飞行器的横向轨迹，之后还需要确定飞行器的纵向高度。将误差航迹矢量投影到 $\boldsymbol{q}-\boldsymbol{g}_d$ 平面，定义该投影矢量为 $\boldsymbol{s}$，则

$$\boldsymbol{s}=\begin{pmatrix} s_n \\ s_e \\ s_d \end{pmatrix}=\boldsymbol{e}_g-(\boldsymbol{e}_g\boldsymbol{n})\boldsymbol{n} \tag{6-81}$$

式中，$\boldsymbol{e}_g=\boldsymbol{L}^i-\boldsymbol{r}^i=\begin{pmatrix} L_n-r_n \\ L_e-r_e \\ L_d-r_d \end{pmatrix}$为地面坐标系下的误差矢量；$\boldsymbol{n}=\dfrac{\boldsymbol{q}\times\boldsymbol{g}_d}{\|\boldsymbol{q}\times\boldsymbol{g}_d\|}$为 $\boldsymbol{q}-\boldsymbol{g}_d$ 平面的单位法向量。

图 6-45 为 $\boldsymbol{q}-\boldsymbol{g}_d$ 平面的投影图，则由相似三角形原理可知

$$\frac{h^d+r_d}{\sqrt{s_n^2+s_e^2}}=\frac{-q_d}{\sqrt{q_n^2+q_e^2}} \tag{6-82}$$

因此飞行器的纵向跟踪高度曲线为

$$h^d=-r_d-\sqrt{s_n^2+s_e^2}\frac{q_d}{\sqrt{q_n^2+q_e^2}} \tag{6-83}$$

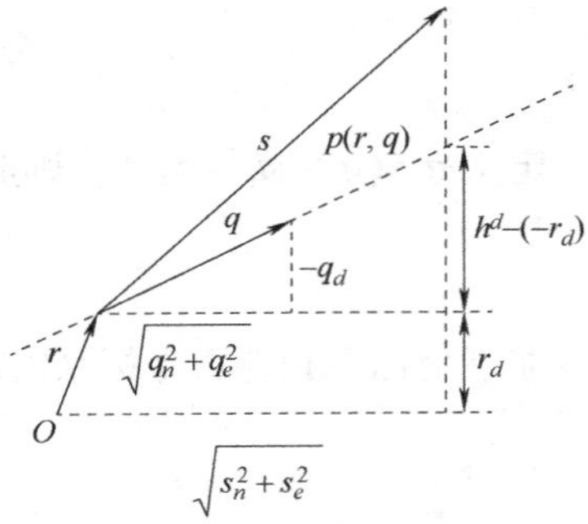

图 6-45　$\boldsymbol{q}-\boldsymbol{g}_d$ 平面的投影图

2. 圆弧航迹制导

在三维空间中，对于一条圆弧航迹 $\boldsymbol{M}$，可以用圆心位置 $\boldsymbol{o}\in\mathbb{R}^3$、半径 $\rho\in\mathbb{R}$ 以及航行方向 $c\in\{-1,1\}$ 唯一确定，其表达式为

$$\boldsymbol{M}=\boldsymbol{o}+c\rho(\cos\varphi,\sin\varphi,0)^{\mathrm{T}} \tag{6-84}$$

式中，$c=1$ 表示顺时针方向，$c=-1$ 表示逆时针方向；$\boldsymbol{o}=(o_n,o_e,o_d)^{\mathrm{T}}$ 为地面坐标系下，此时可以用 $h^d=-o_d$ 表示飞行器纵向跟踪高度；φ 为相位角。

在地面坐标系下，坐标变化率可以被表示为

$$\begin{pmatrix} \dot{o}_n \\ \dot{o}_e \end{pmatrix}=\begin{pmatrix} v\cos\chi \\ v\sin\chi \end{pmatrix} \tag{6-85}$$

记飞行器实时位置与圆心 $\boldsymbol{o}$ 的距离为 d，则旋转相位角 φ 后有以下关系式：

$$\begin{pmatrix} \dot{d} \\ d\dot{\varphi} \end{pmatrix}=\begin{pmatrix} \cos\varphi & \sin\varphi \\ -\sin\varphi & \cos\varphi \end{pmatrix}\begin{pmatrix} \dot{o}_n \\ \dot{o}_e \end{pmatrix}=\begin{pmatrix} v\cos(\chi-\varphi) \\ v\sin(\chi-\varphi) \end{pmatrix} \tag{6-86}$$

对于图 6-46 所示圆弧航迹，易知飞行器的定航向角 $\chi^0=\varphi+c\dfrac{\pi}{2}$。而圆弧制导的主要目的是使飞行器与圆心实时距离 d 趋近于圆弧半径 ρ，同时令实际航向角 χ 逼近定航向角 χ^0。因此可得到期望航向角的表达式为

$$\chi_d = \chi^0 + c\arctan\left(k_O \frac{d-\rho}{\rho}\right) \tag{6-87}$$

式中，k_O 为大于零的常数。

由此可得飞行器实时追踪的航向角曲线为

$$\chi_c(t) = \varphi + c\left[\frac{\pi}{2} + \arctan\left(k_O \frac{d-\rho}{\rho}\right)\right] \tag{6-88}$$

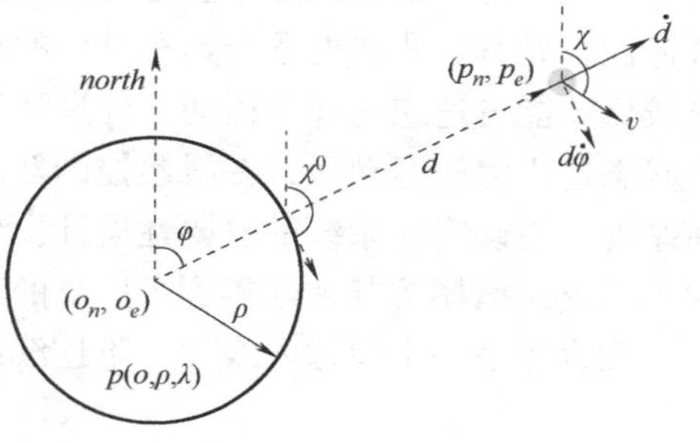

图 6-46 圆弧航迹示意图

需要指出的是，上述两种制导方法均是基于理想情况下的航迹控制方法，而在实际飞行过程中风场的干扰是不可避免的，这会大大影响飞行效果。因此如何确保固定翼飞行器在风场干扰的情况下仍能够完成高精度航迹控制是固定翼控制系统的关键技术，而这也需要相关控制技术的协调配合。

直线航迹制导以及圆弧航迹制导能够通过矢量信息建立飞行器与航线间的位置关系，并体现了相关的控制特性，目前已经被广泛应用于飞行轨迹规划。而为了克服风场的随机干扰，目前一种比较常见的方法是引入滑模变结构控制方案，其可以通过对环境参数的侦测转换控制参数从而提高控制效果，具有良好的控制性且易于实现。通过航迹制导与滑模控制相结合的方式，能够有效提高航迹跟踪精度。首先以期望航迹作为控制对象，基于一定的评价指标(最短距离、最小时间等)将航线细分为仅包含直线与圆弧的航段，对这些航段分别应用对应航迹制导方案；之后利用滑模控制器调控航迹角使飞行器顺利跟踪期望航线，同时提高飞行器对风源扰动的适应性。为了验证这一方案的有效性，将在下一节中通过仿真进行验证。

6.3.3 仿真实例

完成建模与控制方案设计之后，为了避免实际飞行过程中可能出现的一系列问题，一般会进行仿真模拟来规避设计疏漏。本节将针对一个具体的固定翼飞行器，详细阐述其建模与控制系统设计过程，并完成相应的仿真实验以验证有效性。

1. 问题简述

轨迹跟踪问题是空中机器人永恒不变的话题，轨迹跟踪的精度是飞行任务顺利完成的保障。

之前已经介绍了经典 PID 控制器的设计方案，为了进一步拓展空中机器人的控制方案，本节希望能够通过另一种常用控制方案实现轨迹跟踪。在 6.3.2 节中提到了滑模变结构控制方案，作为一种常见的固定翼控制方法，滑模控制器能够有效抑制风源干扰，因此本节希望能够通过滑模控制器来实现高精度的轨迹跟踪。

2. 控制器设计

由于固定翼是一个典型的非线性系统，为了提高控制精度并提供更多的控制方案选择性，本节将不再采用经典 PID 控制，而是转向目前使用较为广泛的滑模变结构控制。而在进行控制器设计之前，需要简单介绍一下滑模控制的基本原理。

滑模控制也叫变结构控制，本质上是一类特殊的非线性控制方案，其非线性主要表现为控制的不连续性。滑模控制方法与其他控制方法的不同之处在于“动态调整”，其可以根据系统对象的当前状态进行调整，从而迫使系统按照预定“滑动模态”的状态轨迹运动，最终逐渐趋于平衡点或某个允许领域内。

滑模控制的最大优点是能够克服系统的不确定性，对于干扰和未建模动态都具有很强的鲁棒性，尤其对非线性系统具有良好的控制效果。同时，滑模控制对系统数学模型的精度要求较低，能自适应内部的摄动、外界环境的扰动，控制算法简单，易于得到工程实现。当系统状态进入滑模运动后，在滑模控制器的作用下可以快速地收敛到控制目标，这一特性为时滞系统、不确定性系统的鲁棒性设计提供了一种有效途径。近年来，随着对滑模控制方法的深入研究，滑模控制逐渐得到了广泛的应用。

假设存在一个单输入线性二阶连续系统，其状态空间表达式为

$$\begin{cases}\dot{\boldsymbol{x}}=\boldsymbol{A}\boldsymbol{x}+\boldsymbol{B}u\\ y=\boldsymbol{C}\boldsymbol{x}+\boldsymbol{D}u\end{cases} \tag{6-89}$$

式中，$\boldsymbol{A}\in R^{2\times2}$为系统矩阵；$\boldsymbol{B}\in R^{2\times1}$为输入矩阵；$\boldsymbol{C}\in R^{1\times2}$为输出矩阵；$\boldsymbol{D}\in R^{1\times1}$为前馈矩阵；$\boldsymbol{x}=(x_1\quad x_2)^{\mathrm{T}}$是系统状态变量；$u$是系统输入变量；$y$是系统输出变量，控制目标是使得$x_1=x_2=0$。

取切换函数为

$$s(\boldsymbol{x})=cx_1+x_2 \tag{6-90}$$

式中，c为调节因子，通过调节c的大小可以调节状态趋近于零的速度。

由滑动模态的特性可得

$$s(\boldsymbol{x})\dot{s}(\boldsymbol{x})<0 \tag{6-91}$$

设置控制函数

$$u(\boldsymbol{x})=\begin{cases}u^{+}(\boldsymbol{x}),s(\boldsymbol{x})>0\\ u^{-}(\boldsymbol{x}),s(\boldsymbol{x})<0\end{cases} \tag{6-92}$$

则在该控制律作用下系统可按照期望轨迹进行运动。通过上述滑模控制得到的系统相平面运动轨迹如图 6-47 所示，轨迹 I 为理想状态下运动轨迹，轨迹 P 为实际运动轨迹。由图 6-47 可知，系统状态变量的运动轨迹在短时间内先到达切换线$s(\boldsymbol{x})=cx_1+x_2=0$，之后沿着切换线上下运动。而系统在切换线上的运动可以描述为

$$\begin{cases}s(\boldsymbol{x})=cx_1+x_2=0\\ \dot{s}(\boldsymbol{x})=0\end{cases} \tag{6-93}$$

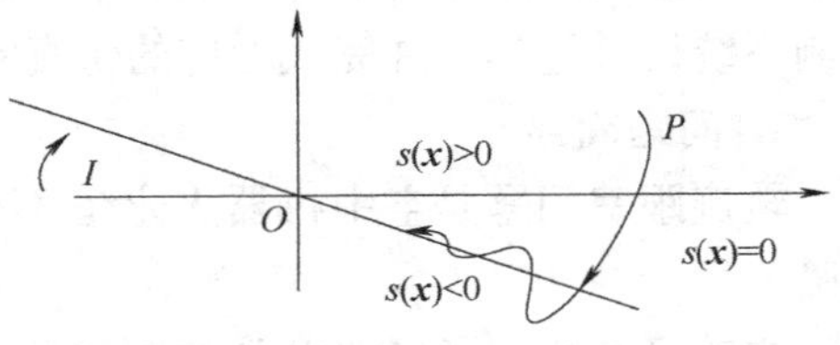

图 6-47　滑模运动示意图

因此，滑模运动与被控对象的外部扰动和参数变化无关，仅与切换线参数c有关，可以等效为渐进稳定的一阶系统。在此基础上，通过选择切换函数可以使控制系统在滑动模态上渐进稳定，并获得强鲁棒性。

在控制理论中，一般使用李雅普诺夫(Lyapunov)方法进行系统稳定性分析。即对于系统状态方程$s(\boldsymbol{x})=cx_1+x_2$，若存在一个连续函数$V$满足

① $\lim_{|s|\to\infty}V=\infty$；

② $\dot{V}|_{s\neq0}<0$

则系统将在平衡点$s=0$处稳定，即$\lim_{t\to\infty}s=0$。

令$V=\dfrac{1}{2}s^2$，则第一个条件明显满足，则只需设计满足$\dot{V}=s\dot{s}=s(c\dot{x}_1+\dot{x}_2)<0$的控制律$u$即可。

为便于说明，使用一个简单例子进行控制器设计。假设存在一个二阶系统

$$\begin{cases}\dot{x}_1=x_2\\ \dot{x}_2=h(\boldsymbol{x})+g(\boldsymbol{x})u\end{cases}\tag{6-94}$$

式中，$g(\boldsymbol{x})>g_0>0$，与 $h(\boldsymbol{x})$ 均是关于向量 $\boldsymbol{x}=(x_1 \quad x_2)^{\mathrm{T}}$ 的多项式。

则切换函数的导数为

$$\dot{s}=c\dot{x}_1+\dot{x}_2=cx_2+h(\boldsymbol{x})+g(\boldsymbol{x})u\tag{6-95}$$

若拟定控制律

$$\begin{cases}\left|\dfrac{cx_2+h(\boldsymbol{x})}{g(\boldsymbol{x})}\right|<\rho(\boldsymbol{x})\\ \beta(\boldsymbol{x})\geqslant\rho(\boldsymbol{x})+\beta_0,\beta_0>0\\ u=-\beta(\boldsymbol{x})\operatorname{sign}(s)\end{cases}\tag{6-96}$$

则

$$\begin{aligned}\dot{V}&=s\dot{s}=s[cx_2+h(\boldsymbol{x})+g(\boldsymbol{x})u]\leqslant|s||cx_2+h(\boldsymbol{x})|-\beta(\boldsymbol{x})|s|g(\boldsymbol{x})\\&=|s|g(x)\left[\left|\frac{cx_2+h(\boldsymbol{x})}{g(\boldsymbol{x})}\right|-\beta(\boldsymbol{x})\right]\leqslant-g_0\beta_0|s|\leqslant0\end{aligned}\tag{6-97}$$

因此在该控制律作用下的系统是稳定的。同理，针对任一系统，只要设计合理的控制律令 $\dot{V}=s\dot{s}<0$，即可保证系统的稳定性从而达到控制目标。此时滑模控制的非线性主要体现在控制律中引入的 sign( ) 函数。

在了解了滑模控制原理之后，即可针对具体的模型进行控制器构建。假设在惯性空间内，地球表面水平且静止，而固定翼飞行器为均匀刚体，其质量分布恒定不变，则根据第 4 章中所建立的模型可知

$$\begin{cases}\dot{x}=u\cos\psi\cos\phi+v(\cos\psi\sin\theta\sin\phi-\cos\phi\sin\psi)+w(\cos\psi\sin\theta\cos\phi+\sin\psi\sin\phi)\\ \dot{y}=u\sin\psi\cos\theta+v(\sin\psi\sin\theta\sin\phi+\cos\phi\cos\psi)+w(\sin\psi\sin\theta\cos\phi-\sin\phi\cos\psi)\\ \dot{z}=-u\sin\theta+v\cos\theta\sin\phi+w\cos\theta\cos\phi\\ \dot{u}=rv-qw+\dfrac{\bar{q}S}{m}C_X-g\sin\theta+\dfrac{T}{m}\\ \dot{v}=pw-ru+\dfrac{\bar{q}S}{m}C_Y-g\cos\theta\sin\phi\\ \dot{w}=qu-pv+\dfrac{\bar{q}S}{m}C_Z-g\cos\theta\cos\phi\\ \dot{\phi}=p+q\sin\phi\tan\theta+r\cos\phi\tan\theta\\ \dot{\theta}=q\cos\phi-r\sin\phi\\ \dot{\psi}=q\sin\phi\sec\theta+r\cos\phi\sec\theta\\ \dot{p}=\dfrac{I_{xz}}{I_{xx}}\dot{r}+\dfrac{\bar{q}Sb}{I_{xx}}c_l-\dfrac{I_{zz}-I_{yy}}{I_{xx}}qr+\dfrac{I_{xz}}{I_{xx}}qp\\ \dot{q}=\dfrac{\bar{q}S\bar{c}}{I_{yy}}c_m-\dfrac{I_{xx}-I_{yy}}{I_{yy}}pr-\dfrac{I_{xz}}{I_{yy}}(p^2-r^2)+\dfrac{I_p}{I_{yy}}\omega_p r\\ \dot{r}=\dfrac{I_{xz}}{I_{zz}}\dot{p}+\dfrac{\bar{q}Sb}{I_{zz}}c_n-\dfrac{I_{yy}-I_{xx}}{I_{zz}}pq-\dfrac{I_{xz}}{I_{zz}}qr-\dfrac{I_p}{I_{zz}}\omega_p q\end{cases}\tag{6-98}$$

式中，u、v、w 是机体沿 x 轴、y 轴、z 轴的线速度；p、q、r 是机体角速度；θ、ϕ、ψ 是姿态角；$\bar{q}$ 是机体动态压强；ω_p 是螺旋桨转动角速度；I_{xx}、I_{yy}、I_{zz}、I_{xz}、I_p 是机体与动力系统惯性力矩系数；而 C_X、C_Y、C_Z 是动力强度系数；c_l、c_m、c_n 是无量纲力矩系数。

这六个系数的表达式如下：

$$\begin{cases} C_X = C_L\sin\alpha - C_D\cos\alpha \\ C_Y = C_{Y_\beta}\beta + C_{Y_{\delta_r}}\delta_r + \dfrac{b}{2V_a}(C_{Y_p}p + C_{Y_r}r) \\ C_Z = -C_D\sin\alpha - C_L\cos\alpha \\ c_l = c_{l_\beta} + c_{l_{\delta_a}}\delta_a + c_{l_{\delta_r}}\delta_r + \dfrac{b}{2V_a}(c_{l_p}p + c_{l_r}r) \\ c_m = c_{m_0} + c_{m_\alpha}\alpha + c_{m_{\delta_e}}\delta_e + \dfrac{\bar{c}}{2V_a}(c_{m_{\dot{\alpha}}}\dot{\alpha} + c_{m_q}q) \\ c_n = c_{n_\beta}\beta + c_{n_{\delta_a}}\delta_a + c_{n_{\delta_r}}\delta_r + \dfrac{b}{2V_a}(c_{n_p}p + c_{n_r}r) \end{cases} \tag{6-99}$$

式中，δ_a、δ_e、δ_r 分别表示副翼、升降舵、方向舵的偏转量。

对固定翼飞行器进行坐标转换，可得地面坐标系下的角速度与速度方程为

$$\begin{pmatrix} \dot{\phi} \\ \dot{\theta} \\ \dot{\psi} \end{pmatrix} = \begin{pmatrix} 1 & \sin\phi\tan\theta & \cos\phi\tan\theta \\ 0 & \cos\phi & -\sin\phi \\ 0 & \dfrac{\sin\phi}{\cos\theta} & \dfrac{\cos\phi}{\cos\theta} \end{pmatrix} \begin{pmatrix} p \\ q \\ r \end{pmatrix} \tag{6-100}$$

$$\begin{pmatrix} \dot{x} \\ \dot{y} \\ \dot{z} \end{pmatrix} = \begin{pmatrix} \cos\theta\cos\psi & -\cos\phi\sin\psi + \sin\phi\sin\theta\cos\psi & \sin\phi\sin\psi + \cos\phi\sin\theta\cos\psi \\ \cos\theta\sin\psi & \cos\phi\cos\psi + \sin\phi\sin\theta\sin\psi & -\sin\phi\cos\psi + \cos\phi\sin\theta\sin\psi \\ -\sin\theta & \sin\phi\cos\theta & \cos\phi\cos\theta \end{pmatrix} \begin{pmatrix} u \\ v \\ w \end{pmatrix} \tag{6-101}$$

假设 (x,y) 代表实际位置，(x_r,y_r) 为参考轨迹，ψ 为当前偏航角，ψ_r 为参考偏航角，ω 为航向转速率，ω_r 为参考航向转速率，V 为飞行速度，V_r 为参考速度，则飞机的动态模型可以表示为

$$\begin{cases} \dot{x} = V\cos\psi \\ \dot{y} = V\sin\psi \end{cases} \tag{6-102}$$

而参考轨迹为

$$\begin{cases} \dot{x}_r = V_r\cos\psi_r \\ \dot{y}_r = V_r\sin\psi_r \end{cases} \tag{6-103}$$

记 x_e 为横向位置误差，y_e 为纵向位置误差，ψ_e 为偏航角误差，规定其表达式为

$$\begin{pmatrix} x_e \\ y_e \\ \psi_e \end{pmatrix} = \begin{pmatrix} \cos\psi & \sin\psi & 0 \\ -\sin\psi & \cos\psi & 0 \\ 0 & 0 & 1 \end{pmatrix} \begin{pmatrix} x_r - x \\ y_r - y \\ \psi_r - \psi \end{pmatrix} \tag{6-104}$$

则

$$\begin{cases} \dot{x}_e = \omega y_e - V + V_r\cos\psi_e \\ \dot{y}_e = -\omega x_e + V_r\sin\psi_e \\ \dot{\psi}_e = \omega_r - \omega \end{cases} \tag{6-105}$$

在控制过程中，速度 V 与偏航角 ψ 是控制器输入，记系统输入为 V^c、ψ^c，则设定

$$\begin{cases} V^c = k_x x_e + V_r \cos\psi_e \\ \psi^c = \psi_r + \arctan(k_y y_e) \end{cases} \tag{6-106}$$

因此，轨迹跟踪控制的目标变更为寻找可行输入 V^c、ω^c，使得 $\lim_{t\to\infty}(|x_r - x| + |y_r - y| + |\psi_r - \psi|) \to 0$，即使得轨迹误差与偏航误差趋近于0或趋近于某个较小值。

本节将采用指数趋近律 $\dot{s} = -\varepsilon \mathrm{sign}(s) - ks$ 设计滑模控制系统，通过调节 k 与 ε 保证滑动模态的动态特性，同时对高频抖振进行削弱。

设 $\boldsymbol{\chi} = (x_e \quad y_e \quad \psi_e)^{\mathrm{T}}$，$\boldsymbol{U} = (V^c \quad \omega^c)^{\mathrm{T}}$，则

$$f(\boldsymbol{\chi}) = \begin{pmatrix} V_r \cos\psi_e \\ V_r \sin\psi_e \\ \omega_r \end{pmatrix} \tag{6-107}$$

$$g(\boldsymbol{\chi}) = \begin{pmatrix} -1 & y_e \\ 0 & -x_e \\ 0 & -1 \end{pmatrix} \tag{6-108}$$

有

$$\dot{\boldsymbol{\chi}} = f(\boldsymbol{\chi}) + g(\boldsymbol{\chi}) \begin{pmatrix} V^c \\ \omega^c \end{pmatrix} \tag{6-109}$$

$$\boldsymbol{U} = g^{-1}(\boldsymbol{\chi})(\dot{\boldsymbol{\chi}} - f(\boldsymbol{\chi})) \tag{6-110}$$

定义滑模面函数

$$s = e + \lambda \int e \mathrm{d}t \tag{6-111}$$

$$\dot{s} = \dot{e} + \lambda e \tag{6-112}$$

令 $e = \boldsymbol{\chi}$，则

$$\dot{e} = f(\boldsymbol{\chi}) + g(\boldsymbol{\chi}) \begin{pmatrix} V^c \\ \omega^c \end{pmatrix} \tag{6-113}$$

$$\dot{s} = f(\boldsymbol{\chi}) + g(\boldsymbol{\chi}) \begin{pmatrix} V^c \\ \omega^c \end{pmatrix} + \lambda e \tag{6-114}$$

$$\dot{\boldsymbol{\chi}} = \dot{e} = \dot{s} - \lambda e \tag{6-115}$$

可得

$$\boldsymbol{U} = g^{-1}(\boldsymbol{\chi})[\dot{s} - \lambda e - f(\boldsymbol{\chi})] \tag{6-116}$$

在滑模控制过程中，需要对滑模面的运动情况进行分析，而运动情况主要分为两种：到达滑模面之前的运动($\dot{s} \neq 0$)和到达滑模面之后的运动($\dot{s} = 0$)，下面分别展开介绍。

(1) 到达滑模面之前　在到达滑模面之前，使用等速趋近律来设计滑模控制系统，其表达式为

$$\dot{s} = -\varepsilon \mathrm{sign}(s) - ks, \varepsilon > 0, k > 0 \tag{6-117}$$

式中，$\dot{s} = -ks$ 为趋近项，其解为 $s = s(0)e^{-kt}$。该指数项可以保证当 s 较大时，系统状态能以较大的速度趋近滑动模态。指数趋近不仅缩短了趋近时间，而且会使运动点到达切换面时的速度很小。但单纯的指数趋近只能保证运动点能够趋近切换面而不能保证趋近时间，因此需要增加一个等速趋近项 $\dot{s} = -\varepsilon \mathrm{sign}(s)$，使得当 s 无限接近于0时趋近速度为 ε 而非0，从而

保证在有限时间内到达切换面。一般地，为了保证快速趋近的同时削弱抖振，会在增大 k 的同时减小 ε。

（2）到达滑模面之后 当系统到达滑模面之后，存在约束条件 $\dot{s}=s=0$，综合上文内容，可设计整体滑模控制律如下：

$$\boldsymbol{U}=\begin{cases}g^{-1}(\boldsymbol{\chi})[-\varepsilon\mathrm{sign}(s)-ks-\lambda e-f(\boldsymbol{\chi})], & \dot{s}\neq 0\\ g^{-1}(\boldsymbol{\chi})[-\lambda e-f(\boldsymbol{\chi})], & \dot{s}=0\end{cases} \tag{6-118}$$

可知，在该控制律作用下，系统状态能在有限时间内到达滑模面，并使状态误差收敛于0，保证了跟踪性能。

而在李雅普诺夫（Lyapunov）稳定性分析下可以验证其稳定性：

$$N=\frac{1}{2}s^2 \tag{6-119}$$

$$\dot{N}=s\dot{s}=s(-\varepsilon\mathrm{sign}(s)-ks)=-s\varepsilon\mathrm{sign}(s)-ks^2\leqslant 0 \tag{6-120}$$

因此，在该控制律作用下，可以保证系统的稳定性从而最终达到控制目标。

3. 仿真结果

参照一标准固定翼飞行器，测定其相关参数，具体数值见表6-4。

表6-4 固定翼飞行器相关参数

系统参数	符号	参数值	单位
质量	m	1.9	kg
弦长	c	0.3	m
翼面积	s	0.32	m^2
翼展	b	1.2	m
x 轴转动惯量	I_{xx}	0.0894	$kg\cdot m^2$
y 轴转动惯量	I_{yy}	0.144	$kg\cdot m^2$
z 轴转动惯量	I_{zz}	0.162	$kg\cdot m^2$

按照上述控制方案，在MATLAB中进行仿真验证。仿真效果模拟的是一段轨迹跟踪过程，初始条件为飞行器处于一悬停状态，要求飞行器从起始点(0,0,200)沿着期望轨迹 $\mathcal{L}(t)$ 进行运动：

$$\mathcal{L}(t):\begin{cases}x=20t\\ y=-0.3t^2\\ z=\begin{cases}200-2t, & 0\leqslant t<50\\ 100, & t\geqslant 50\end{cases}\end{cases} \tag{6-121}$$

图6-48、图6-49、图6-50分别为三维跟踪状态、x-y 平面的投影跟踪状态以及 x、y、z 三轴跟踪状态。

由图6-50可知，在这一飞行过程中，跟踪初始阶段存在一段明显的偏差，但随着时间的调整跟踪效果逐渐趋于稳定，最终能够很好地跟踪上期望轨迹。在这之中，y 轴的跟踪效果最佳，x 轴的跟踪效果次之，z 轴的跟踪效果在高度曲线出现明显变化时表现较差，但在期望高度稳定后能达到很高的控制精度。因此，就整体仿真曲线而言，该控制系统能够有效保证固定翼飞行器的稳定飞行，并能够顺利完成轨迹跟踪任务。

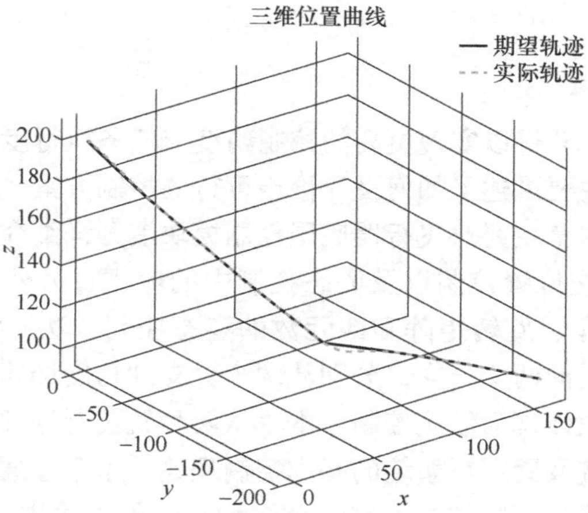

图 6-48　仿真环境下固定翼轨迹跟踪三维效果图

图 6-48　彩图

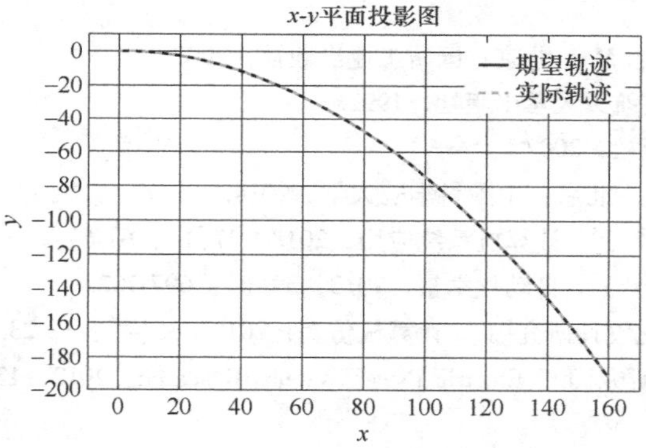

图 6-49　x-y 平面下固定翼轨迹跟踪投影图

图 6-49　彩图

图 6-50　彩图

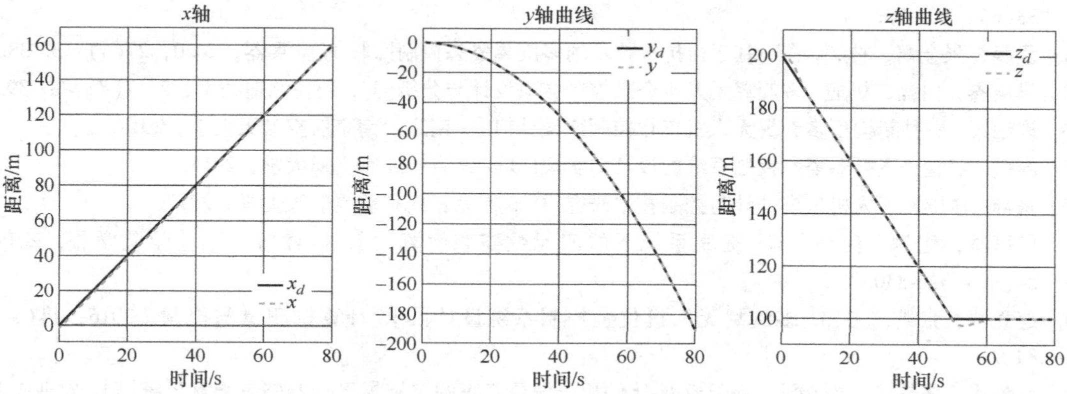

图 6-50　仿真环境下固定翼轨迹跟踪效果图

6.4 本章小结

控制环节的强化使无人自主飞行器得以实现更高的控制精度与任务执行度，也为空中机器人的发展提供着巨大助力。本章主要讲述了如何设计恰当可行的控制方案，从而使空中机器人更便捷有效地实现既定目标。本章主要对飞行器底层控制模块展开详细介绍，针对多旋翼系统，主要介绍了PID控制方法在位置控制以及姿态控制中的应用，另外，针对不同的姿态表示，还分别介绍了基于欧拉角、旋转矩阵和四元数的姿态控制方法；针对固定翼系统，其运动姿态通常划分为纵向与横向两个分支，分别从两个分支的角度详述了固定翼姿态控制，另外，固定翼的位置控制一般体现为航迹控制，本章从两种轨迹制导的角度详述了固定翼航迹控制。除了阐述多旋翼系统及固定翼系统的基本控制理论，本章还通过设计具体的仿真实验进行了验证说明；同时，通过不同控制方案结合多种案例的方式进行了实例说明，以此体现各种控制技术的优势与差异性。

参考文献

[1] 郭锁凤，申功璋，吴成富，等. 先进飞行控制系统[M]. 北京：国防工业出版社，2003.

[2] 文传源. 现代飞行控制系统[M]. 北京：北京航空航天大学出版社，1992.

[3] 蔡满意. 飞行控制系统[M]. 北京：国防工业出版社，2007.

[4] 段镇. 无人机飞行控制系统若干关键技术研究[D]. 北京：中国科学院大学，2014.

[5] 曹凯，马贝，王翔武. 四旋翼飞行器控制系统设计[J]. 计算机系统应用，2018，27(1)：61-65.

[6] 包为民. 航天飞行器控制技术研究现状与发展趋势[J]. 自动化学报，2013，39(6)：697-702.

[7] 钱路，李智，王勇军. 四旋翼飞行器控制系统优化设计研究[J]. 计算机仿真，2018，35(4)：18-23.

[8] 程敏. 四旋翼飞行器控制系统构建及控制方法的研究[J]. Electric Power Systems Research，2012，137：51-58.

[9] 齐晓龙，雷继海. 双闭环串级控制算法在四旋翼飞行器中的应用[J]. 自动化与仪器仪表，2016(4)：90-92.

[10] 陈登峰，姜翔，王彦柱，等. 四轴飞行器改进型串级姿态控制算法仿真研究[J]. 测控技术，2019，38(6)：105-109，144.

[11] 孟晨，张金鹏，林辉，等. 基于自抗扰技术的多旋翼姿态控制[J]. 航空兵器，2020，27(4)：33-38.

[12] 母庚鑫，白磊，杨旭. 多旋翼无人机姿态控制方法设计与分析[J]. 装备制造技术，2017(8)：37-39.

[13] 许细策. 一种新构型多旋翼无人机飞行控制律设计[D]. 南京：南京航空航天大学，2017.

[14] 康磊. 四旋翼飞行器姿态控制系统的设计与实现[D]. 北京：北京交通大学，2014.

[15] 张翔. 多旋翼无人机位姿估计与控制技术研究[D]. 南京：南京航空航天大学，2017.

[16] 杨可晗，唐源，何川，等. 捷联系统下的四元数姿态解算[J]. 桂林航天工业学院学报，2019，24(3)：326-330.

[17] 赵立峰，张凯，王伟. 多旋翼无人机位置控制系统设计[J]. 计算机测量与控制，2016，24(3)：84-87.

[18] 廖懿华，张铁民，廖贻泳. 基于模糊-比例积分偏差修正的多旋翼飞行器姿态测算系统[J]. 农业工程学报，2014，30(20)：19-27.

[19] 徐天奇. 多旋翼飞行器建模与自适应PID控制算法研究[D]. 沈阳：沈阳航空航天大学，2017.

[20] 张欣，李勋，赵新，等. 基于自适应模糊控制的多旋翼无人机抗干扰悬停研究. 2017智能电网信息化建设研讨会论文集[C]. 2017智能电网信息化建设研讨会，2017.

[21] 杨利红. 固定翼无人机飞行姿态控制律设计[D]. 哈尔滨：东北农业大学，2016.
[22] 张金学，掌明，李媛媛. 基于四元数法的固定翼微型飞行器姿态控制[J]. 计算机测量与控制，2012，20(7)：1851-1854.
[23] 张鹏，王键. 小型固定翼无人机纵向姿态控制律的研究[J]. 计算机测量与控制，2015，23(8)：2686-2688.
[24] 唐余，林达，曹立佳，等. 模型不确定及干扰下固定翼无人机姿态控制[J]. 电光与控制，2020，27(1)：85-89.
[25] 欧飞. 基于分数阶控制器的无人机航迹控制系统研究[D]. 武汉：武汉理工大学，2019.
[26] 刘佳，秦小林，许洋，等. 固定翼无人机在线航迹规划方法[J]. 计算机应用，2019，39(12)：3522-3527.
[27] 梁瑾，宋栋梁，李嘉. 小型无人机飞行控制系统设计及验证[J]. 兵工自动化，2016，35(5)：39-42.
[28] 史兴隆，王立峰. 固定翼无人机的滑模控制方法研究[J]. 动力系统与控制，2016，5(3)：114-123.
[29] 宗群，张睿隆，董琦，等. 固定翼无人机自适应滑模控制[J]. 哈尔滨工业大学学报，2018，50(9)：153-161.
[30] 白敬洁. 四旋翼飞行器的滑模控制算法研究[D]. 哈尔滨：哈尔滨理工大学，2015.
[31] 丑武胜，贾玉红，何宸光，等. 空中机器人(固定翼)专项教育教材[M]. 哈尔滨：哈尔滨工程大学出版社，2013.

第7章 空中机器人导航基础

得益于出色的灵活性、稳定性，空中机器人被广泛应用于地理测绘、精准农业、城市防恐、国防军事、空中摄影等领域。自主导航是空中机器人系统的“大脑”，使得空中机器人可以在这些任务中自主到达给定的目的地，并保证过程中的飞行安全。本章将基于前文的空中机器人设计与控制建模方法，从状态估计、地图构建、运动规划三个方面阐述空中机器人自主导航的关键技术模块，在概览经典导航方案的同时，重点介绍当前主流定位、感知、规划算法。最后，本章对自主导航进行总结并展望该技术的未来发展方向。

7.1 导航基本概念

7.1.1 导航基本架构

自主导航系统是移动机器人的“大脑”。根据经典机器人学，导航包括三个核心问题：“在哪里、去哪里、怎么去”。这三个问题包含了机器人定位（Localization）、建图（Mapping）、规划（Planning）和控制（Control）四个根本功能模块。一般来说，“在哪里”对应机器人定位，“去哪里”对应机器人规划，“怎么去”则指机器人如何执行规划指令即控制。在这三个模块之间还存在着建图，既包含了“去哪里”，也与“怎么去”密切相关，建图是规划的基石，决定了机器人可以选择哪些空间运动，以保证自己安全到达目标点。空中机器人作为一种特殊的在三维空间中运动的移动机器人，其自主导航架构自然与经典导航架构没有本质区别。以上四个模块中，控制模块已在第6章进行了详细介绍，因此本章重点介绍定位、建图、规划三个模块。

飞行器的自主导航系统输入一般为各类传感器，输出为飞行器运动指令。按功能划分，也可以分为感知和动作两部分，对应“在哪里”和“去哪里”问题。其中，定位与建图属于感知，规划与控制属于动作。常用自主导航架构中，定位、建图与规划三个模块基本独立，共同作用使得空中机器人完成给定任务，其依赖关系如图7-1所示。自主导航系统中，每个模块都有其特定的输入输出和目标，具体请见图7-1。

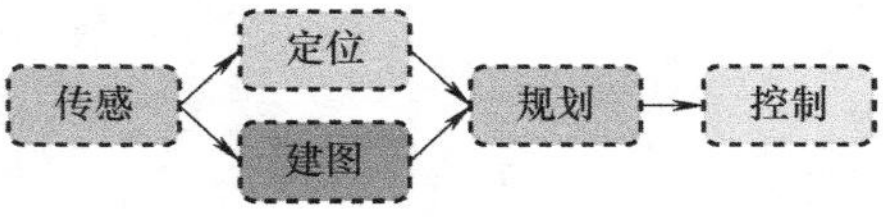

图7-1 典型自主导航系统结构框图

图7-1 彩图

1. 定位模块

定位模块是根据传感器实时输入，实现对飞行器自身姿态的估计，反馈飞行器控制模块，并更新飞行器状态作为规划模块的起始位姿。定位模块的性能要求包括精度、一致性、实时性及恶劣环境下的鲁棒性。

2. 建图模块

建图模块是根据传感器信息，实时构建空中机器人周围环境三维几何模型或几何-时间模型，建立地图用于规划中的碰撞检测和可通行空间搜索。建图模块要求地图稠密度、细粒度及建图实时性。

3. 规划模块

规划模块是以空中机器人实时位姿估计为轨迹起始状态，导航目标为终止状态，生成符合空中机器人动力学模型且保证飞行安全性的运动轨迹。规划模块要求生成轨迹的安全性、光滑性、动力学可行性。

7.1.2　常用导航方式

1. 卫星导航

卫星导航属于无线电导航的一个分支，其原理是通过对时间或者相位测量获得距离差来进行定位。当前具有代表性的卫星导航系统包括中国的北斗卫星导航系统、美国的GPS、俄罗斯的GLONASS、欧洲的GALILEO系统，这四大卫星导航系统统称为全球卫星导航系统。

通常使用4颗卫星的信号进行伪距测量定位，具体原理可见第5章。卫星导航的优势在于由外部直接24h提供全局位姿，具备全球覆盖、全天候、不间断和实时的特点，空中机器人只需要具备卫星信号接收终端机即可工作。但是，它的缺点是导航精度会受卫星时钟、卫星轨道、电离层、对流层等因素的影响而产生偏差，且易受其他无线电波的干扰。

2. 惯性导航

惯性导航是利用牛顿惯性原理，利用惯性敏感器件来测量运载体本身的三维加速度(即线运动参数)和三轴角速度(即角运动参数)，并在给定初始地理位置和初始速度下，通过积分等运算得到载体的速度、位置和姿态等信息，从而实现导航和定位。常见的惯性敏感器件有加速度计和陀螺仪等，有时也会使用磁力计和高度计。这些惯性敏感器件一般难以直接用于导航定位应用，需要和计算单元等设备共同作用，组成惯性导航系统。根据不同的惯性坐标系和不同的实现方法，惯性导航系统可以分为平台式惯性导航系统和捷联式惯性导航系统两类，具体介绍可见第5章。

平台式惯性导航系统是一种技术相对成熟但结构较复杂的导航系统，这种系统可以隔离载体的振动，能够较容易地补偿和修正测量误差，被广泛应用于大型的空中机器人系统中。但是，这类导航定位系统也存在着结构复杂、价格昂贵的缺点。与平台式惯性导航系统不同，捷联式惯性导航系统并不采用实际的机电物理平台，而是使用计算来得到运载体的姿态速度信息，所以姿态解算算法是捷联式惯性导航系统的核心。随着当前计算机性能水平的快速提高，结合捷联式惯性导航系统物理结构简单的优点，此类惯性导航系统正逐渐成为空中机器人主流的自主工作导航系统。

由于目前环境中电磁干扰影响日益复杂，卫星导航等导航定位方式的抗干扰要求越来越高，人们对可以自主工作的惯性导航系统的关注和研究也日益增加。但是，惯性导航系统也有明显的本身缺陷，主要的问题是定位误差会随着时间逐渐积累变大，无法应用于长时间的导航定位。要减小这种积累误差，目前主要有两种方法：一种方法是通过大幅提高惯性敏感器件精度来解决，但这也同时会大幅提高惯性导航系统成本，不利于惯性导航系统的推广；另一种方法是以惯性导航系统作为基本导航设备与其他导航系统（如卫星导航系统）进行信息交互融合，形成组合导航方式，这种取长补短式的组合导航方式可以减弱甚至消除惯性导航系统的积累误差，满足空中机器人长航时、远距离任务的导航定位需求。

3. 图形匹配导航

地球表面的山川、平原、森林、河流、海湾以及人工建筑物等构成了地表特征形态，这些地理信息一般不会随着时间和气候变化而变化，也不容易伪装和隐蔽。利用这些地表特征信息进行导航的方式称为图形匹配导航。采用这种导航方式，需要事先对空中机器人可能经过的区域进行测绘或者将先验的地理信息数字化储存在机载计算机中。当空中机器人飞抵预定区域时，机载传感设备对该区域再次测量，以确定机器人当前准确定位和飞行偏差。

图形匹配导航主要有两类，分别为地形匹配导航和景象匹配导航。地形匹配导航一般以地形高度轮廓作为匹配特征。空中机器人使用无线电高度表测量航迹上的高度数据，与预先获得的区域地形数据比较，若不一致则表明了偏离预定的飞行航迹。地形匹配导航是一维匹配导航，特别适合于山丘地形的飞行。由于是基于地形标高的定位定理，这种导航方式也被称为地形高度相关导航。与地形匹配导航不同，在景象匹配导航过程中，存储在机载计算机中的地理信息不是地形地物的高度参数，而是通过传感器在预定飞行路径上获得的景象信息。这些景象信息一般要求信息特征明显，易于观测和便于匹配。在空中机器人飞行过程中，实时获得飞行路径中的景象，通过机载数字景象匹配算法与预存的景象数据进行相关比较，并确定出两幅图像的偏移程度，据此来定位机器人。

图形匹配导航没有累积误差，隐蔽性好，抗干扰的能力强。但是，这类导航方式需要较高的计算量，并且受到地形影响较大，不适宜于平原、沙漠或者海面这类平缓或形状特征不明显的区域。

4. 多普勒导航

多普勒导航是一种基于无线电信号多普勒效应实现自主式导航的技术。多普勒雷达是多普勒导航系统中的核心器件，被广泛应用于大型远程空中机器人自主导航系统中。多普勒雷达负责发射和接收回波信号，其天线系统固定在机器人机体上，通过测量雷达各个波束上收发信号之间的频率偏移，解算出在载体坐标系中的三个轴向速度分量。需要注意的是，这三个轴向速度分量是基于机体坐标系的，为了得到地平坐标系的速度分量，需引入航姿系统中实时姿态信息进行坐标变换。最后，对变换得到的地平坐标系下的三个速度分量进行积分，便可以得到飞行距离，完成对空中机器人的定位。

相对其他导航系统，多普勒导航系统可以全天候工作，能在各种气象条件和地形条件下导航。同时，系统可以实现自主导航，不需要地面站，导航精度高。但是，与惯性导航系统类似，多普勒导航也有累积误差，并且工作时需要发射无线电波，系统的隐蔽性不好。由于多普勒雷达的体积和功耗较大，这种导航方式也不适合微小型空中机器人导航定位使用。

5. 天文导航

天文导航是以已知准确位置的自然天体作为基准，通过解算天文测量仪器（星体跟踪器、天文罗盘、六分仪等）探测到的天体位置数据确定测量点所在空中机器人载体导航信息的导航技术。将基准信息依托于恒星与行星参考系，由于宇宙波动的缓慢性与稳定性，这类参考系具有无可比拟的精确性和可靠性，这也使得天文导航得到了广泛的应用。

天文导航一般是通过画圆求交点的方法求解观测点位置信息的，一般基本步骤为：首先，以天体投影点为圆心，以投影点与观测点在球面上的最短距离为半径，画出该天体对应的位置圆；然后，用高度差法求解多个位置圆的交点（不同天体位置圆，同一天体不同时间位置圆），即为该观测点所在载体的位置信息。

天文导航不依赖于外部信息，也不向外发射信号，仅被动接收天文测量仪器信号并实时解算空间位姿，具有自主性。同时，天文导航仅依赖天体信息，因此误差不随时间累积，定位精度较高。特别值得一提的是，天文导航可以同时提供位置信息与姿态信息，且无须附加硬件，可以得到更丰富的导航信息。相对地，以天体作为参考系，天文导航的有效性也受到天体信息的制约，在诸如沙尘、暴风雪、阴、雨等气象条件下难以应用，在黑夜时也会影响正常工作；而数据解算阶段的复杂度也更高，对天文球面计算的准确性会在很大程度上影响定位精度。

6. 激光导航

激光导航的兴起源于激光技术的不断发展，其与激光制导的原理一致，是利用激光的准直性与不发散性对测量点所在载体的位置进行精确定位并获取导航信息的导航技术。虽然，目前激光导航被广泛应用于轮式机器人的定位和导航，但对于微小型空中机器人而言，激光导航是复杂狭小空间中定位和导航的有效导航定位方式之一。激光导航的实现主要基于激光测距，基本方法是通过激光测距的方式计算得到观测点与多个目标反射点位之间的相对距离，以此标定观测点自身位置。由于激光的准直性与高频发射/接收频率，可以在保持高定位精度的同时记录观测点所在载体的空间运动轨迹信息。

得益于激光的高准确性，高精度激光导航具有极高的精度，且并不依赖于其他信息，因此误差不随时间累积。同时，激光导航还表现出高冗余性。通过多点位反馈的距离信息，在获取观测点所在位置信息的同时，还能排查错误点位的信息并予以故障排查；得益于激光的高收发频率，还能准确获得运动路径、运动速度、姿态变换等多方位信息。当然激光导航也有其固有的缺陷，如相关设备成本昂贵、反射点与观测点间不能存在遮挡、雨雪沙尘等气象天气下存在较大干扰等。在实际应用过程中，关于反射点的选取也存在一定的问题，利用自然环境的激光导航会存在较大的不确定性与干扰，而目前常见的基于反射板的点位设置对于环境铺设要求比较高。因此目前激光导航对于空中机器人的应用主要还是在已知或半未知的场景中。

7. 视觉导航

以前，对于空中机器人在GPS受限的复杂环境中的应用，研究人员主要专注于在空中机器人导航中使用激光或雷达传感器。随着计算机视觉的迅速发展，基于视觉的导航被认为是自主导航的主要研究方向。首先，视觉传感器可以提供丰富的在线环境信息；其次，视觉传感器具有出色的抗干扰能力，因此非常适合感知动态环境；再次，大多数视觉传感器是无源传感器，避免了传感系统被检测到的可能性。欧洲和美国已经建立了许多研究机构，比如NASA约翰逊航天中心，麻省理工学院、宾夕法尼亚大学和许多其他顶尖大学也在大力发展基于视觉的空中机器人导航研究，并将该技术纳入下一代航空运输系统。

视觉导航是指空中机器人不依赖或不完全依赖外部反馈（卫星导航等），主要依靠视觉获取环境信息，推断自身运动状态的方法。相比 GPS、激光雷达、超声波等传统传感器，视觉传感器可以获取丰富的环境信息，包括颜色、纹理等视觉信息。同时，由于视觉传感器价格低廉、体积及功耗小、使用灵活、便于部署，因此近年来在空中机器人导航上受到广泛关注。基于视觉的空中机器人导航系统包括以下过程：导航系统通过外部和本体感受器的输入，在内部进行定位和建图、避障和路径规划等处理后，最终输出连续控制量，驱动空中机器人到达目标位置。

视觉导航主要包括相对视觉导航和绝对视觉导航两种方法。

(1) 相对视觉导航 相对视觉导航是目前更为流行的方法，比如常用的视觉里程计(Visual Odometry，VO)和即时定位与地图构建(Simultaneous Localization And Mapping，SLAM)技术等，都已经在空中机器人系统中投入实际应用。标准数据集如 EuRoC、BlackBird 的发布也为算法的迭代推进提供了先决条件。

视觉里程计(VO)是一种将空中机器人所观察到的当前帧与前一帧进行比较以分析自我运动差异，进而计算控制量的技术。通过将估计的差异位姿量添加到先前的位姿估计中，计算新的位姿估计，因此 VO 仅将当前和先前的观察结果用于每个位姿估计。SLAM 则是围绕位姿估计和地图构建的概念而建立的，当空中机器人在探索环境时，环境地图被构建。SLAM 的核心原理是联合估计地标位置和机器人位姿，其中一个关键特性是能够识别之前访问过的位置(即闭环)，并根据这个观察调整姿态估计和地图。SLAM 能够使用两种不同的机制，利用多个先前的观测数据进行定位和导航。

相对视觉导航的核心问题是误差积累，误差积累是在递归使用位姿估计来计算新的位姿估计的产物。如果当前的估计依赖于之前的估计，则之前估计中的误差将影响当前估计的准确性。

(2) 绝对视觉导航 空中机器人的另一种视觉导航方法是绝对视觉导航。绝对视觉导航是一种与相对视觉导航截然不同的导航方法，主要优点是其固有的误差不随时间积累。早期绝对视觉导航多使用人造路标，在给定绝对位置的情况下通过求解图像上特征点到路标点的单应矩阵，以此计算相机位姿反馈空中机器人控制。目前，该方法更多利用以前收集的数据(参考数据)对空中机器人进行定位并导航。这种方法的主要挑战是需要大量的数据，以及很难匹配不同来源的图像。

用于空中机器人导航的视觉传感器通常包括单目相机、立体相机、RGB-D 相机和鱼眼相机等，如图 7-2 所示。目前代表性的基于视觉导航的空中机器人系统如图 7-3 所示。

8. 组合导航

以上导航系统都依赖单一的传感器，而这些传感器都有其固有的缺点。通常，惯性传感器具有较高的工作频率并且可以快速更新数据，但是测量数据中的误差会随着时间迅速累积；而其他外部传感器可以提供较少的无误差导航信息，但频率较低。常见传感器的更新率和误差累积率如图 7-4 所示。

传感器最佳测量特性位于图 7-4 坐标中的左上方，处于该位置的传感器具有足够高的数据更新率和较小的误差。然而，由于计算过程中的整体特性，惯性传感器的误差会随时间迅速累积：当空中机器人静止时，误差很小；当机器人运动时，随着机器人位姿的不断更新，会引入迭代误差。GPS 导航系统等外部传感器可以提供绝对位置信息，但是数据更新率很低。因此，惯性传感器可以有效地补充需要外部信息的其他传感器，比如视觉传感器、GPS 导航系统和激光雷达等外部传感器。

a) 单目相机

b) 双目相机

c) RGB-D相机

d) 鱼眼相机

图 7-2　典型空中机器人导航的视觉传感器

a) 单目相机+IMU自主空中机器人系统

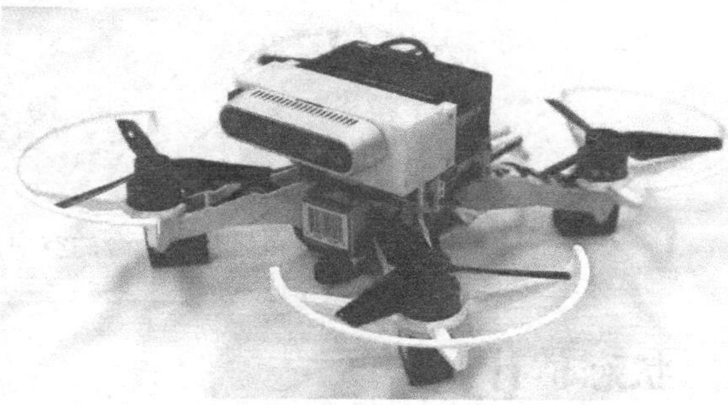

b) 双目相机+IMU自主空中机器人系统

图 7-3　典型视觉导航空中机器人系统

此外，单一信息来源的导航系统，难以满足复杂环境下的多样需求，尤其是在受到外界强烈干扰或传感器本身误差过大时，极易导致空中机器人系统失控。自然地，结合多种传感器、实现优势互补以提高整个系统的性能，成为一种空中机器人导航的可选方案。随着组合导航的发展，已经开发了许多融合算法。通常将组合导航方法概括为两类：经典方法和现代方法。经典方法主要基于经典数学理论，包括贝叶斯估计、加权平均法、最大似然估计、卡尔曼滤波器等。现代方法是基于人工智能理论和现代信息论的发展，这些算法主要包括聚类分

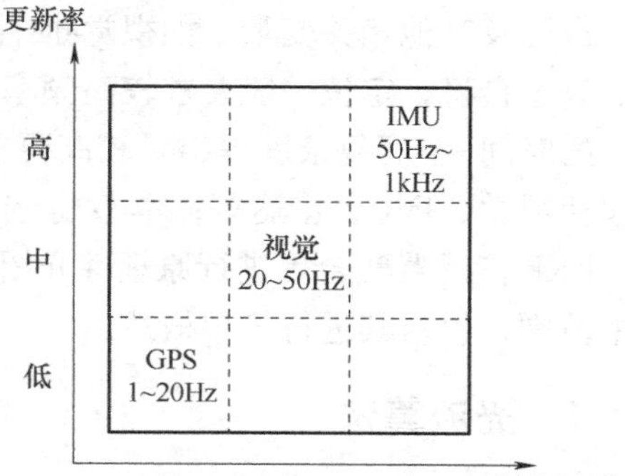

图 7-4　常见传感器的更新率和误差累积率

析、模糊逻辑、神经网络、小波理论等。可以预见的是，诸如神经网络、人工智能等新概念和新技术将在组合导航中发挥越来越重要的作用。

现阶段，导航的主要问题集中在改善GNSS拒绝的环境中提供准确的导航输出。因此，基于互补传感器的融合的方法必不可少。由于GPS等GNSS的普及以及基于廉价MEMS组件的惯性传感器的可用性，这些互补技术的组合允许紧凑和稳健的导航解决方案来确定位姿，以便机器人可以确定其状态，并使用适当的自动控制技术加以控制。其他不依赖GNSS信号的部署自定位导航系统的替代方案包括使用视觉导航进行环境识别，并通过几个互补传感器进行定位。作为导航的补充，激光与其他距离传感器(如声呐、雷达)的组合使用，可以扩展导航条件并进行避障。在空中机器人中，组合导航在能耗、质量、尺寸等集成化需求要严格很多，即使如此，组合导航仍在不断地发展。

特别需要指出的是，经典的组合导航常结合IMU。IMU不依赖外部信息，且不易受外界电磁干扰，可以提供高频的加速度和角速度测量。尤其是近年来随着微机电系统技术的发展，IMU的体积、功耗越来越小，硬件集成度越来越高，为实现廉价、紧凑的空中机器人导航系统提供了可能。香港科技大学空中机器人研究团队采用了无迹卡尔曼滤波器融合多种传感器数据的旋翼空中机器人系统，获得了在室内外自主导航飞行的能力，如图7-5所示。

图7-5　多传感器融合的空中机器人自主导航系统

7.2　状态估计

感知的核心是定位。定位模块要求空中机器人仅靠机载传感器和计算设备，计算出自身所在位置和姿态。定位的本质是状态估计问题，一般空中机器人待估计的状态包含自身六自由度位姿及其他相关变量，如视觉-惯性里程计中的IMU偏置。出于控制的考虑，为实现飞行器姿态自稳，定位一般要求较高频率；而受限于载荷，空中机器人计算能力有限，这就对算法的时间-空间复杂度提出了较高要求。一般空中机器人上常用来做状态估计方法的传感器包括视觉、IMU、雷达等，本节将选取代表性的基础算法，如光流算法、2D-3D透视变换、EKF传感器融合等进行原理性介绍。进阶的状态估计算法如视觉里程计、SLAM等超出本书范围，仅对其进行简单概述。

7.2.1　光流算法

光流是由于相机与外界物体相对运动而在像平面上产生的相对运动的表示方法，通常可用于对相机运动速度的估算。光流算法利用图像序列中对应像素相邻帧之间变化来计算相邻帧之间物体的运动。本节简单介绍经典的Lucas-Kanade(L-K)光流算法。求解L-K光流，首先需要引入三个基本假设，即亮度不变(目标像素强度在连续帧之间不变)、空间连贯(图像相邻区域具有相似的运动)、时间连续(相邻帧之间的时间间隔足够短)。

在图像的一个领域窗口 W 内，定义如下二次方和误差函数 ϵ：

$$\epsilon=\int_W[J(\boldsymbol{x}+\boldsymbol{d})-I(\boldsymbol{x})]^2\mathrm{d}\boldsymbol{x} \tag{7-1}$$

式中，$J(\boldsymbol{x})$ 和 $I(\boldsymbol{x})$ 是相邻时刻两帧图像；$\boldsymbol{x}$ 表示像素坐标且 $\boldsymbol{x}=(x,y)$；$\boldsymbol{d}$ 表示像素位移。要求出使得 ϵ 最小的 $\boldsymbol{d}$，故对 ϵ 求导并令导数为0。因此有

$$\frac{1}{2}\frac{\partial\epsilon}{\partial\boldsymbol{d}}=\int_W[J(\boldsymbol{x}+\boldsymbol{d})-I(\boldsymbol{x})]\boldsymbol{g}\mathrm{d}\boldsymbol{x}=0 \tag{7-2}$$

式中，$\boldsymbol{g}=\left(\frac{\partial J}{\partial x},\frac{\partial J}{\partial y}\right)^{\mathrm{T}}$。对上式线性化：$J(\boldsymbol{x}+\boldsymbol{d})=J(\boldsymbol{x})+\boldsymbol{g}^{\mathrm{T}}\boldsymbol{d}$，代入可推出

$$\int_W\boldsymbol{g}(\boldsymbol{g}^{\mathrm{T}}\boldsymbol{d})\mathrm{d}\boldsymbol{x}=\int_W[I(\boldsymbol{x})-J(\boldsymbol{x})]\boldsymbol{g}\mathrm{d}\boldsymbol{x} \tag{7-3}$$

式(7-3)左侧可化为 $\boldsymbol{A}\cdot\boldsymbol{d}$ 的形式，其中

$$\boldsymbol{A}=\sum_{i,j}\begin{pmatrix}g_x(i,j)g_x(i,j) & g_y(i,j)g_x(i,j)\\ g_x(i,j)g_y(i,j) & g_y(i,j)g_y(i,j)\end{pmatrix} \tag{7-4}$$

右侧为

$$\boldsymbol{b}=\sum_{i,j}\begin{pmatrix}g_x(i,j)[I(i,j)-J(i,j)]\\ g_y(i,j)[I(i,j)-J(i,j)]\end{pmatrix} \tag{7-5}$$

则原问题化为形如 $\boldsymbol{Ax}=\boldsymbol{b}$ 的最小二乘求解问题，易获得其数值最优解。一般也可以在二次方和误差函数 ϵ 中加入表示像素权重系数的对角矩阵 $\boldsymbol{w}(\boldsymbol{x})$，形如

$$\epsilon=\int_W[J(\boldsymbol{x}+\boldsymbol{d})-I(\boldsymbol{x})]^2\boldsymbol{w}(\boldsymbol{x})\mathrm{d}\boldsymbol{x} \tag{7-6}$$

通常 $\boldsymbol{w}(\boldsymbol{x})$ 被用来表示邻域中心的权重比周围像素更高。

空中机器人一般在机体下方安装下视相机计算光流，测量平面运动速度，如图7-6所示。值得注意的是，光流算法算出的速度是相机图像运动的速度，其单位是像素，缺少绝对尺度信息，无法直接应用于空中机器人。常用的解决办法是再加装一个下视超声波传感器，用于测量到地面的高度，从而确定尺度，将像素运动速度转换成真实运动速度。

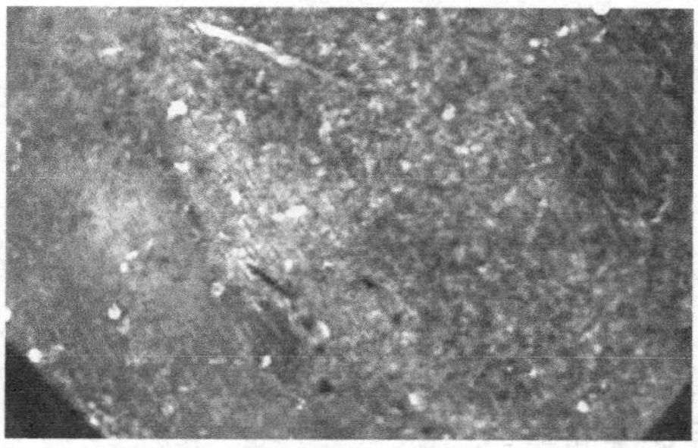

图7-6 光流计算结果示意图

图7-6 彩图

此外，由于Lucas-Kanade光流算法的假设小位移与光度不变在真实环境中不会严格满足，为了增加算法的鲁棒性和准确性，需要在多层图像缩放金字塔上求解，每一层的求解结

果放缩后再加到下一层作为求解的初值，如图 7-7 所示。

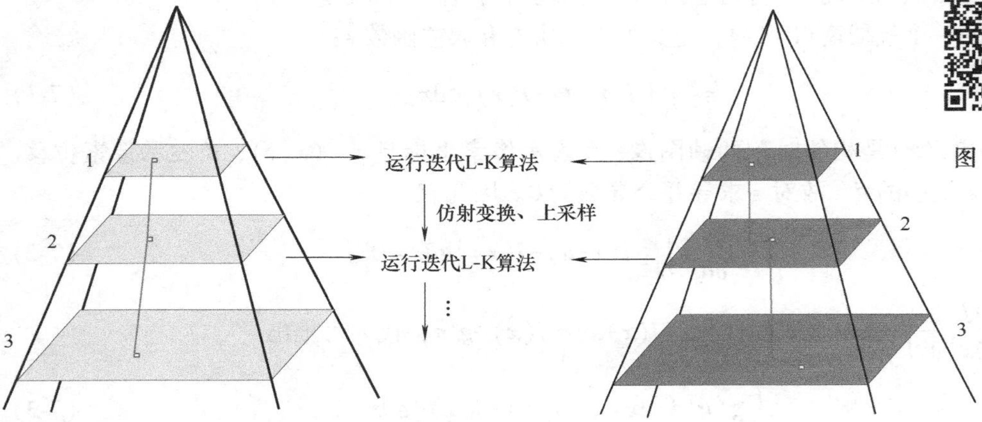

图 7-7　彩图

图 7-7　图像金字塔在 L-K 光流中的应用

7.2.2　3D-2D 透视变换

PnP(Perspective-n-Point)是求解 3D 到 2D 点对运动的方法，即已知 n 个 3D 空间点以及它们的投影位置(图像空间的 2D 坐标)时，如何估计相机所在的位姿，如图 7-8 所示。对于空中机器人的导航来说，有一类常见的场景，其携带的俯视相机拍摄到的画面均在地面上，即场景中的特征点都落在同一平面上。PnP 问题有很多解法，这里以特征点落在地面上的场景为例，介绍直接线性变换法(Direct Linear Transform，DLT)。

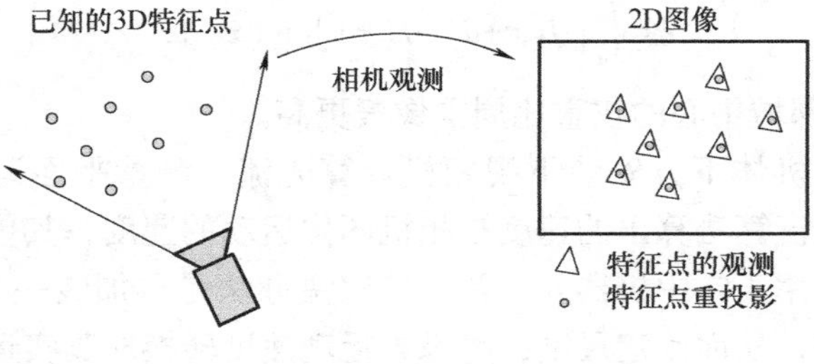

图 7-8　PnP 问题

由典型针孔相机模型：

$$\lambda\begin{pmatrix}u\\v\\1\end{pmatrix}=\boldsymbol{K}(r_1\quad r_2\quad r_3\quad t)\begin{pmatrix}x\\y\\z\\1\end{pmatrix}\tag{7-7}$$

式中，λ 是未知尺度参数；u、v 为像平面坐标；$\boldsymbol{K}$ 为相机内参矩阵；x、y、z 为特征点在世界系下三维坐标；r_1、r_2、r_3 为待求解坐标变换向量。

假设所有的特征点均在地面上，即 $z=0$，那么相机模型可以写成

$$\lambda\begin{pmatrix}u\\v\\1\end{pmatrix}=\boldsymbol{K}(r_1\quad r_2\quad t)\begin{pmatrix}x\\y\\1\end{pmatrix}\tag{7-8}$$

记 $\boldsymbol{H}=\boldsymbol{K}(r_1 \quad r_2 \quad t)$，称其为单应性矩阵(Homography)，它描述了两个平面之间的映射关系：

$$\lambda\begin{pmatrix}u\\v\\1\end{pmatrix}=\begin{pmatrix}h_{11} & h_{12} & h_{13}\\h_{21} & h_{22} & h_{23}\\h_{31} & h_{32} & h_{33}\end{pmatrix}\begin{pmatrix}x\\y\\1\end{pmatrix} \tag{7-9}$$

由此可以先根据匹配点计算单应性矩阵 $\boldsymbol{H}$，进而将它分解以计算旋转和平移。将式(7-9)拆开，有

$$\begin{cases}\lambda u=h_{11}x+h_{12}y+h_{13}\\\lambda v=h_{21}x+h_{22}y+h_{23}\\\lambda=h_{31}x+h_{32}y+h_{33}\end{cases} \tag{7-10}$$

将尺度因子消去，得到了关于 $\boldsymbol{H}$ 中每一个元素的线性方程组：

$$\begin{cases}h_{31}xu+h_{32}yu+h_{33}u=h_{11}x+h_{12}y+h_{13}\\h_{31}xv+h_{32}yv+h_{33}v=h_{21}x+h_{22}y+h_{23}\end{cases} \tag{7-11}$$

对于每一对特征点都能列出两个线性方程：

$$\begin{pmatrix}x_i & y_i & 1 & 0 & 0 & 0 & -x_iu_i & -y_iu_i & -u_i\\0 & 0 & 0 & x & y & 1 & -x_iv_i & -y_iv_i & -v_i\end{pmatrix}\begin{pmatrix}h_{11}\\h_{12}\\h_{13}\\h_{21}\\h_{22}\\h_{23}\\h_{31}\\h_{32}\\h_{33}\end{pmatrix}=\boldsymbol{0} \tag{7-12}$$

所谓直接线性变换，就是把单应性矩阵 $\boldsymbol{H}$ 的每一个元素组成向量，直接解线性方程组，于是自由度为八的单应性矩阵 $\boldsymbol{H}$ 可以通过四对匹配特征点算出。实际应用中选取的特征点一般都多于四对，可以使用奇异值分解(Singular Value Decomposition，SVD)对超定方程进行求最小二乘解。按照单应性矩阵的定义，可以得出

$$\boldsymbol{K}^{-1}\boldsymbol{H}=(r_1 \quad r_2 \quad t) \tag{7-13}$$

但实际上，通过直接线性变换的方法求得的单应性矩阵 $\hat{\boldsymbol{H}}$ 与原来的旋转矩阵及平移向量并不一致。这是由于求解过程中将单应性矩阵的每一个元素看成独立的量，但旋转矩阵 $\boldsymbol{R}$ 是单位正交阵，即 r_1 和 r_2 相互正交，实际上忽视了这个条件。

现在把 $\boldsymbol{K}^{-1}\hat{\boldsymbol{H}}$ 记作 $(\tilde{h}_1 \quad \tilde{h}_2 \quad \tilde{h}_3)$，因为 $\boldsymbol{K}^{-1}\boldsymbol{H}=(r_1 \quad r_2 \quad t)$，所以需要找一对正交的 r_1 和 r_2 最接近 $\tilde{h}_1$ 和 $\tilde{h}_2$，这可以通过对单应性矩阵的 SVD 分解求得。求旋转矩阵 $\boldsymbol{R}$，即求

$$\underset{\boldsymbol{R}\in \boldsymbol{SO}(3)}{\operatorname{argmin}}\left\|\boldsymbol{R}-(\tilde{h}_1 \quad \tilde{h}_2 \quad \tilde{h}_1\times\tilde{h}_2)\right\|_F^2 \tag{7-14}$$

式中，$\boldsymbol{SO}(3)$ 表示三维旋转群。若单应性矩阵的 SVD 分解为

$$(\tilde{h}_1 \quad \tilde{h}_2 \quad \tilde{h}_1\times\tilde{h}_2)=\boldsymbol{USV}^{\mathrm{T}} \tag{7-15}$$

那么旋转矩阵的结果即为 $\boldsymbol{R}=\boldsymbol{U}\boldsymbol{V}^{\mathrm{T}}$。进而容易求得线性平移向量 $\boldsymbol{t}$ 为

$$\boldsymbol{t}=\frac{\widetilde{h}_3}{\|\widetilde{h}_1\|} \tag{7-16}$$

对于导航中更常规的情况，即特征点并不落在一个平面上的情况，区别仅是单应性矩阵变成了一个 $\boldsymbol{R}$ 和 $\boldsymbol{t}$ 的 3×4 的增广矩阵（被称为基础矩阵）。值得注意的是，单应性在机器人定位与导航中具有重要意义，当特征点共面或者相机发生纯旋转的时候，实际中的数据含有噪声，会造成基础矩阵的自由度下降。通常会同时计算基础矩阵和单应性矩阵，选择重投影误差较小者作为最终的运动估计矩阵。

7.2.3 EKF 传感器融合

本书在第 2 章中已介绍了卡尔曼滤波器的基本原理，本节将结合空中机器人常用传感器如 IMU、相机来讲解在卡尔曼滤波器的框架下通过多种传感器融合估计空中机器人位姿等状态。

由于卡尔曼滤波状态的预测与更新的过程模型和观测模型都是基于线性模型：$\dot{\boldsymbol{x}}=\boldsymbol{A}\boldsymbol{x}+\boldsymbol{B}\boldsymbol{u}+\boldsymbol{n}$，$\boldsymbol{z}=\boldsymbol{C}\boldsymbol{x}+\boldsymbol{v}$，这里 $\boldsymbol{x}$ 是系统的状态向量，$\boldsymbol{u}$ 是系统的输入，$\boldsymbol{z}$ 是系统的输出，$\boldsymbol{n}$ 和 $\boldsymbol{v}$ 分别是系统噪声和观测噪声，$\boldsymbol{A}$、$\boldsymbol{B}$、$\boldsymbol{C}$ 分别是系统矩阵、输入矩阵和量测矩阵。然而，空中机器人位姿速度估计中的过程模型和观测模型一般是非线性模型：$\dot{\boldsymbol{x}}=f(x,u,n)$，$z=h(x,v)$，这里 $f(\cdot)$ 和 $h(\cdot)$ 分别是非线性的过程模型和观测模型。因此，卡尔曼滤波不能直接用在非线性模型对象的状态估计上。而扩展卡尔曼滤波（Extended Kalman Filter，EKF）就是针对非线性模型对卡尔曼滤波进行扩展而来的。EKF 将过程模型或观测模型在上一次状态处进行一阶泰勒近似，将非线性模型近似为线性模型，如图 7-9 所示，然后采用卡尔曼滤波的方式进行状态预测和更新。

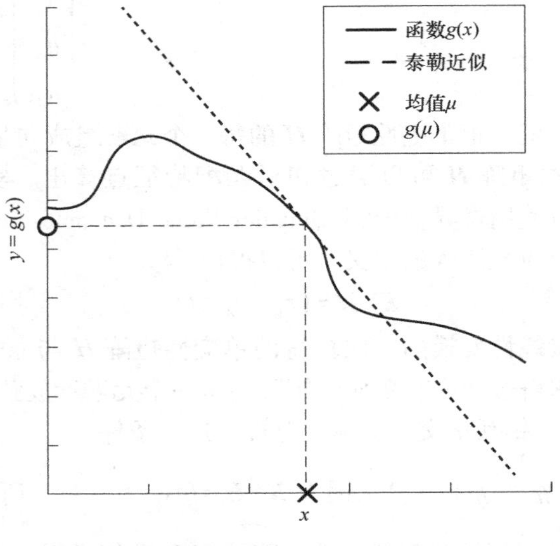

图 7-9 将非线性模型 $\boldsymbol{g}$ 在 $\boldsymbol{x}$ 线性化示意图

1. EKF 的基本假设

EKF 的基本假设如下：

1）状态变量服从高斯分布：$\boldsymbol{p}(x_0)\sim N(\boldsymbol{\mu}_0,\boldsymbol{\Sigma}_0)$。

2）连续时间的过程模型：$\dot{\boldsymbol{x}}=f(\boldsymbol{x},\boldsymbol{u},\boldsymbol{n})$，其中模型噪声 $\boldsymbol{n}$ 为高斯白噪声即 $\boldsymbol{n}_t\sim N(\boldsymbol{0},\boldsymbol{Q}_t)$。

3）连续时间的观测模型：$z=h(\boldsymbol{x},\boldsymbol{v})$，其中观测噪声 $\boldsymbol{v}$ 为高斯白噪声即 $\boldsymbol{v}_t \sim N(\boldsymbol{0},\boldsymbol{R}_t)$。

2. EKF 的线性化处理

EKF 的线性化处理如下：

1）对于预测步骤，考虑上次结果估计结果 $\boldsymbol{\mu}_{t-1}$ 和当前控制输入 $\boldsymbol{u}_t$，在 $\boldsymbol{x}=\boldsymbol{\mu}_{t-1}$，$\boldsymbol{u}=\boldsymbol{u}_t$，$\boldsymbol{n}=\boldsymbol{0}$ 处进行一阶泰勒展开得

$$\dot{\boldsymbol{x}}=f(\boldsymbol{x},\boldsymbol{u},\boldsymbol{n})\approx f(\boldsymbol{\mu}_{t-1},\boldsymbol{u}_t,\boldsymbol{0})+\left.\frac{\partial f}{\partial \boldsymbol{x}}\right|_{\boldsymbol{\mu}_{t-1},\boldsymbol{u}_t,\boldsymbol{0}}(\boldsymbol{x}-\boldsymbol{\mu}_{t-1})+\left.\frac{\partial f}{\partial \boldsymbol{u}}\right|_{\boldsymbol{\mu}_{t-1},\boldsymbol{u}_t,\boldsymbol{0}}(\boldsymbol{u}-\boldsymbol{u}_t)+\left.\frac{\partial f}{\partial \boldsymbol{n}}\right|_{\boldsymbol{\mu}_{t-1},\boldsymbol{u}_t,\boldsymbol{0}}(\boldsymbol{n}-\boldsymbol{0}) \tag{7-17}$$

令 $\boldsymbol{A}_t=\left.\frac{\partial f}{\partial \boldsymbol{x}}\right|_{\boldsymbol{\mu}_{t-1},\boldsymbol{u}_t,\boldsymbol{0}}$，$\boldsymbol{B}_t=\left.\frac{\partial f}{\partial \boldsymbol{u}}\right|_{\boldsymbol{\mu}_{t-1},\boldsymbol{u}_t,\boldsymbol{0}}$，$\boldsymbol{U}_t=\left.\frac{\partial f}{\partial \boldsymbol{n}}\right|_{\boldsymbol{\mu}_{t-1},\boldsymbol{u}_t,\boldsymbol{0}}$

则 t 时刻过程模型线性化为

$$\dot{\boldsymbol{x}}\approx f(\boldsymbol{\mu}_{t-1},\boldsymbol{u}_t,\boldsymbol{0})+\boldsymbol{A}_t(\boldsymbol{x}-\boldsymbol{\mu}_{t-1})+\boldsymbol{B}_t(\boldsymbol{u}-\boldsymbol{u}_t)+\boldsymbol{U}_t(\boldsymbol{n}-\boldsymbol{0}) \tag{7-18}$$

利用数值计算中的欧拉方法将连续的过程模型离散化，得

$$\begin{aligned}\boldsymbol{x}_t&\approx \boldsymbol{x}_{t-1}+\delta t f(\boldsymbol{x}_{t-1},\boldsymbol{u}_t,\boldsymbol{n}_t)\\&\approx \boldsymbol{x}_{t-1}+\delta t f(\boldsymbol{\mu}_{t-1},\boldsymbol{u}_t,\boldsymbol{0})+\delta t\boldsymbol{A}_t(\boldsymbol{x}_{t-1}-\boldsymbol{\mu}_{t-1})+\delta t\boldsymbol{B}_t(\boldsymbol{u}_t-\boldsymbol{u}_t)+\delta t\boldsymbol{U}_t(\boldsymbol{n}_t-\boldsymbol{0})\\&\approx(\boldsymbol{I}+\delta t\boldsymbol{A}_t)\boldsymbol{x}_{t-1}+\delta t\boldsymbol{U}_t\boldsymbol{n}_t+\delta t(f(\boldsymbol{\mu}_{t-1},\boldsymbol{u}_t,\boldsymbol{0})-\boldsymbol{A}_t\boldsymbol{\mu}_{t-1})\\&\approx \boldsymbol{F}_t\boldsymbol{x}_{t-1}+\boldsymbol{V}_t\boldsymbol{n}_t+\delta t(f(\boldsymbol{\mu}_{t-1},\boldsymbol{u}_t,\boldsymbol{0})-\boldsymbol{A}_t\boldsymbol{\mu}_{t-1})\end{aligned} \tag{7-19}$$

因此，依据卡尔曼滤波器的原理，EKF 的预测步骤变为

$$\bar{\boldsymbol{\mu}}_t=\boldsymbol{\mu}_{t-1}+\delta t f(\boldsymbol{\mu}_{t-1},\boldsymbol{u}_t,\boldsymbol{0}) \tag{7-20}$$

$$\bar{\boldsymbol{\Sigma}}_t=\boldsymbol{F}_t\boldsymbol{\Sigma}_{t-1}\boldsymbol{F}_t^{\mathrm{T}}+\boldsymbol{V}_t\boldsymbol{Q}_t\boldsymbol{V}_t^{\mathrm{T}} \tag{7-21}$$

式中，$\bar{\boldsymbol{\mu}}_t$ 是 t 时刻未更新的状态估计值；$\boldsymbol{\mu}_{t-1}$ 是 $t-1$ 时刻的系统的状态；$\bar{\boldsymbol{\Sigma}}_t$ 是当前预测后的状态协方差矩阵；$\boldsymbol{\Sigma}_{t-1}$ 是 $t-1$ 时刻系统状态的协方差矩阵。

2）对于观测更新步骤，此时已经得到当前时刻的预测 $\bar{\boldsymbol{\mu}}_t$，故在 $\boldsymbol{x}=\bar{\boldsymbol{\mu}}_t$，$\boldsymbol{v}=\boldsymbol{0}$ 处进行一阶泰勒近似：

$$g(\boldsymbol{x},\boldsymbol{v})\approx g(\bar{\boldsymbol{\mu}}_t,\boldsymbol{0})+\left.\frac{\partial g}{\partial \boldsymbol{x}}\right|_{\bar{\boldsymbol{\mu}}_t,\boldsymbol{0}}(\boldsymbol{x}-\bar{\boldsymbol{\mu}}_t)+\left.\frac{\partial g}{\partial \boldsymbol{v}}\right|_{\bar{\boldsymbol{\mu}}_t,\boldsymbol{0}}(\boldsymbol{v}-\boldsymbol{0}) \tag{7-22}$$

令 $\boldsymbol{C}_t=\left.\frac{\partial g}{\partial \boldsymbol{x}}\right|_{\bar{\boldsymbol{\mu}}_t,\boldsymbol{0}}$，$\boldsymbol{W}_t=\left.\frac{\partial g}{\partial \boldsymbol{v}}\right|_{\bar{\boldsymbol{\mu}}_t,\boldsymbol{0}}$

则 t 时刻观测模型线性化为

$$z_t=g(\boldsymbol{x}_t,\boldsymbol{v}_t)\approx g(\bar{\boldsymbol{\mu}}_t,\boldsymbol{0})+\boldsymbol{C}_t(\boldsymbol{x}_t-\bar{\boldsymbol{\mu}}_t)+\boldsymbol{W}_t\boldsymbol{v}_t \tag{7-23}$$

因为状态的期望 $E[\boldsymbol{x}_t]=E[\bar{\boldsymbol{x}}_t]=\bar{\boldsymbol{\mu}}_t$，与观测的期望 $E[Z_t]=E[g(\bar{\boldsymbol{\mu}}_t,\boldsymbol{0})+\boldsymbol{C}_t(\boldsymbol{x}_t-\bar{\boldsymbol{\mu}}_t)+\boldsymbol{W}_t\boldsymbol{v}_t]=g(\bar{\boldsymbol{\mu}}_t,\boldsymbol{0})$，所以，依据卡尔曼滤波器更新的原理，EKF 的更新步骤为

$$\boldsymbol{\mu}_t=\bar{\boldsymbol{\mu}}_t+\boldsymbol{K}_t(z_t-g(\bar{\boldsymbol{\mu}}_t,\boldsymbol{0})) \tag{7-24}$$

$$\boldsymbol{\Sigma}_t=\bar{\boldsymbol{\Sigma}}_t-\boldsymbol{K}_t\boldsymbol{C}_t\bar{\boldsymbol{\Sigma}}_t \tag{7-25}$$

$$\boldsymbol{K}_t=\bar{\boldsymbol{\Sigma}}_t\boldsymbol{C}_t^{\mathrm{T}}(\boldsymbol{C}_t\bar{\boldsymbol{\Sigma}}_t\boldsymbol{C}_t^{\mathrm{T}}+\boldsymbol{W}_t\boldsymbol{R}\boldsymbol{W}_t^{\mathrm{T}})^{-1} \tag{7-26}$$

式中，$\boldsymbol{\mu}_t$ 是 t 时刻系统的状态估计值；$\boldsymbol{\Sigma}_t$ 是 t 时刻系统状态的协方差矩阵；z_t 是 t 时刻的观测；$\boldsymbol{K}_t$ 是 t 时刻的卡尔曼增益。

3. EKF 整体流程

系统预测步骤：

$$\bar{\boldsymbol{\mu}}_t=\boldsymbol{\mu}_{t-1}+\delta t f(\boldsymbol{\mu}_{t-1},\boldsymbol{u}_t,\boldsymbol{0}) \tag{7-27}$$

$$\bar{\boldsymbol{\Sigma}}_t=\boldsymbol{F}_t\boldsymbol{\Sigma}_{t-1}\boldsymbol{F}_t^{\mathrm{T}}+\boldsymbol{V}_t\boldsymbol{Q}_t\boldsymbol{V}_t^{\mathrm{T}} \tag{7-28}$$

系统假设：$\dot{\boldsymbol{x}}=f(\boldsymbol{x},\boldsymbol{u},\boldsymbol{n})$，$\boldsymbol{n}_t\sim N(\boldsymbol{0},\boldsymbol{Q}_t)$

式中，$\boldsymbol{A}_t=\left.\dfrac{\partial f}{\partial \boldsymbol{x}}\right|_{\boldsymbol{\mu}_{t-1},\boldsymbol{u}_t,\boldsymbol{0}}$，$\boldsymbol{U}_t=\left.\dfrac{\partial f}{\partial \boldsymbol{n}}\right|_{\boldsymbol{\mu}_{t-1},\boldsymbol{u}_t,\boldsymbol{0}}$，$\boldsymbol{F}_t=\boldsymbol{I}+\delta t\boldsymbol{A}_t$，$\boldsymbol{v}_t=\delta t\boldsymbol{U}_t$

系统更新步骤：

$$\boldsymbol{\mu}_t=\bar{\boldsymbol{\mu}}_t+\boldsymbol{K}_t(z_t-g(\bar{\boldsymbol{\mu}}_t,\boldsymbol{0})) \tag{7-29}$$

$$\boldsymbol{\Sigma}_t=\bar{\boldsymbol{\Sigma}}_t-\boldsymbol{K}_t\boldsymbol{C}_t\bar{\boldsymbol{\Sigma}}_t \tag{7-30}$$

$$\boldsymbol{K}_t=\bar{\boldsymbol{\Sigma}}_t\boldsymbol{C}_t^{\mathrm{T}}(\boldsymbol{C}_t\bar{\boldsymbol{\Sigma}}_t\boldsymbol{C}_t^{\mathrm{T}}+\boldsymbol{W}_t\boldsymbol{R}\boldsymbol{W}_t^{\mathrm{T}})^{-1} \tag{7-31}$$

观测假设：$z_t=g(\boldsymbol{x}_t,\boldsymbol{v}_t)$，$\boldsymbol{v}_t\sim N(\boldsymbol{0},\boldsymbol{R}_t)$

式中，$\boldsymbol{C}_t=\left.\dfrac{\partial g}{\partial \boldsymbol{x}}\right|_{\bar{\boldsymbol{\mu}}_t,\boldsymbol{0}}$，$\boldsymbol{W}_t=\left.\dfrac{\partial g}{\partial \boldsymbol{v}}\right|_{\bar{\boldsymbol{\mu}}_t,\boldsymbol{0}}$。

4. EKF 在传感器融合的应用

在空中机器人的状态估计上，通常需要估计空中机器人自身六自由度位姿、自身运动的速度和加速度及其他一些需要变量。一般会装备多个传感器去观测空中机器人的位姿，比如相机和 IMU 都可以获得空中机器人的位姿，超声波和激光测距传感器可以用来测量高度等。正如前文组合导航中提出，每种传感器各有优缺点，传感器之间有些互补的性质，通过融合可以取长补短，获得更理想的空中机器人状态估计。下面以相机和 IMU 融合为例，讲解 EKF 在传感器融合上的应用。

相机可以通过识别人工路标后通过 PnP 等方法获取位姿，IMU 通过对测量的角速度、加速度进行积分或几何近似，也可以获取当前空中机器人的位姿。就 IMU 和相机来说，IMU 测量的特点是测量频率高，但是测量存在噪声和偏置，使得 IMU 积分的位姿只在短时间内相对可靠，但是长时间的积分将会使得位姿发生很大的漂移，导致系统崩溃；而相机获得的位姿一般是没有静态误差的，但是相机在求解位姿的时候可能由误匹配等原因造成错误，使得位姿有跳变不平滑，并且一般的相机只有 20~30Hz，在一些情况下无法满足空中机器人需求。因此将 IMU 和相机的位姿融合，可以获得一个具有高频率、平滑的空中机器人状态估计。

这里简要介绍基于 EKF 的松耦合方式，采用了直接将相机的位姿和 IMU 位姿进行融合的思路，如图 7-10 所示。在 EKF 中，可以将 IMU 的测量加速度和角速度作为 EKF 预测步骤中的系统输入 $\boldsymbol{u}_t$，通过预测步骤 $\bar{\boldsymbol{\mu}}_t=\boldsymbol{\mu}_{t-1}+\delta tf(\boldsymbol{\mu}_{t-1},\boldsymbol{u}_t,\boldsymbol{0})$ 估计空中机器人状态，将相机测量的位姿作为系统的观测 z_t，通过更新步骤 $\boldsymbol{\mu}_t=\bar{\boldsymbol{\mu}}_t+\boldsymbol{K}_t(z_t-g(\bar{\boldsymbol{\mu}}_t,\boldsymbol{0}))$ 对 IMU 预测的位姿进行修正。由于 IMU 与相机的频率不同，IMU 一般是 200~400Hz，相机只有 20~30Hz，每次获取到 IMU 测量数据的时候，就对系统状态进行预测。进行多次预测（实质上就是对 IMU 测量的积分），当收到相机数据后，对系统进行一个更新，修正预测偏差。通过这个方式，每次预测发布一个位姿，使得系统位姿发布频率可以和 IMU 一致，达到 200~400Hz，实现位姿增频，而相机定期对 IMU 积分得到的位姿进行修正，消除积分的累积误差，同时 IMU 也会对相机位姿进行一个平滑的作用。因此，通过这种方式融合相机和 IMU，可以获得具有高频率、平滑、无累积误差的空中机器人状态估计。

5. EKF 优缺点讨论

（1）优点 EKF 的优点有：①形式简单；②计算效率高，仅仅是矩阵的简单运算；③普适性强，可以用于线性、非线性的过程模型和观测模型。

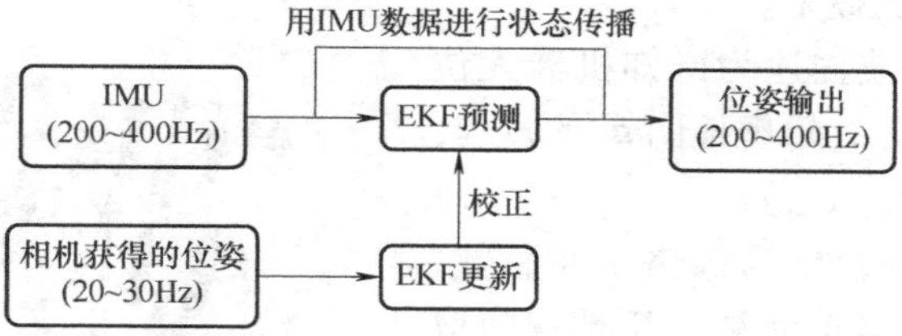

图 7-10　基于 EKF 松耦合框架融合相机与 IMU 数据

（2）缺点　EKF 的缺点有：①需要求过程模型和观测模型的雅克比矩阵；②不能保证系统的收敛；③引入了模型近似的误差，将可能的复杂分布简化为单峰高斯分布，如图 7-11a和图 7-11b 对比，在非线性很强的情况下，系统可能不能运作。

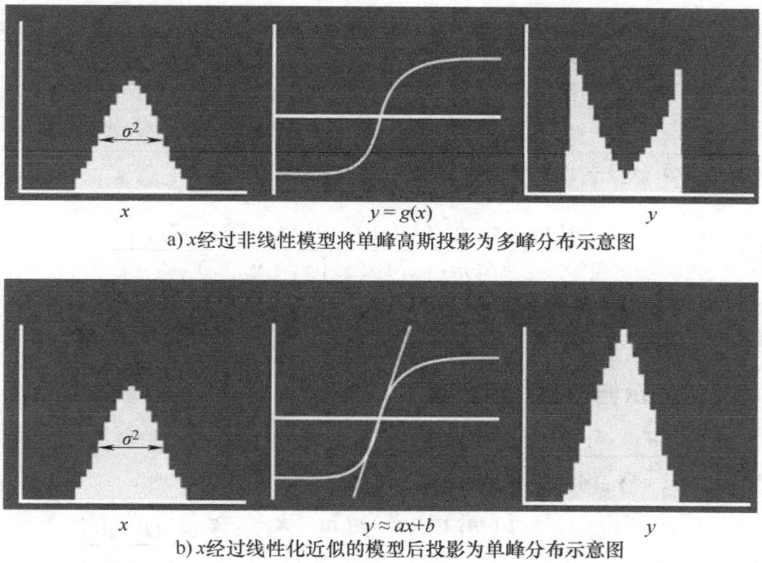

图 7-11　**x** 经过非线性模型、线性化近似的模型后投影的对比图

7.3　地图构建

感知与动作的接口是建图。建图模块要求空中机器人实时对周围障碍物建立稠密模型，以查询环境中任一点的碰撞概率，用于生产可行路径。同样地，为满足空中机器人自主导航需求，感知模块要求仅靠机载传感器和计算设备实现。通常，建图模块可以分为两部分，分别是前端和后端，前端获取空中机器人周围障碍物的深度测量，而后端将时间序列上的深度测量融合到统一的地图中。本节从深度估计开始，介绍常见的获取深度方法，并介绍经典的稠密地图数据结构和融合方法。

7.3.1　概率栅格地图

概率栅格地图是一种流行的基于固定分解思想的地图表示法，如图 7-12 所示。在概率栅格地图中，环境以固定的分辨率被离散化为一系列栅格，栅格中存储的数据表示真实场景中该栅格出障碍物出现的概率。

地图的构建过程可被描述为已知机器人位姿序列 $\boldsymbol{x}_{1:t}$ 和观测序列 $z_{1:t}$，求解地图 $\boldsymbol{m}$ 的过程：

$$p(\boldsymbol{m} \mid \boldsymbol{x}_{1:t}, z_{1:t}) \tag{7-32}$$

式中，$\boldsymbol{m}=\{m_i, 1, \cdots, M\}$，$M$ 为栅格单元总数，m_i 表示地图中第 i 个栅格单元被占用情况，取值为 0 或 1。在栅格单元彼此独立的假设下，式(7-32)可被转化为估计每个栅格单元被占的后验概率：

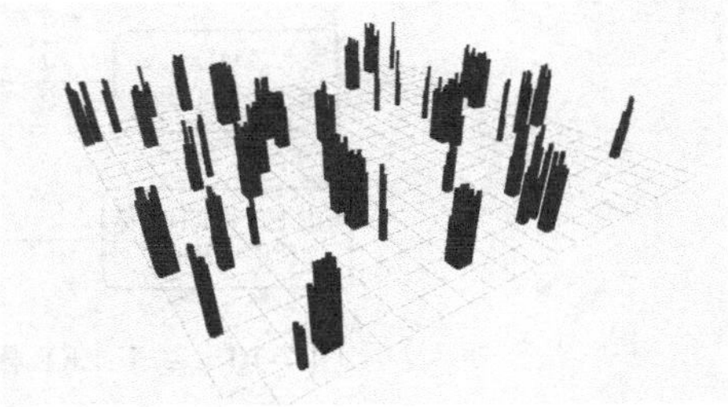

图 7-12　概率栅格地图示意图

$$\prod_{i=1}^{M} p(m_i \mid \boldsymbol{x}_{1:t}, z_{1:t}) \tag{7-33}$$

通常采用对数几率(log-odd)形式的二元贝叶斯滤波求解单个栅格单元的占用概率：

$$p(m_i \mid \boldsymbol{x}_{1:t}, z_{1:t}) = \frac{p(z_t \mid m_i, \boldsymbol{x}_{1:t}, z_{1:t-1})\, p(m_i \mid \boldsymbol{x}_{1:t}, z_{1:t-1})}{p(z_t \mid \boldsymbol{x}_{1:t}, z_{1:t-1})} \tag{7-34}$$

$$\begin{aligned} p(z_t \mid m_i, x_i) &= \frac{p(m_i \mid z_t, x_t)\, p(z_t \mid x_t)}{p(m_i \mid x_t)} \\ &= \frac{p(m_i \mid z_t, x_t)\, p(z_t \mid x_t)\, p(m_i \mid \boldsymbol{x}_{1:t-1}, z_{1:t-1})}{p(m_i \mid x_i)\, p(z_t \mid \boldsymbol{x}_{1:t}, z_{1:t-1})} \\ &= \frac{p(m_i \mid z_t, x_t)\, p(z_t \mid x_t)\, p(m_i \mid \boldsymbol{x}_{1:t-1}, z_{1:t-1})}{p(m_i)\, p(z_t \mid \boldsymbol{x}_{1:t}, z_{1:t-1})} \end{aligned} \tag{7-35}$$

引入几率(odd)来表示栅格的占用状态：

$$\begin{aligned} \frac{p(m_i \mid \boldsymbol{x}_{1:t}, z_{1:t})}{1-p(m_i \mid \boldsymbol{x}_{1:t}, z_{1:t})} &= \frac{p(m_i \mid \boldsymbol{x}_{1:t}, z_{1:t})}{p(\overline{m_l} \mid \boldsymbol{x}_{1:t}, z_{1:t})} \\ &= \frac{p(m_i \mid z_t, x_t)\, p(m_i \mid \boldsymbol{x}_{1:t-1}, z_{1:t-1})\, p(\overline{m_l})}{p(\overline{m_l} \mid z_t, x_t)\, p(\overline{m_l} \mid \boldsymbol{x}_{1:t-1}, z_{1:t-1})\, p(m_i)} \end{aligned} \tag{7-36}$$

进行 log 运算之后可以进一步简化结果：

$$\begin{aligned} \log \frac{p(m_i \mid \boldsymbol{x}_{1:t}, z_{1:t})}{1-p(m_i \mid \boldsymbol{x}_{1:t}, z_{1:t})} &= \log \frac{p(m_i \mid \boldsymbol{x}_{1:t}, z_{1:t})}{p(\overline{m_l} \mid \boldsymbol{x}_{1:t}, z_{1:t})} \\ &= \log \frac{p(m_i \mid z_t, x_t)}{p(m_i \mid z_t, x_t)} + \log \frac{p(\overline{m_l})}{p(m_i)} + \log \frac{p(m_i \mid \boldsymbol{x}_{1:t-1}, z_{1:t-1})}{p(m_i \mid \boldsymbol{x}_{1:t-1}, z_{1:t-1})} \end{aligned} \tag{7-37}$$

记 $\log \dfrac{p(m_i \mid \boldsymbol{x}_{1:t},\ z_{1:t})}{p(\overline{m_l} \mid \boldsymbol{x}_{1:t},\ z_{1:t})} = l_{i,t}$，记 $\log \dfrac{p(m_i)}{p(\overline{m_l})} = l_0$ 为地图的先验概率，$\log \dfrac{p(m_i \mid z_t, x_t)}{p(m_i \mid z_t, x_t)}$ 为由逆传感器模型确定，式(7-37)可以写为

$$l_{i,t} = l_{i-1,t} - l_0 + l_{inv,i} \tag{7-38}$$

在地图的更新过程中，每一个合法的深度测量值提供了以下的信息：深度测量对应的栅格处存在一个障碍物，而机器人位置和障碍物之间是空闲的，因此针对每次深度测量引起的地图更新增加出现障碍物栅格的占用概率，减小空闲栅格的占用概率，该更新由逆传感器模型决定 $l_{inv,i}$。图 7-13 为基于对数几率的概率栅格地图的更新过程。

概率栅格地图存在的问题主要来源于离散分解导致的近似性。一方面，为了提高地图表

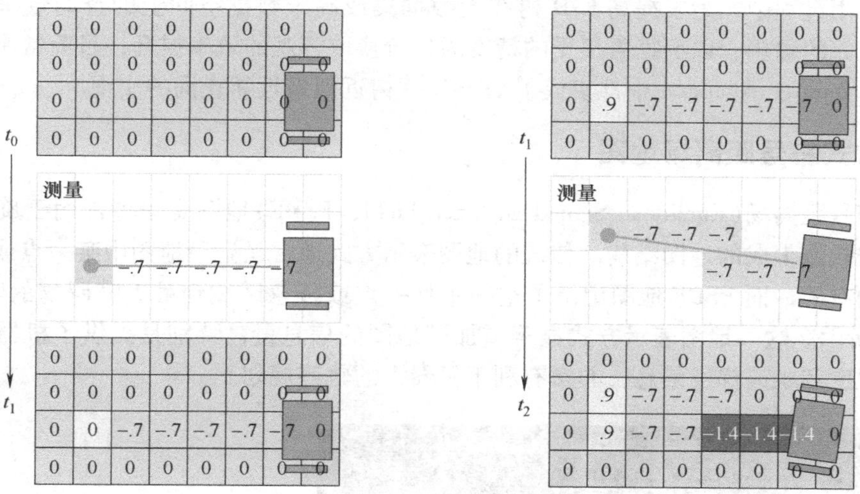

图 7-13　概率栅格地图的更新示意图

示的精确性，要在符合导航精度、定位精度、传感器数据精度的前提下选择尽量小的分辨率；另一方面，以较小的分辨率对地图进行离散化将导致地图的尺寸随着环境规模的增长而快速增长，这将大大增加处理器的内存开销和查询时间，此外，由于存在空中机器人定位和测量的误差，较小的分辨率还将导致地图表示不一致性的问题。

7.3.2　K-D 树

对于低维欧式空间的点集，基于 K-D 树的最近邻搜索算法被证明是实践中最有效的方法之一。如图 7-14 所示，K-D 树的核心思想是将数据所在的空间做层次划分，树中的每个节点存储了某个 K 维数据，对应着数据空间中的某个超矩形区域，非叶子节点将所对应的区域分为两部分，分别由左右子树表示，递归执行上述过程最终 K-D 树将形成一颗二叉树。利用 K-D 树进行最近邻查询十分类似于二叉树查找(注：这里只是类似，根本原因在于每次比较的标准不是严格的距离最近而是区域最近，因此还会有一个回溯过程)，二叉树的平衡极大地影响了二叉树的查询性能，因此使 K-D 树尽可能地保持平衡是很重要的，直观上理解即根节点尽可能落在对应区域的中间从而保证区域划分更为均匀，一种常见的处理方式是以划分维度上中间值对应的节点作为根节点。

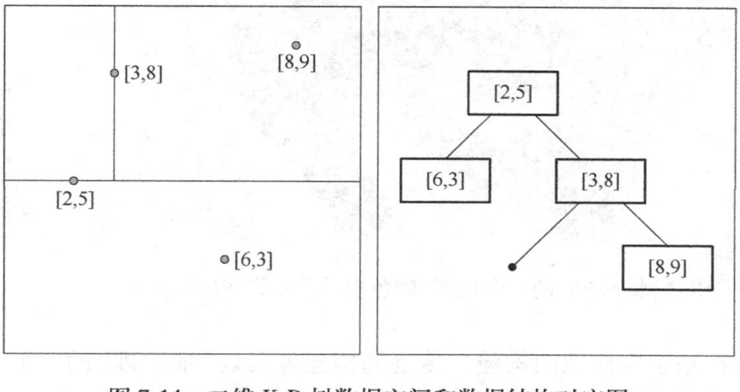

图 7-14　二维 K-D 树数据空间和数据结构对应图

实际应用过程中，为了提高 K-D 树在大数据集或高维数据空间上的查询效率，通常使用近似最近邻的思想，以牺牲可接受的精度为代价换取客观的效率提升，目前常用的最近邻查询开源库 flann、nanoflann 中都集成了基于 K-D 树近似最近邻查询的实现。

7.3.3 欧式符号距离场地图

欧式符号距离场(Euclidean Signed Distance Field，ESDF)地图是一种常用于旋翼空中机器人规划与轨迹生成的地图结构。传统的地图表示方式通常是记录地图中某一点或某一区域的障碍物的有无，而 ESDF 地图记录了空间中任一点或任意区域到最近障碍物的欧式距离，如图 7-15 所示。这一地图表示方式显著增加了地图的信息量，特别是提供了机器人与障碍物的靠近程度和距离梯度信息，非常有利于机器人的轨迹规划。

图 7-15　ESDF 示意图(颜色表示距离障碍远近)

图 7-15　彩图

图 7-16 为 ESDF 地图的一个典型示例，为了更直观地展示 ESDF 地图的特点，图中截取了三维 ESDF 地图在水平方向的一个切面，其中蓝色表示远离障碍物，红色表示靠近障碍物。可以明显看出，地图中的格点的 ESDF 值(即离最近障碍物的距离值)随着格点靠近障碍物而由蓝变红，表示该值逐渐减小。在障碍物的表面，ESDF 值为 0；在障碍物内部，ESDF 值将小于 0，这个值是用负数表示的离最近障碍物表面的距离值，这即是“ESDF”名称中“S(Signed，有符号)”所指代的意义。

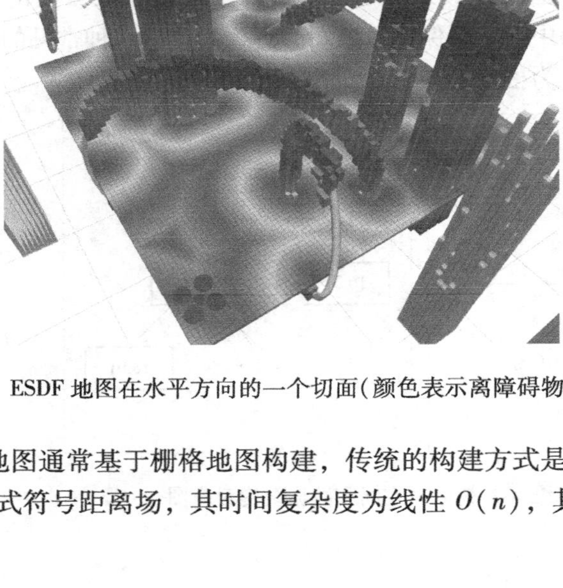

图 7-16　ESDF 地图在水平方向的一个切面(颜色表示离障碍物的距离)

图 7-16　彩图

ESDF 地图通常基于栅格地图构建，传统的构建方式是“批处理”的，可一次性计算出整个区域的欧式符号距离场，其时间复杂度为线性 $O(n)$，其中 n 表示栅格地图的格点数量，因此非常适合小范围局部实时建图，通常可在几十毫秒内在消费级处理器上构建数百立方米的可供空中机器人导航的 ESDF 地图。

传统的快速构建 ESDF 地图的方式是静态的，需要提前固定更新区域的大小且任何环境变化都需要大范围的 ESDF 更新。近几年学者提出并且实现了增量式快速构建 ESDF 地图的方法，代表性的工作有 Voxblox 和 FIESTA。

7.4　运动规划

运动规划是空中机器人在复杂环境中自主运动的必要模块，生成满足机器人运动学和动力学的安全运动指令，并使其完成给定导航任务，即基本的从 A 点到 B 点的运动。运动规划有多种形式，常见的形式按对机器人动力学模拟的精细程度一般可以视为一种从粗糙到细致(Coarse-to-Fine)的规划过程。通常，可以分为前端的路径规划和后端的轨迹生成两部分。路径规划在复杂环境中，不考虑机器人运动学或在粗糙的模型下，在较低维度的解空间下找到可以安全通过的路径；轨迹生成则使用这条路径作为初始值，利用优化技巧提升前端路径质量，并满足机器人较高维度运动模型的要求。

路径规划按方法通常可以分为基于搜索的方法和基于采样的方法。基于搜索的方法对按某给定规则获取的离散空间建立搜索图，并采用直接图搜索方法获取最优解。基于采样的方法本质上也使用搜索方法获得最终结果，但是一般通过不断地随机采样探索解空间，而不是直接作用于离散空间。为了应对具有复杂动力学模型的机器人系统而不仅仅是几何最短路径的路径规划算法被广泛提出，这类算法可以直接获取满足动力学模型约束的运动路径，极大降低了后端轨迹生成的负担。本节首先学习经典的机器人路径规划算法，其在空中机器人尤其是旋翼空中机器人上具备普适性和通用性。

轨迹生成的作用在于由前端生成的机器人路径，优化出一条满足机器人动力学模型细节的、可执行的同时又不会发生碰撞的运动轨迹。轨迹与路径的根本区别在于，路径往往并不包含时间信息，即仅仅由空间中的几何曲线或一系列密集的点组成，只有空间特征而没有时序特征，无法被机器人直接执行。轨迹生成一般由可以分为无约束的轨迹生成，即在生成轨迹时不显示地考虑各种动力学和安全性约束，而是在生成完以后对轨迹进行后验验证，这种方式通常适用于对轨迹施加约束的计算代价很大而检查约束的代价很小的场合。此外，直接施加约束的方法可以分为硬约束和软约束方法两种：前者使轨迹结果严格满足所有数学约束；后者将约束作为目标函数的一部分加到待求解的问题中。

本节将重点介绍适用于空中机器人特别是旋翼空中机器人的路径规划算法，从其一般概念和基础知识入手，详细介绍以迪杰斯特拉和 A^* 算法为代表的搜索式算法及以 RRT 为代表的采样式算法。之后，介绍空中机器人的轨迹生成算法，其中的重点是基于最小 snap 的多项式轨迹生成方法。同时，简要介绍常用的轨迹硬约束和软约束方法。

7.4.1　构型空间

为了清晰地表达机器人的规划问题，首先需要明确机器人的构型空间(Configuration Space，C-Space)概念。构型空间中任意一点表示机器人的一种构型，机器人的每一种可能构型可以被表示为构型空间中的一个点。与之相对的概念是机器人的工作空间(Work Space)，在工作空间中，机器人无法被表示为一个点，而是具有自身几何尺寸和姿态，如图 7-17 所示。

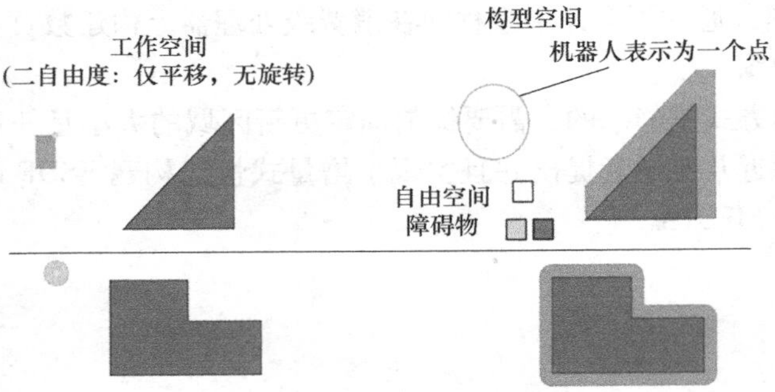

图 7-17　机器人构型空间示意图

图 7-17　彩图

工作空间是环境的直观表达，而构造构型空间则需要按机器人自身尺寸对障碍物进行膨胀。注意，这种膨胀是在规划开始之前的一次性操作，其结果可以在之后的规划中被反复利用。显而易见，在工作空间中，判断某个机器人状态是否和环境发生碰撞是耗时耗力的，因为涉及判断一个几何体在任一姿态下和环境是否相交的问题；而在构型空间中，碰撞检测只需要查询一个点是否在障碍物之中即可，大大提升了规划的效率。但是，对于形状复杂的机器人，获得其构型空间本身就是一件计算开销很大的事情，往往需要对机器人的形态使用简单几何体进行近似。幸运的是，旋翼空中机器人系统本身非常适合被视为一个圆盘，从而极大简化了构型空间的生成。

7.4.2　搜索算法

搜索算法通常将问题空间按给定规则离散化并构成搜索图的结构，如将机器人运动的三维空间按给定分辨率切分生成栅格地图，再采用图搜索算法在图上快速求出起始、终止节点之间的最短距离路径。

1. 图和图搜索

在介绍搜索算法之前，首先简单介绍图的概念。图是对机器人可运动的构型空间的拓扑表示，由节点和边组成，其中节点表示机器人希望到达的路标点，边则是路标点之间的最短路径。如图 7-18 所示，图可以按照节点到节点的连接有无方向分为无向图和有向图，按边有无权重分为无权图和有权图。一般在路径规划问题中使用无向图，并用图的权重表示该条路径的代价(通常为长度)。

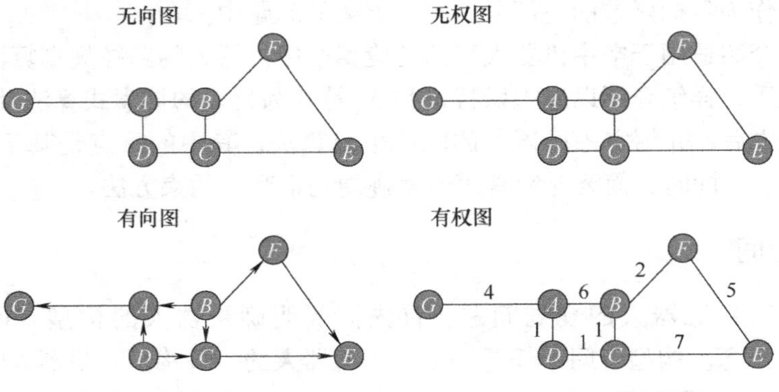

a) 无向图和有向图　　b) 无权图和有权图

图 7-18　通用图模型

对于任一路径搜索问题，可以被分为两个步骤：构建如图 7-18 所示的一个图模型，称之为搜索图；再采用图搜索算法，对其进行最优解的求取。本质上，所有的图搜索算法的核心框架如下：

1）维护一个保存了所有已被访问节点的容器。

2）容器使用表示起始位置的节点初始化。

3）循环以下步骤：首先，根据一个事先定义好的规则将容器中一个节点移出；其次，得到该移出节点的所有可达节点，又称为邻居节点；最后，将所有邻居节点加入该容器。

4）结束循环。

对于上述流程，很自然会想到如下几个问题：

1）问题 1：什么时候结束循环？

可能的答案：当容器为空时结束循环。

2）问题 2：如何处理有环图？

可能的答案：当一个节点被从容器中移出并被标记为“已访问”后，这个节点应该永不再加入容器。

3）问题 3：应按照何种规则从容器中移出节点，使得给定搜索问题的终点可以被尽快到达？

可能的答案：设计某种最优搜索算法。

这里，假设搜索图由前文所介绍的栅格地图提供，其中节点之间的连接关系由其之间的几何关系所直接决定。以二维情况举例，如图 7-19 所示，对于旋翼空中机器人，一般采用 4 联通或 8 联通的表示方法，该情况可以方便地扩展至三维环境。由栅格地图和其中格点的自然连接关系，定义空中机器人路径规划所需要的搜索图，之后本节的搜索内容将以该栅格地图举例。

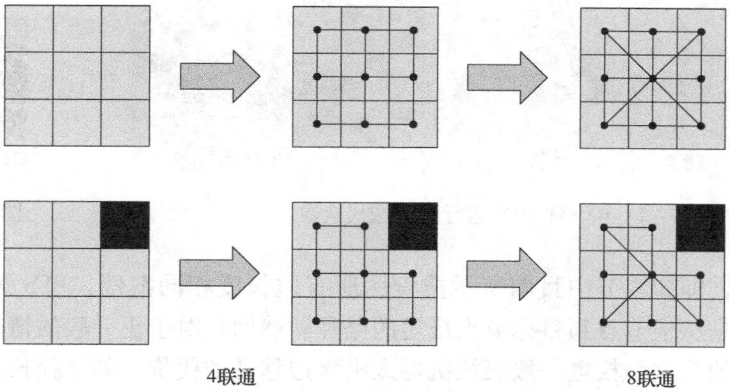

图 7-19　栅格地图上搜索图的构成

2. 深度优先搜索算法和广度优先搜索算法

首先介绍深度优先搜索（Depth First Search，DFS）算法和广度优先搜索（Breadth First Search，BFS）算法。DFS 采用堆栈（Stack）数据结构作为前文所述的容器，其遵循后入先出的原则，如图 7-20a 所示。DFS 的搜索策略是移出并扩展容器中在搜索图中深度最深的节点。与之相对应的，BFS 使用队列的数据结构，其特点是先入先出，如图 7-20b 所示。BFS 的搜索策略是移出并扩展容器中在搜索图中深度最浅的节点。不同的搜索策略造成了 DFS 优先在深度上探索每个节点至该图的最底层，而 BFS 优先在同一层深度上探索该层所有节点。

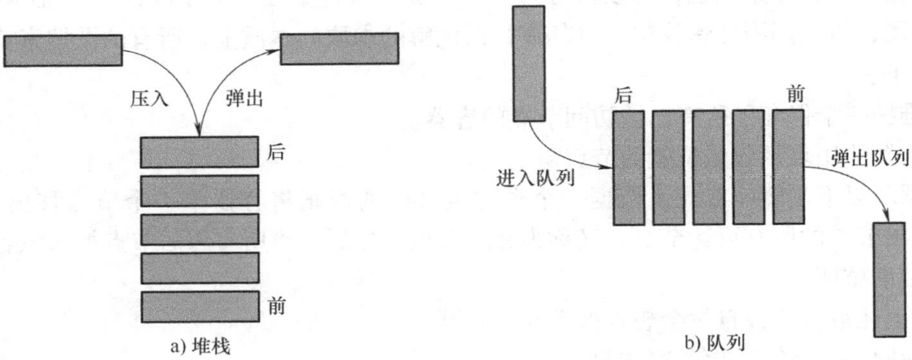

图 7-20　堆栈和队列容器简介

一般地，BFS 从根节点开始，沿着树的宽度遍历树的节点，如果发现目标则迭代终止。图 7-21 为运行了一定步数后 BFS 和 DFS 的搜索结果。在该案例中，规定二维栅格地图中只允许机器人横向或纵向移动，因此这一搜索图中所有边长的代价一致。显然，因其逐层扫过栅格地图，BFS 更适合用于最短路径搜索问题，在第一次发现终点节点时即返回了起点到终点的最短路径。而 DFS 由于沿深度方向一直探索，无法找到到达终点的最短路径。

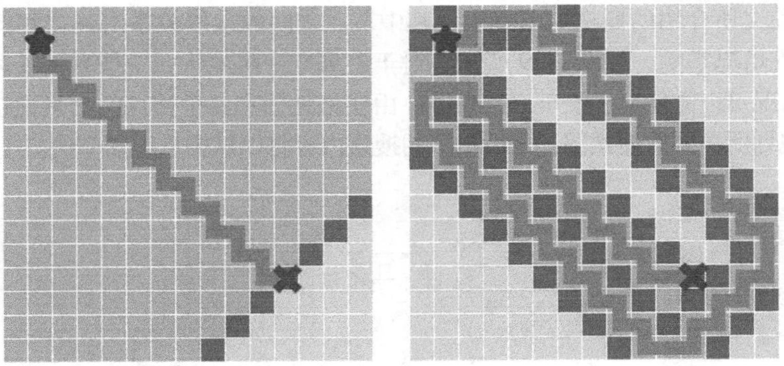

图 7-21　BFS 和 DFS 运行同样迭代次数

图 7-21　彩图

对于无权图，即如本节中目前所示搜索图所有边长度相同案例，BFS 第一次遇到目标点，此时就一定是从根节点到目标节点最短的路径。然而，对于更一般的情况，搜索图中的边是有不同权重的，这一权重一般表征机器人沿该边移动的代价，如路径长度等，这时就需要比 BFS 更强的工具——迪杰斯特拉算法。在此之前，首先看一下启发式搜索算法的概念。

3. 启发式搜索算法

所有的搜索算法都需要对节点规定排序规则，广度优先搜索和深度优先搜索在从已扩展和未扩展节点的边界上扩展节点时，选取下一个节点的依据是容器天然的“先入先出”或“后入先出”规则；而启发式搜索选取下一个节点的依据是根据被称为启发式函数的节点评价指标。这里，启发式函数的定义是对到达问题终点的代价猜想，其作为一个数学度量被用于评价节点的“好坏程度”。这里用猜想而不是测量或计算的原因是该代价为估计值一般无法被准确计算。尤其是在搜索算法尚未探索未知环境的时候，启发式的值是无法精确得出的，而是根据人为设计的规则直接由已知信息得出，以期起到引导搜索在正确的方向上扩展的作用。启发式函数一般要求易于计算，欧几里得距离和曼哈顿距离是两种常用的启发式函数，如图 7-22 所示。

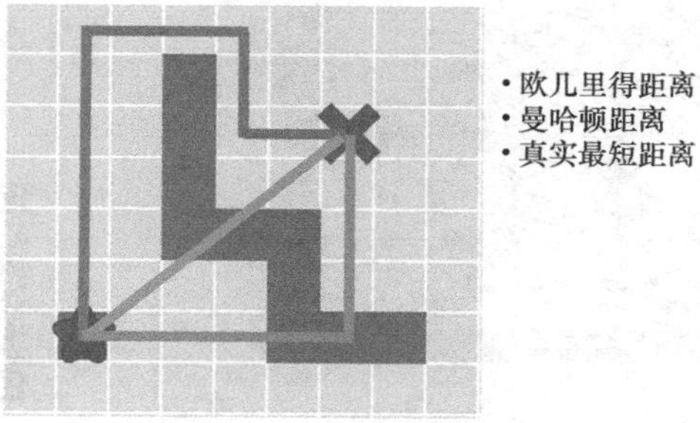

图 7-22　给定起/终点的常用启发式函数举例

图 7-22　彩图

只采用启发式函数作为代价的搜索算法，又被称为贪心算法。贪心算法在迭代过程中每次扩展容器中启发函数值最小的节点。贪心算法有时可以以更小的代价获取 BFS 同样的最短路径，如图 7-23 所示。但是贪心算法无法总是保证最优求解出的是真实的最优解，如图 7-24所示，启发式搜索会陷入局部极小值之中。这是因为，本质上启发式函数是建立在对未来的预估上的，而这种预估仅仅依靠当前已知信息。自然地，大多数情况这种预估无法准确，而且预估越是乐观，即高估对未来行动的收益，则越是会导致求解出最优性不够的解。贪心算法只考虑启发函数估算出的代价，不可避免地会走入“死胡同”，这种情况在障碍物复杂的环境中极为常见。

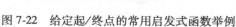

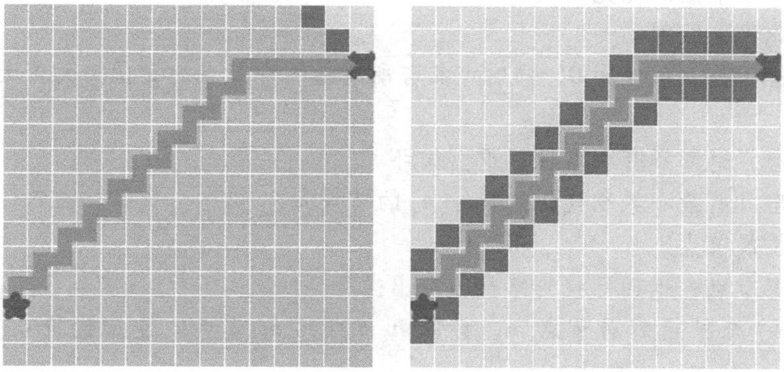

图 7-23　启发式搜索以更少的迭代获得 BFS 相同结果

图 7-23　彩图

至此，已经介绍了路径搜索的全部基础性知识，也阐述了广度优先搜索和启发式搜索各自的缺陷和特点，下面将介绍以迪杰斯特拉算法为代表的实用最短路径搜索算法。

4. 迪杰斯特拉算法

为了应对有权图上的最短路径问题，迪杰斯特拉算法的搜索策略是：扩展具有最低累积代价值的节点。迪杰斯特拉算法具有以下特点：

① 对于节点 n，使其记录一个 $g(n)$ 值，表示从起始节点到达该节点的累积代价。

② 更新 n 之后，对于节点 n 的所有未被扩展邻居节点 m，根据 $g(n)$ 更新其累积代价 $g(m)$ 值。

③ 任何一个已被扩展过的节点一定保存有从起始到达自己的最低 g 值。

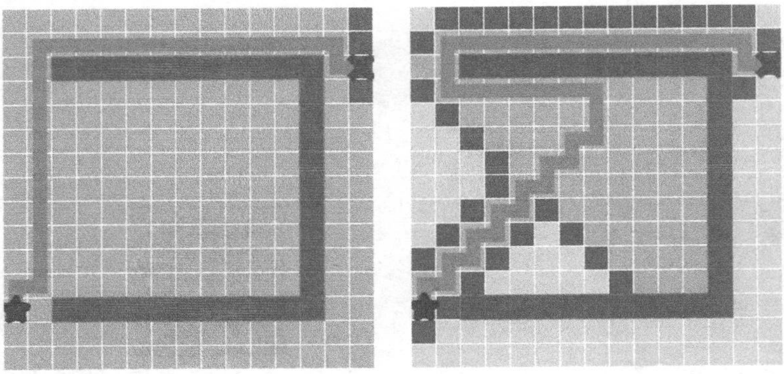

图 7-24　启发式搜索陷入局部极小值

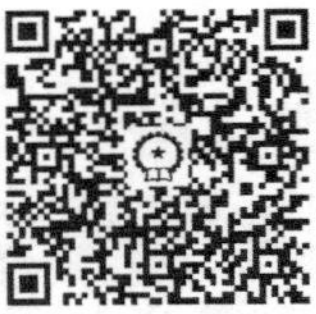

图 7-24　彩图

有了广度优先搜索的基础，迪杰斯特拉算法是易于理解的。两者都是作用于搜索最短路径，不同之处在于前者只适用于无权图。两种算法的本质区别在于，相比于广度优先搜索按照节点访问先后顺序的排序方式，通过堆栈数据结构自然实现了对最短路径节点的顺序扩展，迪杰斯特拉算法维护节点累积代价 g 值，并在容器中对其进行排序，从而在每次迭代中更新当前最佳节点。下面是迪杰斯特拉算法的具体流程：

迪杰斯特拉算法伪代码

- 维护一个保存所有已扩展节点的优先队列
- 使用起始节点初始化此优先队列
- 对起始节点的累积代价函数 g 赋值为 0，同时令其与所有地图中节点的 g 值为无穷大
- 开始循环
  - 如果优先队列为空，返回不存在路径，退出循环
  - 从优先队列中移出具有最小累积代价函数 $g(n)$ 的节点 n
  - 标记节点 n 为已扩展节点
  - 如果节点 n 是目标节点，返回已找到路径，退出循环
  - 对于节点 n 的每个未扩展邻居节点 m，计算 n 节点到 m 节点的连接代价 c_{nm}，如果：
    - $g(m)=$ 无穷大：
      - $g(m)=g(n)+c_{nm}$
      - 将 n 节点加入优先队列
    - 或 $g(m)>g(n)+c_{nm}$
      - $g(m)=g(n)+c_{nm}$
    - 否则
      - 不做任何操作
  - 结束如果
- 结束循环

可以看到，相比于在本节开头所介绍的图搜索算法基本的三步流程，迪杰斯特拉算法的显著区别在于维护一种特殊的容器——优先队列。优先队列的基本原理在本书中不做过多赘述，只需要知道是一种自动对其内部所有元素按照某个给定称之为键值的属性，进行由小到大排序的容器即可。在迪杰斯特拉算法中，优先队列排序的键值即是各节点所保存的累积代价 g。

迪杰斯特拉算法是最优且完备的，即对于给定问题，该算法可以确定性地寻找出全局最优解。但是其缺点同样明显，即只关注每个节点当前的累积代价，缺少对目标信息的利用，节点在扩展时需要探索每个方向上的邻居节点。显然，这种扩展方式缺少目的性，对搜索问题的终点信息没有任何利用，带来的结果就是算法效率较低。回顾前面所介绍的启发式搜索算法，它是通过猜测搜索方向快速引导路径的。启发式函数的缺陷是无法保证解的最优性，当环境复杂时容易陷入局部极小值。下面将介绍 A^* 算法，其通过将启发式搜索和迪杰斯特拉算法结合，高效地求解出最优路径。

5. A^* 算法和其最优性

A^* 算法的核心思路在于综合累积代价和预估代价，对节点的优先级进行排序。迪杰斯特拉算法的排序依据是采用累积代价函数 $g(n)$，其特点是最优性；而贪心算法的排序依据则是起点到终点路径的估计，其特点是效率。很自然会想到将两者进行结合。事实上，这就是 A^* 算法的实现方法。定义一个新的 $f(n)$ 函数：$f(n)=g(n)+h(n)$，并将节点移出容器的规则改为选取 $f(n)$ 最小的节点。下面是 A^* 算法的伪代码：

A^* 算法伪代码

- 维护一个保存所有已扩展节点的优先队列
- 使用起始节点初始化此优先队列
- 对起始节点的累积代价函数 g 赋值为 0，同时令其与所有地图中节点的 g 值为无穷大
- 开始循环
  - 如果优先队列为空，返回不存在路径，退出循环
  - 从优先队列中移出具有最小 $g(n)+h(n)$ 的节点 n
  - 标记节点 n 为已扩展节点
  - 如果节点 n 是目标节点，返回已找到路径，退出循环
  - 对于节点 n 的每个未扩展邻居节点 m，计算 n 节点到 m 节点的连接代价 c_{nm}，计算节点 m 的启发函数 $h(m)$，如果：
    - $g(m)=$ 无穷大：
      - $g(m)=g(n)+c_{nm}$
      - 将 n 节点加入优先队列
    - 或 $g(m)>g(n)+c_{nm}$
      - $g(m)=g(n)+c_{nm}$
    - 否则
      - 不做任何操作
  - 结束如果
- 结束循环

由以上算法流程可知，与迪杰斯特拉算法相比，A^*算法的区别仅在于更改了排序规则，并且多了在每个节点第一次被访问时的启发式函数计算，其余部分与迪杰斯特拉算法完全一致。那么，结合了启发式搜索的A^*算法，效率的提升是否也和贪心算法一样是以问题最优性为代价的呢？答案是这取决于启发式函数$h(n)$的计算方式。可以证明(本书不给出证明过程，感兴趣的读者可查阅相关资料)，当$h(n)$的选取符合下述规律，则A^*算法的结果仍然是原问题的最优解：

$$h(n) \leqslant h^*(n) \tag{7-39}$$

式中，$h^*(n)$表示n节点到问题终点的真实最短路径长度。满足这一特性的函数$h(n)$被称为可接受启发式(Admissible Heuristics)函数。有哪些常用的启发式函数是可接受的呢？可见表7-1的总结。

表7-1 常见的可接受启发式函数

2范数(欧几里得距离)	总是可接受的
1范数(曼哈顿距离)	和问题相关
无穷范数	总是可接受的
0	总是可接受的

注：1. 向量的1范数：$\|X\|_1=\sum_{i=1}^{n}|x_i|$，即各个元素的绝对值之和。

2. 向量的2范数：$\|X\|_2=\left(\sum_{i=1}^{n}x_i^2\right)^{\frac{1}{2}}$，即每个元素的二次方和的二次方根。

3. 向量的无穷范数：$\|X\|_\infty=\max_{1\leqslant i\leqslant n}|x_i|$，即最大元素的绝对值。

其中，1范数可接受的情况为使用栅格地图时不允许斜对角移动的情况，否则由三角规则可知其违背$h(n)\leqslant h^*(n)$。感兴趣的读者可以自行思考2范数和无穷范数是可接受启发函数的原因。特别地，当$h(n)=0$时，算法退化为迪杰斯特拉算法。

6. 讨论：启发式权重及其意义

前面介绍了迪杰斯特拉使用最小化$f(n)=g(n)$作为节点排序规则，A^*算法使用$f(n)=g(n)+h(n)$作为排序规则，定义广义的f如下：

$$f=a\cdot g+b\cdot h \tag{7-40}$$

式(7-40)具有普遍意义，包含了至今所学的所有搜索算法的排序规则。若$a=0$，$b=1$，表示f只关心对未来收益的预期，而不管节点已积累的代价，算法退化为贪心算法。若$a=1$，$b=0$，表示f只关心已有累加代价，不关心节点“可能的”好坏，算法变为迪杰斯特拉算法。若$a=1$，$b=1$，即为A^*算法。

值得注意的是，若$a=1$，$b=\varepsilon>1$，问题实际上变为一个把启发式函数倍数放大的A^*算法，则称这种算法为权重A^*(Weighted A^*)算法。显然，此时该算法的启发式函数无法确定为可接受的，问题的解也就不具备最优性的保证。将启发式函数人为放大实际上是要求算法在搜索中更看重一个节点对未来的预期，使其具备一定的“贪婪性”，但又不像贪心算法完全舍弃节点已有的累积代价。权重A^*算法适用于需要提升算法效率以求得一个次优可行解而对问题最优解不敏感的场景。A^*算法使用不同权重的启发式函数，对于相同的路径搜索问题的结果对比如图7-25所示。

事实上，A^*算法还有很多变种，诸如LPA*、Hybrid A^*等，本书对这些概念不做过多介绍，感兴趣的读者可自行查阅相关文献。

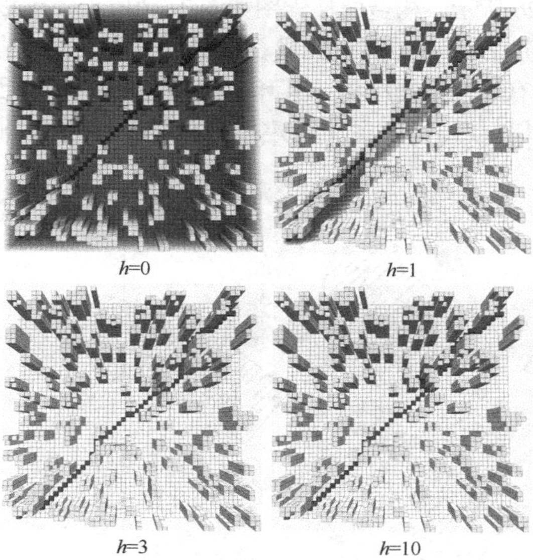

图 7-25　A* 算法取不同 h 权重结果对比
（白色：障碍物；红色：路径结果；蓝色：搜索过程中扩展的全部节点）

图 7-25　彩图

7.4.3　采样算法

有别于搜索算法，基于采样的路径规划算法更在意如何构建搜索图。采样算法通常不使用给定规则离散问题空间，而是通过随机采样的方式对环境进行探索，并设计合理策略，期望随着采样过程逐渐提升解的质量。

1. 概率路线图算法

概率路线图（Probabilistic Road Map，PRM）算法是一种多次查询（Multi-query）的基于采样的路径规划方法。PRM 算法可以分为探索阶段（又称为学习阶段）和查询阶段，具体流程如下：

PRM 算法伪代码

- 在地图中随机产生固定数量采样点，并对每个采样点进行碰撞检测
- 保留所有无碰撞的采样点，记为里程碑节点（Milestone）
- 对所有里程碑节点：
    - 循环
        - 用直线连接其近邻节点
        - 删除所有发生了碰撞的连接
    - 结束循环
- 将起始、终止位置两个特殊节点连接到最近里程碑节点，如发生碰撞，则选次最近节点，直到成功无碰撞连接
- 使用 A* 算法在上述过程得到的路线图上搜索出最短路径

PRM 的采样和局部连接如图 7-26 所示，构造的搜索图如图 7-27 所示。可以看到，对于最短路径的搜索，PRM 算法仍是使用 A* 等搜索算法完成，区别在于搜索图的构建方法。通常，前面所介绍的 A* 算法作用于已有的搜索图结构，其环境信息和连接方式已由栅格地图建立。而 PRM 通过试探性的采样和节点连接，主动构建一个搜索图，再在图上求解最短路径。

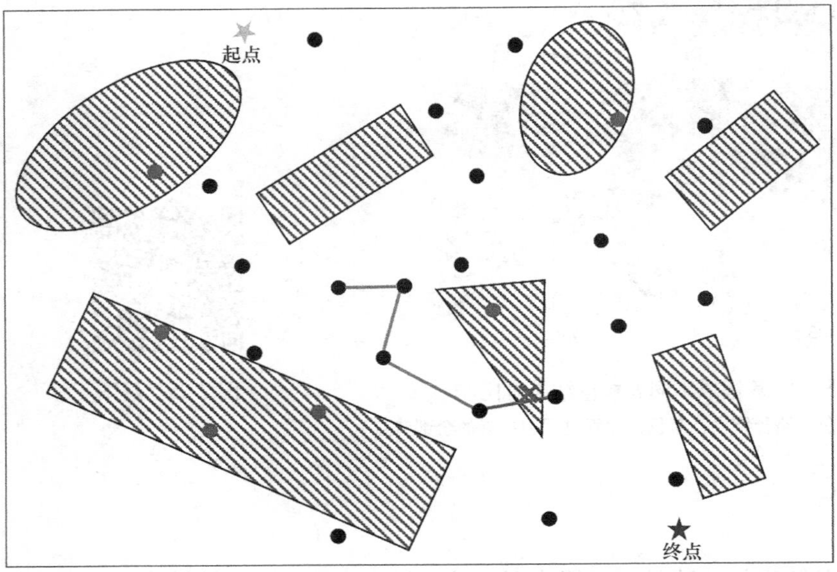

图 7-26　PRM 采样及局部连接示意图
（红点：发生碰撞需要删除的采样点；红色线条：发生碰撞的连接；
黑点：合格的里程碑节点；绿色线条：合格的边）

图 7-26　彩图

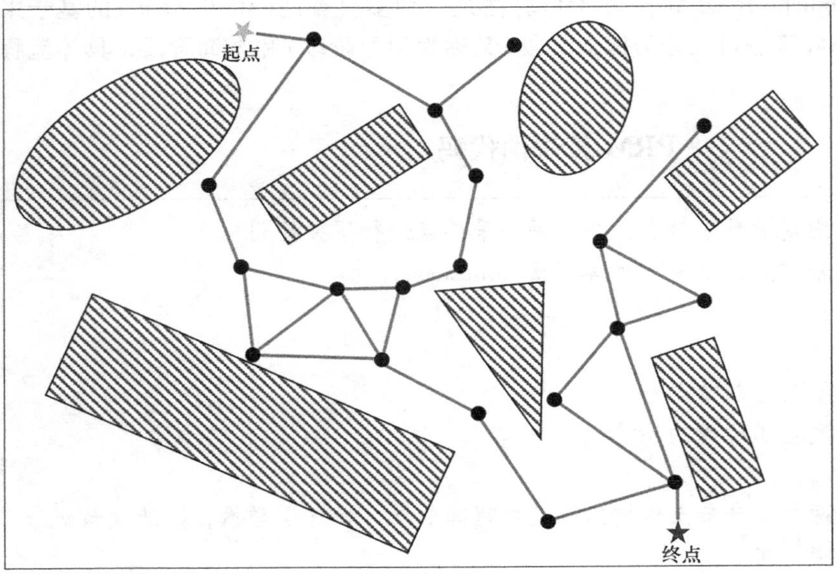

图 7-27　PRM 构造的搜索图

图 7-27　彩图

PRM算法的优点是概率完备性，如果该问题的解存在，PRM在运行足够长时间后可以1的概率生成一个包含了解的搜索图；PRM可天然扩展到高维空间中的路径搜索。PRM算法的缺点是当采样点不够多的时候，解的质量难以保证，且花费大量时间在节点和边的碰撞检测上，问题的根本在于PRM花费时间在机器人构型空间中生成一个搜索图，而不是关注特定一个路径的生成，这造成了大量的算力花在了生成与最后路径无关的图的部分，造成了计算资源的浪费。为了提升效率，PRM可以采取一些加速方法，比如"Lazy"碰撞检测。该方法在探索阶段，对于生成采样点和采样点之间连接成边的时候不做碰撞检测，而把结果全部保留。在查询阶段进行以下循环：搜索最短路径，检查其是否碰撞，如碰撞则删除路径上的节点和边，直到发现一个无碰撞的最优解。Lazy PRM可以在一定程度上有效提升算法效率，避免在构造与最优路径无关的图上浪费算力。接下来，在PRM算法的基础上介绍快速随机探索树算法，其直接构造最短路径，无须生成搜索图。

2. 快速随机探索树算法

快速随机探索树（Rapidly-exploring Random Tree，RRT）算法是一种相比于PRM算法更高效的随机路径生成算法。其基本思想为：从起始节点出发，通过随机采样引导一个搜索树的生长，期望以最小代价达到目标节点。RRT算法的流程如下所示：

RRT算法伪代码

- 初始化搜索树 T 为起始位置节点
- 对于1到采样上限 N，循环：
  - 在构型空间中按给定"采样规则"生成一个随机节点 x_{rand}
  - 在已有树中找距离 x_{rand} 最近的节点 x_{near}
  - 使用给定连接函数，在节点 x_{rand} 到 x_{near} 方向上生成新节点 x_{new}
  - 连接 x_{near} 和 x_{new}，生成边 E
  - 如果：E 无碰撞
    - 将 x_{new}、x_{near} 和 E 加入 T
  - 结束如果
  - 如果：x_{new} 在终点 x_{goal} 的小邻域内
    - 认为已到达 x_{goal}，将 x_{new} 加入终止节点集合 X_{end}
  - 结束如果
  - 结束循环
    - 由 X_{end} 节点回溯路径并返回最短路径

RRT算法的核心便是使用连接函数（Steering Function），由采样节点 x_{rand} 和其树中最近节点 x_{near}，生成新节点 x_{new}。图7-28、图7-29是对RRT关键步骤的图解。

可以看到，采样没有直接产生树的新节点，而是生成了树的扩展方向，接着再由连接函数按照给定步长产生节点和边，并对其进行碰撞检测，只有通过碰撞检测才会被加入到RRT的树中。此外，通过设计合适的连接函数，可以直接生成符合机器人运动学约束的边，从而使RRT生成可直接执行的机器人轨迹。以旋翼空中机器人为例，可以将其视为线性系统，并建立状态空间模型：

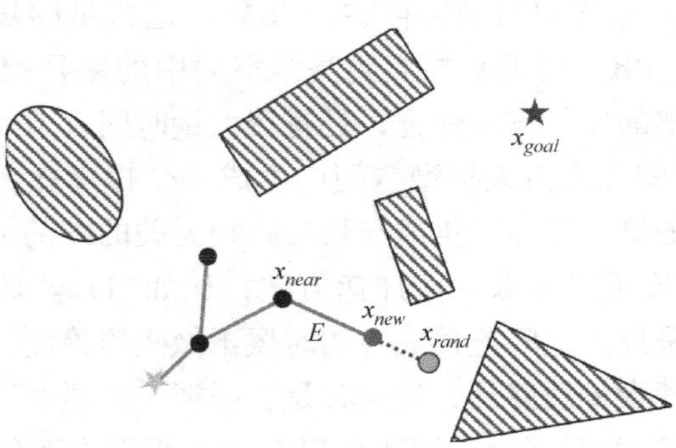

图 7-28　RRT 采样与新节点生成和连接　　　　图 7-28　彩图

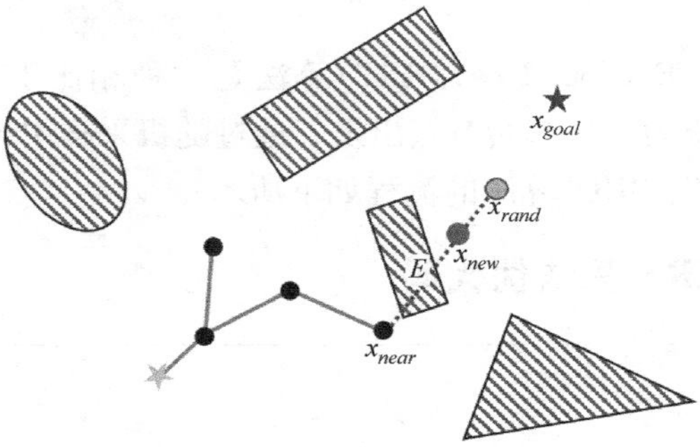

图 7-29　***E*** 与障碍物发生碰撞，采样失败　　　　图 7-29　彩图

$$\dot{\boldsymbol{s}}=\boldsymbol{A}\cdot\boldsymbol{s}+\boldsymbol{B}\cdot\boldsymbol{u}$$

式中，$\boldsymbol{s}$ 为空中机器人状态，包括位置、速度、加速度等；$\boldsymbol{u}$ 为系统输入，一般选择加速度或加速度的导数。

$$\boldsymbol{A}=\begin{pmatrix}0&0&0&1&0&0\\0&0&0&0&1&0\\0&0&0&0&0&1\\0&0&0&0&0&0\\0&0&0&0&0&0\\0&0&0&0&0&0\end{pmatrix},\boldsymbol{B}=\begin{pmatrix}0&0&0\\0&0&0\\0&0&0\\1&0&0\\0&1&0\\0&0&1\end{pmatrix}\tag{7-41}$$

此时，如果希望使用 RRT 算法对该机器人系统进行路径搜索，则需要求解的是一个高维度的路径规划问题。在本问题中，每次采样获得的是机器人的一个可能状态 s，而不仅仅是前面介绍的三维空间中的一个位置。当产生新的采样后，在这里使用状态到状态的最优控制轨迹作为连接函数，生成新的边 E。同样，边生成后需要检查其是否满足约束，这里包括碰撞约束和空中机器人运动的速度/加速度约束，$\boldsymbol{E}$ 违反约束则本次采样失败，示意图如图 7-30 所示。

RRT 算法有鲜明的优缺点。其优点是相比于 PRM 算法，RRT 算法有明确的目的性，直接以寻找从起点到终点的路径为目标构造搜索树。RRT 算法的缺点是无法保证最优解；虽然树的生长具有目的性，但是其采样缺乏目的性地在全空间中采样，造成计算资源浪费。

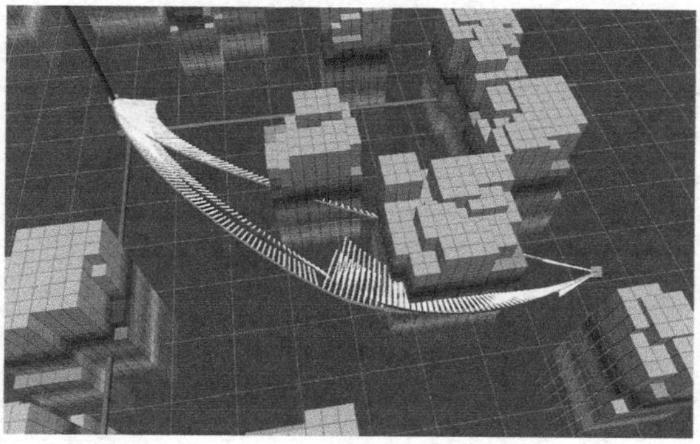

图 7-30　作用于旋翼空中机器人状态空间的 RRT 算法

图 7-30　彩图

尽管 RRT 算法有许多提升性能的变种，如 Bidirectional RRT，从起点和终点分别生成一棵随机探索树，并在每次迭代后尝试连接，如果连接成功，则返回路径。但是这些方法都没有根本性地解决 RRT 算法存在的本质问题：不论生成多少采样，最后的解会被第一次找到的解主导；采样缺乏目的性，树的扩展没有启发性。接下来，将介绍提升 RRT 算法效率和使其得到最优性保证的方法。

3. 快速随机探索树算法进阶

RRT* 算法是一种建立在 RRT 算法之上，但是具备最优性保证的采样路径规划算法。RRT* 算法的流程如下：

RRT* 算法伪代码

- 初始化搜索树 T 为起始位置节点
- 对于 1 到采样上限 N，循环：
  - 在构型空间中按给定"采样规则"生成一个随机节点 x_{rand}
  - 在已有树中找距离 x_{rand} 最近的节点 $x_{nearest}$
  - 使用给定连接函数，在节点 x_{rand} 到 $x_{nearest}$ 方向上生成新节点 x_{new}，记录 x_{new} 节点的代价为 $c_{min}=c_{near}+c(x_{near}, x_{new})$，令 $x_{min}=x_{nearest}$，令 $E_{min}=\overrightarrow{x_{min}, x_{new}}$
  - 在已有树中找到 x_{new} 附近范围 r 内所有节点组成集合 X_{near}
  - (x_{min}, E_{min}) ←父节点选择 $(X_{near}, x_{new}, c_{min})$
  - 将 (x_{min}, E_{min}) 加入 T
  - 重连接 (T, X_{near}, x_{new})
  - 如果：x_{min} 在终点 x_{goal} 的小邻域内
    - 认为已到达 x_{goal}，将 x_{min} 加入终止节点集合 X_{end}
  - 结束如果
  - 结束循环
    - 由 X_{end} 节点回溯路径并返回最短路径

父节点选择函数伪代码

- 对 X_{near} 中所有节点 x_{near}，循环：
  - 如果：x_{near} 到 x_{new} 无碰撞　且 $c_{near}+c(x_{near},x_{new})<c_{min}$
    - $c_{min}=c_{near}$
    - $x_{min}=x_{near}$
    - $E_{min}=\overrightarrow{x_{min},\ x_{new}}$
- 结束循环
  - 返回 x_{min}，E_{min}

重连接函数伪代码

- 对 X_{near} 中所有节点 x_{near}，循环：
  - 如果：x_{near} 到 x_{new} 无碰撞　且 $c_{new}+c(x_{near},\ x_{new})<C_{near}$
    - 更改 x_{near} 的父节点为 x_{new}
- 结束循环
    - 返回 x_{min}，E_{min}

可以看出，RRT* 算法相比 RRT 算法的区别就在于流程中有底色部分，包括父节点选择函数和重连接函数。相比于 RRT 算法直接在树中查找最近节点并直接使用连接函数生成边，RRT* 算法多了一步在新产生的节点上进行的范围查找。父节点选择函数对该范围内的所有已有节点查看是否存在某个 x_{new} 的父节点，使得到达 x_{new} 的总代价 c_{new} 更低。此外，RRT* 算法还检查树中已有节点，看是否可以通过新加入节点 x_{new} 降低累积代价。如重连接函数所示，对于 X_{near} 集合中的每个节点 x_{near}，如果可以通过 x_{near} 父节点修改为 x_{new} 来降低自身的代价，则 x_{near} 和原先父节点的连接会删除，生成到 x_{new} 的新的边 E_{min} 并加入树中。RRT* 算法的父节点选择函数和重连接函数如图 7-31、图 7-32 所示。

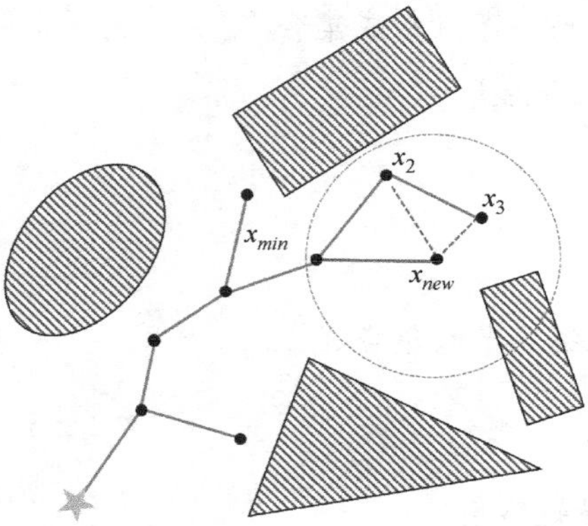

图 7-31　RRT* 算法父节点选择函数示意图

图 7-31　彩图

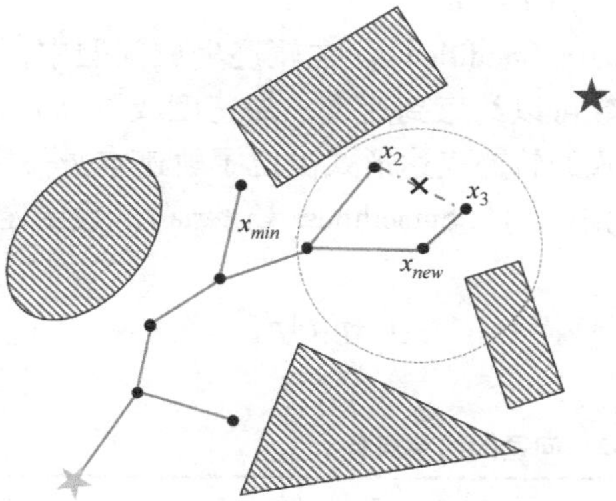

图 7-32　RRT* 算法重连接函数示意图

图 7-32　彩图

可以证明，RRT* 算法具备渐进最优性，即随着采样个数增加，RRT* 算法的最优解一定会逐渐逼近真实的全局最优解；而 RRT 算法不具备渐进最优性，即无论增加了多少采样点，RRT 算法的结果总无法达到最优。此外，可以对 PRM 算法做出类似 RRT* 的修改即 PRM* 算法，使其同样具备渐进最优性。至此，已给出了 RRT 算法缺点中第一条的应对方法，即设计新的算法 RRT*；而对其第二条缺点，如何生成更有目的性的采样，则通常需要设计合理的采样策略，或在采样中根据节点的启发函数值拒绝部分“预期无法带来解的质量提升”的劣性节点，感兴趣的读者可以参考 informed RRT*（见参考文献[9]）。

7.4.4　轨迹生成

轨迹生成又称为轨迹优化，它是空中机器人运动规划的重要组成部分，用于将低维空间中粗糙可行的运动路径转化为可以被实际机器人执行的运动轨迹。空中机器人的轨迹一般有光滑性和安全性要求。光滑性是考虑到机器人的机体动力学无法突变，需要设计轨迹使其光滑变化，具体表现在空中机器人无法在每个转弯的地方急停改变速度。此外，光滑的轨迹也有助于空中机器人节省能量，从而提升续航时间。安全性则是所有机器人移动的基本目标，要求机器人不能在运动中碰到障碍物。

本节将介绍使用多项式的空中机器人轨迹生成，并重点介绍经典且适用性强的最小 snap 轨迹生成算法。

1. 多项式轨迹生成

首先考虑如下问题：如图 7-33 所示，假设有一个一维空中机器人，给定空中机器人起始状态和期望的终止状态，及相应的起始和终止时刻 0 和 T，在不考虑障碍物约束的情况下如何求解出光滑的运动轨迹？

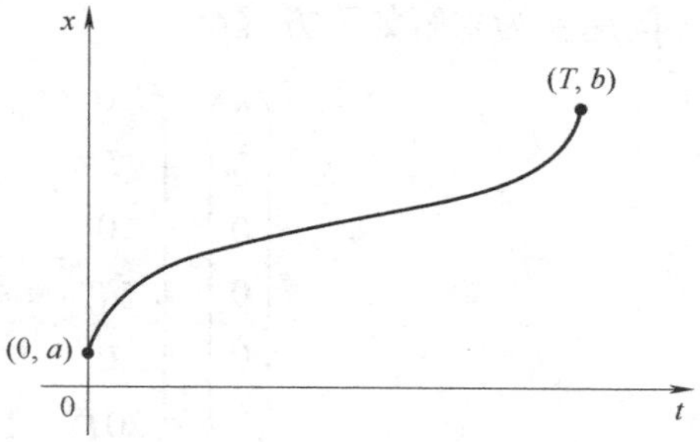

图 7-33　一维固定起始状态轨迹生成问题

保证轨迹光滑的一种常用做法是直接将轨迹用光滑的函数参数化，通常使用多项式函数。这是因为多项式函数形式简单、表达力强，且易于求解。接下来求解该问题，很明显有以下两个约束方程：

$$x(0)=a \tag{7-42}$$

$$x(T)=b \tag{7-43}$$

它们称为问题的“边界条件”(Boundary Condition)。在轨迹生成问题中，在位置边界条件外，还有端点的导数约束。通常，导数可以约束到速度、加速度或更高阶，在本问题中，首末状态的导数均无要求。同时，多项式的轨迹表达形式决定了轨迹本身一定高阶(取决于多项式阶数)连续，这被称为问题的“光滑准则”(Smoothness Criteria)。设给定轨迹形式为五阶多项式：

$$x(t)=p_5t^5+p_4t^4+p_3t^3+p_2t^2+p_1t+p_0 \tag{7-44}$$

总结出问题的约束条件见表 7-2：

表 7-2　问题的约束条件

参　数	位　置	速　度	加 速 度
$t=0$	a	\	\
$t=T$	b	\	\

要想求解轨迹，实际上就是求解下述线性方程组：

$$\begin{pmatrix} a \\ b \\ 0 \\ 0 \\ 0 \\ 0 \end{pmatrix}=\begin{pmatrix} 0 & 0 & 0 & 0 & 0 & 1 \\ T^5 & T^4 & T^3 & T^2 & T & 1 \\ 0 & 0 & 0 & 0 & 0 & 0 \\ 0 & 0 & 0 & 0 & 0 & 0 \\ 0 & 0 & 0 & 0 & 0 & 0 \\ 0 & 0 & 0 & 0 & 0 & 0 \end{pmatrix}\begin{pmatrix} p_5 \\ p_4 \\ p_3 \\ p_2 \\ p_1 \\ p_0 \end{pmatrix} \tag{7-45}$$

可以看到，方程组此时的约束个数小于变量个数，属于不定方程组，存在无穷多个解。这表明，满足本问题边界约束的光滑五阶多项式存在任意多个。如果指定首末状态的速度为 v_a、v_b，首末状态的加速度为 0，则有如下约束见表 7-3：

表 7-3　问题的约束条件

参　数	位　置	速　度	加 速 度
$t=0$	a	v_a	0
$t=T$	b	v_b	0

问题变为求解如下方程组：

$$\begin{pmatrix} a \\ b \\ 0 \\ 0 \\ 0 \\ 0 \end{pmatrix}=\begin{pmatrix} 0 & 0 & 0 & 0 & 0 & 1 \\ T^5 & T^4 & T^3 & T^2 & T & 1 \\ 0 & 0 & 0 & 0 & 1 & 0 \\ 5T^4 & 4T^3 & 3T^2 & 2T & 1 & 0 \\ 0 & 0 & 0 & 2 & 0 & 0 \\ 20T^3 & 12T^2 & 6T & 2 & 0 & 0 \end{pmatrix}\begin{pmatrix} p_5 \\ p_4 \\ p_3 \\ p_2 \\ p_1 \\ p_0 \end{pmatrix} \tag{7-46}$$

此时方程组的约束个数等于变量个数，问题存在唯一解。这也是选择轨迹为五阶多项式的原因：为了保证轨迹首末状态位置、速度、加速度共六个约束变量，多项式至少需要有六个自由度(变量)。而五阶多项式恰好有 p_0、…、p_5 共六个变量，自由度数为六。

那么，如果问题稍微变得复杂，给定空中机器人运动分段路径，需要求解轨迹，同时制定多段首末状态的边界条件，如图 7-34 所示。此时问题变为分段多项式轨迹求解问题。显然，在中间节点（又称为路标点，Waypoint）的状态都给定的情况下，问题退化为对每段轨迹分别按上述形式独立求解即可。

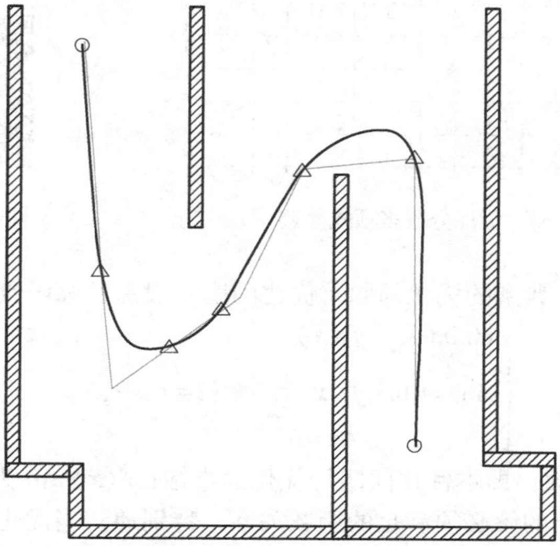

图 7-34　具有分段指定导数约束的轨迹生成

2. 最小 snap 轨迹

现在已经介绍了通过指定各点位置、速度、加速度作为约束的分段多项式轨迹生成方法，但是这种方法需要人为给定每段轨迹边界约束，显然无法求出问题的最优解。而在空中机器人的运动规划中，相比于可行解，更关心解能否达到最优。因此，需要一套系统的多段轨迹最优化算法——最小 snap（Minimum-snap）轨迹生成算法，其中 snap 表示加速度的二阶导数。

首先把待求解的多项式轨迹写成分段函数的形式：

$$f(t)=\begin{cases} f_1(t)\approx\sum_{i=0}^{N}p_{1,i}t^i, & T_0\leqslant t\leqslant T_1 \\ f_2(t)\approx\sum_{i=0}^{N}p_{2,i}t^i & T_1\leqslant t\leqslant T_2 \\ \vdots \\ f_M(t)\approx\sum_{i=0}^{N}p_{M,i}t^i & T_{M-1}\leqslant t\leqslant T_M \end{cases} \tag{7-47}$$

这里，分段函数的每一段都是多项式，虽然多项式阶数不一定要求固定，但是保持每段多项式阶数相同可以带来计算上的便利。目标是给定图 7-35 中绿色线条定义的空中机器人运动路径（其中每条折线的线段称为一段轨迹），在不给定每个端点的高阶状态（速度、加速度）前提下，生成如红色曲线所示的光滑连续的空中机器人轨迹，并要求其是最优的。这里仍要求每段轨迹的运动时间事先给定，且暂时不考虑生成轨迹的避障问题，仅要求路径是安全的。

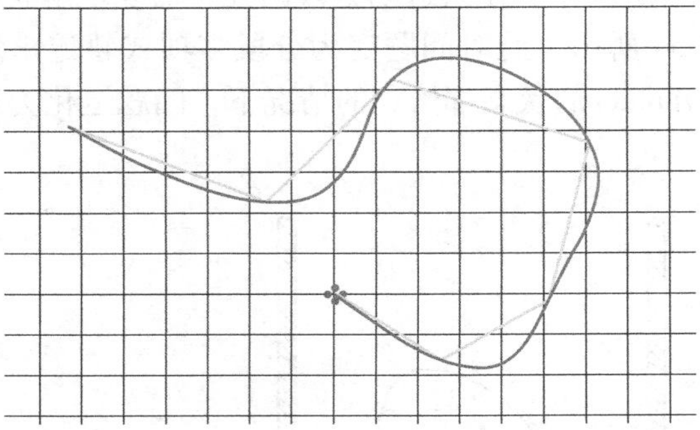

图 7-35　最优分段多项式轨迹

图 7-35　彩图

此时要处理的是一个典型的优化问题，优化问题一般由目标函数和约束组成，形如：

$$\begin{cases} \underset{x}{\text{minimize}} & f_0(\boldsymbol{x}) \\ \text{subject to} & f_i(\boldsymbol{x}) \leqslant 0 \quad (i=1,\cdots,m) \\ & \boldsymbol{Ax}=\boldsymbol{b} \end{cases} \tag{7-48}$$

式中，$f_0(\boldsymbol{x})$称为目标函数，即本优化问题待优化的指标；$f_i(\boldsymbol{x}) \leqslant 0$ 为不等式约束，$\boldsymbol{Ax}=\boldsymbol{b}$ 为等式约束，约束表示求出的解必须满足的函数关系。特别地，当优化问题的目标函数和约束都是凸函数(图 7-36)与凸集合(图 7-37)时，问题的求解会变得非常容易，且可以保证得到全局最优解。凸优化问题内容超出本书范围，本书不做过多介绍，读者在此只需明白如果问题具有凸优化形式则十分易于求解即可。

1）凸函数定义。若一个函数 f: $R^n \rightarrow R$，如果其定义域 dom f 为凸集合，且其中任意 x，$y \in$ dom f 且 $0 \leqslant \theta \leqslant 1$，有

$$f(\theta x+(1-\theta)y) \leqslant \theta f(x)+(1-\theta)f(y) \tag{7-49}$$

则函数 f 为凸函数。

2）凸集合定义。若一个集合 $C \in R^n$ 中任意两点 x，$y \in C$ 对于 $0 \leqslant \theta \leqslant 1$，有

$$\theta x+(1-\theta)y \in C \tag{7-50}$$

则集合 C 为凸集合。

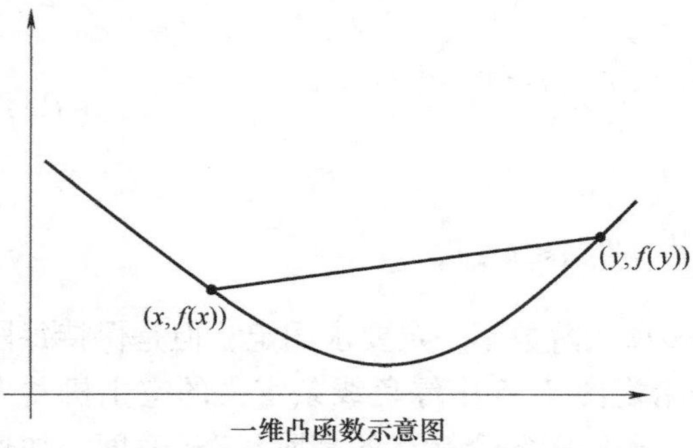

图 7-36　一维凸函数示意图

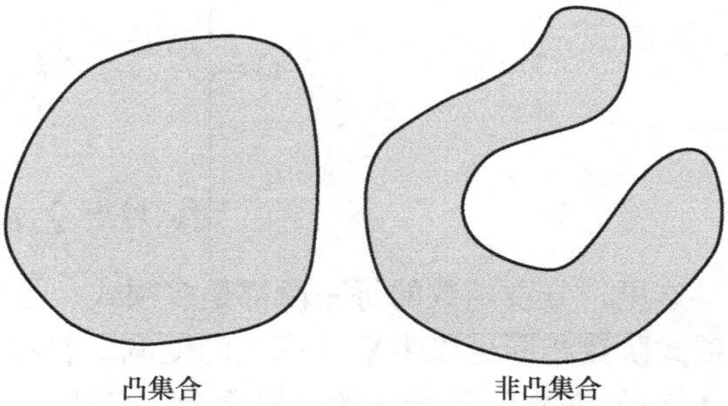

图 7-37　凸集合示意图

回到此问题，需要定义一个目标函数 J，作为生成轨迹的指标。这里采用轨迹的 snap 的二次方积分作为指标：

$$J=\int_{T_{j-1}}^{T_j}(f^4(t))^2\mathrm{d}t \tag{7-51}$$

展开计算可以得到

$$\begin{aligned}J&=\sum_{i\geqslant 4,l\geqslant 4}\frac{i(i-1)(i-2)(i-3)j(l-1)(l-2)(l-3)}{i+l-7}(T_j^{i+l-7}-T_{j-1}^{i+l-7})p_i p_l\\&=\boldsymbol{p}_j^{\mathrm{T}}\boldsymbol{Q}_j\boldsymbol{p}_j\end{aligned} \tag{7-52}$$

可以看到，J是关于每段轨迹的时间区间和多项式系数的二次型函数，在给定时间后，仅与多项式系数相关。通过求解J的最小值，即可计算出最优的多项式系数。在目标函数之外考察本问题的约束，如图 7-38 所示，在分段多项式轨迹的分段点，需要保证两端轨迹高阶连续，即位置、速度、加速度连续，称为连续性约束；同时，需要保证分段轨迹满足起始和终止状态，以及中间的多个路标点的位置约束，这类约束称之为导数约束。

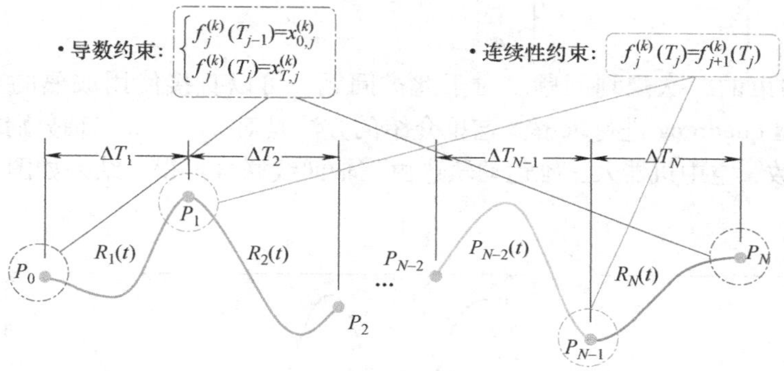

图 7-38　分段多项式轨迹约束示意图

图 7-38　彩图

对于连续性约束，有

$$f_j^{(k)}(T_j)=f_{j+1}^{(k)}(T_j) \tag{7-53}$$

$$\Rightarrow\sum_{i\geqslant k}\frac{i!}{(i-k)!}T_j^{i-k}p_{j,i}-\sum_{l\geqslant k}\frac{l!}{(l-k)!}T_j^{l-k}p_{j+1,l}=0 \tag{7-54}$$

$$\Rightarrow\begin{pmatrix}\cdots & \dfrac{i!}{(i-k)!}T_j^{i-k} & \cdots & -\dfrac{l!}{(l-k)!}T_j^{l-k} & \cdots\end{pmatrix}\begin{pmatrix}\vdots\\ p_{j,i}\\ \vdots\\ p_{j+1,l}\\ \vdots\end{pmatrix}=0 \tag{7-55}$$

$$\Rightarrow(\boldsymbol{A}_j\quad -\boldsymbol{A}_{j+1})\begin{pmatrix}\boldsymbol{p}_j\\ \boldsymbol{p}_{j+1}\end{pmatrix}=0 \tag{7-56}$$

对于导数约束，有

$$f_j^{(k)}(T_j)=x_{T,j}^{(k)} \tag{7-57}$$

$$\Rightarrow\sum_{i\geqslant k}\frac{i!}{(i-k)!}T_j^{i-k}p_{j,i}=x_{T,j}^{(k)} \tag{7-58}$$

$$\Rightarrow\begin{pmatrix}\cdots & \dfrac{i!}{(i-k)!}T_j^{i-k} & \cdots\end{pmatrix}\begin{pmatrix}\vdots\\ p_{j,i}\\ \vdots\end{pmatrix}=x_{T,j}^{(k)} \tag{7-59}$$

$$\Rightarrow\begin{pmatrix}\cdots & \frac{i!}{(i-k)!}T_{j-1}^{i-k} & \cdots \\ \cdots & \frac{i!}{(i-k)!}T_{j}^{i-k} & \cdots\end{pmatrix}\begin{pmatrix}\vdots \\ p_{j,i} \\ \vdots\end{pmatrix}=\begin{pmatrix}x_{0,j}^{(k)} \\ x_{T,j}^{(k)}\end{pmatrix} \tag{7-60}$$

$$\Rightarrow \boldsymbol{A}_j\boldsymbol{p}_j=\boldsymbol{d}_j \tag{7-61}$$

综合以上，可以得到最优要求解的问题形式为

$$\begin{cases}\min\begin{pmatrix}\boldsymbol{p}_1 \\ \vdots \\ \boldsymbol{p}_M\end{pmatrix}^{\mathrm{T}}\begin{pmatrix}\boldsymbol{Q}_1 & \cdots & \boldsymbol{0} \\ \vdots & & \vdots \\ \boldsymbol{0} & \cdots & \boldsymbol{Q}_M\end{pmatrix}\begin{bmatrix}\boldsymbol{p}_1 \\ \vdots \\ \boldsymbol{p}_M\end{bmatrix} \\ \text{s. t.}\quad \boldsymbol{A}_{eq}\begin{pmatrix}\boldsymbol{p}_1 \\ \vdots \\ \boldsymbol{p}_M\end{pmatrix}=\boldsymbol{d}_{eq}\end{cases} \tag{7-62}$$

此为典型的只有等式约束的二次规划问题。对于此类问题，可以直接使用成熟的求解器，如 MATLAB 自带求解器 quadprog 进行求解。这里介绍的方法是对 x、y、z 三轴分别求解关于时间 t 的分段多项式函数，空中机器人三维运动轨迹由三轴曲线联合可得，结果如图 7-39 所示。

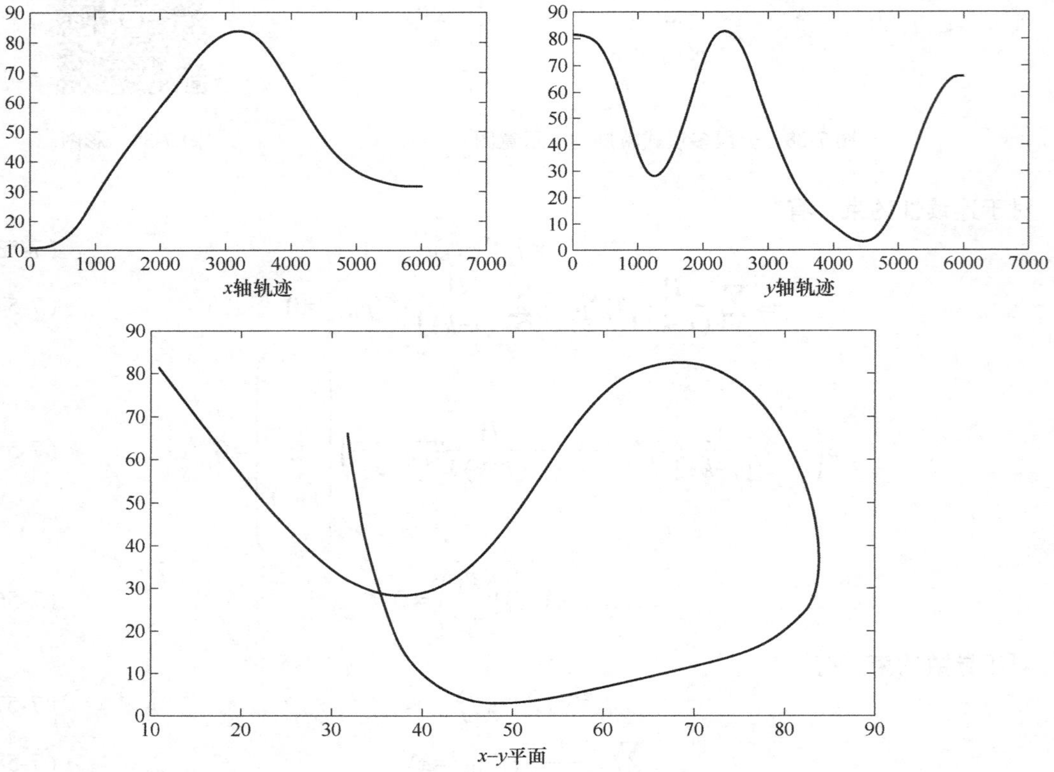

图 7-39　二维 x、y 方向分段多项式轨迹

至此，已经学习了如何在不考虑轨迹安全性的前提下对最小 snap 轨迹的求解。考虑障碍物的轨迹生成问题，可以结合本节知识和前文的路径规划算法求解。具体步骤如下：

1）使用 RRT^* 算法或 A^* 算法得到一条起点到终点的安全路径。

2）对于 RRT^* 算法，将路径上全部节点作为路标点；对于栅格地图上的 A^* 算法，需要使用拉默-道格拉斯-普克(Ramer-Douglas-Peucker，RDP)算法或其他方式将点的个数缩减。这里介绍一种简单的路径简化(Path Shortening)的方法：以 A^* 算法第一个点为起点，以第二个点为终点连接直线，如果不碰撞障碍物，则将终点后移一个节点。如果碰撞障碍物，则记录此时的终点为路标点，并重新设其为起点，其后一个节点为终点，继续连接支线，以此类推。

3）使用本节介绍算法生成分段多项式最优轨迹。

4）检查轨迹是否碰撞，如果在某段轨迹上发生碰撞，则在这一段的两个路标点中点加入一个新路标点，重新生成轨迹。迭代这一过程，直到生成安全无碰撞轨迹。

以这种方法生成轨迹，可以想象其最坏结果为在安全路径上插入很多路标点，使得最后生成的分段轨迹无限接近于初始路径，从而保证了解的安全性。大多数情况下，这种方法可以得到质量较高的安全、光滑的空中机器人轨迹。如图 7-40 所示，分别为使用 A^* 算法和 RRT^* 算法作为前端，在路径上生成最小 snap 轨迹的运动规划结果。

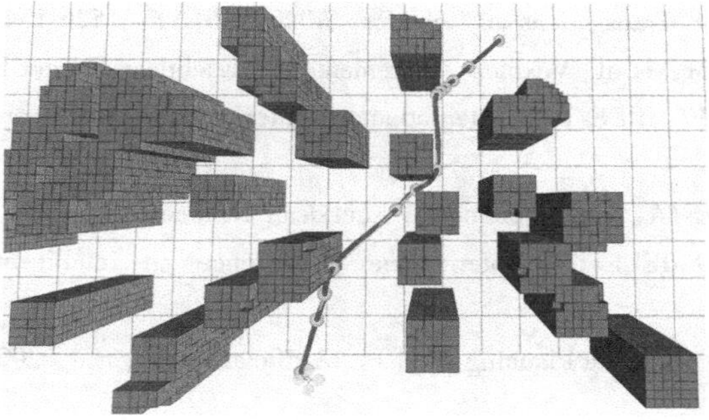

图 7-40　A^* 算法+最小 snap 轨迹生成结果

图 7-40　彩图

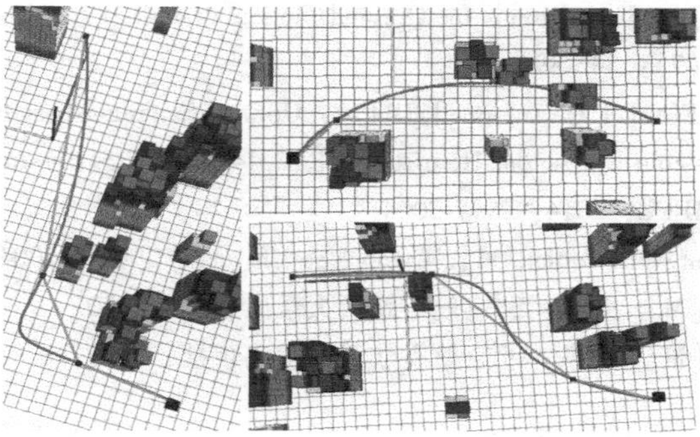

图 7-41　RRT^* 算法+最小 snap 轨迹生成结果

图 7-41　彩图

7.5　本章小结

自主导航能力使空中机器人可以按照任务要求自主到达给定目标，是空中机器人的“大脑”。本章首先阐述了典型自主导航系统的基本架构，并对常用导航方式进行了介绍。以状态估计、地图构建、运动规划三个方面展开，重点介绍空中机器人自主导航的关键技术模块。感知的核心是定位，定位的本质是状态估计问题，因此选取了代表性的基础算法，如光流法、2D-3D 透视变换、EKF 传感器融合等进行介绍；在地图构建部分，从深度估计开始介绍常见的获取深度方法，并介绍经典的稠密地图数据结构和融合方法；运动规划是空中机器人在复杂环境中自主运动的必要模块，因而重点介绍了各种旋翼空中机器人的路径规划算法。本章通过概念描述结合伪代码的形式，对当前的主流定位、感知、规划算法进行了详细的阐述。理解并掌握自主导航方法对空中机器人的学习极为重要。

参考文献

[1] SHEN S, MULGAONKAR Y, MICHAEL N, et al. Multi-sensor Fusion for Robust Autonomous Flight in Indoor and Outdoor Environments with a Rotorcraft MAV[C]. 2014 IEEE International Conference on Robotics and Automation(ICRA), 2014.

[2] LIN Y, GAO F, QIN T, et al. Autonomous Aerial Navigation Using Monocular Visual - inertial Fusion[J]. Journal of Field Robotics, 2018, 35(1): 23-51.

[3] GAO F, WANG L, ZHOU B, et al. Teach-repeat-replan: A Complete and Robust System for Aggressive Flight in Complex Environments[J]. IEEE Transactions on Robotics, 2020, 36(5): 1526-1545.

[4] OLEYNIKOVA H, TAYLOR Z, FEHR M, et al. Voxblox: Incremental 3d Euclidean Signed Distance Fields for On-board MAV Planning [C]. 2017 IEEE/RSJ International Conference on Intelligent Robots and Systems(IROS), 2017.

[5] HAN L, GAO F, ZHOU B, et al. FIESTA: Fast Incremental Euclidean Distance Fields for Online Motion Planning of Aerial Robots [C]. 2019 IEEE/RSJ International Conference on Intelligent Robots and Systems, 2019.

[6] KOENIG S, LIKHACHEV M, FURCY D. Lifelong Planning A*[J]. Artificial Intelligence, 2004, 155(1-2): 93-146.

[7] DOLGOV D, THRUN S, MONTEMERLO M, et al. Path Planning for Autonomous Vehicles in Unknown Semi-structured Environments[J]. The International Journal of Robotics Research, 2010, 29(5): 485-501.

[8] KARAMAN S, FRAZZOLI E. Sampling-based Algorithms for Optimal Motion Planning[J]. The International Journal of Robotics Research, 2011, 30(7): 846-894.

[9] GAMMELL J D, SRINIVASA S S, BARFOOT T D. Informed RRT*: Optimal Sampling-based Path Planning Focused Via Direct Sampling of an Admissible Ellipsoidal Heuristic[C]. 2014 IEEE/RSJ International Conference on Intelligent Robots and Systems. IEEE, 2014: 2997-3004.

[10] BOYD S, VANDENBERGHE L. Convex Optimization[M]. Cambridge University Press, 2004.

[11] 董朝阳，张文强. 无人机飞行与控制[M]. 北京：北京航空航天大学出版社，2020.

[12] 黄智刚，郑帅勇. 无人机通信与导航[M]. 北京：北京航空航天大学出版社，2020.

第8章 仿生扑翼空中机器人

本章首先介绍了仿生扑翼空中机器人的研究现状，然后讲述仿生扑翼空中机器人区别于其他飞行器的结构与运动方式及其软硬件设计架构。另外，选取了仿鸟扑翼空中机器人进行建模分析，在此基础上提出了基于仿生学习的控制方法并进行了仿真实验验证。

8.1 仿生扑翼空中机器人的研究现状

8.1.1 概述

目前，国内外对空中机器人的研究主要集中于固定翼和旋翼两种类型，然而随着空中机器人在军事、民用领域的普及，固定翼和旋翼式空中机器人已经远不能满足许多任务的需要。因此，为了适应任务的复杂性和环境的多样性，需要提出新的飞行模式。扑翼飞行模式以其更大的机动性、更好的避障能力和更低的飞行成本受到了国内外研究者的广泛关注。

仿生扑翼空中机器人也称为扑翼飞行器(Flapping-wing Air Vehicle，FAV)，是一种模仿鸟类和昆虫飞行、基于仿生学原理设计制造的新型空中机器人。它集仿生学、空气动力学、机械、能源、通信、控制等多学科技术于一身，因便携、易操作、机动灵活、隐蔽性好，在众多领域都有极大的应用价值和广阔的发展前景。

仿生扑翼空中机器人目前仍处于起步和上升阶段，虽然已经取得了一些阶段性的研究成果，但距离实用阶段仍有一定差距，许多理论和实践工作还有待深入研究。

8.1.2 国内外发展历史

1. 国外发展历史

扑翼飞行一直都是人类梦寐以求的飞行方式，人们也一直在进行这方面的探索。最早可以追溯到15世纪初，意大利发明家达·芬奇设计了一种由飞行员自己提供动力的人工扑翼飞行器，但由于飞行系统过于复杂，依靠当时的科学技术无法实现。然而，该模型已经具备了扑翼空中机器人的雏形，为后续扑翼空中机器人的设计研究提供了参考。

扑翼飞行系统是在20世纪70年代以后逐步发展起来的。它经历了从低频扇动的大型载人仿生扑翼空中机器人到中频扇动的仿鸟扑翼机，再到现在较为流行的高频扇动的昆虫扑翼空中机器人的发展过程。其理论建模也由固定翼做简单的正弦运动，发展为复合翼做复杂运动。其中，比较前沿的成果主要来自于美国、德国、英国、荷兰等国家。

2011年，美国航空公司AeroVironment受美国国防部高级研究计划局(DARPA)的委托，研制了一款仿蜂鸟扑翼空中机器人 Nano Hummingbird，如图 8-1 所示。该机器人的翅膀采用中空的碳纤杆材料作为骨架，表面是网孔纤维，翼面材料为聚氟乙烯薄膜。其身长 18cm，总重量 18.7g，最快速度 18km/h，续航时间可达 11min，能实现垂直爬升下降、前后左右横向飞行、顺时针和逆时针旋转以及半空盘旋等动作。它可以部署在城市环境或者战场上进行侦查和监视，也可以栖息在窗台或电力线上，甚至进入建筑物内观察四周的环境，并将信息反馈给操作者。DARPA 表示，该机器人可“为作战人员提供前所未有的城市任务作战能力”。

德国著名工业自动化公司 Festo 在 2012 年推出了仿海鸥扑翼空中机器人 SmartBird，如图 8-2 所示。它的翅膀部分由内翼和外翼两部分组成，内翼具有较大的刚性，外翼具有较大的柔性，从而在飞行姿态上与海鸥更加接近。特殊的结构设计使其具有良好的空气动力学性能和强大的灵活性，不需要额外的驱动便可以实现自主起动、飞行和降落。

图 8-1 美国 AeroVironment 公司的 Nano Hummingbird

图 8-2 德国 Festo 公司的 SmartBird

美国加州理工学院研制了一款仿蝙蝠扑翼空中机器人 BatBot(B2)，如图 8-3 所示。研究表明，蝙蝠的翅膀具有 40 多个关节，结构非常复杂。为了便于控制，研究人员根据蝙蝠的外形结构和运动分析将其自由度简化至 5 个，分别设置在肩部、肘部、腕部、腿部和尾部。BatBot(B2)的机翼由柔性硅胶膜制成，厚度仅有 56μm。在控制方面，它采用边界控制的方法使机翼按照期望的轨迹运动。BatBot(B2)可以完成平稳飞行、巡航，也可以实现倾斜飞行、急速俯冲这些动作。该项目的研究成果目前已收录于 *Science Robotics*(2017 年第 2 期)，并被作为封面论文。BatBot(B2)的研究人员表示，未来他们会将蝙蝠的回声定位和倒挂栖息引入蝙蝠扑翼空中机器人中。

哈佛大学研发了一款小型“蜜蜂机器人”RoboBee，如图 8-4 所示。它仅重 80mg，尺寸仅 5μm，它的翅膀拍打频率可达 120 次/s，可以实现垂直起飞、悬停和转向。结构上，包括电子元件在内的所有元件均采用微加工的 SCM 技术；控制方面，受昆虫单眼启发，它利用光传感器模拟昆虫的单眼视野和光感，进行环境反馈。

美国加州理工学院开发了一款手掌大小的机器蝙蝠 Microbat，如图 8-5 所示。为了可以减轻质量和提高升力，该团队对翅膀投入了大量的研究。通过风洞试验，对比钛合金蝙蝠翅膀和蝉的翅膀，他们发现生物模拟翅膀的性能远不如生物翅膀。因此，他们放弃了复杂的生物模拟翅膀，转向研发能够提供足够升力和推力的简单结构翅膀。为了解决电池质量大、功率低的难题，他们采用轻便的转换器和镍铬细胞供电系统代替传统的镍铬 N-50 电池，不仅减轻了质量，而且增加了供能性能。改良后，Microbat 由初始仅飞行 9s 提高到现在最佳飞行时间 42s。

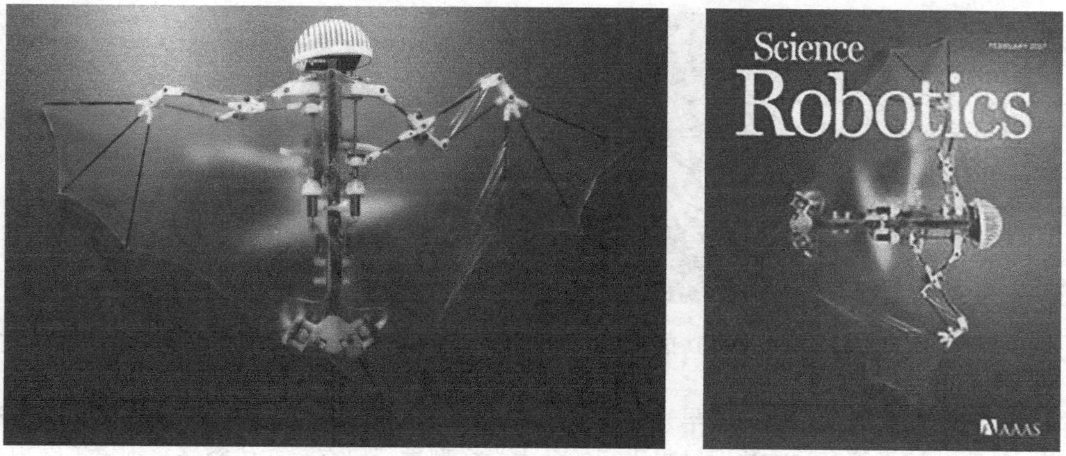

图 8-3　美国加州理工学院研制的 BatBot(B2)

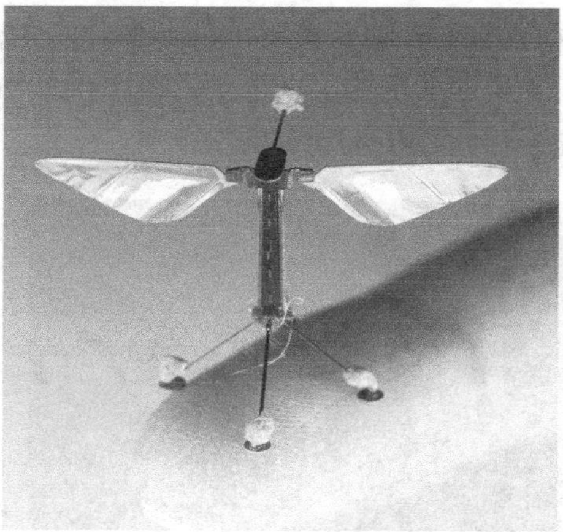

图 8-4　哈佛大学的 RoboBee

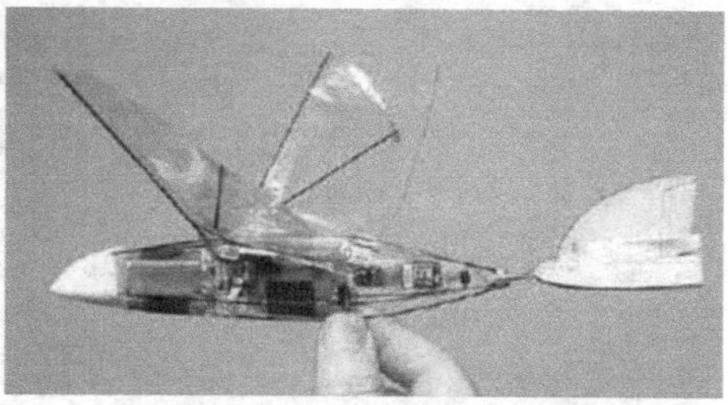

图 8-5　美国加州理工学院的 Microbat

荷兰戴夫特技术大学从 2005 年开始进行仿生扑翼空中机器人的研究，并将其研制的扑翼空中机器人命名为 DelFly。最新设计的 DelFly Micro(见图 8-6)翼展长度为 10cm，重量仅为 3.07g，被誉为“世界上最小的飞行器”。通过模仿苍蝇和蜻蜓的飞行原理，它的翅膀拍打频率可达 30 次/s，飞行速度可达 15m/s，可实现盘旋甚至在空中倒退飞行，并且它配备了无线摄像机和锂电池，可利用机器视觉技术实现避障。

2. 国内发展历史

国内关于仿生扑翼空中机器人的研究起步相对较晚，但国内科学家们始终关注着其发展动态。近年来，国内不少高等院校和科研机构已经开始这方面的基础和应用研究工作，下面简单介绍其中几个具有代表性的成果。

西北工业大学宋笔锋教授团队研制的仿生扑翼空中机器人“信鸽”如图 8-7 所示。它的机架由碳纤维制成，柔性翼由聚酯薄膜聚合物制成，利用聚合物锂电池和微型直流电动机来驱动，重 220g，翼展 50cm，最大飞行速度可达 40km/h。它能精确复制真正鸟类 90%的飞行动作，具备极高的仿真度，可以躲避人类甚至是雷达的监测。

图 8-6　荷兰戴夫特技术大学的 DelFly Micro

图 8-7　西北工业大学的“信鸽”

北京航空航天大学是国内较早开展扑翼空中机器人研究的高校之一。孙茂教授团队通过观测、计算、仿真等多种方法对昆虫飞行的动力学模型进行研究，在仿蜜蜂、蝴蝶等微型飞行器的仿生力学方面取得了一定突破，同时在机构设计和运动学分析上也取得了一定的成果，并成功研制了飞行样机，如图 8-8 所示。

南京航空航天大学昂海松教授团队深入研究了仿鸟复合扑动扑翼的气动特性，并研制了几种不同尺寸和布局形式的仿鸟扑翼机器人样机。其中一款如图 8-9 所示，该样机于 2002 年试飞成功，其技术指标已经达到美国加州理工学院研制的 Microbat 的水平。

图 8-8　北京航空航天大学的仿鸟扑翼空中机器人

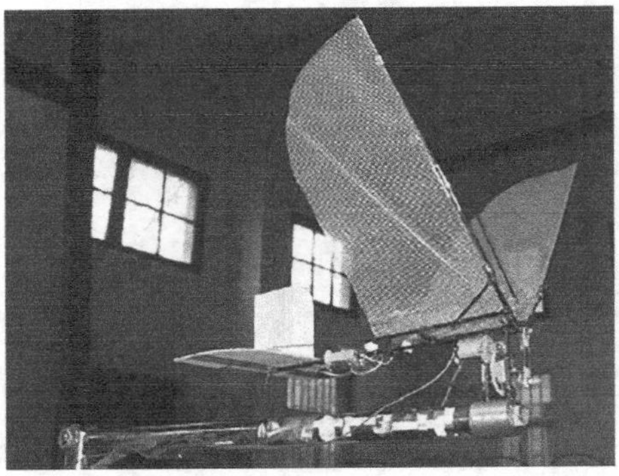

图 8-9　南京航空航天大学的仿鸟扑翼空中机器人

总的来说，国内仿生扑翼空中机器人研究的理论成果较为丰富，但实物成果仍较少。若要设计出结构合理并且性能优良的扑翼空中机器人，需要结合仿生学、空气动力学、机构设计学和控制理论等多方面的知识，也需要各种人才的共同努力。

8.1.3　应用前景

随着对动物飞行机理认知的加深以及微电子技术、空气动力学、新型材料等技术的快速发展，仿生扑翼空中机器人已经成为一个新的研究热点。

仿生扑翼空中机器人具有其他空中机器人无法比拟的优点：可以原地或小场地垂直起飞，飞行机动性好，空中悬停性能优异，飞行成本低廉；它将升力、悬停和推进功能集成在一个扑翼系统中，可以以极少的能量进行长距离飞行，因此更适用于长期无能源补充和远距离条件下执行任务。

由于仿生扑翼空中机器人具有体积适中、携带方便、飞行灵活、隐蔽性好等特点，并能完成许多其他飞行器无法执行的任务，使其在国防和民用领域有着非常重要和广泛的应用。在军事领域中，它可以实现低空侦察、城市作战、电子干扰、精确投放以及安保部门的缉毒、边境巡逻等。在民用领域中，它可用于野外作业人员的勘测与通信，进入生化禁区进行生化探测并执行任务，对火灾、虫灾等自然灾害和空气污染进行实时监视并予以支援等。

8.2　仿生扑翼空中机器人的运动机理与关键技术

8.2.1　基本结构与运动方式

通常将仿生扑翼空中机器人分为仿昆虫类扑翼空中机器人和仿鸟类扑翼空中机器人，两者的对比见表8-1。

表8-1　仿昆虫类扑翼空中机器人和仿鸟类扑翼空中机器人对比

类　型	仿昆虫类扑翼空中机器人	仿鸟类扑翼空中机器人
翅翼结构	平板翼	折叠翼
飞行方式	扑翼、翱翔(被动式)	滑翔、翱翔、扑翼
运动方式	扑动、扭转、挥摆	扑动、扭转、挥摆、折叠
扑动频率	高	低
飞行距离	短	长
载重大小	小	大
飞行姿态控制	无尾翼，完全靠调节两侧翅膀和身体位置	借助翅膀和尾翼
应用场景	狭小、复杂的环境	需要较长续航能力的环境

1. 仿昆虫类扑翼空中机器人

对昆虫的扑翼运动进行研究，可以为设计仿昆虫类扑翼空中机器人提供仿生学理论基础和设计指导。下面主要从昆虫的翅翼结构、飞行控制、飞行方式和扑翼机构设计这几个方面进行研究。

（1）翅翼结构　昆虫通过控制胸部肌肉的弹性运动和作用于翅膀上的力实现飞行，昆虫翅膀运动由胸部肌肉控制，通过外骨骼、弹性关节、胸部变形以及收缩和放松肌肉向翅膀传递运动，如图8-10所示。

（2）飞行控制　昆虫在空中飞行，可以沿着三个自由度方向来改变飞行姿态。当需要改变方向时，昆虫通过肌肉伸缩使身躯变形，改变重心位置，使空气动力对重心形成力矩，改变飞行位姿。昆虫飞行中拍动两翅，两翅在各自的拍动平面内往复拍动，形成斜板效应，产生升力和前进力；翅膀绕自身的纵向轴线，可以做扭转运动，用以调节翅膀拍动时的迎角；同时两翅的拍动平面可以如图8-11b所示向头部平移，或如图8-11c所示向尾部平移，以改变升力中心相对于重心的位置，控制身体的上仰或下俯。

（3）飞行方式　扑翼飞行是昆虫飞行时必不可少的方式。昆虫可以运用滑翔但是不能单独运用，在利用上升的热气流进行滑翔时还必须辅以扑翼飞行。另外，昆虫在飞行过程中仅

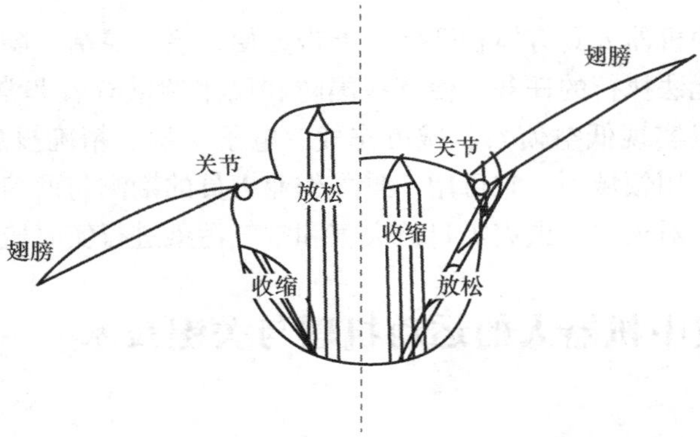

图 8-10　昆虫的翅膀和胸部结构

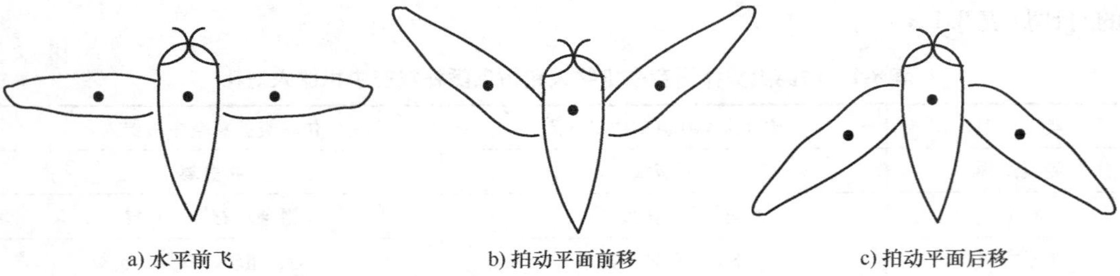

图 8-11　昆虫翅膀的拍动平面

仅扑动翅膀并不能产生足够的升力，因为不加扭转地扑动翅膀虽然能将昆虫向前推送，但上挥和下拍所产生的垂直方向的力会相互抵消，并不能产生升力。为了改变这种情况，昆虫在扑翼过程中要将翅翼的运动状态进行适当的改变，以获得升力。

昆虫翅翼的运动方式主要有以下三种类型，通常会综合利用其中几种：

1）拍翅运动。翅翼在拍动平面内往复运动，形成“柔性楔形效应”，产生升力和前进力。左、右两翅各有其拍动平面，如图 8-12 所示。

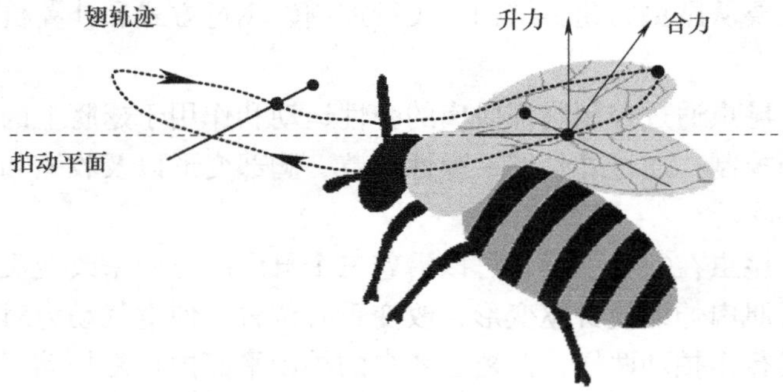

图 8-12　昆虫的拍翅运动

2）扭翅运动。翅翼绕自身的展向轴线做扭转运动，用以调节翅膀拍动时的迎角。比如起飞时需要加强升力，迎角增大；平飞时迎角减小，以节约飞行所消耗的能量。图 8-13 所示为昆虫悬停飞行时，翅膀的周期性扭转运动。

3）偏移运动。双翅的拍动平面可以向头部或尾部偏移，如图 8-13 所示。昆虫翅膀三自由度的运动和身躯运动相配合，可以完成昆虫的各种正常飞行，如起飞、水平前飞、下降、左右转向和驻飞，昆虫的一些特技飞行，如仰飞、前后滚翻和侧滚翻等，同样可以通过昆虫翅膀运动和身躯运动的配合实现。

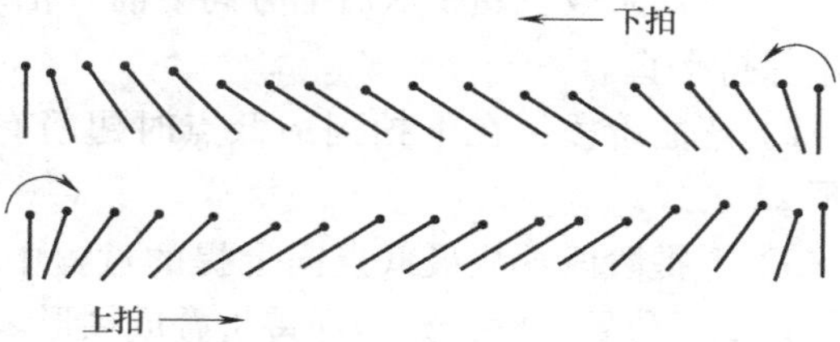

图 8-13　昆虫翅膀的扭转运动

按上述的运动分析来进行仿生扑翼空中机器人的研制，可将拍翅运动和扭翅运动放在驱动部分解决，产生升力和前进力，将偏移运动放在控制部分解决，改变昆虫飞行的姿态。

（4）扑翼机构设计　昆虫的结构特征要用机械来完全模仿是很困难的，因此需要在研究昆虫运动特性的基础上，提取关键部分设计机械系统。对于体型较大的仿昆虫类扑翼空中机器人，可以模仿大昆虫或鸟类的胸部结构，由驱动器提供足够的能量，通过传动机构传递给翅膀；对于体型较小的仿昆虫类扑翼空中机器人，可以通过驱动器、运动系统和翅膀共振的方法来节省能量。

实现拍动的机构应尽可能结构简单、控制方便、成本低，四杆机构是比较合适的选择。目前可供选择的四杆机构有曲柄滑块机构、凸轮弹簧机构、双曲柄双摇杆机构和单曲柄双摇杆机构，如图 8-14 所示。

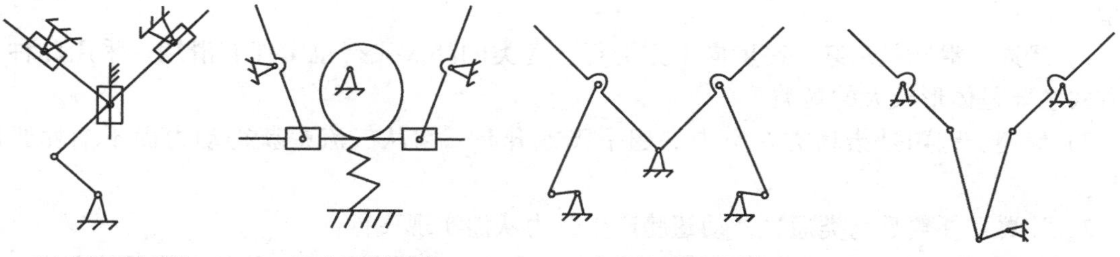
a) 曲柄滑块机构　b) 凸轮弹簧机构　c) 双曲柄双摇杆机构　d) 单曲柄双摇杆机构

图 8-14　四杆机构

2. 仿鸟类扑翼空中机器人

对鸟类的扑翼运动进行研究，可以为设计仿鸟类扑翼空中机器人提供仿生学理论基础和设计指导。下面主要从鸟类的翅翼结构、飞行控制、飞行方式和扑翼机构设计这几个方面进行研究。

（1）翅翼结构　鸟翼是适应飞行的主要器官，扑翼飞行看似由简单的翼面上扑和下扑构成，但实际的运动规律却要复杂得多，每一时刻翼面的姿态和气动力都有所不同。一个扑动周期内鸟翼型位置和角度的变化如图 8-15 所示。

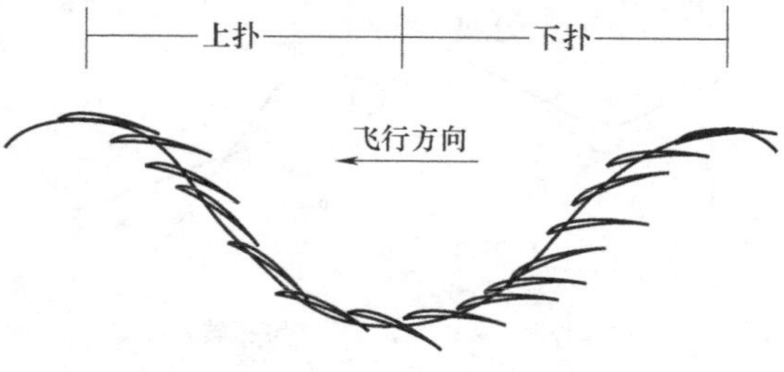

图 8-15　一个扑动周期内鸟翼型的变化

通过大量对鸟类飞行的观察发现，在正常飞行时，翅膀扑动的一个周期大致可以分成以下四个阶段：

1）下拍阶段：翅膀从后上方向下前方拍动，在下拍的过程中同时向前扭转，此时翅膀基本保持平直。

2）弯曲阶段：在下拍到最低点时翅膀有一个短暂的停顿，翅膀外部向下折叠，形成拱形。

3）上提阶段：从最低点向上提的过程中，只有肱骨部分抬起，腕关节只稍向后扭转，仍保持低下位置，整个翅膀保持折叠成拱形。

4）展平阶段：肱骨几乎抬到最高点时，前肢迅速抬起到“充分高”的部位，翅膀迅速展平，然后重复开始第一阶段。

（2）飞行控制 鸟类在空中飞行和昆虫一样可以沿着三个自由度方向来改变飞行姿态，但其改变飞行姿态的方式和昆虫稍有不同，这是由鸟类的尾翼决定的。

当需要改变飞行姿态时，鸟类通过肌肉伸缩身躯变形，不仅能控制翅膀的拍动平面和飞行迎角，还能控制尾翼偏转和扭动来改变飞行的位姿。鸟类飞行中拍动两翅，两翅在各自的拍动平面内往复拍动，形成斜板效应，产生升力和前进力；翅膀绕自身的纵向轴线，可以做扭转运动，用以调节拍翅迎角；同时两翅的拍动平面可以向头部或尾部平移，以改变升力中心相对于重心的位置，控制身体的上仰或下俯，这一点和昆虫相似。但由于鸟类比昆虫多了灵活的尾翼，所以又可以通过向左右扭转一定角度的尾翼，以控制飞行方向的左右偏转和上下摆动。

（3）飞行方式 虽然不同鸟类的外形和结构千差万别，但飞行方式可分为以下三种基本类型：

1）滑翔：滑翔是从某一高度向下方滑行，鸟类的扑翼飞行也常伴有滑翔，采用此种飞行方式主要是体形较大的鸟类。

2）翱翔：翱翔是指鸟类在空中展翅平飞或升高，它从气流中获得动力而不消耗肌肉能量。

3）扑翼：扑翼是鸟类通过扑动翅膀产生升力从而实现飞行。

飞行生物在飞行过程中有着复杂的扑翼运动方式，归纳起来有四种基本的运动方式，如图 8-16 所示。各种复杂的扑翼运动可以看作是这四种基本运动的合成。

① 扑动（flapping）：绕与飞行方向相同的轴做上下运动拍动。

② 扭转（twisting）：绕翅翼中线的旋转运动。

③ 挥摆（swinging）：绕与机身垂直轴的前后划动。

④ 折叠（folding）：翅膀沿翼展方向的伸展与弯曲。

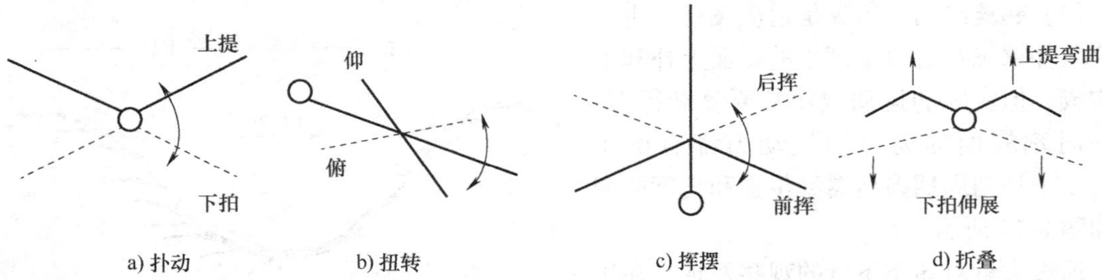

图 8-16　鸟类翅膀的四种基本运动方式

（4）扑翼机构设计 鸟类的翅翼结构非常精巧，要想完全模仿几乎是不可能的。在设计扑翼空中机器人的翅翼时，应当抓住鸟类翅翼的主要特征进行设计制造。

仿鸟类扑翼机构的设计是从仿生学的角度，通过设计一个机构来实现鸟类翅翼的复杂运动形式。仿鸟类扑翼机构应能实现鸟类多个自由度的运动，如扑动、扭转、挥摆以及翅翼的折叠，多自由度的扑翼机构不仅可以更接近飞行生物的飞行方式，而且能够产生的有效升力更大，飞行更灵活。

8.2.2 关键技术

虽然对仿生扑翼空中机器人的空气动力学、飞行力学及其实施机理的研究已经取得了初步的理论和实验结果，但整体仍然处于起步阶段，有待解决的问题仍较多。除了进一步从理论和实验上对仿生机理进行研究外，未来对空气动力学问题、高性能的动力系统和能源问题、高效驱动机构的设计与制造以及通信和控制系统等方面的研究，是仿生扑翼空中机器人研制的关键。下面将详细介绍这几个关键技术。

1. 空气动力学问题

仿生扑翼空中机器人的空气动力学问题非常复杂。仿生扑翼空中机器人以模仿昆虫和鸟类扑翼运动为主，扑翼的翅膀不具备像飞机翼的标准流线型，而是类似于平面薄体结构。

目前研究的仿生扑翼空中机器人尺寸小、速度低，需要在较低的雷诺数下飞行，此时空气黏滞力很大，按照传统的空气动力学理论，是无法有效利用空气的升力和阻力的。但是它们的翅膀在拍动过程中伴随着快速且多样性的运动，这会产生不同于周围大气的局部不稳定气流。这种非定常空气动力学效应是研究和理解昆虫、鸟类飞行机理和空气动力学特性，进而实现仿生飞行的重要基础。

然而，目前在低雷诺数下的仿生扑翼空中机器人的空气动力学问题还处于试验阶段，并没有成型的理论和经验公式可遵循，只能参考常规飞行器设计中所采用的一些成熟技术，如气动力计算方法与软件系统。未来需要对非定常空气动力学做更加深入的研究。

2. 动力系统和能源问题

动力装置在仿生扑翼空中机器人的研究中起着重要作用，是机器人能否离地的关键，也是目前制约微型仿生扑翼空中机器人发展的因素之一。良好的动力装置要在保证整个飞行器尺寸的前提下，能提供足够的能量并转化为机器人所需的驱动力，以及维持机载设备工作所需的电能。研制出高功率和高能量密度微型动力装置和微型动力源是一个亟须解决的问题。

动力装置的研究目标是结构简单、能耗低、质量轻、易于微小型化、线性控制性能好、动态响应快，这就要求对仿生扑翼空中机器人能源动力系统的质量、大小以及功率进行更加细致的研究。目前动力装置主要采用微型电动机、微型内燃发动机、基于 MEMS 技术的微静电致动器、压电致动器以及交变磁场驱动器、各种人造肌肉等。

考虑到驱动效率，电动机依然是较常用的驱动器，目前电动机已经实现了微型化，如上海交通大学研制的直径为 1mm 的电磁型超微电动机、美国加州大学研制的直径为 120μm 的静电微电动机等。考虑到扑翼飞行对质量和大小的要求，在今后的研制过程中，电池和微型电动机应是很长一段时间内的首选对象。同时，由于最终目标是实现仿生扑翼空中机器人的自主飞行，无线式能源供给将是以后发展的重点之一。

3. 结构和运动机构

设计和制造具有非定常空气动力学特性的高效仿生翼，是仿生扑翼飞行研究中亟待解决的问题。飞行所需气动力是依靠机翼上下拍动来产生的，因此仿生翼必须轻且坚固，能在高频振动下不易断裂，且能够提供足够的升力和推进力等。仿生翼的研究包括翼的结构和形状设计、运动模式的实现、材料的选择以及与制造有关的工艺问题。在设计过程中，翼形主要还是仿造生物的翅膀形状，翼的质量要轻，在扑动过程中要有灵敏的柔性，并通过多种翼形比较选择最有效的形状。

进行仿生翼研究的目的并不是要完全模仿生物的翅膀来实现灵巧的运动模式，而是在进一步研究昆虫、鸟类翅膀结构和运动特性的基础上，提取其精髓并进行简化，从而研制出更具灵活性和更优运动性能的翼形。扑翼机构也不同于一般运动机构，模仿生物的翅膀的简化运动模式，运动机构就需要实现复合运动，高频和摩擦是需要解决的重要问题。

此外，材料的选择涉及仿生扑翼飞行的整个过程，设计中的质量轻、柔性以及微型化等要求都与材料有关。另外，为保证整体质量较轻、翼有一定强度且能灵活变形，聚酯化合物及碳纤维材料等被广泛采用。在研制过程中，必须综合考虑扑翼飞行的结构特性、运动和动力特性及机构制作的工艺特性要求来选择性能合适的材料。

4. 通信和控制系统

仿生扑翼空中机器人在发展过程中，通信和控制系统是必不可少的重要部分，但目前对这方面的研究较少，这也是需要进一步解决的难题。

仿生扑翼空中机器人在执行任务时往往会距离操纵者较远，这就要求仿生扑翼空中机器人必须具备灵敏的通信系统，来实现对仿生扑翼空中机器人的控制及传递收集信息等。目前适用于微型仿生扑翼空中机器人的通信系统还处于研究阶段，这一难题的解决将依赖于无线电技术的发展。

仿生扑翼空中机器人要实现飞行控制与决策，需要进行任务规划、路径规划、飞行模式规划和翅膀运动学控制。传感和控制系统的研究关键是飞行高度和飞行稳定性的控制。目前对于生物飞行控制机理的了解仍然较少，仿生扑翼空中机器人所涉及的控制模型需要考虑具有高度不确定性的空气动力学模型、高度非线性的微电子机械模型以及整个机器人的高度柔性结构等因素，同时还要求完成比较复杂的工作，因此实现起来有很大难度，需要探索新控制理论和方法。

8.3 仿生扑翼空中机器人的软硬件设计

8.3.1 基本架构

仿生扑翼空中机器人在机体结构和软硬件设计方面呈现多样化趋势，虽然它们结构外形不同，但都具有相似的软硬件结构。仿生扑翼空中机器人能够实现数据通信、远程遥控或者视觉避障、自主导航等高级任务，这都离不开硬件结构和软件系统的相互配合。

仿生扑翼空中机器人系统由两部分组成：在空中飞行的机器人机体和地面站软件系统。仿生扑翼空中机器人负责完成飞行中的监控和作业任务；地面站软件系统是监控信息的承载中心，由地面无线通信设备、计算机终端以及监控设备组成，主要完成数据的接收、处理和可视化工作。仿生扑翼空中机器人机体与地面站的相互配合，促使任务的有效完成。图 8-17 是仿生扑翼空中机器人系统工作示意图。

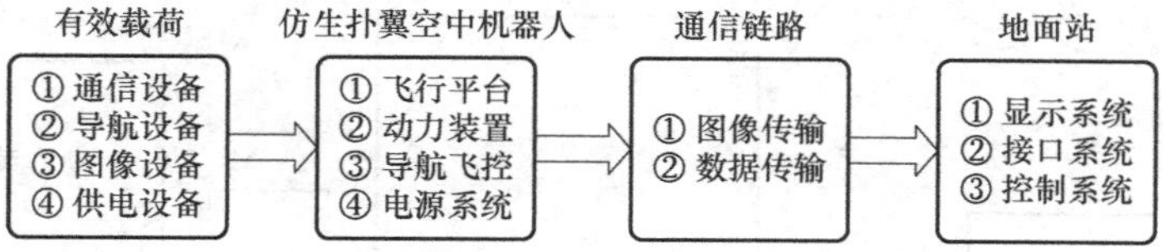

图 8-17　仿生扑翼空中机器人系统工作示意图

8.3.2　硬件系统设计与构建

下面从机械结构设计与飞控系统设计两部分展开对硬件系统设计的介绍。

1. 机械结构设计

机械结构设计是搭建仿生扑翼空中机器人的重点与难点，仿生扑翼空中机器人的机械结构决定了其能否起飞及是否具有可操作性。下面将从机身设计、机翼设计以及尾翼设计三个方面展开介绍。

（1）机身设计　仿生扑翼空中机器人的机身用于固定舵机、翅膀、尾翼、电池和飞控板，使它们在飞行时不会因为翅膀的扑动而脱落或者移位。由于仿生扑翼空中机器人的负载有限，因此机身应当采用轻质材料，如碳纤维杆等。

（2）机翼设计　仿生扑翼空中机器人的机翼是整个系统推力以及升力的来源，其作用在机器人的整个飞行中是最为关键的。因此，机翼的设计与制作是仿生扑翼空中机器人设计的重要一环。仿生扑翼空中机器人机翼的设计主要分为两个部分：翼面形状和机翼骨架。翼面形状包括机翼的展长、弦长和翼面积；机翼骨架用于连接舵机臂与翼面，使整个翼面能够随着舵机臂的旋转而上下扑动。

（3）尾翼设计　尾翼作为气流的稳定面，对飞行及滑翔的姿态有很大影响，因此尾翼的形状和结构也是设计仿生扑翼空中机器人的重要环节。经过滑翔飞行实验发现，尾翼向上抬时，仿生扑翼空中机器人会有一个正的攻角；而尾翼朝下时，仿生扑翼空中机器人会向下俯冲，甚至直接栽落；尾翼保持水平时，仿生扑翼空中机器人的姿态由其重心的位置决定。由于通过尾翼调整仿生扑翼空中机器人飞行姿态的具体机理目前尚不明确，仅通过实验总结出了经验性的结果，因此，为了保证仿生扑翼空中机器人在飞行时具有正的攻角，尾翼应当向上抬，尾翼面积应当尽量大，尾翼与机身的连接应尽量稳固，避免尾翼侧面受力倾斜，影响其飞行稳定性。

自然界鸟类的尾翼灵活可控，要想实现更加高机动的飞行，可控尾翼仍然是研究的重点。基于多自由度尾翼结构设计尾翼控制方法，能够实现扑翼空中机器人姿态的有效控制，并具有一定的抗风、抗干扰能力。

2. 飞控系统设计

飞控电路板的设计是仿生扑翼空中机器人硬件系统设计的关键，是整个飞控系统的核心。通过对仿生扑翼空中机器人系统的需求进行整体分析，其飞控硬件平台应由传感器感知系统、动力系统、通信系统和辅助系统四部分组成。飞控硬件系统整体设计方案如图 8-18 所示。

仿生扑翼空中机器人的主控系统板负责采集传感器系统数据，接收遥控器和地面站指令，控制运行姿态、位置及数据融合算法，发送 PWM 信号给动力系统等。仿生扑翼空中机器人需要保持姿态的稳定才能保证位置控制算法的执行和航拍视频的质量，因此对飞控硬件

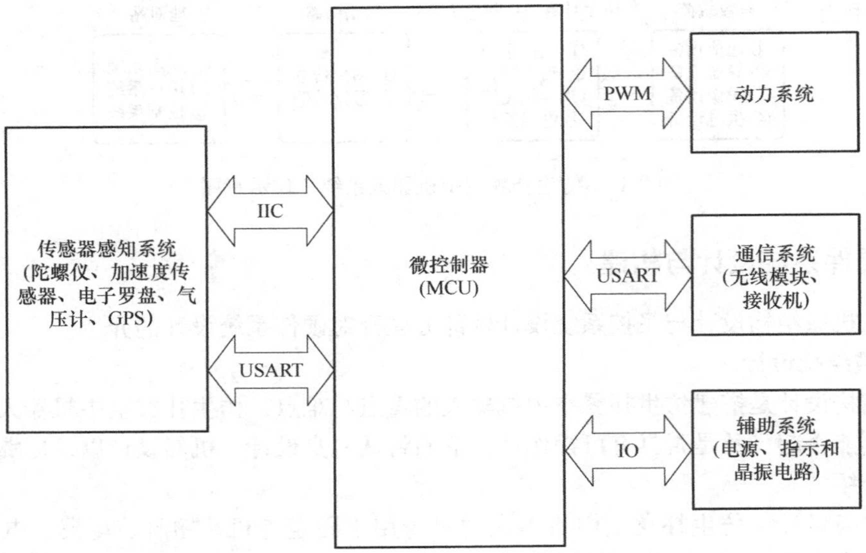

图 8-18　飞控硬件系统整体设计方案

系统的实时性和处理频率都有比较高的要求，且姿态解算和控制算法中涉及大量浮点运算，对处理器性能要求较高，通常选用微控制器(Microcontroller Unit，MCU)作为飞控系统的主控芯片。

选定仿生扑翼空中机器人飞控硬件系统的主控芯片后，还要进一步通过对空中机器人的飞行任务进行需求分析，设计相应的传感器系统为飞行控制提供位置、速度和姿态等信息。在仿生扑翼空中机器人硬件系统的设计中，传感器系统包括姿态单元和位置单元，分别提供主控系统姿态和位置信息。传感器硬件系统框图如图 8-19 所示。

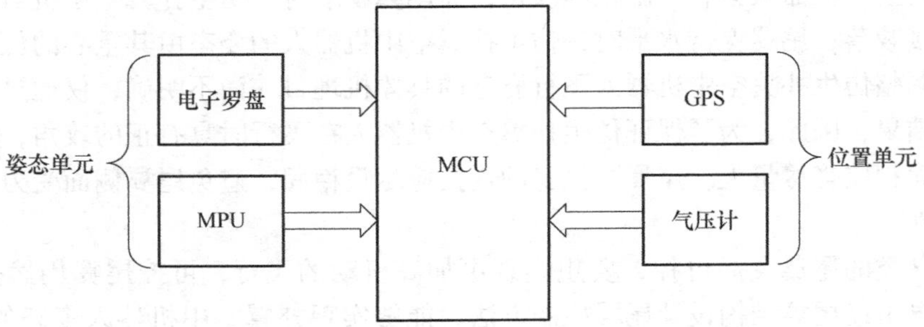

图 8-19　传感器硬件系统框图

不同于传统的旋翼飞行器，仿生扑翼空中机器人靠驱动两侧机翼产生升力和舵机多级联动起转向作用，因此有着非常复杂的气动特性，而且仿生扑翼空中机器人在飞行过程中易受气流干扰，只有快速准确地反馈当前机体的姿态信息，飞控系统才能快速执行控制算法并控制姿态角确保空中机器人的稳定飞行。其中姿态反馈的核心为飞控的姿态系统，惯性导航模块是飞行器的必备单元。姿态系统一般由陀螺仪、加速度计和电子罗盘组成，通过三种传感器信息的融合得到准确的姿态信息，并且这些传感器质量轻、精度高，能够满足飞控硬件系统设计的要求。

8.3.3　软件系统设计与集成

软件系统是仿生扑翼空中机器人系统功能实现的核心之一，在飞行导航、信息反馈等方面具有十分重要的意义。仿生扑翼空中机器人的软件系统主要包括机载飞控软件和地面站软件，本小节对其设计方案进行详细探讨。

仿生扑翼空中机器人若想实现稳定飞行，需要依靠传感器获取位置信息并反馈到微处理器，从而进行控制系统的运算。因此，飞控软件系统的主要任务是使各功能模块能够协调有效地工作。地面站软件除了常规软件的数据接收和任务处理功能外，还应具有监控仿生扑翼空中机器人的飞行状态和辅助控制其自主飞行的功能。

仿生扑翼空中机器人的地面站包括机载信息交换和地面部分。机载信息交换和飞行控制电路系统与飞行任务和设备密切相关，其中机载信息交换的信息包括机器人运动信息、GPS信息、图像采集信息、遥控设备信息和其他多传感器信息。仿生扑翼空中机器人的地面站方案如图 8-20 所示。

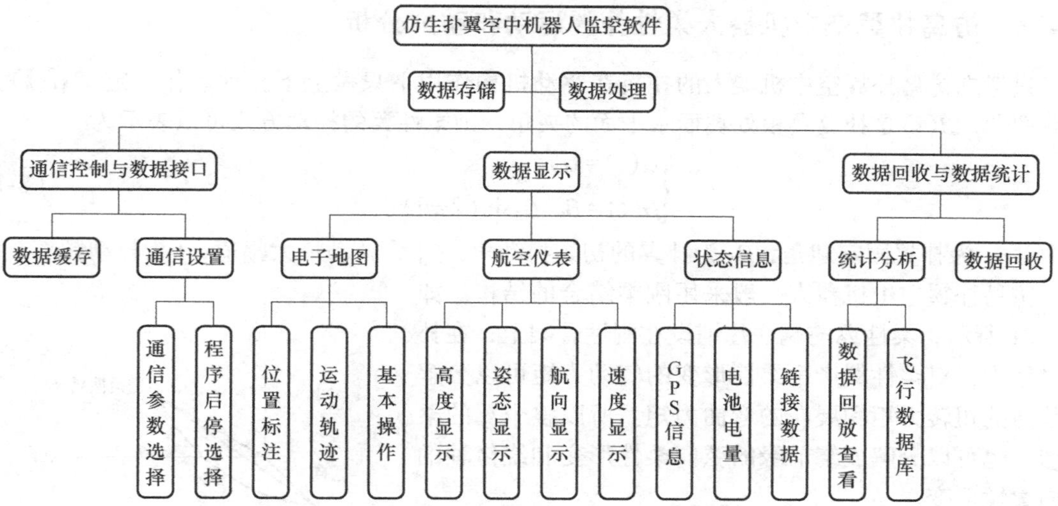

图 8-20　仿生扑翼空中机器人的地面站方案

仿生扑翼空中机器人的地面站软件系统要完成上述全部功能，必须由多个子系统构成。由于各子系统功能复杂，可能在数据和操作上互相交叉，因此模块化设计的思想非常重要。按照地面子系统设定任务的范围和类型以及空中机器人的特性，可以设计如下模块：

① 无线链路：该模块由通信设备的收发模块和通信协议模块组成，主要作用是进行飞行数据的校验和编码的生成，保证数据的收发一致性，防止产生误码现象而导致空中机器人失控。

② 通信控制：该模块能够根据任务自动划分控制类型，生成控制信号引导仿生扑翼空中机器人的飞行，并能够根据操作者的个人意愿自动产生一系列对空中机器人的控制信号。该模块由飞控信号生成和验证信号执行两个模块组成。

③ 航空仪表和状态信息显示：该模块主要包括电子仪表及状态信息显示，能够显示仿生扑翼空中机器人在飞行过程中的姿态、轨迹、电量等信息，同时包括数据存储模块，便于操作者直观地了解空中机器人的飞行状态，同时存储相关飞行信息。

④ 电子地图：该模块用来显示仿生扑翼空中机器人经纬度、海拔等位置信息，同时能够记录空中机器人飞行过程中的路径，并在电子地图上显示空中机器人的航迹。

从工程应用的角度来看，地面站软件系统不仅能够实现对仿生扑翼空中机器人飞行状态的监控，更是获得仿生扑翼空中机器人在飞行任务中实时信息的重要手段，能够最大限度地发挥仿生扑翼空中机器人的效能。

8.4 仿鸟扑翼空中机器人建模分析

仿生扑翼空中机器人在飞行过程中飞行速度慢，低雷诺数效应明显，只要较小的迎角扰动就可能失速。同时，仿生扑翼空中机器人空气动力非线性明显，对其精确建模存在很大难度。在仿生扑翼空中机器人中，仿鸟类扑翼空中机器人在结构和动力等方面相对成熟，且由于鸟翼具有翅膀折叠功能，在动力分析中对扑翼的柔性形变往往可以进行很大的简化。本节将对仿鸟扑翼空中机器人做初步的建模分析。

8.4.1 仿鸟扑翼空中机器人柔性扑翼运动和动力分析

只考虑仿鸟扑翼空中机器人的扑翼在驱动机构作用下只做上下扑动动作，定义 $\alpha(t)$ 为扑翼迎角，$\beta(t)$ 是扑翼翼根处翼面水平面的夹角，则柔性翼的扑动方式可以表示为

$$\begin{cases}\alpha(t)=\alpha_0\\ \beta(t)=\beta_0+\beta_A\sin(2\pi ft)\end{cases} \tag{8-1}$$

式中，α_0 为扑翼固定迎角；β_0 为扑翼的初始扑动角；β_A 为扑动最大幅值；f 为扑动频率。

仿鸟扑翼空中机器人一般采用刚柔结合的结构。如图 8-21 所示，柔性翼前端往往铺设在刚性骨架上，在扑动过程中，对柔性翼产生柔性形变的气动力矩可以分解成弦向的扭转力矩和展向的弯曲力矩。所以整个翼的柔性形变也可以分解成绕前缘的弦向柔性形变和绕体轴的展向柔性形变。

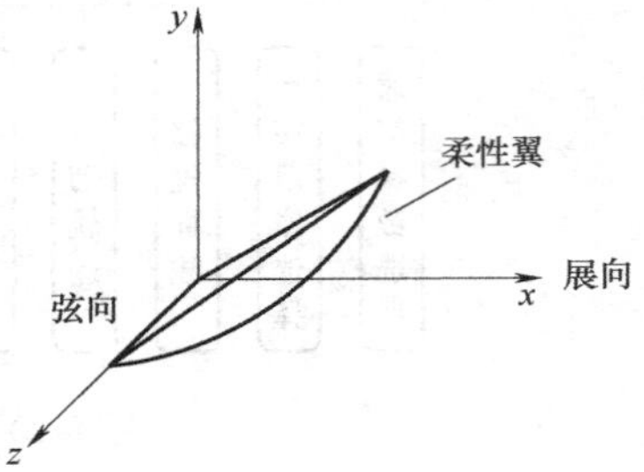

图 8-21　仿鸟扑翼空中机器人柔性翼结构

对弦向柔性形变，取前缘刚体为旋转轴，则扑翼弦向运动方程可以表示为

$$\alpha_f(x,y,t)=\alpha_{tip}(t)g(x,y) \tag{8-2}$$

式中，α_{tip} 为翼尖扭转角；$g(x,y)$ 为扭转形变方程，一般可用抛物线方程来表示，$g(x,y)=(x/c)^2(y/b)^2$，其中 b 为抛物线半展长；c 为弦长。仿鸟扑翼空中机器人的扑翼轨迹如图 8-15 所示，在轨迹上升和下降时翼尖扭转角最大，所以翼尖扭转角可以写成

$$\alpha_{tip}=\alpha_{max}\sin(2\pi ft-\pi/2) \tag{8-3}$$

式中，α_{max} 为翼尖的最大柔性形变角度。综合以上各式可以得到扑翼的弦向形变模型为

$$\alpha_f(x,y,t)=\alpha_{max}\sin(2\pi ft-\pi/2)(x/c)^2(y/b)^2 \tag{8-4}$$

绕体轴的展向柔性形变，主要是由作用在扑翼上的气动弯曲力矩产生的。类似弦向柔性形变分析，可以得到扑翼的展向形变模型为

$$\beta_f(x,y,t)=\beta_{max}\sin(2\pi ft-\pi/2)(x/c)^2(y/b)^2 \tag{8-5}$$

式中，β_f 为翼根处翼面水平面扭转角；β_{max} 为翼根处翼面最大柔性形变角度。综合以上各模

型，最后可以得到仿鸟扑翼空中机器人扑翼的运动学方程：

$$\begin{cases}\alpha(t)=\alpha_0+\alpha_f(x,y,t)\\ \beta(t)=\beta_0+\beta_A\sin(2\pi ft)+\beta_f(x,y,t)\end{cases}\tag{8-6}$$

在得到仿鸟扑翼空中机器人的简化运动学模型基础上，可以继续分析此类飞行机器人的气动力情况。仿生扑翼空中机器人在飞行过程中，扑翼周围的流场形式非常复杂，属于非定常流动。仿鸟扑翼空中机器人的扑翼柔性形变属于一种被动形变，并且这种形变在扑动轨迹的最高处和最低处最小。所以在对双翼的气动分析过程中，将主要考虑平挥过程产生的气动力。在分析过程中可以将连续的扑翼动作按时间离散成一系列静止的姿态，连续的扑翼动作上的气动力可以用定常状态下相同姿态产生的气动力近似。

如图 8-22 所示，在柔性翼平挥扑动过程中，翼面上单位面元在某时刻产生的气动力为

$$F_N=1/2\rho_N V^2\tag{8-7}$$

$$F_D=1/2\rho_D V^2\tag{8-8}$$

式中，F_N 是垂直于气流方向的升力；F_D 是相对于气流方向的阻力；ρ_N、ρ_D 是修正的气动力系数；V 是机体与气流的相对速度。当柔性翼在扑动过程中时，V 可以分解为平行于翼面的气流相对速度 V_p 和垂直于翼面的气流相对速度 V_v，$V^2=V_p^2+V_v^2$，则相对于气流的翼角可以表示为

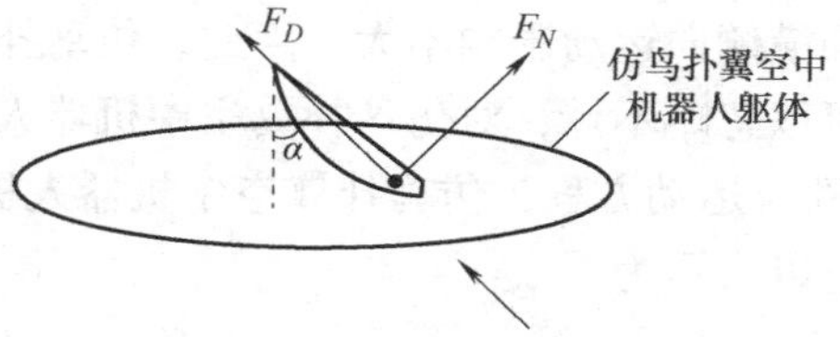

图 8-22　仿鸟扑翼空中机器人柔性翼扑动运动

$$\alpha'=\alpha+\arctan(V_pV_v)\tag{8-9}$$

根据以上分析，可以将产生的力按机体轴进行分解，进而得到此时的升力和推力分别为

$$F_L=F_N\cos(\alpha'-\alpha)+F_D\sin(\alpha'-\alpha)\tag{8-10}$$

$$F_r=F_N\sin(\alpha'-\alpha)-F_D\cos(\alpha'-\alpha)\tag{8-11}$$

将单位面上的升力和推力进行积分就可以得到柔性翼扑动的升力和推力：

$$\begin{cases}F'_L=\iint\limits_S F_L\mathrm{d}S & (8\text{-}12)\\ F'_r=\iint\limits_S F_r\mathrm{d}S & (8\text{-}13)\end{cases}$$

8.4.2　仿鸟扑翼空中机器人全动平尾建模分析

控制尾翼对调整仿鸟扑翼空中机器人的飞行姿态非常重要。在仿鸟扑翼空中机器人中，最常使用的有两个自由度的平尾翼。如图 8-23 所示，建立此类尾翼模型，x 轴指向机头方向，y 轴垂直于机体对称面，φ_t 是尾翼上的摆动角，θ_t 是尾翼转动角。空中机器人在飞行过程中在气流作用下，会产生垂直于尾翼平面的气动力 F_V：

$$F_V=\frac{1}{2}\rho_t S_t V_t^2\tag{8-14}$$

式中，ρ_t 为气动系数；S_t 为尾翼面积；V_t 为气流相对平尾的速度。定义 l 为尾翼相对于机体质心的安装距离，l' 为尾翼气动中心相对尾翼安装位

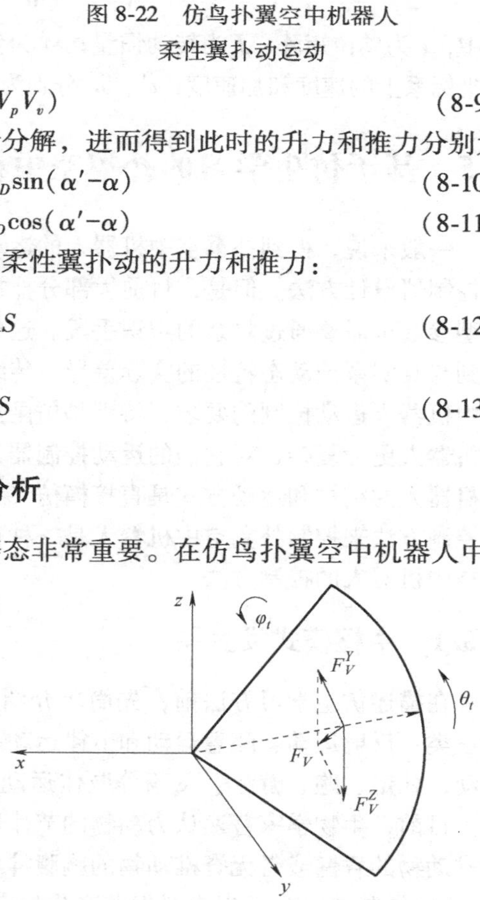

图 8-23　仿鸟扑翼空中机器人尾翼运动

置的距离。气动力 F_V 可以分解为沿着 z 轴的气动力 F_V^Z 和沿着 y 轴的气动力 F_V^Y，因此产生的相应的气动力矩可以表示为

$$\begin{cases} T_x = F_V^Y l' \sin\varphi_t \\ T_y = F_V^Z (l + l'\cos\varphi_t) \\ T_z = F_V^Y (l + l'\cos\varphi_t) \end{cases} \tag{8-15}$$

式中，$F_V^Z = F_V \cos\theta_t \cos\varphi_t$，$F_V^Y = F_V \sin\theta_t \cos\varphi_t$。

8.4.3 仿鸟扑翼空中机器人机体建模分析

仿鸟扑翼空中机器人柔性翼占机器人总质量比重很小，考虑大部分仿鸟扑翼机器人的扑动方式是对称的简谐扑动，所以扑翼动作对机体产生的上下振动幅度不大，对机器人机体纵向和横侧向运动影响不大。因此，仿鸟扑翼空中机器人在一个扑动周期内，双翼产生的惯性力可以忽略不计，对仿鸟扑翼空中机器人机体运动分析可以简化为刚体运动来分析。根据牛顿-欧拉运动方程，仿鸟扑翼空中机器人机体在质心处外力 $\boldsymbol{F}^t = (f^t \quad \tau^t)^{\mathrm{T}}$ 的作用下，运动方程可以表示为

$$\begin{pmatrix} f^t \\ \tau^t \end{pmatrix} = \begin{pmatrix} m\boldsymbol{I} & \boldsymbol{0} \\ \boldsymbol{0} & \boldsymbol{J} \end{pmatrix} \begin{pmatrix} \dot{v}^t \\ \dot{\omega}^t \end{pmatrix} + \begin{pmatrix} \omega^t \times m v^t \\ \omega^t \times \boldsymbol{I} \omega^t \end{pmatrix} \tag{8-16}$$

式中，$\boldsymbol{I}$ 为单位矩阵；$\boldsymbol{J}$ 为转动惯量；m 为仿鸟扑翼空中机器人质量；v^t、ω^t 分别为机体在体轴坐标系上的速度和加速度；$\dot{v}^t$、$\dot{\omega}^t$ 分别为机体在体轴坐标系上的速度导数和加速度导数。

8.5 基于仿生学习的扑翼空中机器人的控制方法探索

一般来说，得到扑翼空中机器人的运动学和动力学模型后，便可以采用传统的基于模型的控制器设计方法。但是，目前大部分扑翼空中机器人的建模过程都是基于大量的简化，其模型参数也需要通过复杂的辨识手段。这些模型对于系统定性分析会有很大的作用，但是考虑到与真实系统动态特性的实际差异，传统的基于模型的控制器设计方法依然很难满足扑翼空中机器人运动控制的要求，特别是仿昆虫扑翼空中机器人的气动力产生过程较仿鸟扑翼空中机器人更为复杂，对它们的运动控制器设计一直是空中机器人研究中的难题。由于扑翼空中机器人的结构和运动方式是直接模仿飞行动物的，因此借鉴生物控制机理、模仿动物的运动控制方法来控制扑翼空中机器人是一种很天然的想法。本节将探讨一种基于仿生学习的扑翼空中机器人的控制方法。

8.5.1 中枢模式发生器

在描述仿生学习方法前，先简单介绍一下动物运动控制的机制。动物运动一般可以分为三类：反射运动、随意运动和节律运动。其中节律运动指的是一些运动形式固定的周期性运动，如走、跑、游泳、飞翔等肢体运动，也包括呼吸、心跳、咀嚼和胃肠蠕动等生理行为。目前，生物学家普遍认为动物的节律运动是由动物低级神经中枢自激行为产生，由位于脊椎动物的脊髓或者无脊椎动物的胸腹神经节中的中枢模式发生器(Center Pattern Generator, CPG)来控制。CPG 可以自激振荡产生稳定的节律输出，而且它的持续振荡输出不依赖于高级神经的指令，也不依赖于外部感知信号。但是输出的节律振荡信号可以接收高级神经指令

和外围反馈信号的调节以适应外界的环境变换，如图 8-24 所示。

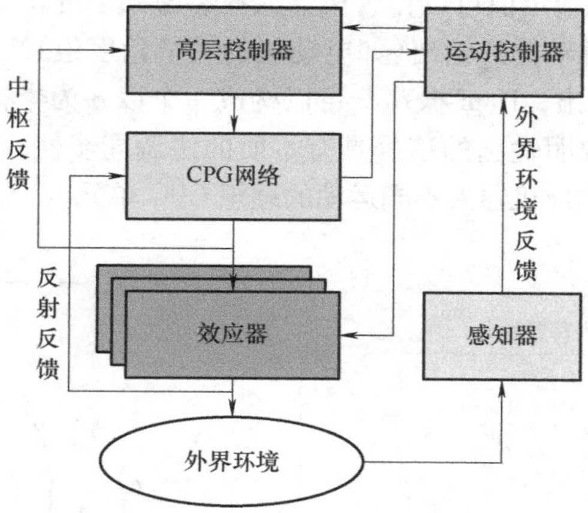

图 8-24　动物运动系统 CPG 控制图

20 世纪初，学者们开始认知和验证 CPG 神经电路，在 60 年代引起了广泛的研究热潮。自从 CPG 被发现以来，仿生学家通过研究 CPG 的结构和特性，发现 CPG 是模块化的，由不同的基本单元构成，每个单元控制一个自由度。根据组成的基本单元不同，可以划分为以下四种 CPG 数学模型形式：

① 神经元模型：描述或模拟神经元在刺激作用下发生神经冲动的行为。

② 振荡器模型：耦合的非线性微分方程。

③ 网络模型：用人工神经网络来产生节律输出。

④ 混合模型：组合两种或多种不同的 CPG 模型。

振荡器模型是最常用的 CPG 模型，它由一组耦合的非线性振荡器组成，利用振荡器之间的相位耦合关系产生节律信号，改变耦合关系可以获得不同的时序控制信号，实现不同的运动模态。振荡器作为内部信号发生器，产生周期信号作为内部模型的持续激励信号，数学形式描述如下：

$$\dot{\boldsymbol{x}}=h(\boldsymbol{x}),\boldsymbol{x}_0 \tag{8-17}$$

式中，$h(\cdot)$表示振荡器的动力学；$\boldsymbol{x}=(x_1,x_2)^{\mathrm{T}}$为振荡器的状态；$\boldsymbol{x}_0$ 为初始状态。

下面以典型的 Hopf 振荡器模型为例进行详细阐述，Hopf 振荡器的动力学模型可以表示为

$$\begin{cases}\dot{x}_1=-\omega x_2-\lambda\left(\dfrac{x_1^2+x_2^2}{\rho^2}-1\right)x_1\\ \dot{x}_2=\omega x_1-\lambda\left(\dfrac{x_1^2+x_2^2}{\rho^2}-1\right)x_2\end{cases} \tag{8-18}$$

式中，x_1、x_2 是振荡器的两个状态；ω 表示振荡器的频率；ρ 表示振荡器的幅值；$\boldsymbol{\lambda}$ 为振荡器的吸引率。

取 $\omega=1$，$\lambda=1$，$\rho=1$，初值 $x_1(0)=1$，$x_2(0)=0$，可以得到 Hopf 振荡器的输出，如图 8-25a所示。Hopf 振荡器输出的是两条周期性的、光滑的、稳定的曲线，遵循着严格的相位差，并且调整振荡器参数可以直接影响输出曲线。图 8-26 展示了不同 ω、λ、ρ 参数下 Hopf

振荡器状态 x_1 的输出曲线。利用振荡器模型模拟 CPG 功能并应用到仿生机器人系统控制过程中，该输出值可以作为机器人在参考系下的位置控制曲线，也可以作为机器人驱动器的输出(如电动机的关节角度值)。另外，从仿真曲线图 8-25b 可以看出，Hopf 振荡器可以构成一个以 ρ 为半径、以 ω 为频率的圆形极限环，说明输出的信号具有本质的协调同步性，因此，Hopf 振荡器模型成为用来构建机器人不同运动的理想 CPG 单元。

图 8-25　彩图

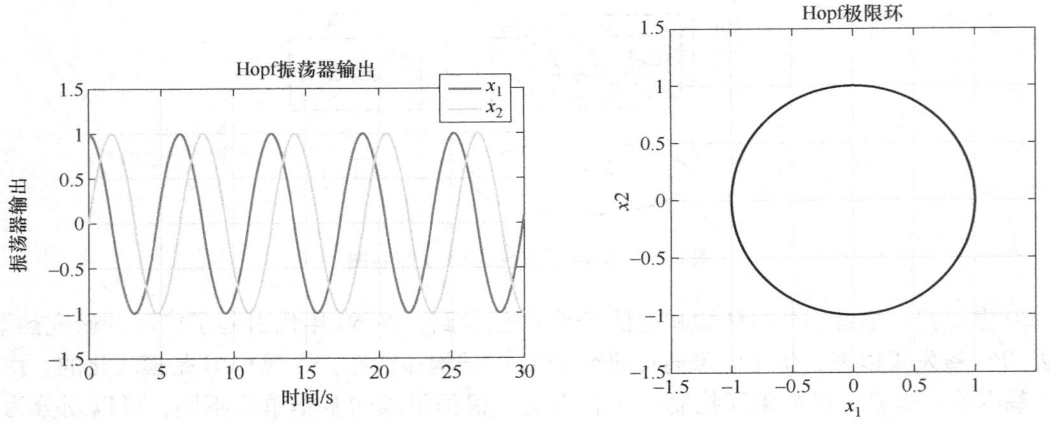

a) Hopf振荡器的输出　　b) Hopf极限环

图 8-25　Hopf 振荡器输出响应与极限环特性图

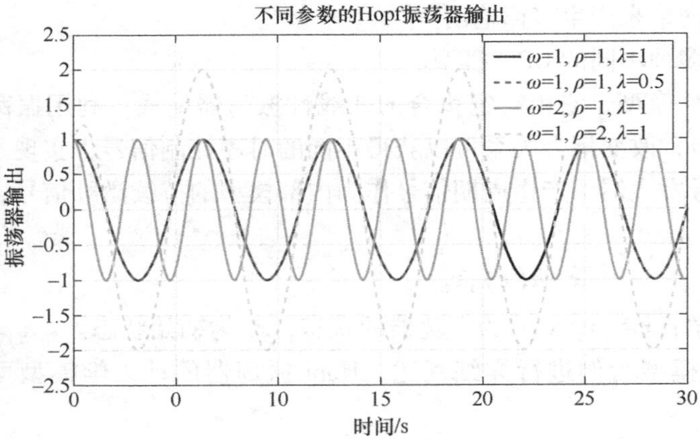

图 8-26　不同参数的 Hopf 振荡器输出曲线

图 8-26　彩图

通过两个 Hopf 振荡器的扩散耦合构成最基本的 CPG 网络，耦合振荡器如图 8-27 所示。耦合振荡器的数学形式如下：

$$\dot{\boldsymbol{x}}_{i+1}=h(\boldsymbol{x}_{i+1})+s(w_{i+1,i}\boldsymbol{R}(\phi_{i,i+1})\boldsymbol{x}_{i+1}-\boldsymbol{x}_i)(i=1,\cdots,n) \quad (8\text{-}19)$$

式中，n 是振荡器的个数；$\boldsymbol{R}(\phi)$ 是二维旋转矩阵；s 是耦合强度；$w_{i+1,i}=\rho_i/\rho_{i+1}$是两个振荡器间的振幅比；$\phi_{i,i+1}$使得 $\boldsymbol{x}_{i+1}$ 在相移后与 $\boldsymbol{x}_i$ 同步。

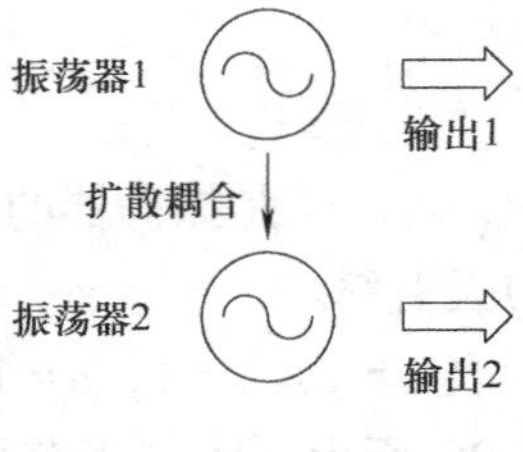

图 8-27　两个扩散耦合的 Hopf 振荡器

假设振荡器个数 n 为 2，取 $\omega_1=\omega_2=1$，$\lambda_1=\lambda_2=1$，$\rho_1=1$，

$\rho_2=2$，初值 $\boldsymbol{x}_{1(0)}=\boldsymbol{x}_{2(0)}=(1,0)^{\mathrm{T}}$，耦合强度 $s=1$，相差 $w_{2,1}=90°$，可以得到扩散耦合的两个 Hopf 振荡器输出结果，如图 8-28 所示(绘制的均为状态 x_1 的输出)。经过一段时间后两个振荡器均达到了期望的幅值和相位，实现了同步运动，说明扩散耦合的 Hopf 振荡器具备开环可控性。此时动力学与单个振荡器一致，所有振荡器都在自己的稳定极限环内运动。

图 8-28　彩图

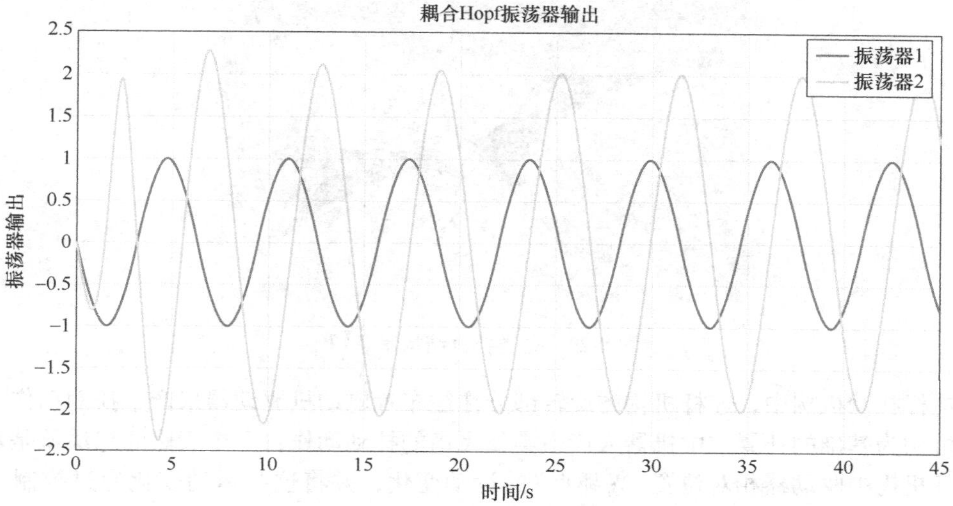

图 8-28　耦合 Hopf 振荡器输出

实际机器人的多关节运动可以由 CPG 网络控制，其拓扑结构通常分为链式、环式以及混合式，可以设计多个振荡器之间的弱连接耦合关系，实现机器人基于 CPG 网络的多肢体协调运动。CPG 网络是一个复杂的非线性系统，表现出丰富的特性，适用于机器人的实时运动控制。总结来说，CPG 控制主要有以下优点：

① 周期性：可以提供周期性的节律运动信号，结构简单易于实现。

② 稳定性：具有稳定的极限环现象，能够抵抗小幅的干扰。

③ 适应性：可以利用反馈信号的调制不断与环境进行交互。

④ 多样性：改变网络参数可以产生各种各样的运动模态。

针对仿生扑翼空中机器人，基于上述控制框架，设计一个 CPG 主要包含以下三个步骤：首先，根据仿生扑翼空中机器人的对象特性和驱动器个数来确定振荡器的种类和数量，根据 CPG 的拓扑结构设计合适的耦合关系项，构建 CPG 网络的数学模型；其次，将得到的 CPG 控制信号直接用于控制机器人的输入变量；最后，可以利用环境的反馈信号调制机器人的运动模态来提高机器人运动的稳定性和适应性。

8.5.2　从人工机械角度模拟动物运动

对于仿生学来说，扑翼空中机器人是通过模仿动物的外形以及扑动的运动模态来获得类似飞鸟或者昆虫的飞行能力。但是，即使目前的人工机械可以模仿出这些动物的飞行动作，但两者的形态和驱动形式依然有很大的区别。动物是通过柔软的肌肉驱动产生运动，而绝大多数的扑翼空中机器人是使用传统的硬驱动器(如电动机)来驱动机体，所以在模仿动物的飞行动作时，扑翼空中机器人的设计者们往往从机械的角度去观察和理解动物的行为。下面将以图 8-14d 的单曲柄双摇杆机构来模拟飞鸟的扑动。

根据生物学机理可以将鸟建模为多关节模型。鸟的主体被理想化为多个刚性部件连接而成：鸟的两翅为对称结构，以肩关节、肘关节、腕关节作为连接点；鸟的尾翼与身体相连，只能上下扑动。整体为七自由度连杆机构，如图 8-29 所示。

图 8-29　鸟类扑翼结构示意图

在连杆扑动机构中，连杆机构的旋转部分往往布置电动机驱动器来产生扑动动作。为了让以此机构为基础的扑翼空中机器人产生类似飞鸟的扑动动作，一个天然的想法就是观察飞鸟与连杆机构中驱动器相对位置"兴趣点"的运动变化，并将这些运动变化通过控制电动机运动复制到扑翼空中机器人上。但是，由于扑翼空中机器人与动物驱动方式和形态的区别，后期人工的手动调试是这种飞行模态"迁移"是否成功的关键，而且在大多时候，受到驱动器性能的局限，这种手调方式始终无法获得可以驱动扑翼空中机器人飞翔的驱动器协调运动模态。

8.5.3　基于 CPG 的动作学习与控制

在生物研究中已经发现，动物运动的协调性决定了动物的运动模式。这种协调性体现在各个驱动部分周期性运动中(非周期性运动可以视为周期为无穷的周期运动)的相位差、幅值差和频率比。虽然扑翼空中机器人和模仿的飞行动物在驱动方式上有很大的区别，但由于形态类似，可以考虑设计算法学习动物运动部分的协调关系，并在扑翼空中机器人上实现。区别于将动物运动直接复制到人工机械上，学习这种生物运动的协调关系既可以保证扑翼空中机器人产生类似动物的扑动基本运动模态，又可以通过少量调参来满足机械约束。

这里介绍一种基于以上仿生学习思路的飞行动作学习算法，如图 8-30 所示。算法可以分为三个部分：

(1) 人工 CPG　8.5.1 节中介绍了动物的节律运动由 CPG 来控制。要模仿这种机能，可通过设计耦合振荡器来产生耦合的节律信号，构成人工 CPG 来控制扑翼空中机器人驱动运动的协调关系。在这个人工 CPG 中，每个振荡器的形式可以表示为

$$\dot{z}_i = h(z_i)\,(i=1,\cdots n) \tag{8-20}$$

式中，$h(\cdot)$是振荡器的动力学模型；n 为振荡器个数。通过设计耦合机制，将振荡器连接起来，则每个振荡器的输出可以表示为

$$\dot{z}_i = h(z_i) + s(z_i, z_j)\,(i=1,\cdots,n;j=1,\cdots,n;i\neq j) \tag{8-21}$$

式中，$s(\cdot)$为耦合关系模型。

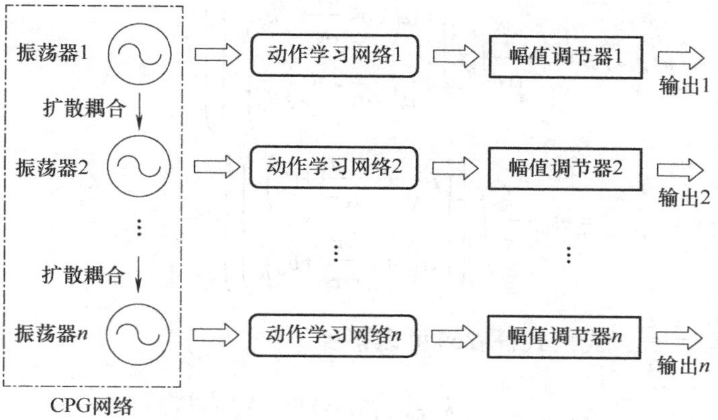

图 8-30　仿生飞行动作学习框架示意图

(2) 动作学习网络　动作学习网络主要是实现 8.5.2 节中提到的动作迁移的功能。对于每个驱动器的动作学习输出 g_i，都可以由以下形式模型得到：

$$\boldsymbol{g}=f(\boldsymbol{z}) \tag{8-22}$$

式中，$f(\cdot)$是一种非线性映射，可以通过设计一种人工神经元学习网络来实现。

(3) 幅值调节器　考虑到动作学习网络是一个非线性的映射网络，所以无法通过直接调整这个网络的幅值大小来获得相应的线性幅值输出。因此，必须在外部增加一个幅值调节器来得到期望的幅值输出，这个幅值调制器可以表示为

$$\tau\dot{\boldsymbol{m}}=\boldsymbol{K}\boldsymbol{g},\boldsymbol{m}_0 \tag{8-23}$$

式中，$\boldsymbol{m}$ 是外部幅值调节器的输出信号；$\dot{\boldsymbol{m}}$ 是外部幅值调节器的输出信号的导数；$\boldsymbol{m}_0=(m_{10},\cdots,m_{n0})^{\mathrm{T}}$ 是初始值；$\boldsymbol{K}$ 是空间伸缩对角阵；τ 是时间伸缩因子。通常地，$\boldsymbol{K}=\mathrm{diag}(k_1,\cdots,k_n)$ 是对角阵，且 $k_i(i=1,\cdots,n)>0$ 是常系数，$\tau=2\pi/\omega$ 是节律运动的周期或者是大于离散运动持续时间的正常数。

运动模式的“相似”性可以描述为：相似的运动可以通过适当的时间伸缩、空间伸缩和相移进行相互转换，即保持同样的协调性。下面对提出的算法的“相似”特性做简要分析。这里提出的动作学习算法总体可以表示为

$$\begin{cases}\dot{\boldsymbol{z}}=h(\boldsymbol{z}),\boldsymbol{z}_0\\ \boldsymbol{g}=f(\boldsymbol{z})\\ \tau\dot{\boldsymbol{m}}=\boldsymbol{K}\boldsymbol{g},\boldsymbol{m}_0\end{cases} \tag{8-24}$$

性质(1)　若要在时间轴上将一个运动模式延伸或者收缩 α 倍，那么只需要将原来的时间伸缩因子 τ 相应地扩大或者缩小到 $\alpha\tau$。

证明　考虑到振荡器稳态输出为正弦信号，则此动作学习算法的输出响应是

$$\begin{aligned}\boldsymbol{m}(t)&=\boldsymbol{m}_0+\frac{k}{\tau}\int_0^t f(\boldsymbol{z})\,\mathrm{d}s\\&=\boldsymbol{m}_0+\frac{k}{\tau}\int_0^t f\left(\begin{pmatrix}\mu(\cos\omega s+\theta_0)\\ \mu(\sin\omega s+\theta_0)\end{pmatrix}\right)\mathrm{d}s\end{aligned} \tag{8-25}$$

时间伸缩下的输出响应是

$$
\begin{aligned}
\boldsymbol{m}_1(t) &= \boldsymbol{m}_0 + \frac{k}{\alpha\tau}\int_0^t f\left(\begin{pmatrix} \mu\left(\cos\dfrac{2\pi}{\alpha\tau}s+\theta_0\right) \\ \mu\left(\sin\dfrac{2\pi}{\alpha\tau}s+\theta_0\right) \end{pmatrix}\right)\mathrm{d}s \\
&= \boldsymbol{m}_0 + \frac{k}{\tau}\int_0^t \left(\begin{pmatrix} \mu\left(\cos\dfrac{2\pi}{\alpha\tau}s+\theta_0\right) \\ \mu\left(\sin\dfrac{2\pi}{\alpha\tau}s+\theta_0\right) \end{pmatrix}\right)\mathrm{d}\,\frac{s}{\alpha}
\end{aligned}
\tag{8-26}
$$

定义一个新的变量 $\lambda=\dfrac{s}{\alpha}$，代入式(8-26)可以得到

$$
\begin{aligned}
\boldsymbol{m}_1(t) &= \boldsymbol{m}_0 + \frac{k}{\tau}\int_0^{\frac{t}{\alpha}} f\left(\begin{pmatrix} \mu(\cos\omega\lambda+\theta_0) \\ \mu(\sin\omega\lambda+\theta_0) \end{pmatrix}\right)\mathrm{d}\lambda \\
&= \boldsymbol{m}\left(\frac{t}{\alpha}\right)
\end{aligned}
\tag{8-27}
$$

这证明了原来的运动模式 $\boldsymbol{m}(t)$ 可以通过一个时间伸缩因子 α 进行时间域上的伸缩：当 $\alpha>1$ 时，运动持续时间扩大，伸展后的输出需要更长的时间才能达到原来输出的时间点；当 $\alpha<1$ 时，运动持续时间减小，收缩后的算法输出只要更短的时间就能达到原来算法输出的时间点。

性质(2) 若要在时间轴和空间轴上同时将一个运动模式分别延伸或者收缩 α 倍和 β 倍，那么只需要将原来的时间伸缩因子 τ 相应地扩大或者缩小到 $\alpha\tau$，并且将原来的空间伸缩因子 k 变到 βk，初始值 $\boldsymbol{m}_0$ 变到 $\beta\boldsymbol{m}_0$。

证明 原来的输出响应是

$$
\boldsymbol{m}(t)=\boldsymbol{m}_0+\frac{k}{\tau}\int_0^t f(z)\,\mathrm{d}s \tag{8-28}
$$

时间伸缩下的输出响应是

$$
\begin{aligned}
\boldsymbol{m}_1(t) &= \beta\boldsymbol{m}_0+\frac{\beta k}{\tau}\int_0^t f(z)\,\mathrm{d}s \\
&= \beta\left[\boldsymbol{m}_0+\frac{k}{\tau}\int_0^t f(z)\,\mathrm{d}s\right] \\
&= \beta\boldsymbol{m}(t)
\end{aligned}
\tag{8-29}
$$

这证明了原来的运动模式 $\boldsymbol{m}(t)$ 可以通过一个空间伸缩因子 β 进行空间域上的伸缩。

性质(3) 若要在空间轴上将一个运动模式延伸或者收缩 β 倍，那么只需要将原来的空间伸缩因子 k 相应地扩大或者缩小到 βk，且初始值 $\boldsymbol{m}_0$ 相应地扩大或者缩小到 $\beta\boldsymbol{m}_0$。

证明 根据性质(2)，如果 $k\to\beta k$，可以推导出 $\boldsymbol{m}_1(t)\to\beta\boldsymbol{m}(t)$。针对所有的值 τ，性质(2)都成立。因此，当 $\tau\to\alpha\tau$ 时，通过性质(1)，可以进一步推导出 $\boldsymbol{m}_1(t)\to\beta\boldsymbol{m}\left(\dfrac{t}{\alpha}\right)$。

性质(4) 若要让运动模式Ⅰ比运动模式Ⅱ滞后一个时间间隔 Δ，那么只需要将初始值 $\boldsymbol{m}_0$ 相应地变换到 $\boldsymbol{m}(\Delta)$，并且在运动模式Ⅰ的相应振荡器上设置一个相位滞后 $\omega\Delta$。

证明 时间超前的运动模式Ⅱ可以写成

$$
\boldsymbol{m}_1(t)=\boldsymbol{m}(\Delta)+\frac{k}{\tau}\int_0^t f\left(\begin{pmatrix} \mu(\cos\omega s+\theta_0+\omega\Delta) \\ \mu(\sin\omega s+\theta_0+\omega\Delta) \end{pmatrix}\right)\mathrm{d}s \tag{8-30}
$$

当时间为 $t+\Delta$ 时，原来的运动模式可以写成

$$\begin{aligned} \boldsymbol{m}(t+\Delta) &= \boldsymbol{m}_0+\frac{k}{\tau}\int_0^{t+\Delta} f(z)\,\mathrm{d}s \\ &= \boldsymbol{m}_0+\frac{k}{\tau}\int_0^{\Delta} f(z)\,\mathrm{d}s+\frac{k}{\tau}\int_{\Delta}^{t+\Delta} f(z)\,\mathrm{d}s \\ &= \boldsymbol{m}(\Delta)+\frac{k}{\tau}\int_{\Delta}^{t+\Delta} f(z)\,\mathrm{d}s \end{aligned} \tag{8-31}$$

定义一个新的变量 $\lambda=s-\Delta$，代入式(8-31)可以得到

$$\begin{aligned} \boldsymbol{m}(t+\Delta) &= \boldsymbol{m}(\Delta)+\frac{k}{\tau}\int_{\Delta}^{t+\Delta} f\left(\begin{pmatrix}\mu(\cos\omega s+\theta_0)\\ \mu(\sin\omega s+\theta_0)\end{pmatrix}\right)\mathrm{d}s \\ &= \boldsymbol{m}(\Delta)+\frac{k}{\tau}\int_0^{t} f\left(\begin{pmatrix}\mu(\cos\omega\lambda+\theta_0+\omega\Delta)\\ \mu(\sin\omega\lambda+\theta_0+\omega\Delta)\end{pmatrix}\right)\mathrm{d}\lambda \\ &= \boldsymbol{m}_1(t) \end{aligned} \tag{8-32}$$

这证明了期望的相移特性。

综上所述，这里提出的仿生学习算法的时空伸缩特性和相移特性的意义在于，如果一个新的运动模式和现有的运动模式具备时间或空间上的相似性，可以仅仅调整相应的参数并应用在已经获得动作学习网络上，进而产生新的运动模式，这和动作学习网络的具体形式无关。

8.5.4　仿生学习与控制的方法在扑翼空中机器人上的应用仿真案例

扑翼空中机器人是多驱动器同步协调的复杂运动，各个驱动器形成耦合关系。扑翼空中机器人连杆模型如图 8-31 所示，此结构共七个自由度，由于两翅为对称结构，因此只需考虑四个角度的运动。设相邻连杆之间的关节角为 $\phi_i(i=1,2,3,4)$，如图 8-31 所示。

根据前面提出的仿生飞行动作学习算法，可以将整体算法分为三个部分：

(1) 人工 CPG　耦合振荡器通过产生的耦合节律信号，构成人工 CPG 以激发扑翼空中机器人各驱动器协调运动。本实验中，选取了 Hopf 振荡器作为基本振荡器模型，其动力学模型可参考式(8-18)，采用的扩散耦合机制数学模型参考式(8-19)。

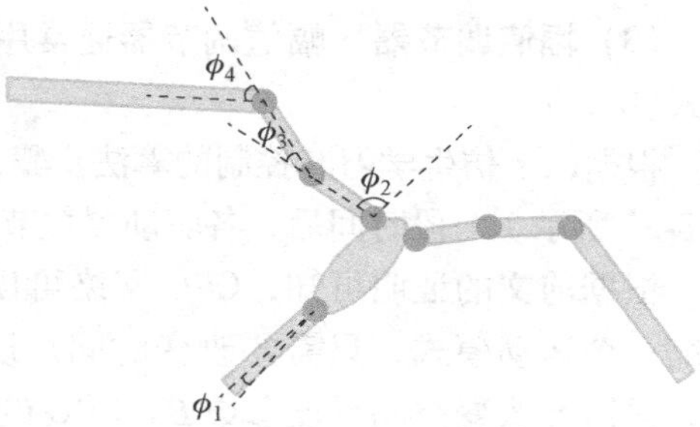

图 8-31　多关节鸟类扑翼模型

根据图 8-15 所示的一个扑动周期内鸟翼位置和角度的变化，可知扑翼过程中各关节运动周期相同但是相位不同，可以采用四个耦合的 Hopf 振荡器作为信号发生源。为模拟鸟的扑动过程，设定扑翼空中机器人耦合振荡器各参数见表 8-2。

表 8-2　扑翼空中机器人耦合振荡器各参数

含　义	参　数	值
频率	f	1
耦合强度	s	5

（续）

含 义	参 数	值
吸引率	λ_1	1
	λ_2	1
	λ_3	1
	λ_4	1
振幅	ρ_1	5°
	ρ_2	20°
	ρ_3	30°
	ρ_4	15°
相差	$\phi_{1,2}$	0°
	$\phi_{2,3}$	90°
	$\phi_{3,4}$	30°

（2）动作学习网络 动作学习网络实现了动作迁移，将振荡器产生的正弦信号以非线性映射的方式映射到每个驱动器的实际运动上。在本实验中，假设扑翼空中机器人各驱动器的实际输出见表 8-3，因此只需要简单的线性映射即可完成。

表 8-3 扑翼空中机器人各驱动器的实际输出

驱动器关节角	输出信号	范 围
ϕ_1	正弦信号	5°～15°
ϕ_2	正弦信号	40°～80°
ϕ_3	正弦信号	−30°～30°
ϕ_4	正弦信号	−15°～15°

（3）幅值调节器 幅值调节器通常用于调节非线性映射网络的期望输出，数学模型可参考式(8-23)。

根据以上仿生学习与控制的算法步骤，得到了扑翼空中机器人各驱动器关节角输出曲线如图 8-32 所示。一段时间后，各驱动器关节角均达到了期望的幅值和相位，实现了同步运动。

根据前文的证明可知，CPG 网络可以产生“相似”的运动模式。如果要沿时间轴拉伸或压缩一个运动模式，只需要改变时间尺度参数 α；如果要沿空间轴拉伸或压缩一个运动模式，只需要改变空间尺度参数 β。CPG 的优势是将整个网络调节的参数缩减为两个，即时间尺度参数 α 和空间尺度参数 β，因此简化了问题的复杂性。

在本实验中，调节参数时间伸缩与空间伸缩的时刻（见表 8-4），得到扑翼空中机器人关节角输出曲线如图 8-33 所示。可以看出，通过适当的时间伸缩、空间伸缩，不同的驱动器关节角仍然保持了同样的协调性。

表 8-4 时间伸缩与空间伸缩时刻表

时刻/s	α（时间伸缩）	β（空间伸缩）
0	1	1
10	1	0.5
20	0.5	0.5

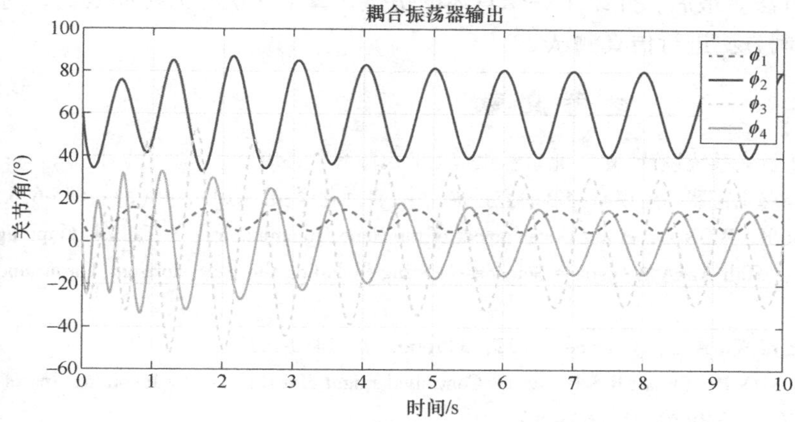

图 8-32　扑翼空中机器人关节角输出曲线

图 8-32　彩图

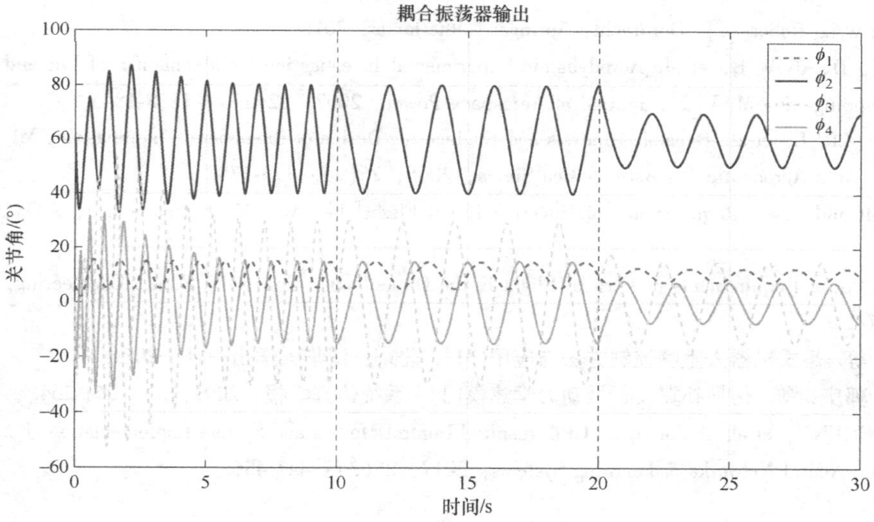

图 8-33　调节参数的扑翼空中机器人关节角输出曲线

图 8-33　彩图

8.6　本章小结

与传统的固定翼和旋翼式空中机器人不同，扑翼空中机器人模仿了昆虫和鸟类的飞行机理以增强机动性能与避障性能，从而可以适应复杂的环境。本章主要讲述了仿生扑翼空中机器人的发展历史、基本结构、建模分析和控制器设计。首先从扑翼空中机器人的研究现状和应用前景展开介绍，阐明了研究扑翼空中机器人的意义。扑翼空中机器人通常可分为仿昆虫类和仿鸟类两种，本章详细介绍了它们的基本结构与运动方式，并阐述了四大关键技术及软硬件设计架构。由于空气动力存在非线性问题，扑翼空中机器人动力学的精确建模存在较大难度，本章以仿鸟类扑翼空中机器人为例进行了初步的建模分析。由于建模过程进行了大量简化，模型与真实系统存在实际差异，因此需要借鉴生物控制机理，探究了一种基于仿生学习的扑翼空中机器人控制方法。最后，介绍了一个具体的仿生扑翼空中机器人控制实例，对基于 CPG 的动作学习与控制方法进行仿真测试。

参考文献

[1] 贺威，孙长银. 扑翼飞行机器人系统设计[M]. 北京：化学工业出版社，2019.

[2] 贺威，丁施强，孙长银. 扑翼飞行器的建模与控制研究进展[J]. 自动化学报，2017，43(5)：685-696.

[3] KEENNON M，KLINGEBIEL K，WON H，et al. Development of the Nano Hummingbird：A Tailless Flapping Wing Micro Air Vehicle [C]. 50th AIAA Aerospace Sciences Meeting Including the New Horizons Forum and Aerospace Exposition，2012.

[4] MACKENZIE D. A Flapping of Wings[J]. Science，2012，335(6075)：1430-1433.

[5] MA K Y，CHIRARATTANANON P，FULLER S B，et al. Controlled Flight of a Biologically Inspired，Insect-Scale Robot[J]. Science，2013，340(6132)：603-607.

[6] PORNSIN-SIRIRAK T N，TAI Y C，NASSEF H，et al. Titanium-alloy MEMS Wing Technology for a Micro Aerial Vehicle Application[J]. Sensors & Actuators A Physical，2001，89(1-2)：95-103.

[7] DE CROON G，PERCIN M，REMES B D W，et al. The DelFly Design，Aerodynamics，and Artificial Intelligence of a Flapping Wing Robot[M]. Dordrecht：Springer Netherlands，2016.

[8] ANG H S，ZENG R，DUAN W B，et al. Aerodynamic Experimental Investigation for Mechanism of Lift and Thrust of Flexible Flapping-wing MAV[J]. Journal of Aerospace Power，2007，22(11)：1838-1845.

[9] HOU Y，FANG Z D，LIU L，et al. Dynamic Analysis and Engineering Design of Biomimetic Flapping-wing Micro Air Vehicles[J]. Acta Aeronautica Et Astronautica Sinica，2005，26(2)：173-178.

[10] SUN M，DU G. Lift and Power Requirements of Hovering Insect Flight[J]. Acta Mechanica Sinica，2003，19(5)：458-469.

[11] SHEN C，SUN M. Power Requirements of Vertical Flight in the Dronefly[J]. Journal of Bionic Engineering，2015，12(2)：227-237.

[12] 郑浩峻，张秀丽，等. 足式机器人生物控制方法与应用[M]. 北京：清华大学出版社，2011.

[13] 魏瑞轩，胡明朗，郭庆，等. 仿鸟扑翼飞行器动力学建模[J]. 系统仿真学报，2009(15)：261-264.

[14] YU J Z，TAN M，CHEN J，et al. A Survey on CPG-Inspired Control Models and System Implementation[J]. IEEE Transactions on Neural Networks & Learning Systems，2017，25(3)：441-456.

第 9 章 空中机器人集群系统

从古至今，善于幻想的人类从未停止过探索，如今人们已不再满足于控制单架无人机的飞行，而是希望无人机群能够像鸟儿一样成群飞行，即实现与生物群系统类似的无人机自主集群系统。法国动物学家格拉斯提出了基于白蚁筑巢行为的共识自治(Stigmergy)概念，这是一种单体与单体之间的间接协调机制，无须任何集中计划和直接交流即可完成复杂的智能活动。由此，自主集群的概念首次进入人类视野并开始逐渐发展。将目光从生物转移到无人机，自主集群的概念同样在不断丰富。无人机自主集群是大量自驱系统的集体运动，集群中无人机之间的通信由信息的传递和协作产生，具有一定的共识自主性。具体而言，无人机自主集群飞行是指根据特定结构类型将大量自主无人机放置在三维空间中，在飞行过程中保持稳定的编队，并根据外部条件和任务要求驱动无人机群。这意味着集群系统可以在动态环境下调整形态，同时保持集群的协调性与一致性。

9.1 无人机集群系统的发展

9.1.1 无人机集群系统的军事发展

战争促使了无人机的诞生，其最初的期望是尽可能地减少作战人员的伤亡。自国防领域首次提出无人机集群的概念后，便引发了各国研究人员的关注，并开展了大量不同程度的理论研究和实验验证。

现代军事战争理论提出了一个基础性理论——兰彻斯特定律(Lanchester Law)，它可以表示为

战斗力=参战单位总数×单位战斗效率

战斗开始后，定义 $x(t)$、$y(t)$ 分别表示 t 时刻甲方、乙方在战斗中存留的可作战单位数，则战斗过程中双方兵力随时间的损耗关系可用下列微分方程组表示：

$$\begin{cases}\dfrac{\mathrm{d}x}{\mathrm{d}t}=-\alpha y\\ \dfrac{\mathrm{d}y}{\mathrm{d}t}=-\beta x\\ x(0)=x_0\\ y(0)=y_0\end{cases} \tag{9-1}$$

式中，α、β 分别表示甲方、乙方在单位时间内，任意一个战斗单位毁伤对方战斗单位的数

目，α、β>0。假设交战开始时刻甲方和乙方的初始战斗单位数分别为 x_0 和 y_0，从上述微分方程组可知，在交战过程中双方战斗单位数可以用下列状态方程表示：

$$\beta y^2-\alpha x^2=\beta y_0^2-\alpha x_0^2=c \tag{9-2}$$

于是，双方兵力随时间的动态关系由上述方程体现。为了更直观地分析，图 9-1 利用相图分析技术，在笛卡儿坐标系中把 $x(t)$ 和 $y(t)$ 之间的动态变化关系轨迹形象地刻画了出来。观察图像可知，双方兵力关系的变化轨迹曲线为一簇双曲线(具体情况依赖于双方初始兵力情况)。其中双曲线上的箭头表示战斗力随时间变化的趋势。

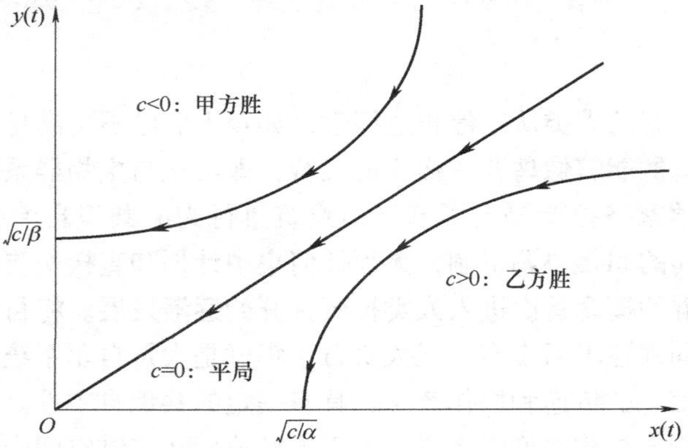

图 9-1 兰彻斯特定律相图分析

当交战双方的初始战斗单位数与损伤率系数之间的关系满足 $\alpha x_0^2=\beta y_0^2$ 时，$x(t)$ 和 $y(t)$ 同时趋于零，战斗结果为平局。当 $\alpha x_0^2<\beta y_0^2$ 时，甲方将首先被消灭；反之，甲方将获得胜利。交战的其中一方的有效战斗力，正比于其战斗单位数的二次方与每一战斗单位平均战斗力(平均损伤率系数)的乘积。假设甲方武器库单个战斗单位的平均效能为乙方的 4 倍，只要乙方在数量上拥有 2 倍于甲方的兵力，即可抵消甲方在武器质量上的巨大优势。基于兰彻斯特定律，作战单元的数量是比单元的作战能力更重要的决定战争胜负的因素。无人机集群系统在面对敌方优质战机时，可以通过数量上的优势获得战争的胜利。这样就可以将原本造价高昂的集多个任务于一身的复杂作战平台，分解为若干低成本的简单作战平台，从而在节约成本的情况下战胜对手，获得战争的胜利。

随着科技的发展，未来战争中的军队对飞行器的需求，极有可能是由海量空中机器人组成的集群系统，类似于二战时期大不列颠空战中伦敦上空飞驰而过的“鹰群”。所以，以美国为首的许多国家投入了大量人力和资源，用于研究并构建无人自主空中机器人集群系统。2016 年 5 月，美国空军正式提出了《2016—2036 年小型无人机系统飞行规划》，专门针对小型无人机系统(起飞质量低于 600kg 的空中机器人)的发展环境、关键系统属性、作战运用、后勤与支持等提出了系统性安排，希望构建横跨航空、太空、网空三大作战疆域的小型无人机系统，并于 2036 年实现无人机系统的集群作战。此外，欧盟和英国也开展了无人机集群系统的关键技术研发项目：欧洲防务局于 2016 年 11 月启动“欧洲蜂群”项目，发展无人机蜂群的任务自主决策、协同导航等关键技术；英国国防部于 2016 年 9 月发起奖金达 300 万英镑的无人机蜂群竞赛，参赛的蜂群完成了信息中继、通信干扰、跟踪瞄准人员或车辆、区域绘图等任务。

在上述规划的推动下，美军与许多科技公司达成合作，希望基于无人自主技术，利用微小型无人机集群作战的模式达到降低作战成本和提升作战灵活性的目的。其中典型的项目有DARPA公司的“小精灵”无人机，概念图如图9-2所示，该项目计划研制出一种部分可回收的侦察和电子战无人机集群，从敌方防御范围外的大型飞机(轰炸机、运输机、战斗机等平台)上释放，利用无线网络实现通信与协同。它们可以影响导弹防御、通信和内部安全，甚至利用计算机病毒攻击敌人的数据网络来压制敌方。

图9-2　“小精灵”无人机集群

近年来，美国海军一直在研制一种可用于集群作战的微型无人机——“蝉”，并于近期对该无人机进行了飞行实验。实验过程中，微型无人机在海拔17.5km的高度被释放，它的滑行速度约为74km/h。飞行约18km后，它降落在距离目标不到5m的位置。同时，它携带的传感器成功返回了温度、大气压和湿度等数据。与其他无人机相比，“蝉”微型无人机具有坚固耐用、体积小、成本低、结构简单、噪声低的特点，它可以配备各种光学传感器来执行各种任务。美国海军希望将来能在25min内释放上万架“蝉”微型无人机，同时覆盖4800km^2。此外，美国海军还在“低成本无人机集群技术”项目下进行了相关技术研究，使用小型炮筒发射式无人机组成无人机群来压制对手。

与全面但稍微复杂的单机作战平台相比，无人机集群在作战方面具有以下优势：

1）分散功能分配：将单个复杂作战平台拥有的功能(如侦察和监视、电子干扰、打击和评估)分散到大量低成本、单一功能的作战平台中，具有异构和异型特性的单体堆叠可以实现复杂系统的功能，该系统的倍增效益(兰彻斯特定律)将使无人机集群的作战能力远远超出单个平台的作战能力。

2）提高系统生存率：无人机集群具有“无中心”和“自主协调”这两个特点，集群中的个体不依赖于实际存在的需要执行的特定节点。在对战过程中，当某些单位失去战斗能力时，整个无人机群仍然具有一定的完整性，可以继续执行战斗任务。

3）提高成本效益转换率：单功能无人机平台的成本较低，在执行战斗任务时，敌人需要花费数十甚至数百倍的成本来防御大量的无人机。这将在战争中为我方带来巨大的成本优势。

9.1.2　无人机集群系统的民用发展

无人机集群在军事应用中的优势也体现在民用领域中，特别是在民用工业领域。当前无人物流行业就大量应用了空中机器人集群技术，比如在交付高峰期间，高密度无人机地区常常需要机群之间的相互配合来避免碰撞等事件的发生。实际上，无人机群能否在大范围区域内快速协调地进行地理空间中的信息收集工作，是军事ISR(侦察、情报与监视)任务、民用遥感、灾害应急响应以及农业和林业普查等领域所面临的常见技术问题。来自宾夕法尼亚大学的Kumar教授曾提出利用无人机群来绘制整个长城的地图，这对于单架无人机而言显然是不可能完成的任务。

1. 快递物流

互联网繁荣带来的电子商务发展，同样推动了无人系统技术的发展，当年亚马逊公司研发的“Kiva”仓库搬运机器人和快递无人机引起了业界的广泛关注。在国内，京东公司在前几年的“6·18”狂欢节完成了第一次无人机群的试飞实验，如图9-3所示。未来，无人机集群技术的广泛应用将不可避免地带来复杂的管理问题。在实际的应用场景中，面对数百万个订单的并发，调配算法可以支持多少个机器人和无人机实现相互之间的不碰撞，以及不同的机器人和无人机之间能否顺利完成协作，都需要集群技术的支持。

图9-3　京东无人机送快递

2. 农业

随着农业无人机应用的广泛发展，该行业的目光已逐渐从单纯的无人机农药喷涂扩展到无人机农业信息收集、农业光谱数据分析等领域。为弥补单一无人机作业的缺点，集群技术在农业领域也引发了大量关注。SAGA(Swarm Robotics for Agricultural Applications)项目，即农业应用机器人集群技术，希望帮助农民绘制农田中的杂草地图，从而提高作物产量。该系统是由ECHORD++(欧洲机器人发展协调中心)资助的研究项目，图9-4是SAGA项目的概念图：由一组多架无人机相互协作，共同监视农田，并通过车载机器视觉设备准确地发现农作物中的杂草并绘制杂草图。无人机集群中的各架无人机通过相互交换信息，能够充分地利用它们获取的信息，选择优先在杂草最密集的区域工作。该算法与自然界中的蜜蜂的群体行为相似，算法中使用的路径优化技术可以帮助提高运营效率。SAGA项目协调人Vito Trianni博士提到：“群体机器人在精确农业中的应用代表着技术模型的转变，因此具有巨大的潜在影响。随着机器人硬件价格的下降、机器人的小型化以及功能的增强，很快能够得到自动化的精准农业解决方案。这需要对各架独立无人机进行整体协调，以便有效地进行信息交互和协作，无人机集群技术为此类需求提供了解决方案。微型机器人可避免压实土壤，仅在作物生长之间的间隙中起作用，以避免损伤作物，并使用机械方法而非化学方法进行除草，无人机和地面机器人组成的集群系统可以准确地适应不同的农场规模。SAGA项目为精密农业提出了解决方案，包括新颖的硬件、精确的单体控制以及群智能技术。”

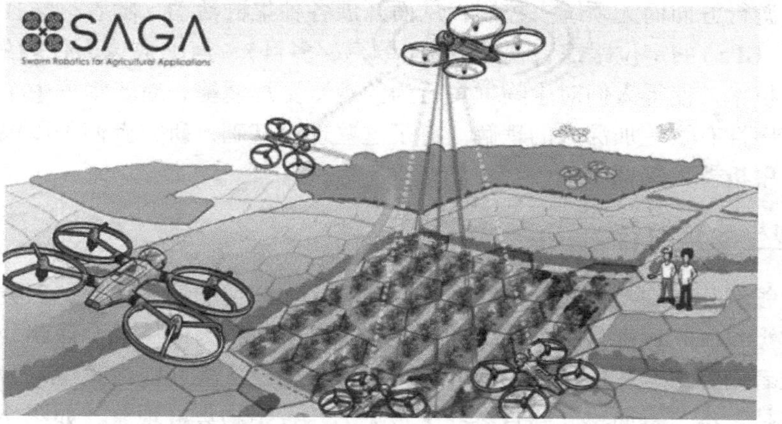

图 9-4 SAGA 项目

3. 应急救援

当自然灾害发生时，展开救援的首要任务是建立临时通信网络，检查灾难情况，然后派遣直升机运送物资及接送人员。除昂贵的卫星通信方法外，无人机集群是解决灾难通信问题的最佳选择。洛桑联邦理工学院的智能系统实验室过去曾开发出一组微型飞行机器人，这些微型飞行机器人可以通过其微型蜂群网络结构在灾区快速建立通信网络。这种机器人可以克服地形复杂的问题，迅速部署到灾区，以自身为节点，在最短的时间内恢复灾区的网络通信。无人机集群具有低成本、可消耗、易于部署和灵活使用的特点，为紧急救援中的通信保障提供了灵活可行的解决方案。

由无人机集群构建的通信网络是典型的 MESH 网络，通常采用 Ad Hoc 协议，这也是一种源自军事战场通信的无线网络技术，可以在不断移动的多个节点之间进行。这种通信网络自动建立转发路由，只要一个节点可以连接到网络中的任何其他节点，信息最终就可以传输到任何节点。当前，动态无线自组织网络技术仍在高速发展，并且一些商业设备已经用于应急行业。预计将来在进一步降低成本后，它将广泛用于抢险救灾工作。

4. 遥感

类似于消费类无人机的航空摄影需求，在工业应用中，遥感、对地观测和地理信息收集的需求已受到广泛关注。无人机具有成本优势和便携性优势，但是在单机操作的情况下，大规模地面观测通常需要很长时间，而引入无人机集群技术可以解决时间和效率上的问题。本质上，集群技术使少量人员可以控制大量无人机，从而进行并行操作。这种自然并行任务类型的效率与无人机数量呈线性关系，因此集群技术在遥感应用方面具有极大的研究潜力。集群算法可以通过设置一个优化函数来协调任意无人机的任务路径，因此对于存在诸多不确定性的地面目标跟踪之类的时变任务，集群技术可以发挥出巨大的优势。

9.2 集群系统基本概念

人们对集群运动现象的观察和思考最早可以追溯到两千年前对鸟类成群飞行的观察。近年来，生物集群的研究成果吸引了越来越多的学者关注，其中包括生物学家、物理学家、数学家、控制工程师以及其他科学研究者，他们试图解释鱼类、鸟类或其他集群生物如何实现统一的飞行或游行方向而无须统一控制，从而开展各种集群活动。随着科学技术的发展，以全球定位系统(GPS)的定位跟踪、视频分析(单/双/多目)、声呐成像为代表的节约型经济、高质量的观测技术，使得人们对生物群集行为的观测更加便捷，对于集群中个体的空间聚集性、运动的有序性有了更加深入的理解。有了这些理论基础，研究者们可以根据军事以及民用需求开发空中机器人集群系统。

9.2.1 典型生物集群行为

在大自然领域存在许多典型的生物集群现象，比如鸟类的编队飞行、鱼类的成群结队以及昆虫的集体觅食，它们都是从个体行动中产生群体协作行为的体现。深刻分析这些集群行为有助于研究者们模仿，从而将多个无人自主机器人构建成多智能体系统，为军事和商业领域提供技术支持。本节将简单介绍自然界中常见的几种生物集群现象，如图 9-5 所示。

a) 蜂群

b) 蚁群

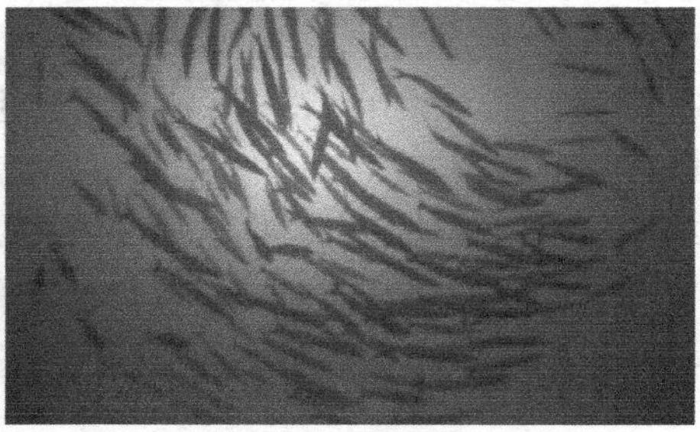

c) 鱼群

d) 鸽群

图 9-5　生物集群图

在昆虫界，蜜蜂与蚂蚁是典型的群体活动型生物。蜂群中的单只蜜蜂无法独立完成复杂任务，但是蜜蜂可以通过摇摆、气味等多种信息交流方式与其他蜜蜂交流，实现自组织行为，使得整个蜂群能够协同完成收集花粉、构建蜂巢等任务。举个例子，在蜂群采集花粉的过程中，负责寻找蜜源的工蜂分头探索寻找合适的食物源。当发现蜜源后，它们会返回蜂巢并利用摇摆的形式与其他蜜蜂交流蜜源的信息，其摇摆的频率及幅度与蜜源到蜂巢的距离、花蜜的种类和数量等信息有关。其他蜜蜂根据摇摆的不同决定自身觅食的蜜源，最终趋向于在较优蜜源处聚集。蚁群是众所周知的高度结构化的社会组织，其觅食行为是典型的集群行为。蚂蚁在活动期间会释放信息素，其他蚂蚁可以检测信息素的浓度并确定自己的方向。随着时间的流逝，信息素将逐渐挥发，而在蚂蚁行走路径上的信息素浓度将会增强，促使更多的蚂蚁选择这条路径，从而形成正反馈过程。通过这种简单的信息交换，蚁群实现了积极的反馈信息学习机制，以找到食物源与巢之间的最短路径。

海底世界同样有集群现象存在。成群的鱼儿在水中游动时，会根据洋流和食物一起游动。当遇到捕食者袭击时，位于鱼群边缘的个体将迅速躲避并驱使整个集群迅速做出反应。鱼通过观察伙伴身体两侧的侧线来调整其游泳方向和速度，保持彼此之间合适的距离，从而形成整个鱼群的特定自组织方法。涡流运动在鱼群中极为普遍，这种运动形式具有局部稳定性，可以分散捕食者的注意力。当遇到意外情况时，鱼的漩涡可能会表现出相变行为，从漩涡运动变为水平迁移运动。群体系统是否从涡流运动相变到水平迁移运动取决于捕食者的速度和威胁程度。

天空中各种鸟类的集群运动一直备受无人机领域研究者们的关注。通过个体之间的信息交互，鸽群的整体集群呈现出复杂的宏观涌现行为，它们是大量自治单体的集合。单只鸽子遵循一种拓扑距离交互的方式，即鸽子自身仅与周围一定数量的个体进行信息交互。研究者指出，鸽群在飞行过程中呈现出一定的层级作用网络，高等级个体起到领导者作用，低等级个体的行为会受到高等级个体的影响，这种网络结构有利于群体在应对外界刺激或躲避障碍时做出迅速反应。例如，当鸽群的飞行轨迹相对平滑时，单只鸽子会尽力与其周围邻居的平均方向保持一致，形成稳定编队形状；而当鸽群因突发状况需要急转弯时，低等级个体会迅速与高等级个体保持动作一致，以此提高反应速度。迁徙候鸟群（如大雁、天鹅）的集群形态一般为“一”字形或“人”字形，它们的体型较大，排成这些阵列飞行，可以减少空气阻力，帮助它们节省体能。鸟群在迁徙过程中，也会在空中交替飞翔，但一般年长或者有经验的鸟会领飞，形成领导者-跟随者模式。候鸟在飞行过程中，翼尖处会形成空气漩涡，这个漩涡产生的翼尖力，会形成一种升力，后面跟随的候鸟可以利用升力更省力地飞行。这要求它们不仅要与前面的鸟保持适当的位置关系和距离，而且要调整翅膀的拍打节奏，确保能借助这股上升气流飞行。

9.2.2 生物集群系统的基本概念与内涵

图 9-5 展示了部分自然界中的生物集群系统，通过分析研究这些生物集群系统，许多基本概念与内涵应运而生，这为机器人集群系统的研发提供了众多理论依据。生物群体在运动过程中表现出的各种协调有序的集体运动模式是通过个体之间相对简单的局部自组织相互作用而产生的，在环境中表现出智能特性，比如分布式、适应性强和鲁棒性等，从而使该系统能够在环境中达到单体无法实现的智能水平。

20 世纪以来，随着包括计算机领域在内的前沿科技的发展，科学家们提出了许多模拟生物集群的模型。其中，雷诺兹在 1987 年提出了 Boid 模型，对应于“Bird-oid Object”的缩写，即类似鸟的物体。该模型遵循分离、一致性、内聚力这三个原则，实现了对鸟群行为的模拟。如果想要增加模型的复杂度，可以添加新的规则，如避障和目标搜索等。

在某一群体中，如果存在众多无智力或智力低下的单体，那么它们通过相互之间的协作所表现出来的智能行为被称为群体智能，群体智能的概念最早由 Gerardo Beni 等人于 1989 年在细胞机器人系统的论述中引入。生物集群以及集群机器人都是群体智能的一类。所谓集群机器人或者人工集群智能，就是让许多简单的移动机器人相互协作。就像生物界的许多群体一样，机器人会根据集群行为行动，在环境中导航，同时与其他机器人沟通。此技术若能在未来成功普及，那么集群机器人系统将会展现出非凡的潜能，影响各行各业。

大多数现有的研究认为集群行为体现出了五大基本原则：①邻近原则，即集群能够进行简单的空间和时间计算；②品质原则，即集群能够响应环境中的品质因子；③多样性反应原则，即集群的行动范围不应该太窄；④稳定性原则，即要求集群不应在每次环境变化时都改变自身的行为；⑤适应性原则，即在所需代价不太高的情况下，集群能够在适当的时候改变自身的行为。

以上原则说明实现群体智能的智能个体需要在环境中表现出自主性、反应性、学习性以及自适应性等智能特性。通过观察分析自然界的集群现象可以发现，生物集群行为具有以下特点：

1. 分布式控制

生物群体中对单体的控制是分布式的，不需要集中对中心节点进行控制。集群中的个体遵循简单的行为规则，仅具备局部的感知、规划和通信能力，能够适应当前动态环境下的工作状态。集群系统具有较强的鲁棒性，不会由于某一个体或部分个体出现故障而对系统整体造成影响，表现为具有一定的自愈能力。

2. 灵敏性

生物集群系统的灵敏性主要体现在集群对于环境的自适应性，集群中的个体能够通过改变自身行为来适应环境的变化。例如，鸟群在遇到天敌时会根据近邻同伴的运动感知环境的变化，从而迅速做出集体逃避动作；鱼群在受到捕食者攻击时会改变自身漩涡运动，同时跟随群体躲避攻击者以获得更强的生存能力。这些群体行为表现出的灵敏性，看似与系统集群运动的稳定性互相矛盾，但自然界中的生物群体往往兼具稳定性和灵敏性，这种奇妙特性的内部机制是集群行为研究的一项重要内容。有科学家曾经提出过一种假设，当生物集群工作在系统相变的临界点附近时，集群系统在保持稳定性的同时能够具备灵敏性。

3. 个体简单性

群体中个体的能力或遵循的行为规则非常简单，每个个体仅执行一项或者有限的几项动作，并针对外部情况做出简单的几种反应，这种看似简单的个体行为却使它们组成了非常高效的群体。但需要注意的是，生物集群系统不是个体的简单相加，而是通过个体之间的组织、协调与合作，实现群体能力的激增。以蜜蜂集群为例，尽管单只蜜蜂并不复杂且能力有限，但整个蜜蜂群体却表现为一个高度机构化的社会组织，能够完成远远超过蜜蜂个体能力的复杂任务，如通过相互协作寻找蜜源、进行筑巢等。

4. 整体智能性

在生物群体中，个体通过感知周围的环境信息进行信息的交换和共享，同时按照一定的行为规则对外部刺激做出响应，通过调整自身状态来增强群体的生存能力，这个过程即为学习和进化的过程。集群中的每个单体通过环境反馈的状态来自适应地改变它们的行为，同时学习策略和经验以获得对外部环境的最佳适应性。集群学习和进化包含了时间和空间两方面：在时间上，它代表个人对自己历史经验进行重复性学习；而在空间上，它代表个人与其他个体以及外部环境进行互动学习。

通过对生物群集中的空间聚集性、运动的有序性、环境的适应性进行深入研究，建立集群运动理论模型，分析个体行为与群体特性之间的关系，可建立起微观个体和宏观整体之间的联系，从而指导集群系统的设计和控制。这样可以根据系统的性能指标要求，通过对个体进行设计使得整个群体产生期望的行为。生物集群行为中的速度-精度权衡问题是一个研究重点。从控制理论角度看，正反馈和负反馈作为集群行为的两个基本内在要素，对于集群智能行为的形成起到了重要的作用。其中，正反馈对初始时刻系统微弱的变化进行强化，促使系统应对外界环境变化，而负反馈起到阻尼作用，抑制扰动输入。正反馈对应快速性(速度)，负反馈对应稳定性(精度)。在集群行为中，这两种因素的合理权衡，使得群体一方面能够快速应对环境变化(如鸟群在遇到捕食者时能迅速做出集体逃避动作)，另一方面在遇到一定干扰的情况下仍能够保持稳定性，即实现速度-精度的权衡。深入研究其内在作用过程有助于实现对集群的控制，也是集群行为智慧性的重要体现。

9.2.3　空中机器人集群系统

随着无人驾驶与自主技术应用的不断深入，空中机器人集群系统的发展已成为空中机器人的重要发展方向。通过紧密合作，空中机器人集群系统可以体现出卓越的协调性、智能性以及自治性。

美国致力于建立空中机器人集群系统，以确保世界领先的军事技术。通过国防高级研究计划局、海军研究局以及许多实验室和其他组织机构，美国在空中机器人集群的高风险和高回报概念验证研究中取得了显著成果。美国国防部发布的《无人机系统路线图(2005—2030)》将无人机自主控制等级分为1~10级，并指出“全自主集群”是无人机自主控制的最高等级，预计2025年后无人机将具备全自主集群能力。此外，美国空军发布的《2016—2036年小型无人机系统飞行规划》中从战略层面肯定了小型无人机系统的前景和价值，规划中对“蜂群”“编组”“忠诚僚机”这三种集群作战概念进行了阐述，其中“蜂群”指代机对机，“编组”指代人对人，“忠诚僚机”指代人对机。美国对于无人机集群系统的重视程度也从侧面印证了无人机集群发展的重要性。

传统的多无人机协同领域相对成熟，科研工作者们针对这个方向提出了许多优秀的控制方法。相较而言，空中机器人自主集群的内涵在以下四个方面有别于传统的多机协同：首先，两者的空中机器人数量不在一个量级，用于研究多机协同的空中机器人数量通常不超过十架，而集群系统内一般需要考虑几十架甚至上百架无人机；其次，两者的空中机器人平台设计有很大差异，组成集群的单空中机器人平台价格较低，可大量组装配备；再次，两者的智能化程度差距较大，特别是在智能传感、环境感知、分析判断、网络通信、自主决策等方面，空中机器人自主集群有很强的智能涌现的共识自主性；最后，两者的适变和应变能力差距大，空中机器人自主集群可针对威胁等突发状况进行复杂协作、动态调整以及自愈组合。

接下来将对空中机器人集群系统中的一些重要特性进行描述。

1. 自主性

与生物集群行为特点中的分布式类似，空中机器人集群中的个体需要体现出一定的自主性，这也决定了空中机器人系统会具备较高的自主性。空中机器人的自动控制与自主控制的主要区别在于：自动控制是系统按照指令控制执行任务，而系统本身并没有决策与协调的能力；而自主控制则需要空中机器人在必要的时刻做出自主决策。因此，空中机器人自主控制应该使机器人具有自治的能力，必须能够在面对不确定的对象和环境条件时，在没有人类干预的情况下，持续完成必要的控制功能。自主性、机载信息获取以及传输等能力将是未来空中机器人在动态战场环境下完成复杂任务的关键。

空中机器人集群系统的自主性不仅在个体中体现，同时也在整体上体现。生物集群行为中介绍的分布式、自适应、鲁棒性等特点，与空中机器人集群实现协调自主控制的要求相符合。通过研究生物集群智能并将其映射到空中机器人集群协调自主控制领域，可以提高其在复杂环境条件下的自主决策和计划能力，从而使系统中的空中机器人在仅具有局部感知能力的前提下，通过与其他空中机器人和环境的交互来实现复杂的行为模式。空中机器人通过收集和处理信息来适应环境，并更新个体的“知识库”。通过这种方式，空中机器人与集群中的其他机器人进行交互，进行历史经验学习和社会学习，并不断进化以获得更强的生存能力和对环境的适应性，这似乎是集群宏观尺度上智能的涌现现象。假如某架空中机器人发生故障，其他机器人检测不到其信号，则会自动填补其位置，在集群系统层面表现为具备“自愈”能力；若有新的空中机器人集群加入，只要与边界处的空中机器人建立通信，新的集群会迅速完成融合。这样，整个系统不仅具有强鲁棒性，同时在数量上的可扩展性也极强。以上行为都是空中机器人集群系统的整体自主性的体现。

2. 协同性

空中机器人集群相对于单架机器人，具有更好的鲁棒性、适应性。如何对集群系统进行设计，使之能够相互协调合作，完成复杂的任务，具有非常重要的实际意义。对于无人自主多智能体系统而言，尤其是在军事领域，多个体之间保持协同与合作具有以下优点：

1）能充分获取当前的环境信息，有利于实现侦察、搜寻、排雷、安全巡逻等。单个主体的传感器获取信息的能力总是有限的，如果每个个体保持协调关系，分工合作获取自己周围的环境信息，再进行信息融合，便可迅速地感知整个群体所在的区域环境信息。

2）在对抗性环境中能增强多个体抵抗外界攻击的能力，如多机器人士兵通过保持合适的战斗防御队形可以更有效地应用战术，抵抗多方向的入侵，增强自身安全性。

3）在一些具体任务(如物资运输)中，保持协调关系能加快任务的完成，提高工作效率。

4）具有较大的冗余，能提高系统鲁棒性和容错性。

5）完成同样任务的情况下，具有协同合作关系的多个个体一般成本低廉，比单个性能优良但是成本昂贵的智能体更具有经济或军事效益。

实现空中机器人集群系统的协同并非易事。目前对于多机器人，特别是空中机器人集群的设计一般是采取自上而下的思想，严重依赖工程经验和反复试错。基于行为的设计是其中一种常见的方法，它通过对所有空中机器人个体的行为进行配置、研究、完善，来得到满足要求的整体集群协同。这种自下而上的设计方法的灵感往往来源于对自然中生物群体的观察，加深集群系统和数学模型的理解可使设计更加简单。目前对于集群运动的理论建模研究，帮助研究者解释了集群协同和智能涌现的部分规律，但很多模型对于个体交互的定义大都建立在一些未经证实的假设之上，无法完全揭示生物集群协同的内在机理。倘若能够有效掌握自然界集群的协同性与智能的产生机理，预测集群协同的发展演化，深刻理解系统进化的实质性规律，设计出一种完全自下而上的关于个体关联、集群运动、集群协同、智能涌现的集群控制方法，对于空中机器人集群的设计无疑有着重大的参考意义。

3. 基于生物集群行为的特性

空中机器人集群系统的设计灵感来源于生物集群系统中的鸟类集群、昆虫集群等，因此在空中机器人集群的设计中或多或少存在着生物集群的特性。下面将从四个方面进行对比，见表 9-1。

表 9-1 生物集群和无人机集群的映射关系

特　点	生 物 集 群	无人机集群
组织结构的分布式	不存在中心控制节点，各自通过与邻近同伴进行信息交互	不存在指挥控制中心，各无人机自主进行决策

（续）

特　点	生物集群	无人机集群
作用模式的灵敏性	对环境变化具有较强的适应性，能够躲避捕食者	应对信息不完全、环境不确定、高动态的任务环境
行为主体的简单性	个体能力较弱（感知/行为），遵循的行为规则非常简单	尺寸小，价格低廉，仅能携带部分传感器或负载
系统整体的智能性	组成的群体有着极高的效率，表现出整体智能性的涌现	规模效应使得其作战能力倍增，生存力提高

（1）组织结构的分布式　生物集群中不存在中心控制节点，各自通过与邻近同伴进行信息交互从而改变自身的行为；空中机器人集群中不存在传统意义上的指挥控制中心，同样期望采用分布式控制技术，每架机器人通过判断自身感知获取的局部信息，自主地进行飞行、规划以及决策。

（2）作用模式的灵敏性　生物集群通常对环境变化具有很强的适应性，并且在遇到威胁和变化时可以做出快速而一致的反应。例如，鸟类和鱼类在遇到掠食者时可以迅速采取集体逃避行动。空中机器人集群通常在不完全可观、不确定且高动态的任务环境中，必须具有很高的灵敏性才能获得更强的集群生存能力。

（3）行为主体的简单性　一个生物团队中单个个体的能力较弱且遵循简单的规则行动，每个个体仅需执行一个或有限数量的操作，并对外部条件做出简单的反应，比如生物集群中蚂蚁和蜜蜂等昆虫的运动能力和行为能力很简单。与普通空中机器人不同，机器人集群通常需要尺寸小、价格低廉的机器人，只能携带有限的传感器或负载，具有部分感知能力，自主水平不高。

（4）系统整体的智能性　群居动物中看似笨拙的个体相互配合，能够使它们成为效率极高的群体，这是由于整体智能性的涌现。一方面，空中机器人集群希望利用多种平台来实现规模优势；另一方面，空中机器人集群也希望通过机器人之间的相互组织和协调引入智能，实现功能的多元化。

9.3　空中机器人集群控制基础

空中机器人自主集群控制是当今多智能体系统领域的研究重点之一，也是空中机器人领域的重要研究内容之一。目前，空中机器人通过集群完成具体任务的过程是通过集群中的机器人的自主协调，将复杂任务分解为多个简单任务，通过任务分配以及协调控制由集群内的各架空中机器人执行，从而高效地完成复杂任务。本节将从空中机器人集群的控制目标、控制方法以及控制的重要技术这三个方面展开介绍。

9.3.1　空中机器人集群控制目标

在动态环境中行动的空中机器人集群一般需要特定的任务驱动，比如巡航、跟踪、搜救与勘测、护航等。以上任务中包含了许多集群系统的控制目标，因此本小节将其中重要的控制目标提炼出来并对它们进行详细分析。空中机器人系统的集群控制目标主要包含空中机器人集群的编队控制、目标跟踪控制以及避障控制等，这三者也是空中机器人集群控制的基础，下面将对它们进行详细分析。

1. 空中机器人集群的编队

空中机器人系统编队巡航控制的目标是：根据机器人任务系统的编队控制需求，分别驱动各架空中机器人相应的执行机构，自主控制空中机器人完成编队巡航任务。在编队巡航过程中，集群控制能力主要包括巡航编队的形成能力、保持能力、队形变换能力，如图 9-6 所示。

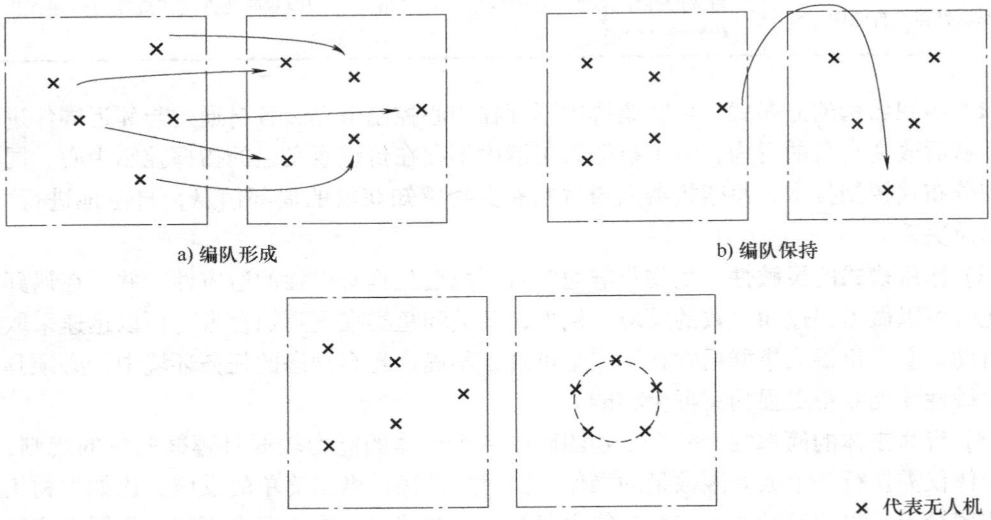

a) 编队形成　b) 编队保持

c) 编队变换(“V” 字形变换为圆形)

图 9-6　空中机器人集群的编队巡航过程

2. 空中机器人集群的目标跟踪

空中机器人系统目标跟踪的要求是对机器人获得的目标信息以及自身传感器获得的信息进行处理，驱动相应的执行机构在目标周围进行盘旋飞行，并且空中机器人系统与目标的夹角保持固定。此任务主要是以姿态控制作为内回路，目标跟踪控制作为外回路，实现对目标持续稳定的观察。其主要功能为持续跟踪目标，即根据目标的运动轨迹、位置、速度等信息，计算空中机器人和目标的相对距离，并与期望距离和期望夹角进行对比，控制副翼和方向舵的舵偏差值，最终消除误差，目标跟踪过程如图 9-7 所示。

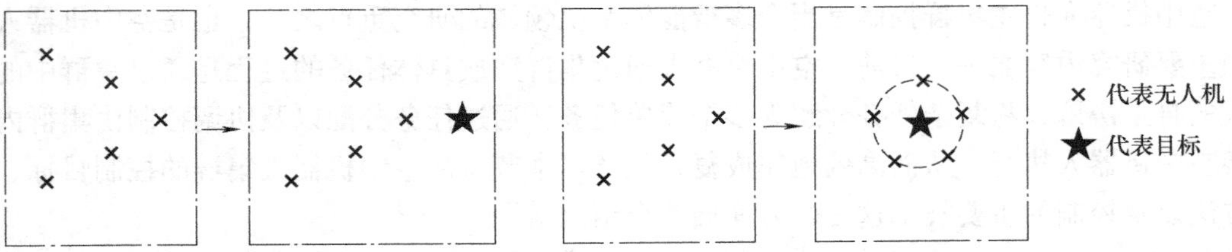

a) 目标追随 (“V” 字形)　b) 目标保护 (圆形)

图 9-7　空中机器人集群的目标跟踪

3. 空中机器人集群的避障

如图 9-8 所示，空中机器人系统避障控制的目标是避免无人机群中的单元发生碰撞，包括空中机器人之间的避障任务以及空中机器人与其他障碍物的避障任务。对于机群的内部避障任务，需要根据空中机器人自身传感器获得的位置信息以及通信得到的其他空中机器人的位置信息计算相对距离，并驱动执行机构完成。同时无人机利用自身传感器获得空中机器人与一定范围内障碍物的位置、相对速度等信息，驱动空中机器人避开障碍物，从而实现空中机器人集群的外部避障任务。

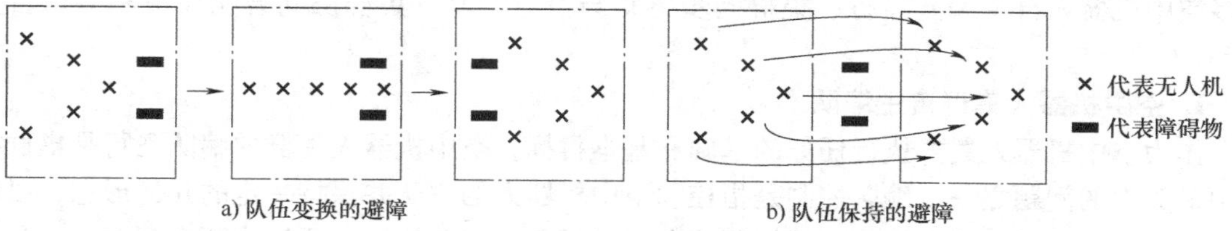

图 9-8 空中机器人集群的避障

9.3.2 空中机器人集群控制方法

为实现空中机器人集群的控制目标，研究者们提出了许多控制方法。空中机器人集群现有的控制方法主要根据不同的实际任务提出，构建方法主要有基于行为法、领导者-跟随者法、虚拟结构法以及人工势场法等。

在基于行为的集群控制方法中，一个群体的行为(或任务)由一些底层的运动(或子任务)组成，它是为了实现整体目标而构建的，其中个体移动机器人需要执行底层的运动来完成群体行为。这种方法的优点是其控制思路直接反映了空中机器人个体行为的协同，较为直观，当空中机器人之间存在冲突或者环境复杂变化时，比较容易得到一个有效的控制策略；它的缺点是不能明确定义群体行为，因此难以建立相应的数学模型，无法保证集群队形的稳定性，同时容易出现锁死现象。

领导者-跟随者法将一个机器人指定为领导者，领导者的运动轨迹定义了对应团队的运动轨迹，其他机器人由算法控制跟随各自的领导者，给出了期望距离和方位。领航跟随法应用最为广泛，其结构简单，易于理解；但是整个集群队伍的行为仅仅由领导者机器人决定，因此当领航机器人发生故障或遭到毁坏时，整个集群系统便会出现瘫痪。

在基于虚拟结构的方法中，整个集群系统被视为一个虚拟结构来处理，任意的智能体都可以被视为一个实体，它们的行为就像嵌入在刚性虚拟结构中的粒子。这种方法易于确定整个群体的集群行为，但是由于该方法适用的集群形状范围较窄，很多集群控制问题不能用其表示，因而限制了其适用范围。

人工势场法计算简便，便于实现实时控制，尤其对于集群系统处理障碍物空间的避障问题是比较有效的。但是该方法由于和空中机器人的运动模型难以精密结合，导致势场函数的设计比较困难，而且存在局部极值点的问题。

上述方法各有优缺点，针对不同集群系统的控制结构，必须提出一种切合实际的构建方法，并可能需要将上述方法结合使用，提出新的有效设计思路。因此，本节将根据空中机器人集群控制的实际需求制定控制目标，并在此基础上设计相应的集群控制结构。

9.3.3 空中机器人集群控制重要技术

为实现空中机器人集群的自主协调控制，集群系统中的许多关键问题有待解决。在未来信息化、网络化、体系对抗作战的环境下，空中机器人集群相对单机器人系统具有规模优势，能够完成更加复杂的任务，具有更好的鲁棒性、更强的生存能力，同时也具有巨大的成本优势，因此是空中机器人的重要发展方向。虽然目前对多空中机器人协同控制的研究有所成效，但多处于概念研究和初步验证阶段，如何将自组织机制引入空中机器人平台，真正实现复杂、动态、不确定环境下的空中机器人集群还面临一系列问题，需要解决的关键问题包括多空中机器人自主编队飞行、集群同步感知与信息共享、集群协同智能决策和共识自主性等。

1. 空中机器人集群自主编队

作为空中机器人集群执行任务的基础和基本目标，空中机器人集群的编队飞行是集群控制中最关键的问题之一。编队控制是指控制空中机器人的编队并保持一定的几何形态，以便在任务执行期间适应平台性能、战场环境和战术任务。编队控制主要解决两个问题：一是编队的形成和保持，包括空间、时间和通信拓扑的结构优化，不同几何形态之间的编队转换，在恒定编队和旋转条件下编队的收缩和膨胀等；二是编队形态的动态调整和重构，比如遇到障碍物时编队的分离和重新整合、编队成员增加或减少时的编队调整、作战目标的变化和威胁环境的变化等突发情况下的编队重建。从广义上讲，编队飞行还包括类似鸟群的集群飞行，整个集群不一定保持特定的几何形状，但是内部个体具有感知和规避的能力，并且可以通过集群内的信息共享和决策来实现协作自主飞行。

2. 集群同步感知与信息共享

多空中机器人的同步感知同样是机器人集群控制和决策的关键问题。在空中机器人集群中，可以为多个无人飞行器配备不同的传感器，通过一起协作来实现更大的覆盖范围、更高的精度和更强的鲁棒性。要获得对态势的同步感知，可以通过协作目标检测、目标识别和融合估计、协作情况理解和共享来获得完整、清晰、准确的信息以支持决策。在集群信息共享的过程中，如何将感知到的目标和平台状态信息传递给其他空中机器人，从而使整个系统不仅可以满足可用带宽限制以减少被检测到的可能性，还可以满足协作的控制要求和决策需求是一个非常重要的问题。因此，有必要设计用于集群飞行的通信系统，以应对强电磁干扰环境下的时延、丢包和异步通信，并克服分布式应用环境和平台计算能力差异造成的时间、空间不确定性。另外，在空中机器人集群自组织系统中，空中机器人作为通信网络节点，其空间分布决定了网络拓扑，不同的网络拓扑具有不同的通信性能。考虑到通信算法与控制技术的结合，研究基于通信质量约束的集群控制方法可以有效提高空中机器人集群完成任务的效率。

3. 空中机器人集群协同智能决策

空中机器人集群协同智能决策是实现空中机器人集群控制的核心问题之一。空中机器人协同决策的目标，就是针对高对抗的战场环境，在可能损失部分空中机器人的前提下，尽可能地加强整个系统的生存能力，以完成任务为最终目标。空中机器人集群协同决策的内容包括任务的动态分配和调度，比如威胁判断、目标优先级排序和目标分配。决策的关键是要考虑多架空中机器人之间任务分配的冲突解决方案，并消除多架空中机器人之间的任务耦合，应对动态和不确定的外部环境，基于任务和空中机器人功能实现协同决策，并制定有效而合理的任务计划，从而使空中机器人在执行任务时的生存概率和作战效率达到最佳。为了应对在高对抗、高不确定性和对时间敏感的环境中随时可能发生的意外情况，包括任务目标变更、外界干扰和威胁、环境变更以及机群成员损坏等，空中机器人集群需要进行实时任务调整和重新计划，快速响应外部环境的变化，提高任务效率和使用灵活性。

4. 共识主动性

共识主动性是生物群体中的一个核心概念，它表示生物个体自治的信息协调机制。在空中机器人集群控制技术中，实现共识主动性有重大意义。以生物集群的行为为例，蜜蜂的大脑或基因中并没有构筑蜂巢的计划、组织和控制机制，个体间也没有直接的交流，但是蜜蜂个体通过摇摆舞动与其他蜜蜂达成共识，共同完成复杂和精致的蜂巢建造。生物群体在没有控制中心和直接交流的条件下，通过同频共振识别其他个体的信息或者残留物，进行自发的后续活动，这就是所谓的共识主动性。这种间接的通信机制，为缺乏记忆、交流的简单个体提供了一种高效的合作机制。

在空中机器人集群中，通信是空中机器人进行控制和决策行为的基础。传统意义上的通信是一种显式通信，需要装载机间高速数据链共享目标信息、态势信息和指挥控制信息，且往往处于强电磁干扰环境中。如果将生物集群中的共识主动性这种隐式通信和传统的数据链显式通信的优势结合起来，通过隐式通信进行集群成员之间的底层协调，在出现隐式通信无法解决的冲突或死锁时再利用显式通信进行协调加以解决，无疑能够增强集群系统的鲁棒性。从信息流的角度，研究集群内各成员之间的通信机制，既可以增强系统的协调协作能力、容错能力，又可以提高通信效率，避免通信中的瓶颈效应。

9.4　空中机器人编队控制基础

空中机器人系统的编队控制是指系统中的空中机器人为了完成某个任务或实现某个目标而在空间内建立并且保持期望的几何形态，在控制过程中需要同时考虑空中机器人以及任务或环境的约束条件。一般而言，空中机器人系统的编队控制研究可以分为以下几部分：编队形态形成、编队形态保持、编队形态变换、编队形态的鲁棒性。

9.4.1　空中机器人编队控制概念

编队形态形成问题，即根据环境的约束或者任务的要求构建期望的队形，从几何角度考虑，可以是圆形、方形、直线形或 V 字形等；编队形态保持问题，是指在形成了期望的编队形状之后，如何控制空中机器人系统保持队形不发生改变；编队形态变换问题，可以理解为根据环境的变化或者任务的要求，利用控制算法实现不同几何形态之间的切换；编队形态的鲁棒性问题，是指空中机器人集群遇到了障碍物、干扰或者其他未知因素时，在保证编队形态的稳定性的同时克服干扰。多数研究工作者在讨论这一问题时，将目光聚焦在了空中机器人集群的避障问题上，即如何高效地躲避障碍物，防止发生碰撞，编队控制问题分解如图 9-9 所示。

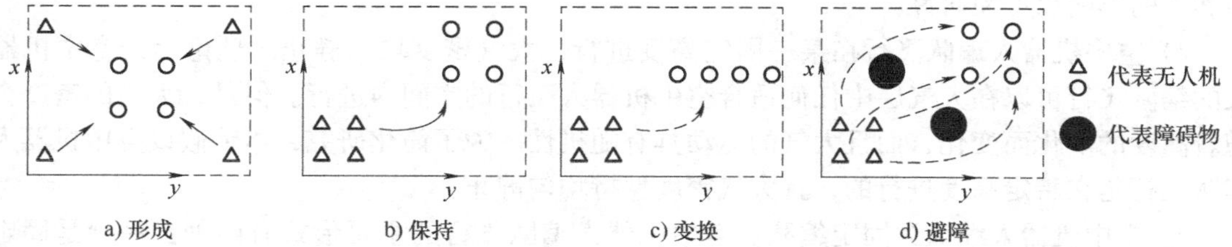

图 9-9　编队控制问题分解

以上几个编队控制问题既相辅相成，又各自独立。编队形态形成问题是编队控制的基础，它只考虑成形，不考虑形成之后智能体的状态变化；编队形态保持问题则是考虑编队形成之后的编队形态稳定，一般会涉及空中机器人系统的整体运动，在动态过程中都会有所体现；编队形态变换问题根据空中机器人数量的变化或者环境的变化自适应地改变编队形状，需要考虑编队的形成；编队形态的鲁棒性问题在上述几个问题中均有体现，主要包括空中机器人集群中任意机器人之间的相对稳定。比如在真实世界中，空中机器人系统的运动范围内会出现其他拥有碰撞体积的物体，它们会影响编队的控制以及运动的轨迹，因而需要将编队的鲁棒性作为主要问题之一进行研究。

9.4.2 空中机器人编队条件假设

对于空中机器人集群而言，想要完成编队，除了需要编队控制技术外，还涉及其他关键技术，比如空中机器人的个体控制、编队队形的设计、编队空中机器人之间的气动影响和信息的实时传递等。因此本节在研究空中机器人编队运动模型之前，首先做出以下假设。

1）空中机器人是具有高度、航向和速度驾驶仪的性能良好的飞行器。现代自主控制的高性能空中机器人在设计时就已经将增稳系统和增稳控制系统纳入考虑。换言之，在空中机器人中已包含了对各舵面的稳定回路和对各状态量的稳定控制回路。因此，本节不讨论这方面的内容，将空中机器人视为一个具有内稳定回路或者是具有一些状态量稳定系统的飞机，如具有速度稳定自动驾驶仪、高度稳定自动驾驶仪以及舵向稳定自动驾驶仪等的高性能飞行器。这样就无须通过空中机器人最初的动力学特性来建立一个高阶的精确模型，而只是把空中机器人看成以一定的输入控制量来控制相应的飞行状态变量，即把空中机器人简化为质点模型。

2）空中机器人的机载传感器和通信系统理想化。由于空中机器人在编队过程中需要及时知道自身和其他空中机器人以及周围环境的信息，因此它的机载传感器必须有能力感知并处理这些信息。除此之外，空中机器人在飞行的过程中还需要和其他空中机器人或者地面基站进行通信。在现实世界中，传感器和通信系统处理如此大量的信息是有延时性的，如果考虑延时因素将会使问题复杂化。为了简化问题，本节假设所有的机载传感器和通信系统是理想的，即能够准确、无延时地传输和处理各类所需信息。

3）空中机器人之间在编队时不受涡流的影响。空中机器人在飞行过程中产生的涡流场会对穿越其流场或者近距离飞行的其他空中机器人的动力性能产生很大的影响，这种影响对于编队中的空中机器人来说有利也有弊。举例而言，僚机可以借助前面的空中机器人产生的尾涡流减小阻力和增加升力，从而减少燃料损耗并增加航程；但是尾涡流同时也会给后面的空中机器人带来扰动，对后机的飞行安全和动态特性产生较大影响。因此，本节忽略了编队中涡流的影响以方便研究。

4）空中机器人编队飞行在某一固定高度进行，大气密度均匀静止。理论上，空中机器人的编队飞行可以在大气层中任何适合空中机器人飞行的空间内进行。但是，大气的密度会随着高度的变化而变化，而且大气的运动具有随机性。为了简化研究，本节假设空中机器人编队飞行是在特定高度进行的，且大气密度保持均匀静止。

5）空中机器人编队为固定编队。空中机器人编队飞行的主要形式有两种：一种是固定编队，即在编队飞行过程确定空中机器人数量的情况下，空中机器人之间保持相对固定的距离和状态，整体呈现固定的队形；另一种是自由编队，即在编队过程中无须保持固定的距离和状态，只要保证基本的约束。本节主要研究内容为空中机器人的固定编队飞行，如没有特指，提到的编队飞行表示固定编队飞行。

9.4.3　空中机器人编队运动模型

空中机器人编队运动是一种相对运动模式，对于编队空中机器人而言，主要存在相对参照物的选择和相对状态的保持问题，而要保持相对状态，需要选择适当的参考系。因此，建立空中机器人编队飞行相对运动模型的关键要素是参考领航空中机器人的选择和参考坐标系的选择。一旦两者确定下来，编队空中机器人之间的相对运动关系便能够确定。由于空中机器人的质心运动航迹坐标系以及世界坐标系在第4章中进行了详细的阐述，参考坐标系已经得到了定义，因此本小节将重点介绍参考领航空中机器人的选择以及编队形态的定义。

在空中机器人固定编队飞行中，必须确定一个领航机作为参考，由领航者带领编队向目标点飞行。领航空中机器人的选择一般有三种方法，下面进行简要介绍：

1. 以领航空中机器人作为参考

如图9-10所示，该方法在空中机器人集群的编队飞行过程中选择领航机器人作为领导者，每架空中机器人会根据该空中机器人的位置和编队要求来确定自己在队形中的位置。领航机器人带领整个编队向目标位置飞行，但是不负责保持队形，队形的保持交给僚机负责。在这种情况下，领航机器人的位置只与任务要求有关，而与僚机无关。

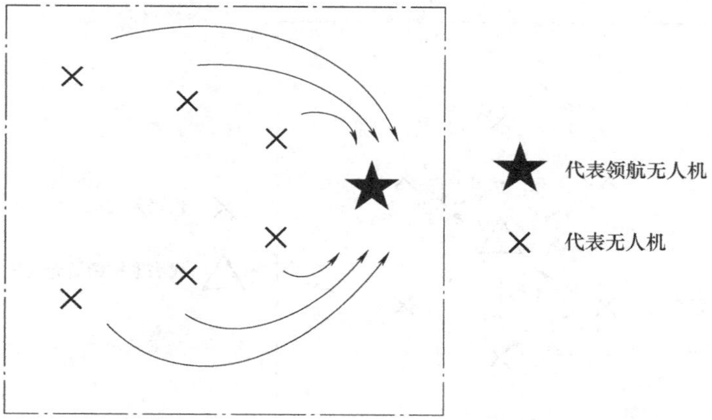

图9-10　编队参考领导机的选择方式一示意图

采用领航空中机器人作为参考机器人的优点是该方法与有人驾驶飞行器编队类似，符合人类的思维习惯，简单易行；这种方法的缺点在于当空中机器人的数量较多时，容易造成资源冲突，因此适合编队空中机器人数量较少时采用，不适合集群系统的编队控制。

2. 以相邻空中机器人作为参考

如图9-11所示，该方法中每架空中机器人选择与自己相邻的已经确定位置的机器人作为参考机器人，由该空中机器人的位置确定自身的位置。参考机器人的位置同样与僚机无关。

采用相邻空中机器人作为参考机器人不会轻易发生空中机器人之间的碰撞冲突。然而当编队形状复杂并需要进行交换时，相邻空中机器人之间的位置会发生变化，有可能变为不再近邻，此时参考空中机器人的选择变得困难，同时形成稳定编队的时间也会变长。

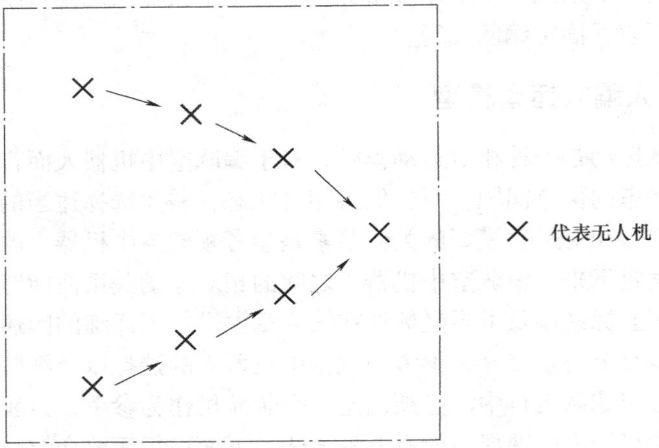

图 9-11 编队参考领导机的选择方式二示意图

3. 以虚拟领航空中机器人作为参考

如图 9-12 所示，该方法选择一架虚拟空中机器人作为整个编队的参考机器人。这架虚拟空中机器人的位置通常是整个编队的中心位置，即各架空中机器人位置坐标的平均值。此时参考空中机器人的位置与每架空中机器人的位置状态均有关系。

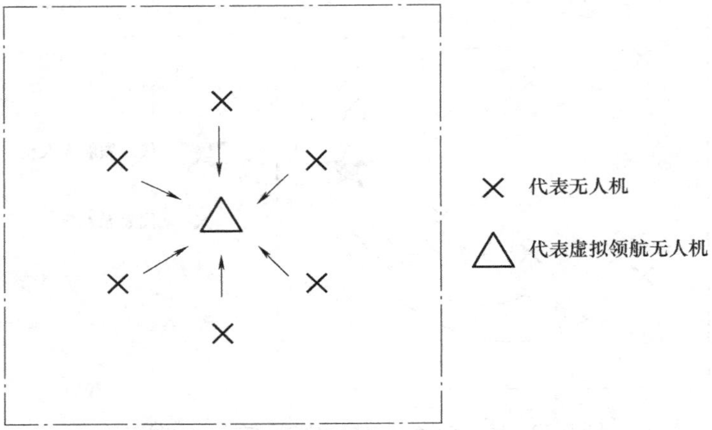

图 9-12 编队参考领导机的选择方式三示意图

采用虚拟领航空中机器人作为参考，优点在于容易保持整个编队形态的稳定。例如，当其中一架空中机器人出现故障时，编队的中心位置必然发生变化，即参考空中机器人的位置发生了改变，整个编队能够马上反应，其他空中机器人的速度会产生相应的改变，从而变换编队形状或者集体“等待”掉队的机器人。该方法的缺点在于虚拟空中机器人的位置会受到编队中所有单位的影响，向目的地飞行时易受到干扰；同时如果虚拟空中机器人的位置和速度发生改变，空中机器人编队的相对运动建模会变得复杂，不易求解。

综上所述，以上三种参考机的选择方法各有优缺点，应当综合考虑编队的任务、空中机器人的数量以及编队的队形等因素来决定参考无人机的选择。本节考虑空中机器人集群系统的编队控制问题，建立相对运动方程，因此采用第三种方法即虚拟领航空中机器人作为参考。

接下来将定义编队形状。对于拥有 N 架空中机器人的集群系统，根据假设它们飞行于同一高度，因此可以视为在同一平面上运动，需要在一个二维笛卡儿坐标系下给定集群系统的期望编队形态。结合虚拟领航参考方法，给出虚拟领航无人机 t 时刻在世界坐标系下的坐标为 $[x_0, y_0, z_0]$，则对于空中机器人集群中的第 i 架机器人，给定期望的坐标定义如下：

$$\boldsymbol{h}_i=\left(x_0+R\cos\frac{2\pi i}{N}, y_0+R\sin\frac{2\pi i}{N}, z_0\right)^{\mathrm{T}}\ (i=1,2,\cdots,N) \tag{9-3}$$

通过观察公式不难发现，这里提出的期望坐标是基于半径 R 的圆在二维笛卡儿坐标系中定义的。对于不同数量的空中机器人，它们的期望编队形态为均匀分布在圆周上的 N 个点。图 9-13 举例说明了不同情况下空中机器人集群的编队形态。

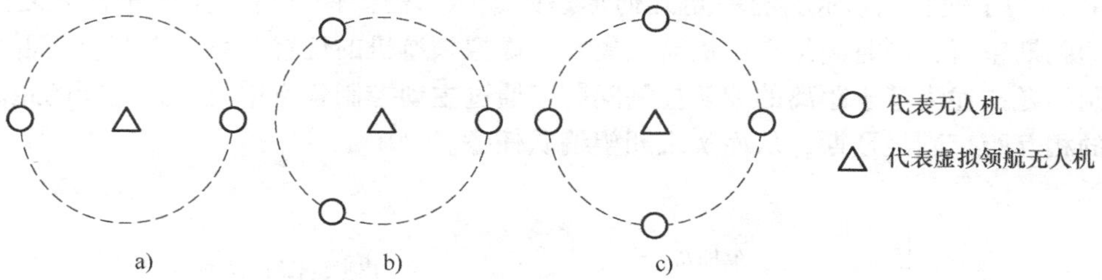

图 9-13　不同数量下的编队形态

图 9-13 展示了二维笛卡儿坐标系下不同数量空中机器人组成的集群系统的期望编队形态，它们与虚拟领航空中机器人（中心点）的相对距离由式（9-3）决定。图 9-13a 展示的空中机器人集群拥有两架空中机器人，此时集群系统的编队形状可以视为一条直线；图 9-13b 的空中机器人数量增加为三架，它们的编队形态变成了三角形；图 9-13c 展示的空中机器人集群中有四架空中机器人，此时空中机器人集群形成了一个矩形。由此可见，本节采用的期望编队形态并非一成不变，它会随着空中机器人的数量自适应地变化。

9.4.4　基于人工势场法的空中机器人编队控制策略

空中机器人编队控制的目的就是让编队中的僚机和虚拟领航空中机器人按照要求保持相对稳定的状态。编队控制策略可以描述为：在参考坐标系中设计编队控制器，使得僚机和虚拟领航空中机器人之间的距离与期望距离之间的误差为零。然而，在编队过程中，空中机器人不仅需要考虑它与虚拟领航机的相对位置关系，还需要考虑它与集群系统中的其他僚机之间的相对距离，从而实现快速编队形成、编队保持以及编队变换等任务。

空中机器人集群系统的编队控制策略包含了高层编队形态控制、导航规划以及空中机器人的底层控制，由于第 6 章和第 7 章中已经详细介绍过空中机器人的底层控制和导航基础，因此本章将侧重讲解空中机器人集群系统的高层编队形态控制，即根据相应的任务控制整体空中机器人集群的编队形态以及个体空中机器人的运动趋势。至于空中机器人的导航规划和底层控制策略，本章将不再赘述。

在主流的空中机器人集群编队控制方法中，基于人工势场的编队控制算法是其中较为常见的一种。它的基本思想是从物理学科中电场力的作用原理引申而来的。在空中机器人集群系统中，将任意无人机视为电子，而目标兴趣点视为正电荷，障碍物视为负电荷。因此，空中机器人与目标兴趣点之间有相互吸引的作用力（靠近目标点），与障碍物之间存在相互排斥的作用力(远离障碍物)，各架空中机器人之间有相互排斥的作用力(防止无人机之间的碰撞)，而每架空中机器人对象的运动方向和轨迹受到这些吸引力和排斥力的约束。因此，在描述空中机器人集群的编队控制时，可以将该问题抽象为系统中的任意空中机器人受到的作用力来进行描述。

1. 空中机器人集群编队控制问题描述

本节将对空中机器人集群系统的编队控制问题进行描述，其中包括编队形成、编队保持以及编队变换。考虑一组共 N 个在同一平面上飞行的空中机器人 R_1，R_2，…，R_N，定义如图 9-14 所示的机器人集群坐标系，同时，一架虚拟领航空中机器人 R_0 同样位于该平面上。定义第 i 架空中机器人在地面坐标系下的坐标为 $\boldsymbol{P}_i(i=1,2,\cdots,N)$，虚拟领航空中机器人的坐标为 $\boldsymbol{P}_0$。为了使它们形成具有一定几何形态的编队，需要保证各个空中机器人之间的相对距离达到期望值，同时满足空中机器人集群与虚拟领航机的位置关系。本节将集群系统的编队控制问题描述为基于距离的编队控制问题，通过主动控制各空中机器人之间的距离，使得它们的相互距离满足预期，从而实现期望编队任务。

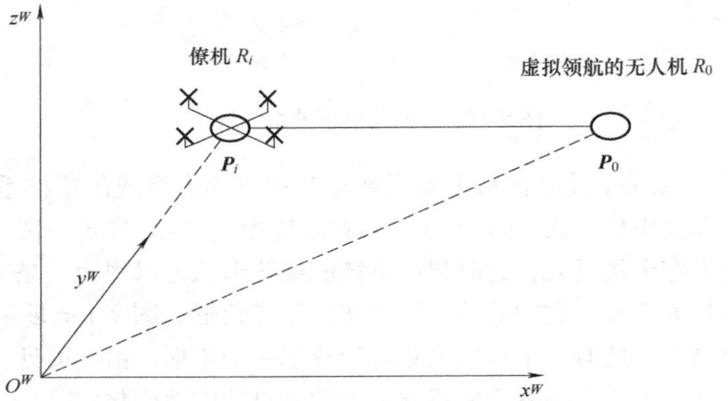

图 9-14　空中机器人集群坐标系定义

为了满足相对距离的要求，本章定义了一种用于计算各空中机器人之间的期望距离的虚拟期望编队位置向量。已知空中机器人的数量，利用传感器获取所有空中机器人在地面坐标系下的位置 $\boldsymbol{P}_i$，然后借助虚拟领航空中机器人定义它们的期望编队形状。最后，一组在集群系统所在的二维笛卡儿坐标系下定义的空中机器人期望位置随之产生。

从领导跟随控制方法的角度来看，僚机空中机器人通过与虚拟领航无人机建立关联来达到编队保持的效果。虚拟领航空中机器人在地面坐标系下的位置由各架空中机器人位置坐标的平均值给出，它的坐标已经在上一小节中给定，用 $\boldsymbol{P}_0=[x_0,y_0,z_0]$ 表示。同样地，根据空中机器人数量决定的第 i 架空中机器人的期望编队坐标已经在上一小节中定义。根据期望的编队形态，可以确定每个空中机器人的期望相对位移量。如式(9-4)所示：

$$\boldsymbol{h}=col[\boldsymbol{h}_1,\boldsymbol{h}_2,\cdots,\boldsymbol{h}_N](\boldsymbol{h}_i\in\boldsymbol{R}^3,i=1,2,\cdots,N) \tag{9-4}$$

为了最大程度地减少空中移动机器人在地面坐标系下从当前坐标点到其目标兴趣点的距离二次方和，避免消耗更多的资源，应当合理选择编队顺序。因此，如图 9-15 所示，在任意时刻 t，空中机器人集群的中心坐标决定虚拟领航空中机器人的坐标，而空中机器人的期望坐标点由虚拟领航机的位置决定，因此可以通过排序获得新的期望坐标集。从逆时针方向将两组点集进行排列和重新配对，那么当前时刻空中机器人组成的点集的期望位置集可以写成：$(\boldsymbol{P}_1^d,\boldsymbol{P}_2^d,\cdots,\boldsymbol{P}_N^d)$（在相同二维笛卡儿坐标系下）。

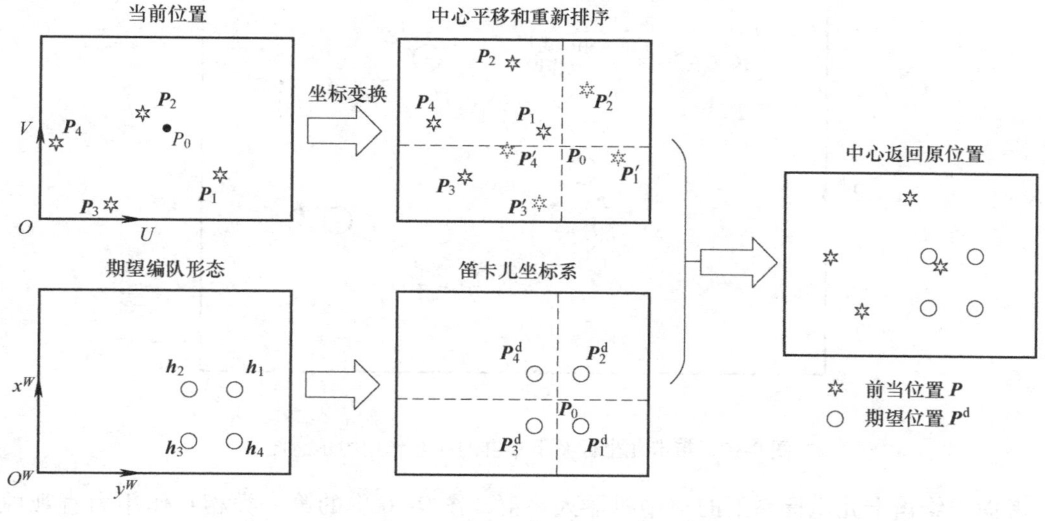

图 9-15　编队控制框架概括

考虑空中机器人之间的相对距离要求以及空中机器人与虚拟领航机的相对距离关系，要解决编队问题，空中机器人 $i\in(1,2,\cdots,N)$ 应当满足以下条件：

$$
\begin{aligned}
\|\boldsymbol{P}_i-\boldsymbol{P}_j\| &\rightarrow \|\boldsymbol{P}_i^d-\boldsymbol{P}_j^d\| \\
\|\boldsymbol{P}_i-\boldsymbol{P}_0\| &\rightarrow \|\boldsymbol{P}_i^d-\boldsymbol{P}_0\|
\end{aligned}
\tag{9-5}
$$

除此之外，集群系统在飞行过程中，需要解决集群系统的编队变换问题。本节将空中机器人数量作为变量进行编队变换分析，同时参考期望编队形态公式(9-5)，当空中机器人数量发生变化时，期望编队形态会自适应地发生变化而无须重复定义，以体现集群系统的自适应性。

例如，当空中机器人数量为三架时，期望编队向量 $\boldsymbol{h}_i$ 写成：

$$
\boldsymbol{h}_i=\left(x_0+R\cos\frac{2\pi i}{3},y_0+R\sin\frac{2\pi i}{3},z_0\right)^{\mathrm{T}}\ (i=1,2,3) \tag{9-6}
$$

某一时刻，空中机器人的数量增加到四架时，期望的编队向量将自动变为：

$$
\boldsymbol{h}_i=\left(x_0+R\cos\frac{\pi i}{2},y_0+R\sin\frac{\pi i}{2},z_0\right)^{\mathrm{T}}\ (i=1,2,3,4) \tag{9-7}
$$

2. 势函数设计

空中机器人编队控制策略的势函数设计将基于编队控制的问题描述，定义移动机器人与虚拟领航机器人（图像中心点 $\boldsymbol{P}_0$）的吸引力为第一类相互作用，空中机器人之间的作用力为第二类相互作用，如图 9-16 所示。在设计符合要求的人工势函数时需要满足以上所有条件，并利用各势函数的增益来平衡不同部分以达到最佳的控制效果。

首先设计各空中机器人与虚拟领航机器人的势函数来描述它们之间的相对位置关系。为了使空中机器人与虚拟领航机的相对距离达到期望值，需要构建空中机器人与虚拟领航机的关联。为了更直观地反映集群系统与虚拟领航机的第一类相互作用力，在编队条件假设中，假定空中机器人集群系统在地面坐标系的同一高度运动，因此该问题可以从三维空间转换到二维平面。第一类相互作用力的势函数设计核心在于确保所有空中机器人运动到虚拟领航机器人周围并保持两者的相对位置不变。

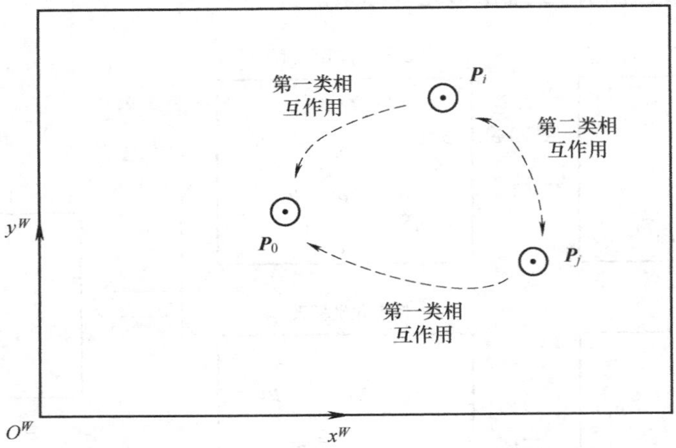

图 9-16　笛卡儿坐标系下集群的相互作用力示意图

考虑二维笛卡儿坐标系下的空中机器人集群，图 9-16 中的第一类相互作用力直观地反映了空中机器人的期望运动趋势。为了建立各架空中机器人与虚拟领航机的关系，笛卡儿坐标系中的空中机器人 $\boldsymbol{P}_i$ 应当往虚拟领航机 $\boldsymbol{P}_0$ 的位置靠近，最终保持在与虚拟领航机一定距离的位置。为了将该问题抽象化，本节通过构造一个人工势函数 $C(l_i,l_d,d)$ 来描述图 9-16 中笛卡儿坐标系下空中机器人靠近虚拟领航机并与该点保持一定距离的问题。其中 l_i 为坐标点 $\boldsymbol{P}_i$ 与坐标点 $\boldsymbol{P}_0$ 的距离，对于第 i 架空中机器人，它与 $\boldsymbol{P}_0$ 的相对位置关系可以用向量$(x_i-x_0,y_i-y_0)^{\mathrm{T}}$ 表示，定义第 i 架空中机器人与虚拟空中机器人 $\boldsymbol{P}_0$ 在笛卡儿坐标系中的距离为

$$l_i=\|\boldsymbol{P}_i-\boldsymbol{P}_0\| \tag{9-8}$$

式中，l_d 代表预先给定的空中机器人与虚拟领航机的期望距离，定义 d 为最远相对距离，由集群系统中各架空中机器人的初始位置决定。该函数需要满足以下条件：

① 若空中机器人 $\boldsymbol{P}_i$ 满足 $l_i=l_d$，$C(l_i,l_d,d)$的值为 0；

② 当空中机器人 $\boldsymbol{P}_i$ 满足 $l_i\in(0,d)$，此势函数是连续可微的；

③ 当空中机器人 $\boldsymbol{P}_i$ 靠近虚拟领航空中机器人 $\boldsymbol{P}_0$ 时，$\lim_{l_i\to 0}C(l_i,l_d,d)=+\infty$；当空中机器人与虚拟机的距离接近最远相对距离时，$\lim_{l_i\to d}C(l_i,l_d,d)=+\infty$。

满足条件的其中一种人工势函数可以定义为

$$C(l_i,l_d,d)=\begin{cases}\dfrac{(l_i-l_d)^2}{l_i^{\,2}},l_i\in(0,l_d]\\[2mm]\dfrac{(l_i-l_d)^2}{(d-l_i)^2},l_i\in(l_d,d)\end{cases} \tag{9-9}$$

该势函数 $C(l_i,l_d,d)$可以视为一个凸函数。当变量 l_i 的值增加到 d 时，代表该架空中机器人与虚拟领航空中机器人之间的联系即将消失，这个行为是一个消极行为，因而人工势函数值将趋于无穷大。当空中机器人与虚拟空中机器人距离小于 l_d 且继续变小时，此行为同样是消极的，$C(l_i,l_d,d)$将增大并趋于无穷。观察图 9-17，令 $l_d=4$，$d=10$，势函数的值在 $l_i=l_d=4$ 时为 0，说明此状态为第 i 架空中机器人的期望状态。因此，接下来需要定义梯度下降式控制算法，以确保该 $C(l_i,l_d,d)$ 趋于零。该控制方案的期望结果是空中机器人 $\boldsymbol{P}_i$ 不

断靠近虚拟无人机 $\boldsymbol{P}_0$，并停留在距离其 l_d 的位置。

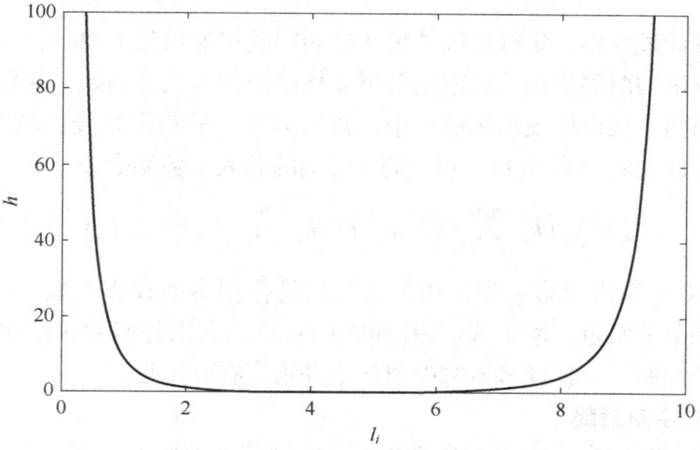

图 9-17　势函数曲线图

接着设计各空中机器人之间的势函数来描述它们之间的相对位置关系，从而实现空中机器人集群系统的期望编队形态。由图 9-16 所示，第二类相互作用力能够反映二维笛卡儿坐标系下任意两架空中机器人之间的运动趋势。根据第 9.4.3 节中定义的期望编队形态模型，利用任意两架空中机器人的期望坐标点可以计算得到它们之间的期望距离。因此，形成预定编队形态的人工势函数需要满足：当任意两架空中机器人的距离大于期望距离且不断增大时，势函数值增大；当任意两架空中机器人的距离小于期望距离且不断减小时，势函数值增大。设计这一部分是为了解决空中机器人集群系统的编队形成问题，同时考虑各架空中机器人之间的避障任务。

因此，基于图 9-16 中第二类相互作用力设计的人工势函数 $V(l_{ij},l_{ij}^d,d)$ 与第 i 架空中机器人和第 j 架空中机器人之间的相对距离有关。在地面坐标系下，令 $\|\boldsymbol{P}_i-\boldsymbol{P}_j\|=l_{ij}$，$\|\boldsymbol{P}_i^d-\boldsymbol{P}_j^d\|=l_{ij}^d$，$d$ 表示最远相对距离。基于空中机器人相对距离的人工势函数 $V(l_{ij},l_{ij}^d,d)$ 需要满足以下原则：

① 势函数 $V(l_{ij},l_{ij}^d,d)$ 处处连续可微；

② 当且仅当 $l_{ij}=l_{ij}^d$ 时，有 $\min_{\boldsymbol{P}_i,\boldsymbol{P}_j}V(l_{ij},l_{ij}^d,d)(\boldsymbol{P}_i-\boldsymbol{P}_j)=0$；

③ $\lim_{\|\boldsymbol{P}_i-\boldsymbol{P}_j\|\to 0}V(l_{ij},l_{ij}^d,d)(\boldsymbol{P}_i-\boldsymbol{P}_j)=+\infty$，

$\lim_{\|\boldsymbol{P}_i-\boldsymbol{P}_j\|\to 2d}V(l_{ij},l_{ij}^d,d)(\boldsymbol{P}_i-\boldsymbol{P}_j)=+\infty$。

满足以上条件的其中一种势函数如下所示：

$$V(l_{ij},l_{ij}^d,d)=\begin{cases}\dfrac{(l_{ij}-l_{ij}^d)^2}{{l_{ij}}^2},l_{ij}\in(0,l_{ij}^d]\\[2ex]\dfrac{(l_{ij}-l_{ij}^d)^2}{(2d-l_{ij})^2},l_{ij}\in(l_{ij}^d,d)\end{cases}\tag{9-10}$$

值得注意的是，空中机器人集群系统在编队飞行过程中，可能会出现空中机器人数量的变化，原因有机械或通信故障引起的僚机掉队、新的僚机加入集群系统等。因此，集群中的空中机器人总数 N 是一个变量，由式(9-3)计算得到的各架空中机器人的期望坐标点也是变

量，任意两架空中机器人之间的期望距离 l_{ij}^d 会随着 N 的变化而变化。这正是集群系统编队变换需求的体现。

在势函数的设计过程中，集群系统的编队控制问题被抽象化为两类相互作用力并分别用势函数描述。将提出的两类势函数有效结合可以构建新的人工势函数，从而解决提出的空中机器人集群编队问题。假设以虚拟领航空中机器人为中心的集群系统区域为 $\boldsymbol{D}(t)\in\boldsymbol{R}^2$，区域内的空中移动机器人集合为 $S(t)$，可以将 t 时刻的总人工势函数设计为如下方程式：

$$J=\sum_{i=1}^{N}\left(k_c\sum_{i\in S(t)}C(l_i,l_d,d)+k_v\sum_{i,j\in S(t)}V(l_{ij},l_{ij}^d,d)\right) \tag{9-11}$$

式中，$k_c>0$ 和 $k_v>0$ 分别表示第一类作用力和第二类作用力的权重系数，$k_c+k_v=\sigma$，其中 σ 为基于变化需要调节的常量。基于式(9-9)和式(9-10)，人工势函数 J 显然也是非负的。接下来会设计合适的控制器，使此势函数的值减小并稳定在 0 附近。

3. 梯度下降式控制策略

梯度下降式控制算法广泛应用于多智能体系统的编队控制中。基于设计的人工势函数，集群系统中的空中机器人可以移动到期望位置从而形成编队。

在考虑空中机器人的控制律时，应详细分析其确切模型。在分析空中机器人时，可以将它视为具有高度控制功能的平面飞行器，其在水平面中的运动学模型可以通过以下公式表示：

$$\begin{cases}\dot{x}_i=v_i\cos\theta_i\\ \dot{y}_i=v_i\sin\theta_i\\ \dot{\theta}_i=\omega_i\end{cases} \tag{9-12}$$

根据空中机器人坐标系中所选速度矢量的特性，空中机器人的线速度 v_i 和角速度 ω_i 能够确定它在二维笛卡儿坐标系中的运动模态。设计控制律是为了让空中机器人围绕着虚拟领航机器人形成编队，需要利用期望编队形态中给出的期望坐标点提出以下基于分布式控制的梯度下降式控制率，该方案会使用人工势函数 J 的广义梯度。

给定虚拟领航无人机的朝向 θ_f、线速度 v_f，保证集群系统在空中的稳定巡航飞行。θ_i 为第 i 架空中机器人在笛卡儿坐标系下的朝向角。基于势函数的梯度下降式控制率可以设计为

$$v_i=-\mathrm{sign}\left(\frac{\partial J}{\partial x_i}\cos\theta_i+\frac{\partial J}{\partial y_i}\sin\theta_i\right)\|\nabla_i J\|+v_f \tag{9-13}$$

$$\omega_i=\left(\frac{\partial J}{\partial x_i}\sin\frac{\theta_i+\theta_f}{2}-\frac{\partial J}{\partial y_i}\cos\frac{\theta_i+\theta_f}{2}\right)v_f-\sin\left(\frac{\theta_i-\theta_f}{2}\right) \tag{9-14}$$

式中，$\nabla_i J=\left(\frac{\partial J}{\partial x_i},\frac{\partial J}{\partial y_i}\right)$，当 $s\geqslant0$ 时，$\mathrm{sign}(s)=1$；反之，$\mathrm{sign}(s)=-1$。

9.4.5 仿真实验

仿真实验在 MATLAB 软件中进行。MATLAB 作为一款用于算法开发、数据可视化、数据分析以及数值计算的高级技术计算语言和交互式环境，是研究者们使用最多的仿真软件之一。

1. 空中机器人数量变化的编队控制运动学仿真

在 MATLAB 仿真中，本小节首先设计了两组实验。初始状态下，N 架空中机器人（$N=$

3,4)随机分布于一个 256×256 的二维平面中，可以在二维平面上建立笛卡儿坐标系。给定期望编队向量的参数 $l_d=20$，根据式(9-3)中定义的期望的编队形态：

当 $N=3$ 时，有

$$\begin{aligned} \boldsymbol{h}_1&=(-10,10\sqrt{3})^{\mathrm{T}} \\ \boldsymbol{h}_2&=(-10,-10\sqrt{3})^{\mathrm{T}} \\ \boldsymbol{h}_3&=(20,0)^{\mathrm{T}} \end{aligned} \tag{9-15}$$

此时，$\|\boldsymbol{p}_i-\boldsymbol{p}_j\|\rightarrow 20\sqrt{3}$是满足三架空中机器人形成期望编队的必要条件，其中 i，$j\in\{1,2,3\}$且 $i\neq j$。

当 $N=4$ 时，有

$$\begin{aligned} \boldsymbol{h}_1&=(0,20)^{\mathrm{T}} \\ \boldsymbol{h}_2&=(-20,0)^{\mathrm{T}} \\ \boldsymbol{h}_3&=(0,-20)^{\mathrm{T}} \\ \boldsymbol{h}_4&=(20,0)^{\mathrm{T}} \end{aligned} \tag{9-16}$$

此时，$\|\boldsymbol{p}_i-\boldsymbol{p}_j\|\rightarrow 20\sqrt{2}$是满足四架空中机器人形成期望编队的必要条件，其中 i，$j\in\{1,2,3,4\}$且 $i\neq j$。

由于初始时刻的空中机器人均分布于二维笛卡儿坐标系中，因此，初始的有限势函数值 $J(0)<\infty$。然后可以利用计算得到的期望编队形态向量 $\boldsymbol{H}_1=(\boldsymbol{h}_1,\ \boldsymbol{h}_2,\ \boldsymbol{h}_3)$ 和 $\boldsymbol{H}_2=(\boldsymbol{h}_1,\ \boldsymbol{h}_2,\ \boldsymbol{h}_3,\ \boldsymbol{h}_4)$，并利用提出的控制策略实现无人机群的编队控制。

图 9-18 给出了两组编队控制仿真实验的结果。从图中可以看出，$N=3$ 时空中机器人相互靠近且最终形成的编队形态为三角形，$N=4$ 时空中机器人集群最终形成的编队形态为矩形，这与计算得到的期望编队形态向量 $\boldsymbol{H}_1$ 和 $\boldsymbol{H}_2$ 符合。同时，在整个仿真过程中，空中机器人之间没有发生碰撞，集群系统的所有成员一直与其他空中机器人保持安全距离。

图 9-18 彩图

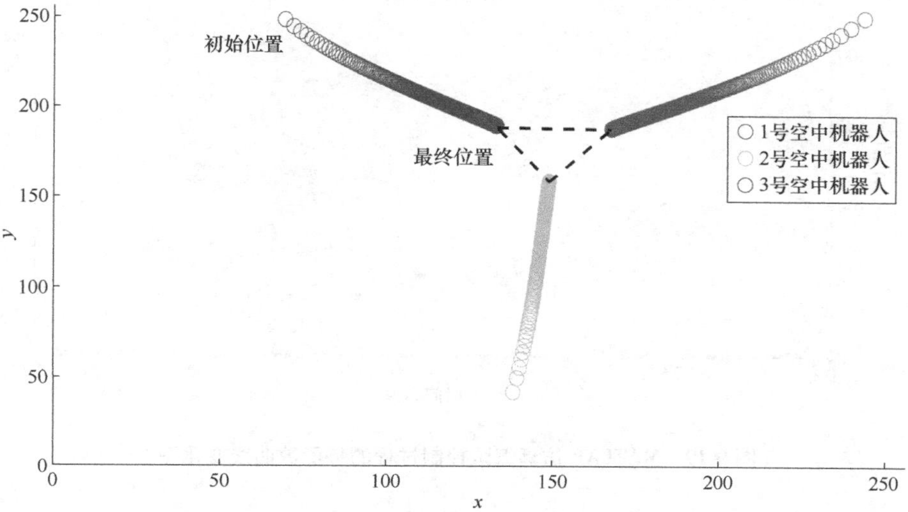

图 9-18 MATLAB 仿真的编队形成过程图

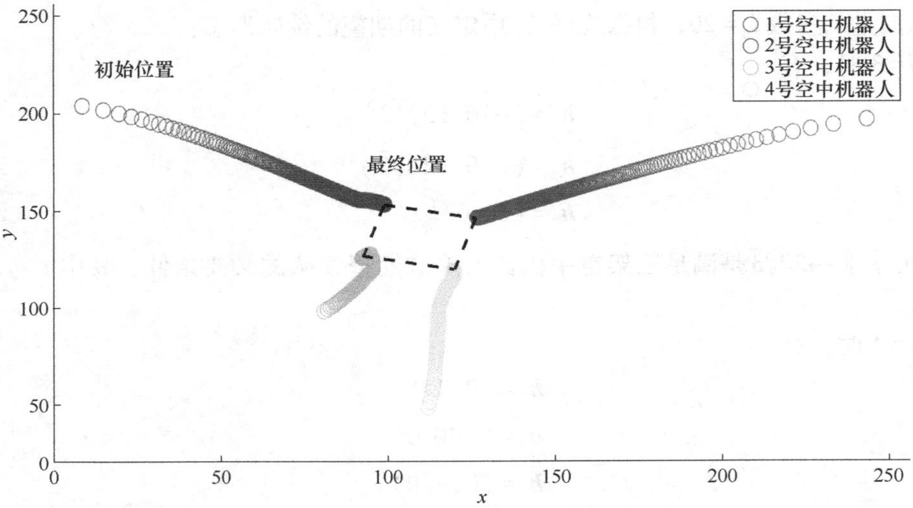

图 9-18　MATLAB 仿真的编队形成过程图(续)

图 9-19 显示了势函数值随时间的变化曲线，其中红色曲线代表三架空中机器人编队控制过程的势函数曲线图，蓝色曲线代表四架空中机器人编队控制过程的势函数曲线图。尽管它们的初始势函数值不同，但在 0.25s 以内，势函数 J 的值便下降至零并保持到仿真结束。因此，根据势函数曲线的变化趋势，可以认为该编队控制算法是有效的。

图 9-19　彩图

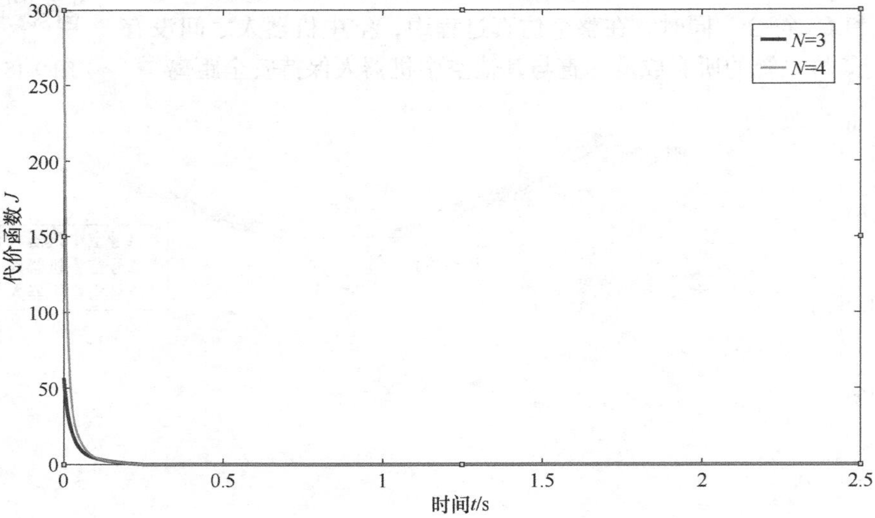

图 9-19　MATLAB 仿真编队控制过程的势函数曲线变化图

2. 空中机器人数量变化的编队控制动力学仿真

本小节讨论 MATLAB 仿真平台中，空中机器人数量变化情况下的编队控制仿真实验。

空中机器人数量的变化无疑给编队控制带来挑战，尤其是空中机器人团队还期望保持与虚拟领航机器人之间的协同性。

在 MATLAB 的质点仿真中，设计实验如下：在初始时刻，二维 256×256 平面上随机分布有三架空中机器人。在 $t=1\text{s}$ 时平面中的随机位置会出现第四架空中机器人，$t=2\text{s}$ 时会出现第五架空中机器人。基于给出的期望编队形态向量，可以根据平面内的空中机器人数量分别给出各时刻集群系统的期望编队形态，再利用控制策略让空中机器人形成编队。下面将给出不同数量的空中机器人的期望编队向量，令 $l_d=20$。由于 $N=3$ 以及 $N=4$ 时的期望编队向量在前文中已经给出，见式(9-15)和式(9-16)，此处不再赘述。考虑 $N=5$ 时的期望编队形态：

$$
\begin{aligned}
\boldsymbol{h}_1&=\left(20\cos\frac{2\pi}{5},20\sin\frac{2\pi}{5}\right)^{\mathrm{T}}\\
\boldsymbol{h}_2&=\left(20\cos\frac{4\pi}{5},20\sin\frac{4\pi}{5}\right)^{\mathrm{T}}\\
\boldsymbol{h}_3&=\left(20\cos\frac{6\pi}{5},20\sin\frac{6\pi}{5}\right)^{\mathrm{T}}\\
\boldsymbol{h}_4&=\left(20\cos\frac{8\pi}{5},20\sin\frac{8\pi}{5}\right)^{\mathrm{T}}\\
\boldsymbol{h}_5&=(20,0)^{\mathrm{T}}
\end{aligned}
\tag{9-17}
$$

此时，$\|\boldsymbol{p}_i-\boldsymbol{p}_j\|\to 40\sin\dfrac{\pi}{10}$是满足五架空中机器人形成期望编队的必要条件，$i$，$j\in\{1,2,3,4,5\}$且 $i\neq j$。

图 9-20 展示了 MATLAB 编队形成与变换实验，初始时刻的三架空中机器人 1 号、2 号以及 3 号首先形成了第一个编队形态，也就是三角形。在 4 号空中机器人加入后，编队形态变为图中所示的矩形。当 5 号空中机器人在 $t=2\text{s}$ 出现后，空中机器人集群再次进行编队变换并保持在五边形的形状。值得一提的是，考虑到需要建立空中机器人集群与虚拟领航机器人的联系，在设计编队控制策略时将期望编队形态的中心设为虚拟领航机器人的坐标，在设计势函数时将点(128,128)作为虚拟领航机器人坐标，所有的空中机器人都应该朝该坐标点靠近。从图中也可以发现，三种编队形态的中心点均位于(128,128)。该仿真实验同时检验了编队控制算法的鲁棒性，空中机器人团队能够自适应地变换形态来适应空中机器人数量的变化，同时保证与虚拟领航机的关联性。

MATLAB 仿真编队控制过程的势函数曲线如图 9-21 所示，仿真开始阶段，图中仅有三架空中机器人并快速靠近形成编队，因此势函数 J 的值快速趋于 0 并保持稳定。当增加了一架空中机器人之后($t=1\text{s}$)，原来的编队稳态被打破，位于虚拟领航无人机附近的三架空中机器人与刚出现的空中机器人距离过远，导致函数值激增。但很快在梯度下降式控制算法的作用下，该空中机器人迅速接近其他团队成员并达到稳态，势函数值再次趋于 0。类似地，在 $t=2\text{s}$ 时又增加一架空中机器人后，稳态再次被打破，势函数值突增。然而在 0.5s 内第五架空中机器人也迅速向其余空中机器人靠拢，函数值再次收敛并稳定在 0。由势函数的曲线图可知，本节中提出的控制策略能够高效地处理空中机器人集群系统的编队控制问题，同时能够应对空中机器人数量变化带来的编队变换。

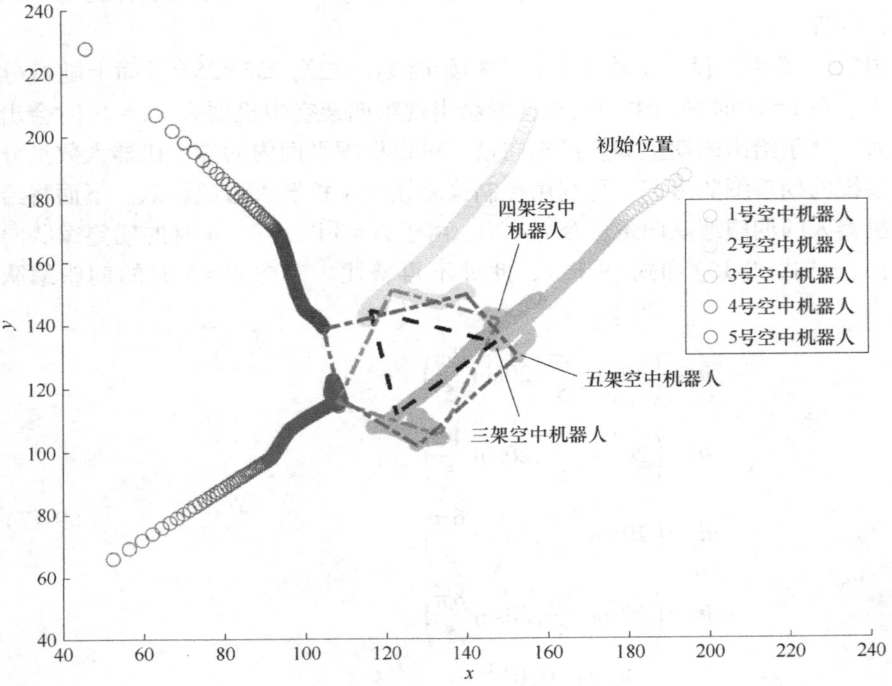

图 9-20　MATLAB 仿真编队控制过程的运动轨迹图

图 9-20　彩图

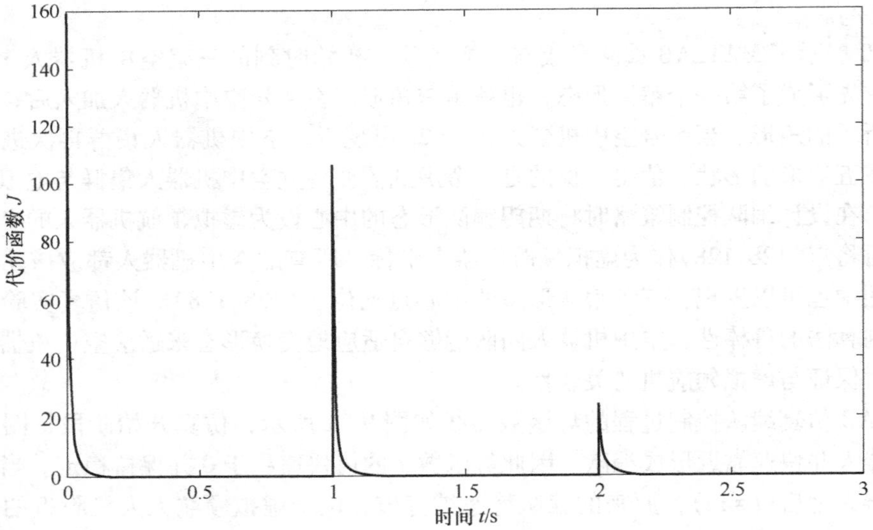

图 9-21　MATLAB 仿真编队控制过程的势函数曲线图

9.5　异构多智能体系统的编队控制问题

异构多智能体系统(Heterogeneous Multi-Agent System，HMAS)作为多智能体系统的一个重要分支，是由多类具有不同属性的智能体组成的集合。由于系统是异构的，所以系统内的智能体特性并不完全相同，它们可能具有不同的认知结构（传感器等）或不同的物理属性（动力学模型等）。这种体系结构可以完成相对复杂的任务，而这些任务在简单的同构多智能体系统框架中是无法自主完成的，因此研究异构多智能体系统具有较高的理论意义和工程价值。

近年来，关于异构多智能体系统的协作控制问题的研究日益增多，图 9-22 展示出该问题的四个研究主题。而作为其中的研究方向之一，异构系统的编队控制方法研究被专家学者们尤其重视。

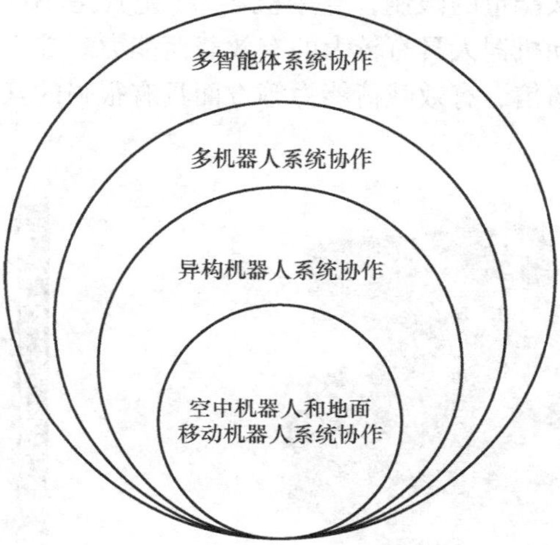

图 9-22　智能体系统协作问题研究的四个主题

9.5.1　异构空中机器人和地面移动机器人系统

空中机器人和地面移动机器人系统（Unmanned Aerial and Ground Vehicles System，UAGVS）作为最典型的异构智能体系统，备受研究者的关注。一般来说，空中机器人和地面移动机器人系统可以描述为一组空中机器人和一组在同一范围内运动的地面移动机器人，它们互相合作以便实现一个共同的目标。空中机器人与地面移动机器人之间的合作属于异构机器人协作、多机器人协作、多智能体协作等领域。空中机器人与地面移动机器人在动力学、速度、传感、通信、功能等方面的巨大异质性和互补性，使得空中机器人和地面移动机器人系统能够成功地完成各种复杂的任务。相对于现有的以空中机器人或地面移动机器人为主的同构多智能体系统，空中机器人和地面移动机器人系统需要处理来自两个完全不同平台的信息，同时要求有效协调空中机器人与地面移动机器人的行为，使得研究更具挑战性。

由于空中机器人和地面移动机器人之间较强的互补性，当两种类型的机器人组成一个异构机器人系统来完成特定任务时，每种类型的机器人都可以在其他机器人的帮助下提高完成任务的效率。异构空中机器人和地面移动机器人系统主要包括如图 9-23 所示的以下两种类型：第一种情况是地面移动机器人充当移动的执行器，空中机器人则充当移动传感器、决策者或辅助设施。尽管地面移动机器人可以执行越来越复杂的任务，但速度、视野、通信等方面的限制有时会影响它们的应用范围。在这种情况下，空中机器人可以帮助地面移动机器人更有效地完成任务。第二种情况是空中机器人作为移动传感器，地面移动机器人作为辅助设施。小型空中机器人特别是具有垂直起飞和降落能力的旋翼空中机器人，通常受其有效载荷能力的限制，从而限制了可携带电池的数量以及空中机器人的工作范围。相反，地面移动机器人可以承受更多的有效载荷。因此，一种可行的协作方案是利用地面移动机器人为空中机器人的远程运输进行充电。空中机器人与地面移动机器人的互补性主要体现在以下几个方面：首先，当捕获地面特征时，位于空中机器人(特别是固定翼空中机器人)上的传感器通常受到空速和高度的限制，而地面移动机器人可以部署来精确定位地面目标；其次，由于飞行高度的优势，空中机器人之间的通信比地面移动机器人之间的通信受到的阻碍要少很多，因此位于不同位置的未连接的地面移动机器人可以在空中机器人的帮助下作为通信中继进行间接连接；最后，由于运载能量的限制，空中机器人(尤其是小型空中机器人)往往受到短途飞行的限制，而地面移动机器人具有较大的有效载荷能力。综上所述，由于空中机器人与地面移动机器人在传感、通信、有效载荷能力等方面具有很强的互补性，两者之间的协作前景十分广阔。

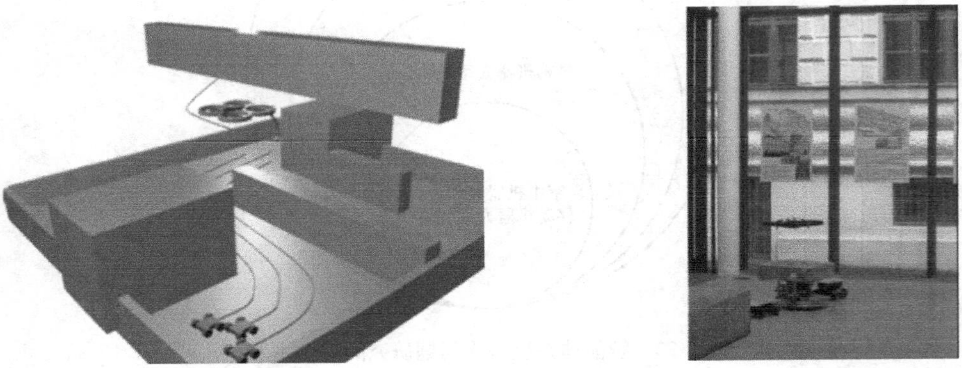

a) 模式一　　b) 模式二

图 9-23　异构系统的两种典型模式

本节将主要介绍第一种情况下的异构多智能体系统协作控制问题，也就是空中机器人作为移动传感器、决策者，地面移动机器人充当移动的执行器。地面移动机器人由于受到视野范围的影响，获取的环境信息有限。空中机器人利用其飞行高度优势可以为地面成员提供更多的全局信息，帮助地面移动机器人系统完成任务，比如编队控制、跟随、避障等。

9.5.2　应用与发展

近年来，异构多智能体系统的研究重点集中于编队控制、躲避障碍物或者基于兴趣目标的场景，也可以称为基于任务约束的环境。许多任务比如导航、探索、运输以及构图等，都需要利用异构系统的协作编队控制。例如，在导航和运输过程中，编队形态的良好保持有利于任务的完成；而在探索过程中，编队形态的变换可以提高任务效率，并根据环境的变化保证智能体的运动模态。在这些异构系统的协作方法研究当中，空中机器人和地面移动机器人组成的异构系统出现较多。空中机器人和地面移动机器人都有各自的局限性，这在一定程度上明显降低了它们分别执行任务时的效率。但在异构多智能体系统中，空中机器人和地面移动机器人在研究者所关注的特性上有非常明显的互补性。尤其是将空中机器人视为空中领航者或者移动传感器，能够协助地面移动机器人集群决定运动方向或者提供全局视野。而地面移动机器人作为移动执行器，完成局部任务。

在导航方面的协作编队控制方法研究中，Aghaeeyan 等人研究了由一架固定翼空中机器人和多个地面移动机器人组成的多智能体系统，如图 9-24 所示。所有智能体的目标是在未知环境中自适应地跟随虚拟领导者，其中领导者的运动模态与无人飞行器的运动模式极为相似。因此，该场景的主要挑战将是将空中机器人的运动轨迹与领导者同步，进而再与地面车辆联系。研究中将静态的中心极限环（Center Limit Cycle）的概念扩展到了动态的中心极限环，然后以可接受的公差研究了其收敛性。随后，提出的动态中心极限环被用于开发空中机器人的可追踪轨迹，并实现了空中机器人与地面移动机器人之间的异构协同以及编队保持。Ding 等人在文献中介绍了控制一组空中机器人并为一组地面车辆提供车队保护的问题。空中机器人的建模以固定翼飞行器为模型，它们在恒定的高度飞行并具有一定的转弯半径。首先提出的时间最优路径为固定地面车辆提供护航保护，然后提出的一种控制策略为直线行驶的地面车辆提供车队保护。在两种情况下，都推导出了提供永久护航保护所需的最少数量的空中机器人，利用动态过程中无人机群的编队变换来提供持续的监控。

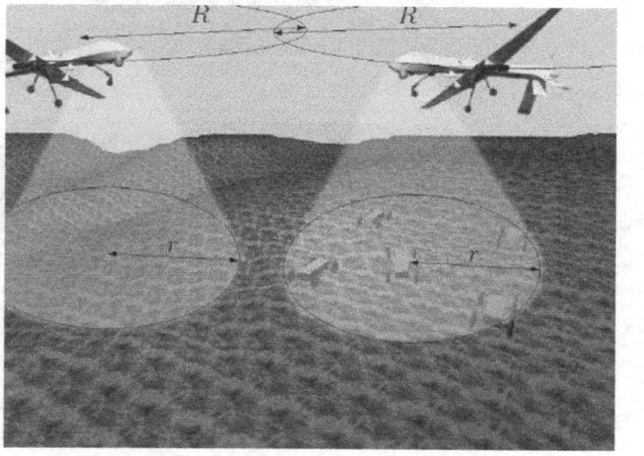

图 9-24　异构系统的协作导航案例

在探索与监测方面的协作编队控制方法研究中，Minaeian 等人设计的场景是一个由空中机器人和多个地面移动机器人组成的异构团队，它们的任务是边界区域跟踪和控制人群，利用提出的运动检测算法来跟踪安装在空中机器人上的移动摄像机发现的人群，如图 9-25 所示。由于空中机器人的分辨率较低且检测范围较广，因此具有较高分辨率和保真度的地面移动机器人集群被用作单独的人类检测器，通过编队保持与变换定位具有未知独立移动模式的被检测人群。Hakukawa 等人提出了使用四旋翼空中机器人和地面移动机器人的协作系统对灾区进行探索，通过相互弥补缺陷来体现不同机器人之间的协作性，该系统使用势函数方法可以灵活地应对环境变化而无须计算其复杂性，从而可以避免障碍物并到达所需位置。空中机器人集群将障碍物数据传输到地面移动机器人，基于编队保持与变换控制方法有效地探索灾区。

还有许多基于特定任务的协作编队控制方法研究（如运输、构图等），比如 Dorigo 等人提出的群机器人（Swarmanoid）是一种创新的群体机器人系统，用于协作完成运输任务。它由三种不同类型的移动机器人组成，包括步行机器人、手臂机器人和飞行机器人。步行机器人在移动过程中保持一定的编队形态，并在接近目标点之后通过变换形状来辅助手臂机器人以及飞行机器人。Mathew 等人利用在城市环境中执行自动交付的协作车辆团队解决了任务调度和路径规划问题，其中协作团队包括一辆只能沿街道网络行驶的卡车以及一架可以从卡车上部署以执行交付任务的四旋翼空中机器人。四旋翼空中机器人和地面卡车之间保持一定的协同性，而根据任务分配的不同变换地面卡车的形态。

Aranda 和 López-Nicolá 等人介绍了一种新的基于视觉的控制方法，该方法利用单应性变换矩阵可驱动一组地面移动机器人进行编队，同时还要考虑到该动态过程中地面移动机器人之间的避障问题。他们尝试使用一架或者多架配备单个摄像机的空中机器人作为控制单元，每个摄像机都查看并用于控制地面机器人集群。因此，该方法是部分分布式的，将集中式方案的简单性与分布式策略的可伸缩性和鲁棒性相结合。该文献中提出的控制策略需要使用每

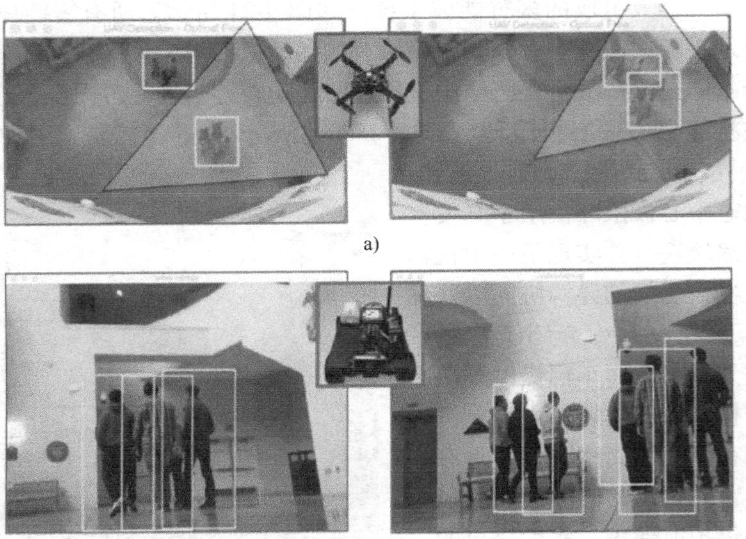

a)

b)

图 9-25　异构系统的协作探索案例

个安装了摄像机的无人机计算的单应性变换矩阵，如果一个机器人被多个摄像机看到，它会通过结合接收到的命令来计算其运动。图 9-26 显示 Aranda 等人基于模型的仿真实验，图中利用了三架空中机器人控制地面多辆移动机器人完成编队控制。

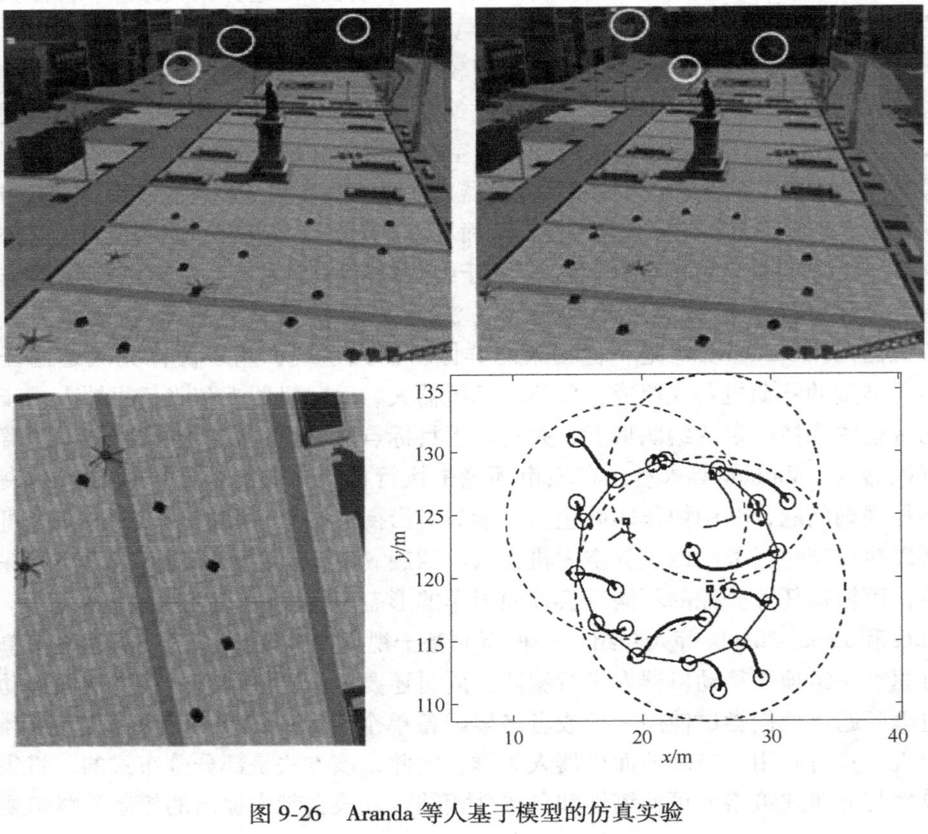

图 9-26　Aranda 等人基于模型的仿真实验

9.5.3 异构多机器人系统的编队控制

通常来说，在由空中机器人和地面移动机器人组成的异构多机器人系统中，作为移动传感器和决策者的空中机器人会携带一个或多个传感器，包括前面提到的视觉传感器、航向传感器、测距传感器等。视觉传感器作为机器人领域中应用最广泛的传感器之一，在异构系统的编队控制研究中同样备受青睐。在许多研究工作中，空中机器人携带视觉传感器获取图像信息，为自身以及系统中的其他成员提供反馈，从而决定各智能体的运动趋势。有研究者基于来自空中机器人摄像机的视觉图像，为一个单空中机器人和多地面移动机器人系统开发了一种相对定位的方法。另一位研究者解决了用移动摄像机视觉控制一组移动机器人以形成所需的多机器人配置的问题。本小节建立了一个基于视觉图像的编队框架来描述整个异构多机器人系统的协作性，期望通过空中机器人利用视觉图像帮助地面移动机器人集群快速完成编队。

图 9-27 中展示了一个包含空中机器人和地面移动机器人的典型异构多智能体系统，并对其中涵盖的坐标系进行了阐述。在本节中，带摄像头的无人机命令在其感应范围内的移动机器人停留在视觉区域内，并在运动过程中形成几何图案。值得注意的是，地面移动机器人不携带任何传感器。换句话说，地面移动机器人由空中机器人驱动从而形成期望的编队形态。

图 9-27 彩图

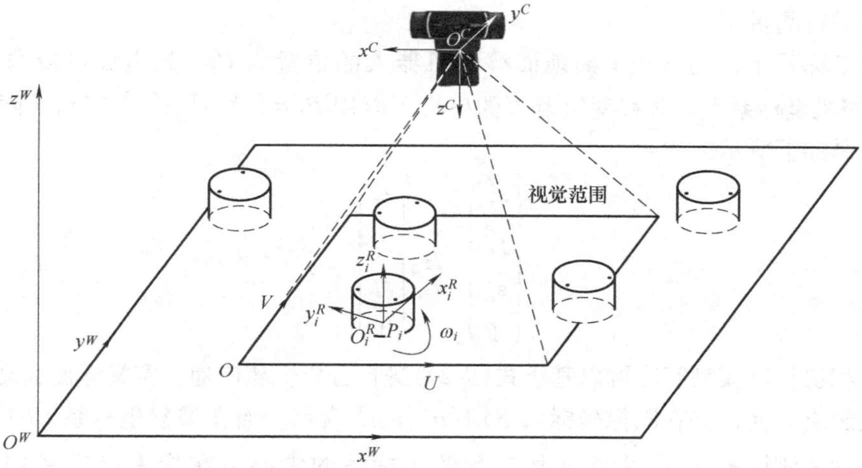

图 9-27 典型异构多智能体系统

1. 异构多机器人系统映射模型

在演示摄像机投影模型之前，应先定义坐标系关系。考虑一组共 N 个在二维平面上的移动机器人 R_1，R_2，…，R_N，其中变量 N 随时间变化，同时，一架空中机器人 R_0 位于水平地面上方的三维空间中。图 9-14 中显示了四种不同类型坐标系之间的关系，分别是各地面移动机器人坐标系、空中机器人坐标系、相机坐标系和世界坐标系。其中 $O_i^R x_i^R y_i^R z_i^R$ 表示第 i 辆地面移动机器人的坐标系，O_i^R 为第 i 辆地面移动机器人的中心点，$O_i^R x_i^R$ 表示地面移动机器人的朝向。$O_0^R x_0^R y_0^R z_0^R$ 表示中心点位于空中机器人质心上的机器人坐标系，它的原点 O_0^R 代表空中机器人的质心点，$O_0^R x_0^R$ 代表空中机器人的朝向。依附于空中机器人上的相机坐标系

用 $O^Cx^Cy^Cz^C$ 来描述，而 $O^Wx^Wy^Wz^W$ 则代表世界坐标系。值得一提的是，地面坐标系中的平面 $O^Wx^Wy^W$ 与二维平面重合。因此，世界坐标系与相机坐标系之间的转换矩阵表示如下：

$$\boldsymbol{H}_W^C=\begin{pmatrix}\boldsymbol{R}_W^C & \boldsymbol{d}_W^C\\ 0 & 1\end{pmatrix} \tag{9-18}$$

$$\boldsymbol{R}_W^C=\begin{pmatrix}r_{11} & r_{12} & r_{13}\\ r_{21} & r_{22} & r_{23}\\ r_{31} & r_{32} & r_{33}\end{pmatrix} \tag{9-19}$$

式中，$\boldsymbol{H}_W^C\in\boldsymbol{R}^{4\times4}$ 表示齐次变换矩阵；$\boldsymbol{R}_W^C\in\boldsymbol{R}^{3\times3}$ 表示与相机姿态相关的旋转矩阵；$\boldsymbol{d}_W^C=(d_x,d_y,d_z)^{\mathrm{T}}\in\boldsymbol{R}^3$ 代表在世界坐标系下相机坐标系原点的位置向量，其中的 d_x，d_y，d_z 分别表示相对位移量。

相机与空中机器人是相对固定的，定义 $\boldsymbol{d}_C^{R_0}\in\boldsymbol{R}^3$ 是空中机器人坐标系与相机坐标系之间的相对位移向量，因此式(9-19)中的旋转矩阵 $\boldsymbol{R}_W^C$ 可以由世界坐标系下空中机器人的横滚角(α)、俯仰角(β)和偏航角(γ)计算得到。初始状态下的空中机器人坐标系与相机坐标系符合北东地(North-East-Down，NED)坐标系，它们的 z 轴垂直朝向地面。然而地面移动机器人坐标系采用的是北西天(North-West-Up，NWU)坐标系，它们的 z 轴在初始位置垂直朝上。当空中机器人在初始状态为悬停时(α 和 β 等于 0)，平面 $O^Cx^Cy^C$ 与平面 $O^Wx^Wy^W$ 相互平行，它们之间存在的差异仅限于 z^W 轴方向的位移量，而这个位移量可以通过空中机器人携带的高度传感器进行测量。

在世界坐标系下，定义第 i 辆地面移动机器人的位置为 $\boldsymbol{P}_i$，其坐标可以写为$(x_i,y_i,z_i)^{\mathrm{T}}$。而在相机坐标系下，该移动机器人的坐标可以用 $\boldsymbol{P}_i^C=(x_i^C,y_i^C,z_i^C)^{\mathrm{T}}$ 表示。两个坐标之间的转换关系如下所示：

$$\begin{pmatrix}x_i^C\\ y_i^C\\ z_i^C\\ 1\end{pmatrix}=\boldsymbol{H}_W^C\begin{pmatrix}x_i\\ y_i\\ z_i\\ 1\end{pmatrix} \tag{9-20}$$

因此，相机投影模型问题可以基于式(9-20)进行分析。相应地，定义地面移动机器人在图像中的投影点为 $\boldsymbol{p}_i$，并在图像坐标系下用$(\mu_i',\nu_i')^{\mathrm{T}}$ 表示。而在像素坐标系 OUV 中，该移动机器人的坐标用$(\mu_i、\nu_i)^{\mathrm{T}}$ 表示。其中图像坐标系的中心点在像素坐标系中的坐标为 $\boldsymbol{p}_0=(\mu_0、\nu_0)^{\mathrm{T}}$，相机的焦距校准为 f。基于以上定义，相机坐标系下的点和像素坐标系下的点可以用以下方程式进行坐标转换：

$$\begin{pmatrix}\mu_i\\ \nu_i\\ 1\end{pmatrix}=\frac{1}{z_i^C}\begin{pmatrix}f_x & 0 & \mu_0 & 0\\ 0 & f_y & \nu_0 & 0\\ 0 & 0 & 1 & 0\end{pmatrix}\begin{pmatrix}x_i^C\\ y_i^C\\ z_i^C\\ 1\end{pmatrix} \tag{9-21}$$

式中，$f_x=f/s_x$，$f_y=f/s_y$。s_x 和 s_y 分别代表像素的水平尺寸和垂直尺寸。

将式(9-20)和式(9-21)相结合，可以得到移动机器人从像素坐标系转换到世界坐标系的转换矩阵：

$$\begin{pmatrix} x_i \\ y_i \\ z_i \\ 1 \end{pmatrix} = z_i^C \begin{pmatrix} f_{11} & f_{12} & f_{13} \\ f_{21} & f_{22} & f_{23} \\ f_{31} & f_{32} & f_{33} \\ f_{41} & f_{42} & f_{43} \end{pmatrix} \begin{pmatrix} \mu_i \\ \nu_i \\ 1 \end{pmatrix} \tag{9-22}$$

地面移动机器人 z_i^C 的深度值可以通过空中机器人的姿态和高度信息及其在像素坐标中的位置和摄像机的焦距来估算，其转换公式可以写成：

$$\begin{cases} x_i = z_i^C(f_{11}\mu_i + f_{12}\nu_i + f_{13}) \\ y_i = z_i^C(f_{21}\mu_i + f_{22}\nu_i + f_{23}) \\ z_i = z_i^C(f_{31}\mu_i + f_{32}\nu_i + f_{33}) \end{cases} \tag{9-23}$$

2. 机器人的运动学模型

将地面移动机器人视为有朝向角的各向同性质点，假定它们在二维平面上占据一定的范围。值得一提的是，虽然这些地面移动机器人被定义为三维机器人，但是它们只在二维平面上运动，因此 $\boldsymbol{P}_i$ 在 z^W 轴的位移量始终为0。为了更加直观地描述地面移动机器人的运动学模型，将它们在二维笛卡儿坐标系 $O^W x^W y^W$ 下进行建模，如图9-28所示。它们的运动方程式可以分别表示为

$$\dot{\boldsymbol{q}}_i = \boldsymbol{R}^{\mathrm{T}}(\theta_i)\dot{\boldsymbol{q}}_{ir} \tag{9-24}$$

式中，$i=1, \cdots, N$；$\boldsymbol{q}_i=(x_i, y_i, \theta_i)^{\mathrm{T}} \in \boldsymbol{R}^3$ 由移动机器人 $\boldsymbol{P}_i$ 在二维笛卡儿坐标系下的坐标 $(x_i, y_i)^{\mathrm{T}}$ 和朝向角 θ_i 构成；$\dot{\boldsymbol{q}}_i=(v_{ix}, v_{iy}, \omega_i)^{\mathrm{T}} \in \boldsymbol{R}^3$ 是第 i 辆移动机器人坐标下的速度向量，分别描述了其线速度 v_{ix}、v_{iy} 及其角速度 ω_i。$\boldsymbol{R}(\theta_i) \in \boldsymbol{R}^{3\times3}$ 表示一个正交旋转矩阵，该矩阵定义为将二维笛卡儿坐标系映射到二维机器人坐标系中：

$$\boldsymbol{R}(\theta_i) = \begin{pmatrix} \cos\theta_i & \sin\theta_i & 0 \\ -\sin\theta_i & \cos\theta_i & 0 \\ 0 & 0 & 1 \end{pmatrix} \tag{9-25}$$

基于式(9-25)，式(9-24)可以展开如下：

$$\begin{cases} \dot{x}_i = v_{ix}\cos\theta_i - v_{iy}\sin\theta_i \\ \dot{y}_i = v_{ix}\sin\theta_i + v_{iy}\cos\theta_i \\ \dot{\theta}_i = \omega_i \end{cases} \tag{9-26}$$

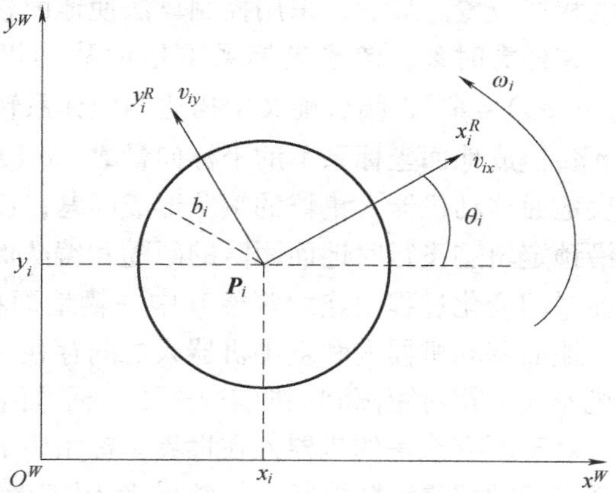

图9-28　移动机器人在二维笛卡儿坐标系下的参数模型

在分析空中机器人时，可以将它视为具有高度控制功能的平面飞行器，其在水平面中的运动学模型可以通过以下公式表示：

$$\begin{cases} \dot{x}_0 = v_0\cos\theta_0 \\ \dot{y}_0 = v_0\sin\theta_0 \\ \dot{\theta}_0 = \omega_0 \end{cases} \tag{9-27}$$

式中，空中机器人质心在世界坐标系下的位置为 $(x_0, y_0, z_0)^{\mathrm{T}}$，它在二维平面坐标系中的朝向为 θ_0，z_0 表示空中机器人质心在世界坐标系的 z^W 轴方向的位移量。空中机器人的控制输入信号为 v_0 和 ω_0，分别代表其线速度和角速度。

3. 异构多机器人系统编队问题描述

下面将具体描述异构多智能体系统的协作编队，图 9-29 展示了空中机器人(相机)的视觉图像。定义相机视野范围内观测到的一组共 N 个在二维平面上的移动机器人 R_1，R_2，…，R_N，由前文可知，地面移动机器人在像素坐标系下的坐标由相机提供。根据异构多机器人系统的映射模型，地面机器人在像素坐标系中的坐标可以转换为地面坐标系下的坐标，参考式(9-23)。将位于二维平面的地面移动机器人视为 9.4 节中的空中机器人僚机，空中机器人在二维平面的投影视为虚拟领航机器人。于是，在三维空间内的异构系统协作编队控制问题简化为二维平面上集群系统基于领航跟随方法的编队控制，可以在二维笛卡儿坐标系中分析。

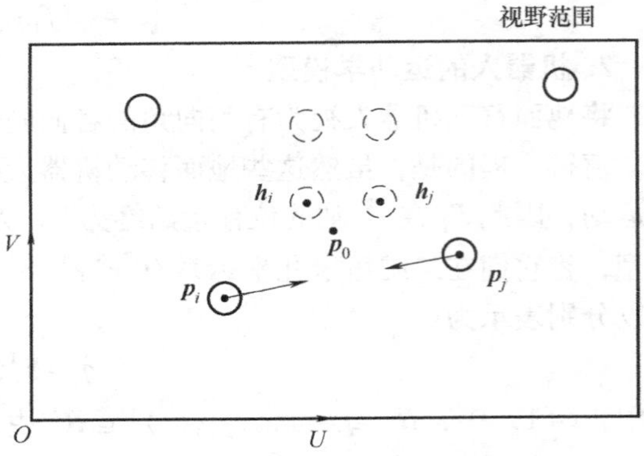

图 9-29　异构系统的编队形成示意图

与 9.4 节中的空中机器人集群系统编队控制方法相同，为了使地面移动机器人集群形成具有一定几何形态的编队，需要改变各个地面移动机器人之间的相对距离直到与期望值相同。本小节同样将此编队控制问题描述为基于距离的编队控制问题，通过主动控制各地面移动机器人之间的距离，使得地面移动机器人之间的距离满足预期，从而实现编队控制。在下文中，各智能体之间的相对位置信息由拥有相对全局信息的相机给出，通过坐标转换得到它们在二维笛卡儿坐标系中的相对位置。最后，采用控制算法使地面移动机器人相互靠近直到满足相对位置关系。

在任意时刻，像素坐标系下地面移动机器人集群的坐标向量可以表示为 $\boldsymbol{p}=col(\boldsymbol{p}_1,\boldsymbol{p}_2,\cdots,\boldsymbol{p}_N)\in\boldsymbol{R}^{2N}$，结合前文中描述的坐标系转换模型，可以将像素坐标系下机器人的坐标向量 $\boldsymbol{p}$ 转换成地面坐标系下的坐标向量 $\boldsymbol{P}=col(\boldsymbol{P}_1,\boldsymbol{P}_2,\cdots,\boldsymbol{P}_N]\in\boldsymbol{R}^{2N}$。该编队控制框架不仅能够解决地面移动机器人集群的编队形成问题，而且还期望控制它们的运动趋势，保证空中机器人沿预定轨迹飞行时地面团队的跟随和编队保持效果。如果空中机器人携带的视觉传感器可以在时间变化过程中连续观察其中一辆地面移动机器人，那么意味着从三维空间的角度来看，地面移动机器人和空中机器人之间存在一种连续隐含关联。此外，可通过估计的地面移动机器人的相对距离和朝向来表征二维平面上移动机器人的编队控制框架。

对于所有获得的机器人在世界坐标系中的位置 $\boldsymbol{P}_i(i=1,2,\cdots,N)$，将借助图像的中心点定义它们的期望编队形状。从领导者-跟随者控制方法来看，图像中心点可以视为领导者机器人在二维平面上的投影，跟随者地面移动机器人通过与该点建立关联来达到跟随的效果。原本在像素坐标系下的图像中心点 $\boldsymbol{p}_0$ 转换到二维平面坐标系 $O^Wx^Wy^W$ 后，其坐标可以用 $\boldsymbol{P}_0=(x_0,y_0)^{\mathrm{T}}\in\boldsymbol{R}^2$ 表示。

接下来，本节将设计地面移动机器人集群的期望编队形态。由于该异构系统的编队控制问题已经从三维空间简化到二维平面进行分析，因此，各辆地面移动机器人期望位置的定义可以参考式(9-3)。当地面移动机器人的数量确定后，一组移动机器人组成的集群在二维笛卡儿坐标系下的期望位置便随之产生，这组期望编队向量如式(9-4)所示。由于本章同样需要采用这组期望的编队向量，因而再次给出定义为

$$\boldsymbol{h}=col(\boldsymbol{h}_1,\boldsymbol{h}_2,\cdots,\boldsymbol{h}_N)\in\boldsymbol{R}^{2N}(\boldsymbol{h}_i\in\boldsymbol{R}^2,i=1,2,\cdots,N) \tag{9-28}$$

为了解决异构空中机器人和地面移动机器人系统的协作编队控制问题，结合问题描述，本节同样采用基于人工势函数的梯度下降式控制算法实现二维笛卡儿坐标系下的编队控制。由于地面移动机器人集群的期望编队形态与 9.4 节中空中机器人集群系统的期望编队形态相似，因此本节的人工势函数以及梯度下降式控制方法的设计均可参考 9.4 节，此处不再赘述。

9.5.4 仿真实验

本节将首先介绍如何在仿真软件 V-REP 中搭建环境，然后在 V-REP 平台中分析地面移动机器人数量不变时的异构系统编队保持方法的有效性，最后通过改变视野范围内地面移动机器人的数量在 V-REP 仿真平台中检验编队保持与变换的可行性。

1. 仿真环境搭建

V-REP 作为机器人仿真平台中功能最多的仿真器，拥有嵌入图像处理的视觉传感器，同时可以自行搭建各种智能机器人的运动学和动力学模型，模拟现实世界的各种环境场景。机器人模拟器 V-REP 基于分布式控制结构，其中的智能体模型可以通过内嵌的脚本、插件、ROS 节点、远程 API 客户端或定制的解决方案进行控制。除此之外，V-REP 可以用 C/C++、Python、Java、Lua、MATLAB、Octave 或者 URBI 编写机器人控制程序控制仿真器中的机器人执行相关动作。因此，本文中的仿真平台采用 MATLAB 和 V-REP 软件联合进行算法验证。

V-REP 仿真器的操作面板如图 9-30 所示。图中的左侧区域为建模区域，包括三轮移动机器人、旋翼直升机、绑定在直升机下方的视觉传感器等。这些对象拥有可设定的碰撞面积，并且能够被视觉观察到。图中右侧区域为仿真空间区域，可以看到构建的对象均出现在一个三维空间中，甚至连相机的图像也能够被观察到。仿真开始后，它们会在此环境中根据控制策略运动并完成相应的任务。

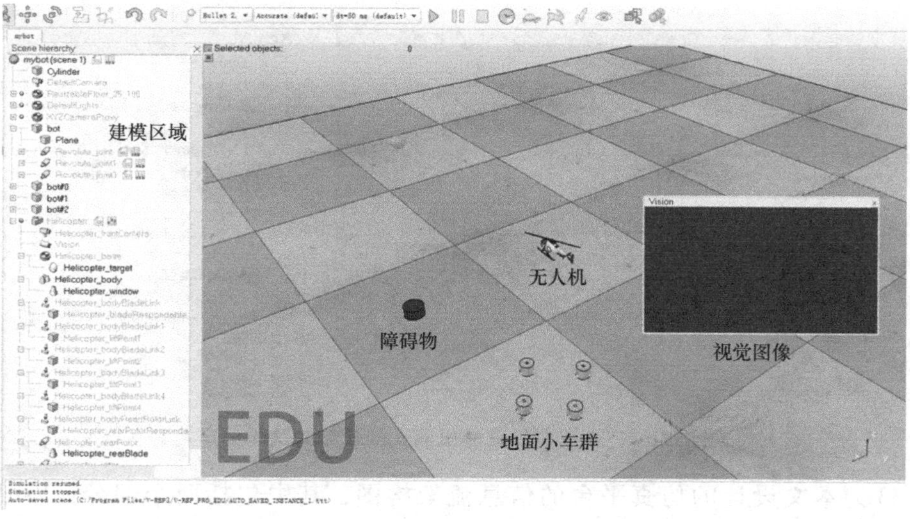

图 9-30 V-REP 仿真器的操作面板

该旋翼直升机是在 V-REP 平台设计的空中机器人模型，其结构和模型参数如图 9-31 所示。它由两个旋翼组成，其中一个位于机身上方，该旋翼与空气之间发生相对运动，进而产生升力，只不过这个升力是来自于绕固定轴旋转的“旋翼”。旋翼不像固定翼飞机那样依靠整个机体向前飞行来使机翼与空气产生相对运动，而是依靠自身旋转产生与空气的相对运动。但是，在旋翼提供升力的同时，直升机机身也会因反转矩(与驱动旋翼旋转等量但方向相反的转矩，即反作用转矩)的作用而具有向反方向旋转的趋势。因此，对于单旋翼直升机而言，为了平衡反转矩，常见的做法是以另一个小型旋翼即尾桨，在机身尾部产生抵消反向运动的力矩。此外，旋翼直升机模型中绑定了一个视觉传感器，它位于机体的底部，处于垂直下视的状态。

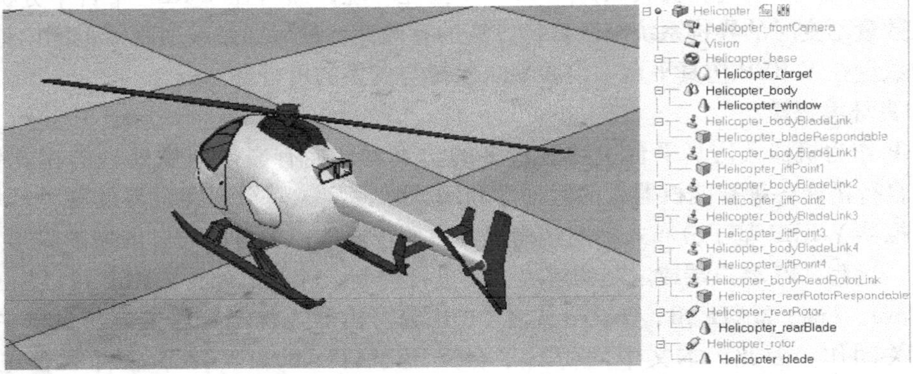

图 9-31 旋翼直升机的模型与结构设定

V-REP 平台中设计的三轮全向轮移动机器人的模型与结构参数如图 9-32 所示。各地面移动机器人均由三个全向轮组成，在仿真环境中采用了两个相互垂直的关节来模拟全向轮的运动，它们分别代表了主动轮和从动轮。每辆地面移动机器人的顶部都有颜色标签，正如前文中提到的，这是为了分辨不同的地面移动机器人而使用的。同时，这些标签可以提供它们在像素坐标系下的像素点信息。

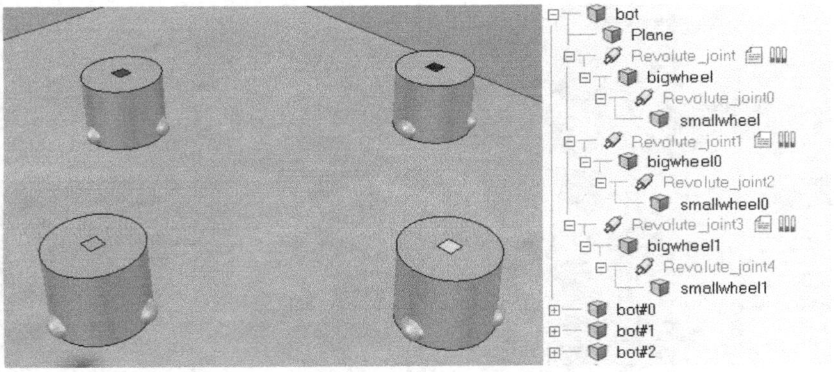

图 9-32 三轮全向轮移动机器人的模型与结构设定

图 9-33 为本文设计的仿真平台的信息流架构图，其中包括两个部分：V-REP 平台和 MATLAB 平台。在 V-REP 环境中，首先需要构建异构多智能体系统的模型，其中包括了空中机器人、地面移动机器人集群以及视觉传感器等。在本节的仿真实验中，仿真运行时视觉传感器开始工作，它获取的图像信息通过应用程序编程接口(Application Programming Interface，API)被 MATLAB 平台调用并使用。根据图像中所有对象的位置信息以及任务需

求（如编队形成），MATLAB 中的势函数模块会计算得到当前时刻的总势函数值，然后利用高层梯度下降式控制器得到各个地面移动机器人的期望速度，分别用 v_{ix} 和 v_{iy} 表示。接着，这些速度信息通过 API 接口返还到 V-REP 中并分别传送给视觉图像中的各移动机器人。它们自身携带的低层控制器会完成速度转换，最终得到轮子的转速并控制电动机工作。

2. 地面移动机器人数量不变的编队控制仿真

为了体现整个异构多智能体系统的动态过程，本节为旋翼空中机器人添加了一个目标终点。因此，空中机器人会在控制算法的驱动下，按照一定的速度朝目标靠近，并最终停留在目标点附近。根据编队控制的目标，地面团队在编队形成的同时，保持编队形态并一直在视觉图像中。从三维空间角度观察，地面移动机器人集群保持一定的编队形态跟随无人机运动。

图 9-34 展示了 V-REP 仿真中异构系统编队控制的一组快照。在初始时刻，$N=4$ 辆地面移动机器人随机分布于二维平面上，且它们均位于视觉范围内（图 9-34a）；然后，在控制算法的驱使下，旋翼空中机器人开始朝目标点飞行，而地面移动机器人则在相互靠近的同时跟随上方的无人机一起运动（图 9-34b）；随后，从图像坐标系观察来看，地面移动机器人团队在图像中心位置形成了期望的编队形态，而且它们一直位于视野范围内，与旋翼空中机器人一起向目标点运动（图 9-34c）；最后，地面移动机器人团队在保持编队形态的情况下，跟随无人机到达目标点（图 9-34d）。

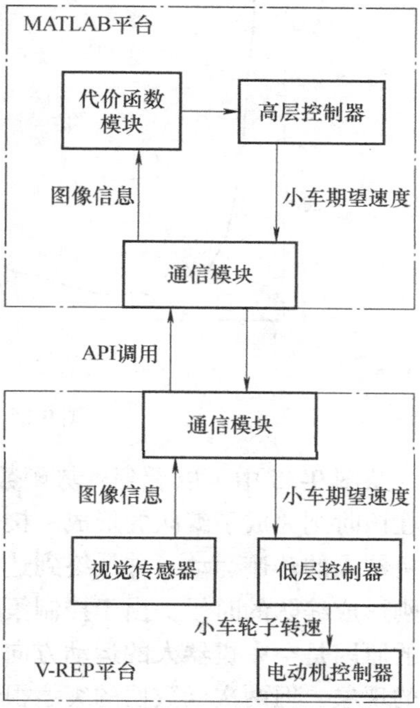

图 9-33 仿真平台信息流架构图

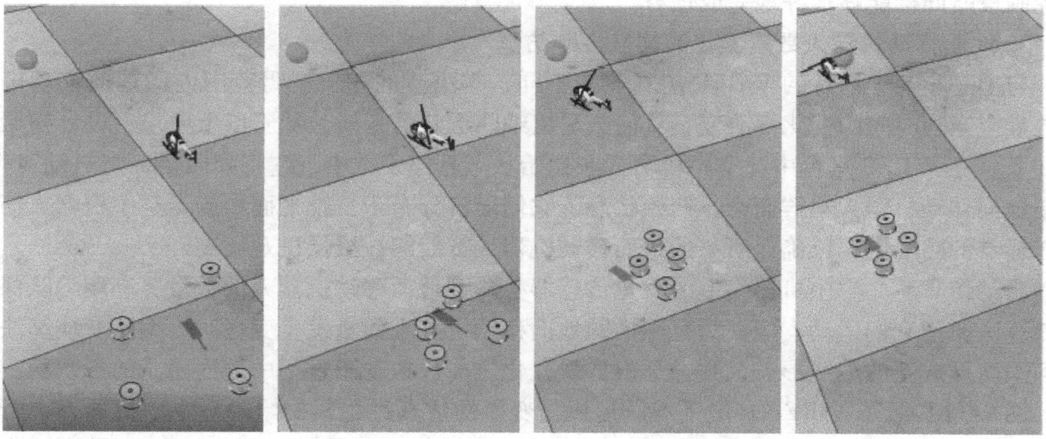

a) 初始状态　b) 编队形成过程　c) 编队成型　d) 编队保持

图 9-34 V-REP 仿真中异构系统编队控制过程的快照

值得一提的是，这里的旋翼空中机器人是非静止的。地面移动机器人集群不仅需要形成编队，还要跟随无人机并保持编队形状。本章提出的基于势函数的控制策略能够很好地完成异构系统的编队控制任务，其过程的势函数曲线如图 9-35 所示。

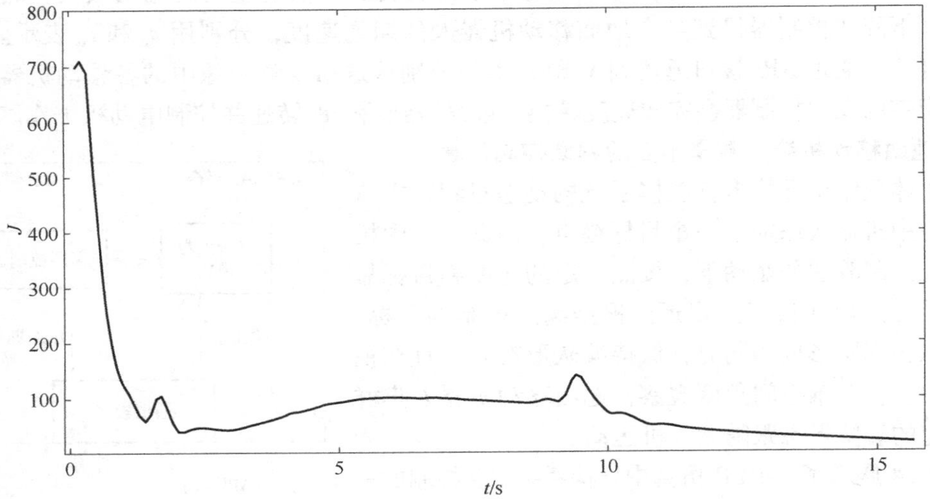

图 9-35 编队保持过程中的势函数曲线图

从图 9-35 中可以看到，势函数在 2s 左右到达了第一个最低点，说明地面移动机器人团队在该时刻完成了编队的形成。接着势函数的值相对稳定，说明地面移动机器人一直跟随空中机器人的轨迹运动，并最终到达目标点。在整个仿真过程中有两次函数值的反弹：第一次是刚形成编队的时候，由于控制策略中给出的编队相关系数较大引起了超调现象；第二次突增的原因是空中机器人的运动方向发生了改变，导致地面团队在调整过程中出现了函数值增大的现象。但两次函数值的突增很快就下降回正常区域内，势函数值几乎能够保持在稳定的范围内(<100)。10s 之后，空中机器人到达目标终点，因此整个系统的势函数值趋向于 0。综上所述，虽然异构系统的动态编队形成与保持相较于静态的编队形成更复杂，但经过修改的控制策略同样能够很好地完成任务。

3. 地面移动机器人数量变化的编队控制仿真

与上一小节中设计的 V-REP 仿真实验不同，本小节的相机视野范围内的地面移动机器人数量应当随时间的变化而改变，从而凸显出编队形状的变换。基于以上要求，设计初始环境如下。在 V-REP 平台中，空中机器人在初始状态悬停于空中，它将朝向目标点自动飞行。对于地面移动机器人集群而言，初始状态下它们随机分布于二维平面中旋翼空中机器人与目标兴趣点的路径上，以确保所有的地面移动机器人都能够被摄像机观察到。

启动仿真后，空中机器人上的视觉传感器检测到地面移动机器人的数量，利用编队保持控制算法驱使它们运动。当视野范围内的地面移动机器人数量发生变化时，编队变换算法令地面团队形成新的编队形态，并在下次数量变化之前保持动态过程中地面团队的形状稳定。

图 9-36 显示了 V-REP 环境下编队形成与变换的仿真过程，初始时刻空中机器人视野范围内仅有一辆地面移动机器人，它无须与其他的地面成员形成编队，只需要跟随旋翼空中机器人的方向一起移动，从而保证一直在视野范围内存在(图 9-36a)；然后在某一时刻，图像中出现了第二辆地面移动机器人，根据式(9-3)，编队形态发生了改变，在势函数中编队形成部分的作用下，两辆地面移动机器人相互吸引并以新的编队形状(直线形)保持与无人机的协同性(图 9-36b)；当第三辆地面移动机器人出现时，编队形状再次发生相应的改变，地面移动机器人编队形成了三角形(图 9-36c)；而第四辆地面移动机器人出现在图像中后，它

们的编队形态变为矩形（图 9-36d）。在变换的同时，地面团队始终保持跟随无人机的状态。仿真结果显示，存在动力学模型的情况下，异构团队仍然能较好地完成编队保持与变换任务，说明了提出的框架与控制策略的可行性。

图 9-36　V-REP 环境下编队形成与变换过程的快照

图 9-37 为 V-REP 环境下编队形成与变换过程的势函数曲线图。在 $t=4\text{s}$、$t=8\text{s}$ 和 $t=12\text{s}$ 左右，势函数值发生了三次突增，分别代表了相机视野范围内三辆地面移动机器人的出现。与 MATLAB 仿真时的函数曲线图相比，V-REP 环境中形成编队之后的势函数值存在起伏。这是由于空中机器人的动态运动导致了控制算法的滞后性，数据传递存在一定的延迟，地面团队无法完全位于图像的中心点附近，因此函数值会出现增大的现象。

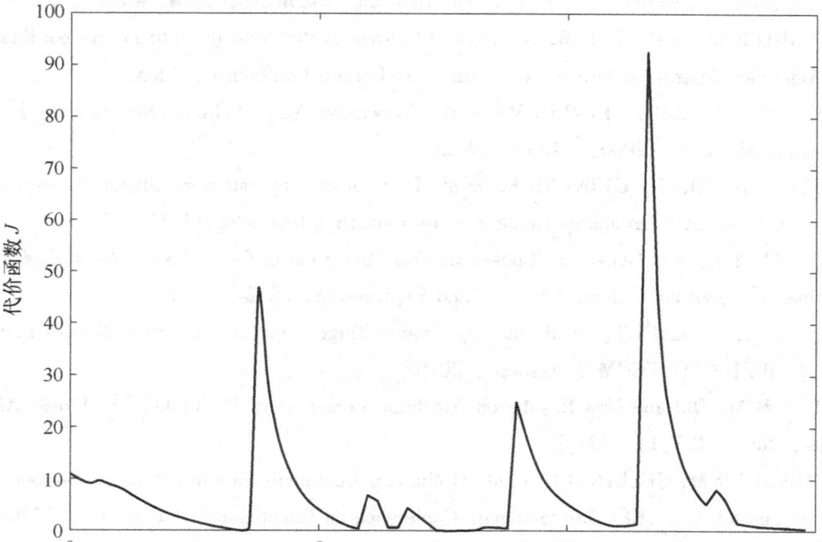

图 9-37　V-REP 环境下编队形成与变换过程的势函数曲线图

9.6 本章小结

空中机器人集群系统在军事和民用领域都具有十分广阔的应用市场及前景，集群技术的发展已成为空中机器人的重要发展方向。本章以无人机集群系统的发展为开端，详细讲述了空中机器人集群系统的基本概念、空中机器人集群控制以及编队控制的基础知识，并进行了相应的仿真实验。最后，本章还就异构多智能体系统的编队控制问题展开详述，并使用 MATLAB 和 V-REP 软件联合的方式对所提出的算法进行了仿真验证。空中机器人集群系统通过任务分配及协调控制，体现出卓越的协调性、智能性以及自治性，能够更加高效地完成复杂且困难的任务。空中机器人自主集群控制已经发展成为当今多智能体系统领域的研究重点之一，同样也是空中机器人领域的重要研究内容之一。

参 考 文 献

[1] 王荣浩，刑建春，王平，等. 地面无人系统的多智能体协同控制研究综述[J]. 动力学与控制学报，2016，14(2)：97-108.

[2] RIZK Y，AWAD M，TUNSTEL E W. Cooperative Heterogeneous Multi-Robot Systems：A Survey[J]. ACM Computing Surveys，2019，52(2)：1-31.

[3] RUSSELL S，NORVIG P. Artificial Intelligence：A Modern Approach[M]. Pearson，2009.

[4] PORFIRI M，ROBERSON D G，STILWELL D J. Tracking and Formation Control of Multiple Autonomous Agents：A Two-level Consensus Approach[J]. Automatica，2007，43(8)：1318-1328.

[5] SHOHAM Y，LEYTON-BROWN K. Multiagent Systems：Algorithmic，Game-Theoretic，and Logical Foundations[M]. Cambridge University Press，2008.

[6] PARKER L E. Distributed Intelligence：Overview of the Field and its Application in Multi-Robot Systems[J]. Journal of Physical Agents，2008，2(1)：5-14.

[7] CHEN J，ZHANG X，XIN B，et al. Coordination Between Unmanned Aerial and Ground Vehicles：A Taxonomy and Optimization Perspective[J]. IEEE Transactions on Cybernetics，2016，46(4)：959-972.

[8] REN W，BEARD R W，ATKINS E M. A Survey of Consensus Problems in Multi-agent Coordination. Proceedings of the American Control Conference[C]. American Control Conference，2005.

[9] GROCHOLSKY B，KELLER J，KUMAR V，et al. Cooperative Air and Ground Surveillance[J]. IEEE Robotics & Automation Magazine，2006，13(3)：16-25.

[10] HARIK E H C，GUERIN F，GUINAND F，et al. UAV-UGV Cooperation for Objects Transportation in an Industrial Area[C]. IEEE International Conference on Industrial Technology(ICIT)，2015.

[11] SHENG L，PAN Y L，and GONG X. Consensus Formation Control for a Class of Networked Multiple Mobile Robot Systems[J]. Journal of Control Science and Engineering，2012：10-21.

[12] OWEN M，YU H，MCLAIN T，et al. Moving Ground Target Tracking in Urban Terrain Using Air/Ground Vehicles[C]. IEEE GLOBECOM Workshops，2010.

[13] DE ABREU N M M. Old and New Results on Algebraic Connectivity of Graphs[J]. Linear Algebra. and its Applications，2007，423(1)：53-73.

[14] GIL S，SCHWAGER M，JULIAN B J，et al. Optimizing Communication in Air-Ground Robot Networks Using Decentralized Control[C]. IEEE International. Conference on Robotics and Automation，2010.

[15] DUAN H B，LIU S Q. Unmanned Air/Ground Vehicles Heterogeneous Cooperative Techniques：Current Status and Prospects[J]. Science China Technological Sciences，2010，53(5)：1349-1355.

[16] BALCH T，ARKIN R C. Behavior-based Formation Control for Multirobot Teams[J]. IEEE Transactions on

Robotics and Automation, 1998, 14(6): 926-939.

[17] FREDSLUND J, MATARIC M J. A General Algorithm for Robot Formations Using Local Sensing and Minimal Communication[J]. IEEE Transactions on Robotics and Automation, 2002, 18(5): 837-846.

[18] LAWTON J R T, BEARD R W, YOUNG B J. A Decentralized Approach to Formation Maneuvers[J]. IEEE Transactions on Robotics and Automation, 2003, 19(6): 933-941.

[19] BERMAN S, EDAN Y, HAMSHIDI M. Navigation of Decentralized Autonomous Automatic Guided Vehicles in Material Handling[J]. IEEE Transactions on Robotics and Automation, 2004, 19(4): 743-749.

[20] DAS A K, FIERRO R, KUMAR V, et al. A Vision-based Formation Control Framework[J]. IEEE Transactions on Robotics and Automation, 2002, 18(5): 813-825.

[21] TANNER H G, LOIZOU S G, KYRIAKOPOULOS K J. Nonholonomic Navigation and Control of Multiple Mobile Manipulators[J]. IEEE Transactions on Robotics and Automation, 2003, 19(1): 53-64.

[22] TAKAHASHI H, NISHI H, OHNISHI K. Autonomous Decentralized Control for Formation of Multiple Mobile Robots Considering Ability of Robot [J]. IEEE Transactions on Industrial Electronics, 2004, 51 (6): 1272-1279.

[23] HUANG J, FARRITOR S M, ALA' QADI, et al. Localization and Follow-the-leader Control of a Heterogeneous Group of Mobile Robots[J]. IEEE/ASME Transactions on Mechatronics, 2006, 11(2): 205-215.

[24] ÖGREN P, EGERSTEDT M, HU X. A Control Lyapunov Function Approach to Multi-agent Coordination[J]. IEEE Transactions on. Robotics and Automation, 2002, 18(5): 847-851.

[25] REN W, BEARD R W. Formation Feedback Control for Multiple Spacecraft Via Virtual Structures[J]. IEEE Proceedings of the Control Theory Application, 2004, 151(3): 357-368.

[26] SEPULCHRE R, PALEY D, LEONARD N E. Stabilization of Planar Collective Motion: All-to-all Communication[J]. IEEE Transactions on Automatic Control, 2007, 52(5): 811-824.

[27] OLFATI-SABER, MURRAY R M. Consensus Problems in Networks of Agents with Switching Topology and Time-delays[J]. IEEE Transactions on Automatic Control, 2004, 49(9): 101-115.

[28] LONG M, GAGE A, MURPHY R, et al. Application of the Distributed Field Robot Architecture to a Simulated Deming Task[C]. Proceedings IEEE International Conference on Robotics and Automation, 2005.

[29] MICHAEL N, FINK J, KUMAR V. Controlling a Team of Ground Robots Via an Aerial Robot[C]. IEEE/RSJ International Conference on Intelligent Robots and Systems, 2007.

[30] STEGAGNO P, COGNETTI M, ROSA L, et al. Relative Localization and Identification in a Heterogeneous Multi-robot System[C]. 2013 IEEE International Conference on Robotics and Automation, 2013.

[31] NGUYEN H G, LAIRD R, KOGUT G, et al. Land, Sea, and Air Unmanned Systems Research and Development at SPAWAR Systems Center Pacific[C]. Unmanned Systems Technology XI. International Society for Optics and Photonics, 2009.

[32] CAO Y, YU W, REN W, et al. An Overview of Recent Progress in the Study of Distributed Multi-agent Coordination[J]. IEEE Transactions on Industrial informatics, 2012, 9(1): 427-438.

[33] LI X, TAN Y, MAREELS I, et al. Compatible Formation Set for UAVs with Visual Sensing Constraint[C]. 2018 Annual American Control Conference(ACC), 2018.

[34] MAEDA R, ENDO T, MATSUNO F. Decentralized Navigation for Heterogeneous Swarm Robots with Limited Field of View[J]. IEEE Robotics and Automation Letters, 2017, 2(2): 904-911.

[35] KLODT L, KHODAVERDIAN S, WILLERT V. Motion Control for UAV-UGV Cooperation with Visibility Constraint[C]. 2015 IEEE Conference on Control Applications(CCA), 2015.

[36] FILIPPOV A F. Differential Equations with Discontinuous Righthand Sides: Control Systems[M]. Springer Science & Business Media, 2013.

[37] MAYNE D Q. Control of Constrained Dynamic Systems[J]. European Journal of Control, 2001, 7(2-3):

87-99.

[38] GAZI V. Swarm Aggregations Using Artificial Potentials and Sliding-mode Control[J]. IEEE Transactions on Robotics, 2005, 21(6): 1208-1214.

[39] EGERSTEDT M, HU X. Formation Constrained Multi-agent Control[J]. IEEE Transactions on Robotics and Automation, 2001, 17(6): 947-951.

[40] DO K D. Bounded Controllers for Formation Stabilization of Mobile Agents with Limited Sensing Ranges[J]. IEEE Transactions on Automatic Control, 2007, 52(3): 569-576.

[41] MA L, HOVAKIMYAN N. Cooperative Target Tracking in Balanced Circular Formation: Multiple UAVs Tracking a Ground Vehicle[C]. 2013 American Control Conference, 2013.

[42] KANG S M, AHN H S. Design and Realization of Distributed Adaptive Formation Control Law for Multi-agent Systems with Moving Leader[J]. IEEE Transactions on Industrial Electronics, 2015, 63(2): 1268-1279.

[43] 黄长强，翁兴伟，王勇，等. 多无人机协同作战技术[M]. 北京：国防工业出版社，2012.

[44] 周伟，李五洲，王旭东，等. 多无人机协同控制技术[M]. 北京：北京大学出版社，2019.

第10章

空中机器人健康管理系统

空中机器人是由很多子系统组成的，如通信系统、传感器系统、动力系统、控制系统等。各个子系统之间的相互配合保证了飞行器的正常飞行，如通信系统传送来自地面站的控制指令，控制系统根据控制指令控制飞行器的姿态以完成飞行任务；传感器系统收集环境信息和机器人的状态信息，地面站根据这些信息制定飞行任务，控制系统则利用这些信息实现对位姿的控制。当一个零件或者子系统发生故障时，由于子系统之间的紧密联系，故障部件很可能引起链式反应，产生严重的后果，甚至导致空中机器人坠毁事故。因此，飞行器健康管理是空中机器人稳定性研究的重中之重。

本章主要对空中机器人的健康管理系统展开介绍。首先，在讲解空中机器人健康管理系统基本内容的基础上，进一步对综合飞行器健康管理系统展开详细的阐述；其次，对传感器和执行器系统中常见的故障展开分析，包括故障的原因、表现、影响和建模；最后，针对空中机器人健康管理系统中的两个热点问题(故障诊断、容错控制)分别展开讲解，并通过几个简单的实例加深读者对空中机器人健康管理系统的理解。

10.1 健康管理的定义和意义

10.1.1 健康管理系统的定义

空中机器人的健康状态描述了机器人各个子系统、各个功能部件执行其功能的能力。空中机器人的健康管理系统定义了与机器人健康状态有关的管理活动，即实时监视甚至预测机器人各个功能部件的运行状态；在检测到机器人某些部件失效或者故障时，对故障进行诊断、评估；根据故障诊断评估的结果，通过一些方法减少故障对空中机器人飞行任务的影响；并在空中机器人落地后对其进行维修和保养。总的来说，空中机器人的健康管理系统是以感知为中心，以诊断、预测为主要手段，建立在状态感知、信息融合和辨识基础上的，具有智能化和自主性特征的决策过程和执行过程。

根据故障的生命周期，将空中机器人的健康管理过程分为四个步骤：

① 故障预测和故障诊断：故障预测是指根据积累的历史数据，推断机器人的组成部件在未来一段时间的运行情况；故障诊断则是一个整体的概念，可以细分为故障检测、故障隔离和故障辨识，其目的是获得故障发生的时间、位置、程度以及原因。

② 缓和：根据故障的位置、类型和故障程度等信息，采取相应的方法对这些故障进行处理，以保证空中机器人的正常飞行或者安全降落。当空中机器人在飞行过程中出现故障

时，缓和过程会以最大的可能保证机器人的安全性以及飞行任务的有效性。

③ 修复：当空中机器人安全降落后，需要对空中机器人的故障部件进行修复，以保证机器人处于良好的健康状态。在这个过程中，通过更换故障部件或者对故障部件进行修理，将空中机器人的健康状态恢复到设计水平。

④ 检验：再次确认空中机器人的健康状态，确认故障问题是否被彻底解决，并且确保修复过程没有带来潜在的副作用。

故障预测和故障诊断、缓和是在空中机器人飞行过程中完成的，而修复和检验是在空中机器人停飞后完成的。因此，就作用范围而言，健康管理系统包括了空中机器人在飞行过程中的容错控制活动以及机器人在停飞后的维修和保障活动。显然，在飞行过程中的健康管理活动对空中机器人的安全性和稳定性至关重要。

10.1.2 综合飞行器健康管理系统

目前，比较成熟的空中机器人健康管理系统是综合飞行器健康管理系统（Integrated Vehicle Health Management System，IVHMS）。IVHMS 是由美国宇航局提出的一项针对空中飞行器的安全飞行计划。为了实现对飞行器健康状态的管理，该系统将从前端传感器的信号到后端地面后勤保障的整个过程集成为一个综合系统来统一管理，实现了故障的预测和诊断、决策的自动化与智能化，从而提高了飞行器系统的安全性、可靠性、完备性，同时也加快了地面任务准备和完成效率，实现视情保障，提高飞行器的出勤率，降低飞行器在地面的后勤保障和维护成本。

根据数据、信息、知识、决策的管理过程和信息传递过程，可以将综合飞行器健康管理系统分成六个信息层，分别为：

① 信号获取和处理层：该层的主要作用是获取并处理来自传感器与控制系统的数据。提取的数据不仅包括了系统的功能状态、正常与否的指示，还包括了从数据中提取出的特征。特征的提取算法包括快速傅里叶变换、小波变换、滤波器以及数学统计方法（平均，标准偏差）等。

② 状态监控层：该层不仅需要对飞行器子系统和各个功能部件的行为、飞行器结构的状况进行测试和报告，还需要对运行环境进行检测和报告。状态监控层的输入包括“信号处理层”输出的信号、来自“健康评估层”的控制输入和报告准则，其中报告准则用于控制报告的时间和阈值大小。状态监控层的输出为对检测部分、子系统和系统的状况报告信息。

③ 健康评估层：该层的功能是持续融合来自“状态监控层”和其他健康评估部分的数据，诊断并报告被检测部分的健康状态，并据此进行故障隔离、资源管理、优化和重构。健康评估的节点应能面向测试或健康评估策略实现诊断、命令控制系统动作以处理未知故障或断续发生的事件。控制动作包括了对“状况监视器”或健康评估节点报告的控制，以及对数据收集和任务优先级的控制。此外健康评估节点也可将资源管理能力包括在内，以充分利用数据存储、处理和通信的资源。

④ 预测层：该层的功能是对部件和子系统在使用工作包线和工作应力下的剩余使用寿命进行估计。使用工作包线和工作应力可参照预先设定的强度或直接对运行强度进行估计得出。

⑤ 决策支持层：该层包含操作和支持系统，比如任务/操作性能评估和规划、维修推理机以及维修资源管理。该层为维修资源管理和其他监视综合健康管理系统的性能和有效性的

处理过程提供支撑。

⑥ 人机交互层：该层应具备与其他所有层通信的能力，并可通过便携式维修设备、维修管理和操作管理实现综合健康管理系统与维修人员的人机交互界面功能。

信号获取和处理、状态监控、健康评估三个信息层位于飞行器平台上，是健康管理、任务载荷管理的主要内容。这三层的功能可直接借助飞行器子系统中的传感器、处理器以及分布式系统互联网络和计算单元来具体实现。预测、决策支持和人机交互这三层功能需要更强的计算处理资源，以及更加广泛、完整、全局性的数据资料和历史性档案，主要由地面的健康管理子系统来实现。因此，可以将 IVHMS 分为机载健康管理系统和地面健康管理系统两部分，典型系统结构如图 10-1 所示。

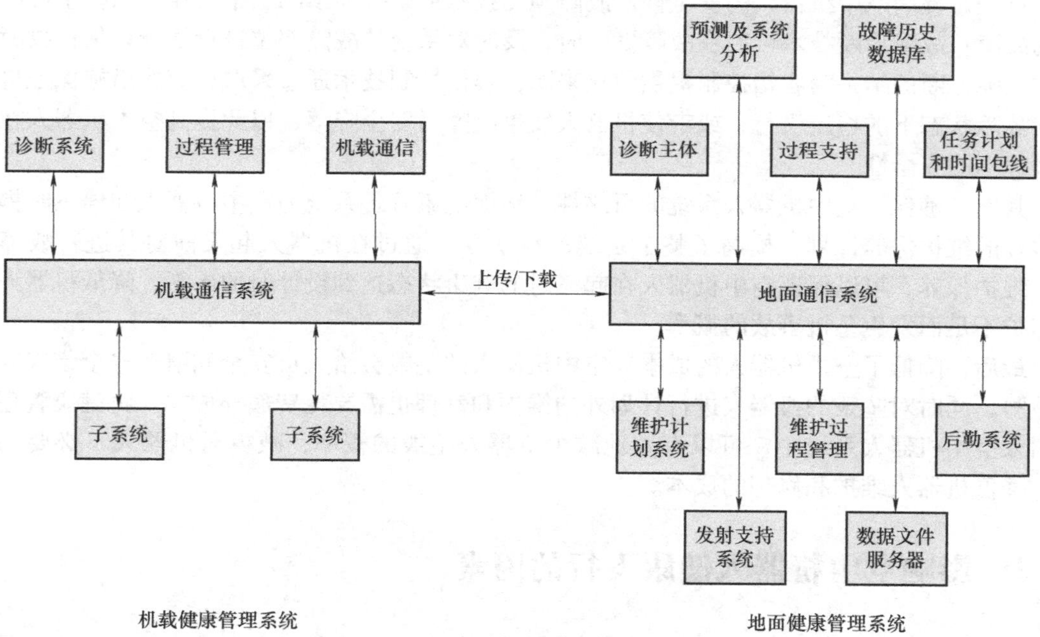

图 10-1 IVHMS 系统结构

1. 机载健康管理系统

机载健康管理系统功能包括诊断、故障报告、机械恢复管理、维修和决策支持等，主要由结构系统、推进系统和航电系统等几个相对独立的子系统组成，每个系统按各自特点具有相对独立的健康管理系统，在子系统级别上包括有故障诊断、故障隔离与故障重构。这些独立的子系统健康管理的综合共同构成了综合飞行器健康管理系统。机载健康管理系统对这些子系统的管理过程不是简单的相加，而是对这些子系统进行管理、协调，是对子系统功能的进一步挖掘和升级，是根据各个子系统之间的相互关联对各个子系统的健康管理信息进行融合管理，获得由单一子系统不能获得的飞行器整体健康信息，实现有关飞行器整体的综合健康管理。

2. 地面健康管理系统

地面操作系统对下载到地面的飞行器飞行数据进行进一步的实时诊断，根据故障历史信息做出预测，指导和帮助飞行员完成指定任务，并将故障维护信息发送给后勤保障系统。地面操作系统也进行数据的事后诊断，并将诊断数据保存在数据库服务器中。地面维护系统确定需要进行的维护工作，优化和组织人员，维护资源配置，记录维护数据，测试和验证维修结果。

健康管理是一项涉及多学科、多领域的系统工程，它包括传感器、通信、信号信息处理、故障诊断、故障预测、信息管理、系统集成、决策支持、技术经济等多种学科和技术。同时，综合飞行器健康管理系统是一个开放的系统，它的技术构成和功能处在不断扩展和进步的过程中。值得注意的是，作为一种系统级别的健康管理系统技术，综合飞行器健康管理系统不仅可以应用在飞行器系统中，还可以应用到其他关键性的领域或者设备，如工厂大型设备、船舶等，以此提高这些设备的安全性，降低因为故障而带来的经济损失。

将健康管理系统应用到空中机器人领域中有如下的优点：

首先，提高空中机器人的安全性。故障预测技术可以提前预测空中机器人系统中可能出现的故障；故障诊断技术可以在故障发生时，及时对系统的故障部位进行健康评估；故障预测和故障诊断的结果为容错控制提供信息来源，容错控制技术通过采取相应的措施保证机器人在故障状态下的稳定飞行，或者使机器人发生故障后安全降落，以此提高空中机器人在飞行过程中的安全性。

其次，确保了空中机器人系统的可靠性。地面健康管理系统为空中机器人在停飞时提供了很好的维护保养计划，提高了整个系统的科学性。通过在机器人起飞前对其进行故障检查、维护保养，可以保证空中机器人在起飞时的健康状态达到设计时的水平，降低机器人因为养护不足而发生坠机事故的概率。

最后，降低了空中机器人的成本。空中机器人的坠毁会给人员安全和财产安全带来巨大的威胁，同时对坠毁的机器人进行计划外的维护和修理也需要耗费额外成本。将健康管理系统引入空中机器人系统中，可以有效地减少机器人坠毁的概率，减少对机器人不必要的维护，降低机器人维护和修理的成本。

10.2 影响空中机器人健康飞行的因素

空中机器人的故障指由于某些元器件或者子系统的性能降低或者完全失效，导致机器人不能完成预期的目标任务。为了减少故障对空中机器人的影响，需要对故障部位进行诊断，并根据诊断结果采取容错控制方法。在进行故障诊断和容错控制之前，需要了解空中机器人系统中可能出现的故障、故障发生原因以及这些故障对系统的影响。在空中机器人子系统中，传感器系统和执行器系统的稳定工作对飞行器的稳定飞行至关重要。

10.2.1 传感器故障

传感器系统是空中机器人的“眼睛”，机器人通过传感器系统获取环境信息和自身的状态信息。如果空中机器人的“眼睛”出现了问题，由于机器人不能准确地确定环境中障碍物的位置，机器人很容易与周围环境中的障碍物产生碰撞，导致机器人损坏。同时，如果空中机器人的控制系统根据不准确的状态信息对机器人进行控制，控制器会产生错误的控制信号；当执行器接收到错误的控制信号时，飞行器的旋翼会以错误的速度旋转，导致空中机器人处在不稳定的飞行状态，很容易对周围的环境造成严重的损害。因此，对传感器故障进行研究一直是空中机器人健康管理系统的热点问题。

空中机器人中所用到的传感器主要有气压计、磁罗盘、GPS 和 IMU。表 10-1 对这些传感器故障的原因和后果进行分析总结。

表 10-1　传感器故障总结

故障类型	原　因	后　果
气压计故障	气压计供电故障 气压计硬件故障 空中机器人在进行大机动动作时，气流的干扰	气压计故障会使得飞行器无法获得准确的机器人飞行高度，使机器人不能定高飞行
磁罗盘故障	磁罗盘供电故障 磁罗盘硬件故障 机器人所处的环境中有强磁场干扰 磁罗盘附近有金属物体	磁罗盘故障会使飞行器得到错误的朝向数据，无法对空中机器人的偏航角进行精确地控制
GPS 故障	供电故障 周围环境中高楼或者大树的遮挡导致 GPS 的搜索卫星能力下降 当空中机器人在湖面上飞行时，湖面产生的多径效应影响	GPS 故障导致空中机器人接收不到精确的位置信息，使机器人无法实现定点悬停和按照航线飞行的任务
IMU 故障	供电故障 硬件故障 校准失败	IMU 包含了陀螺仪和加速度计，如果陀螺仪和加速度计发生故障，会使空中机器人无法感知自身的姿态，控制器无法产生正确的控制信号。因此，IMU 故障一般会引起严重的后果

当传感器发生不同的故障时，相应也会输出不同的故障数据。对以上四种传感器在故障时的数据进行分析，可以将传感器的故障类型分为以下四类：

① 传感器完全故障：这是最严重一种的故障。如果传感器发生这样的故障，传感器会停止工作，并且传感器输出数据一般为零。这类故障的主要原因是供电中断或通信链路受干扰。

② 传感器偏置故障：当这种故障发生时，传感器的输出数据总是和实际的状态量之间有一个常数偏差，并且在此后的测量输出中，一直保持此常数偏差。该故障主要是由温度变化或振动导致的偏置电流或偏置电压变化而产生的。

③ 传感器漂移故障：这是模拟信号传感器最常见的一种故障。其原因是传感器长时间的运行导致内部温度的改变或者校准失败，表现为传感器的输出具有一个附加的常数项。

④ 传感器离群数据故障：这种故障时常出现在 GPS 上，表现为在某一时刻会有一个较大的误差，但此后的输出又是正确的，因此，这种故障是一种暂时性的故障。主要原因是 GPS 搜星环境恶劣，通信受到干扰。

10.2.2　执行机构故障

空中机器人的动力系统故障包括电源故障、驱动器故障和执行机构故障(包含电动机故障和螺旋桨故障)，其中最为重要、研究最多的是执行机构故障。当执行机构出现故障时，动力系统输出的力和力矩相比于预期的力和力矩有一定的差异。此时，空中机器人原有的力和力矩分布会被破坏，机器人在空中不能保持稳定的飞行。如果不能及时对故障的执行机构进行处理，空中机器人会失去平衡，无法完成飞行任务，严重时会导致机器人坠毁。因此，对空中机器人的执行机构故障进行研究同样具有重要的意义。

通常情况下，空中机器人执行机构可能产生的故障有卡死故障、松浮故障、损伤故障。造成这些故障的原因和它们的表现形式如下所示：

① 卡死故障：卡死故障是指执行机构因为机械问题卡在某个位置不能动作。当执行机构卡死时，执行机构会始终停留在某一个位置，不能响应来自控制器的控制信号，会直接导致空中机器人的失控。

② 松浮故障：松浮故障是指由电压信号中断等原因导致执行机构不受控制。此时，执行机构随着机器人的飞行做无规则的自由移动。也就是说，当执行机构发生松浮故障时，执行机构虽然可以动作并产生力和力矩，但是这种力矩并不是由响应控制器的控制信号而产生的，因此，此时产生的力和力矩对空中机器人的正常飞行是无效的。

③ 损伤故障(也称为恒增益变化故障)：损伤故障是指执行器操作面受到了破损损伤，虽然执行机构可以对控制信号做出响应，但是执行机构的输出与其期望输出之间存在一个恒定的偏差，而且这个偏差不会随时间的改变而变化。

10.2.3 故障模型

通过对传感器故障和执行机构故障的讨论分析，读者已经基本了解了空中机器人系统中出现的主要故障。为了方便分析传感器故障和执行机构故障对空中机器人稳定性的影响，需要对这些故障进行简化，并建立数学模型。对故障状态下传感器输出的数据和执行机构的表现形式分析，可以将故障分为如下三类：

① 乘性故障：传感器和执行机构输出的故障信号取决于输入信号，与输入信号之间是一个比例关系。数学模型表示如下：

$$y(t)=g_1(x)u(t) \tag{10-1}$$

式中，t 表示时间；u 表示传感机构或者执行机构正常工作时输出的信号；$g_1(x)$ 表示乘性故障；$y(t)$ 表示传感器或者执行机构在发生乘性故障时输出的故障信号。

② 加性故障：传感器和执行机构输出的故障信号独立于输入信号，与输入信号之间相差一个故障函数。其数学表达式如下所示：

$$y(t)=u(t)+g_2(x) \tag{10-2}$$

式中，$g_2(x)$ 表示加性故障；$y(t)$ 表示传感器或者执行机构在发生加性故障时输出的故障信号。

③ 混合故障：传感器和执行机构输出的故障信号混合了乘性故障和加性故障的特点，其表达式如下所示：

$$y(t)=g_1(x)u(t)+g_2(x) \tag{10-3}$$

此时，$y(t)$ 表示传感器或者执行机构在发生混合故障时输出的故障信号。

10.3 故障诊断

当空中机器人系统中部分器件或子系统功能失效，表现出异常现象时，需要立即对故障进行定位和诊断，以便排除异常，防止重大灾难发生。根据故障诊断的任务，可以将故障诊断细分为三个过程：

① 故障检测：判断系统中是否发生了故障，并且确定故障发生的时刻。

② 故障隔离：在检测到系统发生故障后，进一步确定故障的位置和类型。

③ 故障辨识：对发生的故障进行评估，确定故障的严重程度、时频特性等。

随着对系统安全性和可靠性要求的提高，故障诊断引起了各行各业科研工作者的关注。对故障诊断方法进行总结，其方法可以划分为基于解析模型的故障诊断方法、基于专家知识的故障诊断方法和基于信号的故障诊断方法。

10.3.1　基于解析模型的故障诊断方法

基于解析模型的故障诊断方法是根据系统数学模型所蕴含的内在解析关系进行诊断的方法。该类方法主要包括两个步骤：一是利用系统模型中输入量和输出量固有的解析模型，获取系统实际输出和模型输出之间的残差；二是对残差进行分析，根据故障决策规则对故障进行诊断。根据残差获取方法的不同，基于解析模型的故障诊断可以细分为基于观测器的故障诊断方法、基于奇偶空间的故障诊断方法、基于参数估计的故障诊断方法和其他需要系统数学模型的统计检验方法。

1）基于观测器的故障诊断方法的基本思想是利用系统模型信息和输入输出等可测信号，设计故障检测观测器，将系统的实际输出与观测器的输出的差作为与故障相关的残差信号，将该残差与提前设定好的阈值进行对比，根据对比结果对系统中出现的故障进行诊断。

2）基于奇偶空间的故障诊断方法是利用系统的观测冗余相关性获得故障信息。在飞控系统中，一般采用多个传感器测量导航信息，获得空中机器人的动态信息。因此，多个传感器对同一状态的测量值具有一致性。在没有硬件冗余的情况下，由于系统性能的内在统一性，也可能建立传感器组解析冗余关系。因此，在各个传感器正常工作的情况下，各传感器的输出具有内在的一致性。当某个通道的传感器发生故障时，故障传感器与正常传感器之间不再满足这种内在的一致性。因此，可以通过系统中的一致性实现对故障的诊断。能够反映各传感器内在一致性的数学模型称为奇偶空间方程组，由奇偶空间方程组所产生的残差矢量称为奇偶空间矢量，通过对奇偶矢量的分析就可以实现对传感器故障诊断。

3）基于参数估计的故障诊断方法是通过对系统的参数进行分析，实现对故障的诊断。空中机器人系统中有两种参数：物理参数和模型参数。其中，物理参数用于描述元器件的特性，记为 P，如电路中的电阻、电容、电感、电流等；模型参数描述系统动态方程中的系数，记为 θ。模型参数可以反映系统的整体行为，而物理参数描述系统元器件的局部行为，它们之间可以用一定的函数关系描述，将这种函数关系定义为参数关联方程，用 $\theta=f(P)$ 表示，其中 f 表示物理参数和模型参数的函数关系。基于参数估计的故障诊断方法的步骤如下所示：

① 在系统运行过程中，通过系统辨识方法实时获得运动系统的模型参数估计值 $\hat{\theta}$。

② 根据模型参数估计值 $\hat{\theta}$ 和建立好的参数关联方程，推出元器件物理参数的估计值 $\hat{p}$。

③ 将物理参数的估计值和标称值 P 对比，求得估计值和标称值之间的残差。

④ 根据残差对系统中出现的故障进行诊断。

基于解析模型的故障诊断方法中，由于直接利用系统的模型进行计算，因而具有诊断迅速、结果准确等优点。但是，这类方法过分依赖系统的解析模型，不准确的系统模型会对故障诊断的结果产生不利的影响。因此，如何建立准确的数学模型，以及减少噪声和干扰等因素对系统模型的影响是这类方法的研究重点。

10.3.2 基于专家知识的故障诊断方法

由于基于解析模型的故障诊断方法依赖系统模型进行故障诊断，因此，对于不能得到准确解析模型的系统甚至不能建立数学模型的系统，基于解析模型的故障诊断方法显然是不适用的。近几年来，人工智能和计算机技术的快速发展为故障诊断技术提供了新的理论基础。学者们提出了基于专家知识的故障诊断方法，该类方法不需要精确的数学模型即可实现对故障的诊断，具有很好的应用前景。基于专家知识的故障诊断方法可以分为基于专家系统的故障诊断方法、基于模糊理论的故障诊断方法、基于神经网络的故障诊断方法和基于数据融合的故障诊断方法等。

1）基于专家系统进行故障诊断的一般步骤为：首先采集被诊断对象的信息，然后运用各种规则（专家经验）进行一系列的推理，在必要时，还可以调用各种应用程序向用户索取必要的信息，以此快速地发现故障，最后还可以向用户证实发现的故障。该诊断方法主要由数据库、知识库、人机接口和推理机等组成，它们的基本功能为：

① 数据库：对于在线监视或诊断系统，数据库的内容是实时检测到的工作数据；对于离线诊断，可以是故障时保存的检测数据，也可是人为检测的一些特征数据，即存放推理过程中所需要和产生的各种信息。

② 知识库：知识库是专家领域知识的集合，存放的知识可以是系统的工作环境或系统知识（反映系统的工作机理及结构知识）；规则库则存放一组组规则，反映系统的因果关系，用来进行故障推理。

③ 人机接口：人与专家系统沟通的桥梁和窗口，是人机信息交互的节点。

④ 推理机：根据获取的信息运用各种规则进行故障诊断，输出诊断结果。

该类方法的特点是使用直接的知识表示和相对简单的启发式知识推理，具有诊断推理速度快、易于编程和实现等优势。但是，这类方法也有一定的限制，由于专家的专业知识有限，因此这类方法的学习能力和自适应能力存在着“瓶颈”。

2）对于可以获得大量故障数据的系统，可以根据历史数据，通过训练神经网络来实现对故障的诊断。基于神经网络的故障诊断系统虽然具有很高的正确率，但是在训练神经网络时一般需要较长的训练时间，同时由于神经网络是一种监督学习，所以对未在训练样本中出现的故障的诊断效果较差。同时，该诊断方法属于“黑箱”方法，网络结构选择和设计依靠设计者的主观经验，缺乏统一的科学依据，无法对诊断过程给出明确的数学解释。

10.3.3 基于信号的故障诊断方法

基于信号的故障诊断方法是直接分析系统的输入、输出等可测量信号，提取这些信号的幅值、频率以及统计参数等特征信息，根据信号模型实现对系统故障的诊断。该类方法主要的理论基础有傅里叶分析、小波变换、信息融合、谱分析等。

该类故障诊断方法大多是采用傅里叶变换进行信号分析，但是傅里叶变换存在时域和频域局部化的矛盾，缺乏空间局部性，同时傅里叶分析是以信号平稳性假设为前提的，而大多数控制系统的故障信号往往包含在瞬态信号和时变信号中。因此，基于傅里叶分析的信号处理方法只能提供响应信号的统计平均结果，很难在时域和频域中同时得到非平稳信号的全部和局部化结果，对非平稳动态信号分析难以达到令人满意的程度，因此故障诊断的效果有待提高。

小波变换是一种可用于非平稳、时变信号的时频分析技术，是由短时傅里叶变换发展而来的。小波变换可以通过伸缩和平移计算对信号进行多尺度的细化分析。基于小波变换的故障诊断方法的基本思路是对系统输入和输出信号进行小波变换，求解出输入输出信号的奇异点，去除掉由于输入突变所引起的极值点，则剩下的极值点就对应为相关传感器的故障状态。在故障诊断中只要选择合适的小波函数，就能快速、有效地进行信号分析，判断系统中故障的位置。但是，由于故障原因与设备故障征兆之间存在一定的不确定性关系，因此，基于小波变换的故障诊断方法容易出现故障的错判与漏判。

以上三类方法从不同的角度提出了不同的故障诊断方法。对以上三类方法进行总结，得到表 10-2。

表 10-2 故障诊断方法总结

故障诊断方法	基本原理	常用算法	优　点	缺　点
基于解析模型的故障诊断方法	该类方法将系统的模型和实际系统冗余运行，通过对两者的输出进行对比，产生残差信号，然后对残差信号进行分析来诊断系统运行过程中出现的故障	参数估计法 状态估计法 奇偶空间法	诊断快速；可发现未知的故障	对于无法得到准确模型的复杂系统不适用；容易受噪声的影响
基于专家知识的故障诊断方法	基于专家知识的故障诊断方法是根据人们长期的实践经验和大量的故障信息而设计出的一套智能计算机程序	专家系统 模糊推理 神经网络 故障树诊断	推理速度快，易于编程实现	知识有一定的主观性；知识和经验也是不完备的；需要与其他方法结合；缺少科学解释
基于信号的故障诊断方法	该类方法以数值计算的方法对信号进行采集、变换、综合、估值、识别等处理，以达到检测出故障的目的	傅里叶分析法 小波变换法 谱分析法	不需要被诊断对象的模型；诊断快速、准确	对计算要求较高；容易错判或漏判

不同的故障诊断方法有自身的优点和不足，因此在实际的应用中，需要根据被检测对象的特性来选择合适的故障诊断算法。在选择故障诊断方法时，需要考虑诊断方法的性能指标，具体指标如下所示：

① 及时性：指系统在发生故障后，故障诊断系统在最短时间内检测到故障的能力。从故障发生到检测出故障的时间越短，说明故障检测的及时性越好。

② 灵敏度：指故障诊断系统对微小故障信号的检测能力。故障诊断系统能检测到的故障信号越小，说明其灵敏度越高。

③ 误报率和漏报率：误报是指系统没有发生故障却被错误检测出发生故障；漏报是指系统发生了故障但没有被检测出来。一个可靠的故障诊断系统应尽可能使误报率和漏报率最小化。

④ 分离能力：指诊断系统对不同故障的区别能力。故障分离能力越强，说明诊断系统对不同故障的区别能力越强，对故障的定位就越准确。

⑤ 辨识能力：指诊断系统辨识故障大小和时变特性的能力。故障辨识能力越高，说明诊断系统对故障的辨识越准确，也就越有利于对故障的评价和维修。

⑥ 鲁棒性：指诊断系统在存在噪声、干扰的情况下正确完成故障诊断任务，同时保持低误报率和漏报率的能力。鲁棒性越强，说明诊断系统的可靠性越高。

⑦ 自适应能力：指故障诊断系统对于变化的被测对象具有自适应能力，并且能够充分利用变化产生的新信息来改善自身。

10.4 容错控制

故障会影响系统的动态性能，严重时会使空中机器人出现状态不可控的情形。学者们希望在设计控制器时考虑故障因素，使控制系统的性能不受故障的影响，以此保障系统的稳定性和可靠性，即控制器的容错能力。容错控制(Fault Tolerant Control，FTC)最早来源于1971年的Niederlinski提出的完整控制的概念。容错控制完整的概念是1986年9月由美国国家科学基金会和美国电气电子工程师学会控制系统分会共同在美国加州圣塔克拉拉大学举行的控制界专题讨论会的报告中正式提出的。

由于容错控制技术对系统的安全具有重要意义，国际自动控制领域的专家学者对容错控制的发展给予了高度重视。1993年，Patto教授系统阐述了容错控制所面临的难题和基本的解决方案。我国在容错控制研究方面与国外基本同步，国内许多学者对容错控制技术的研究做出了卓越的贡献。其中，叶银忠教授是我国最早开始容错控制研究的学者之一；周东华教授、胡寿松教授以及孙优贤院士等在非线性系统的容错控制与时滞系统的容错控制方面也取得了丰富的研究成果。近几年，容错控制在理论研究、设计方法和应用上都取得了较大的发展，出现了基于滑模控制、鲁棒控制、模糊控制、神经控制和智能控制等新方法的容错控制理论。

早期的容错控制方法基本上都是基于硬件冗余技术，即通过增加系统的成本、结构重量和体积来提高系统的可靠性。硬件冗余的容错控制方法对容易受到故障影响的元器件进行备份或关联，当元器件损坏而不能继续工作时，由备用元器件进行替换，维持系统正常运行。硬件冗余具有控制简单、易于实现等优点，但是由于硬件冗余系统增加了系统的成本、体积、重量，限制了系统向轻型化、小型化方向的发展。同时，随着空中机器人结构日益复杂化，硬件冗余受到各种限制，在某些情况下甚至无法实现。因此，学者们利用系统中不同部件之间的内在冗余性，提出了解析冗余的概念。

解析冗余不需要增加系统的硬件设备，当系统中的某些部件失效时，利用健康部件承担部分或全部故障部件所起的作用，继续维持系统安全稳定的运行。基于解析冗余的容错控制技术不需要增加系统硬件，易于工程实现且成本低，在许多领域中得到了广泛的应用。

基于解析冗余的容错控制方法可以分为被动容错控制(Passive Fault Tolerant Control，PFTC)和主动容错控制(Active Fault Tolerant Control，AFTC)两类。

10.4.1 被动容错控制

被动容错控制的基本思想是：利用控制器本身的鲁棒性使整个闭环系统对特定的故障类型不敏感，保证系统在故障情况下保持原有的性能指标。被动容错控制方法不需要对系统中出现的故障进行诊断，在控制器设计时就将故障作为先验信息考虑，设计完成后，无论故障发生与否，控制器的结构不再变化。被动容错控制方法是基于鲁棒控制的思想设计的，被动容错控制器的参数一般为常数，不需要获知故障信息，也不需要在线调整控制器的结构和参数。被动容错控制大致可以分为可靠镇定、完整性、联立镇定三种类型。

1. 可靠镇定

控制系统的可靠镇定考虑的是控制器失效时的容错控制设计问题。对于被控对象，设计两个或多个控制器，使控制系统在这些控制器共同作用时以及每个控制器单独作用时均能稳定。由于各个控制器之间相当于并联关系，当某一个控制器失效时，控制系统在剩余的控制器的作用下仍能保持稳定。可靠镇定问题不同于为增加冗余度而对主要控制器进行备份的主动冗余控制方案，它是一种被动冗余控制方案，不需要在系统中增加故障检测和故障诊断单元以及切换开关等。目前，对可靠镇定问题的研究已基本成熟，再加上容错技术的发展，计算机硬件和软件的可靠性已达到较高的水平，控制器本身的可靠性得到了保证，因此这方面的研究已经日趋平淡。

2. 完整性

完整性问题也称为完整性控制，是针对传感器和执行器的故障容错控制。如果发生传感器或执行器卡死、饱和与断路故障时，或传感器和执行器同时发生故障时，闭环系统仍然是稳定的，那么就称此系统具有完整性，通常也称该回路为具有完整性的控制回路。一般来说，在控制系统中传感器和执行器最易发生故障，因此对该问题的研究具有很高的应用价值，也是被动容错控制中的热点研究问题。

3. 联立镇定

联立镇定也称为同时镇定，是针对被控对象内部元器件故障的一种容错控制方法。给定多个被控对象(把任一带有不同类型故障的系统都看作一个单独的被控对象)，联立镇定问题的目标是：构造一个固定的控制器，使其可以镇定上述的任意一个被控对象，则该控制器对被控对象的特性变化具有鲁棒性，对系统故障具有稳定意义上的容错能力。联立镇定问题的实质是设计一个固定的控制器来镇定一个动态系统的多模型。联立镇定问题的主要作用是：一方面，在被控对象发生故障的情况下，仍然可以使其保持稳定，达到容错控制的目的；另一方面，对于非线性控制对象，由于经常通过采用线性控制的方法在某一工作点上对其进行控制，因此当工作点变动时，对应的线性模型则不同，此时具有联立镇定功能的控制器可以使得系统在不同工作点上都是稳定的，从而起到镇定被控对象的作用。

在被动容错控制方法中，控制器的结构和参数一般具有固定形式，不需要故障诊断机构，也不必进行控制重组，因此易于实现，这是被动容错控制策略的优点。然而，被动容错控制方法需要事先预知系统可能发生的各种故障情况，控制器的设计过程通常都很复杂，设计出来的控制器也难免过于保守，容错控制系统的性能不可能是最优的。因此，当不可预知的故障发生时，系统的性能甚至稳定性都可能无法得到保证，这是被动容错控制的不足之处。

10.4.2 主动容错控制

主动容错控制是在故障发生后根据故障情况重新调整控制器的参数或改变控制器的结构，以实现对系统的容错控制。大多数主动容错控制需要故障检测与诊断子系统，只有少部分不需要故障检测和故障诊断子系统，但也需要获知各种故障信息。主动容错控制方法大体上可以分为控制律重新调度、控制律重构设计和模型跟随重组控制三大类。

1. 控制律重新调度

控制律重新调度是一类最简单的也是最近才发展起来的主动容错控制方法。在系统发生故障后，整个系统的动态特性发生了变化，针对不同的故障形式，进行不同的控制器设计。该类方法的基本思想是离线设计出各种故障下所需的合适的控制率，并储存起来，然后根据在线故障检测和诊断子系统提供的故障信息进行控制器的选择和切换，组成一个新的闭环控制系统，从而起到对故障的容错作用。显然这种主动容错控制策略对故障检测和诊断的实时性要求比较高，需要对被控系统的认知程度比较深。目前，在某些应用中，采用专家系统进行控制器的切换具有很好的效果。

2. 控制律重构设计

控制律重构设计即在故障检测和诊断单元定位到故障后，根据系统本身的冗余信息，结合故障信息在线重组或重构控制律。需要说明的是，原系统本身具有功能冗余性是故障系统进行重构最基本的条件。这类方法在旋翼飞行器，尤其是具有旋翼冗余的六旋翼或者八旋翼中应用最多。

3. 模型跟随重组控制

模型跟随重组控制这类主动容错控制方法的基本原理是：采用模型参考自适应控制的思想，不管系统是否发生了故障，该类方法始终使被控过程的输出自适应地跟踪参考模型的输出。因此，这种容错控制方法不需要 FDD 单元。当发生故障后，实际被控过程会随之发生变动，控制率就会自适应地进行重组，保持被控对象对参考模型输出的跟踪。

主动容错控制实质上是一种强自适应控制，可以实时地对系统进行故障检测和诊断，当检测出系统故障后，根据故障信息采取相应的措施，以保证系统的稳定性并维持一定的性能指标。而在被动容错控制算法中，即使系统在正常的情况下控制率也要满足故障条件下的要求，这对系统的控制器来说是一种过高的要求。同时，被动容错控制方法过于保守，要以牺牲飞行器的部分性能指标作为鲁棒控制的代价。另外，在预想故障数目较多时，被动容错控制问题可能根本没有解，所以被动容错控制有较大的局限性。总的来说，主动容错控制方法优于被动容错控制方法。

10.4.3 容错控制的热点问题

容错控制作为一门新兴的交叉学科，其研究意义就是要尽量保证动态系统在发生故障时仍然可以稳定运行，并具有可以接受的性能指标。容错控制为提高复杂动态系统的可靠性开辟了一条新的途径。由于任何系统都不可避免地会发生故障，因此，容错控制也可以看成是保证系统安全运行的最后一道防线。当前容错控制中的热点问题如下：

① 快速、高效的故障检测和诊断方法研究。故障诊断过程会产生一定的时延，这段时间越短，越有利于控制率的重构设计。时延过长有可能会对故障系统的动态性能甚至稳定性产生严重的影响。

② 鲁棒故障检测和鲁棒控制的集成设计问题。鲁棒故障检测的目标是在一定的模型不确定性下，检测出尽可能小的故障；鲁棒控制的目标是使得控制器对模型不确定性与微小的故障不敏感。因此，两者之间存在矛盾。

③ 控制率的在线重组与重构方法。作为主动容错控制的一种最重要的方法，控制率的在线重组与重构已成为当前容错控制领域的热点研究方向之一。只有在被控对象发生变动时，实时调整控制器的结构和参数，才有可能达到最优的控制效果。

④ 主动控制中的鲁棒性分析和综合方法。在主动容错控制中，需要同时做到：控制器具有鲁棒性、故障检测与诊断算法具有鲁棒性、重组或重建后的算法具有鲁棒性。这三个方

面的相互作用使得对主动容错控制的整体鲁棒性分析变得非常困难。

⑤ 智能容错控制。人工智能控制方法以其不依赖对象的特点备受青睐，基于智能控制的容错控制对线性系统和非线性系统具有较好的适应性。研究高效的智能容错控制策略将会成为一个非常有意义的课题。

10.5　实例：基于滤波器的传感器故障检测方法设计

在健康管理系统中，只有检测到系统中出现故障时，故障诊断和容错控制模块才会被激活，以减少故障对空中机器人的影响，因此故障检测是故障诊断和容错控制的基础。

与故障诊断方法类似，目前，空中机器人常用的故障检测方法主要分为三种：基于知识的方法、基于信号处理的方法以及基于解析模型的方法。其中，基于知识的方法是一种人工智能的故障检测方法，主要有基于专家系统的方法、基于模糊推理的方法、基于模式识别的方法和基于神经网络的方法等；基于信号处理的方法主要有基于可测值或其变化趋势检查的方法和基于可测量信号处理的方法等；基于解析模型的方法中，主要又分为等价空间法、状态估计法和参数估计方法等。基于解析模型的故障检测方法是研究最早，也是目前为止最成熟的一类故障检测方法。因此，本节将介绍一种通用的基于解析模型的故障检测方法。

基于系统模型的故障检测方法的检测思路是：首先使用系统的结构、行为或功能仿真模型来进行行为预测，并将预测值与实际系统的行为观测值进行比较，以此判断系统中是否出现故障。其中，预测值与实际系统的行为观测值之差称为残差，可以用阈值分析法对残差进行分析。阈值分析法的关键是残差阈值的设定，若设定的阈值过小，则当系统存在噪声干扰或者解析模型存在偏差时，会做出存在故障的错误判断，造成虚警；若设定的阈值过大，则当系统发生故障时，残差小于阈值，造成漏检或诊断不够实时。

本节的设计目标是通过基于系统模型的故障检测方法，检测一个单输入单输出系统的健康状态。

考虑如下的单输入单输出系统：

$$G(s)=\frac{cs+d}{s^2+as+b} \tag{10-4}$$

式中，$a=10$；$b=24$；$c=3$；$d=8$。当系统发生故障时，假设 c 突变为 5，d 突变为 20，其他系统参数不变。

本节通过 Simulink 环境对基于系统模型的故障检测方法进行说明。如图 10-2 所示，输入信号经过被测系统得到系统的输出，但是在实际过程中，系统的输出会受到系统噪声或者环境干扰等因素的影响。在仿真中，假设收到的噪声为一个随机均匀分布噪声，最大值是 0.1，最小值为-0.1。假设系统输入是一个幅值为 1、频率为 1 的正弦波。系统在 $t=10$s 时发生故障。

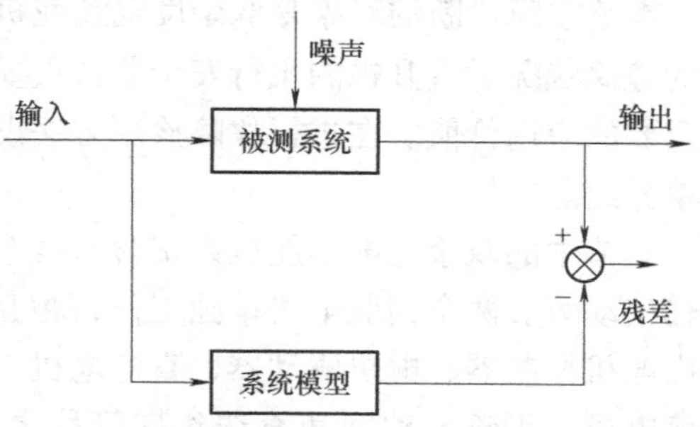

图 10-2　基于系统模型的故障检测方法框架

仿真结果如图 10-3 所示，图 10-3a 是系统输出和模型输出，图 10-3b 表示残差。从图中可以发现，当系统中没有故障时，系统输出和模型输出基本一致，残差基本为0。当 $t=10\mathrm{s}$ 时，由于系统中出现了故障，此时故障系统的模型与系统原来的模型不同，因此系统模型的输出不再跟随系统输出，残差不再等于0，并且发生剧烈的变化。当残差大于阈值时(在此设为1)，说明系统中出现了故障。

图 10-3　彩图

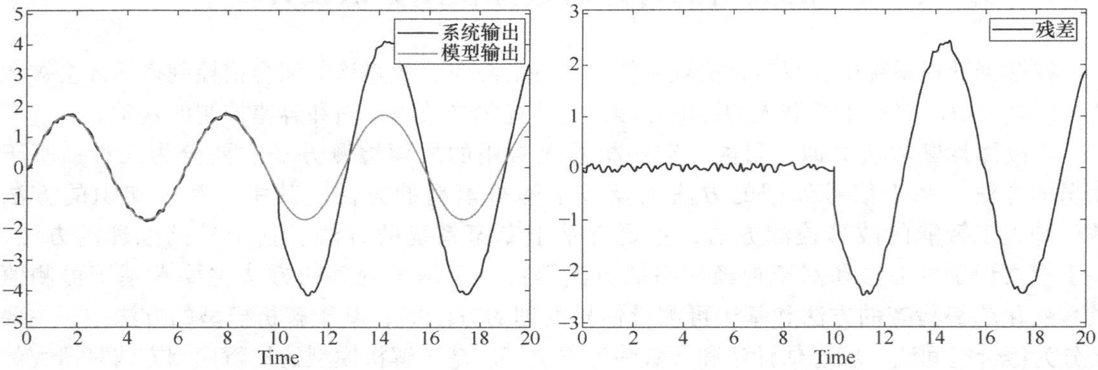

a) 系统输出和模型输出　　b) 残差

图 10-3　仿真结果

10.6　实例：基于 LSTM 的双余度电动舵机故障诊断

本章的第 10.3 节介绍了三类常见的故障诊断方法，并对这三类故障诊断方法进行了对比和总结。本节将通过一个故障诊断实例来加深读者对故障诊断方法的应用。

在本实例中，故障诊断的对象是双余度电动舵机；诊断方法是基于神经网络的诊断方法；设计目标是根据电动舵机的历史数据，训练一个长短期记忆(Long Short-Term Memory，LSTM)神经网络模型，实现对双余度电动舵机的故障诊断。在故障诊断方法设计过程中，本节主要讨论了如下内容：对于实际的诊断对象，如何选择合适的故障诊断方法；如何对原始数据进行处理以满足神经网络对输入数据的要求；如何选择合适的神经网络参数。

10.6.1　双余度电动舵机介绍

本节故障诊断的对象是双余度电动舵机。作为直升机动力系统的重要组成部分，电动舵机的健康状况对直升机的飞行安全非常重要。因此，对于双余度电动舵机的故障诊断研究具有重要的应用价值。在进行故障诊断方法设计之前，首先对双余度电动舵机的工作原理进行简单介绍。

本节中的双余度电动舵机系统含有两个伺服电机，两个伺服电机通过一个转子输出轴向外输出动力。两个伺服电机单独工作，相互之间互不干扰，分别代表两个电气余度。电动舵机由舵机控制器、电机驱动器、直流电机、齿轮传动副、滚珠丝杠和反馈装置等组成，其中直流电机、齿轮传动副和滚珠丝杠等称之为舵机的传动机构。图 10-4 为电动舵机组成示意图。

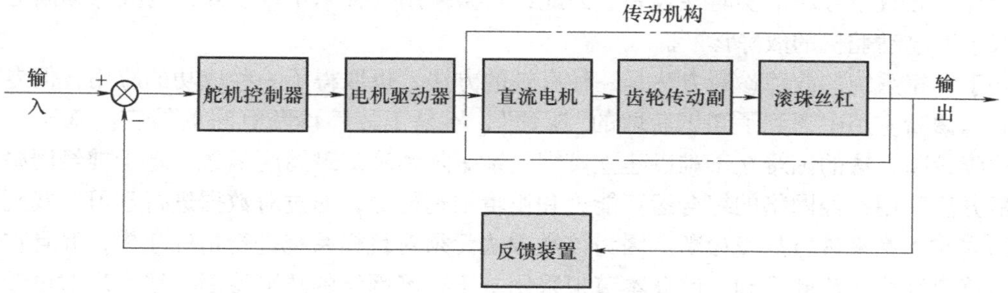

图 10-4　电动舵机组成示意图

电动舵机的工作原理是：电动舵机接收主控装置给定的舵面偏角信号，经由控制电路处理后，生成驱动器逻辑控制信号，由驱动器驱动电机开始转动，经过齿轮传动副+滚珠丝杠组成的减速装置将动力输出到舵轴，驱动舵面转动，同时与舵轴相连的位置传感器(反馈装置)送回检测信号，判定舵面是否已经到达位置。

在自动控制系统中，伺服电机是一个执行元件，它的作用是把信号(控制电压或相位)变换成机械位移，也就是把接收到的电信号转换成电动机轴上的角位移或角速度输出，其主要特点是：当信号电压为零时无自转现象，转速随着转矩的增加而匀速下降。

伺服电机还是一个典型闭环反馈系统，减速齿轮组由电机驱动，其终端(输出端)带动一个线性的比例电位器作位置检测，该电位器把转角坐标转换为一比例电压反馈给控制线路板，控制线路板将其与输入的控制脉冲信号比较，产生纠正脉冲，并驱动电机正向或反向地转动，使齿轮组的输出位置与期望值相符，令纠正脉冲趋于 0，从而达到使伺服电机精确定位的目的。

伺服电机内部的转子是永磁铁，驱动器控制的三相电形成电磁场，转子在此磁场的作用下转动，同时电机自带的编码器反馈信号给驱动器，驱动器根据反馈值与目标值进行比较，调整转子转动的角度。伺服电机的精度取决于编码器的精度(线数)。

电动舵机作为直升机必不可少的姿态控制部件，具有故障率高、寿命短、可靠性差等特点。电动舵机长期的运行会引起舵机内部结构部件逐渐劣化，容易引起电动舵机的异常运行。故障诊断技术可以及时发现电动舵机中的故障，便于及时维修，提高直升机的可靠性。

10.6.2　诊断方法选择

本章的第 10.3 节介绍了三类故障诊断方法，不同的方法都有着自己的优势和不足，并没有一种故障诊断方法是适应所用系统的。因此，在实际的应用中，需要根据诊断对象的特性对故障诊断策略进行选择。

对于双余度电动舵机这样复杂的系统而言，获取电动舵机的准确参数和建立其精确的数学模型是很困难的，同时由于双余度电动舵机的参数通常是时变的，系统的噪声干扰和噪声特性也常常未知，即使不发生故障，系统在实际工作过程中的特性与数学模型也往往会产生不匹配的现象。对于基于模型的故障诊断方法，一般需要准确的系统模型产生用于故障分析的残差，因此，基于模型的故障诊断方法不适用于对双余度电动舵机的故障诊断。基于数据的电动舵机故障诊断方法虽然实现简单，在工程上具有广泛的应用，但这类方法通常只有当故障发展到一定程度并影响到电动舵机外部特征时才有效，同时该类方法一般要进行大量的数值计算，导致该方法的实时性较差。因此，希望使用一种基于专家知识的故障诊断方法实现对双余度电动舵机的故障诊断。

基于专家系统的故障诊断方法是一种有效的方法，也取得了一些成功的应用，但专家系统在故障诊断应用中遇到了知识获取的“瓶颈”，不易于故障诊断算法的推广。基于模糊理论的故障诊断方法的困难在于难以建立模糊关系矩阵和确定隶属度函数。基于神经网络的故障诊断方法利用神经网络的综合运算能力和逻辑推理能力，通过对数据进行学习，找到数据之间的内在关系来进行故障诊断。因为该类方法无须对目标系统进行精确建模，并且在线运行时运算速度快、诊断准确，因此本节拟采用基于神经网络的故障诊断方法实现对电动舵机的故障诊断。

基于神经网络的故障诊断方法的基本思路是根据大量的输入数据（电动舵机状态特征）和输出数据（电动舵机故障分类），在选择完合适的神经网络模型和参数后，将输入数据“喂进”神经网络得到对应的输出结果，根据实际输出和期望输出之间的误差不断地对神经元权值进行修正，直到神经网络的输出误差达到预期的结果，即可认为神经网络训练完成，得到的网络模型即可用于在线的故障诊断。

虽然基于神经网络的故障诊断方法具有一定的优势，但是在普通的全连接神经网络中，神经网络对各个时刻数据的处理是独立的，即该类模型认为当前时刻的故障状态只由当前时刻电动舵机的工作状态决定。很多电动舵机的故障并不是突变的，在故障发生之前往往也会表现出数据的异常，同时，电动舵机的数据具有时序性，采集到的数据都是和时间有关的。如果能够利用神经网络结合以前时刻的信息来分析训练，会更加准确地预测当前时刻的状态。因此，一种可行的方法是使用循环神经网络（Recurrent Neural Networks，RNN）。RNN 的神经元之间不仅具有内部的反馈连接，还有前馈连接。RNN 模型的前馈连接可以对模型的历史数据进行有效的利用，在解决时序问题上具有明显的优势。但是，当时间序列增大时，RNN 很难学习到输入序列中长距离的依赖关系。为了解决这个问题，机器学习领域发展出了长短期记忆（LSTM）神经网络。为使读者更好地理解将 LSTM 神经网络应用于故障诊断的优势，下节将对 LSTM 神经网络进行介绍。

10.6.3 LSTM 神经网络

在介绍 LSTM 神经网络之前，先简单回顾一下深度神经网络（Deep Neural Networks，DNN）和循环神经网络（RNN）。

深度学习的实质是通过具有很多隐层的机器学习模型和海量的训练数据，来学习有用的特征，从而提升分类或预测的准确性。因此，在深度学习中，“深度模型”是手段，“特征学习”是目的。区别于传统的浅层学习，深度学习的不同之处在于：深度学习强调了模型结构的深度，通常有五层、六层甚至十多层的隐层节点；明确突出了特征学习的重要性，即通过逐层特征变换，将样本在原空间的特征表示变换到一个新特征空间，从而使分类或预测更加容易。

然而，全连接的 DNN 存在一个问题：DNN 模型无法对时间序列上的变化进行建模。为了满足这种需求，学者们提出了循环神经网络（RNN）。循环神经网络的本质特征是其处理单元之间既有内部的反馈连接，又有前馈连接，其内部反馈连接可以为网络保留隐藏节点的状态和提供记忆方式，网络的输出不仅取决于当前的输入，而且与之前的网络内部状态有关，能体现较好的动态特性。因此，这种不同于其他神经网络的结构模式使得 RNN 模型可以达到记忆的目的，具有适应时变特性的能力，能直接反映动态过程的特性。RNN模型的前馈连接能够有效地利用模型的历史数据，从而在解决时序问题上具有明显的优势。在普通的全连接DNN中，每层神经元的信号只能向上一层传播，样本的处理在各个时刻独立，因此又被称为前向神经网络(Feed-forward Neural Networks)。而在RNN中，神经元的输出可以在下一个时间戳直接作用到自身，即第i层神经元在n时刻的输入，除了$(i-1)$层神经元在该时刻的输出外，还包括其自身在$(n-1)$时刻的输出。网络对比图如图10-5所示。

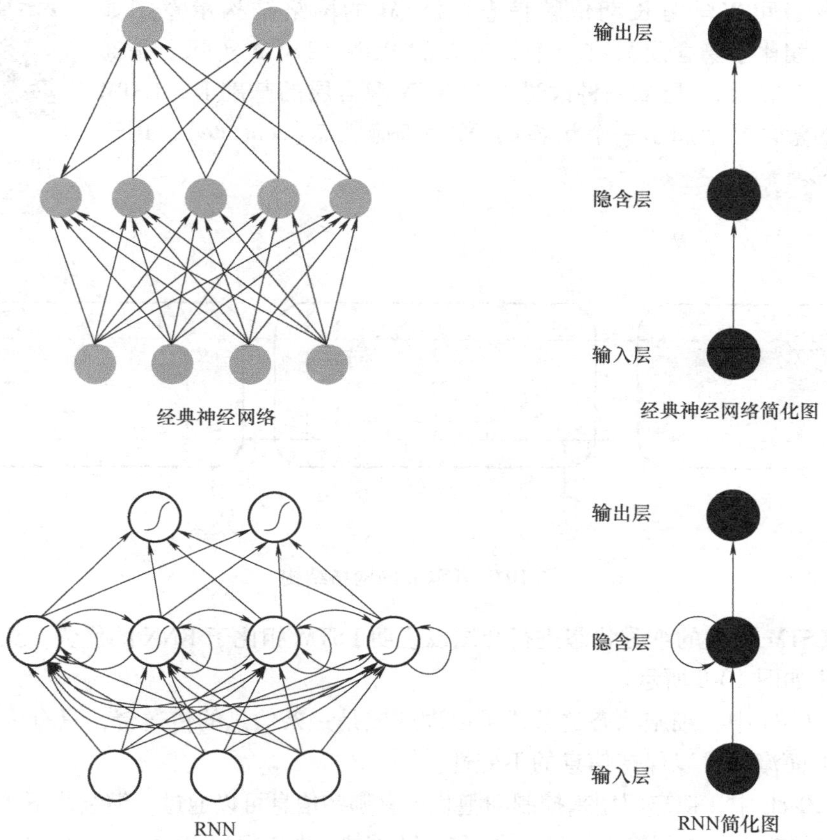

图10-5　经典神经网络与RNN的结构对比图

RNN是一种对序列数据建模的神经网络，即一个序列当前的输出与前面的输出也有关。具体的表现形式为：网络会对前面的信息进行记忆并应用于当前输出的计算中，即隐含层之间的节点不再无连接而是有连接的，并且隐含层的输入不仅包括输入层的输出，还包括上一时刻隐含层的输出。RNN结构一般分为输入层、隐含层和输出层三层，其结构示意图如图10-6所示。

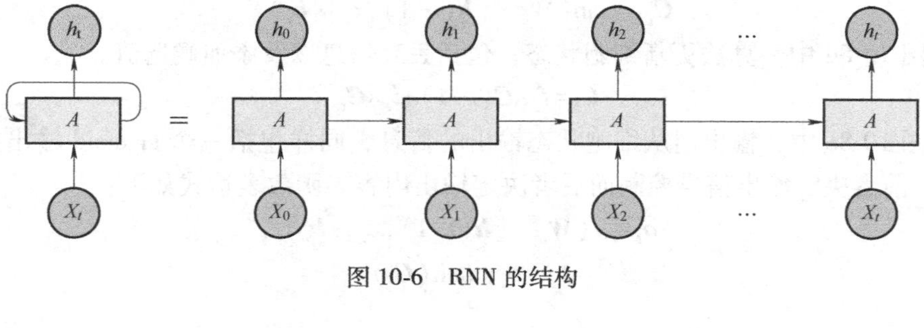

图10-6　RNN的结构

RNN 可以看成一个在时间上传递的神经网络，它的深度是时间的长度。但是，对于 t 时刻来说，它产生的梯度在时间轴上向历史传播几层之后就消失了，根本无法影响太遥远的过去。因此，“所有历史情况”共同作用只是理想的情况。在实际网络训练中，这种影响也只能维持若干个时间戳。为了解决时间上的梯度消失，机器学习领域发展出了长短期记忆(LSTM)单元。

LSTM 网络与传统 RNN 的根本不同在于 LSTM 网络的隐含层具有更加复杂的结构，可以学习长期依赖信息。LSTM 的网络结构示意图如图 10-7所示，相比于隐含层只有一个状态 h 的 RNN，LSTM 实际上是通过记忆单元对 RNN 隐含层的一种改进。在 RNN 隐含层的基础上，LSTM 网络结构中的隐含层增加了一个状态 c，称为细胞状态(cellstate)，用于保存长期状态。

图 10-7　彩图

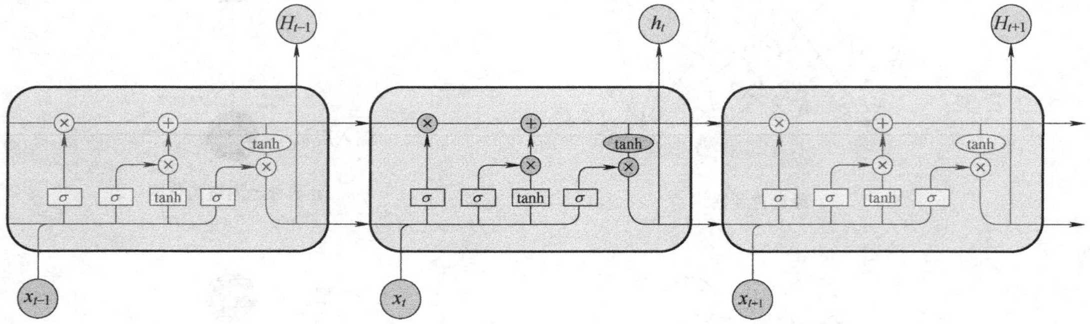

图 10-7　LSTM 的网络结构

下面对 LSTM 神经的细胞状态进行介绍以说明 LSTM 相比于 RNN 的优势，典型 LSTM 网络的组成模块如图 10-8 所示。

① 在图 10-8a 中，细胞状态这条线可以理解成是一条信息的传送带，只有一些少量的线性交互。在上面流动可以保持信息的不变性。

② 在图 10-8b 中，遗忘门用来控制细胞状态有哪些信息可以通过，继续往下传递。函数表达式如下，上层输出与本层输入经过一个 sigmoid 网络(遗忘门)后产生介于 0~1 之间的数值，描述每个部分有多少量可以通过。0 代表“不许任何量通过”，1 代表“允许任意量通过”。

$$\boldsymbol{f}_t=\sigma(\boldsymbol{\omega}_f\cdot[\boldsymbol{h}(t-1),\boldsymbol{x}_t]+\boldsymbol{b}_f) \tag{10-5}$$

③ 在图 10-8c 中，输入门决定给细胞状态的新增信息，包含两部分：一个 sigmoid 输入门和一个 tanh 函数。前者决定输入的信号控制，后者决定输入内容。函数表达式如下：

$$\boldsymbol{i}_t=\sigma(\boldsymbol{W}_i\cdot[\boldsymbol{h}(t-1),\boldsymbol{x}_t]+\boldsymbol{b}_i) \tag{10-6}$$

$$\boldsymbol{C}_t=\tanh(\boldsymbol{W}_c\cdot[\boldsymbol{h}(t-1),\boldsymbol{x}_t]+\boldsymbol{b}_c) \tag{10-7}$$

④ 在图 10-8d 中，算法更新细胞状态，包括丢弃信息以及添加候选值。

$$\boldsymbol{C}_t=\boldsymbol{f}_t\times\boldsymbol{C}(t-1)+\boldsymbol{i}_t\times\boldsymbol{C}_t \tag{10-8}$$

⑤ 在图 10-8e 中，输出门从细胞状态输出的信息，同样包括一个 sigmoid 输出门和一个 tanh 函数，前者决定输出信号控制而后者决定输出内容。函数表达式如下：

$$\boldsymbol{o}_t=\sigma(\boldsymbol{W}_o\cdot[\boldsymbol{h}(t-1),\boldsymbol{x}_t]+\boldsymbol{b}_o) \tag{10-9}$$

$$\boldsymbol{h}_t=\boldsymbol{o}_t\times\tanh(\boldsymbol{C}_t) \tag{10-10}$$

以上就是 LSTM 的内部结构。相比于 RNN，LSTM 网络结构的隐含层增加了遗忘门、输入门、输出门和内部记忆单元。遗忘门控制前一步记忆单元中的信息有多大程度被遗忘掉；输入门控制当前计算的新状态以多大程度更新到记忆单元中；输出门控制当前的输出有多大程度取决于当前的记忆单元。经过这样的设计，整个网络更容易学习到序列之间的长期依赖关系。

图 10-8　彩图

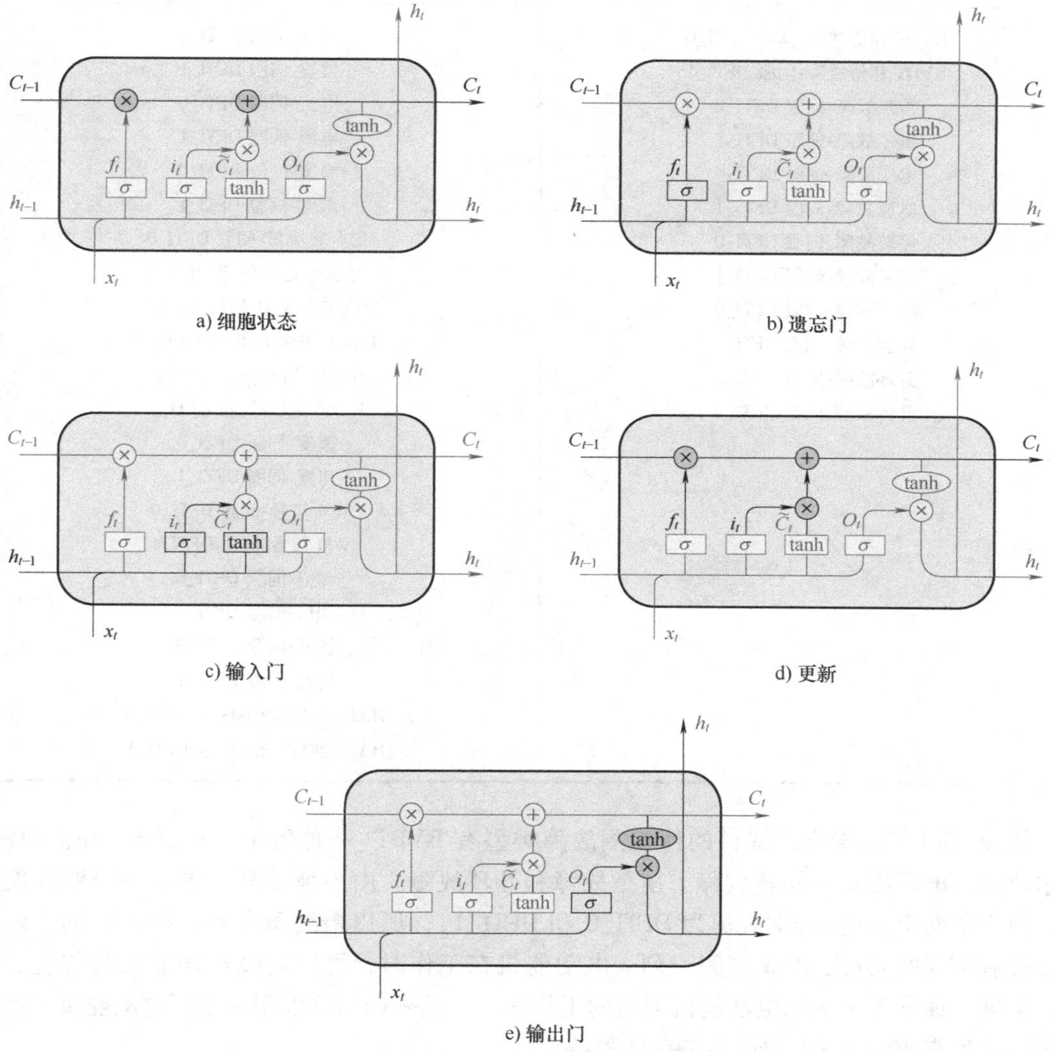

图 10-8　典型 LSTM 网络的组成模块

通过以上的分析，本节最终选用 LSTM 神经网络模型作为训练的对象，实现对电动舵机的故障诊断。

10.6.4　数据处理

电动舵机的数据包括电动舵机在工作时的温度、电流、转速、PWM 等特征数据和工作状态字、故障的分类等标签数据。在所有数据中，不同数据的信息可能会有重复交叉（如状态字和各种故障状态等），或者有些数据（如电压等）的改变不会对电动舵机的故障诊断结果产生影响。所以在进行数据处理之前，需要对原始的数据文件进行预处理，以避免运算的浪费，从而提高训练和诊断的效率。最终挑选出用于训练和测试的数据见表 10-3。

表 10-3 用于 LSTM 网络的数据特征

电动舵机故障分类（y：输出）	电动舵机状态特征（x：输入）
RVDT 和值故障-伺服 DFTI_0	位置-伺服 DFTI_0
RVDT 和值故障-伺服 DFTI_1	位置-伺服 DFTI_1
霍尔故障-伺服 DFTI_0	电流-伺服 DFTI_0
霍尔故障-伺服 DFTI_1	电流-伺服 DFTI_1
电流故障-伺服 DFTI_0	温度-伺服 DFTI_0
电流故障-伺服 DFTI_1	温度-伺服 DFTI_1
停转故障-伺服 DFTI_0	指令表决值-伺服 DFTI_0
停转故障-伺服 DFTI_1	指令表决值-伺服 DFTI_1
模型故障-伺服 DFTI_0	RVDT 表决值-伺服 DFTI_0
模型故障-伺服 DFTI_1	RVDT 表决值-伺服 DFTI_1
开环故障-伺服 DFTI_0	HALL 速度-伺服 DFTI_0
开环故障-伺服 DFTI_1	HALL 速度-伺服 DFTI_1
	速度-伺服 DFTI_0
	速度-伺服 DFTI_1
	PWM 信号-伺服 DFTI_0
	PWM 信号-伺服 DFTI_1
	和值-伺服 DFTI_0
	和值-伺服 DFTI_1
	转速-伺服 DFTI_0
	转速-伺服 DFTI_1
	HALL 速度均值-伺服 DFTI_0
	HALL 速度均值-伺服 DFTI_1

从表 10-3 可以看出，提供的待检测故障类型有 RVDT（一种角位移传感器）和值故障、霍尔故障、电流故障、停转故障、模型故障和开环故障。由于被诊断对象是一个双余度舵机，包含了两个通道（分别表示为 DFTI_0 和 DFTI_1），所以最终每个舵机待检测的故障类型一种有 12 种，见表 10-3 左侧一列。电动舵机在工作时，可以通过电动舵机的位置、电流、温度、速度等来表示电动舵机当前的工作状态，现挑选出可以用来表征电动舵机工作状态的特征见表 10-3 右侧一列，共有 22 种特征。

将挑选出的数据送入神经网络之前，需要对输入数据的格式进行转换，并对标签数据进行编码，使数据的格式符合 LSTM 神经网络的输入输出数据格式，这个过程包括了两个方面：故障状态标签的编码和特征数据的格式转化。

电动舵机的故障状态诊断是一个多分类问题，即在某一时刻，该电动舵机的状态被诊断为无故障或者多种故障中的某一类。在机器学习领域，对于多分类问题中的标签（y）经常采用独热编码（one-hot 编码）。因为大部分机器学习算法是基于向量空间度量来进行计算的，使用独热编码可以使非偏序关系的变量取值不具有偏序性，并且使得变量到原点的距离是等距的。通过对数据文件的分析，电动舵机在某些时刻会同时出现两种故障，因此本实例中电动舵机的故障诊断为多标签的多分类问题。为了实现对多标签情况的独热编码，采用LP(Label Powerset)法对故障标签进行处理。LP法是将同时拥有多种故障的情况作为一种新的故障进行处理，比如对于某一时刻的电动舵机特征为$(x_1, x_2, \cdots, x_{21}, x_{22})$，如果此时电动舵机中不仅有第一通道RVDT和值故障(RVDT和值-伺服DFTI_0)，还包括第一通道霍尔故障(霍尔故障-伺服DFTI_0)，则将当前的故障状态作为一种新的故障并对之进行独热编码。LP法虽然会使标签的维度增加，但是该方法充分考虑了标记之间的关联性，使训练出的网络更加鲁棒。最终，通过对数据的分析，在本实例中通过独热编码后的电动舵机故障类型共有15种。由于使用独热编码，将离散的特征取值扩展到了欧式空间，离散特征的某个取值对应于欧式空间的某个点，为了使特征之间的距离计算更加合理，在将输入数据进行格式转换之前对特征数据进行归一化处理。

LSTM神经网络的输入x的格式有三个维度：第一个维度为数据样本的个数，第二个为选取的时间步长n，第三个为电动舵机的特征个数(22个)。而原有的数据虽然也是时间序列上的数据，但是只有两个维度，因此为了可以将数据输入到LSTM神经网络，需要对原有的数据格式进行转化。其中，时间步长n表示训练的故障诊断模型会根据前n个时刻的电动舵机特征数据来预测当前时刻电动舵机的故障状态。

10.6.5 LSTM网络设计

将转化后的数据在第一维度上随机分为训练集和测试集，其中训练集占总数据的60%(121686帧数据)，测试集为40%(81124帧数据)。设计的神经网络为两层结构：第一层为LSTM层，在该网络层中可以设置的参数有神经元的个数、时间步长n和输入向量的维度(即电动舵机数据特征个数：22)；第二层为输出层，输出层的维度为独热编码后标签的维度(15维)。在机器学习领域，在处理分类问题时，输出层常用的激活函数有sigmoid函数和softmax函数两种。这两种激活函数都可以返回每个类别的概率，并且目标类别的概率值会很大，以此实现对电动舵机故障的分类。但是sigmoid函数计算量大，反向传播求误差时求导涉及除法，在反向传播中，很容易出现梯度消失的情况，且多用于二分类问题。而softmax函数可以将一个k维的实数向量映射为一个k维的概率向量，向量中每个元素的范围为0~1，且所有元素的和等于1，即将softmax函数用于多分类模型，它会返回每个类别的概率，并且目标类别的概率值会很大。具体说明如下所示：

softmax激活函数为

$$y_i = \frac{e^{a_i}}{\sum_j e^{a_j}} \tag{10-11}$$

式中，e为自然对数；$\boldsymbol{a}$为神经网络隐层输出的向量，维度和分类类别的个数一样；a_i和a_j分别为向量$\boldsymbol{a}$中第i、j个元素。softmax函数将网络输出层的输入数据取指数，然后进行归一化，归一化后的数据即代表输入样本所属类别的概率。softmax函数很好地解决了LSTM网络中输出数据概率和必须为1的问题，而且输入值和输出概率值之间呈正相关。同时，由于softmax函数在计算过程中只用到了指数函数，因此在反向传播求导时，求导形式非常简单，减少了计算复杂度。所以在本项目中使用softmax函数作为LSTM神经网络输出层的激活函数。

在 LSTM 神经网络中，还需要对损失函数进行选择。将交叉熵作为分类任务的损失函数可以评估当前训练得到的概率分布和真实分布的差异情况。它刻画了实际输出(概率)与期望输出(概率)的距离，交叉熵的值越小，则训练结果的概率分布和实际输出分布越接近。对一个样本来说，设该样本的真实的类标签分布为$[t_1,t_2,\cdots,t_n]$，LSTM 神经网络模型输出的分类分布为$[y_1,y_2,\cdots,y_n]$，n 为用 one-hot 编码的标签向量的维度，即对于样本 k，在数据集中该样本属于类别 i 的概率为 t_i，在神经网络模型预测的结果中，该样本属于类别 i 的概率为 y_i。真实的类标签分布与模型预测的类标签分布的交叉熵表示为

$$l_{ce}=-\sum_{i=1}^{n}t_i\lg(y_i) \tag{10-12}$$

使用交叉熵作为损失函数可以避免在训练过程中梯度消失的情况，保持网络快速的学习效率，加速网络的收敛。同时，在反向求导过程中，softmax 函数和交叉熵函数的导数特性使 LSTM 神经网络在链式求导过程中变量相互抵消，最终使得损失的计算非常容易，证明如下，损失函数 l_{ce}对输入 a_j 的导数为

$$\frac{\partial l_{ce}}{\partial a_j}=-\sum_{i=1}^{n}\frac{\partial t_i\lg(y_i)}{\partial a_j}=-\sum_{i=1}^{n}t_i\frac{\partial\lg(y_i)}{\partial a_j}=-\sum_{i=1}^{n}t_i\frac{1}{y_i}\frac{\partial y_i}{\partial a_j} \tag{10-13}$$

在上式中，$\dfrac{\partial y_i}{\partial a_j}$为 softmax 函数的输出对输入的导数，即

$$\frac{\partial y_i}{\partial a_j}=\begin{cases}y_i(1-y_i), & i=j\\ -y_iy_j, & i\neq j\end{cases} \tag{10-14}$$

进一步得

$$\begin{aligned}\frac{\partial l_{ce}}{\partial a_j}&=-\frac{t_i}{y_i}\frac{\partial y_i}{\partial a_i}-\sum_{i\neq j}^{n}\frac{t_i}{y_i}\frac{\partial y_i}{\partial a_j}=-\frac{t_j}{y_i}y_i(1-y_i)-\sum_{i\neq j}^{n}\frac{t_i}{y_i}(-y_iy_j)\\&=-t_j+t_jy_i+\sum_{i\neq j}^{n}t_iy_j=-t_j+\sum_{i=1}^{n}t_iy_j\\&=-t_j+y_j\sum_{i=1}^{n}t_i=-t_j+y_j\end{aligned} \tag{10-15}$$

因此使用 softmax 函数作为输出层的激活函数和交叉熵函数作为神经网络的损失函数的组合，在反向求导的过程中，由于系数的抵消，会得到一个非常简单的结果，使得 LSTM 网络在训练时减少了计算量，加速了网络的收敛。因此在本项目中，使用 softmax 函数作为输出层激活函数，交叉熵函数作为损失函数来构建网络。LSTM 网络设计完成后，将训练集数据送入 LSTM 网络进行训练。最后通过测试集来测试网络的优劣，同时输出损失曲线和正确率。

10.6.6 结果分析

在 LSTM 神经网络中，除了对激活函数和损失函数的选择外，时间步长和神经元的个数也会对神经网络的训练效果产生重要影响。时间步长决定神经网络可以“看到”的历史数据的帧数，LSTM 神经网络正是根据这些历史数据来预测当前时刻电动舵机是否出现故障。如果设置较短的时间步长，则 LSTM 神经网络可能从历史数据中得不到足够的信息来判断电动舵机中是否出现故障，会降低预测精确度。如果设置较长的时间步长，LSTM 神经网络会对

更早的无用的信息进行分析，浪费计算资源。LSTM 神经网络中隐含层中神经元的个数也会对网络的训练效果产生影响。如果神经元的个数不足，则神经网络不能充分表达电动舵机状态特征和故障分类的映射关系，降低了预测成功率。如果神经元个数过多，一方面会浪费计算资源，延长故障诊断时间，另一方面还可能会出现过拟合现象，也会导致预测效果下降。

因此，通过对时间步长和隐含层神经元的个数这两个参数的调整，根据实验过程中得到的损失函数曲线和对测试集预测结果的准确性来比较这两个参数对 LSTM 网络电动舵机故障预测的效果。一共设置了九组对照试验，LSTM 神经网络的时间步长和网络中隐含层的神经元个数分别改变三次：时间步长分别设置为 5、10、20 个时间单位的步长；LSTM 神经网络中隐含层神经元个数分别设置为 50、100、150 个。九组实验中，每组参数组合的 LSTM 神经网络在训练和测试过程中得到的损失(loss)函数曲线如图 10-9 所示。每组参数组合的 LSTM 神经网络由训练集训练后，对测试集样本进行预测的精确度见表 10-4。

图 10-9　彩图

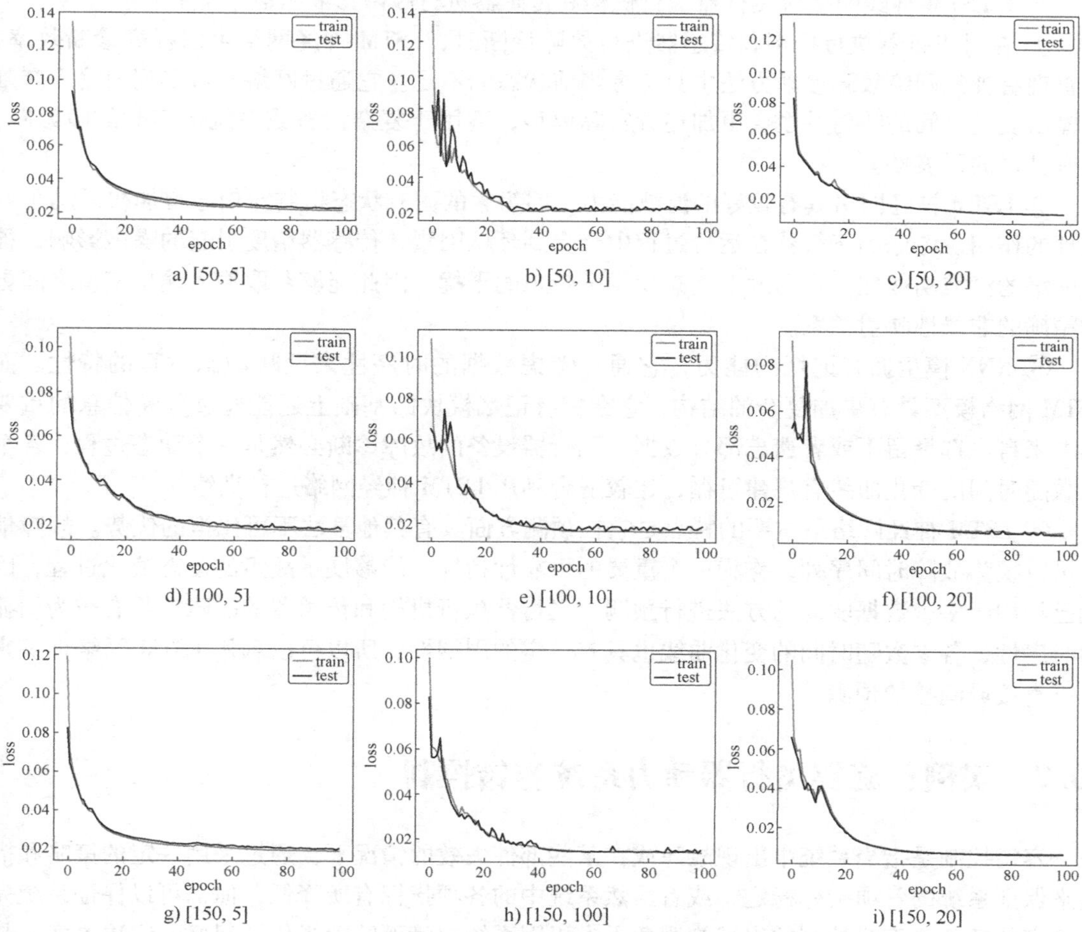

a) [50, 5]　b) [50, 10]　c) [50, 20]

d) [100, 5]　e) [100, 10]　f) [100, 20]

g) [150, 5]　h) [150, 100]　i) [150, 20]

图 10-9　实验结果([神经元个数，时间步长])

表 10-4　不同参数得到的结果(准确率)

神经元 / 时间步长	50 个神经元	100 个神经元	150 个神经元
5 个时间步长	0.996114	0.99552	0.994925
10 个时间步长	0.998171	0.998354	0.998445
20 个时间步长	0.948076	0.999726	0.999745

在图 10-9 中，横轴为训练的 epoch 数，纵轴为神经网络的损失函数值。由图像可知，无论使用哪组参数，LSTM 神经网络最终都可以收敛，且损失函数小于 0.02，即最后得到的神经网络可以很好地表示电动舵机状态特征和电动舵机故障状态的函数关系。由表 10-4 可知，搭建的 LSTM 神经可以很好地预测电动舵机故障状态，准确率达到 99%以上。当时间步长为 20、隐含层神经元个数为 150 个时，LSTM 神经网络对测试集的预测具有较高的准确率。

10.6.7　总结

使用 LSTM 神经网络对飞行器执行机构和传感器进行故障诊断有以下优势：

① 在对飞行器执行机构和传感器进行故障诊断时，LSTM 神经网络可以提高诊断效率，改善现有神经网络故障诊断方法中只考虑当前状态的不足。它通过网络学习得到的输入变量与输出变量之间的映射关系会更加逼近实际模型，适用于复杂设备或系统的实时故障诊断，且有良好的延展性。

② LSTM 神经网络具有较好的滤波能力，因为它的固有状态机制对信号有加权滑动平均处理的作用。考虑到飞行器在运行过程中会受到环境因素、传感器精度引起的噪声影响，神经网络的滤波功能在一定程度上能减少噪声带来的干扰，因此能够获取输入输出变量之间更加精确的非线性映射关系。

③ RNN 模型拥有记忆的能力，它通过考虑数据的时序性来反映动态过程的特性。而 LSTM 网络模型具有更加复杂的结构，它在拥有记忆模块的基础上还能通过判断信息的重要程度来自主选择留下或者遗忘部分数据。飞行器设备的故障诊断必然是一个动态过程，各个参数随时间的变化曲线有规律可循，比较适合利用 LSTM 神经网络进行训练。

④ LSTM 神经网络最重要的特点是它在预测方面具有其他算法不可比拟的优势。故障信号可以视为故障时间序列，作为一个重要的可靠性指标，能够展示故障的动态演化过程，因此已经用于多种数据驱动的方法进行预测。飞行器执行机构和传感器的故障信号有较为明显的时序性，各参数随时间的变化曲线也具有一定的周期性，所以可以利用 LSTM 网络训练来进行直接或间接的预测。

10.7　实例：旋翼飞行器动力系统容错控制

容错控制是指当系统中出现故障或在某些部件失效的情况下，通过采用一定的策略和措施来保证系统的各项指标稳定，或者虽然系统中的各项指标有所降低，但仍可以保证系统完成既定的任务。容错控制的出现为避免无人机因系统故障而坠毁提供了很好的解决方案，是空中机器人健康管理系统的热点问题。

本节将通过一个旋翼飞行器动力系统容错控制实例来说明健康管理系统在空中机器人系

统中的应用。本节的目标是设计一个飞行器动力系统容错控制框架，使多旋翼飞行器在一个电机故障的情况下，通过容错控制技术，保证旋翼飞行器正常飞行。本节还在 MATLAB 中对该框架进行仿真，通过仿真结果说明框架的合理性和有效性。

为了完成以上的任务，设计了如图 10-10 所示的基于控制分配的多旋翼飞行器容错控制框架。

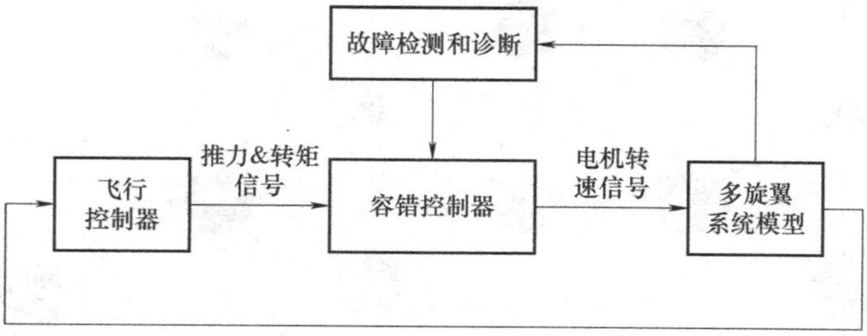

图 10-10　多旋翼飞行器容错控制框架

整个容错控制框架主要包括四个部分：多旋翼系统模型、飞行控制器、故障检测和诊断模块、容错控制器。多旋翼系统模型是对六旋翼飞行器动力学特性的描述，是仿真环境中的被控对象，该模型从容错控制器中得到每个旋翼的转速指令，输出为六旋翼飞行器的位姿。飞行控制器根据飞行器当前时刻的位置和飞行任务，产生力和力矩来控制六旋翼飞行器的状态，以完成飞行任务。故障检测和诊断模块会不断检测动力系统中各个旋翼的运行情况，当某个旋翼出现故障时，该模块会对该故障进行诊断，并将诊断结果报告给容错控制器。容错控制器根据动力系统的故障报告将控制器产生的控制信号分配给动力系统中的各个旋翼，控制作用的表现形式为电机的转速信号。分配的过程中有两种情况：当六旋翼的动力系统没有故障时，容错控制器将控制器产生的控制作用分配给所有的旋翼；当六旋翼的动力系统中某一个旋翼失效时，根据故障检测和诊断模块提供的故障信息，基于一定的原则，容错控制器将控制器产生的控制信号分配给剩余的没有故障的旋翼，以保证飞行器的飞行状态不受动力系统故障的影响。接下来对每个模块的具体内容进行介绍。

10.7.1　飞行器选择及建模

常见的旋翼飞行器有四旋翼、六旋翼。四旋翼飞行器的动力系统有四个电机和螺旋桨对，这种配置的执行机构缺乏冗余，即当一个电机完全失效时，四旋翼飞行器系统会变得不完全可控。虽然可以通过失去对偏航角的控制让飞行器继续在空中飞行，但是此时四旋翼处于不断旋转的飞行状态，不能进行平稳的飞行。而本节的设计目标是让旋翼飞行器在执行机构出现故障时飞行器依然平稳地飞行，所以说选用四旋翼飞行器作为本节的研究对象是不可行的。为了解决这个问题，一种简单的方法是增加执行机构的冗余性，即通过增加电机的个数，使旋翼飞行器在一个执行机构出现故障的情况下，剩余的执行机构依然可以保证飞行器的可控性。因此，本节选用六旋翼飞行器作为容错控制的研究对象。但是所有的六旋翼飞行器都满足这样的要求吗？

六旋翼飞行器的动力系统包括了六个无刷直流电机和六个与之匹配的螺旋桨。根据六旋翼飞行器动力系统不同的配置方法，飞行器有“米”形结构、共轴“Y”形等结构。显然，共轴“Y”形结构也不符合设计要求，因此选用最常见的“米”形结构。如图 10-11 所示的两种“米”形结构六旋翼飞行器，六个旋翼均匀地分布在围绕着机体质心的一个圆上，圆的半径等于电机臂的长度(下文出现的六旋翼飞行器都默认为此结构)。根据六旋翼飞行器旋翼旋转方向的配置不同，六旋翼飞行器有两种不同的结构：PNPNPN 型和 PPNNPN 型，如图 10-11 所示。

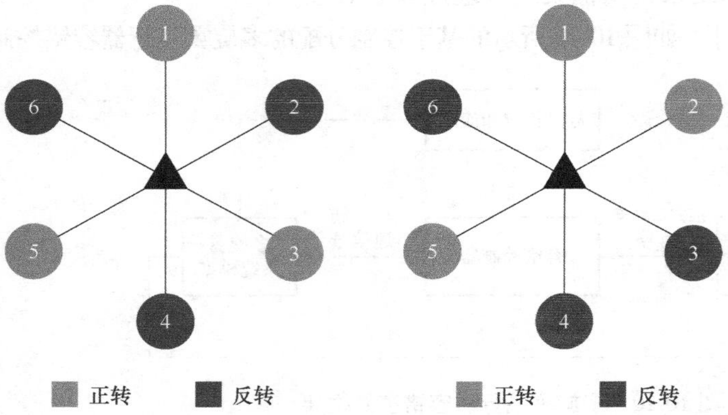

a) PNPNPN 型配置　　b) PPNNPN 型配置

图 10-11　六旋翼飞行器的两种不同配置

图 10-11　彩图

其中 P 和 N 分别代表旋翼的顺时针旋转和逆时针旋转。这两种配置虽然都具有冗余的执行机构，但是它们机械结构的容错能力是不同的。在一个电机彻底失效的情况下，PNPNPN 型配置的飞行器系统虽然有冗余的旋翼，但是对故障情况下飞行器的动力学模型进行分析可知飞行器仍然是不可控的。然而，PPNNPN 型配置的六旋翼飞行器在一个旋翼甚至两个旋翼完全失效的情况下，飞行器系统依然是可控的。因此，在本文中选用 PPNNPN 型配置的六旋翼飞行器作为研究对象。

该配置的六旋翼飞行器的动力学模型为

$$\begin{cases}\ddot{x}=(\cos\phi\sin\theta\cos\psi+\sin\phi\sin\psi)\dfrac{\tau_f}{m}\\ \ddot{y}=(\cos\phi\sin\theta\sin\psi-\sin\phi\cos\psi)\dfrac{\tau_f}{m}\\ \ddot{z}=g+\cos\phi\cos\theta\dfrac{\tau_f}{m}\\ \dot{p}=\dfrac{I_{yy}-I_{zz}}{I_{xx}}qr-\dfrac{J_r}{I_{xx}}q\Omega_r+\dfrac{\tau_\phi}{I_{xx}}\\ \dot{q}=\dfrac{I_{zz}-I_{xx}}{I_{yy}}pr+\dfrac{J_r}{I_{yy}}p\Omega_r+\dfrac{\tau_\theta}{I_{yy}}\\ \dot{r}=\dfrac{I_{xx}-I_{yy}}{I_{zz}}pq+\dfrac{\tau_\psi}{I_{zz}}\end{cases}\tag{10-16}$$

式中，x、y 和 z 分别为六旋翼飞行器在地面坐标系中的位置；ϕ、θ 和 ψ 分别表示飞行器的欧拉角；p、q 和 r 分别表示飞行器绕机体坐标系三个轴的旋转角速度；m 为六旋翼飞行器的重量；I_{xx}、I_{yy}和 I_{zz} 分别为六旋翼飞行器三个轴的惯性矩；J_r 表示六旋翼飞行器的总转动惯量。

六旋翼的拉力模型为

$$\boldsymbol{\tau}(t)=\boldsymbol{B}_\tau\boldsymbol{U}(t) \tag{10-17}$$

式中，

$$\boldsymbol{U}(t)=[\omega_1^2 \quad \omega_2^2 \quad \omega_3^2 \quad \omega_4^2 \quad \omega_5^2 \quad \omega_6^2]^{\mathrm{T}} \tag{10-18}$$

$$\boldsymbol{B}_\tau=\begin{pmatrix} K_f & K_f & K_f & K_f & K_f & K_f \\ 0 & -\frac{\sqrt{3}}{2}lK_f & -\frac{\sqrt{3}}{2}lK_f & 0 & \frac{\sqrt{3}}{2}lK_f & \frac{\sqrt{3}}{2}lK_f \\ lK_f & \frac{1}{2}lK_f & -\frac{1}{2}lK_f & -lK_f & -\frac{1}{2}lK_f & \frac{1}{2}lK_f \\ K_d & K_d & -K_d & -K_d & K_d & -K_d \end{pmatrix} \tag{10-19}$$

式中，f 为六旋翼飞行器的臂长；K_f 和 K_d 分别为六旋翼飞行器的推力系数和阻力系数；$\omega_i(i=1, 2, \cdots, 6)$表示 i 号电动机的转速。

在六旋翼飞行器飞行过程中，电机和螺旋桨一直处于高速运转的状态，六旋翼飞行器的旋翼很容易出现故障，影响飞行器的飞行任务。为了对六旋翼飞行器动力系统进行容错控制，首先要建立飞行器动力系统的故障模型，得到六旋翼飞行器动力系统故障的数学描述。

对飞行器动力系统的故障原因进行分析可知，常见的动力系统故障有旋翼的磨损、桨叶突然断裂和电机卡死等。六旋翼飞行器动力系统出现故障时，旋翼实际提供的升力会小于理论上额定功率下无故障旋翼提供的力和力矩，甚至故障的旋翼不能再输出力和力矩。此时，六旋翼飞行器的拉力模型已不再适用。将飞行器动力系统故障看作一种乘性故障，得到考虑了动力系统故障的拉力模型为

$$\boldsymbol{\tau}(t)=\boldsymbol{B}_\tau\boldsymbol{\sigma}\boldsymbol{U}(t) \tag{10-20}$$

式中，

$$\boldsymbol{\sigma}=\begin{pmatrix} \sigma_1 & 0 & 0 & 0 & 0 & 0 \\ 0 & \sigma_2 & 0 & 0 & 0 & 0 \\ 0 & 0 & \sigma_3 & 0 & 0 & 0 \\ 0 & 0 & 0 & \sigma_4 & 0 & 0 \\ 0 & 0 & 0 & 0 & \sigma_5 & 0 \\ 0 & 0 & 0 & 0 & 0 & \sigma_6 \end{pmatrix} \tag{10-21}$$

式中，$\sigma_i\in[0,1](i=1,2,\cdots,6)$用来表示六旋翼飞行器旋翼的故障水平，详细关系如下所示：

① $\sigma_i=1$：第 i 个电机没有故障，正常运行；

② $0<\sigma_i<1$：第 i 个电机部分失效，只能提供 σ_i 倍的期望动力；

③ $\sigma_i=0$：第 i 个电机完全故障，不再提供动力。

通过参数 $\boldsymbol{\sigma}$ 实现对六旋翼飞行器动力系统故障的建模，当六旋翼飞行器动力系统中的旋翼都正常工作时，参数 $\boldsymbol{\sigma}$ 斜对角线上的元素都为1；当动力系统中的一个旋翼因为某种原因发生故障时，该旋翼只能提供一部分期望的动力，通过改变参数 $\boldsymbol{\sigma}$ 斜对角线上对应位置元素为该故障进行建模。由式(10-20)、式(10-21)可以看出，当飞行器动力系统出现故障时，六旋翼飞行器的拉力模型已不再适用于故障系统，这种情况对控制算法的鲁棒性提出了挑战。

10.7.2　控制器设计

为了保证六旋翼飞行器顺利完成飞行任务，需要设计控制器实现对六旋翼飞行器的控

制。本节将基于滑模控制算法设计六旋翼飞行器的控制器。首先对滑模控制的历史和定义进行简单介绍。

20 世纪中叶，苏联学者 Emelyanov 和 Utkin 在研究二阶线性系统时第一次提出了变结构控制的概念。由于受当时发展水平的限制，学者们对变结构控制的研究仅限于单输入单输出系统。直到 1977 年，Utkin 在一篇文章中对变结构控制方法进行整理和总结并提出了滑模控制的算法，此后大量的学者开始投入到对滑模变结构控制的研究中，并且不断将滑模控制算法应用到其他领域，滑模控制算法得到了极大的促进和发展。不同的学者从不同的角度对滑模控制算法进行了研究，如 Slotine 和高为炳等人对滑模控制系统的抖振现象进行研究，并提出了不同的方法以削弱抖振现象；同时，科研工作者还将滑模控制算法与其他智能控制算法，如模糊算法、神经网络算法、遗传算法等进行结合，极大地丰富了滑模控制方法。经过五十多年的发展，滑模变结构控制在控制领域中占有一席之地，在工程实践中也得到了广泛的应用。

滑模控制的特殊之处在于其控制作用并不是连续的，而是会根据被控系统的状态不同呈现出开关特性，因此属于一种变结构控制策略。滑模控制过程包括了两个过程：趋近过程(图 10-12 中的 x_0A 段)和滑模运动过程(图 10-12 中的 AO 段)。在滑模控制系统中，控制器会使系统的状态趋近于状态空间中的一个超曲面，随后“迫使”系统在这个超曲面上做高频、小幅度的滑模运动。这种在一个超曲面上做高频振荡的运动就是滑模控制中的滑动模态或者滑模运动。这种变结构控制策略的滑动模态可以按照控制需求进行设计，而且滑模面的设计过程与被控系统的参数和系统受到的外部干扰没有关系，因此滑模控制算法比一般的连续控制算法具有更强的鲁棒性。但是这种鲁棒性是以高频的控制作用来实现的，因此滑模控制在应用中会存在抖振现象。

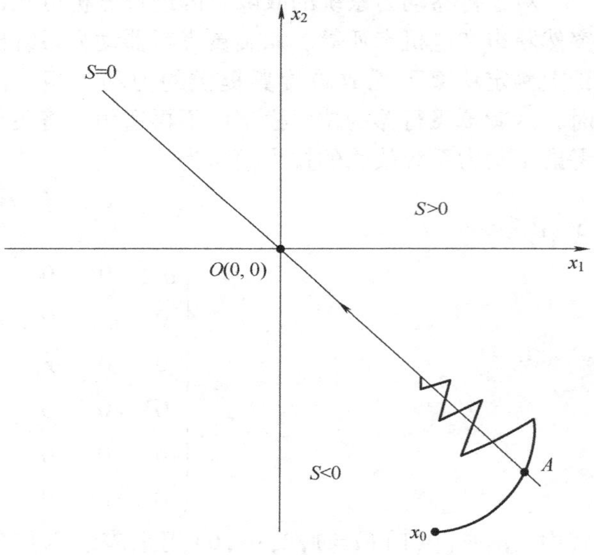

图 10-12　滑模控制过程

在给出滑模控制的定义之前，首先对滑模面(又叫滑动模态区或简称滑模区)进行介绍。如图 10-13 所示，在一个一般性系统

$$\dot{\boldsymbol{x}}=f(\boldsymbol{x})\ (\boldsymbol{x}\in\boldsymbol{R}^n) \qquad (10\text{-}22)$$

的状态空间中，存在一个超曲面 $s(\boldsymbol{x})=0$。因为超曲面 $s(\boldsymbol{x})=0$ 的存在，系统的状态空间会被分为两部分($s(\boldsymbol{x})>0$ 和 $s(\boldsymbol{x})<0$)。超曲面上有三种不同意义的点：通常点、起始点和终止点，它们的定义如下所示：

① 通常点：系统状态向超曲面 $s(\boldsymbol{x})=0$ 的方向运动时，会经过该点，并穿过超曲面，之后向远离超曲面的方向运动。如图 10-13 中的点 A。

② 起始点：系统状态在该点时，系统会向远离超曲面的方向运动。如图 10-13 中的点 B。

③ 终止点：系统状态在超曲面 $s(\boldsymbol{x})=0$ 附近时会趋向于该点运动。如图 10-13 中的点 C。

在滑模控制中，终止点有着极其重要的意义。如果在超曲面 $s(\boldsymbol{x})=0$ 上面的一个区域内都是终止点，则当系统状态运动到该区域附近时，会被吸引到该超曲面上的终止点上，系统的状态会被限制在该区域，这种现象在控制领域中是很有意义的。此时，称超曲面上

$s(\boldsymbol{x})=0$都是终止点的区域为滑模面，并称$s(\boldsymbol{x})$为切换函数。系统在滑模面上的运动被称为滑模运动。

如前面所述，系统的状态空间被滑模面划分成两个子空间。滑模控制算法会根据系统所处的空间不同对系统施加不同的控制作用，迫使系统的状态一直处于滑模面附近。在这个过程中对系统施加的控制作用就是滑模控制中的控制率。因此，滑模控制算法中控制作用不是固定的，而是根据系统状态在动态地变化，就是这种动态不连续的控制策略使系统的状态一直保持在滑模面附近。

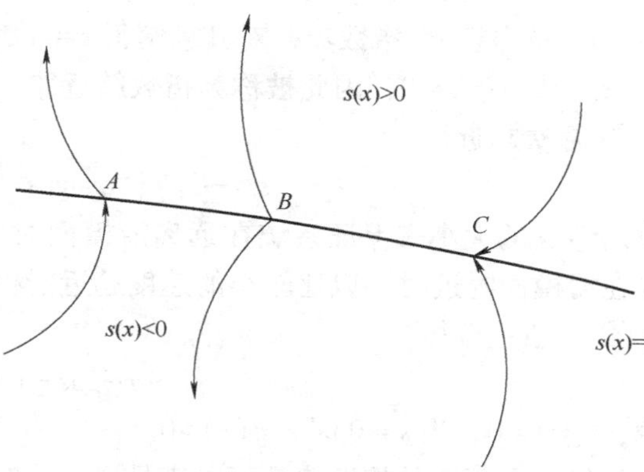

图 10-13　滑模面上点的特性

如果希望超曲面$s(\boldsymbol{x})=0$上的点都是终止点，那么当系统状态在滑模面附近时，切换函数的导数必须要满足以下要求：

$$\begin{cases}\lim\limits_{s\to0^+}\dot{s}(\boldsymbol{x})\leqslant0\\ \lim\limits_{s\to0^-}\dot{s}(\boldsymbol{x})\geqslant0\end{cases}\tag{10-23}$$

或者

$$\lim_{s\to0}\dot{s}(\boldsymbol{x})s(\boldsymbol{x})\leqslant0\tag{10-24}$$

即当系统从$s(\boldsymbol{x})>0$的方向运动到滑模面附近时，由于$\dot{s}(\boldsymbol{x})\leqslant0$，所以系统会继续向$s(\boldsymbol{x})=0$方向运动。当系统从$s(\boldsymbol{x})<0$的方向运动到滑模面附近时，由于$\dot{s}(\boldsymbol{x})\geqslant0$，所以系统会继续向$s(\boldsymbol{x})=0$方向运动。因此，式(10-23)、式(10-24)可以保证超曲面$s(\boldsymbol{x})=0$上的点都是终止点，同时也保证了在一定区域内滑模面的存在。

基于以上介绍，对滑模控制问题进行定义。对于一个一般性系统

$$\dot{\boldsymbol{x}}=f(\boldsymbol{x},\boldsymbol{u},t)\quad(\boldsymbol{x}\in\boldsymbol{R}^n,\boldsymbol{u}\in\boldsymbol{R}^m,t\in\boldsymbol{R})\tag{10-25}$$

式中，系统的状态向量$\boldsymbol{x}$、$\boldsymbol{u}$代表系统的输入向量；t代表系统运行时间；$f(*)$表示系统的模型。如果用滑模控制算法对系统进行控制，需要两个设计步骤，首先设计滑模面，其次设计控制函数(控制率)，最终使系统满足以下的条件：

① 存在性：滑模面存在于系统的状态空间中，即系统会由于控制作用的影响按照预定的超曲面进行滑模运动。

② 可达性：不管系统处于状态空间中哪个位置，滑模控制率都可以迫使系统在有限时间内运动到滑模面。

③ 渐近稳定性：保障系统在滑模面上是渐近稳定的，同时还要让系统具有比较好的动态特性。

为了提高趋近运动的品质，我国学者高为炳提出了趋近律的概念。几种典型的趋近律为：

① 等速趋近律

$$\dot{s}=-\sigma\text{sign}s(\sigma>0)\tag{10-26}$$

式中，sign 为符号函数；σ可以用来控制系统状态趋近于$s=0$的速度。由于系统在不同的位置趋近速度是一定的，所以被称为等速趋近律。

② 指数趋近律

$$\dot{s}=-\sigma\text{sign}s-ks\quad(\sigma>0,k>0)\tag{10-27}$$

式中，$\dot{s}=-ks$ 是一个指数项，对其求解得 $s=s(0)\mathrm{e}^{-kt}$，这个式子表示系统的状态会以一个指数的速度趋向于 $s=0$，因此被称为指数趋近律。

③ 幂次趋近律

$$\dot{s}=-k|s|^{\alpha}\sigma\mathrm{sign}s \quad (\sigma>0,1>\alpha>0) \tag{10-28}$$

通过调整 α 的大小来保证系统在远离滑模面时，可以以较大的速度趋向滑模面运动；当系统处在滑模面附近时，以比较小的速度趋近滑模面。

④ 一般趋近律

$$\dot{s}=-\sigma\mathrm{sign}s-f(s) \quad (\sigma>0) \tag{10-29}$$

式中，$f(0)=0$，当 $s\neq0$ 时，$sf(s)>0$。

显然，上面四种趋近律都可以满足滑模控制的可到达条件。滑模控制算法对未建模动态和模型的不确定性具有很好的鲁棒性。在六旋翼飞行器建模的过程中，为了方便建模，对飞行器系统进行了一定的简化，如假设六旋翼飞行器的结构完全对称，重量均匀分布且保持不变；忽略地面效应对六旋翼飞行器的影响；忽略电机的动力学特性等。基于这样的假设建立的飞行器模型和真实的六旋翼飞行器动力学特性有一定的差异。同时，当飞行器的执行机构出现故障时，原有的飞行器数学模型已不适用于故障的飞行器系统。但是在滑模控制算法中，由于滑模面的设计过程与被控系统的参数和系统受到的外部干扰没有关系，因此，滑模控制算法具有对被控对象的数学模型精度要求低以及能自适应内部的摄动、外界环境的扰动和自己系统参数的变化等优点。因此，本节选择滑模控制算法作为六旋翼飞行器的飞行控制器，没有选择其他主流的飞控算法如 PID 算法。

10.7.3 容错控制器设计

本文的容错控制算法利用执行机构的冗余性，通过将控制器产生的控制作用分配给没有故障的旋翼以实现对飞行器动力系统的容错控制，保证飞行器的正常飞行。因此，在介绍容错控制器之前，首先对控制分配方法进行介绍。

控制分配的作用是建立控制器输出的控制向量与执行器系统作用(具体表现为各个电机转速的二次方)之间的映射关系，该关系保证了执行器系统产生的力和力矩等于控制指令所期望的力和力矩。由于执行器系统产生的力和力矩与各个电机转速之间的关系通过拉力模型表示，因此可以通过拉力模型的逆来实现对控制信号的分配。求解拉力模型的逆运算通常有两种方法，即直接求逆法和优化方法。对于执行机构冗余的系统，拉力模型的直接求逆运算是奇异的。基于优化的控制分配方法可以根据执行器的特性，如速度取值范围、能量消耗、故障水平等，对优化过程中的目标函数、优化条件和计算复杂度进行设计。相比于直接求逆的控制分配方法，基于优化的控制分配方法具有很大的优势。因此，为了实现对六旋翼飞行器动力系统的容错控制，可以将六旋翼飞行器控制分配问题设计成一个优化问题。

为了实现这一过程，首先定义误差向量为

$$\boldsymbol{\varepsilon}(\boldsymbol{U},\boldsymbol{\nu})=\boldsymbol{B}_{\tau}\boldsymbol{\sigma}\boldsymbol{U}(t)-\boldsymbol{\tau}_{c}(t) \tag{10-30}$$

在理想的状态下，不论执行机构是否发生故障，动力系统产生的力和力矩应该等于滑模控制器计算出的力和力矩，即理论上误差向量 $\boldsymbol{\varepsilon}$ 应该等于 0。

在定义优化函数之前，将六旋翼飞行器动力系统的速度向量表示为 $\boldsymbol{u}(t)=(\omega_1 \quad \omega_2 \quad \omega_3 \quad \omega_4 \quad \omega_5 \quad \omega_6)^{\mathrm{T}}$。构建的优化函数为

$$J(\boldsymbol{u})=\frac{1}{2}\boldsymbol{u}^{\mathrm{T}}(t)\boldsymbol{H}\boldsymbol{u}(t) \tag{10-31}$$

式中，$0<\boldsymbol{H}\in\boldsymbol{R}^{6\times 6}$是一个对角权重矩阵，其对角线上的元素相同，该项可以用来表示飞行器动力系统的能量消耗。

完整的优化问题描述为

$$\min_{u} J(\boldsymbol{u})$$

$$\text{subject to}\begin{cases}\boldsymbol{B}_{\tau}\boldsymbol{\sigma}\boldsymbol{U}(t)-\boldsymbol{\tau}(t)=\boldsymbol{0}\\ \boldsymbol{u}(t)\in\boldsymbol{S}_{u}\end{cases} \tag{10-32}$$

式中，$\boldsymbol{S}_{u}=\{(\omega_1,\omega_2,\cdots,\omega_6)^{\mathrm{T}}\mid \underline{\omega_i}\leqslant\omega_i\leqslant\overline{\omega}_i, i=1,2,\cdots,6\}$是旋翼可以提供的转速范围，可以基于一定的假设和飞行器的参数直接计算得出。在这个非线性约束的优化问题中，优化目标是让六旋翼飞行器动力系统消耗的能量尽可能减少；优化变量为六旋翼飞行器六个旋翼的转速；约束条件包括两个：一个是要让飞行器旋翼产生的控制作用等于滑模控制器计算得到的控制信号，另一个是要保证六旋翼飞行器旋翼的转速都在有效范围内。通过求解以上的优化问题，飞行器在动力系统正常工作或者动力系统出现故障的情况下都可以得到一组六旋翼飞行器旋翼转速，该组旋翼转速可以满足当前时刻飞行器正常飞行的要求。

10.7.4　仿真设计及分析

本节的研究重点是对六旋翼飞行器动力系统容错控制算法的研究，所以在本节中只实现了对六旋翼飞行器高度和三个姿态角的控制。为了说明设计的控制器和容错控制器的有效性，本节为六旋翼飞行器设计了120s的飞行任务，其中包括起飞阶段、横滚运动、俯仰运动、偏航运动和降落阶段。具体的飞行过程如下所示：

① 0~10s：起飞阶段。在0时刻给出高度控制信号，控制飞行器向上飞行，飞行高度为3m。

② 10~40s：横滚运动。待飞行器高度稳定后，在第10s时，给出横滚运动信号，控制飞行器进行右横滚运动（从机尾方向看），横滚运动的角度为0.5rad。等到横滚角稳定后，在第30s时，终止横滚运动信号，横滚角设为0rad。

③ 40~70s：俯仰运动。待飞行器横滚角稳定后，在第40s时，给出俯仰运动信号，控制飞行器进行抬头爬升运动（从机尾方向看），爬升运动的角度为0.4rad。等到俯仰角稳定后，在第50s时，终止俯仰运动信号，俯仰角设为0rad。

④ 70~100s：偏航运动。待飞行器俯仰角稳定后，在第70s时，给出偏航运动信号，控制飞行器进行左偏航运动（从机尾方向看），偏航运动的角度为0.3rad。等到偏航角稳定后，在第80s时，终止偏航运动信号，偏航角设为0rad。

⑤ 100~120s：降落阶段。待飞行器偏航角稳定后，在第100s时，给出降落信号，高度信号设为0m，终止飞行任务。

为了更好地测试算法的容错能力，假设让六旋翼飞行器系统在一个旋翼完全失效的情况下，完成横滚运动、俯仰运动、偏航运动和降落任务。为了实现这一过程，在飞行器起飞25s后（此时六旋翼飞行器处于横滚运动状态），将$\boldsymbol{\sigma}$斜对角线上的某个元素置为0，模拟该旋翼完全失效的情况，在此后的95s内，飞行器在一个旋翼完全失效的情况下完成了横滚、俯仰、偏航和降落动作。在实际的飞行器系统中，故障检测和故障诊断模块的处理都需要一定的时间，为了更好地模拟这一现象，在25.3s时，将故障信息输入到容错控制器中。

在 Simulink 环境中，当 3 号电机完全故障的情况下，记录了六旋翼飞行器的高度、姿态角和六个电机的转速数据，结果如图 10-14 所示。

图 10-14　彩图

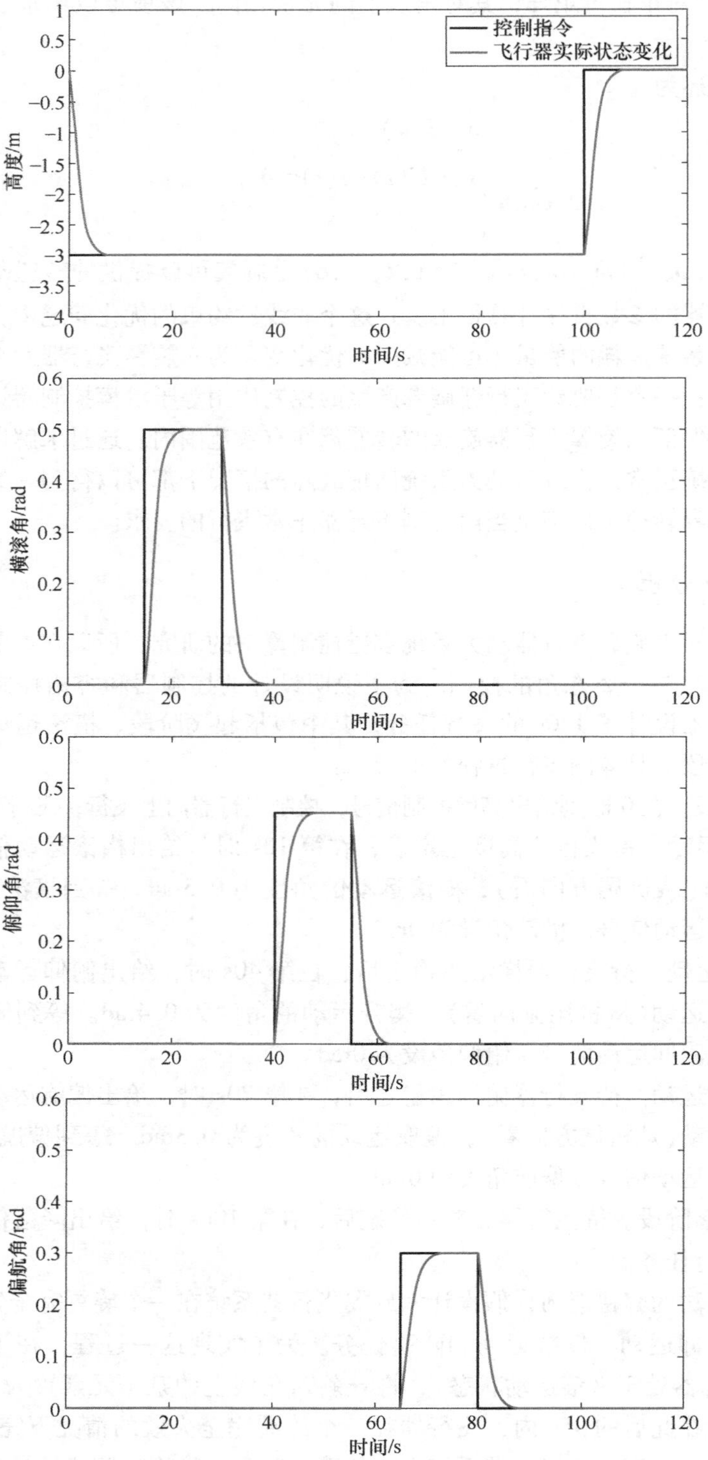

a) 状态

图 10-14　在 3 号电机完全故障的情况下飞行器的状态和电机转速结果

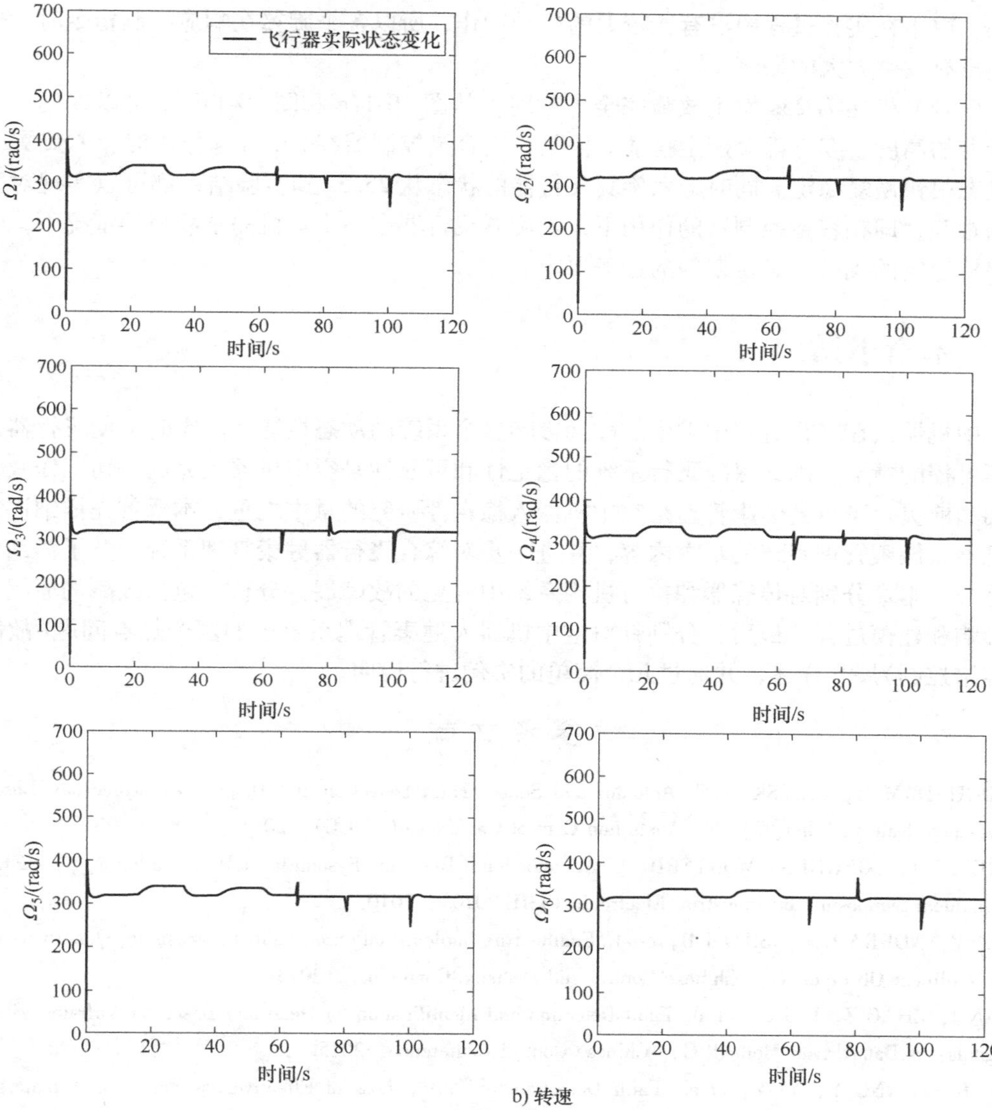

b) 转速

图 10-14 在 3 号电机完全故障的情况下飞行器的状态和电机转速结果(续)

图 10-14a 记录了六旋翼飞行器在 120s 内的状态变化，其中横坐标表示时间，单位为秒(s)；纵坐标分别表示高度和三个欧拉角的大小，单位分别为米(m)和弧度(rad)；蓝色实线代表设定的控制指令；红色实线代表六旋翼飞行器实际的状态变化。由曲线可知，基于滑模控制设计的飞行控制器可以按照预期的要求实现对六旋翼飞行器高度和三个欧拉角的控制。当飞行指令发生变化时，滑模控制器可以在 5~10s 内完成对指令的响应。考虑到实际的飞行过程中过快的姿态变化会导致飞行的不稳定，本实验中设计的参数不会让六旋翼飞行器进行大机动的飞行动作，因此，滑模控制器在比较长的调节时间内完成对控制指令的响应，而且在飞行控制中没有超调量。

图 10-14b 记录了六旋翼飞行器在飞行过程中六个旋翼的转速变化，其中横坐标表示时间，单位为秒(s)；纵坐标表示旋翼的转速，单位为弧度每秒(rad/s)；$\Omega_i(i=1,2,\cdots,6)$分别代表六个不同的旋翼。由图像可知，六个旋翼的转速配合实现了六旋翼飞行器对控制指令

的跟踪。由于在实验过程中没有比较大的机动动作，所以各个旋翼在响应控制指令时，速度曲线也没有发生太大的振荡。

当3号电机在第25s发生故障完全失效时，从图10-14a和图10-14b中可以发现，六旋翼飞行器的高度、姿态都会产生抖动。但是，当容错控制器在25.3s起作用时，六旋翼飞行器的状态很快恢复稳定。同时，六旋翼飞行器的状态从25.3s到实验结束都可以实现对控制指令的跟踪，即在容错控制器的作用下，六旋翼飞行器在一个电机完全故障的情况下，依然可以保持稳定的飞行，满足期望的任务要求。

10.8 本章小结

空中机器人在飞行过程中发生故障会影响整个系统的动态性能，严重时会使飞行器出现状态不可控的情形，因此保障飞行系统的稳定性和可靠性是空中机器人完成一切工作及任务的基础和前提。飞行器健康管理是空中机器人稳定性研究的重中之重，本章首先详细讲解了空中机器人健康管理系统的基本内容，并进一步对综合飞行器健康管理系统展开了详细的阐述。另外，本章分别对传感器和执行机构系统中常见的故障展开分析，包括故障的原因、表现、影响和建模过程。最后，分别针对空中机器人健康管理系统中的两个热点问题(故障诊断、容错控制)展开详述，并通过几个简单的实例进行说明。

参考文献

[1] MOGHADAM M, CALISKAN F. Actuator and Sensor Fault Detection and Diagnosis of Quadrotor Based on Two-stage Kalman Filter[C]. 5th Australian Control Conference(AUCC), 2015.

[2] FREDDI A, LONGHI S, MONTERIU A. Actuator Fault Detection System for a Mini-quadrotor[C]. IEEE International Symposium on Industrial Electronics(ISIE 2010), 2010.

[3] CEN Z, NOURA H, SUSILO T B, et al. Engineering Implementation on Fault Diagnosis for Quadrotors Based on Nonlinear Observer[C]. Chinese Control and Decision Conference, 2013.

[4] YAN J, ZHAO Z, LIU H, et al. Fault Detection and Identification for Quadrotor Based on Airframe Vibration Signals: A Data-driven Method[C]. Chinese Control Conference, 2015.

[5] YU B, ZHANG Y, YI Y, et al. Fault Detection for Partial Loss of Effectiveness Faults of Actuators in a Quadrotor Unmanned Helicopter [C]. 11th World Congress on Intelligent Control and Automation (WCICA), 2014.

[6] 吴明强，等. 故障诊断专家系统的研究现状与展望[J]. 计算机测量与控制，2005，13(12)：1301-1307.

[7] 马登武，范庚，等. 相关向量机及其在故障诊断中与预测中的应用[J]. 海军航空工程学院学报，2013，28(2)：154-162.

[8] 马笑潇. 智能故障诊断中的机器学习新理论及其应用研究[D]. 重庆：重庆大学，2002.

[9] 林敏. 极限学习机在航空发动机气路故障诊断中的应用[D]. 上海：上海交通大学，2015.

[10] 李业波. 智能航空发动机性能退化缓解控制技术研究[D]. 南京：南京航空航天大学，2014.

[11] 吴彬，廖瑛，曹登刚，等. 基于自适应观测器的导弹电动舵机故障诊断方法研究[J]. 航天与装备仿真，2008，10：481-485.

[12] 张文广，史贤俊，肖支才，等. 基于RBF神经网络的导弹舵机系统故障检测[C]. 第29届中国控制会议，2010.

[13] 张华君. 基于递推批量最小二乘的Volterra级数辨识方法[J]. 航天计算技术，2012，42(3)：38-41.

[14] YIN S, XIAO B, DING S X, et al. A Review on Recent Development of Spacecraft Attitude Fault Tolerant Control System[J]. IEEE Transactions on Industrial Electronics, 2016, 63(5): 3311-3320.

[15] SADEGHZADEH I, ZHANG Y. A Review on Fault-tolerant Control for Unmanned Aerial Vehicles(UAVs)[C]. Infotech@ Aerospace 2011, 2011.

[16] 田宏安，刘函林. 基于无人机分类和安全性的空域融合研究[J]. 科技与创新，2017(14)：57，60-61.

[17] 张垚，鲜斌，殷强，等. 基于 ARM 处理器的四旋翼无人机自主控制系统研究[J]. 中国科学技术大学学报，2012，42(9)：753-760.

[18] JIANG J, YU X. Fault-tolerant Control Systems: A Comparative Study Between Active and Passive Approaches[J]. Annual Reviews in Control, 2012, 36(1): 60-72.

[19] FEKIH A. Fault Diagnosis and Fault Tolerant Control Design for Aerospace Systems: A Bibliographical Review[C]. The American Control Conference. IEEE, 2014.

[20] NIEDERLINSKI A. A Heuristic Approach to the Design of Linear Multivariable Interacting Control Systems[J]. Automatica, 1971, 7(6): 691-701.

[21] DU G X, QUAN Q, YANG B X, et al. Controllability Analysis for Multirotor Helicopter Rotor Degradation and Failure[J]. Journal of Guidance, Control, and Dynamics, 2015, 38(5): 978.

[22] FREDDI A, LANZON A, LONGHI S. A Feedback Linearization Approach to Fault Tolerance in Quadrotor Vehicles[C]. Proceedings of the 18th IFAC World Congress, 2011.

[23] LIPPIELLO V, RUGGIERO F, SERRA D. Emergency Landing for a Quadrotor in Case of a Propeller Failure: A Backstepping Approach[C]. IEEE International Symposium on Safety. IEEE, 2014.

[24] NGUYEN N P, HONG S K. Fault-Tolerant Control of Quadcopter UAVs Using Robust Adaptive Sliding Mode Approach[J]. Energies, 2018, 12(1): 95.

[25] SRIDHAR S, KUMAR R, COHEN K, et al. Fault Tolerance of a Reconfigurable Tilt-Rotor Quadcopter Using Sliding Mode Control[C]. Dynamic Systems and Control Conference, 2018.

[26] NGUYEN N, HONG S. Fault Diagnosis and Fault-Tolerant Control Scheme for Quadcopter UAVs with a Total Loss of Actuator[J]. Energies, 2019, 12(6): 1139.

[27] KUMAR R, SRIDHAR S, CAZAURANG F, et al. Reconfigurable Fault-Tolerant Tilt-Rotor Quadcopter System[C]. Dynamic Systems and Control Conference, 2018.

[28] CHAMSEDDINE A, ZHANG Y, RABBATH C A, et al. Model Reference Adaptive Fault Tolerant Control of a Quadrotor UAV[C]. Infotech@ Aerospace 2011, 2011.

[29] SAIED M, LUSSIER B, FANTONI I, et al. Fault Diagnosis and Fault-Tolerant Control Strategy for Rotor Failure in an Octorotor[C]. IEEE International Conference on Robotics and Automation, 2015.

[30] MERHEB A R, NOURA H, BATEMAN F. Design of Passive Fault-Tolerant Controllers of a Quadrotor Based on Sliding Mode Theory[J]. International Journal of Applied Mathematics and Computer Science, 2015, 25(3): 561-576.

[31] CHEN F, JIANG R, ZHANG K, et al. Robust Backstepping Sliding-Mode Control and Observer-Based Fault Estimation for a Quadrotor UAV[J]. IEEE Transactions on Industrial Electronics, 2016, 63(8): 5044-5056.

[32] MERHEB A R, NOURA H, BATEMAN F. Passive Fault Tolerant Control of Quadrotor UAV Using Regular and Cascaded Sliding Mode Control[C]. Control and Fault-Tolerant Systems(SysTol), 2013 Conference on.

[33] SCHNEIDER T, DUCARD G, RUDIN K, et al. Fault-Tolerant Control Allocation for Multirotor Helicopters Using Parametric Programming[C]. International Micro Air Vehicle Conference & Flight Competition, 2012.

[34] MARKS A, WHIDBORNE J F, YAMAMOTO I. Control Allocation for Fault Tolerant Control of a VTOL Octorotor[C]. Proceedings of 2012 UKACC International Conference on Control. IEEE, 2012.

第11章 空中机器人应用与展望

近年来，空中机器人的使用扩展到全球的各个行业，得到了快速而繁荣的发展。但是空中机器人未来前景将会如何？本章将从空中机器人的技术发展、未来应用、机遇和挑战三个方面展开，阐述空中机器人未来的发展趋势。

11.1 空中机器人的技术发展

空中机器人涉及传感器技术、通信技术、信息处理技术、智能控制技术以及航空动力推进技术等，是信息时代高技术含量的产物。近年来，随着卫星定位系统的成熟、电子与无线电控制技术的改进、无人机结构的更新，空中机器人行业进入快速发展阶段。目前，空中机器人的关键技术与未来方向可以概括为以下四个方面：

1. 飞控系统是空中机器人的“大脑”，配备传感器需更精确、更清晰

飞控系统是整个飞行过程的最核心技术之一，是空中机器人完成起飞、空中飞行、执行任务和返场回收等任务的控制系统。飞控系统一般包含传感器、机载计算机和伺服作动设备三大部分，主要实现了空中机器人姿态稳定和控制、无人机任务设备管理和应急控制三大类功能。

空中机器人装配的各种传感器是飞控系统的基础，保证机器人控制的精度。未来，空中机器人在运动能力、态势感知、战场上识别敌我、防区外交战能力等方面会有较大需求，这就要求空中机器人的传感器具有更高的探测精度和分辨率、更小的体积和更低的功耗。面对这种应用需求，新型的机载传感器层出不穷。如英国利兹大学的研究者在2020年提出的，从仿生的角度制作的“空气动力成像”环境感知传感器，便可以在极低的功耗情况下帮助空中机器人在黑夜中感知环境。又如，美国菲力尔公司与无人机制造商Vantage Robotics合作推出了Hardon传感器模块，并集成到具有专有稳定技术的微动平台中，如图11-1所示，这款传感器模块在极小的体积中集成了可见光和红外成像系统，实现了多光谱段的环境感知。这些面向空中机器人应用的新型传感器的发展，将极大地提高空中机器人的智能水平，扩展它们的应用领域。

2. 导航系统是空中机器人的“眼睛”，多技术结合是未来方向

导航系统为空中机器人提供了参考坐标系的位置、速度、飞行姿态，引导空中机器人按照指定航线飞行，起到了领航员的作用。空中机器人机载导航系统主要分为非自主和自主两种：非自主导航系统主要为GPS等方式，容易受到外界干扰；自主导航系统主要为惯性制导等方式，会有误差累积增大的缺点。

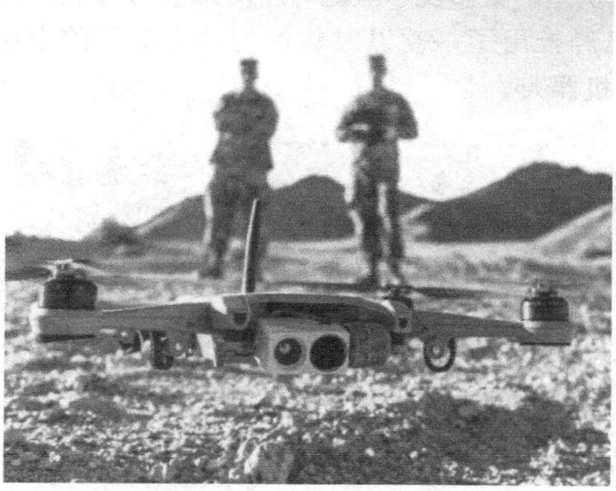

图 11-1　集成在具有专有稳定技术微动平台的 Hardon 传感器模块

未来，空中机器人需要高精度、高可靠性、高抗干扰性能的导航系统，以实现障碍回避、物资或武器投放、自动进场着陆等功能。因此，多种导航技术结合的“惯性+多传感器+GPS+光电导航系统”将会是未来发展的方向。同时，传统的 SLAM 方法在面向静态场景中的定位和导航应用将日趋完善，而在面对动态场景中，目前的定位导航方法依然面临重大挑战。目前，采用类脑技术的新一代人工智能方法正在为解决这一技术难题提供新的方法和思路。如图 11-2 所示，中国科学院的科学家们模仿人类大脑的智能判断机制，实现了在动态场景下的微小型空中机器人自主避障。

图 11-2　彩图

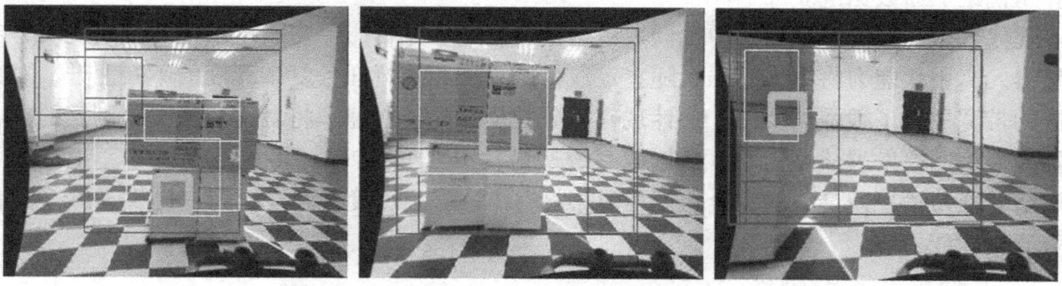

a)　　b)　　c)

图 11-2　空中机器人动态场景避障过程中基于图像的类脑认知

注：绿色框为机器人在飞行过程中对障碍物的识别

3. 动力系统是空中机器人的“心脏”，涡轮逐步取代活塞，新能源发动机提升续航能力

不同类型的空中机器人对动力装置的要求不同，但都期望发动机体积小、成本低、工作可靠。目前，活塞式发动机广泛应用于空中机器人，但只适用于低速低空小型空中机器人；对于军事应用中的一次性使用的靶机、攻击性空中机器人或导弹，要求推重比高但寿命可以短，一般使用涡轮喷气式发动机；低空无人直升机一般使用涡轴发动机；高空长航的大型空中机器人一般使用涡扇发动机；消费级微型空中机器人一般使用电池驱动的电动机，起飞质量不到 100g、续航时间小于 1h。

未来，随着涡轮发动机推重比的提高、寿命的增加以及油耗的降低，涡轮将取代活塞成为空中机器人的主力动力机型，太阳能、氢能等新能源电动机也有望为小型空中机器人提供更持久的生存力。大疆已经推出了一款以氢能作为动力能源的空中机器人，图 11-3 是大疆 M600 氢燃料电池空中机器人。

图 11-3　大疆 M600 氢燃料电池空中机器人

4. 数据链是空中机器人“通信的纽带”，从独立专用系统向全球信息格栅(GIG)过渡

数据链传输系统是空中机器人的重要技术组成部分，负责对空中机器人遥控、遥测、跟踪定位和传感器传输。上行数据链实现对无人机遥控，下行数据链执行遥测、数据传输功能。普通空中机器人大多采用定制视距数据链，而中高空、长航的空中机器人则都会采用视距和超视距卫通数据链。

现代数据链技术推动着空中机器人数据链向高速、宽带、保密、抗干扰的方向发展，空中机器人实用化能力将越来越强。随着定位精细程度和执行任务复杂程度的不断上升，对数据链的带宽提出了很强的要求，预计现有射频数据链的传输速率将翻倍。从美国制定的空中机器人通信网络发展战略上看，数据链系统从最初 IP 化的传输、多机互连网络，正在向卫星网络转换传输以及最终的完全全球信息格栅(GIG)配置过渡，为授权用户提供无缝全球信息资源交互能力。

11.2　空中机器人的未来应用

按用途划分，空中机器人可以分为军用和民用两类，如图 11-4 所示。军用空中机器人包括侦查空中机器人、攻击空中机器人、诱饵空中机器人以及货运空中机器人；民用空中机器人主要分为消费级空中机器人和专业级空中机器人两种，消费级空中机器人多用于个人航拍，专业级空中机器人则多用于农林植保、电力巡检、测绘、安防、物流等。

1. 军用空中机器人

空中机器人的起源可以追溯到第一次世界大战，在军事作战中使用空中机器人参战轰炸、战地勘探和情报搜集等。正是由于空中机器人低成本、控制灵活、持续时间长的天然优势，各国军队相继投入大量经费进行研发。

至今，空中机器人已经成为世界军事力量的重要组成部分。它将被广泛用于军事领域，

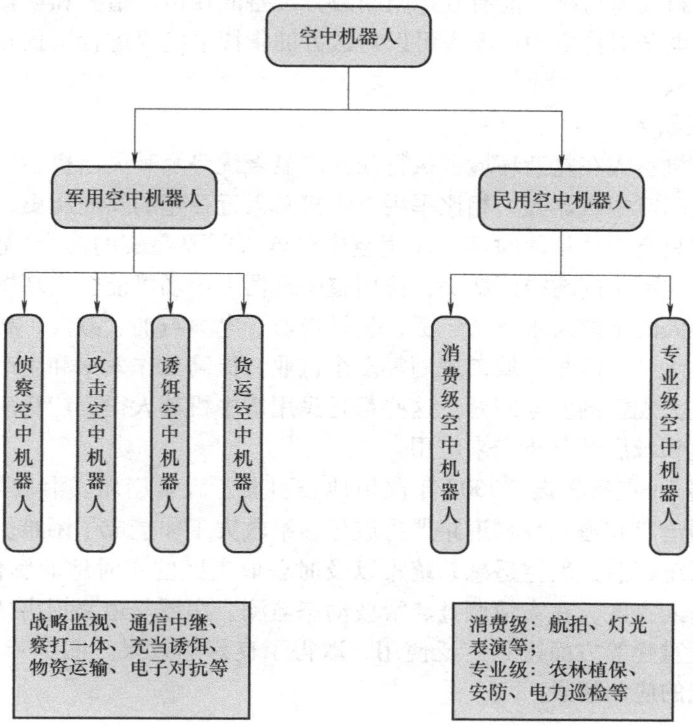

图 11-4　空中机器人按用途分类

可以实现战略监视、通信中继、察打一体、充当诱饵、物资运输和电子对抗等任务，将在解决冲突和替代人类飞行员方面发挥重要作用。未来，军用空中机器人会向着隐身化、智能化、装备化和远程化的趋势不断发展。

（1）战略监视　侦查空中机器人上安装了光电、雷达等各种传感器，以便实现全天候高效多样的侦查能力。它可以在战场上进行高速信息扫描和低速飞行及悬空拍照，将战场的信息实时传回指挥部。它还可以执行很多高空侦察任务，由于可以携带高分辨率的相机，在高空也能拍摄清晰的地面图像。而且，便携式空中机器人体积小，可以量产并大量投入使用，是现如今战场上不可或缺的一种武器。

（2）通信中继　信息化战争中，通信系统是战争中最重要的组成部分，而空中机器人通信网络可以建立起强大的冗余备份通信链路，提高通信系统在战场上的生存能力。空中机器人在这种作战中，扩展了通信距离，与卫星接轨。作战通信空中机器人采用了多种数传系统，可以高速实时传输图像等信息。

（3）察打一体　军事打击使用的是攻击型空中机器人。它携带作战单元，发现重要目标之后就可以进行实时攻击，实现"察打结合"，可以减少人员伤亡并提高部队攻击力。攻击型空中机器人体积大、速度快，可对地和对空，拦截地面和空中目标，是实现全球快速打击的重要手段之一。攻击型反辐射空中机器人携带小型和大威力的精确制导武器、激光武器或反辐射导弹，可以攻击雷达、通信指挥设备等。

（4）充当诱饵　诱饵空中机器人携带红外模拟器，模拟空中目标，欺骗敌方雷达和导弹，诱使敌方雷达等设备开机，引诱敌防空兵器射击，掩护己方机群突围。

（5）电子对抗　在战场上，空中机器人可以随时起飞，针对激光制导、微波通信、指挥网络等光电信息进行实时对抗，能有效地阻断敌方装备的攻击、指挥和侦查能力，提高己方的信息作战效率。电子对抗空中机器人可以对敌方的指挥系统等进行干扰和破坏，支援各种攻击机和轰炸机作战。

2. 民用空中机器人

由于军用空中机器人在复杂环境下执行任务的显著优势及其灵活机动的特性，各个行业领域也逐渐开始使用空中机器人。相比军用空中机器人近百年的发展历史，民用空中机器人在各领域全面应用只有十余年的时间。民用空中机器人需要突破的两个“瓶颈”是空域资源和安全问题，一旦这两个问题得到解决，民用空中机器人市场可能会出现爆发式的增长。

民用空中机器人的下游需求非常广泛，包括农业、电力石油、减灾、林业、气象、国土资源、警用、海洋水利、测绘、城市规划等多个行业。提高工作效率和生产力、减少工作量和生产成本、解决大规模的安全问题，这些都是民用空中机器人得到广泛应用的原因。下面将从民用各个行业领域展开分析未来应用。

（1）空中机器人+灾害救援 2008年汶川地震引发了大量崩塌、滑坡等次生地质灾害，引起灾区大部分国道、省道、乡村道路严重破坏，给救灾工作造成了困难。由于天气因素的影响，卫星遥感系统或载人航空遥感系统难以及时获取灾区的实时地面影像。地震发生后，空中机器人迅速进入灾区，在灾情调查、滑坡动态监测、房屋与道路损害情况评估、救灾效果评价、灾区恢复重建等方面得到广泛使用，取得了良好的效果。图11-5展示了空中机器人在抗洪救灾前线的应用场景。

图11-5 空中机器人在抗洪救灾前线的应用场景

自然灾害发生时，为了提高救灾效率和质量，必须提供及时准确的灾害信息。常规灾害监测方法周期长、成本高，难以满足救灾应急的需要。空中机器人航空遥感系统作为卫星遥感和载人航空遥感的补充手段，具有实时性强、灵活方便、外界环境影响小、成本低的优点，其在灾害应急救援方面具有广阔的发展空间和应用前景。

（2）空中机器人+安全巡检 在智能电网建设上，为了降低巡线作业风险、成本和劳动强度，2009 年 1 月，国家电网公司正式立项研制无人直升机巡检系统。后来陆续出台了《国家电网公司输电线路直升机、无人机和人工协同巡检模式试点工作方案》和《架空输电线路无人机巡检作业技术导则》的电力行业标准草案等，进一步规范化和制度化空中机器人巡检的智能电网模式。

空中机器人可用于建筑安全检查，包括电线、风力涡轮机和管道等。这得益于三个方面：首先，空中机器人既有可见光相机，又有红外热像仪，且两者都可生成动态视频和静态图像；其次，空中机器人实现了多路视频及数据双向同步传输，空中机器人在巡检时，能把摄录到的图像、检测到的数据多路传回地面，地面也可向它实时传输资料；再次，空中机器人应用了红外热图分析技术，让线路易发热部位的缺陷易被发现。这种应用不仅降低了人员的性命风险，同时加速了检查流程。图 11-6 是空中机器人通信基站巡检的应用场景。

图 11-6　空中机器人通信基站巡检场景

另外，面对森林火灾等情况，空中机器人可以携带特殊的测量设备来确定空气中某些有毒气体的含量，也可以用于森林火场的监视；在交通监控上，可以及时监测交通事故的发生；对于一些公共突发事件，可用于执法和边境管制监督，并能录制视频保存证据。

（3）空中机器人+农业植保　我国作为农业大国，拥有 18 亿亩（1 亩 = 666.6m^2）基本农田，每年需要大量的人员从事农业植保作业，而我国每年农药中毒人数有 10 万之众，农药残留和污染造成的病死人数至今尚无官方统计。同时，农村青壮年劳动力逐渐稀缺，人力成本日益增加。

农林植保空中机器人指用于农林植物保护作业的无人驾驶飞机，该型无人机通过地面遥控或 GPS 飞控实现喷洒作业，可喷洒药剂、种子、粉剂等。植保空中机器人减轻了农民的负担，它可以在任何时间、任何地点飞行，适合一些丘陵和坡地的检测和喷雾作业；同时，空中机器人农药喷雾覆盖面较广，药物直接向下飘洒减少了农药的飘失程度；可远距离遥控操作，避免了喷洒作业人员暴露于农药的危险，保障了喷洒作业的安全。大疆最新款农业无人机 T20 可用于病虫害防治，它具备全自主作业功能，一天作业可达 1000 亩，具有高效率、高智能化程度、高精度统计数据的特点。2020 年 1 月，大疆农业的植保无人机在海南省就开始了草地贪夜蛾的防治，作业场景如图 11-7 所示。

国家政策的引导和地方政府农机购置补贴等工作的落实，推动了空中机器人在农业生产领域的推广应用，农业生产机械化进程加快，农业空中机器人产业将得到进一步发展。

图 11-7　大疆农业无人机 T20 病虫害防治场景

（4）空中机器人+航拍娱乐　近年来，航拍已经成为摄影师的必备技能之一。除了航拍的“上帝视角”给电影创作带来了更加丰富的电影语言，空中机器人在空间穿越、高速移动、追踪等难度较大的拍摄情景中，比传统拍摄也有着得天独厚的优势。因此装有高清摄像头的空中机器人在电影制作中已经得到了广泛使用，空中机器人的电影拍摄场景如图 11-8 所示；也有部分空中机器人的业余爱好者，购买用于个人摄影和娱乐等。与航拍无人机的主要区别在于，新型的空中机器人的智能化水平更高，它们可以使用人工智能算法对场景自动分析，采用更合理的角度去拍摄电影场景，降低了摄影师的工作难度，能更好地体现导演的艺术想法。

图 11-8　空中机器人电影拍摄场景

目前，阿里巴巴、腾讯、爱奇艺等互联网巨头们，以航拍作为切入点，把互联网与空中机器人结合，开拓航拍视频分享的市场，使空中机器人在大众娱乐有了新的发展。爱奇艺与无人机品牌亿航开启战略合作，宣布双方将在航拍类视频内容、资源置换与探索新商业生态等方面展开合作，共同打造国内航拍视频爱好者的视频交流平台：亿航借助于爱奇艺广泛的视频基础以及基于手机 APP 的简单易操作等优势，使之能够在众多的无人机技术企业中有较好的发展；而爱奇艺将开创新的原创航拍视频频道，使其发展能够更加多样化。

11.3 空中机器人的机遇与挑战

空中机器人在目前的发展进程中，面临着机遇也有挑战。

11.3.1 空中机器人的机遇

空中机器人的机遇主要包括以下几个方面：

1. 配套产业逐渐完善，硬件成本下降

近十年来，民用空中机器人市场的兴起与硬件产业链的成熟、成本不断下降密不可分。随着移动终端的兴起，芯片、电池、惯性传感器和通信芯片等产业链迅速成熟，使智能化设备的成本更加低廉，向小型化、低功耗迈进，这为空中机器人整体硬件的创新创造了良好的条件。

随着大疆、3DR、Parrot 等无人机巨头在消费级空中机器人市场的成功，让许多具有电机、机架、锂电池、电子元器件等相关配套部件生产制造能力的供应商看到商机，迅速进入产业。同时，新型空中机器人公司亦开始起步进入空中机器人设计制造商行列。上下游协同发展，一方面，产业链上游的制造商因订单增加，不断扩大生产，规模效应使得生产成本不断降低；另一方面，空中机器人生产厂家因零部件成本不断降低，促进利润、销量大幅增长。

2. 新型技术与通信网络的发展，大幅提高空中机器人系统可靠性

随着微电子机械系统(MEMS)技术的不断发展，亚德诺半导体技术(ADI)公司率先推出并且成功商业化 MEMS 陀螺仪、MEMS 惯组等传感器，MEMS 传感器的推广和普及使与空中机器人相关的传感器成本大幅度降低、尺寸大幅度减小，也为消费级空中机器人的普及奠定了基础。

新一代蜂窝移动通信网络 5G 的出现大大扩展了空中机器人的应用场景。它具备高速度、超高带宽、低时延、高可靠、广覆盖、大连接、万物互联的特性，将赋予空中机器人实时、超高清图传、远程低时延控制、永远在线等重要能力，并降低因数据操控链接可靠性所导致的可能的撞机或坠机风险。

3. 飞控系统开源，空中机器人飞入寻常百姓家

硬件成本的下降解决了空中机器人“身体”的问题，那么飞控系统的开源化趋势就是解决了空中机器人“大脑”的问题。Arduino 是一款便捷灵活、方便上手的开源电子原型平台，系统一般包括一个主控(MCU)和一些相关应用的传感器、执行机构。Arduino 的出现不论从技术上还是成本上，都大大降低了飞控软件算法实现的门槛，而且开源社区不仅提供了一整套硬件平台用以实现算法，还同时将飞控爱好者们聚集在一起，共同推动技术进步。

因此基于 Arduino 的软硬件系统平台，随后衍生出了大量的飞控系统应用。APM(ArduPilot Mega)是在 2007 年由 DIY 无人机社区推出的飞控产品，是当今最为成熟的开源硬件项目。APM 基于 Arduino 的开源平台，对多处硬件做出了改进，包括加速度计、陀螺仪和磁力计组合惯性测量单元(IMU)。由于 APM 良好的可定制性，APM 在全球航模爱好者范围内迅速传播开来。PX4&PIXHawk 是一个软硬件开源项目，该飞控是目前全世界飞控产品中硬件规格最高的产品，也是当前爱好者手中最炙手可热的产品。

PX4、APM 等开源飞控凭借完善强大的功能以及相关技术支持，为空中机器人产品线的开发铺平了道路。开源飞控系统让空中机器人不再是军用和科研机构的专利，也让全世界的爱好者和商业企业加入到空中机器人的设计大潮中，进一步引爆民用和消费市场的“爆点”。

4. 空中机器人相关政策不断完善，交通管理系统逐步系统化、成熟化

2020 年 3 月，工业和信息化部发布《关于促进和规范民用无人机制造业发展的指导意见》指出：到 2020 年，民用无人机产业持续快速发展，产值达到 600 亿元，年均增速 40%以上；到 2025 年，民用无人机产值达到 1800 亿元，年均增速 25%以上；产业规模、技术水平、企业实力持续保持国际领先势头，建立健全民用无人机标准、检测认证体系及产业体系，实现民用无人机安全可控和良性健康发展。

空中机器人的普及推动了各行业的全新变革，但是由于法律体系、市场体系不够健全，空中机器人扰航、威胁公共安全的事件也频频发生，造成了较为恶劣的影响，同时空中机器人在生产和使用过程中也出现了一系列的安全隐患和监管漏洞。2017 年以来，特别是我国西南地区无人机扰航事件频发之后，国家以强化监管和标准完善为主轴，相继发布了一系列关于空中机器人管理、规范、应用等方面的法律法规和通知公告，为空中机器人产业健康发展提供了重要支撑。随着我国空中机器人政策的落地，空中机器人行业进入健康生长模式，空中机器人产业也将迎来黄金发展时期。

同时，交通管理系统逐步系统化、成熟化。2019 年 3 月，美国国家航天局完成了无人机系统的交通管理系统的最后一阶段测试，此系统用于保障民用无人机的低空域和无人机系统的运行。虽然到目前为止，空中机器人系统的交通管理尚不成熟，空中机器人的使用仍然有一定的局限性，但这一系统会为空中机器人提供更多安全、合法的空域，从而进一步促进空中机器人的发展。

11.3.2 空中机器人的挑战

目前空中机器人的应用越来越广，市场正在成熟，但仍然面临着一定的挑战，主要来源于以下方面：

1. 对 GPS 和通信系统依赖较大，技术障碍依旧存在

空中机器人的导航依靠的是 GPS 与惯性导航系统结合使用。空中机器人的飞行速度和航线一般比较固定，抗风和抗乱气流能力差，很容易受到天气等因素的干扰以及人员因素的影响。

空中机器人相比于有人驾驶飞机更依赖于通信资源，尤其是使用多传感器来执行情报、监视和侦察任务的空中机器人。对于在高威胁环境中执行任务的空中机器人，这是一大弱点，一旦敌方发送强烈的干扰信号或者摧毁指挥中心，那么空中机器人就无法运行。

2. 公共安全问题日益突出

空中机器人应具有很高的稳定性，保证不侵害居民人身安全是其进入民用领域的最基本条件。然而，近几年由于空中机器人失控造成的伤人事件时有发生，空中机器人坠机砸伤路人、空中机器人逼停飞机等新闻报道屡见不鲜。

产生这种现象主要有两方面原因：一方面是用户没有经过飞行及安全培训，就在不合适的场合飞行空中机器人，导致影响民航安全、炸机、伤人等事件频繁出现；另一方面是黑客利用病毒对空中机器人进行系统控制。空中机器人的飞行安全、信息隐私等问题亟待解决，现行空中机器人技术和运行监管手段无法根除安全隐患，这也成为制约空中机器人未来发展的关键因素。

3. 监管体系尚不完善，行业标准缺失

我国自2009年起就开始出台空中机器人监管政策，在2015年底出台了《轻小型无人机运行(试行)规定》，但是这些政策都尚不完善，仍处于起步阶段。空中机器人从2009年至今虽然进入持证飞行阶段，但是法律法规和监管执行并未完善化和正规化。目前空中机器人市场、行业标准模糊不清，同时还缺少一套能涵盖从出厂、销售到使用飞行的完整监管体系。专门针对空中机器人制定的飞行管理条例尚处空白，等待成熟的、全面的相关法律出台还需一段漫长的时间。

新技术和新产品在应用之初都会面临安全性问题，政府层面需要不断建立健全法律法规，通过完善机制、强化监管来逐步规范空中机器人的研发、生产与市场应用。

空中机器人作为新时代极具代表性的科技产品，市场价值及其应用前景是有目共睹的。但在发展过程中存在的困难与制约是不容忽视的，制度法规的缺失、行业标准的缺失、现有技术的制约等都是急需攻克的难关。空中机器人的发展需要技术创新、政府规范、安全保障等各方面的共同推进。

11.3.3　空中机器人的发展趋势

有挑战才有创新，抓住机遇才能不断成长。面对机遇和挑战，空中机器人的发展趋势有以下几点：

1. 产业链趋于完善

随着空中机器人市场规模显著增长，各领域融合应用进展积极，空中机器人产业将有望从传统的研发、生产、销售等环节，向商业租赁、商业服务、各类培训等方面延伸，从而在经济、社会发展中实现更加深入广泛的影响，并推动产业链进一步完善。

2. 政策的支持力度持续加大

面对空中机器人的广阔前景，政府陆续出台了多项政策支持、规范空中机器人产业发展，比如鼓励大力发展物流空中机器人、无人配送等。未来，空中机器人各项相关政策将进一步落地实施，且政策将更加细化、具有针对性，支持力度也有望再度加大。

3. 专业级空中机器人加快应用

目前，消费级空中机器人市场进入红海，市场体量扩容速度减缓，市场保有量也达到高位。相比之下，空中机器人在行业应用领域仍然处于持续探索的初步阶段，市场成熟度有待继续提升，产业链完善也有待继续推进。

4. 与新一代信息技术更为融合

如今，人工智能、物联网、大数据等新一代信息技术发展迅速，为民用空中机器人产品智能化、数字化升级提供了新动力。通过融合应用上述信息技术，空中机器人既能在数据收集方面提升效率、创造更大价值，也能在性能提升上获得更多可能，为用户带来更好的使用体验。

11.4　本章小结

空中机器人在近年来得到了蓬勃的发展，但同时需要清醒地认识到还有很多制约其发展的因素。作为信息时代高技术含量的产物，它涉及多项关键技术，因此本章重点阐述了飞控系统、导航系统、动力系统和数据链技术的发展方向。同时，进一步分析了空中机器人在军用、民用两个领域的应用前景。最后，本章针对空中机器人当前面临的机遇和挑战，剖析了空中机器人未来的发展趋势。未来空中机器人应用的前景是光明的，应当正视其中的机遇与挑战，抓住机会，从各方面推进其优化升级，让空中机器人从“红海”飞向“蓝海”翱翔。

参考文献

[1] 宋鸿. 无人机的应用与管理[J]. 中国公共安全，2016(7)：42-46.

[2] 李晶，毛华. 无人机在油气管道安全领域中的应用探讨[J]. 石化技术，2018，25(10)：284.

[3] 中通无人机团队. 物流无人机的发展与应用[J]. 物流技术与应用，2019，24(2)：110-114.

[4] 陈黎. 军用无人机技术的发展现状及未来趋势[J]. 航空科学技术，2013(2)：11-14.

[5] ZHAO F，ZENG Y，WANG G，et al. A Brain-Inspired Decision Making Model Based on Top-Down Biasing of Prefrontal Cortex to Basal Ganglia and Its Application in Autonomous UAV Explorations[J]. Cognitive Computation，2018，10(2)：296-306.

[6] 刘亚爽，朱毓杰，林芳芳. 浅谈无人机航空遥感系统在抢险救援中的应用[J]. 四川水力发电，2016，35(4)：68-70.

[7] 兰玉彬，王国宾. 中国植保无人机的行业发展概况和发展前景[J]. 农业工程技术，2018，38(9)：17-27.

[8] 李晚侠. 农用植保无人机推广应用中面临的不利因素及发展对策[J]. 当代农机，2018(10)：78-80.

[9] 李子坤. 互联网+"引领无人机应用新趋势[J]. 装备制造，2016(5)：94-96.

[10] 孙琳，李丹. 搭载无人机的翅膀飞出新“视”界——无人机在影视航拍中的应用与展望[J]. 影视制作，2018，24(5)：16-29.

[11] 宋琳，刘昭. 国家政策：技术与市场经济的融合——以中国民用无人机技术发展为个案研究[J]. 北京科技大学学报(社会科学版)，2016，32(5)：89-95.

[12] 李昶，程锦霞，杨光，等. 5G+无人机的低空数字化发展与应用[J]. 移动通信，2019，43(9)：47-52.

[13] 李大伟，杨炯. 开源飞控知多少[J]. 机器人产业，2015(3)：83-93.

[14] 彭健. 民用无人机的未来机遇[J]. 上海信息化，2018(6)：27-30.

[15] 张斌，林斌，杨彦彰，等. 国内民用无人机系统标准体系构建现状[J]. 中国标准化，2019(S1)：122-125.

[16] 单磊. 无人机系统综合标准化思考[J]. 中国标准化，2015(6)：108-113.

[17] 张枥允. 浅析大疆无人机面临的机遇和挑战[J]. 全国流通经济，2019(19)：125-127.

[18] 阮晓东. 无人机角色：从消费级到工业级[J]. 新经济导刊，2016(8)：48-53.

[19] 吴文博. 浅谈民用无人机的管制问题[J]. 中国无线电，2019(3)：19-22.

[20] 问延安，方长征. 我国民用无人机监管：现状、问题与对策[J]. 内蒙古农业大学学报(社会科学版)，2019，21(1)：52-57.

[21] 高国柱. 中国民用无人机监管制度研究[J]. 北京航空航天大学学报(社会科学版)，2017，30(5)：28-36.

[22] 全权，李刚，柏艺琴，等. 低空无人机交通管理概览与建议[J]. 航空学报，2020，41(1)：6-34.

[23] 周贝贝. 无人机民用领域呈现“蓝海”[J]. 新产经，2019(9)：85-87.

[24] 姜浩. 我国无人机制造行业发展概况和趋势[J]. 山东工业技术，2018(17)：40.